כתבי האקדמיה הלאומית הישראלית למדעים

PUBLICATIONS OF THE ISRAEL ACADEMY
OF SCIENCES AND HUMANITIES

SECTION OF SCIENCES

——

FLORA PALAESTINA

EQUISETACEAE TO UMBELLIFERAE

by

MICHAEL ZOHARY

ERICACEAE TO ORCHIDACEAE

by

NAOMI FEINBRUN-DOTHAN

FLORA PALAESTINA

PART FOUR • PLATES

ALISMATACEAE TO ORCHIDACEAE

BY

NAOMI FEINBRUN-DOTHAN

Drawings by

RUTH KOPPEL   ESTHER HUBER

LEVI BENYAMINI

JERUSALEM 1986

THE ISRAEL ACADEMY OF SCIENCES AND HUMANITIES

ISBN 965-208-000-4
ISBN 965-208-004-7

Printed in Israel
Type set at Monoline Press, Benei Beraq
Plates by Printone, Jerusalem

CONTENTS

PLATES 1—525

LIST OF PLATES WITH EXPLANATIONS i

INDEX OF PLATES xviii

CORRIGENDA TO PLATES IN PART THREE xxiv

CORRIGENDA TO LIST OF PLATES
WITH EXPLANATIONS IN PART THREE xxv

ERRATA xxvi

HEBREW INDEX OF PLATES א

INDEX OF HEBREW NAMES OF GENERA IN
PARTS ONE TO FOUR יט

PLATES

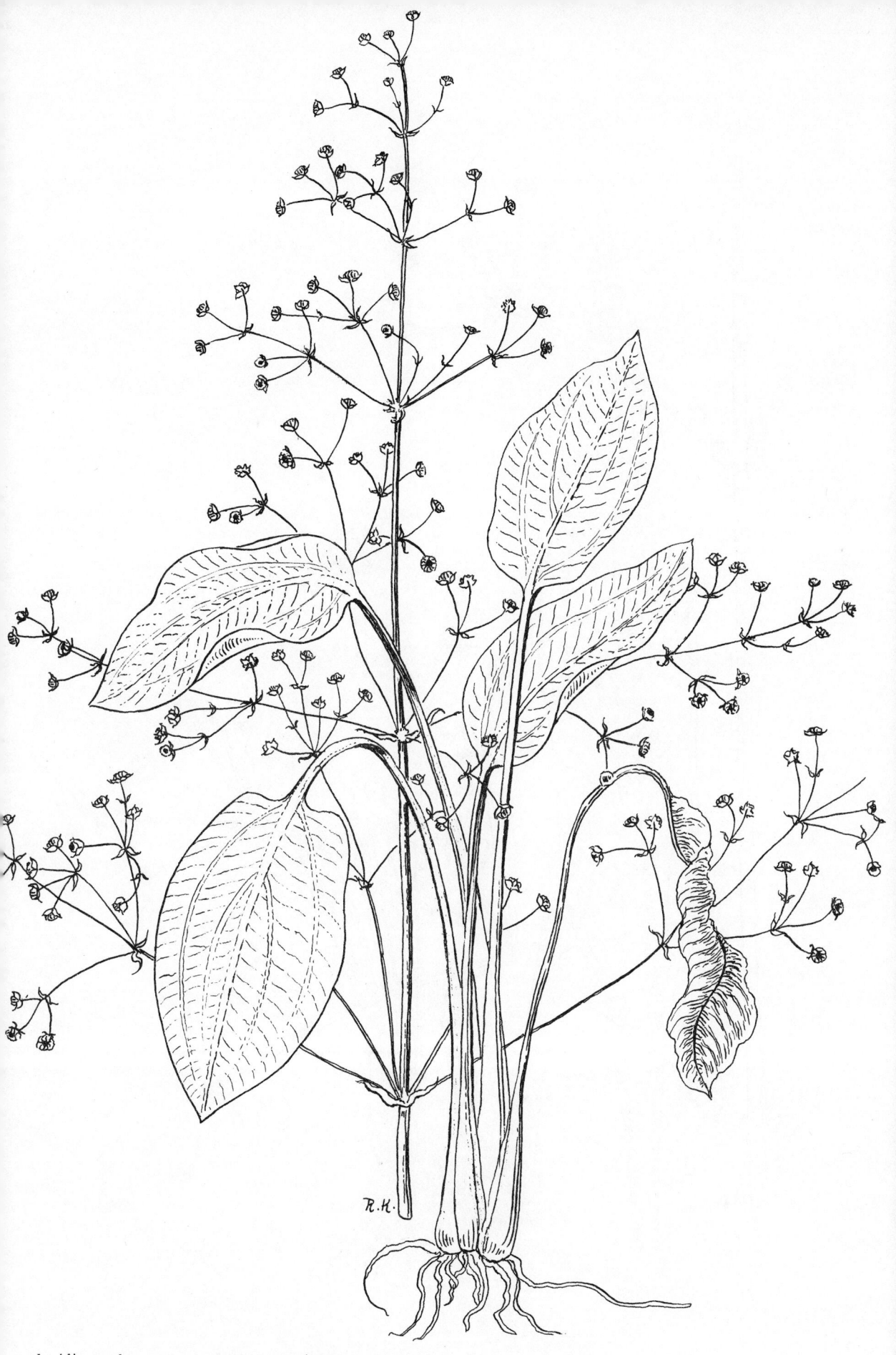

1. Alisma plantago-aquatica L. כַּף־הַצְפַרְדֵּעַ הַלְחָכִית

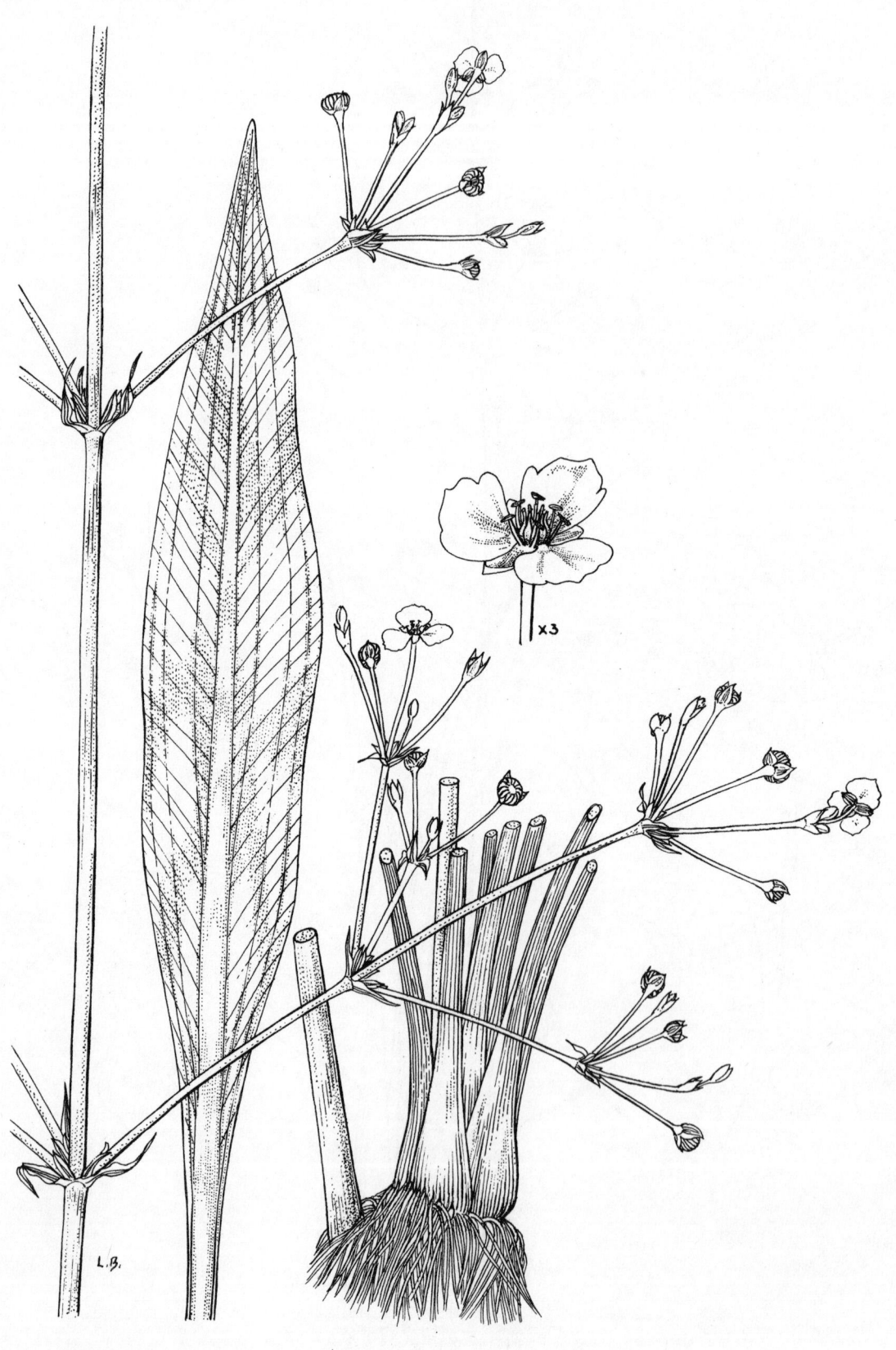

2. Alisma lanceolatum With. כַּף־הַצְּפַרְדֵּעַ הָאִזְמֵלָנִית

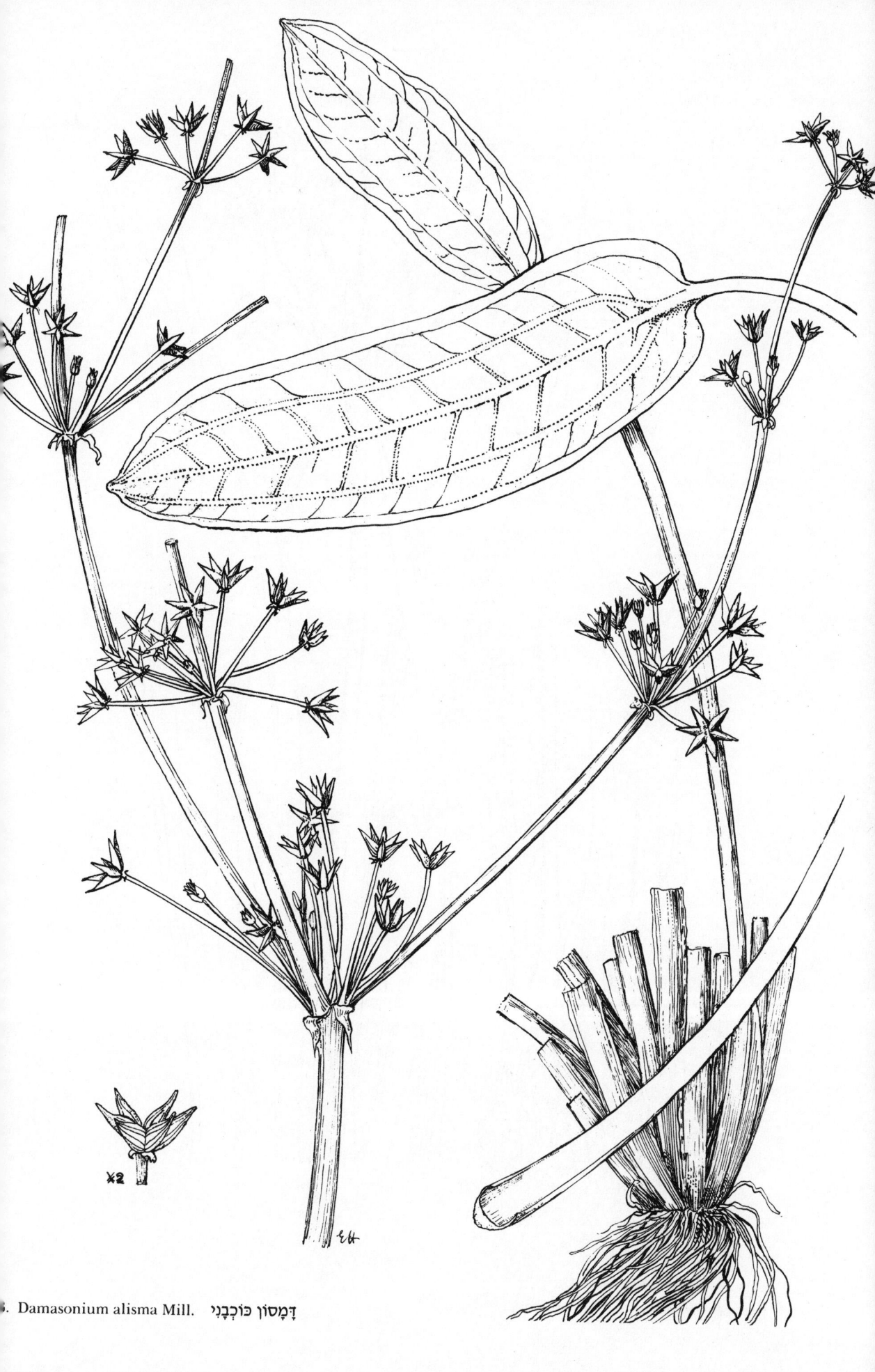

Damasonium alisma Mill. דָּמָסוֹן כּוֹכְבָנִי

4. **Butomus umbellatus** L. בּוֹצִיץ סוֹכְכָנִי

5. Hydrocharis morsus-ranae L.   מֵימוֹן הַצְּפַרְדְּעִים

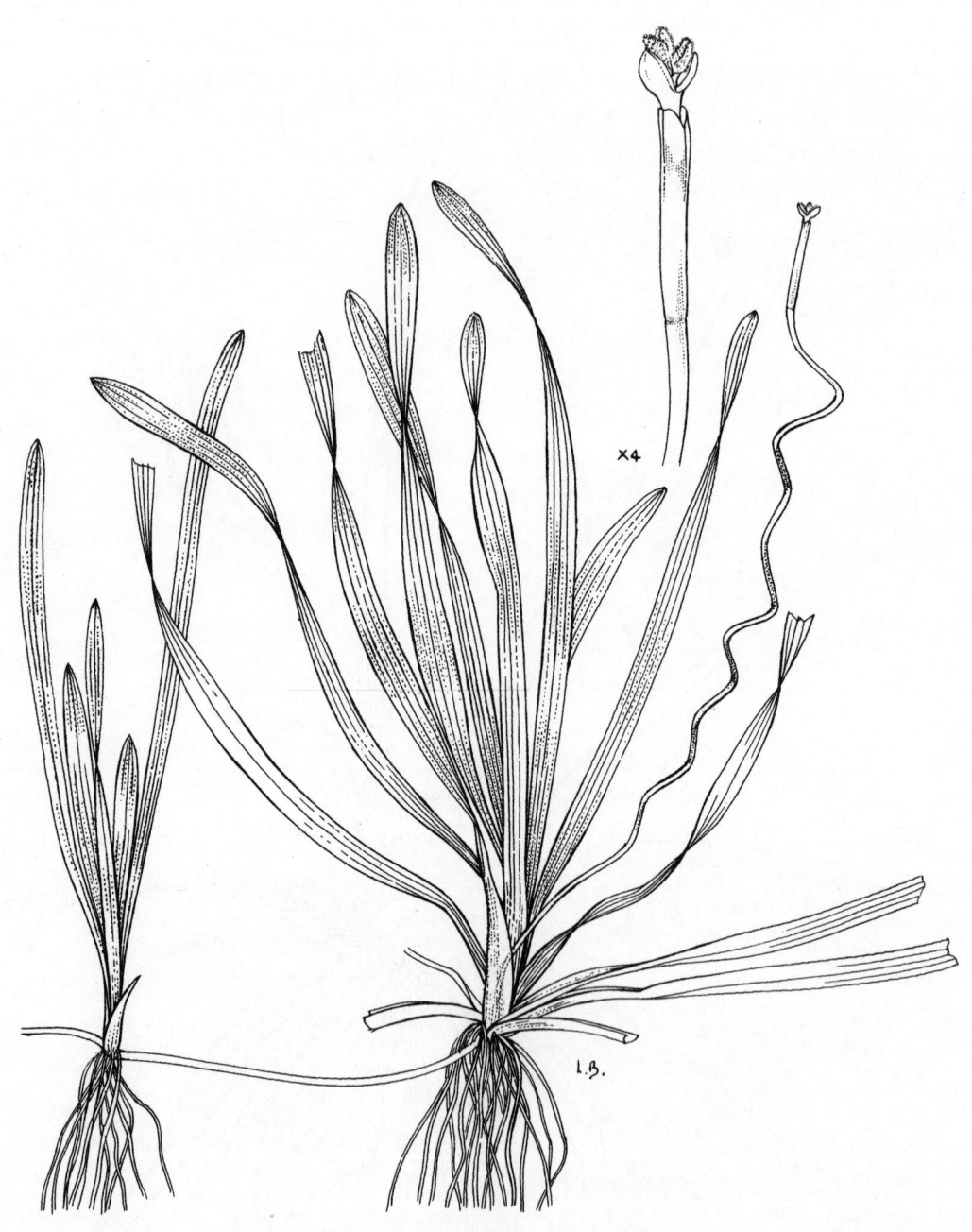

6. Vallisneria spiralis L. וַלִּיסְנֶרְיָה סְלוּלָה

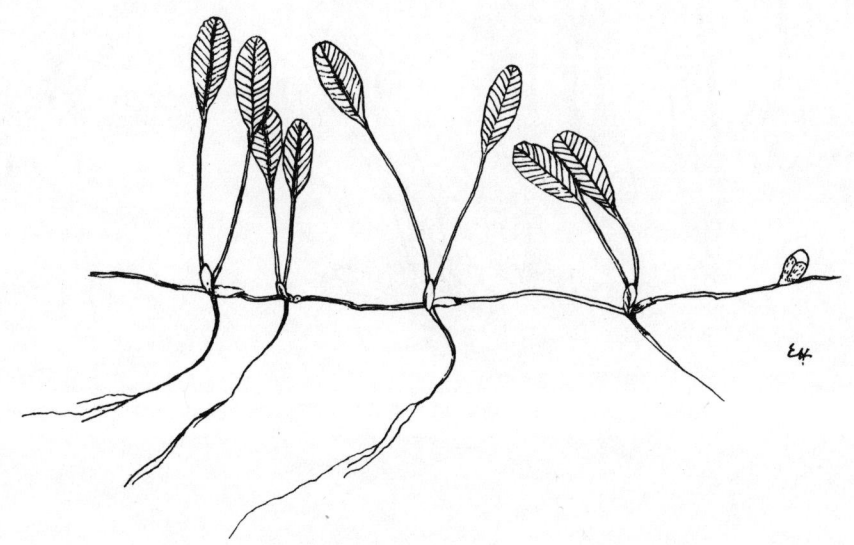

7. Halophila ovalis (R. Br.) Hook. fil.   יַמּוֹן בֵּיצָנִי

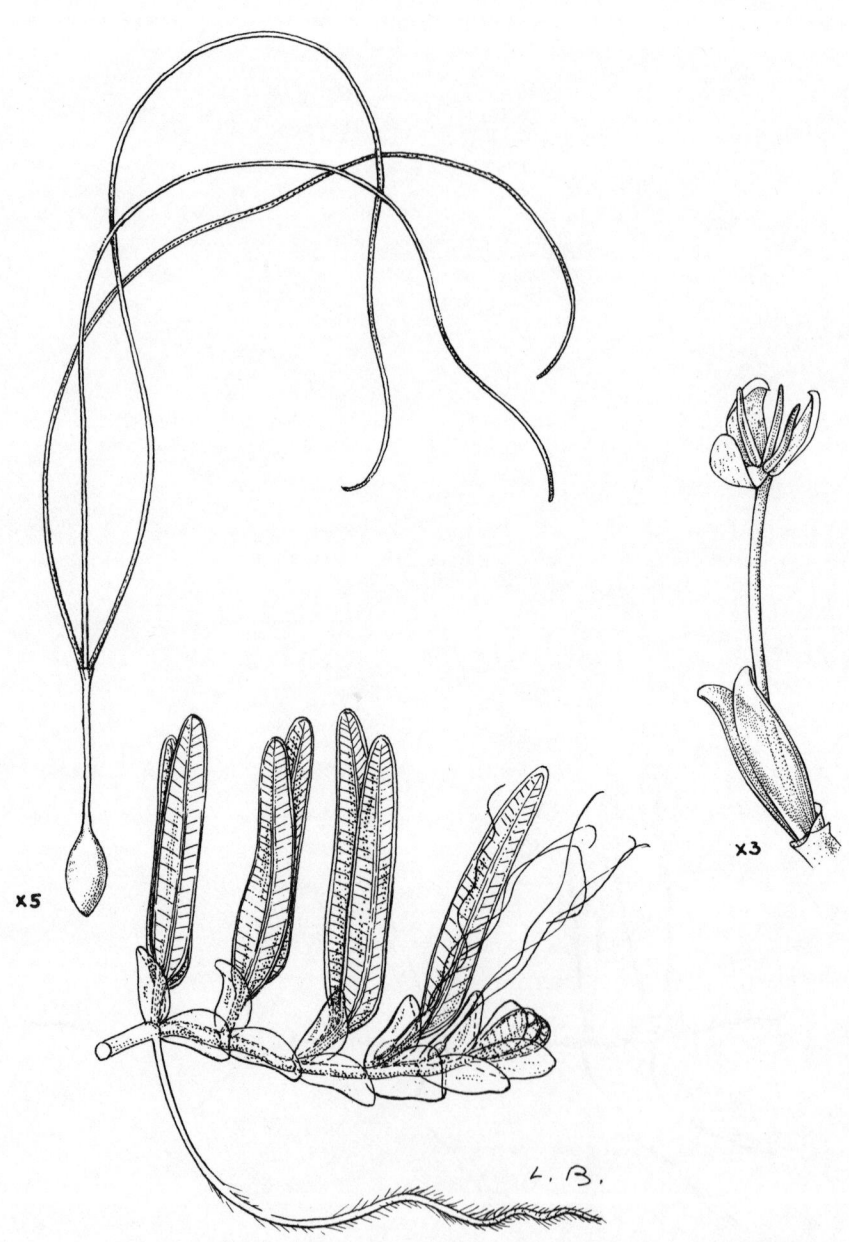

8. Halophila stipulacea (Forssk.) Aschers. יַמּוֹן הַקַּשְׂקַשִּׂים

9. Potamogeton nodosus Poir. נַהֲרוֹנִית צָפָה

10. Potamogeton lucens L. נַהֲרוֹנִית שְׁקוּפָה

11. Potamogeton perfoliatus L.   נַהֲרוֹנִית לוֹפֶתֶת

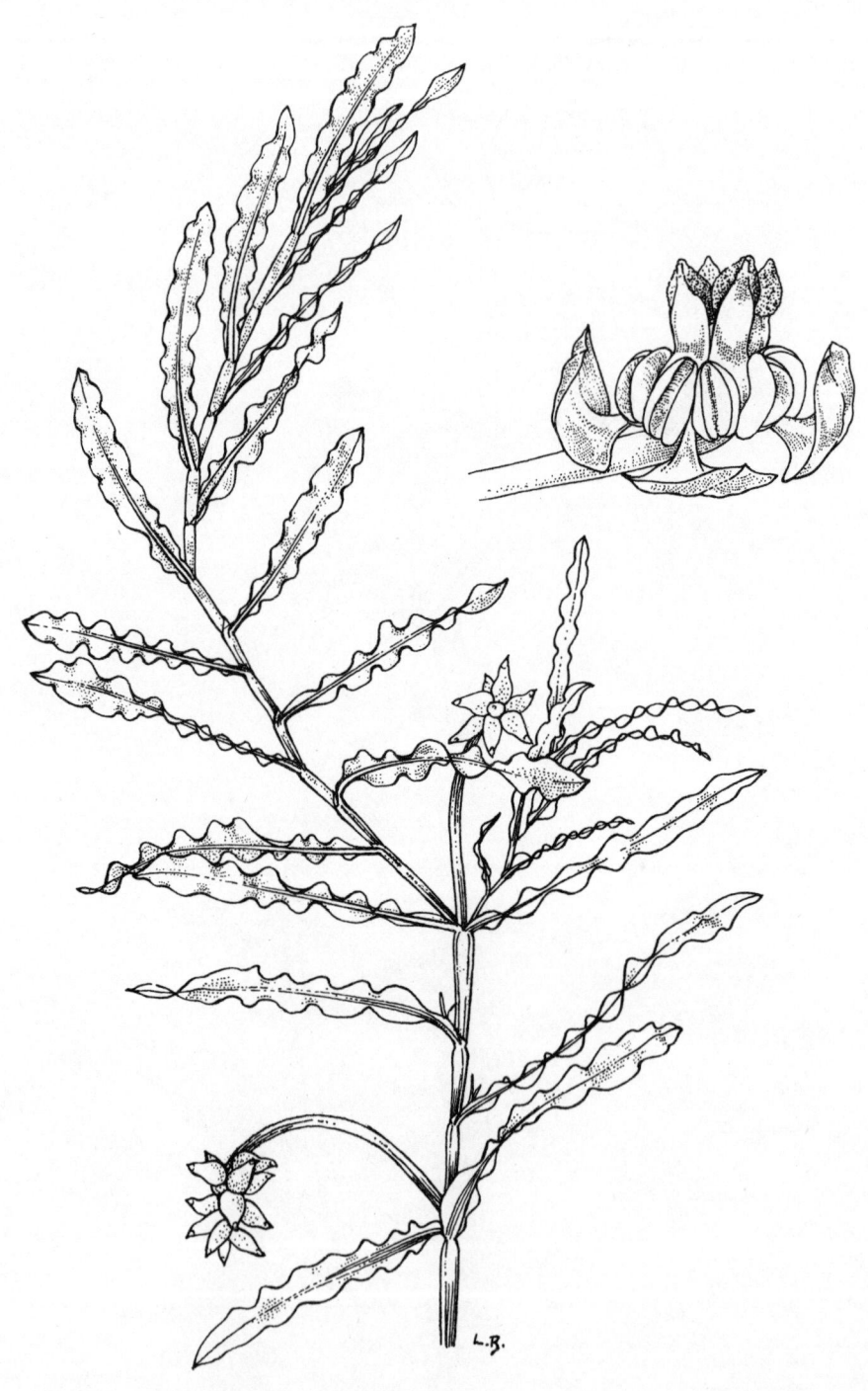

12. Potamogeton crispus L.　נַהֲרוֹנִית מְסֻלְסֶלֶת

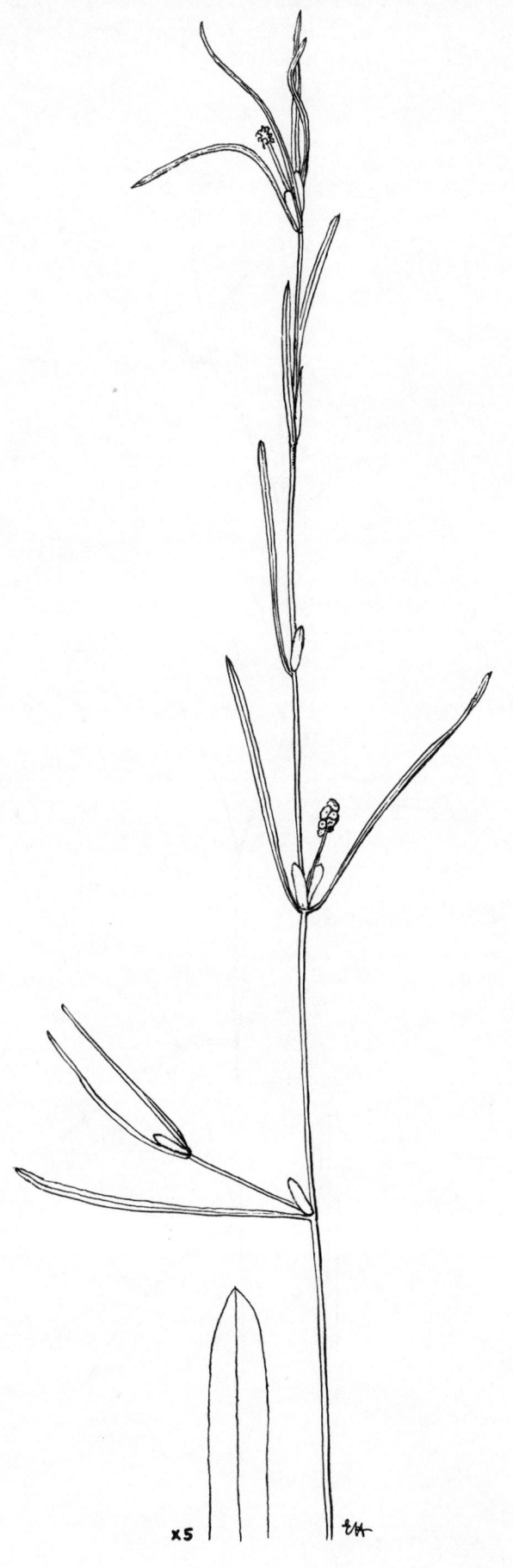

13. Potamogeton berchtoldii Fieber נַהֲרוֹנִית בֶּרְכְטוֹלְד

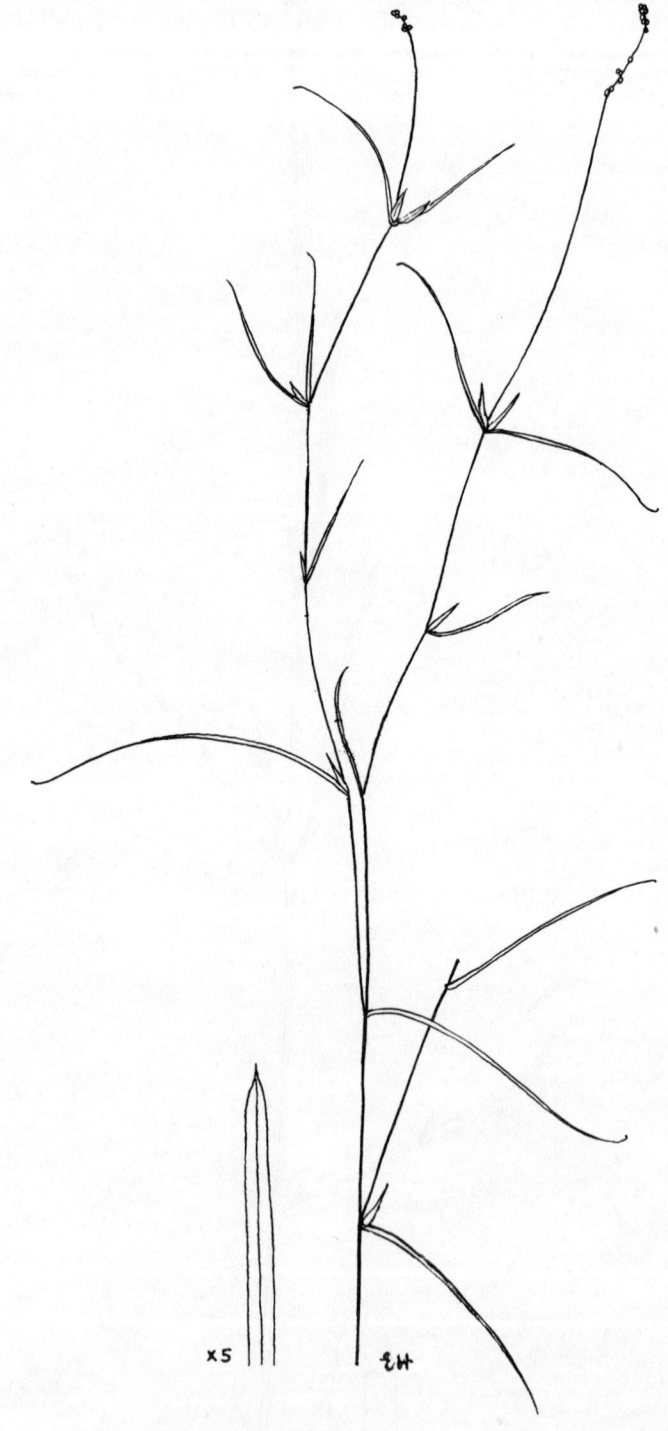

14. Potamogeton trichoides Cham. & Schlecht. נַהֲרוֹנִית נִימִית

15. Potamogeton filiformis Pers.   נַהֲרוֹנִית חוּטִית

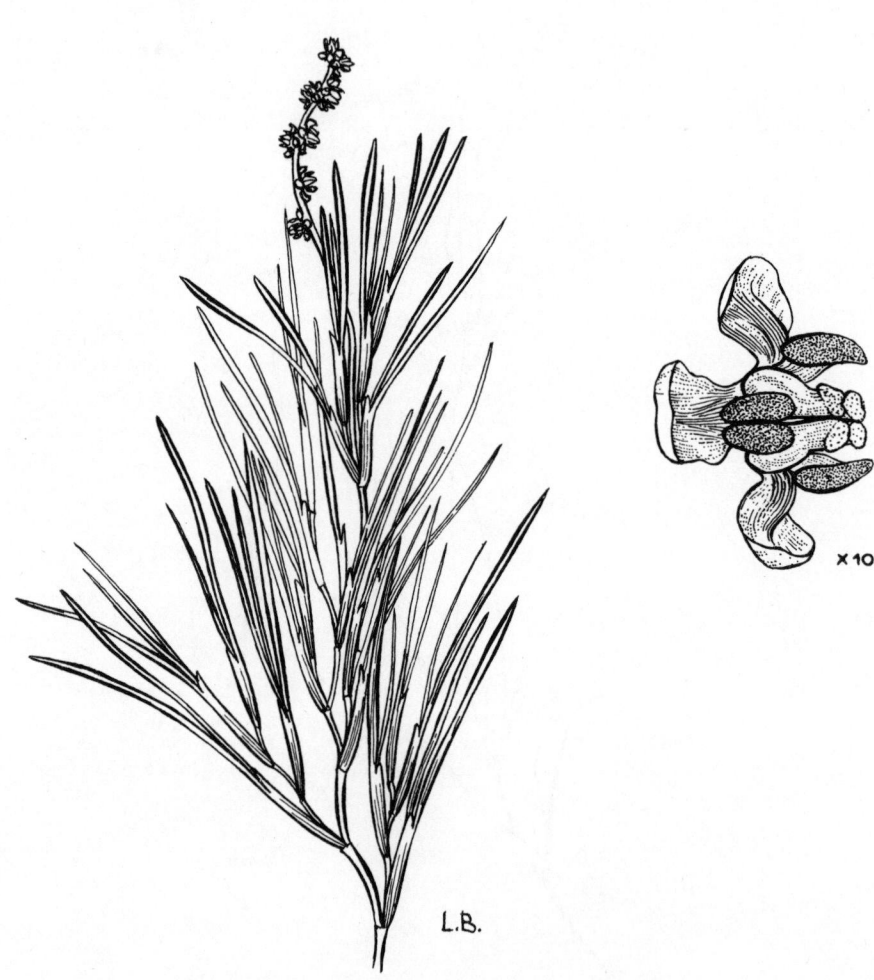

L.B.

16. Potamogeton pectinatus L. נַהֲרוֹנִית מַסְרֵקָנִית

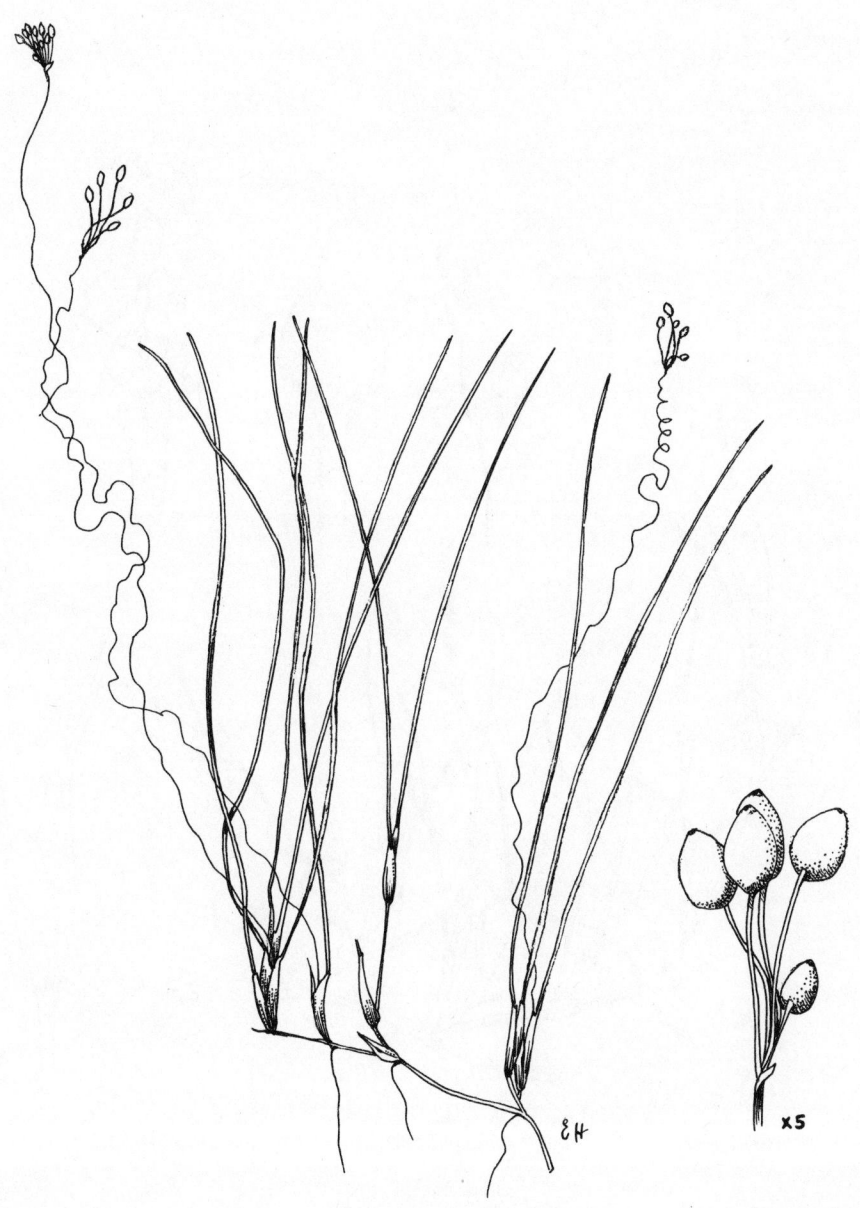

17. Ruppia cirrhosa (Petagna) Grande רֻפִּיָּה לוּלְיָנִית

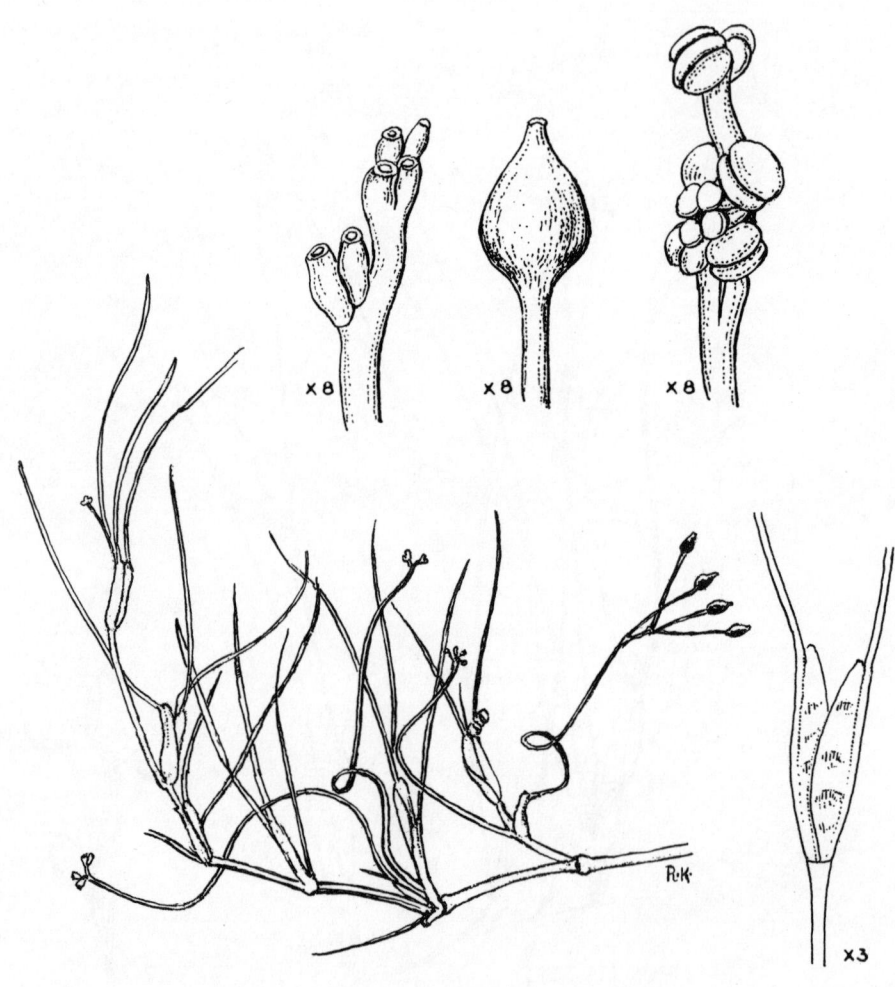

18. Ruppia maritima L. רֻפִּיַּת הַיָּם

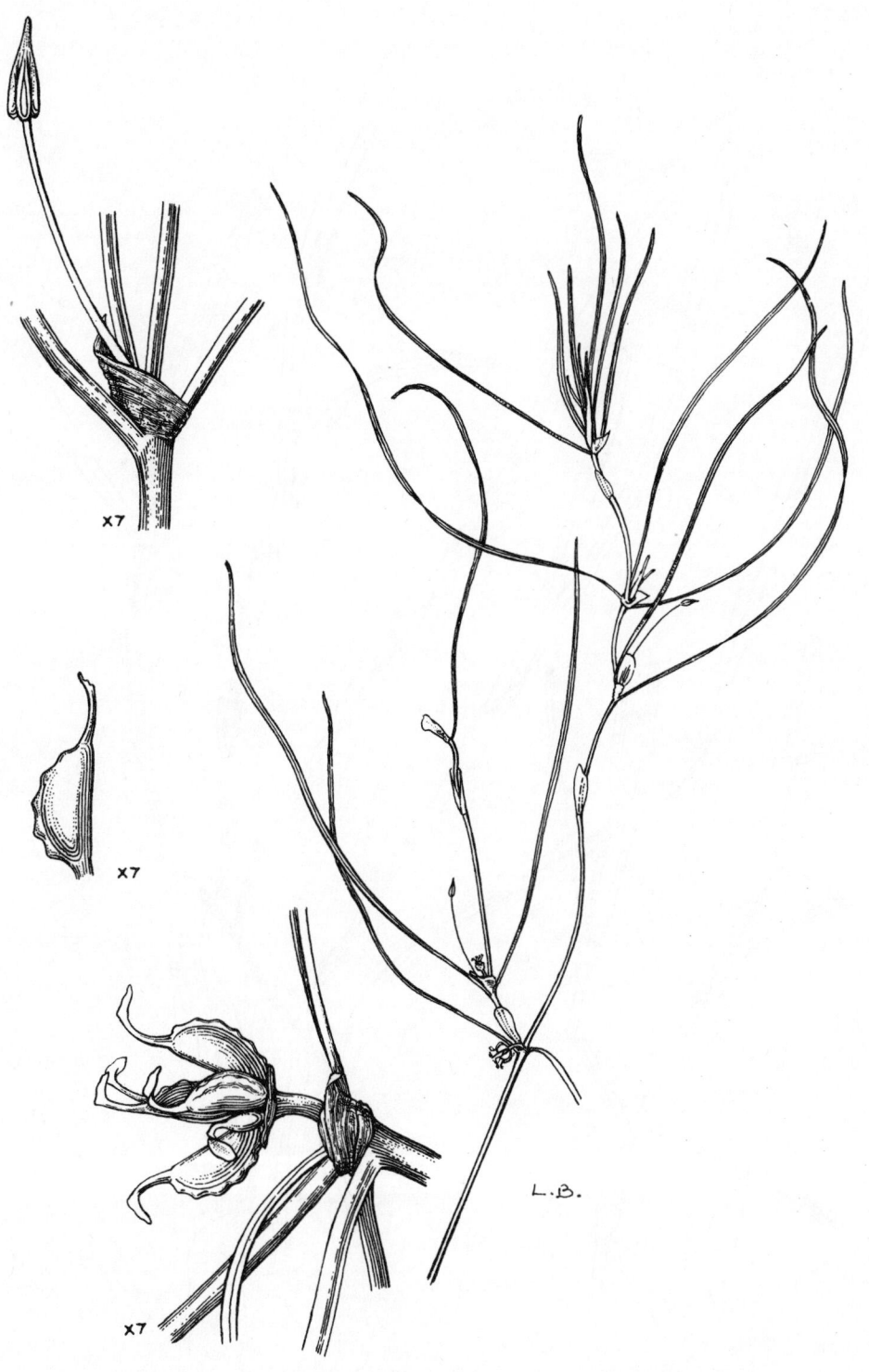

19. Zannichellia palustris L. חוּטִית הַבִּצּוֹת

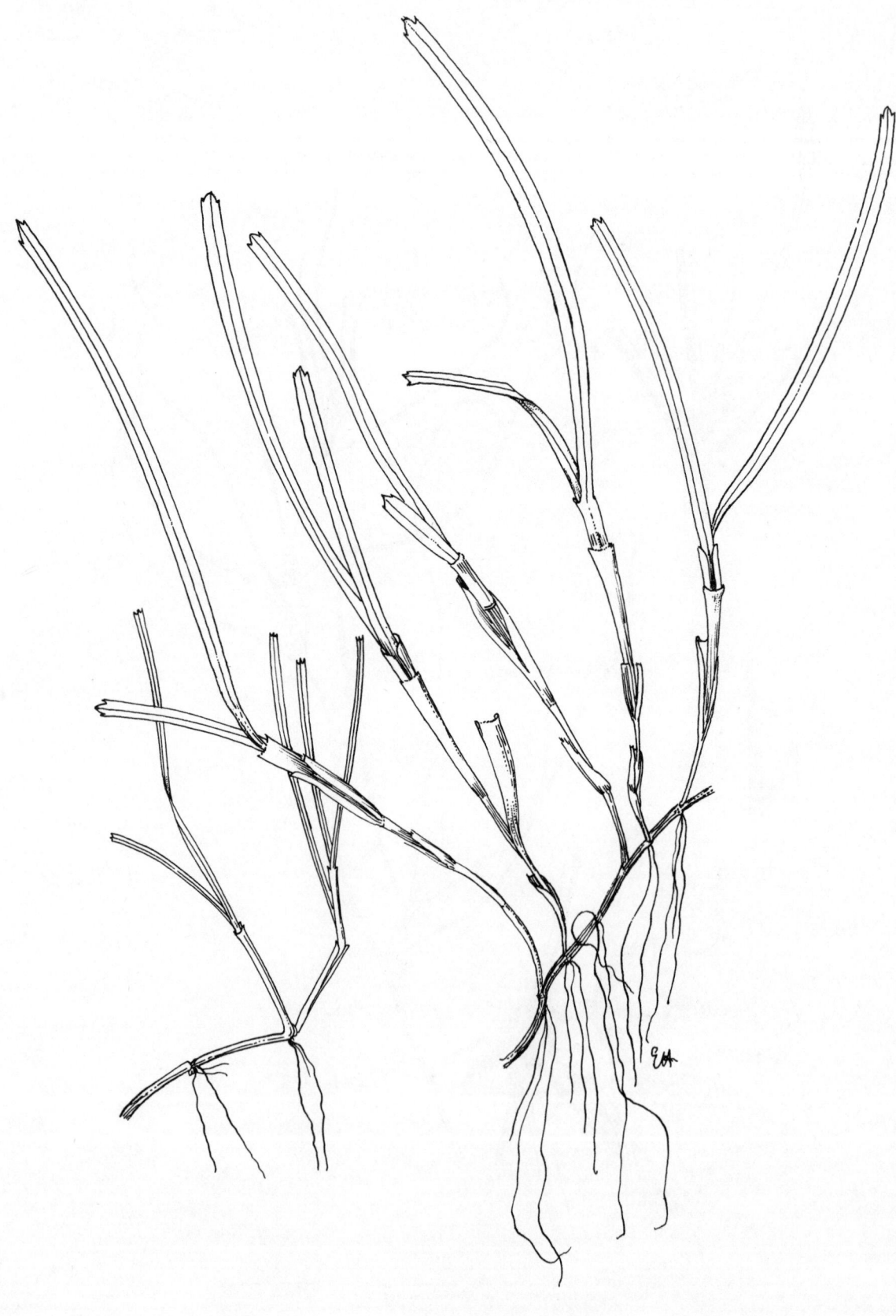

20. Halodule uninervis (Forssk.) Aschers. יַמִּית חַד־עוֹרְקִית

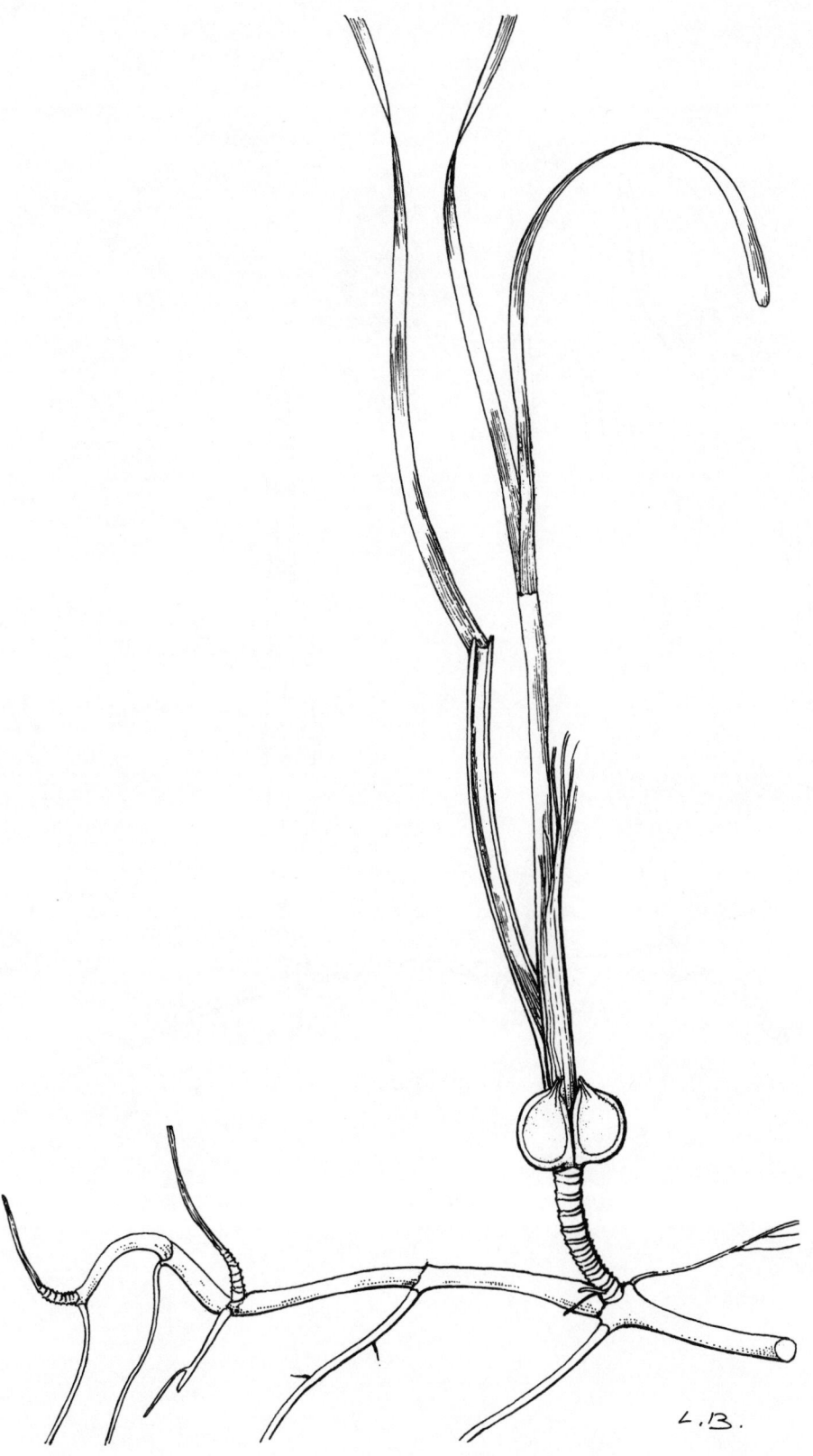

21. **Cymodocea nodosa** (Ucria) Aschers.   גַּלִּית גְּדוֹלָה

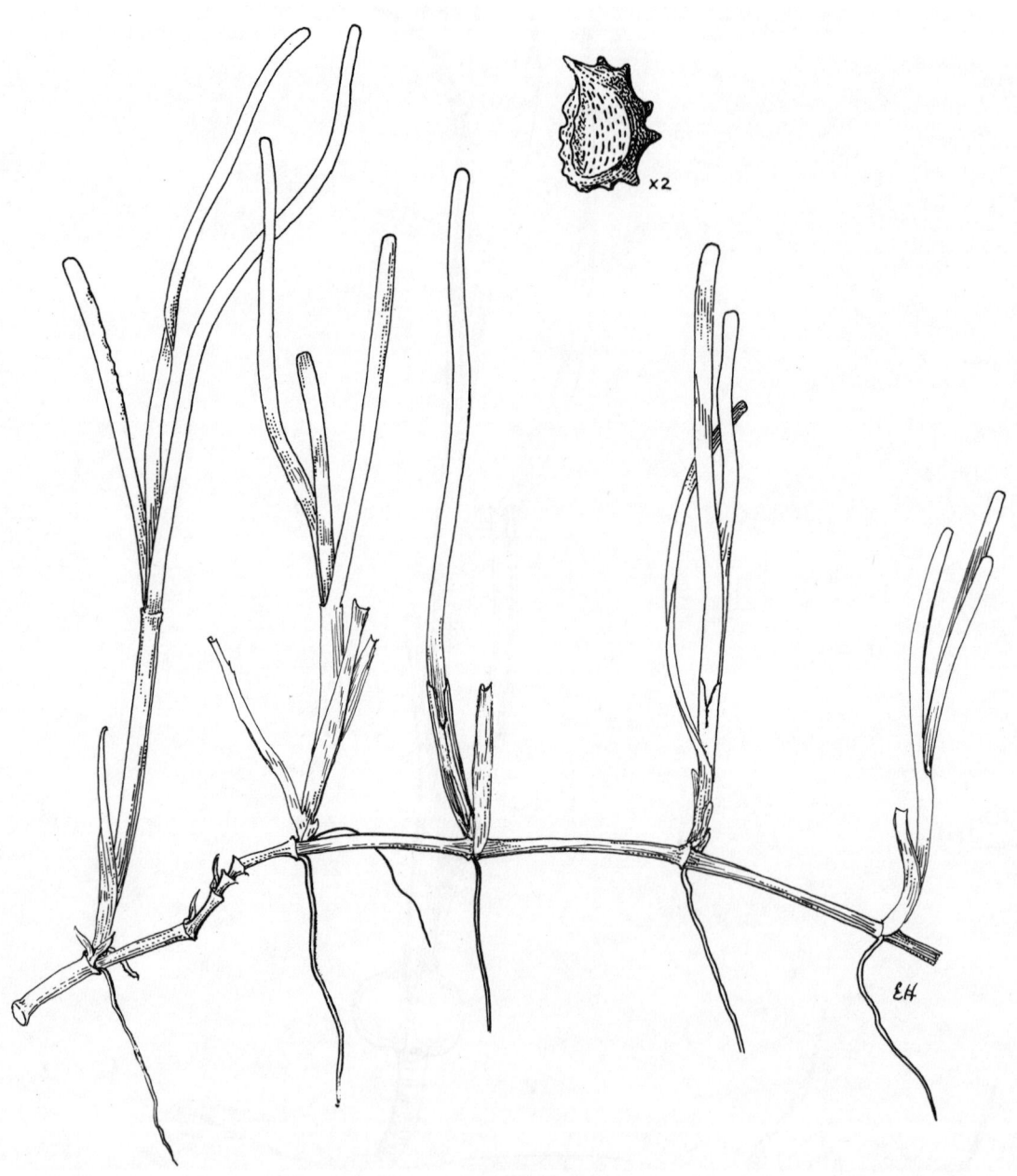

22. Cymodocea rotundata Ehrenb. & Hemprich ex Aschers. גַּלִּית מְעֻגֶּלֶת

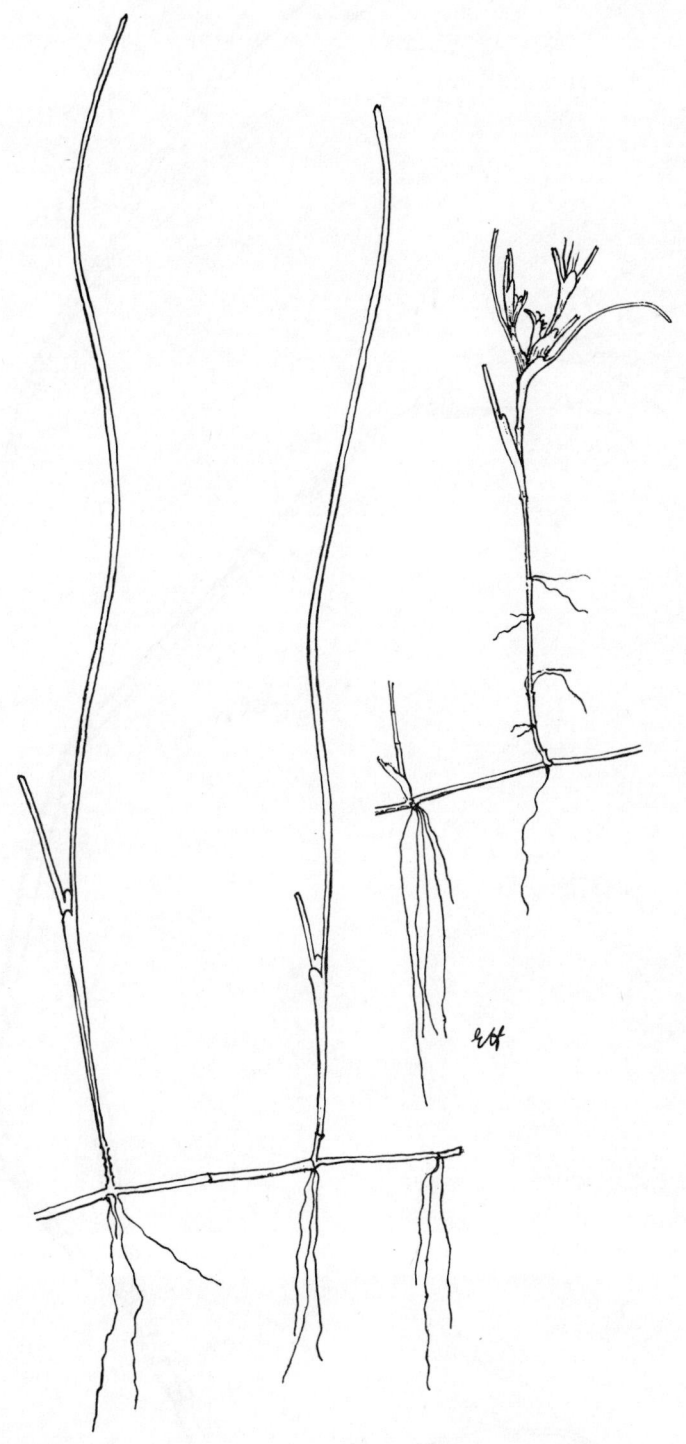

23. Syringodium isoëtifolium (Aschers.) Dandy   צְנוֹרִית גְּלִילִית

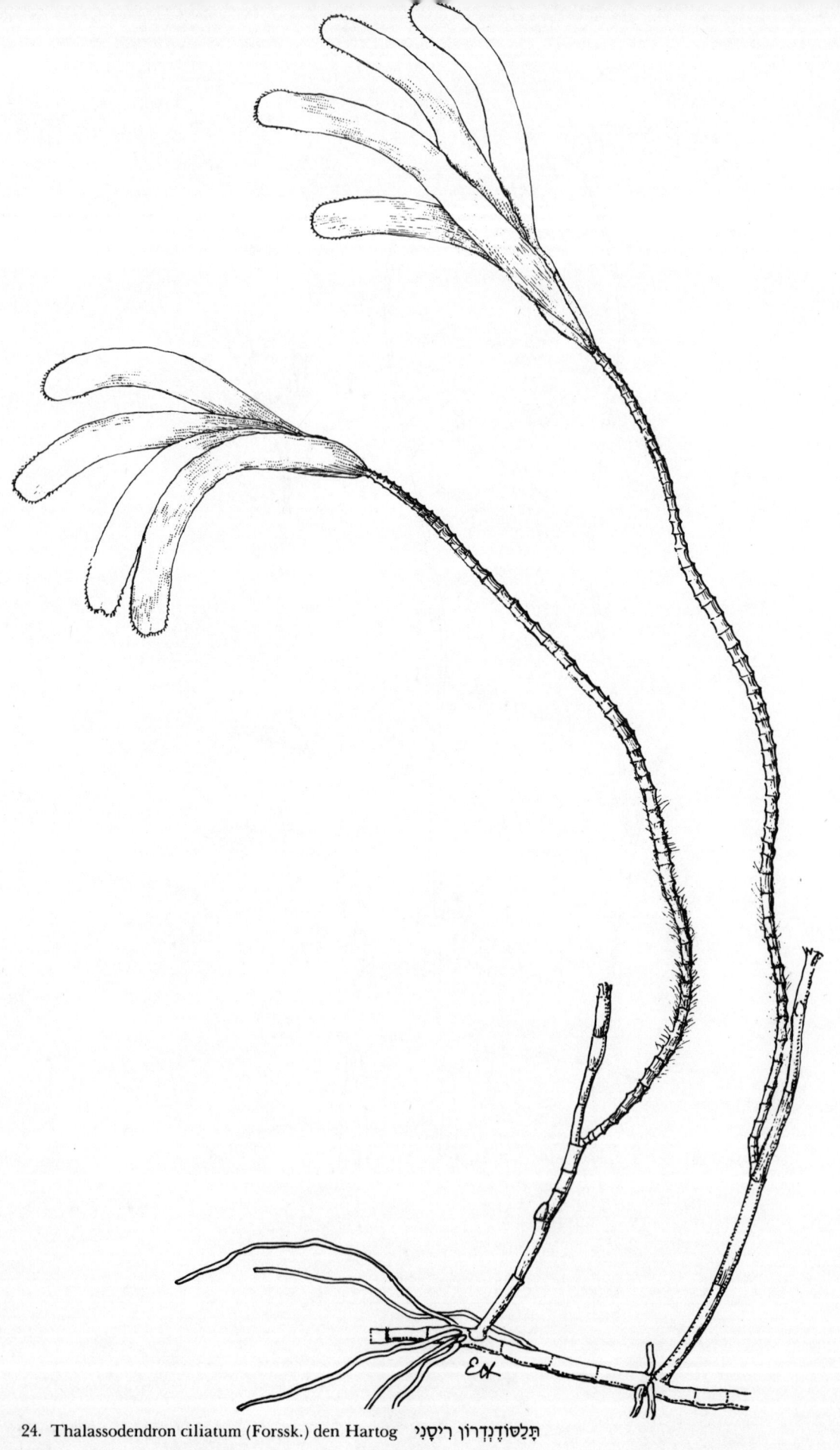

24. Thalassodendron ciliatum (Forssk.) den Hartog תַּלַסוֹדֶנְדְרוֹן רִיסָנִי

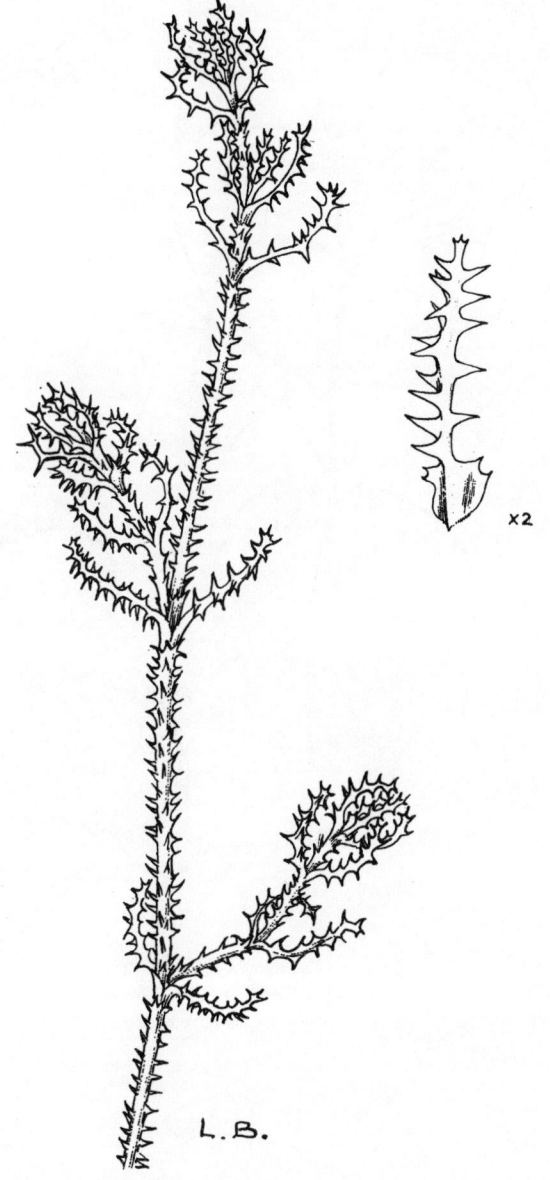

25. Najas delilei Rouy נַיָּדַת הַחוֹף

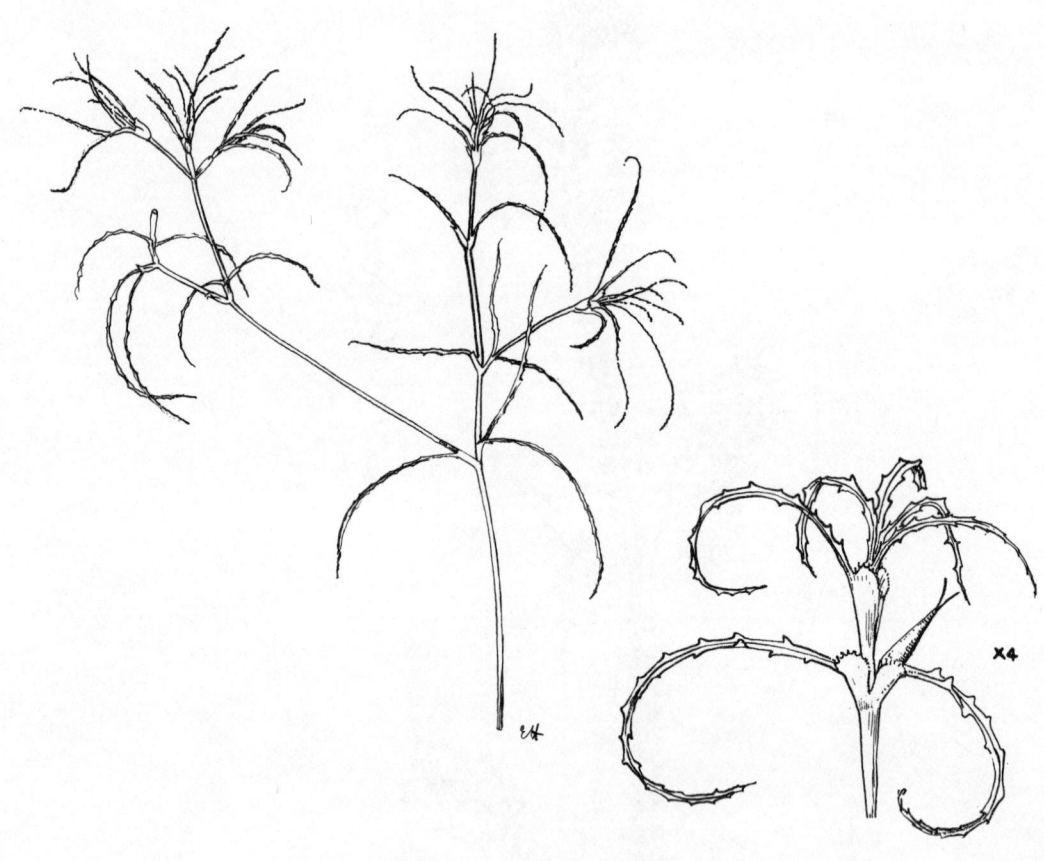

26. Najas minor All. נַיָּדָה קְטַנָּה

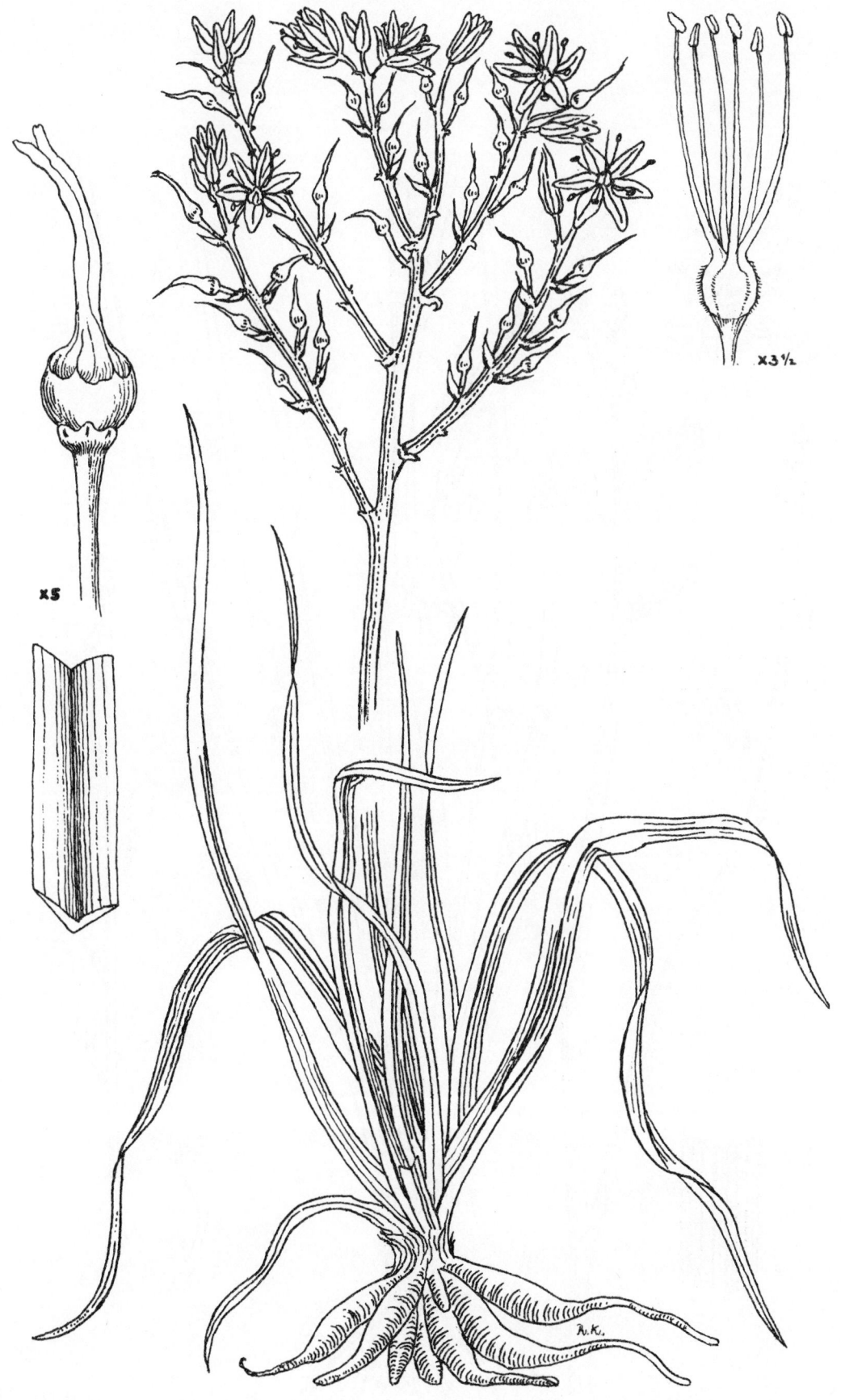

x5
x3½

27. Asphodelus aestivus Brot. עִירִית גְּדוֹלָה

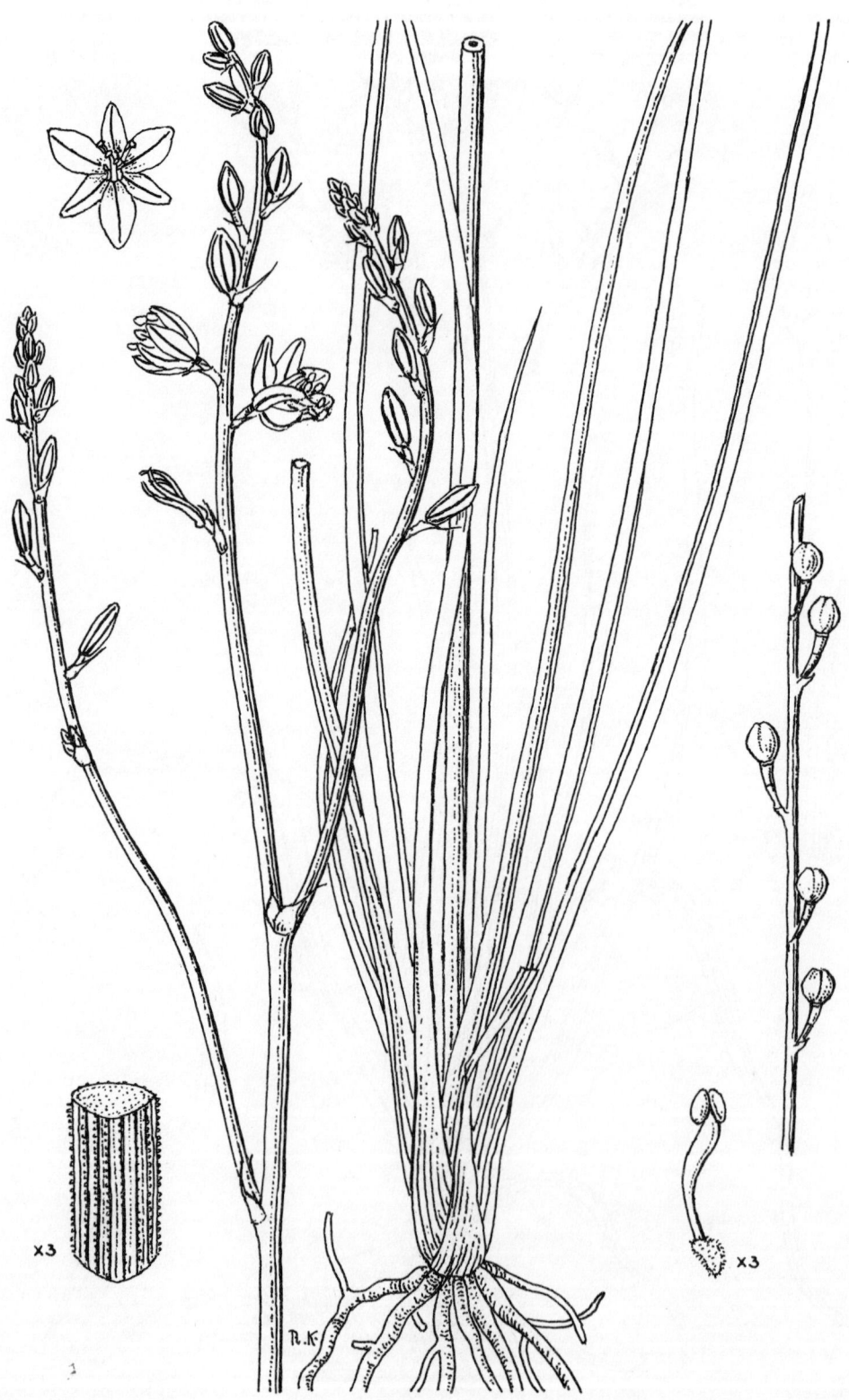

28. **Asphodelus** fistulosus L.   עִירִית נְבוּבָה

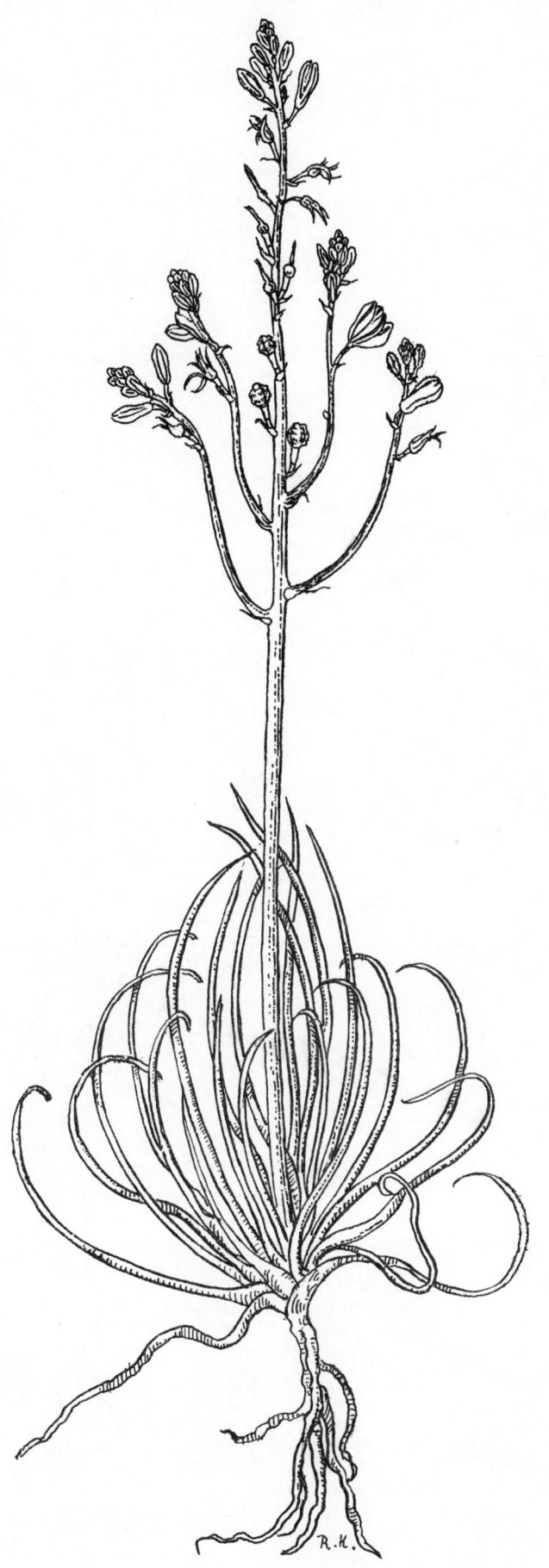

29. Asphodelus tenuifolius Cav. עִירִית צָרַת־עָלִים

30. Asphodelus viscidulus Boiss. עִירִית דְּבִיקָה

31. Asphodelus refractus Boiss.   עִירִית נְטוּיָה

x5

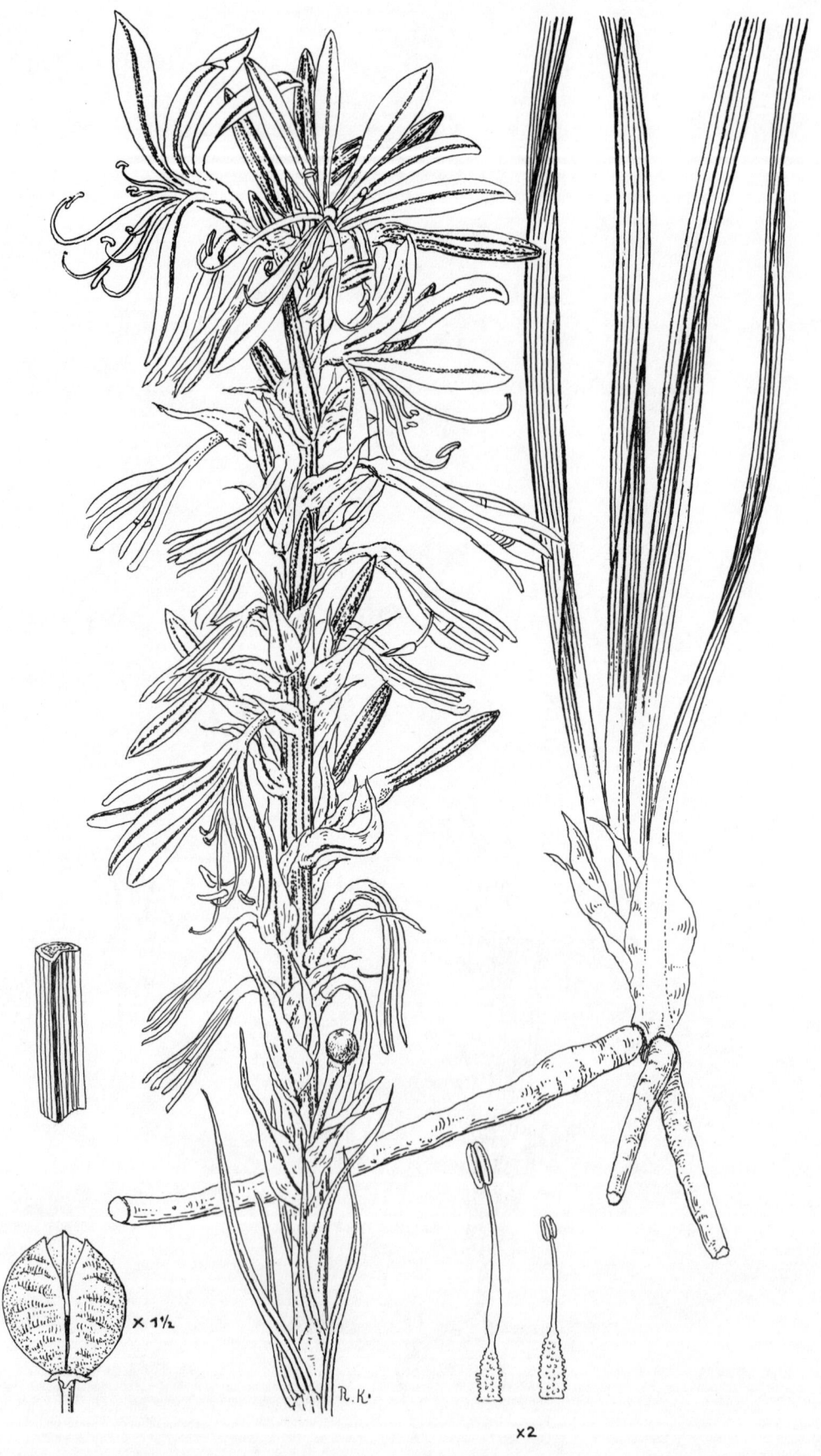

32. Asphodeline lutea (L.) Reichenb. עִירְיוֹנִי צָהֹב

33. Asphodeline brevicaulis (Bertol.) J. Gay ex Baker עִירְיוֹנִי קָצָר

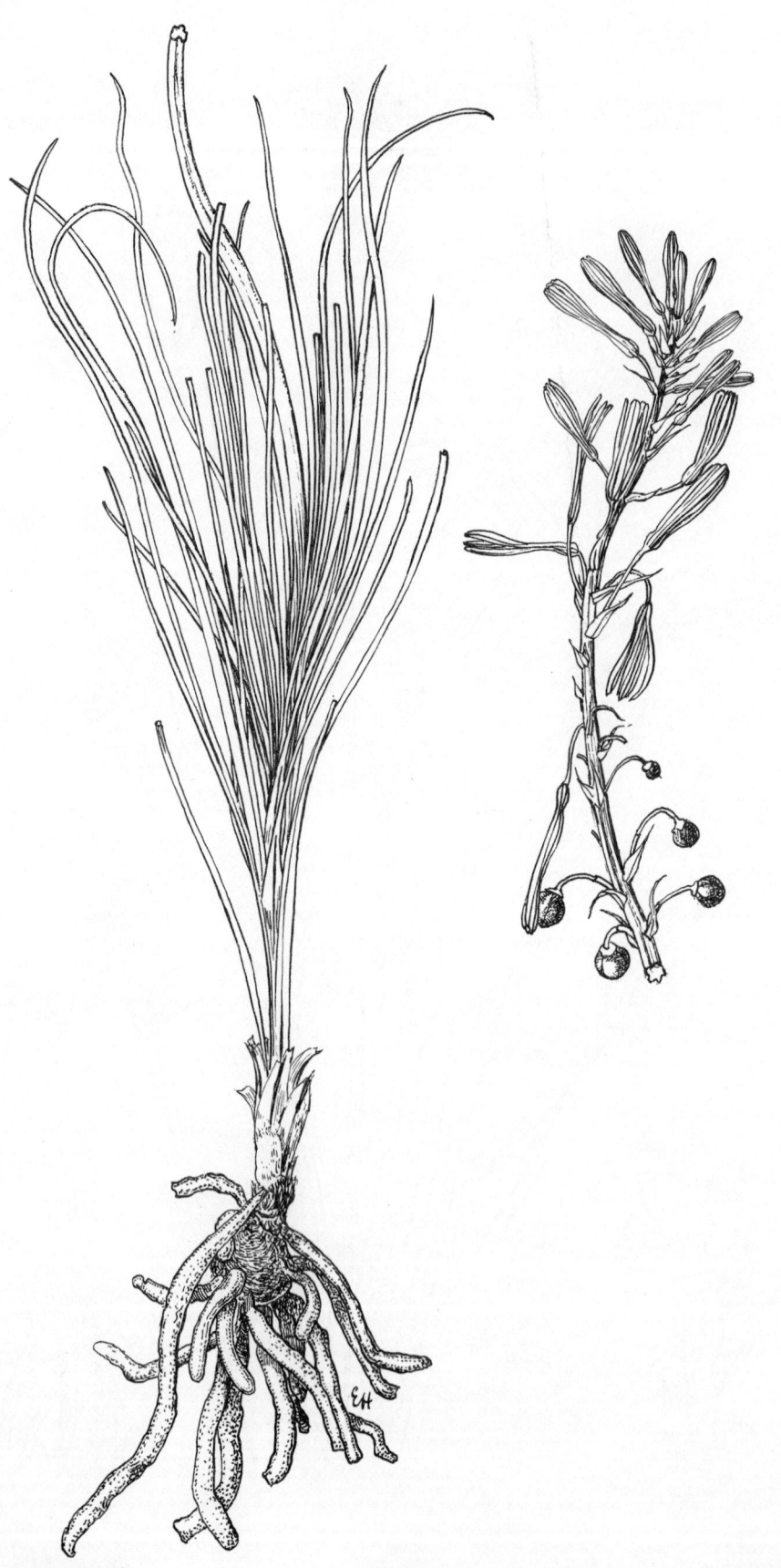

34. Asphodeline recurva Post וֹנִי כָּפוּף

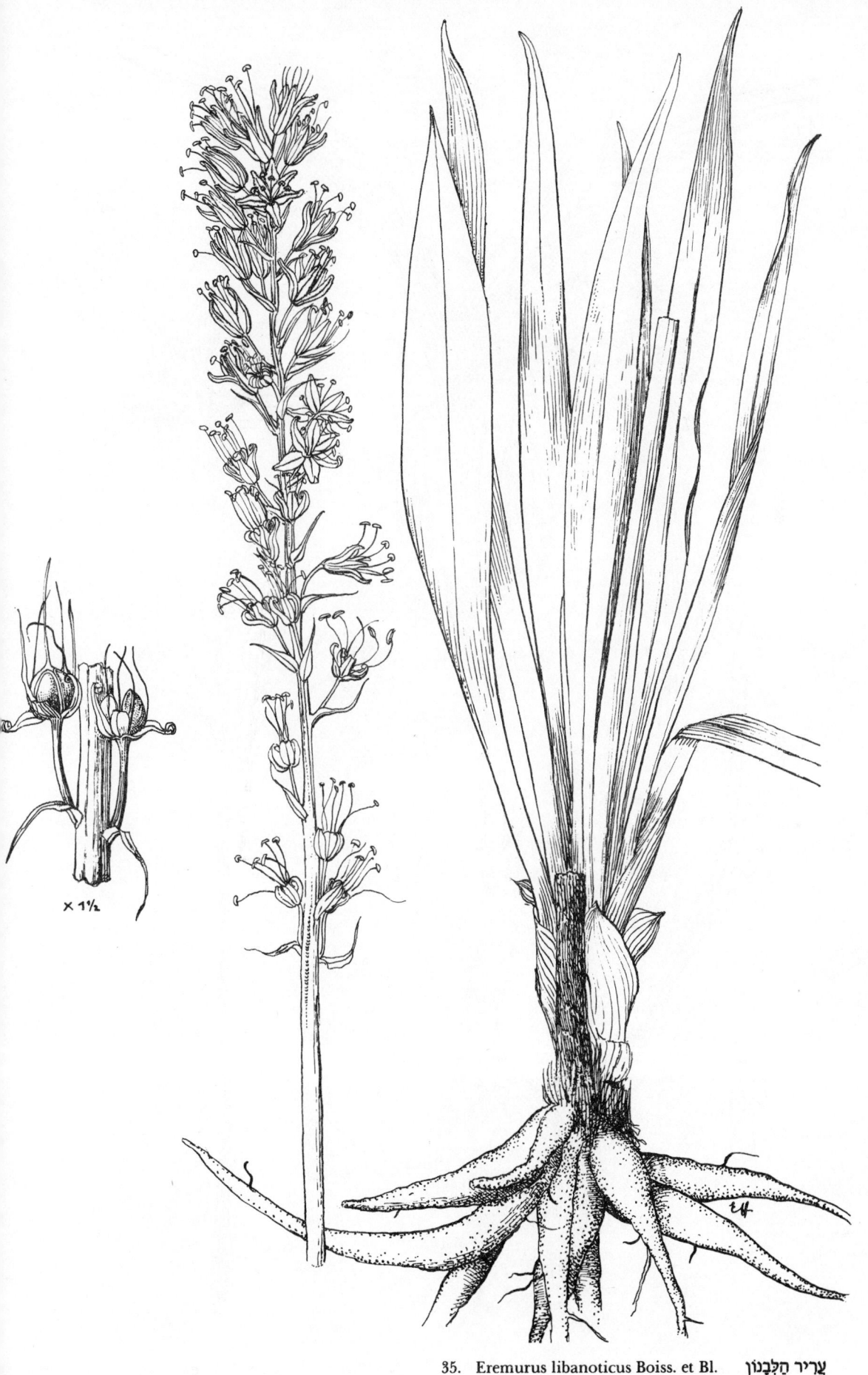

× 1½

35. Eremurus libanoticus Boiss. et Bl. עֲרִיר הַלְּבָנוֹן

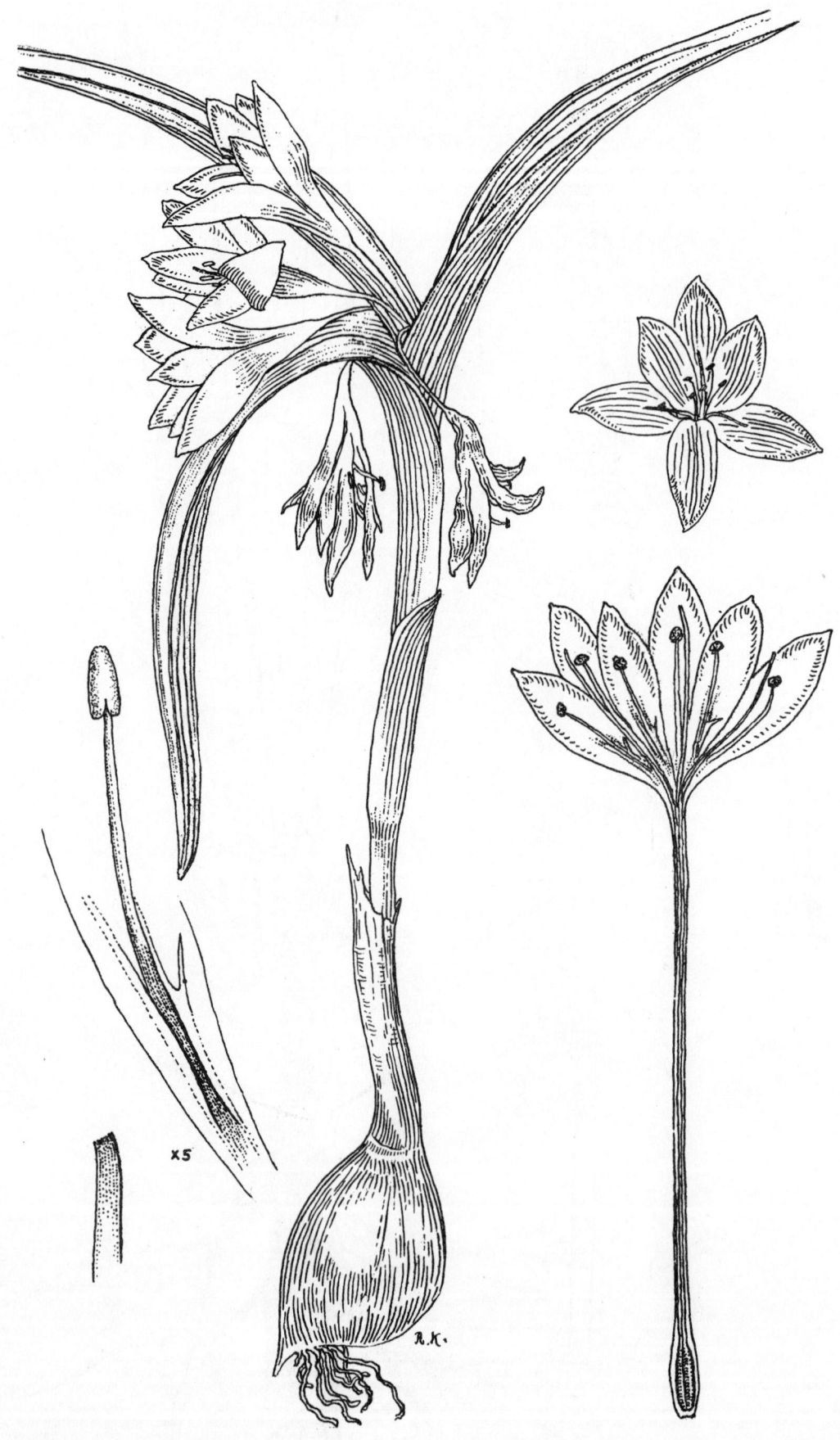

36. Colchicum ritchii R.Br. סִתְוָנִית הַנֶּגֶב

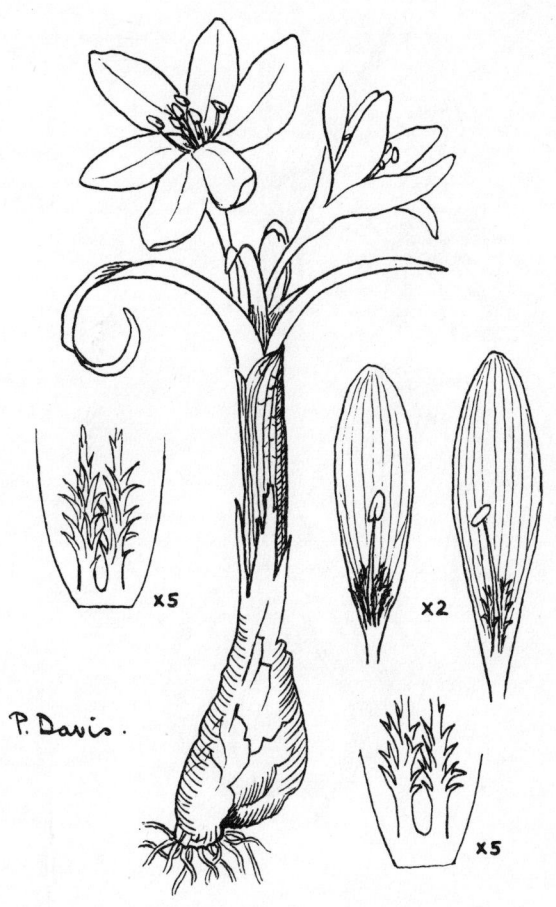

37. *Colchicum tuviae* Feinbr. סִתְוָנִית טוּבְיָה

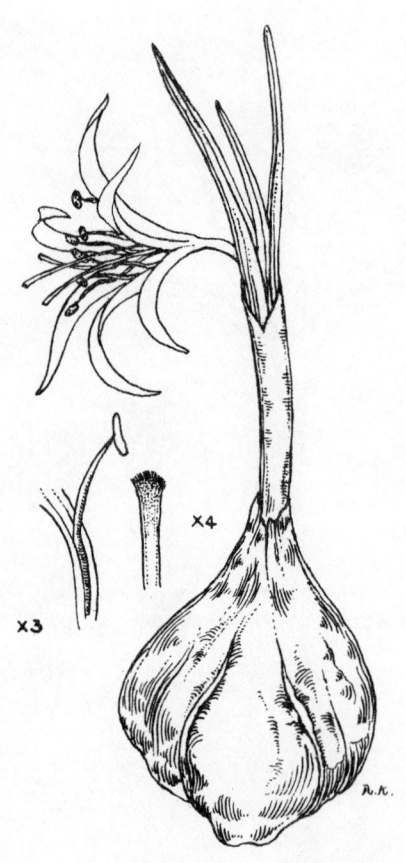

38. Colchicum schimperi Janka ex Stefanoff סִתְוָנִית שִׁימְפֶּר

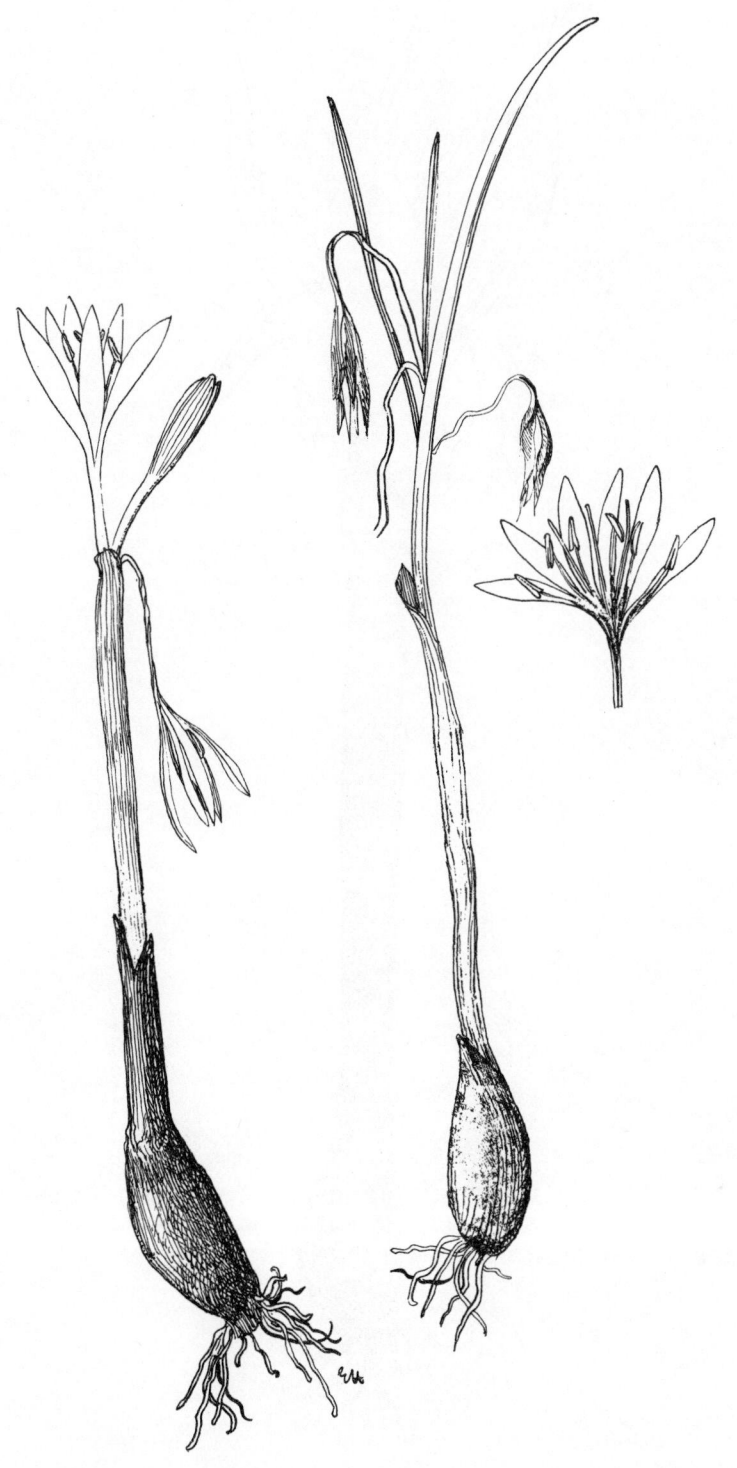

39. Colchicum tauri Siehe ex Stefanoff סִתְוָנִית הַחֶרְמוֹן

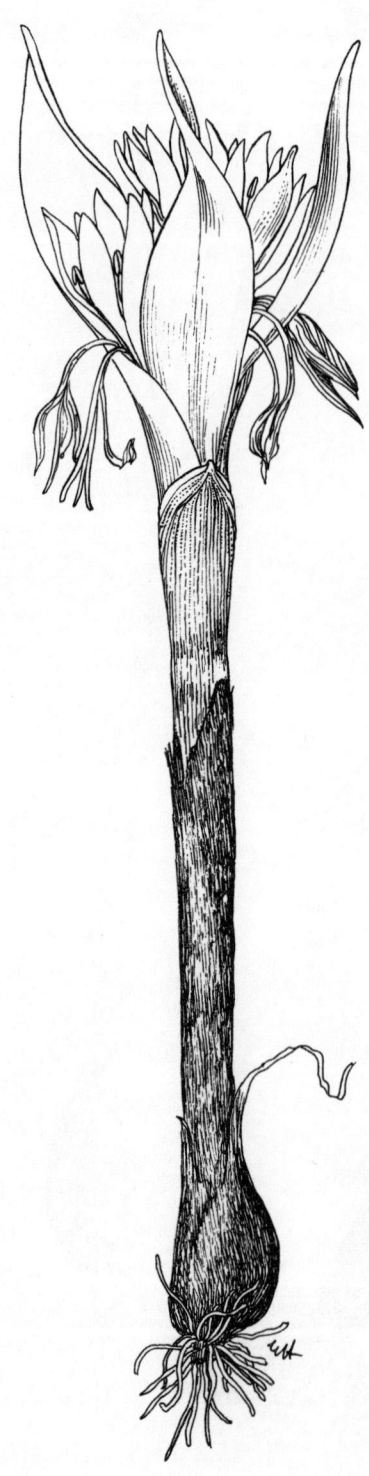

40. Colchicum brachyphyllum Boiss. & Hausskn. סִתְוָנִית קְצָרַת־עָלִים

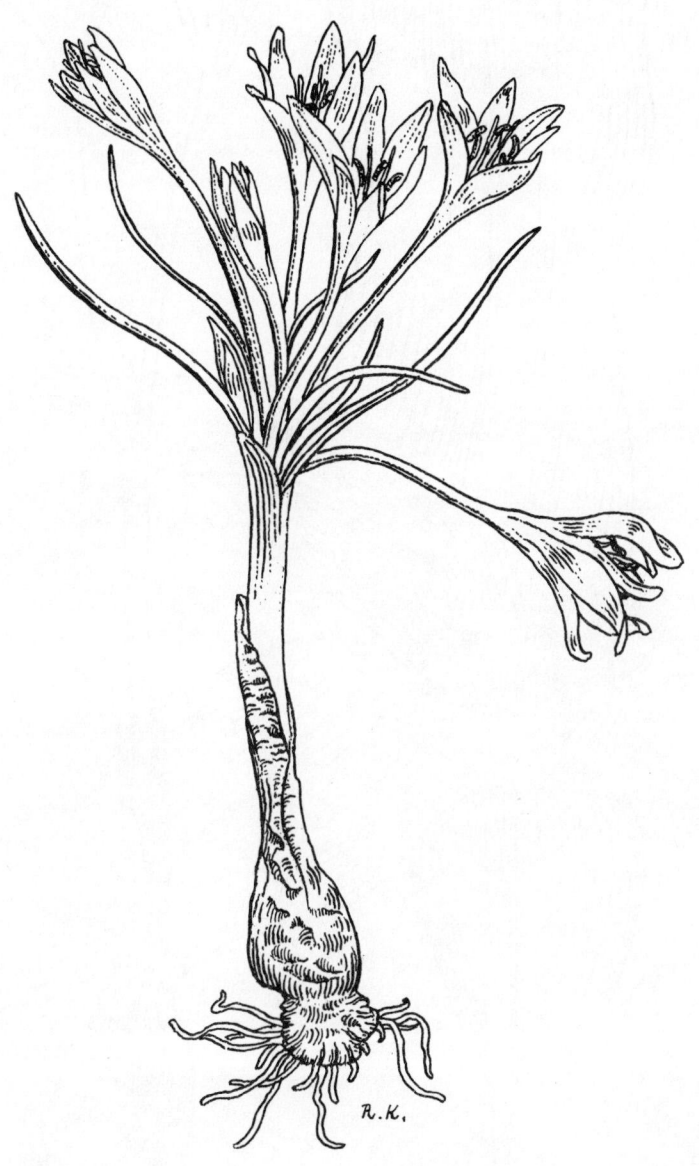

41. *Colchicum stevenii* Kunth סִתְוָנִית הַיּוֹרֶה

42. Colchicum decaisnei Boiss. סִתְוָנִית בְּכִירָה

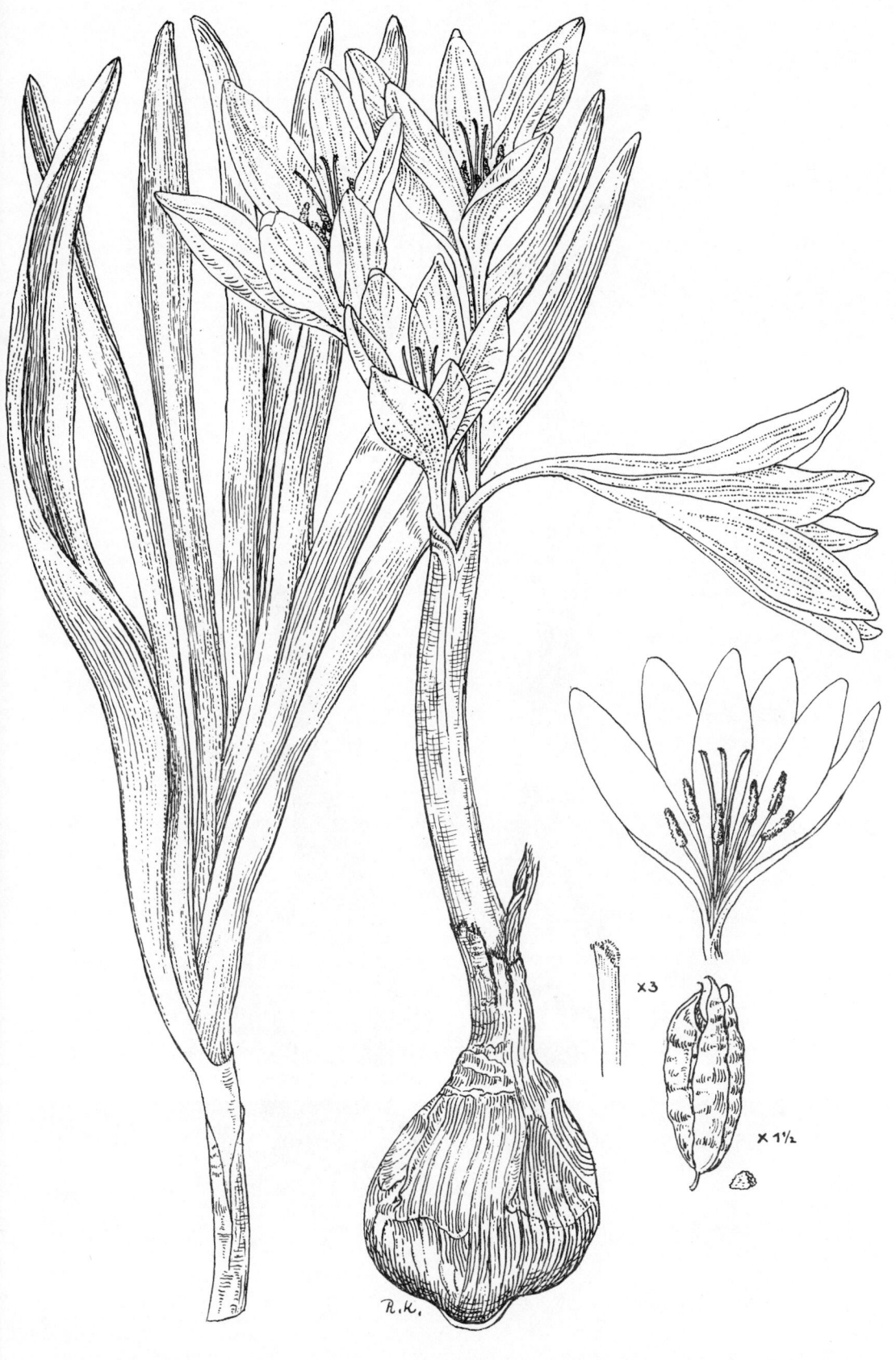

43. **Colchicum** hierosolymitanum Feinbr. סִתְוָנִית יְרוּשָׁלַיִם

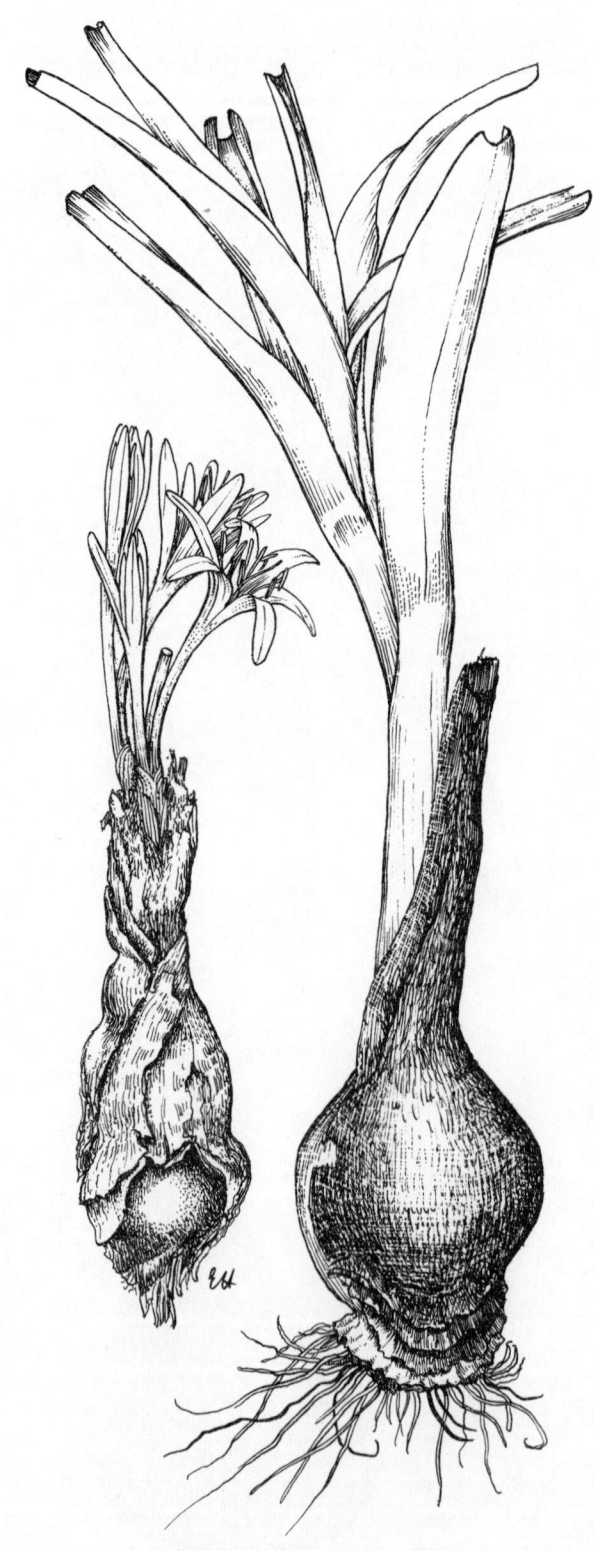

44. Colchicum tunicatum Feinbr. סִתְוָנִית הַקְּלִפּוֹת

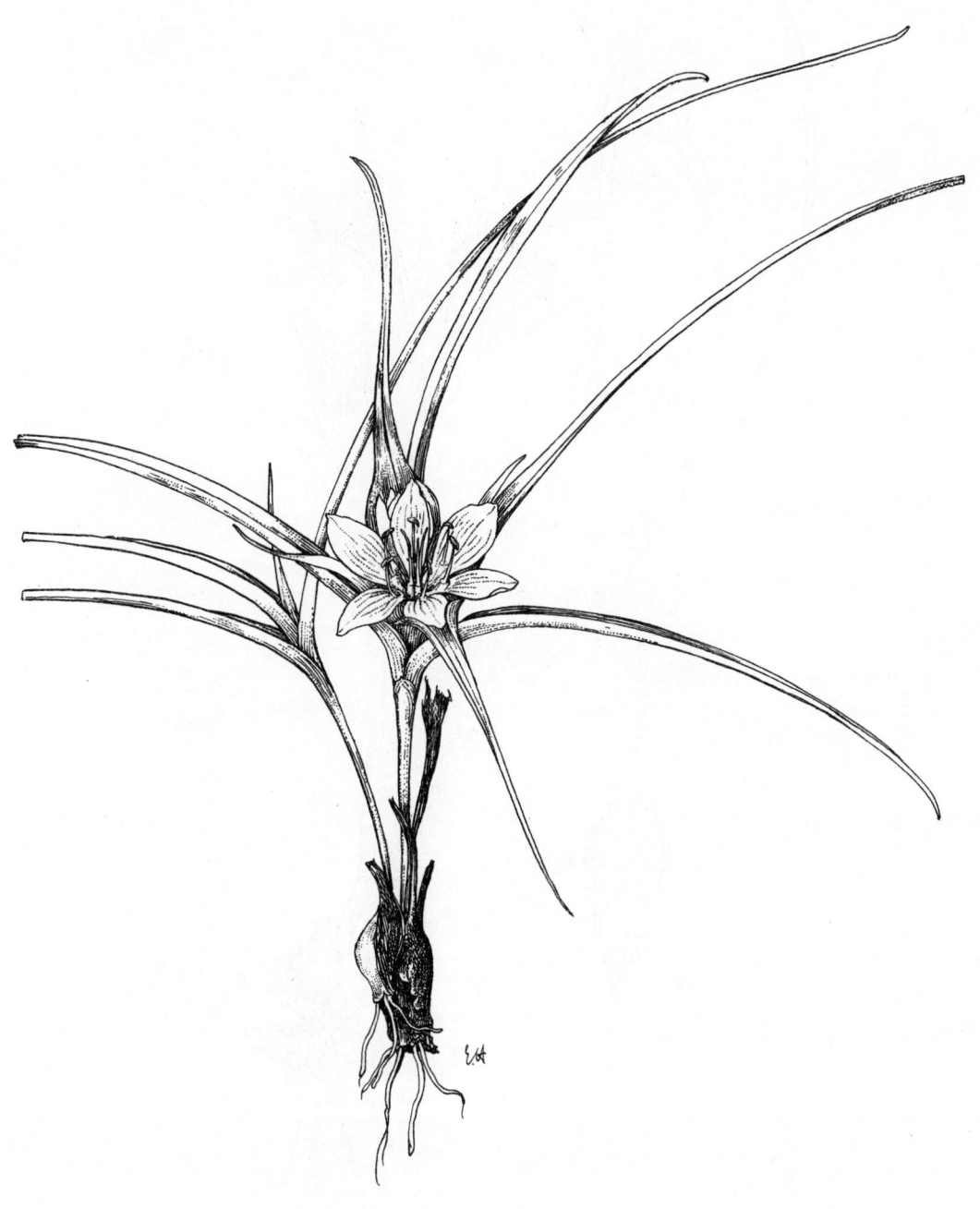

45. Androcymbium palaestinum Baker בְּצַלְצִיָּה אֶרֶץ־יִשְׂרְאֵלִית

46. Gagea villosa (Bieb.) Duby var. villosa   זְהָבִית שְׂעִירָה זַן שְׂעִירָה

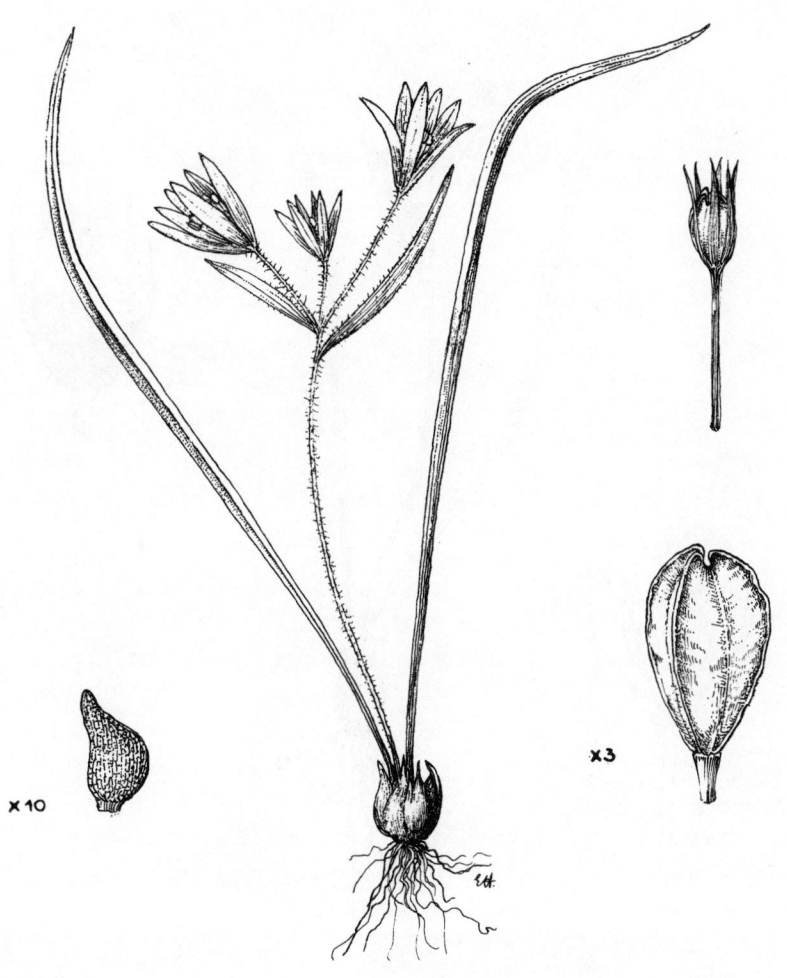

47. Gagea villosa (Bieb.) Duby var. hermonis Dafni & Heyn   זְהָבִית שְׂעִירָה זַן הַחֶרְמוֹן

48. Gagea micrantha (Boiss.) Pascher זְהָבִית קְטַנַּת־פְּרָחִים

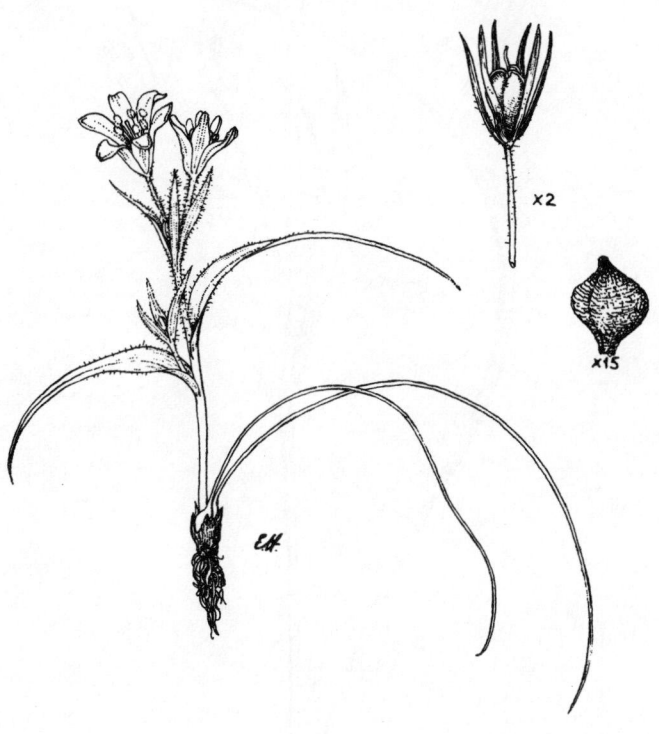

49. Gagea bohemica (Zauschn.) Schult. & Schult. fil. זְהָבִית פְּעוּטָה

50. Gagea fistulosa Ker-Gawler זְהָבִית נְבוּבָה

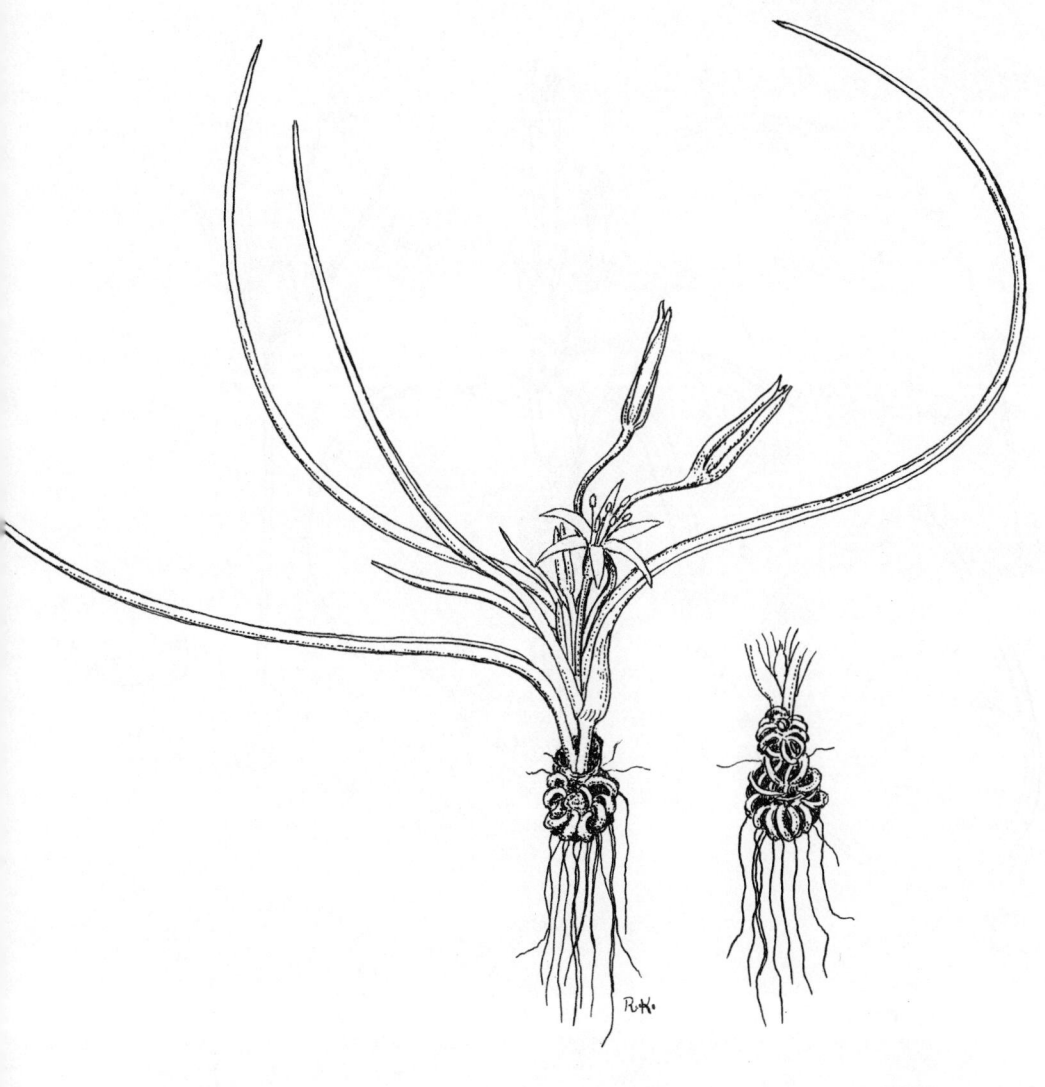

51. Gagea dayana Chodat & Beauverd var. dayana   זְהָבִית שָׁרוֹנִית זַן שָׁרוֹנִית

52. Gagea dayana Chodat et Beauverd var. conjungens (Pascher) Heyn & Dafni זְהָבִית שְׁרוֹנִית זַן הַנֶּגֶב

53. Gagea chlorantha (Bieb.) Schult. & Schult. fil. זְהָבִית דַּמַּשְׂקָאִית

54. Gagea reticulata (Pall.) Schult. & Schult. fil. זְהָבִית דַּקַּת־עָלִים

55. Gagea fibrosa (Desf.) Schult. & Schult. fil.   זְהָבִית אֲשׁוּנָה

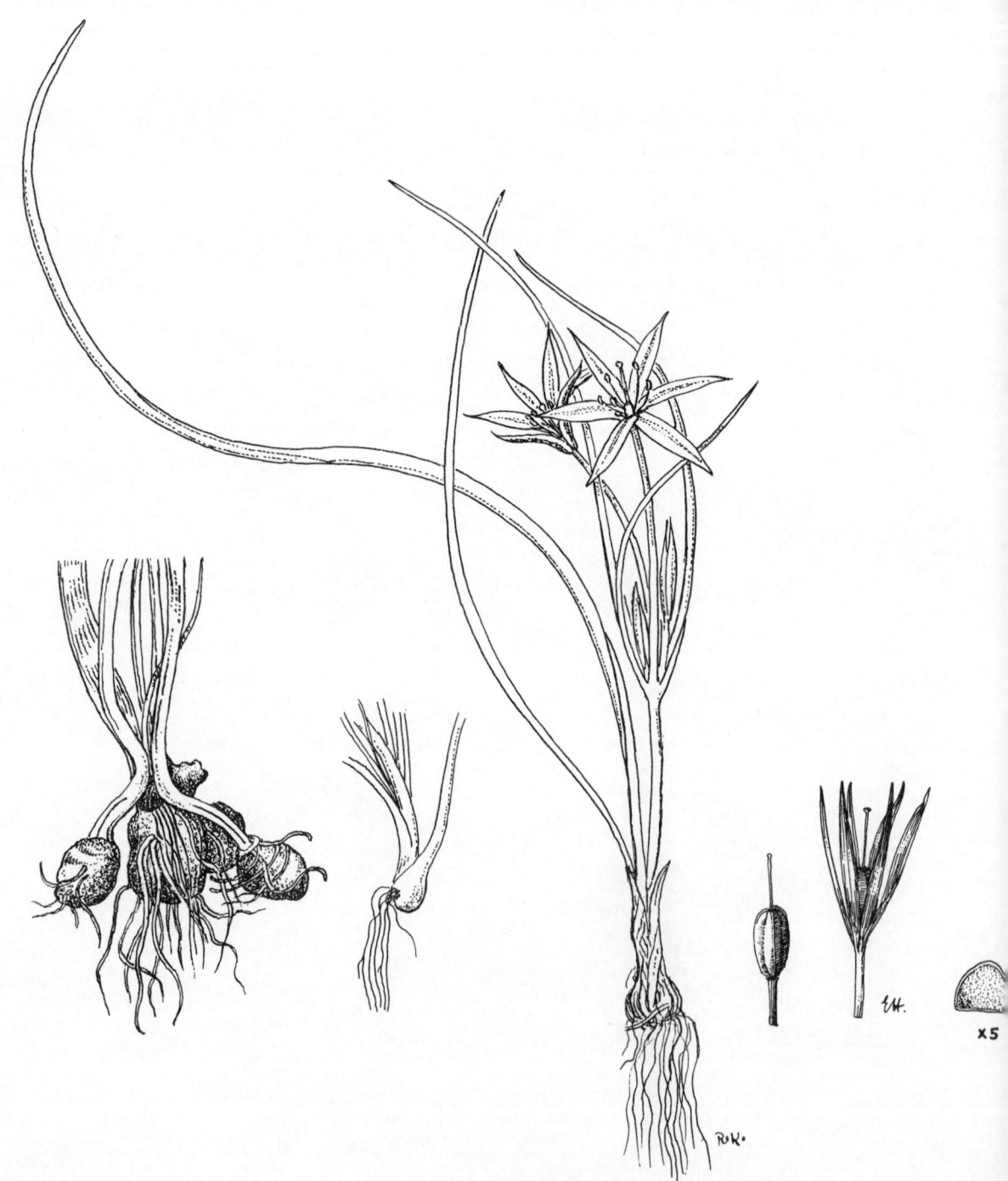

56. Gagea commutata C. Koch var. commutata זְהָבִית הַשְּׁלוּחוֹת זַן הַשְּׁלוּחוֹת

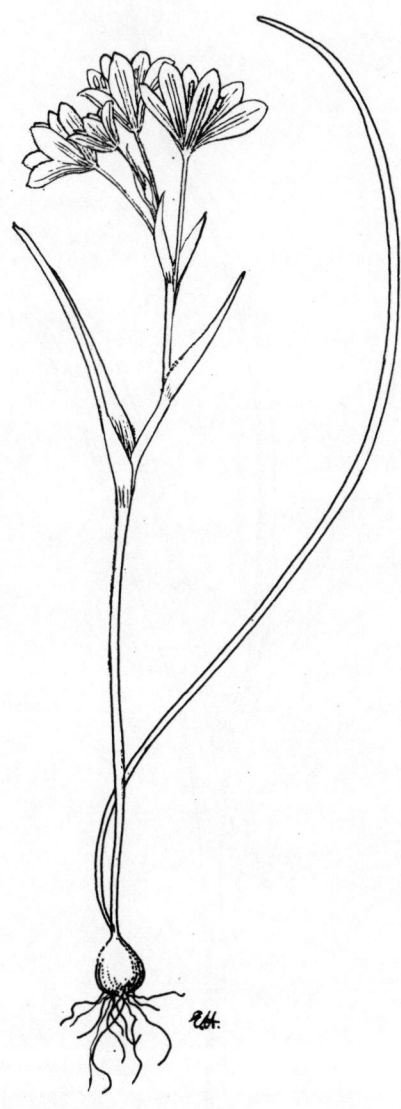

57. Gagea libanotica (Hochst.) Greuter זְהָבִית אֲדַמְדֶּמֶת

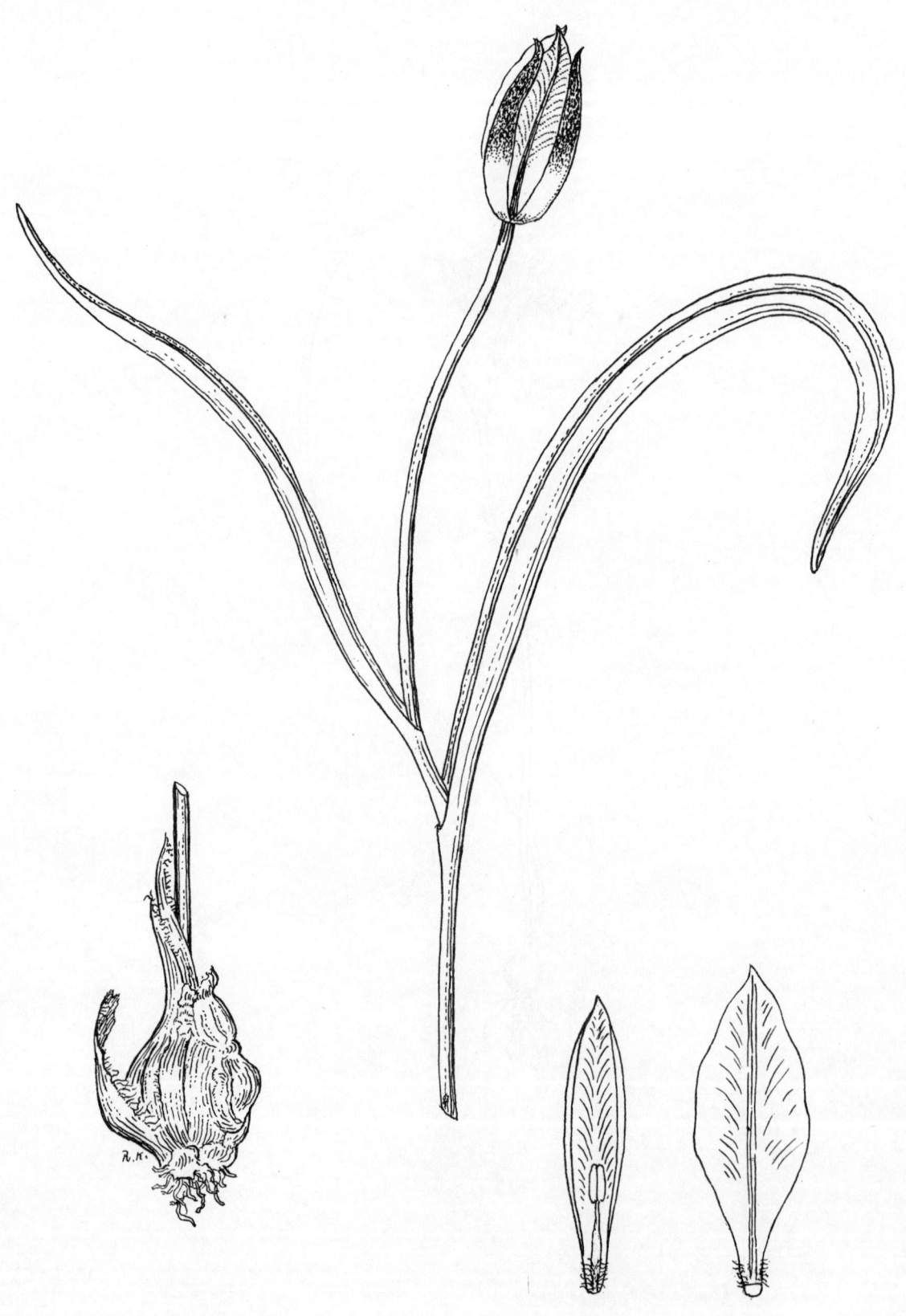

58. Tulipa polychroma Stapf   צִבְעוֹנִי סַסְגּוֹנִי

59. Tulipa agenensis DC. subsp. agenensis   צִבְעוֹנִי הֶהָרִים תַּת־מִין הֶהָרִים

60. Tulipa agenensis DC. subsp. sharonensis (Dinsmore) Feinbr.   צִבְעוֹנִי הֶהָרִים תַּת־מִין הַשָּׁרוֹן

61. Tulipa systola Stapf   צִבְעוֹנִי הַמִּדְבָּר

62. Fritillaria persica L. גְּבִיעוֹנִית הַלְּבָנוֹן

. Lilium candidum L. שׁוֹשַׁן צָחוֹר

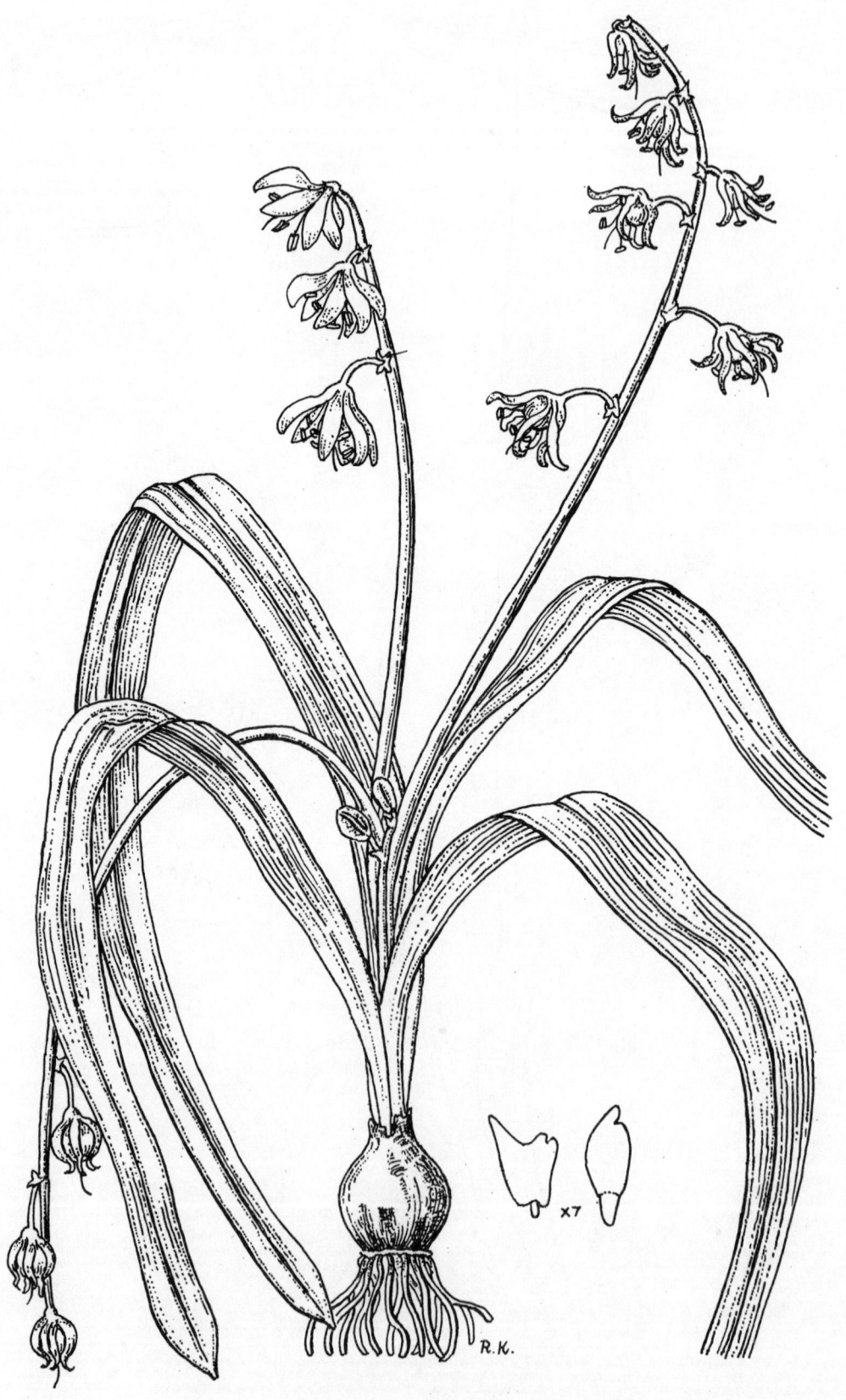

64. Scilla cilicica Siehe בֶּן־חָצָב הַחֹרֶשׁ

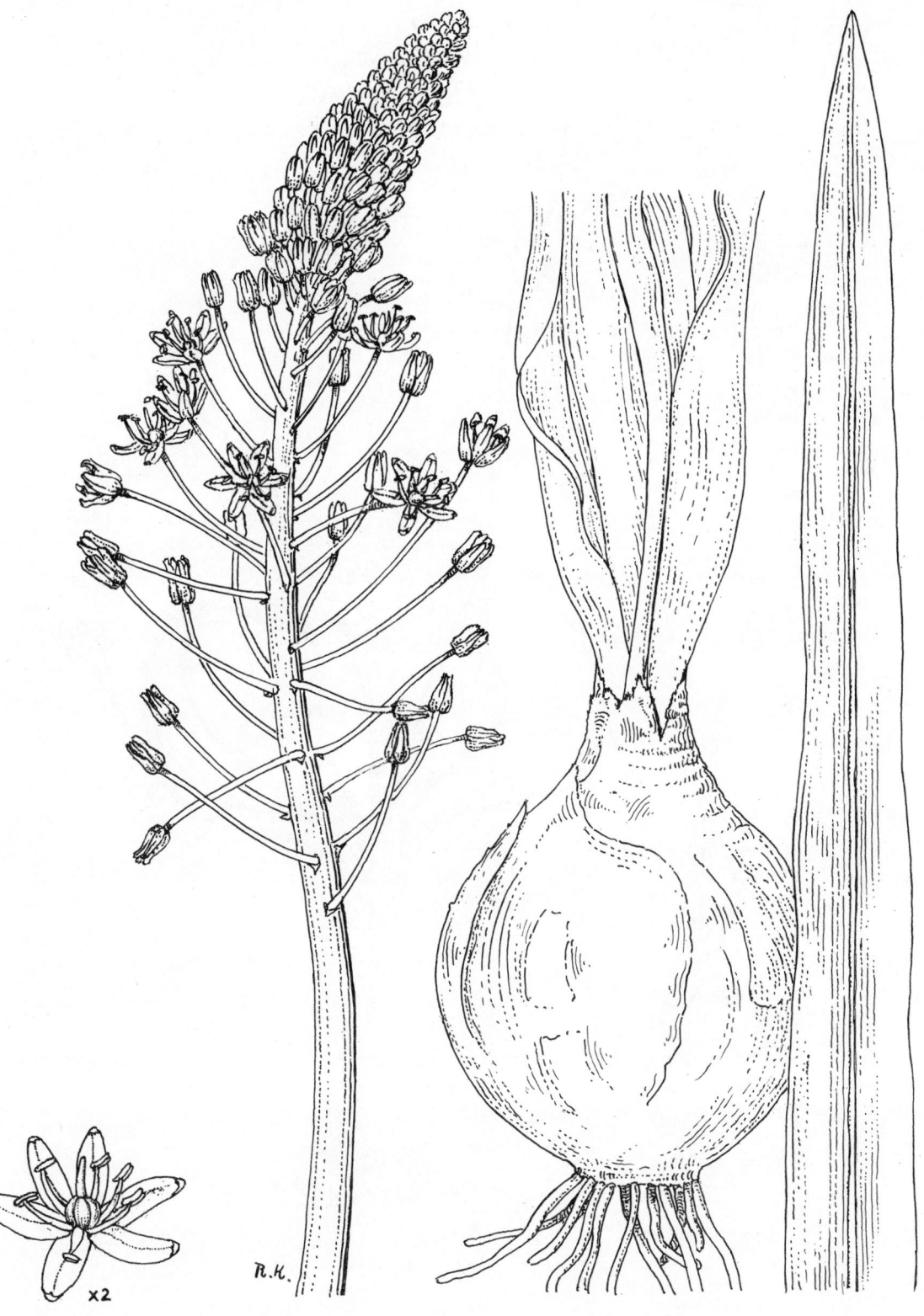

65. Scilla hyacinthoides L. בֶּן־חָצָב יַקִּינְטוֹנִי

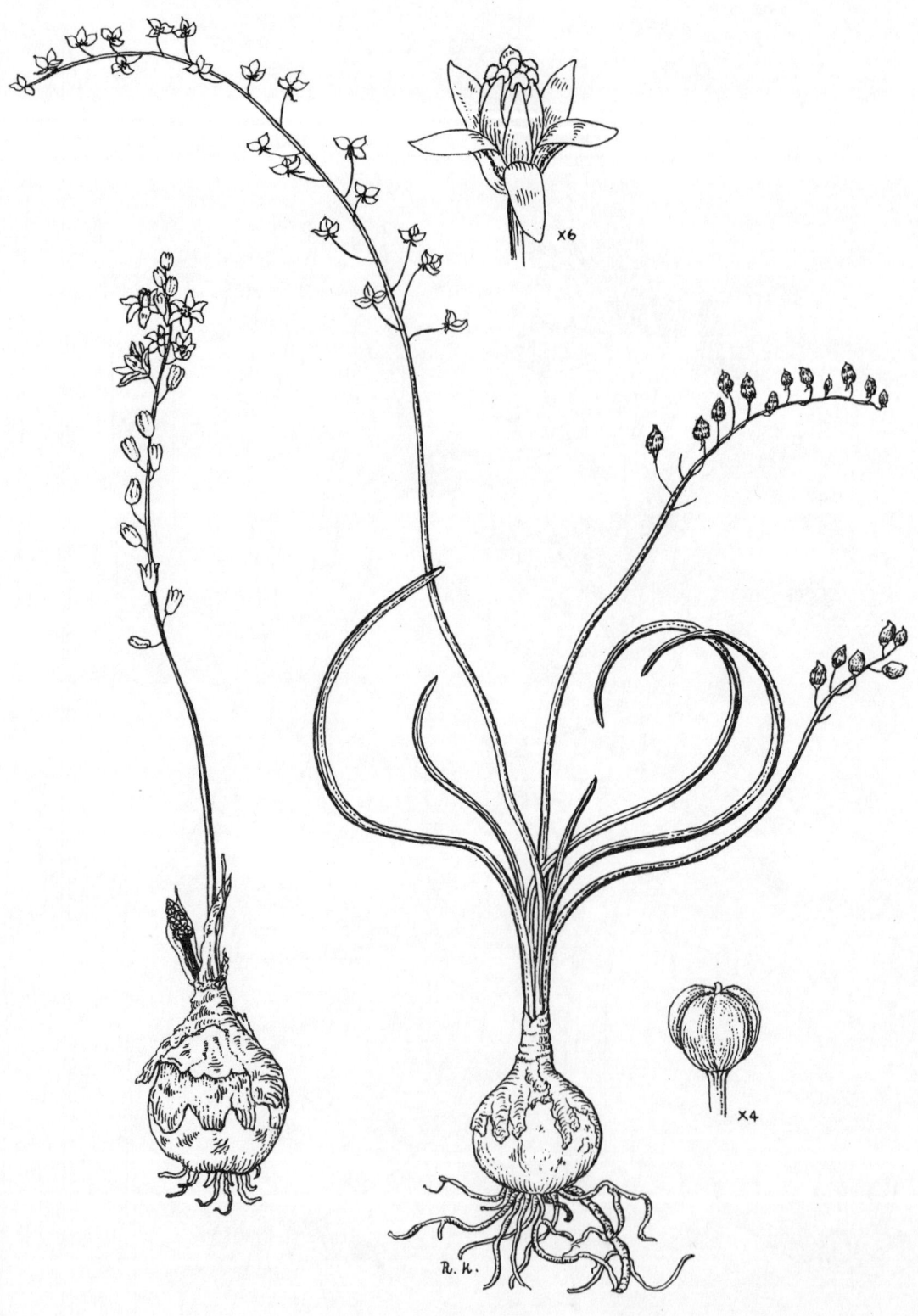

66. Scilla autumnalis L. בֶּן־חָצָב סִתְוָנִי

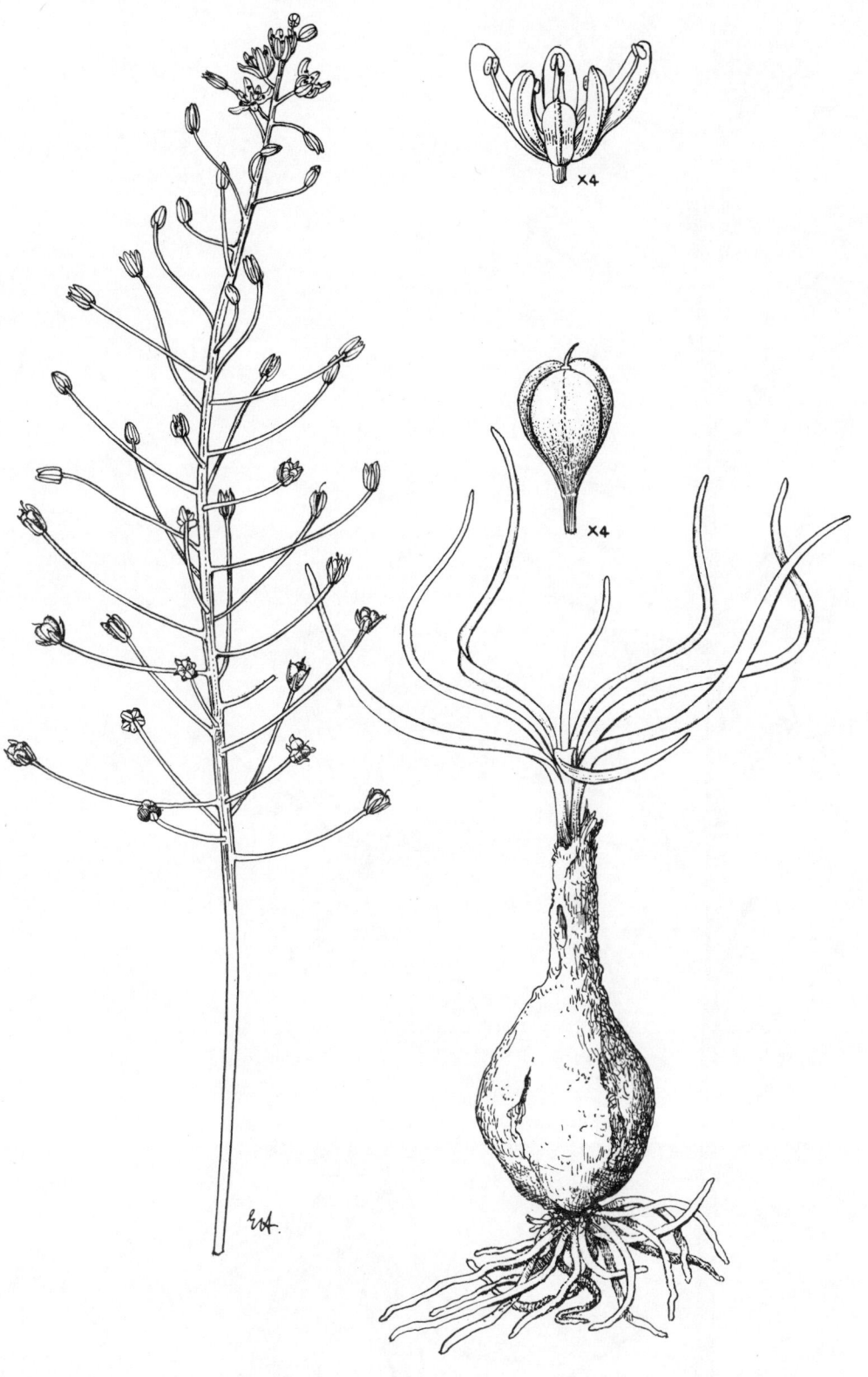

67. Scilla hanburyi Baker   בֶּן־חָצָב מִדְבָּרִי

68. Urginea undulata (Desf.) Steinh.   חָצָב גַּלּוֹנִי

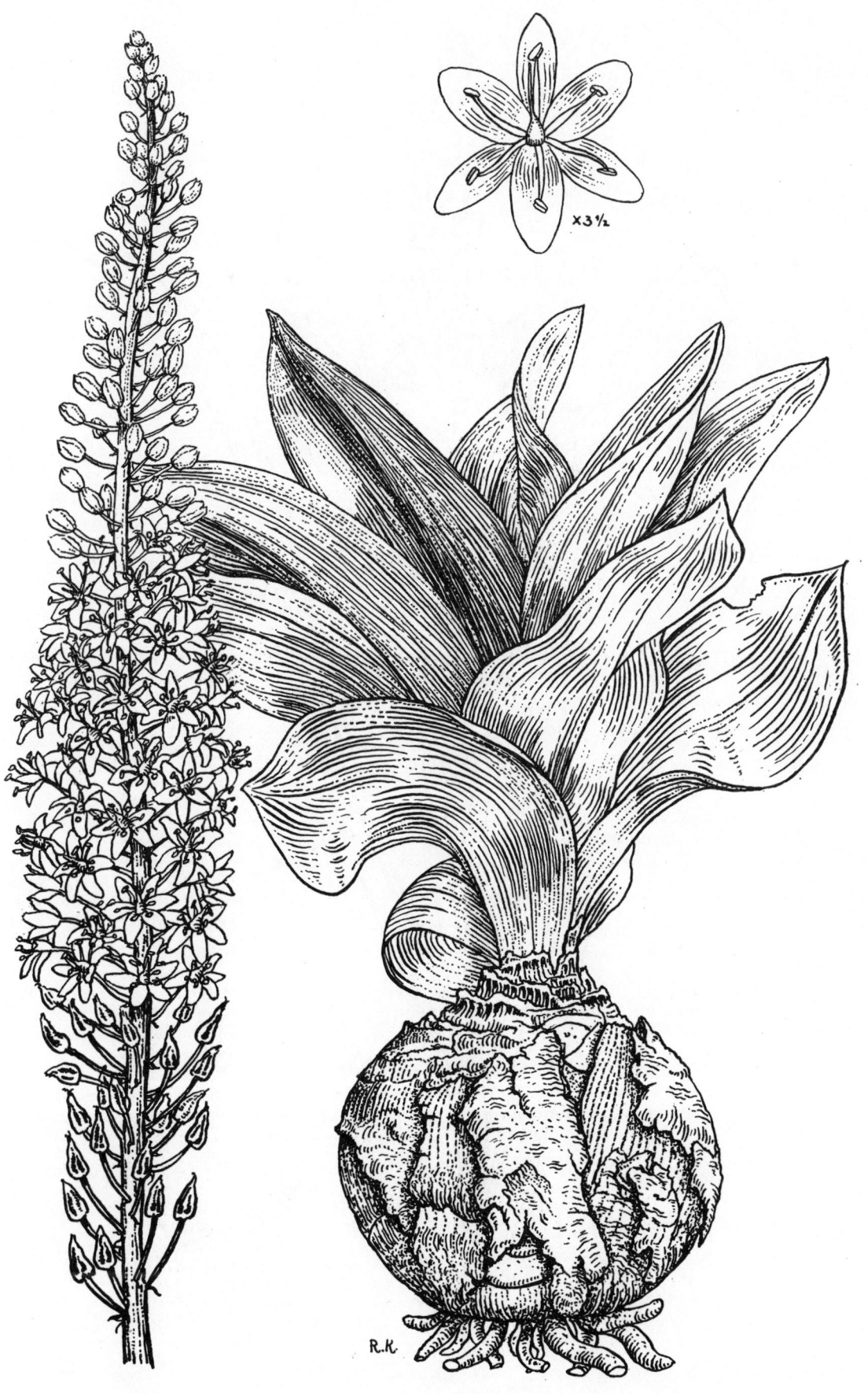

69. Urgineá maritima (L.) Baker חָצָב מָצוּי

70. Ornithogalum narbonense L. subsp. narbonense   נֵץ־הֶחָלָב הַצָּרְפָתִי תַּת־מִין הַצָּרְפָתִי

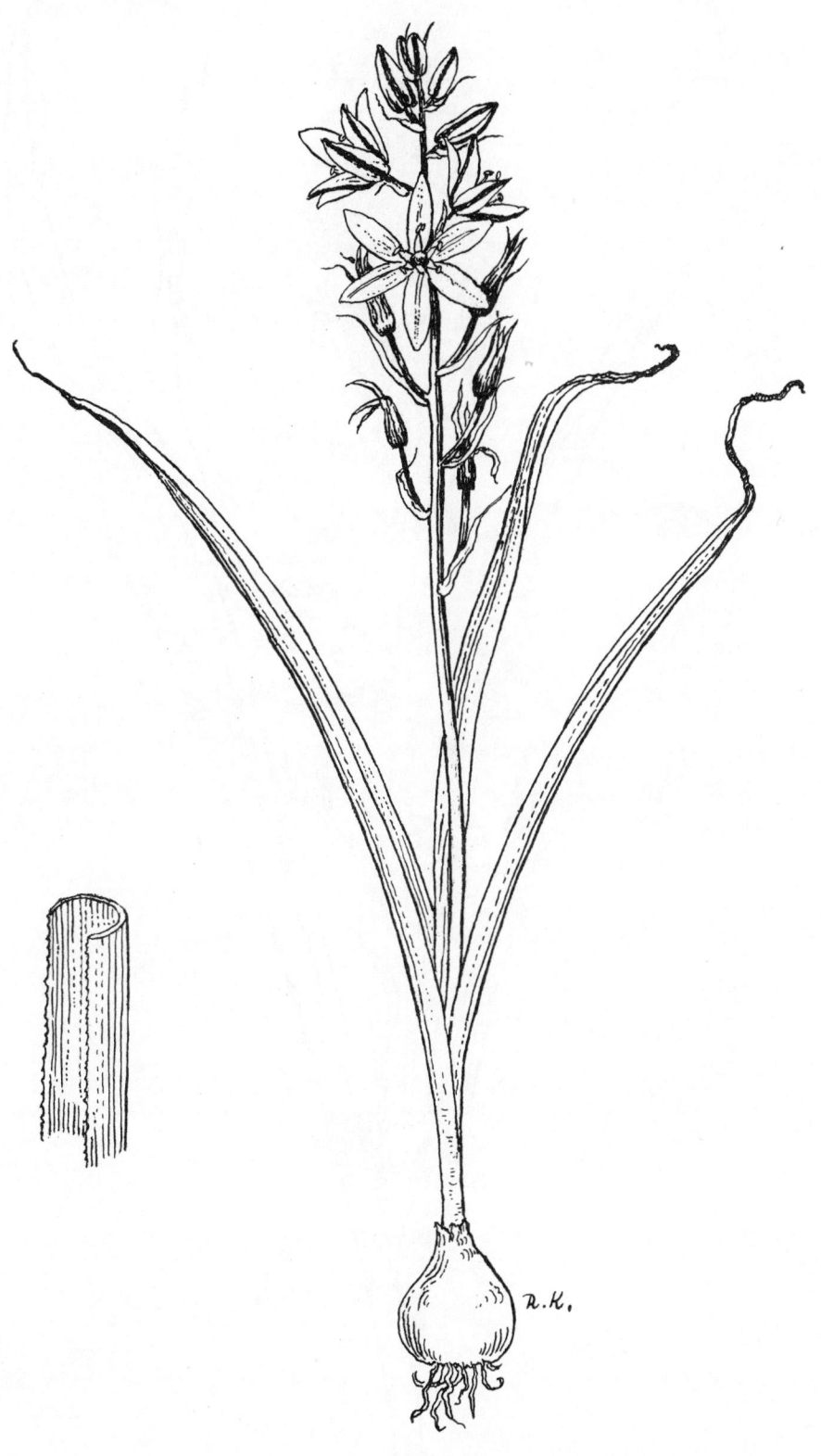

71. Ornithogalum narbonense L. subsp. brachystachys נֵץ־הֶחָלָב הַצָּרְפָתִי תַּת־מִין קְצַר־הַשִּׁבֹּלֶת

(C. Koch) Feinbr.

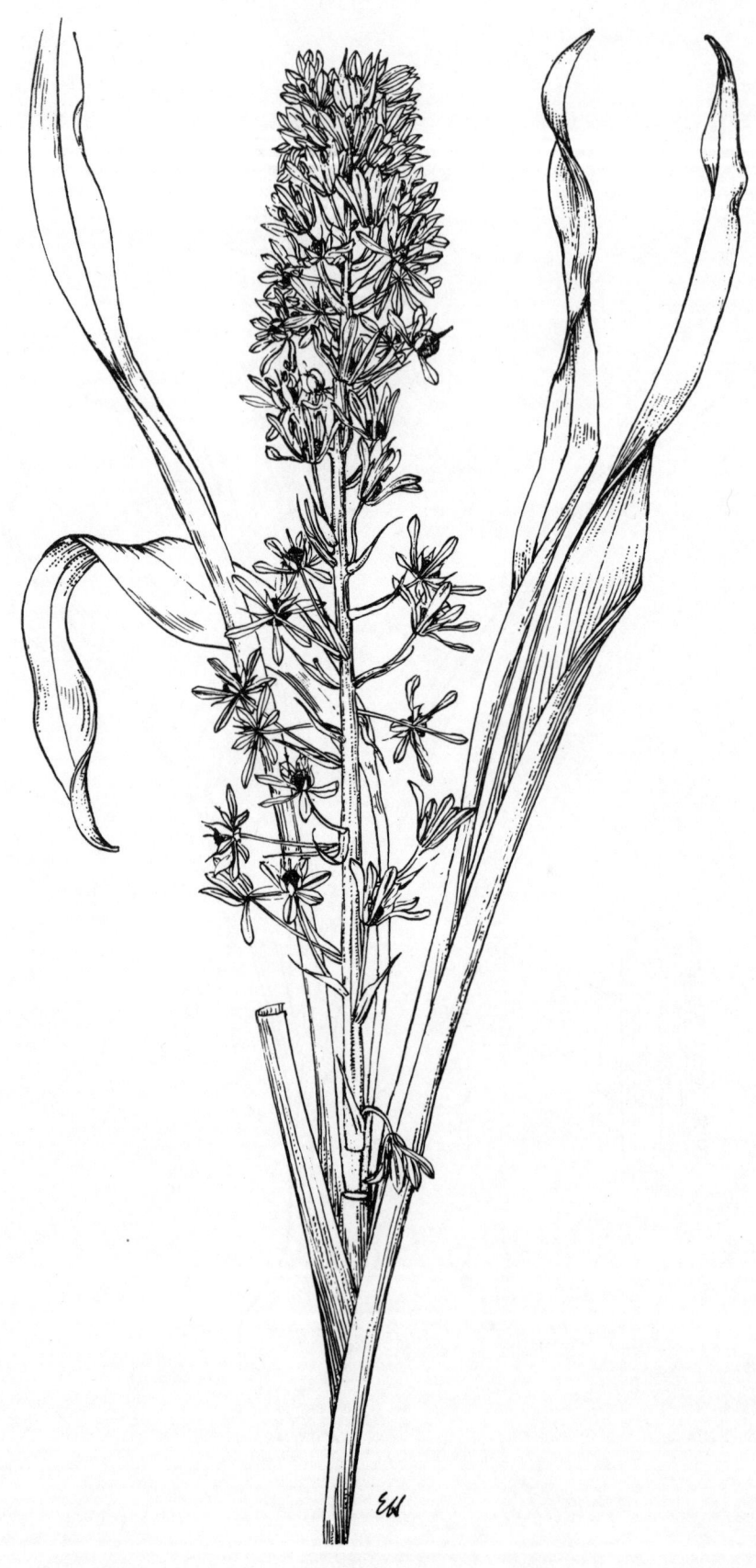

72. Ornithogalum fuscescens Boiss. & Gaill. נֵץ־הֶחָלָב הַחוּם

73. Ornithogalum arabicum L.   נֵץ־הֶחָלָב הָעֲרָבִי

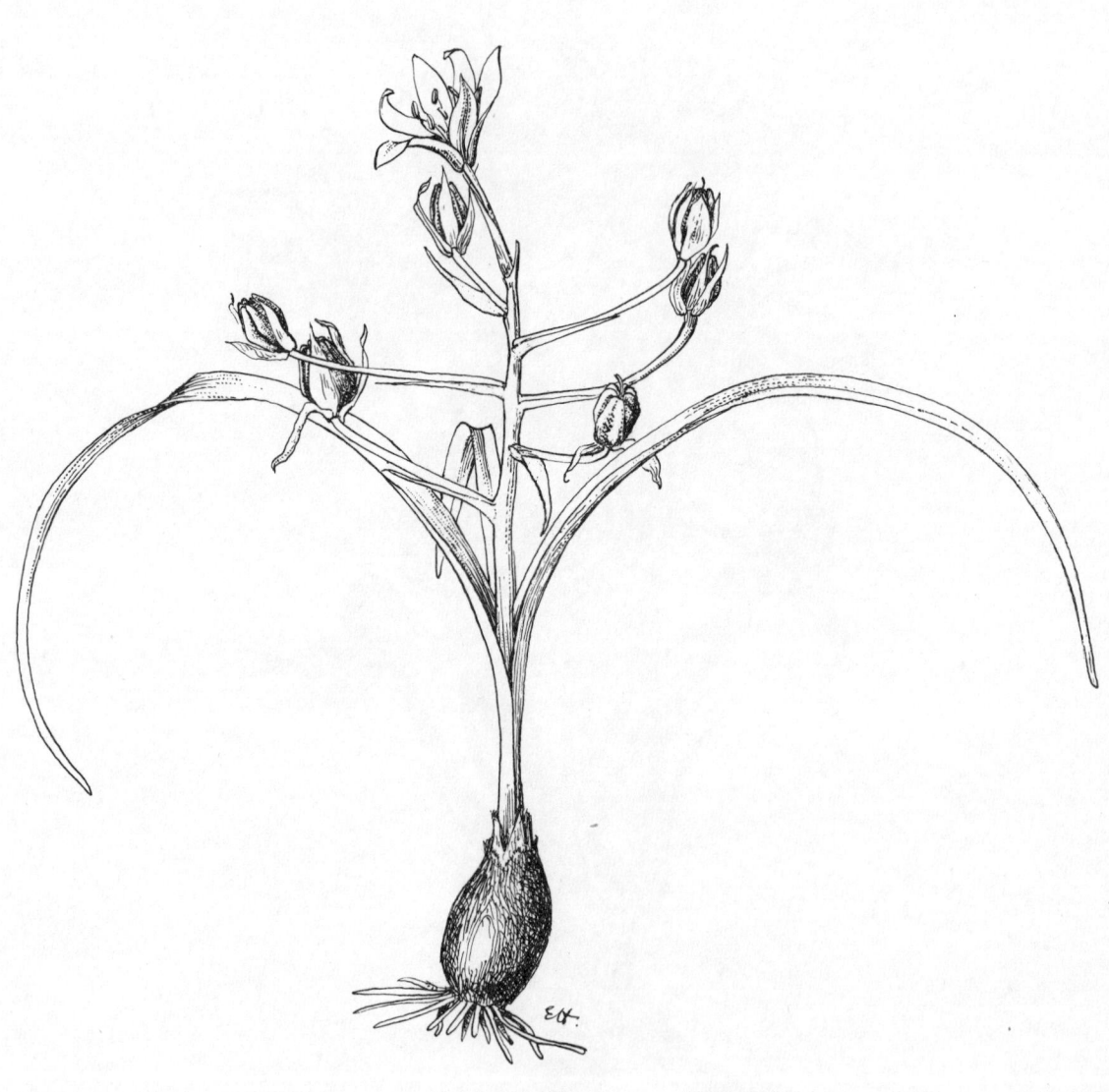

74. Ornithogalum montanum Cyr. נֵץ־הֶחָלָב הַהֲרָרִי

75. Ornithogalum lanceolatum Labill. נֵץ־הֶחָלָב הָאִזְמֵלָנִי

76. Ornithogalum neurostegium Boiss. & Bl. subsp. neurostegium נֵץ־הֶחָלָב הַשָּׂעִיר תַּת־מִין הַשָּׂעִיר

77. Ornithogalum neurostegium Boiss. & Bl. נֵץ־הֶחָלָב הַשָּׂעִיר תַּת־מִין אֵיג

subsp. eigii (Feinbr.) Feinbr.

78. Ornithogalum platyphyllum Boiss. נֵץ־הֶחָלָב שְׁטוּחַ־הֶעָלִים

79. Ornithogalum divergens Boreau   נֵץ־הֶחָלָב הַמְפֻשָּׂק

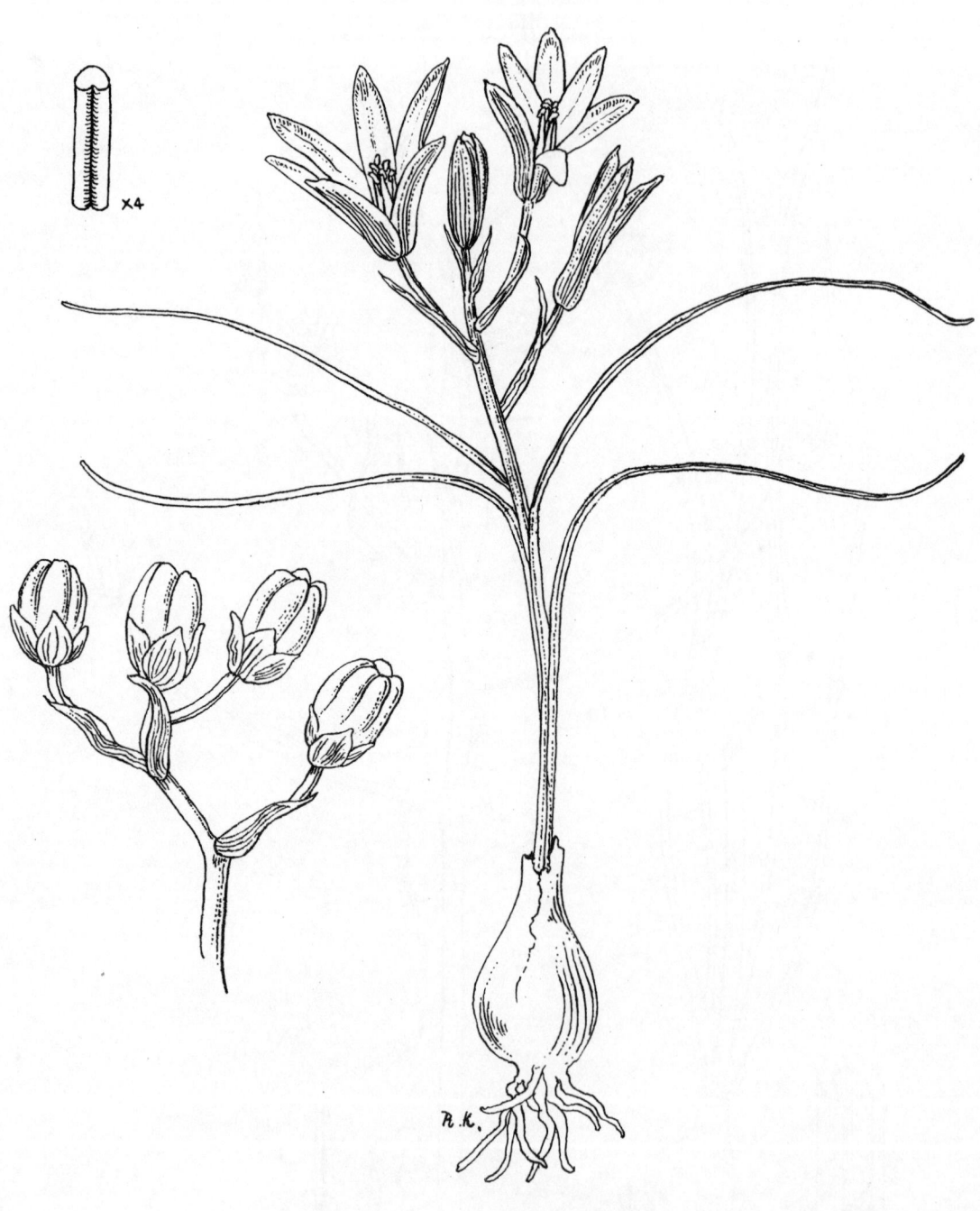

80. Ornithogalum trichophyllum Boiss. & Heldr.   נֵץ־הֶחָלָב דַּק־הֶעָלִים

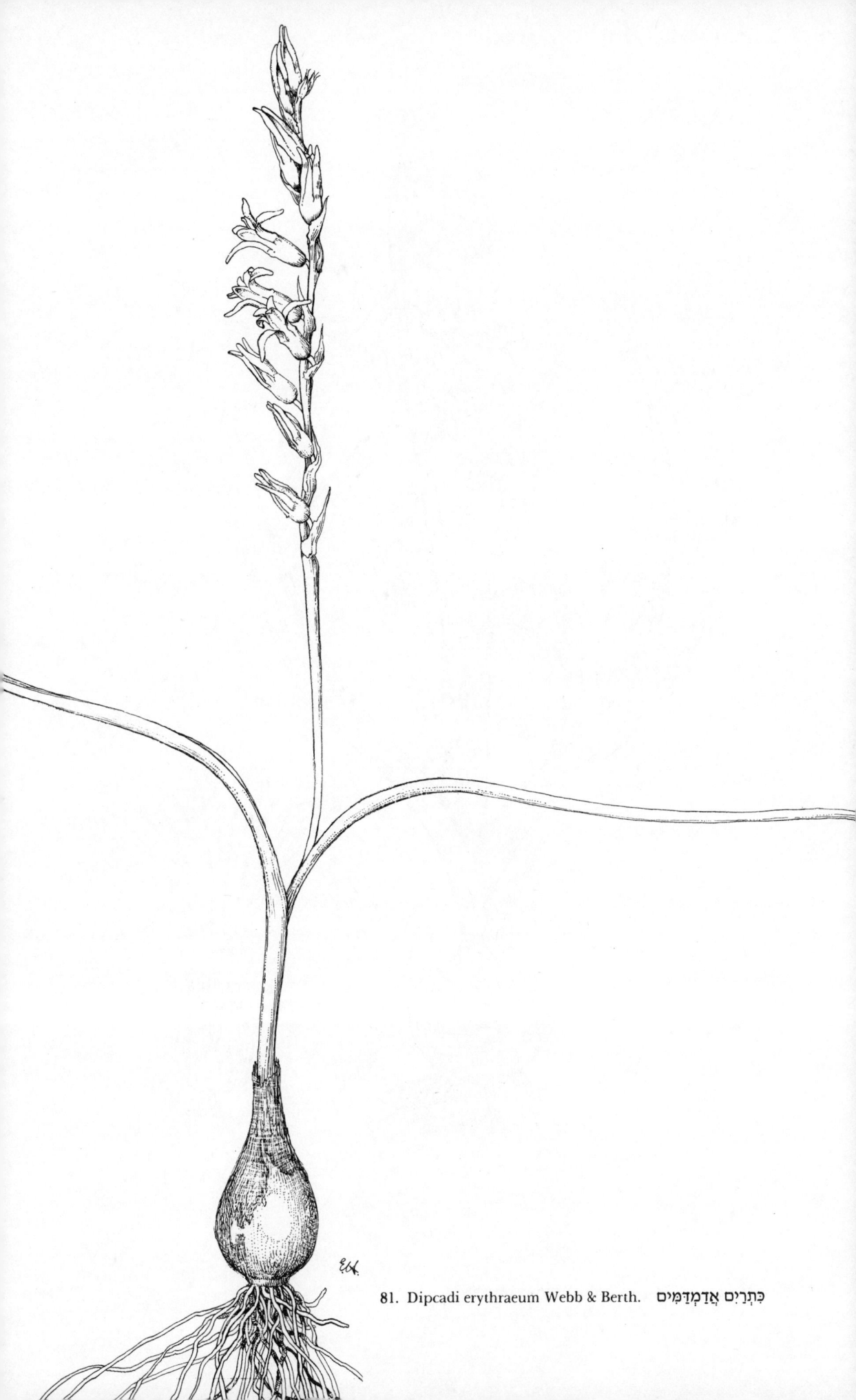

81. Dipcadi erythraeum Webb & Berth. כִּתְרִים אֲדַמְדַּמִּים

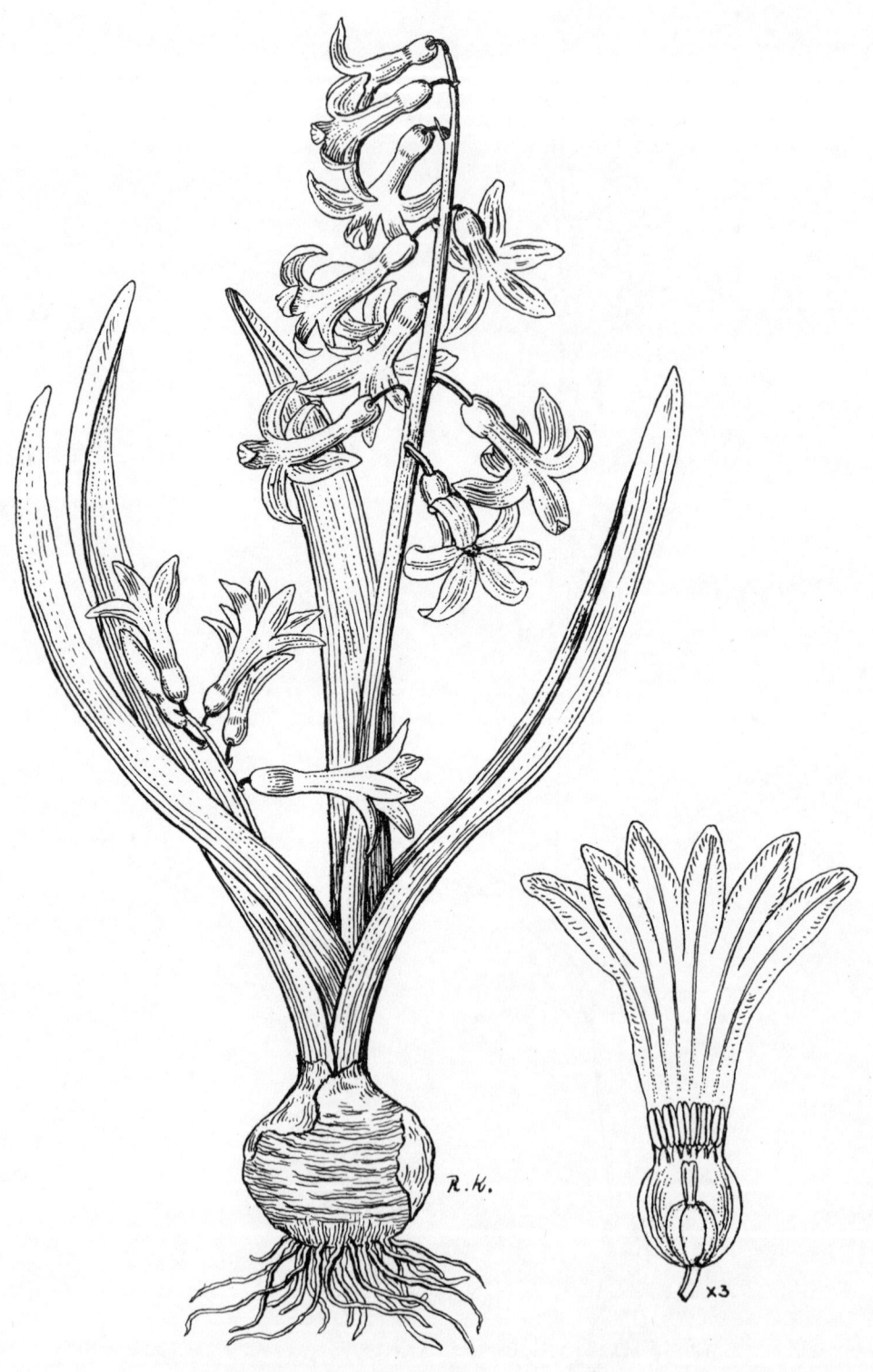

82. Hyacinthus orientalis L. יַקִינְטוֹן מִזְרָחִי

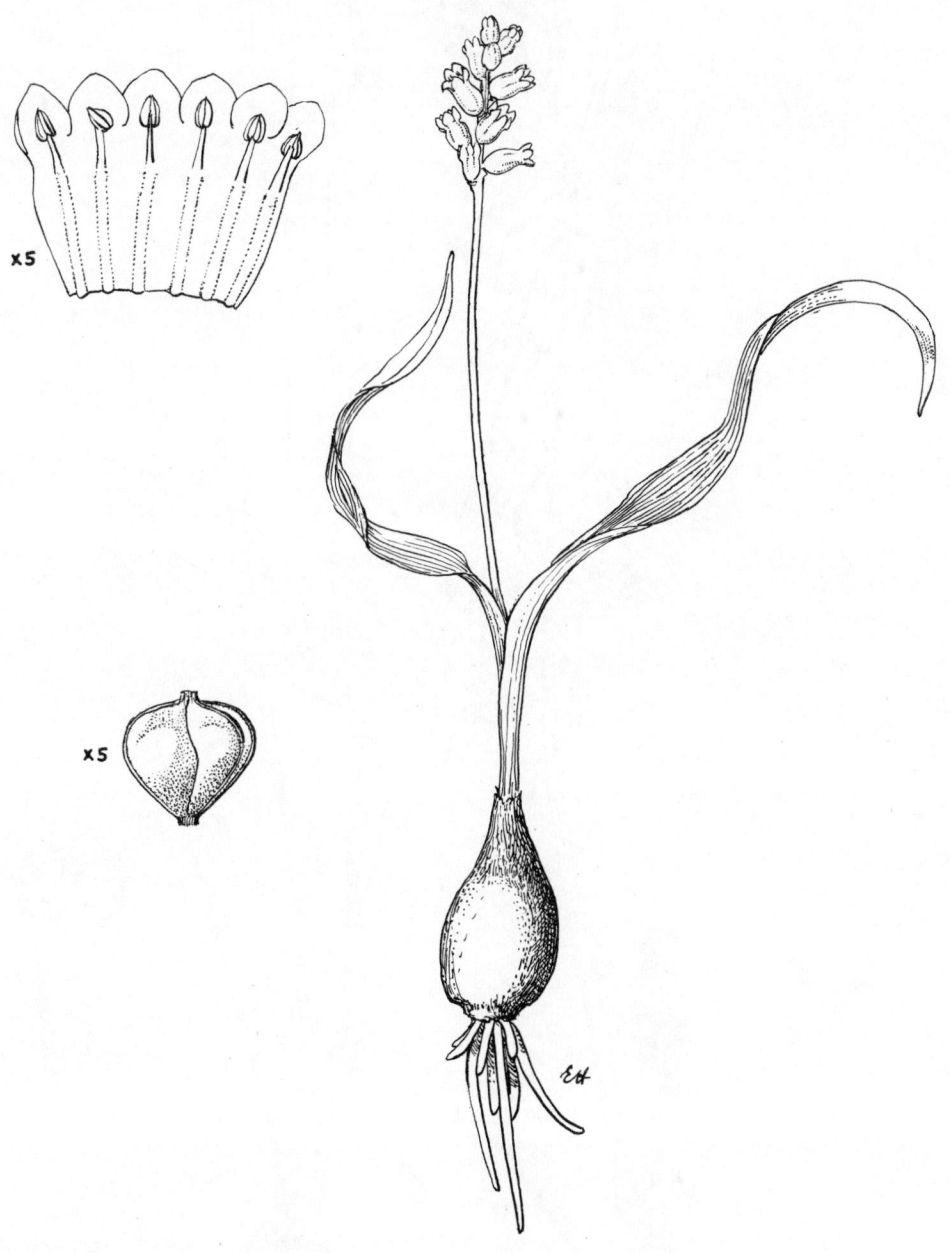

83. Hyacinthella nervosa (Bertol.) Chouard יַקִינְטוֹנִית מְעֹרֶקֶת

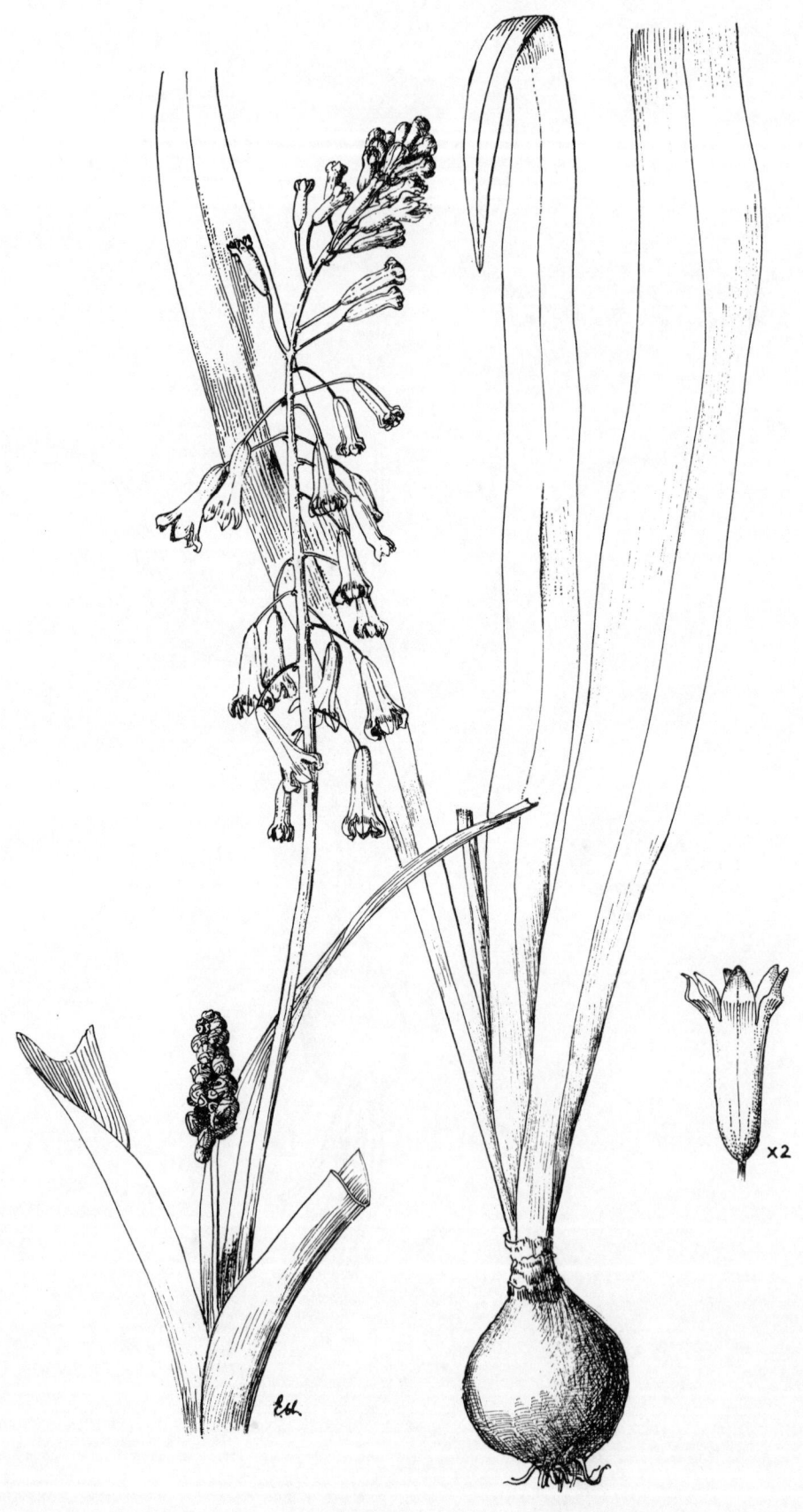

84. Bellevalia trifoliata (Ten.) Kunth זַמְזוּמִית סְגֻלָּה

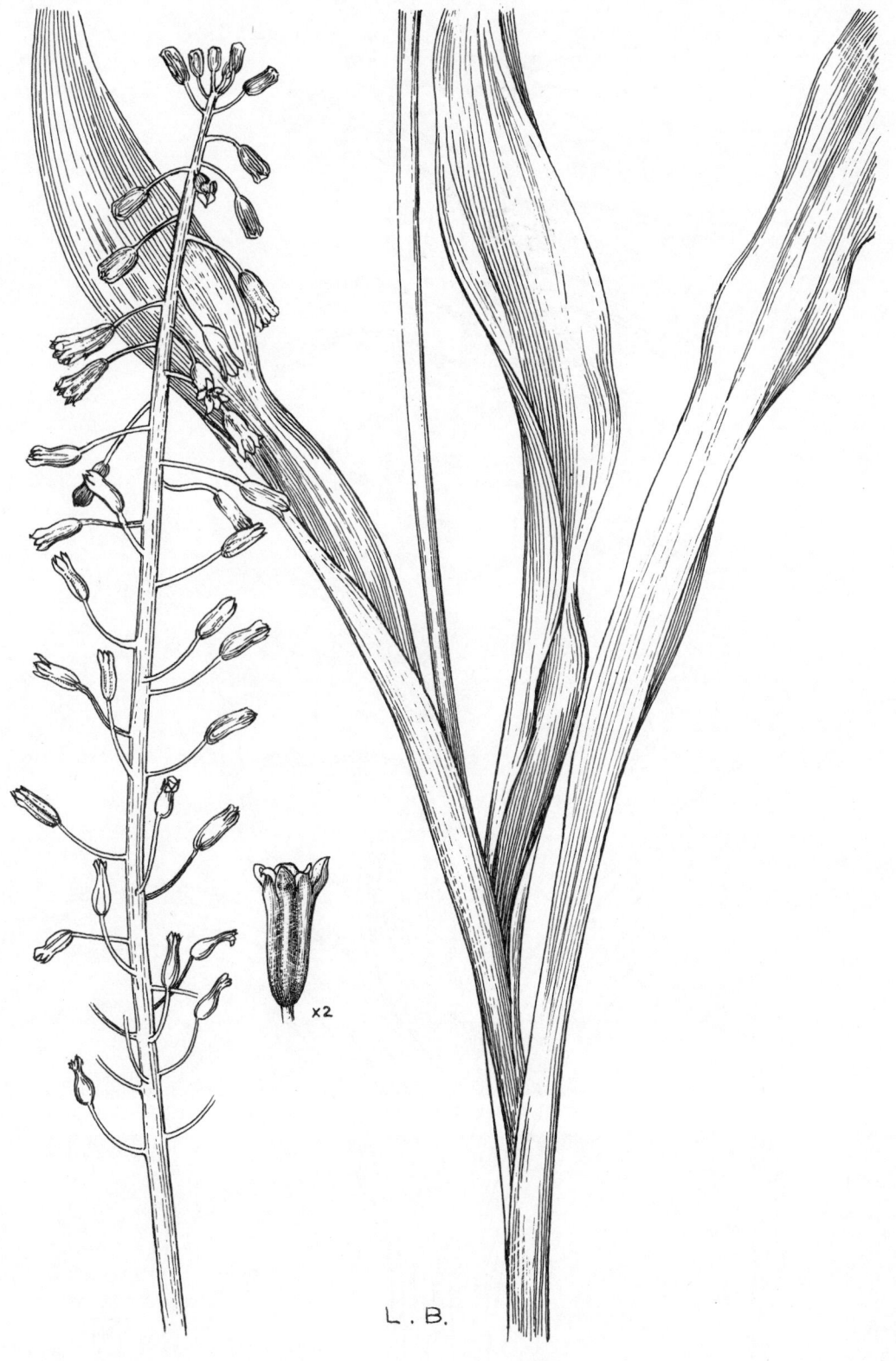

85. Bellevalia macrobotrys Boiss. זְמְזוּמִית אֲרֻכָּה

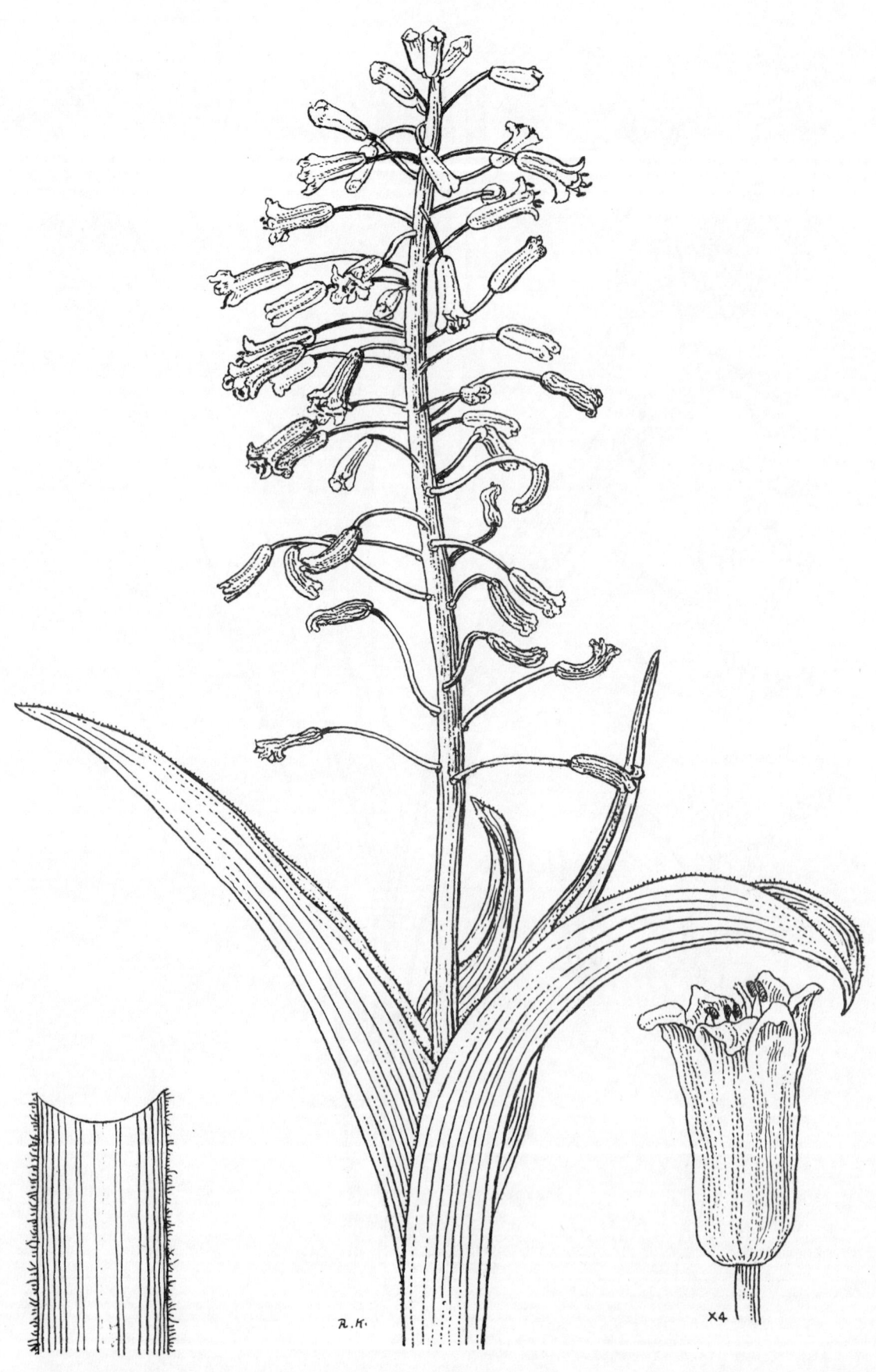

86. Bellevalia warburgii Feinbr. זְמְזוּמִית וָרְבּוּרְג

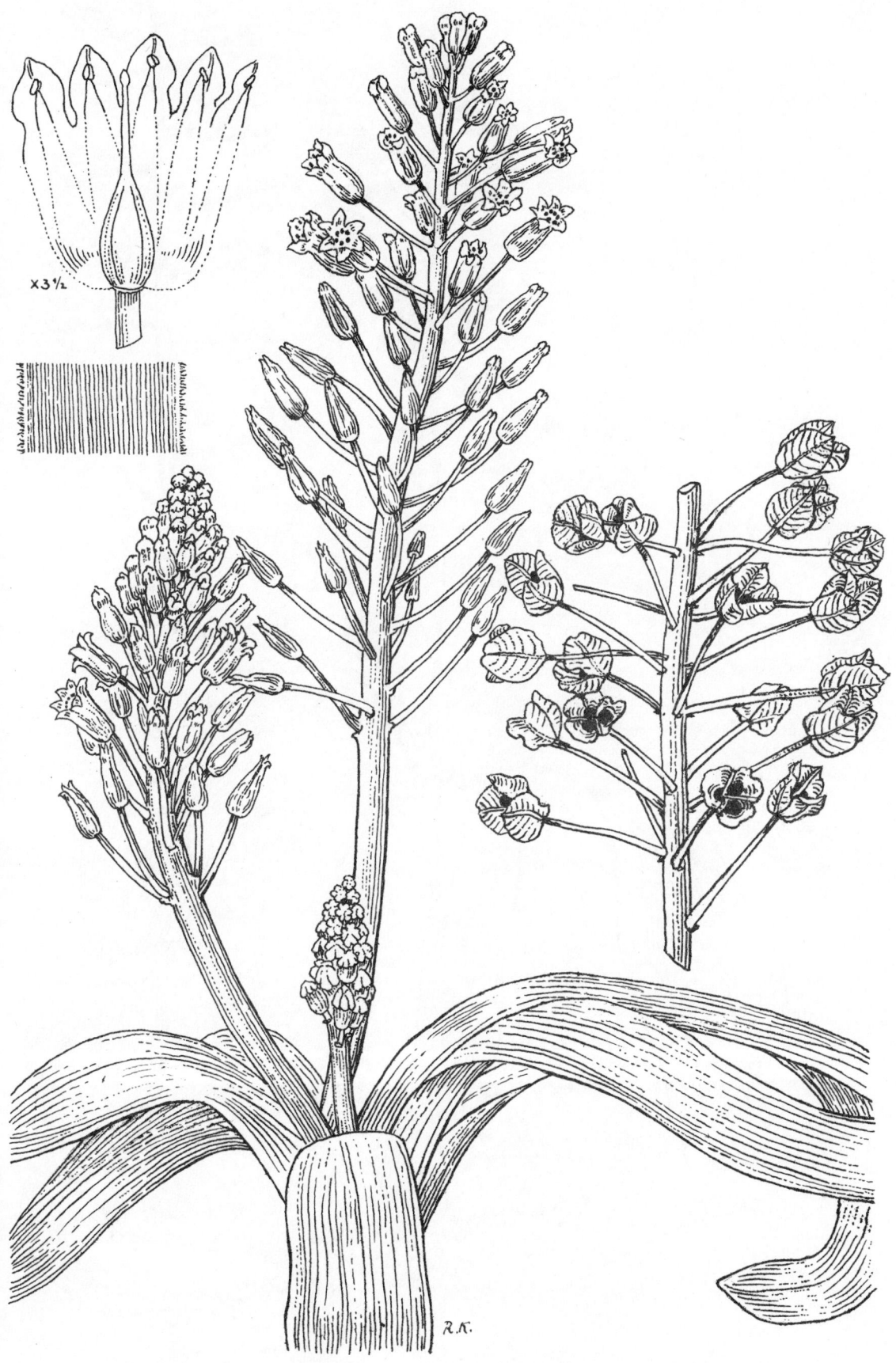

87. Bellevalia eigii Feinbr. זַמְזוּמִית אֵיג

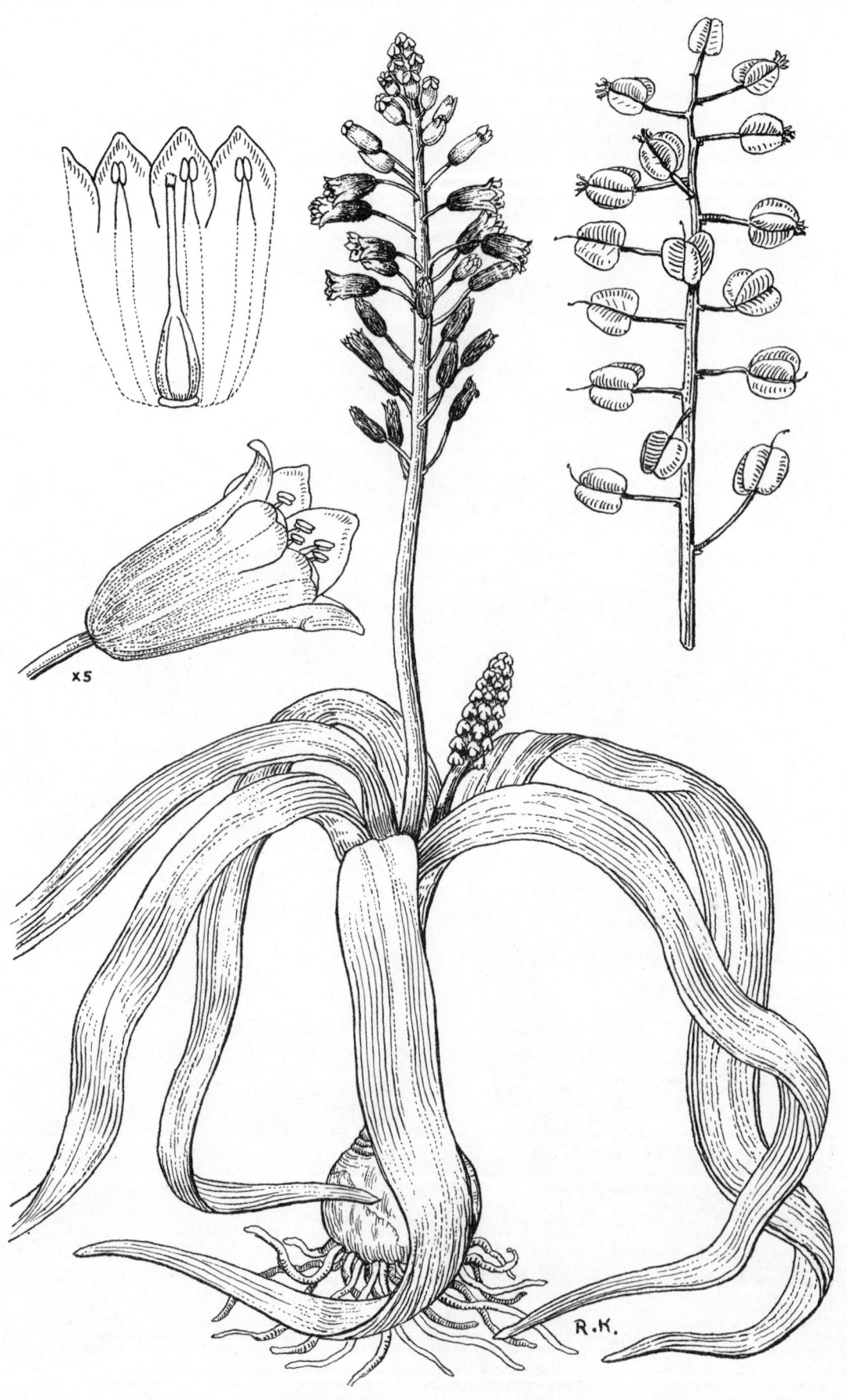

88. Bellevalia flexuosa Boiss. זַמְזוּמִית מְצוּיָה

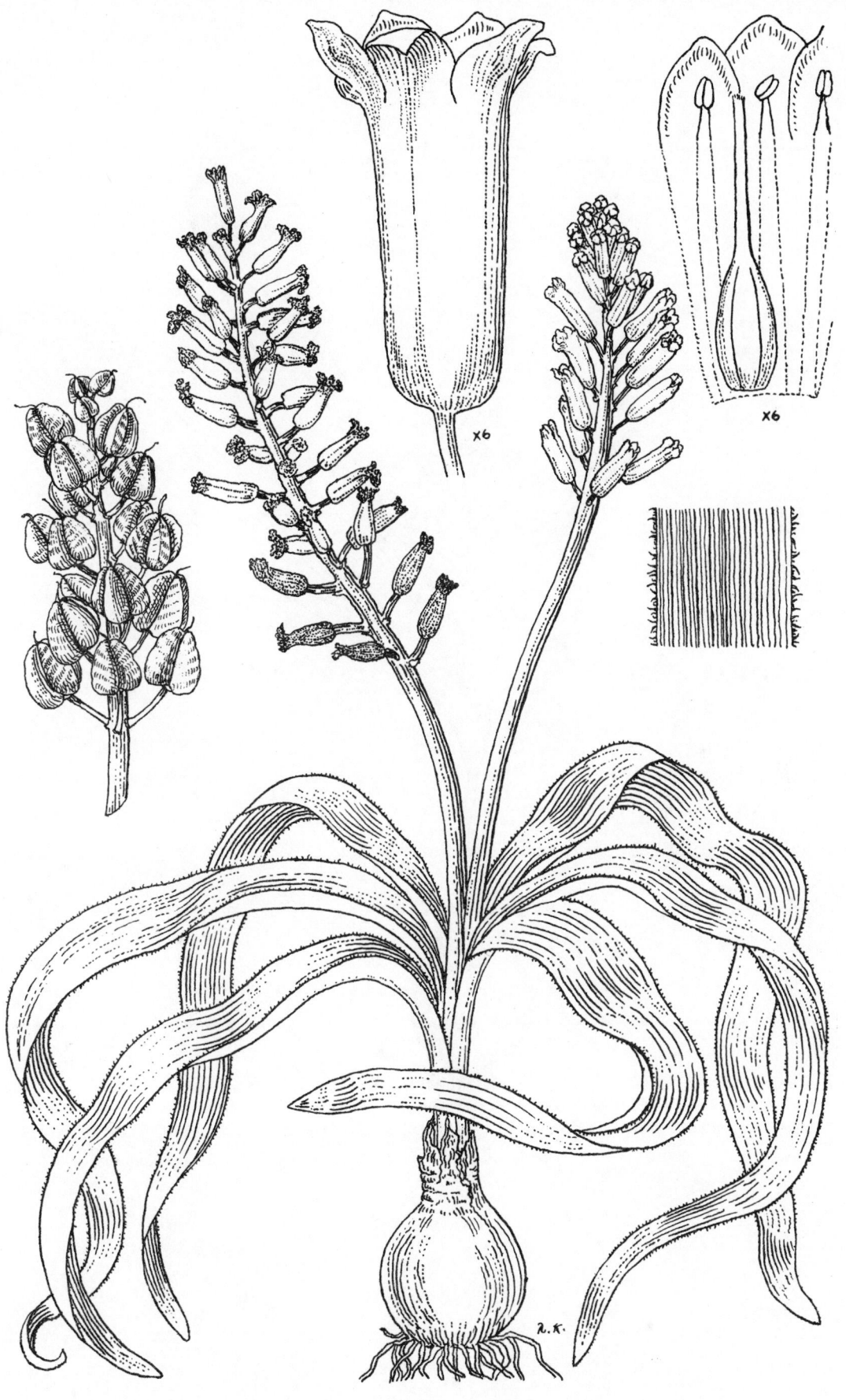

89. Bellevalia mosheovii Feinbr. זַמְזוּמִית מוֹשְׁיוֹף

90. Bellevalia densiflora Boiss. זַמְזוּמִית צְפוּפַת-פְּרָחִים

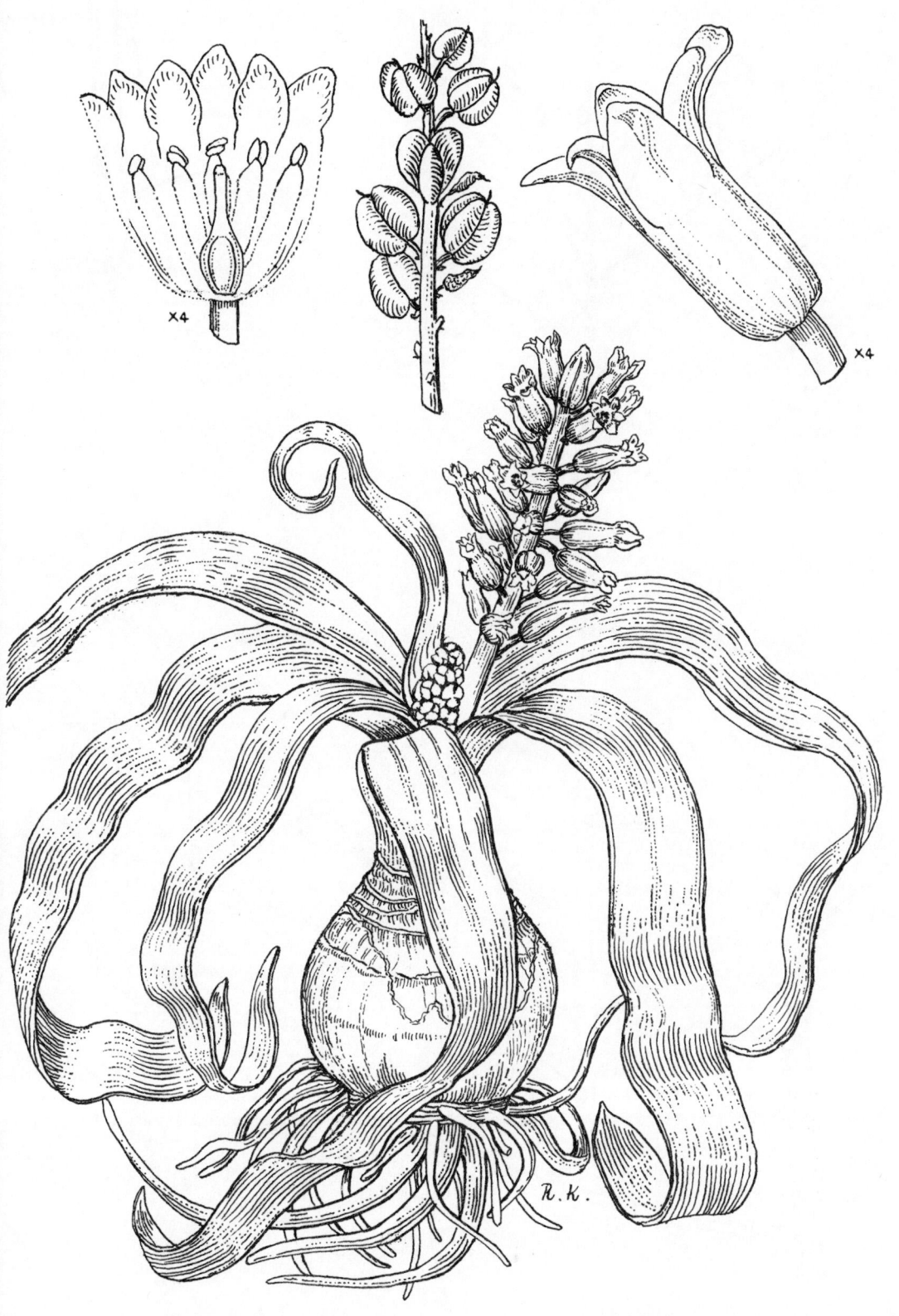

91. Bellevalia desertorum Eig & Feinbr. זַמְזוּמִית הַמִּדְבָּר

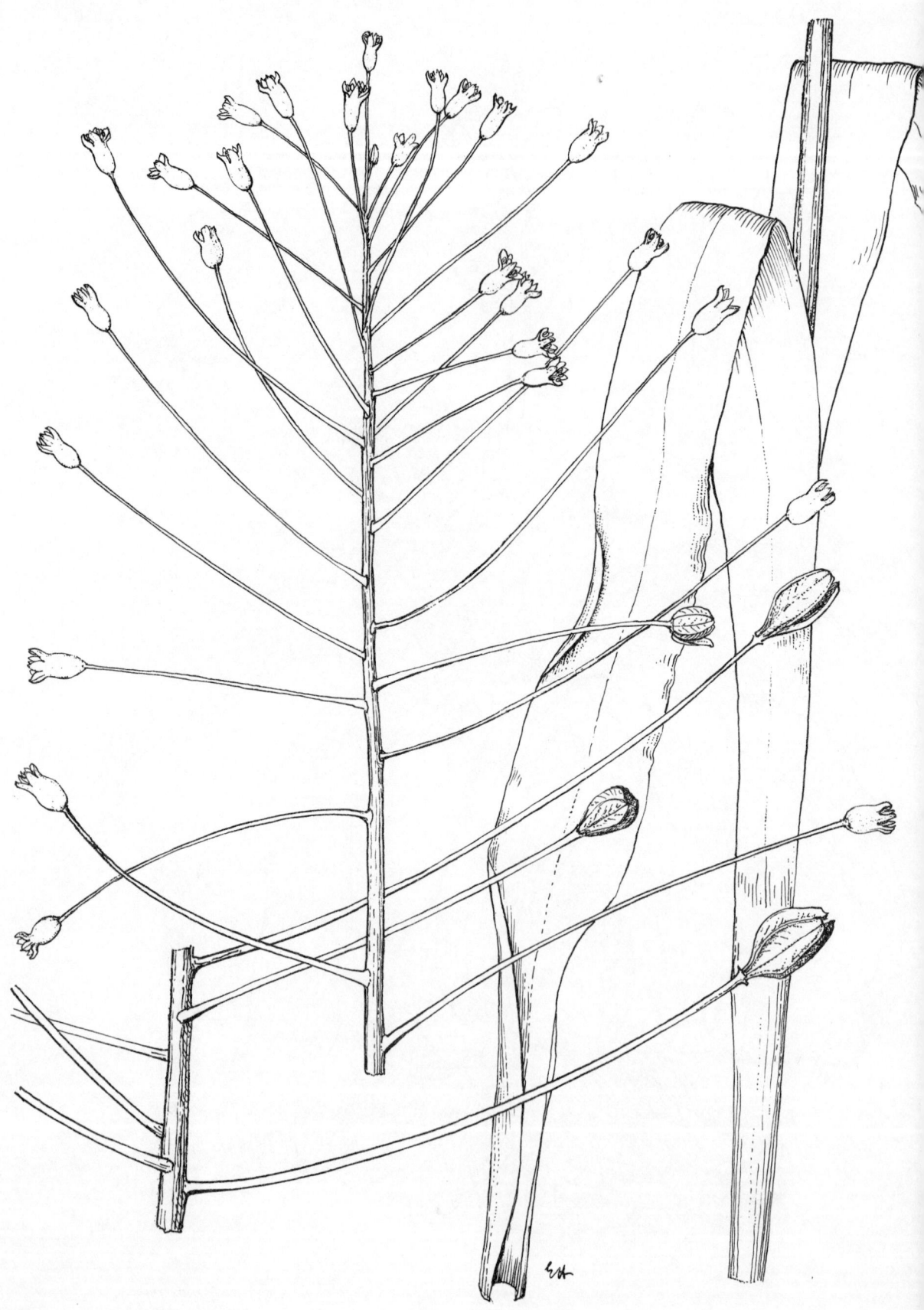

92. Bellevalia longipes Post זַמְזוּמִית מְפֻשֶּׂקֶת

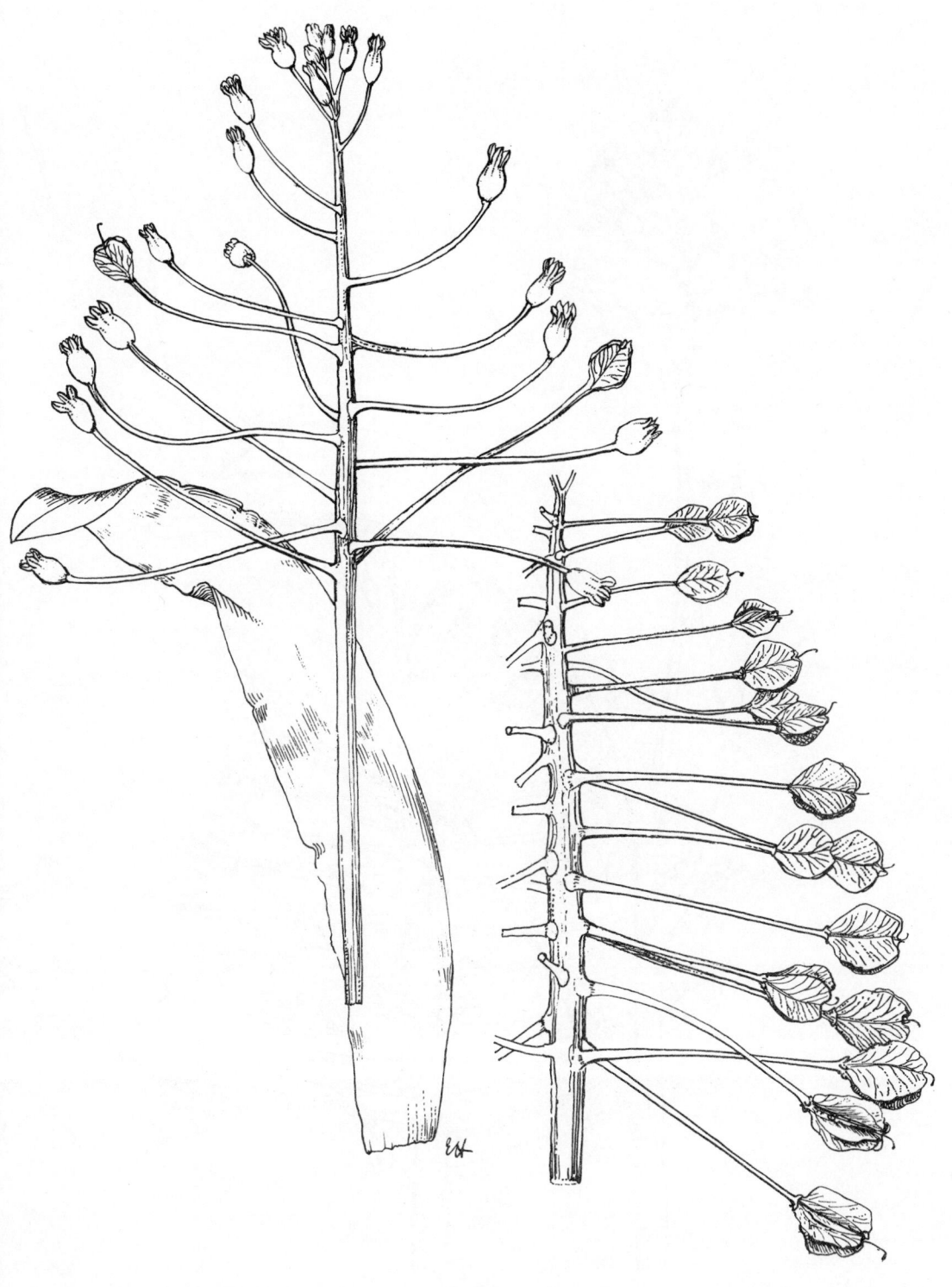

93. Bellevalia stepporum Feinbr. var. transjordanica Feinbr. זַמְזוּמִית הָעֲרָבוֹת זַן עֵבֶר־הַיַּרְדֵּן

94. Bellevalia stepporum Feinbr. var. edumea Feinbr. זַמְזוּמִית הָעֲרָבוֹת זַן אֱדוֹם

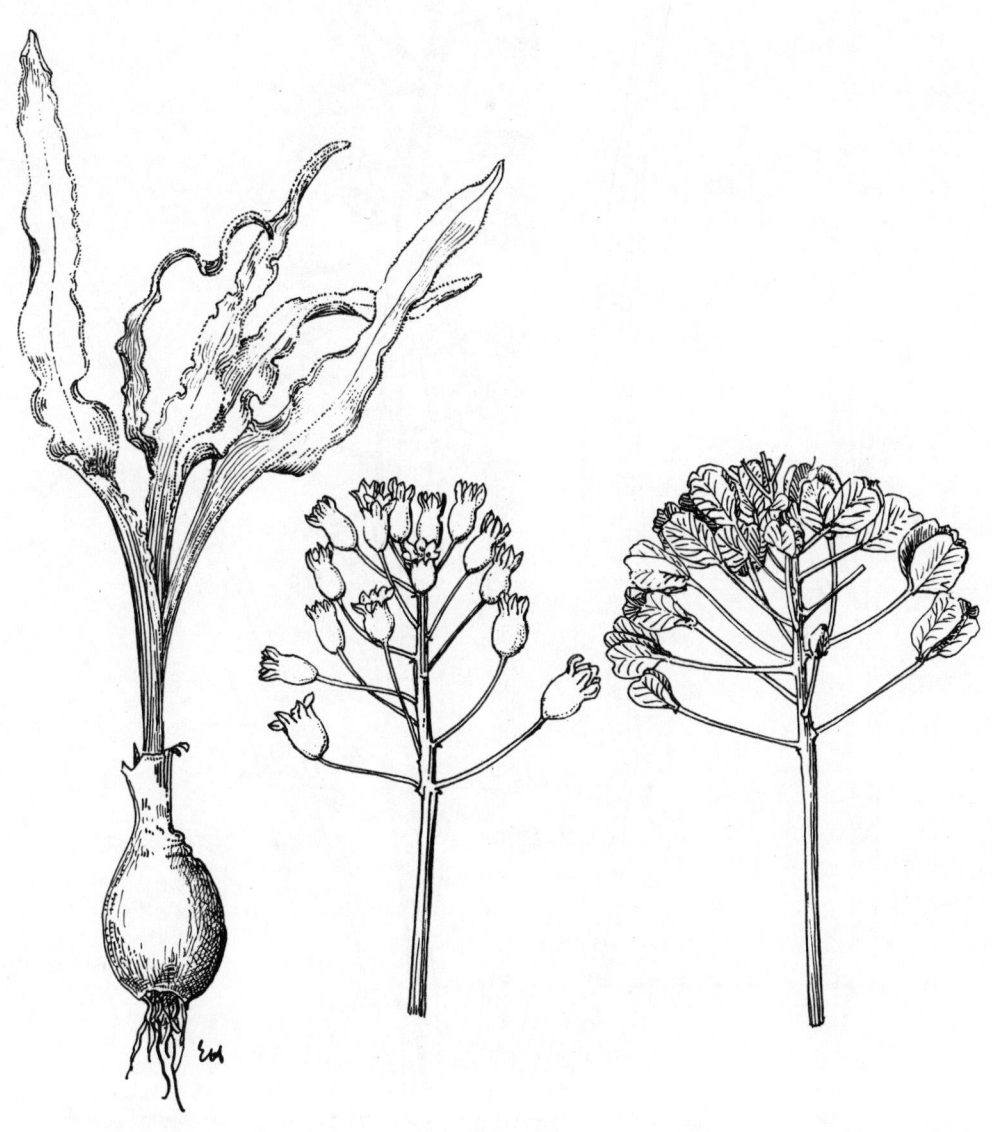

95. Bellevalia zoharyi Feinbr. זַמְזוּמִית זֹהָרִי

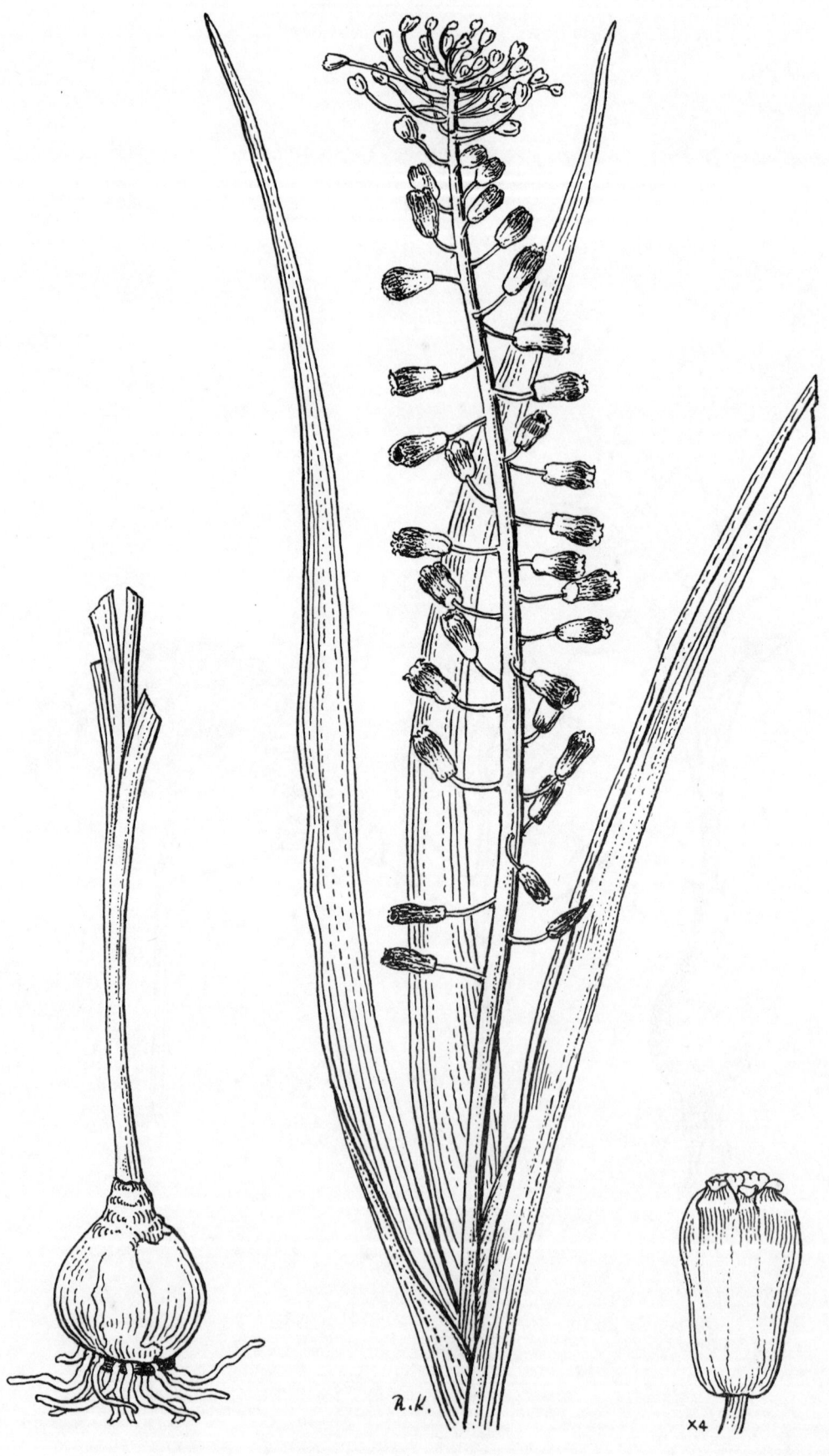

96. Leopoldia comosa (L.) Parl. מְצִלוֹת מְצֻיָּצוֹת

97. Leopoldia bicolor (Boiss.) Eig & Feinbr.　מְצִלּוֹת הַחוֹף

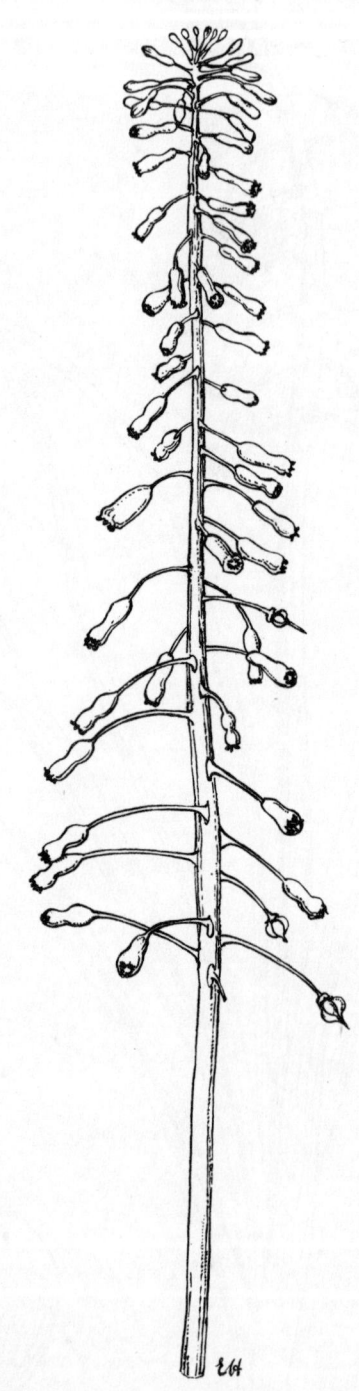

98. Leopoldia deserticola (Rech. fil.) Feinbr. מְצִלּוֹת מִדְבָּרִיּוֹת

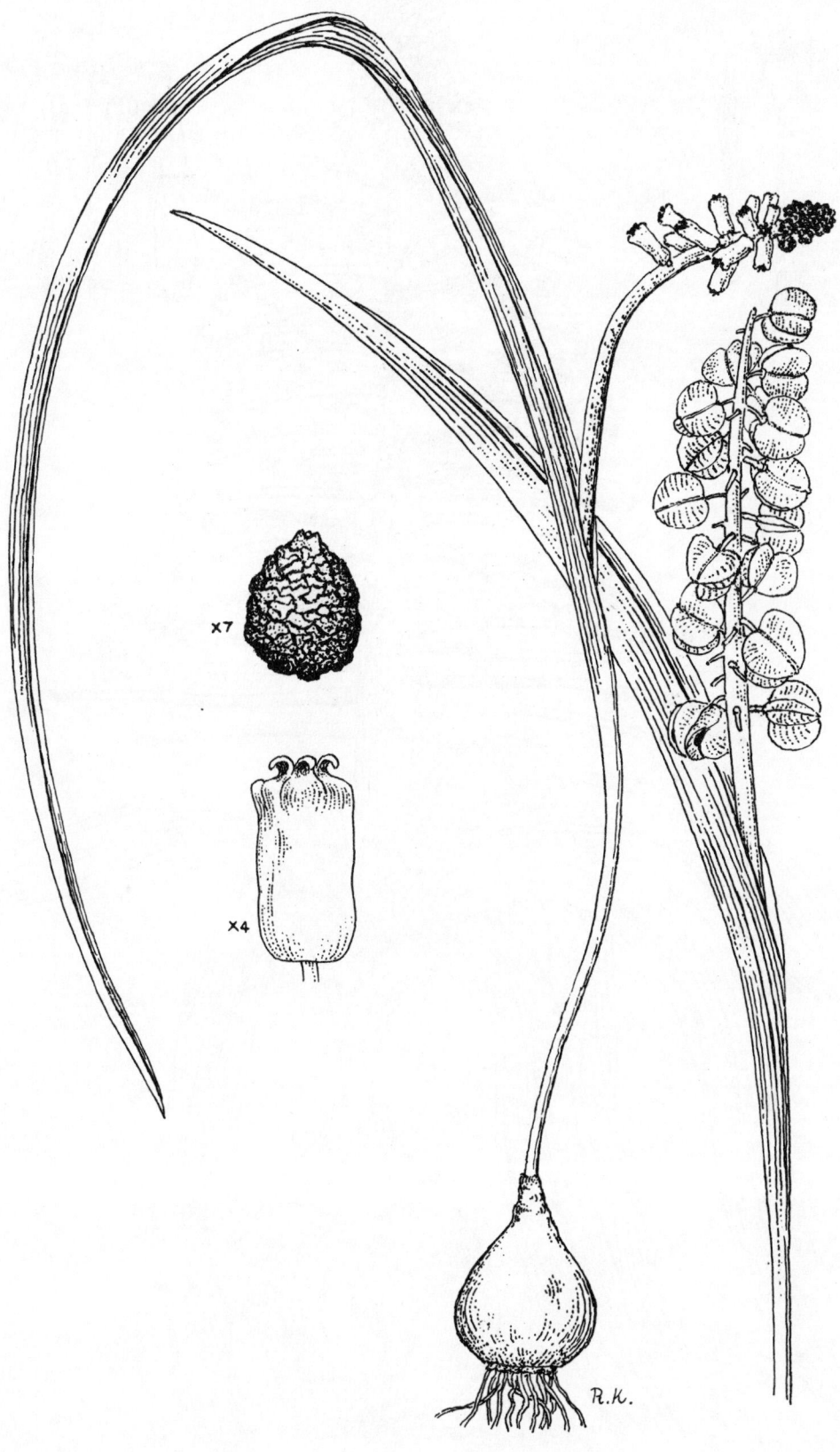

99. Leopoldia eburnea Eig & Feinbr. מְצִלּוֹת שֶׁנְהָב

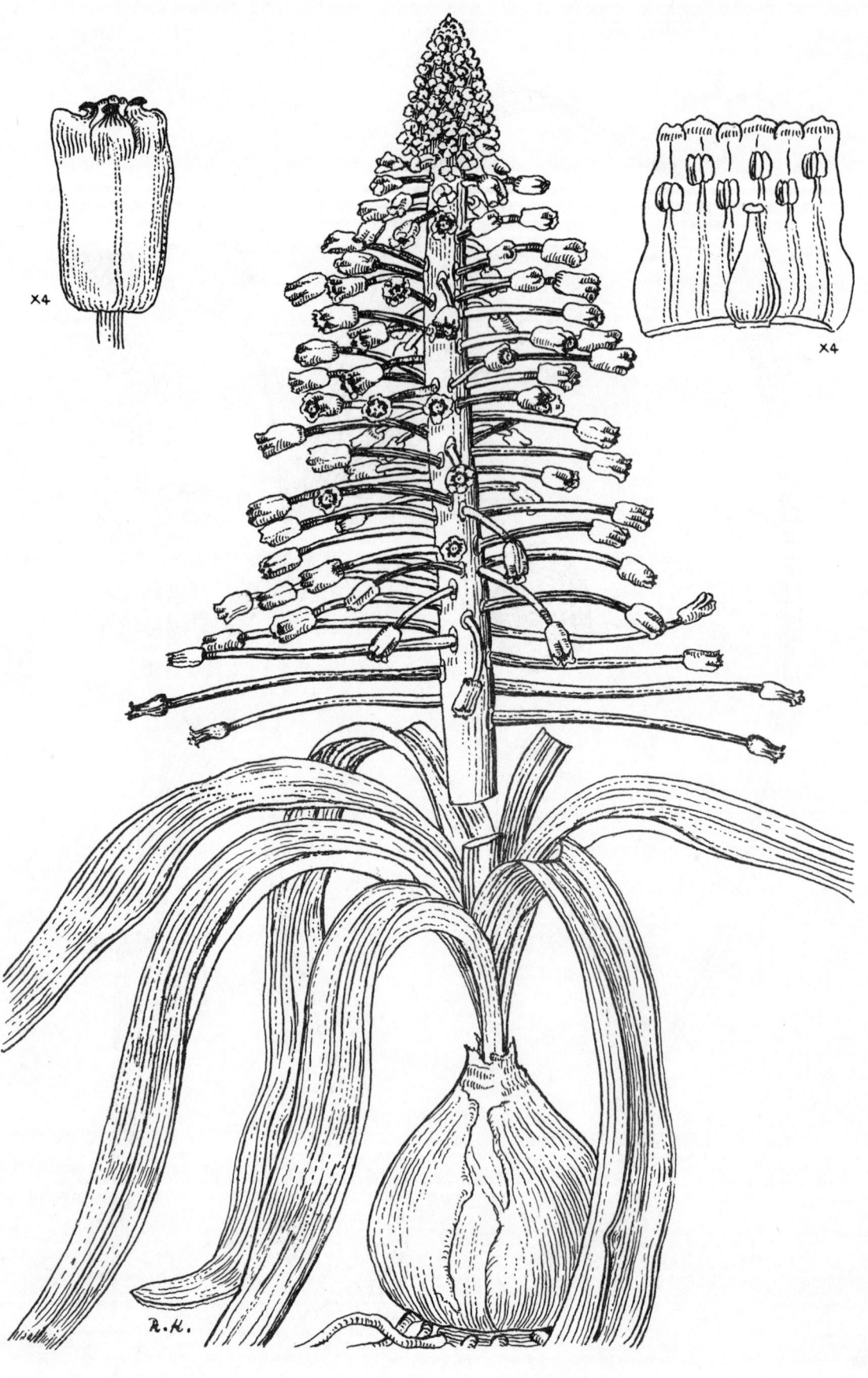

100. Leopoldia longipes (Boiss.) Losinsk. subsp. longipes מְצִלּוֹת אֲרֻכּוֹת־הָעֹקֶץ תַּת־מִין אֲרֻכּוֹת־הָעֹקֶץ

101. Leopoldia longipes (Boiss.) Losinsk. מְצִלּוֹת אֲרֻכּוֹת־הָעֹקֶץ תַּת־מִין הַנֶּגֶב

subsp. negevensis Feinbr. & Danin

102. Muscari commutatum Guss.   כַּדָּן סָגֹל

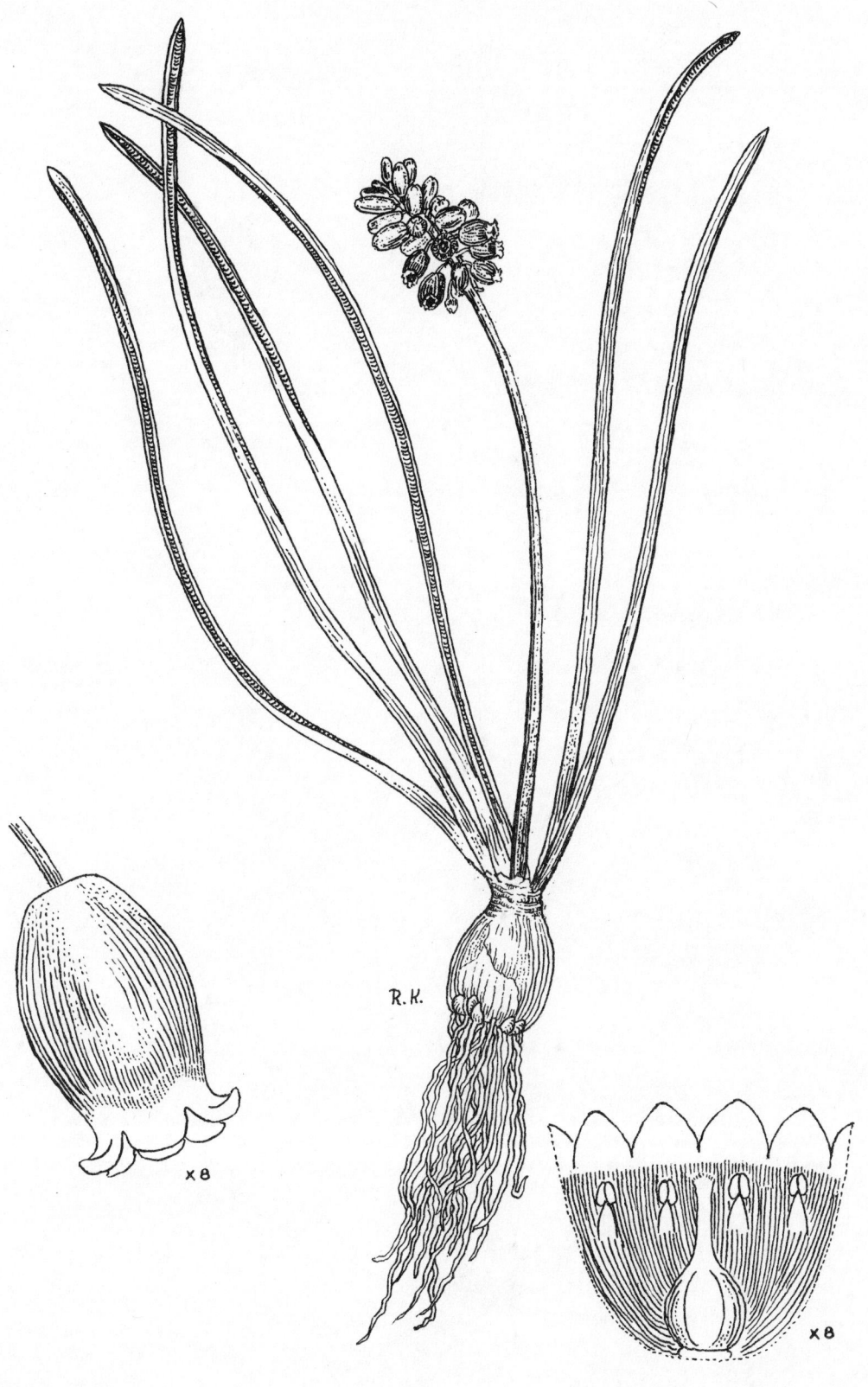

103. Muscari pulchellum Heldr. & Sart. ex Boiss.   כַּדָּן נָאֶה

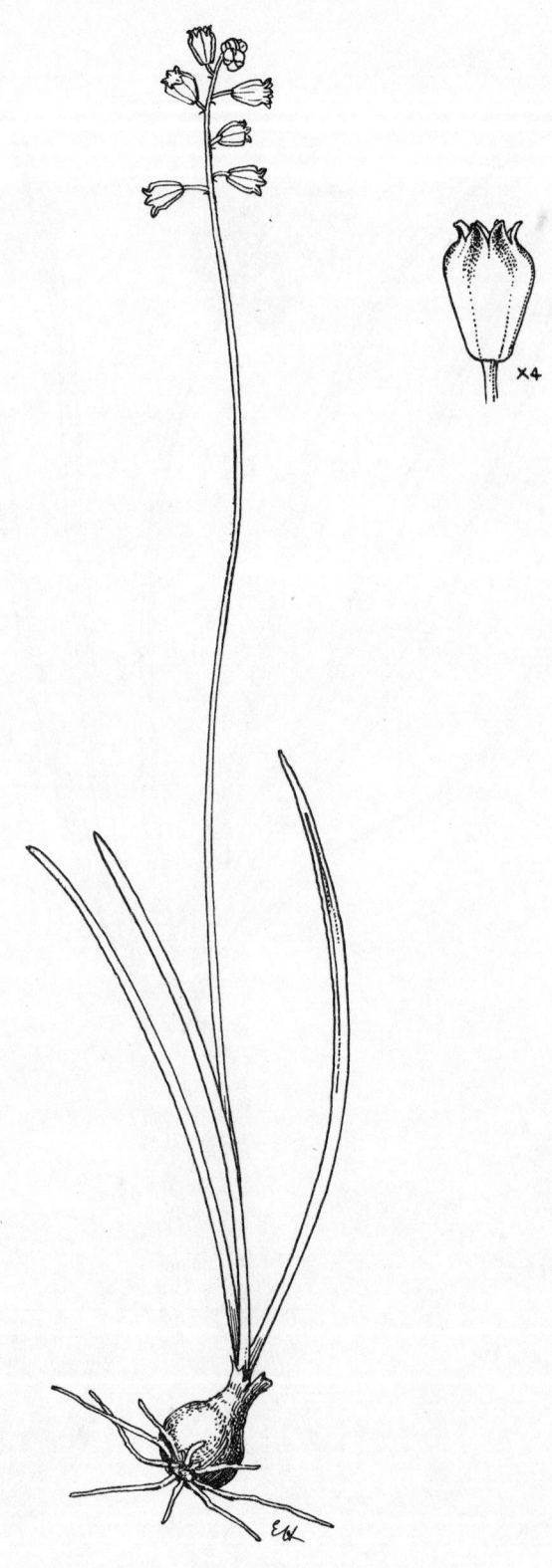

104. Muscari parviflorum Desf. כַּדָּן קְטַן־פְּרָחִים

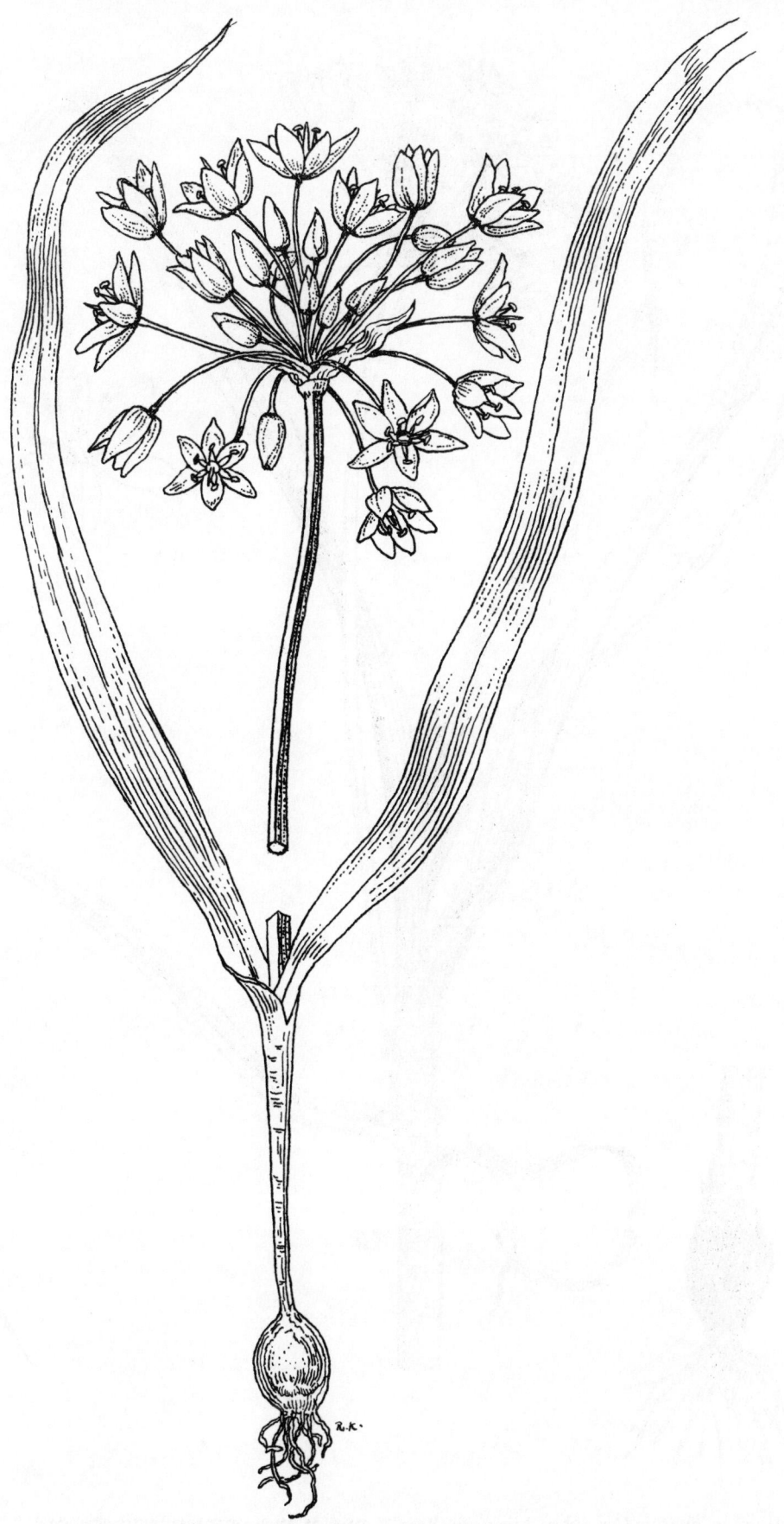

105. Allium neapolitanum Cyr. שׁוּם מְשֻׁלָּשׁ

106. Allium trifoliatum Cyr. subsp. hirsutum (Regel)   שׁוּם שְׁלֹשֶׁת־הֶעָלִים תַּת־מִין שָׂעִיר זַן שָׂעִיר

Kollmann var. hirsutum

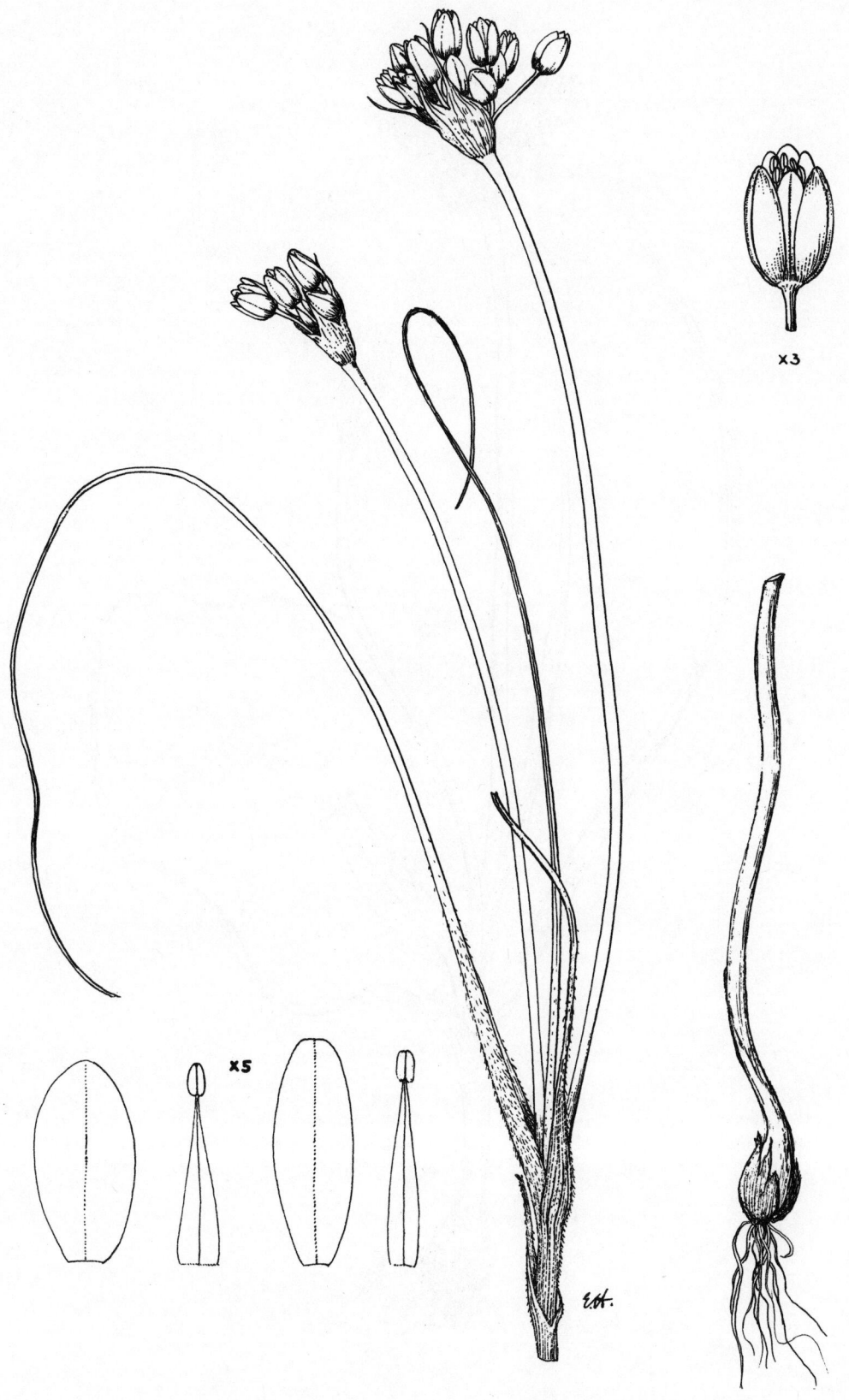

107. Allium papillare Boiss. שׁוּם הַפְּטָמוֹת

108. Allium erdelii Zucc. שׁוּם אֶרְדֶּל

109. Allium qasyunense Mout. שׁוּם קְטַן־פְּרָחִים

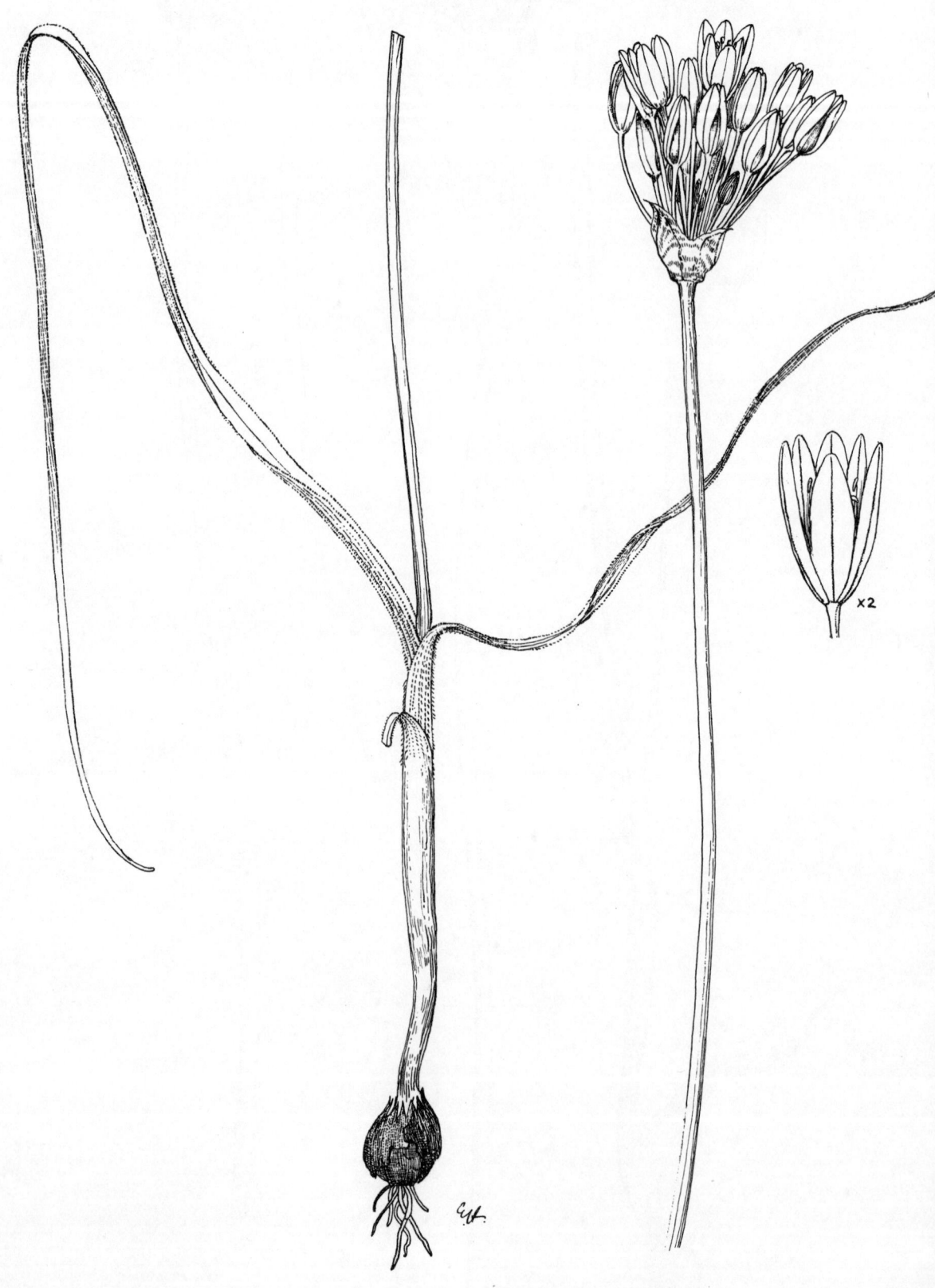

110. Allium negevense Kollmann שום דְּרוֹמִי

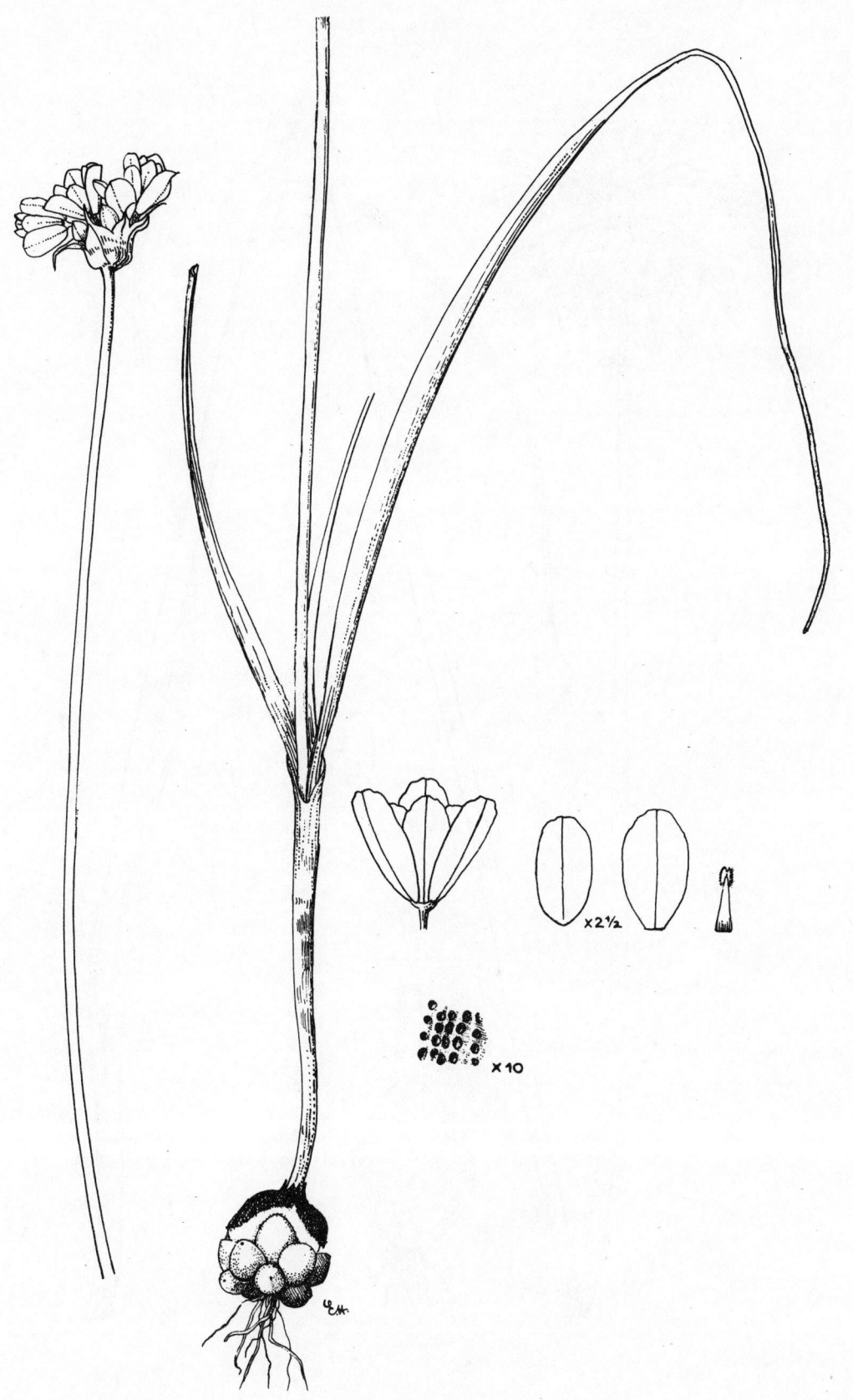

111. *Allium roseum* L. var. *tourneuxii* Boiss. שׁוּם וָרֹד זַן מִצְרִי

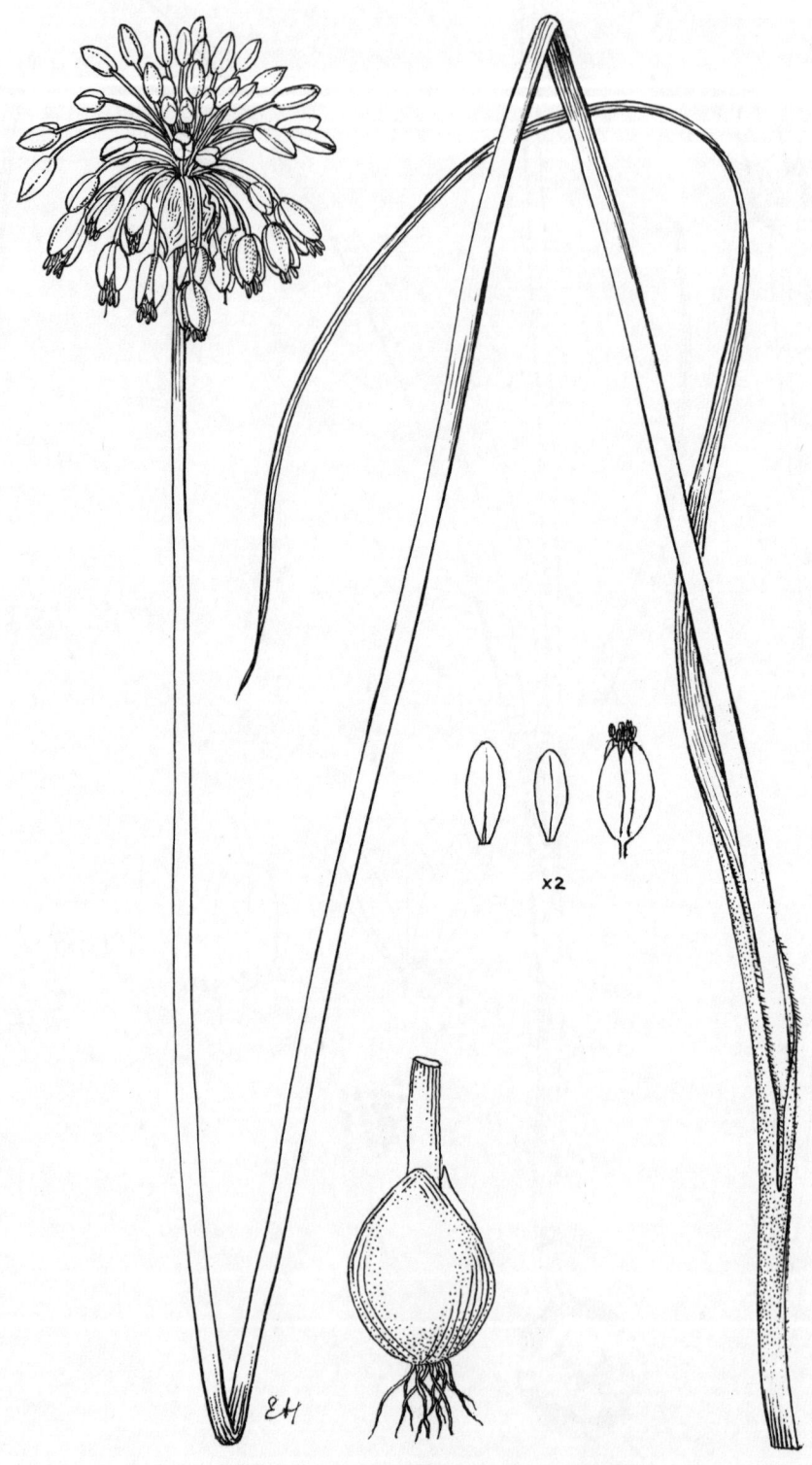

112. Allium carmeli Boiss. שׁוּם הַכַּרְמֶל

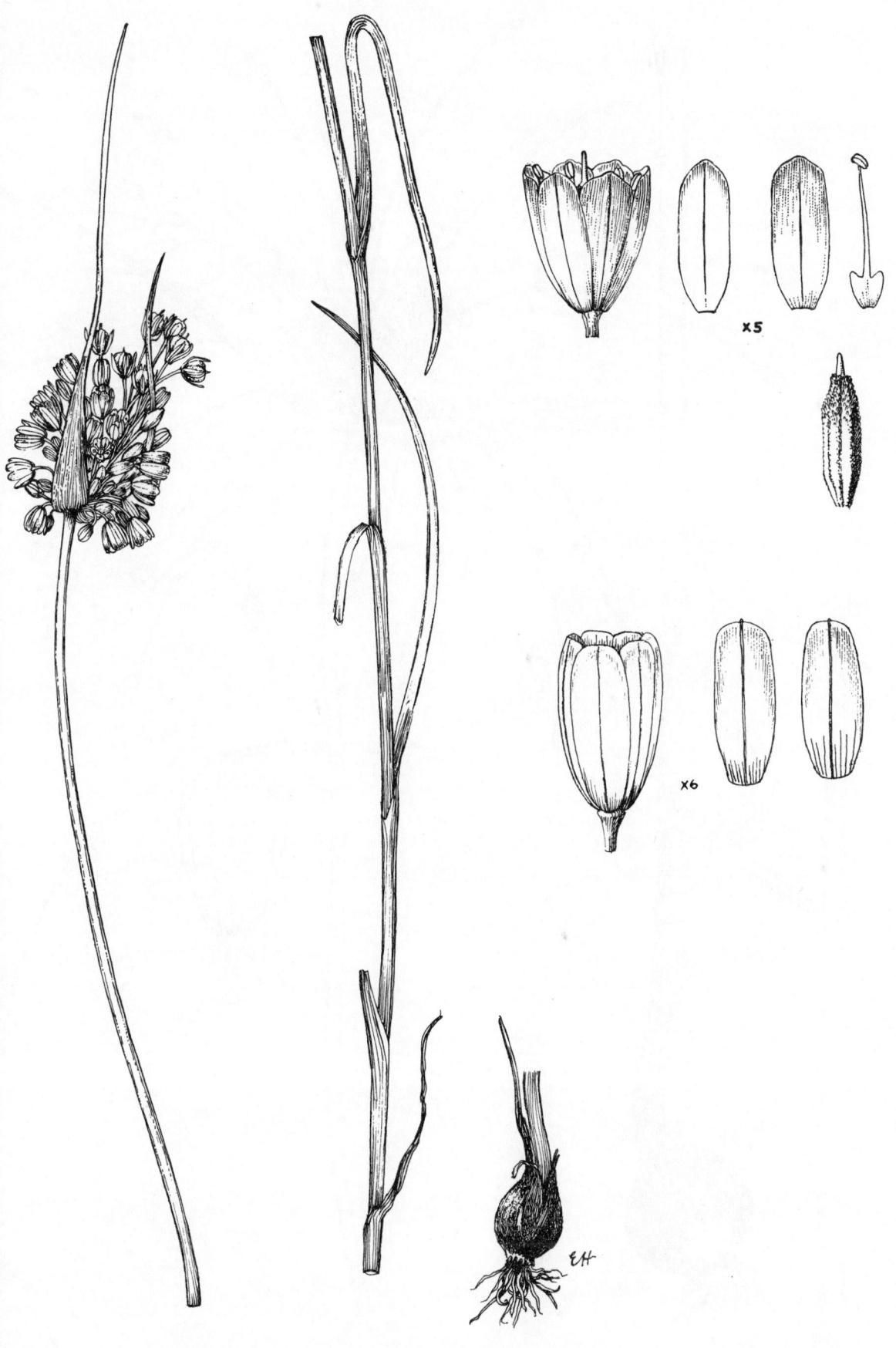

113. Allium paniculatum L. subsp. paniculatum שום יְרַקְרַק תַּת־מִין יְרַקְרַק

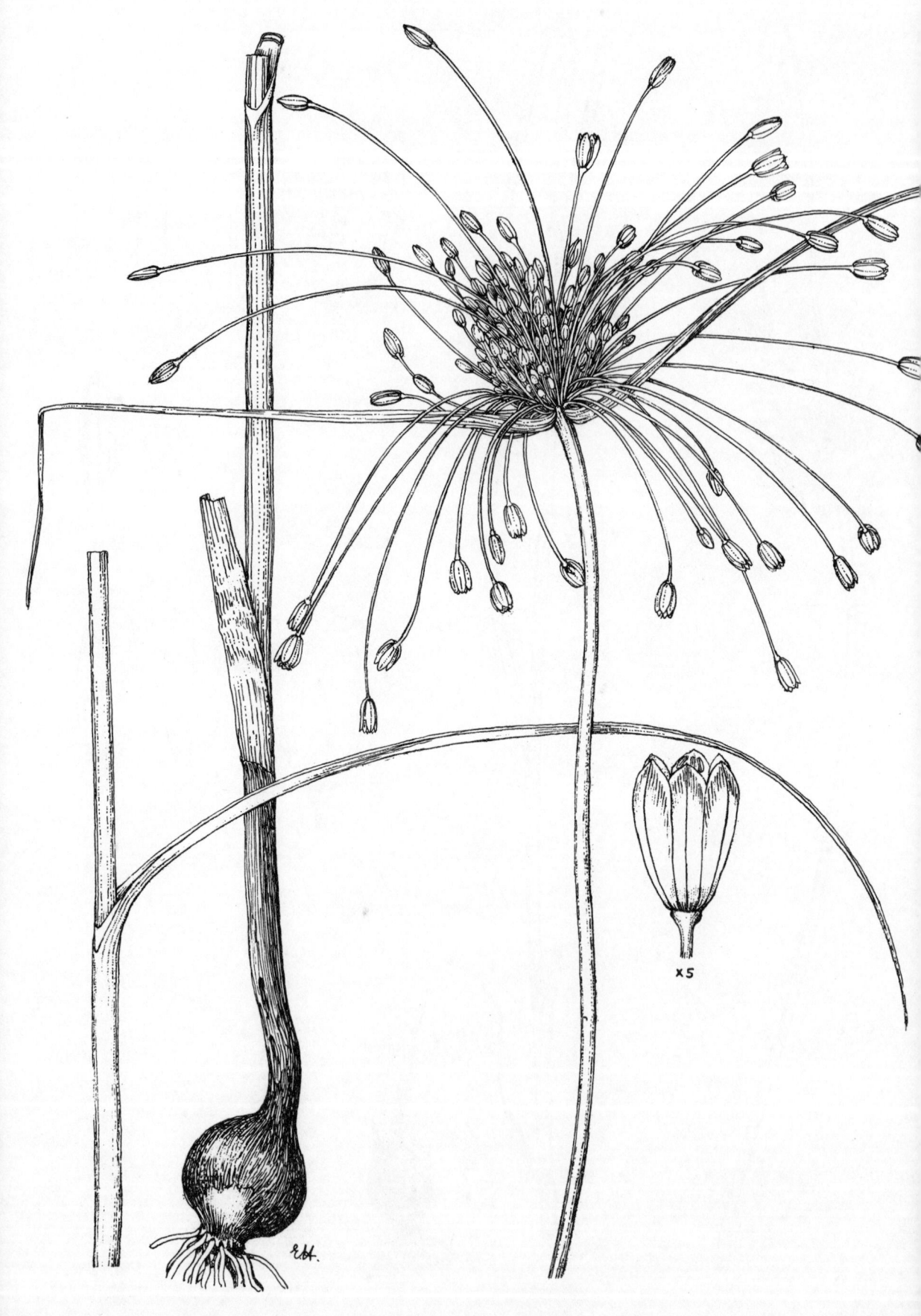

114. Allium paniculatum L. subsp. paniculatum שׁוּם יְרַקְרַק תַּת־מִין יְרַקְרַק

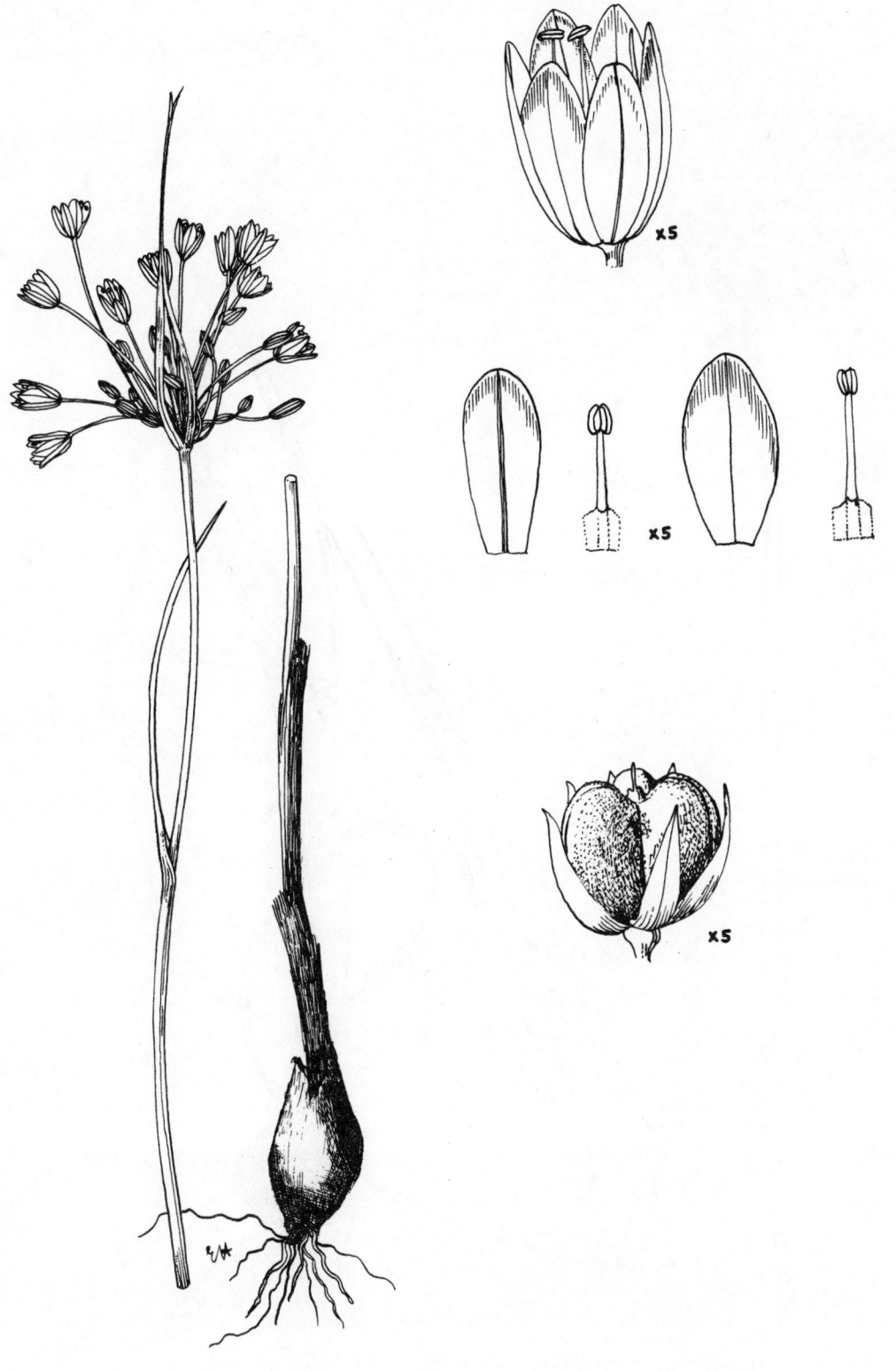

115. Allium paniculatum L. subsp. fuscum (Waldst. & Kit.) Arcangeli שׁוּם יְרַקְרַק תַּת־מִין חום

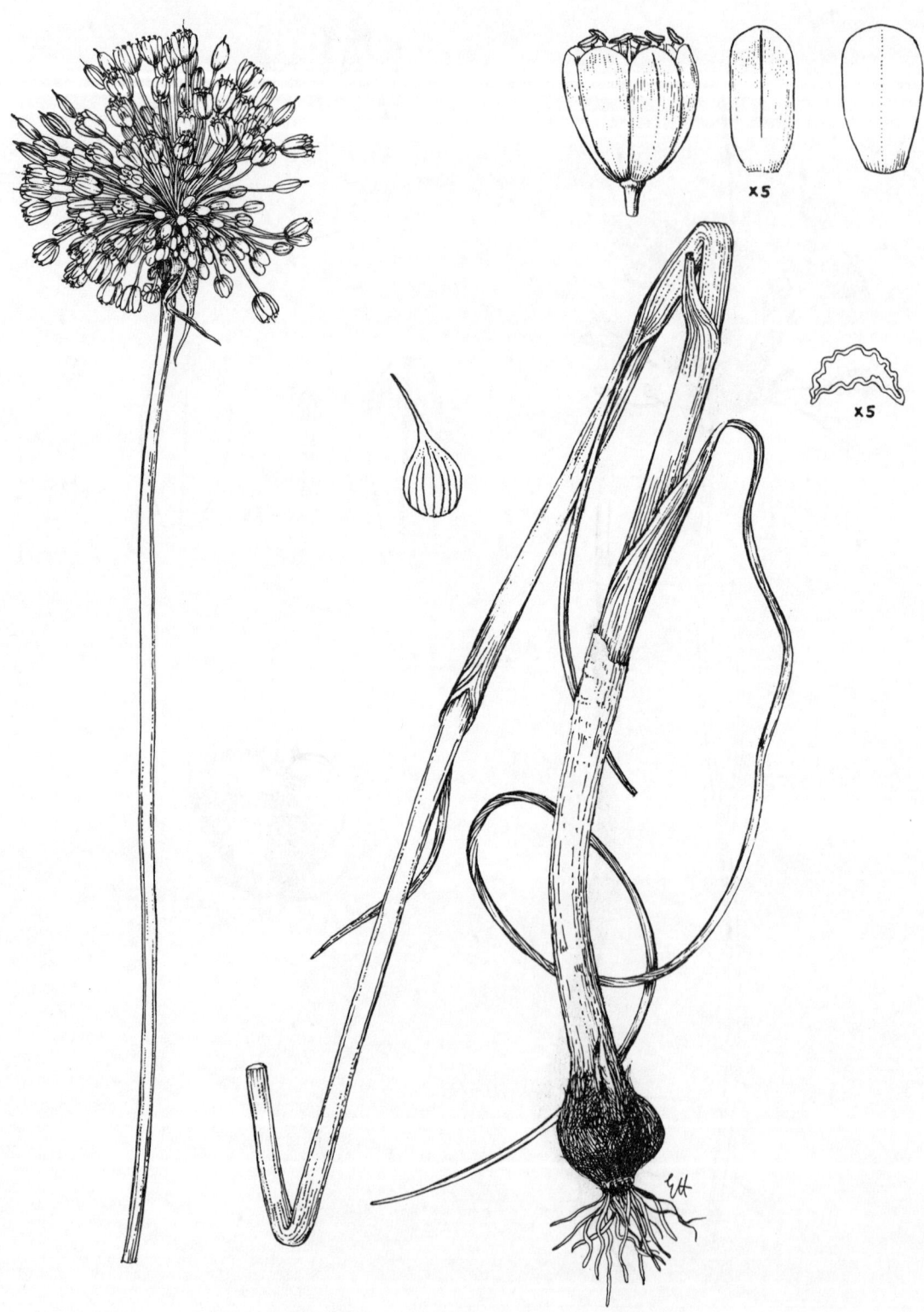

116. Allium pallens L. שׁוּם לְבַנְבַּן

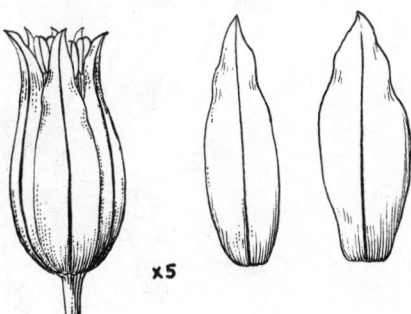

117. Allium desertorum Forssk. שׁוּם צָנוּעַ

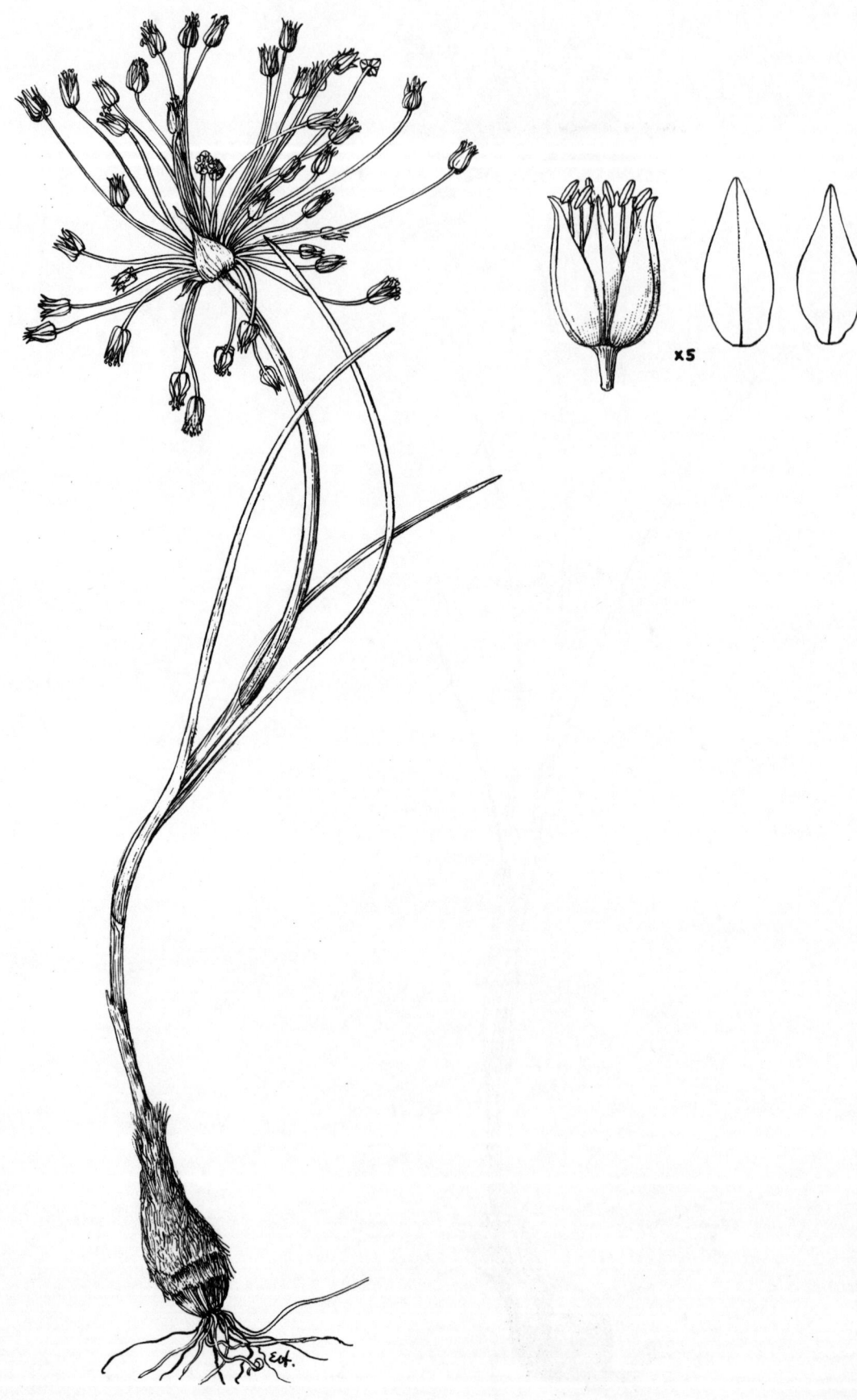

118. Allium sindjarense Boiss. & Hausskn. ex Regel   שׁוּם הַמִּדְבָּר

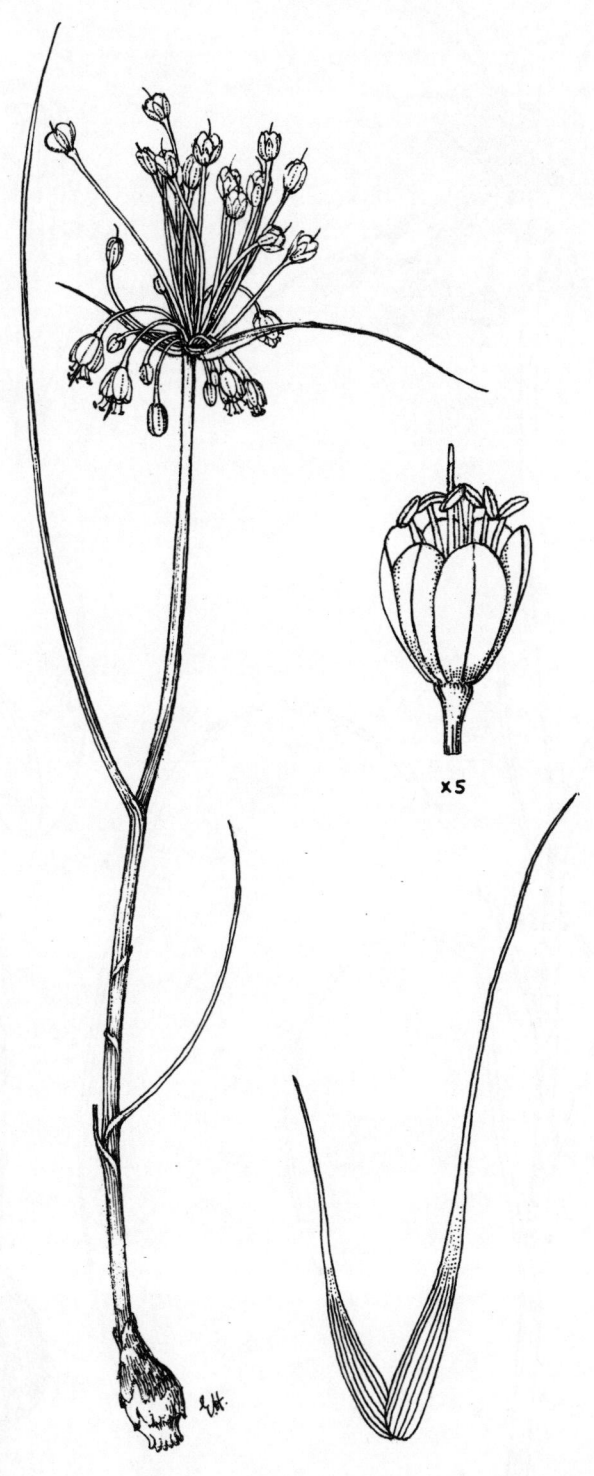

119. Allium stamineum Boiss. שׁוּם הָאַבְקָנִים

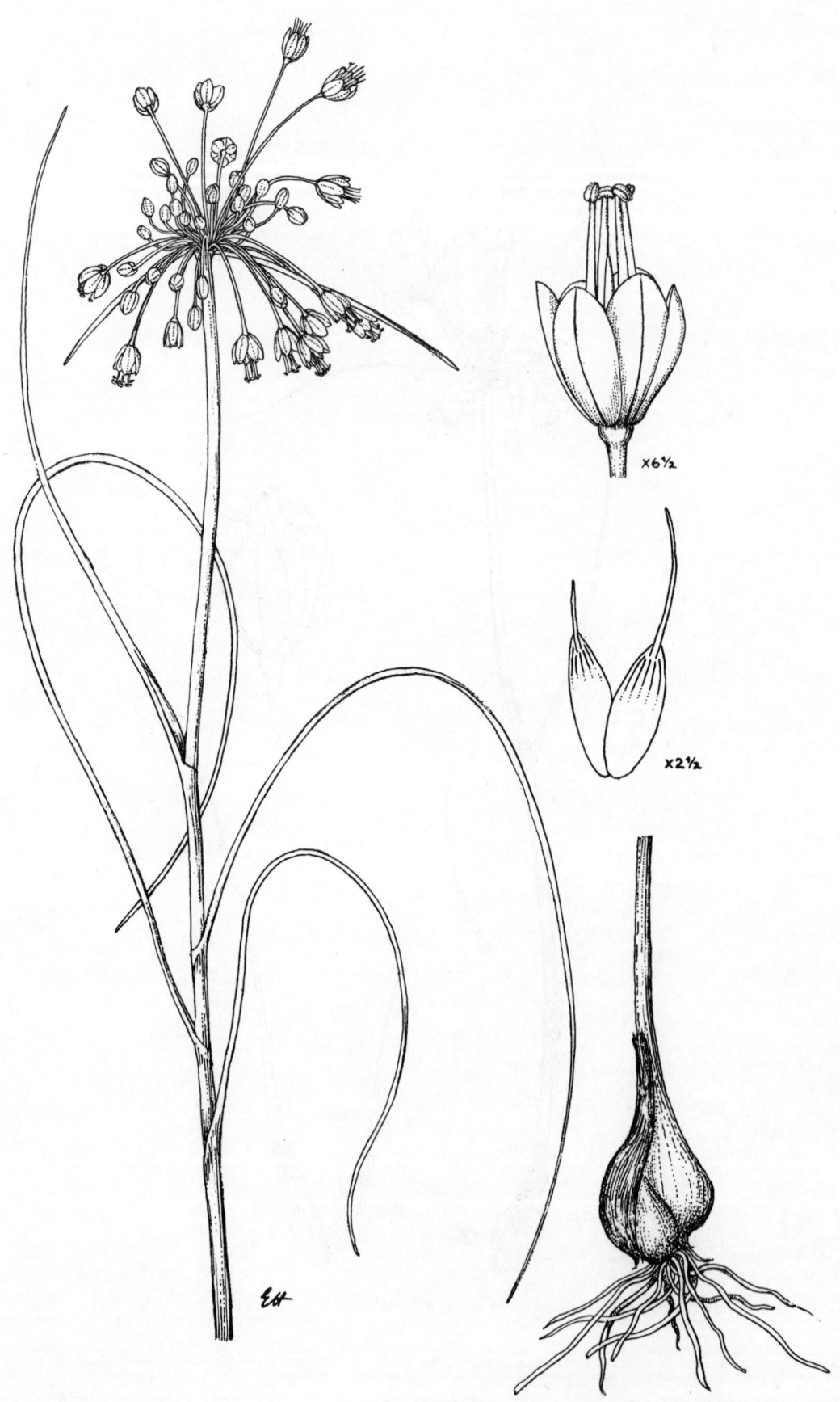

x6½
x2½

120. Allium decaisnei C. Presl שׁוּם עַרְבָתִי

121. Allium albotunicatum O. Schwarz subsp. albotunicatum שׁוּם לְבֶן־קְלִפּוֹת תַּת־מִין לְבֶן־קְלִפּוֹת

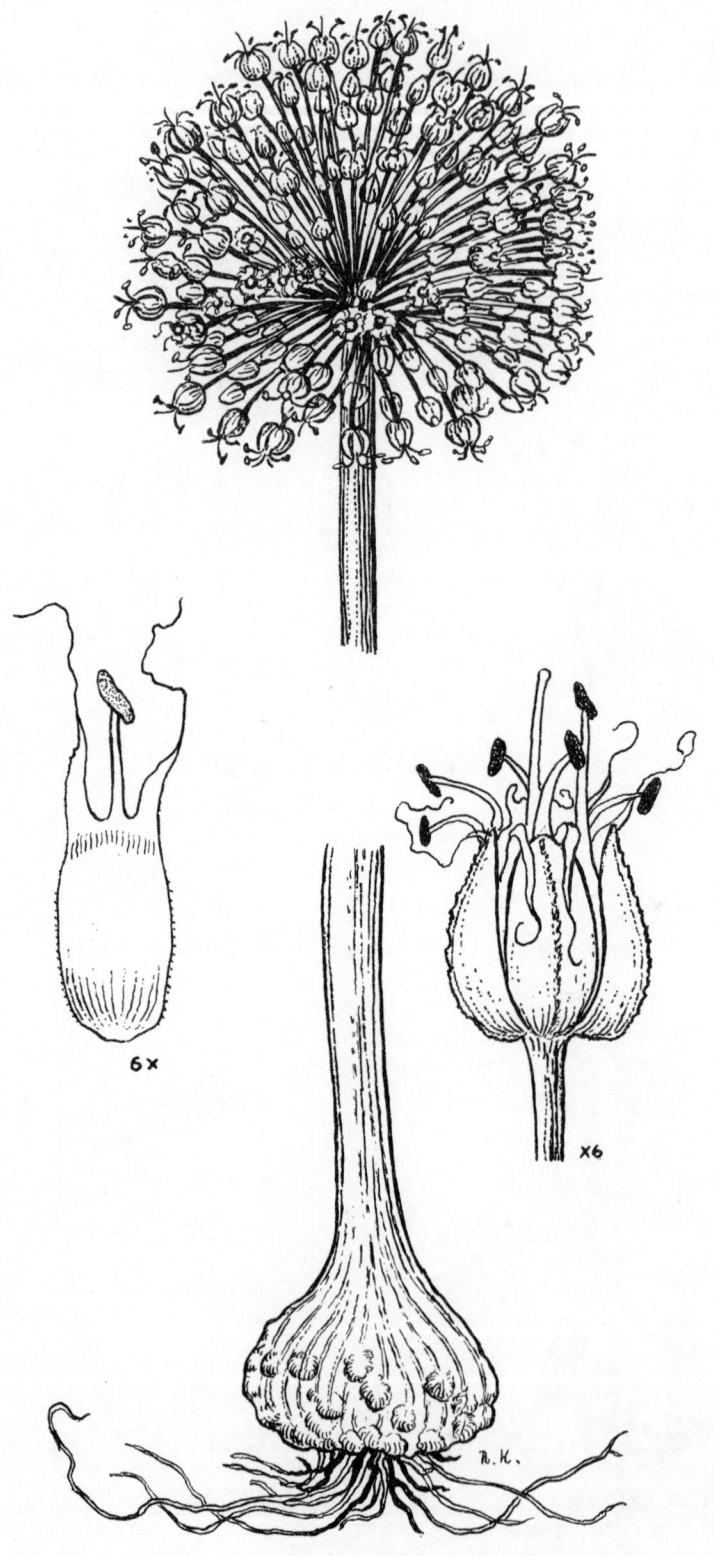

122. Allium ampeloprasum L. שׁוּם גָּבֹהַּ

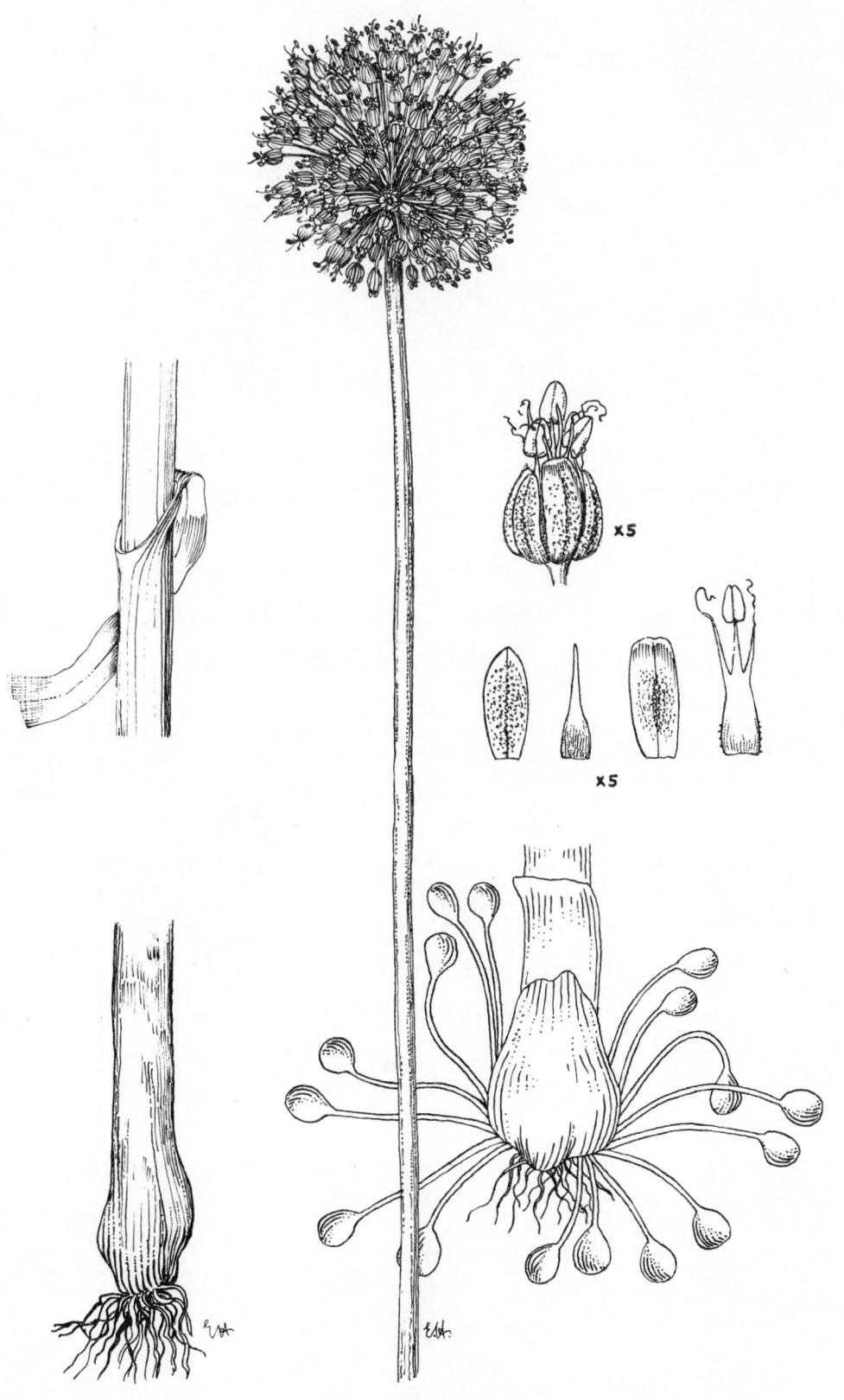

123. **Allium truncatum** (Feinbr.) Kollmann & D. Zohary שׁוּם קָטוּעַ

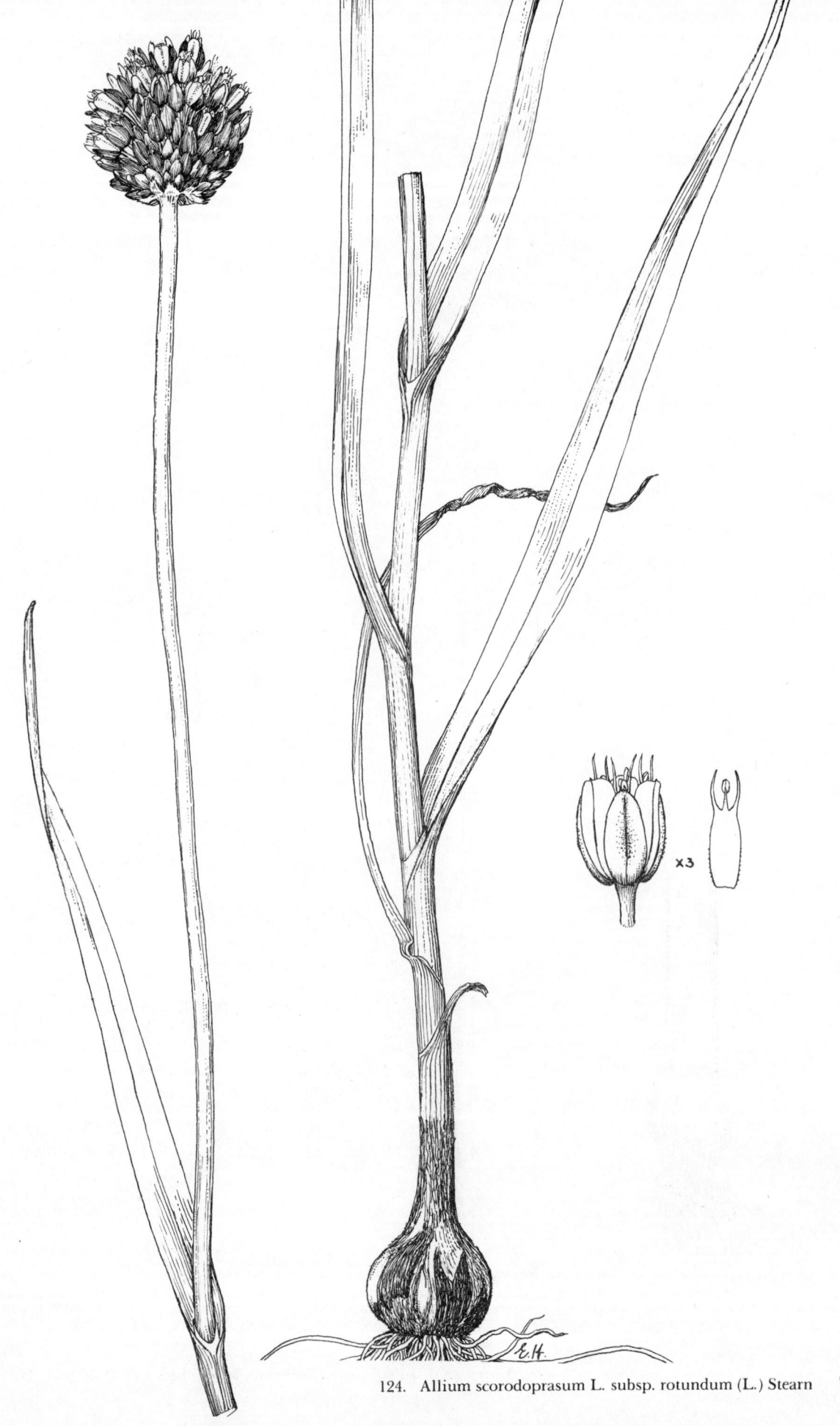

124. Allium scorodoprasum L. subsp. rotundum (L.) Stearn ם עָגֹל

125. Allium phanerantherum Boiss. & Hausskn. שׁוּם נְטוּי־פְּרָחִים

×3

126. Allium curtum Boiss. & Gaill. subsp. curtum שום קָצָר תַּת־מִין קָצָר

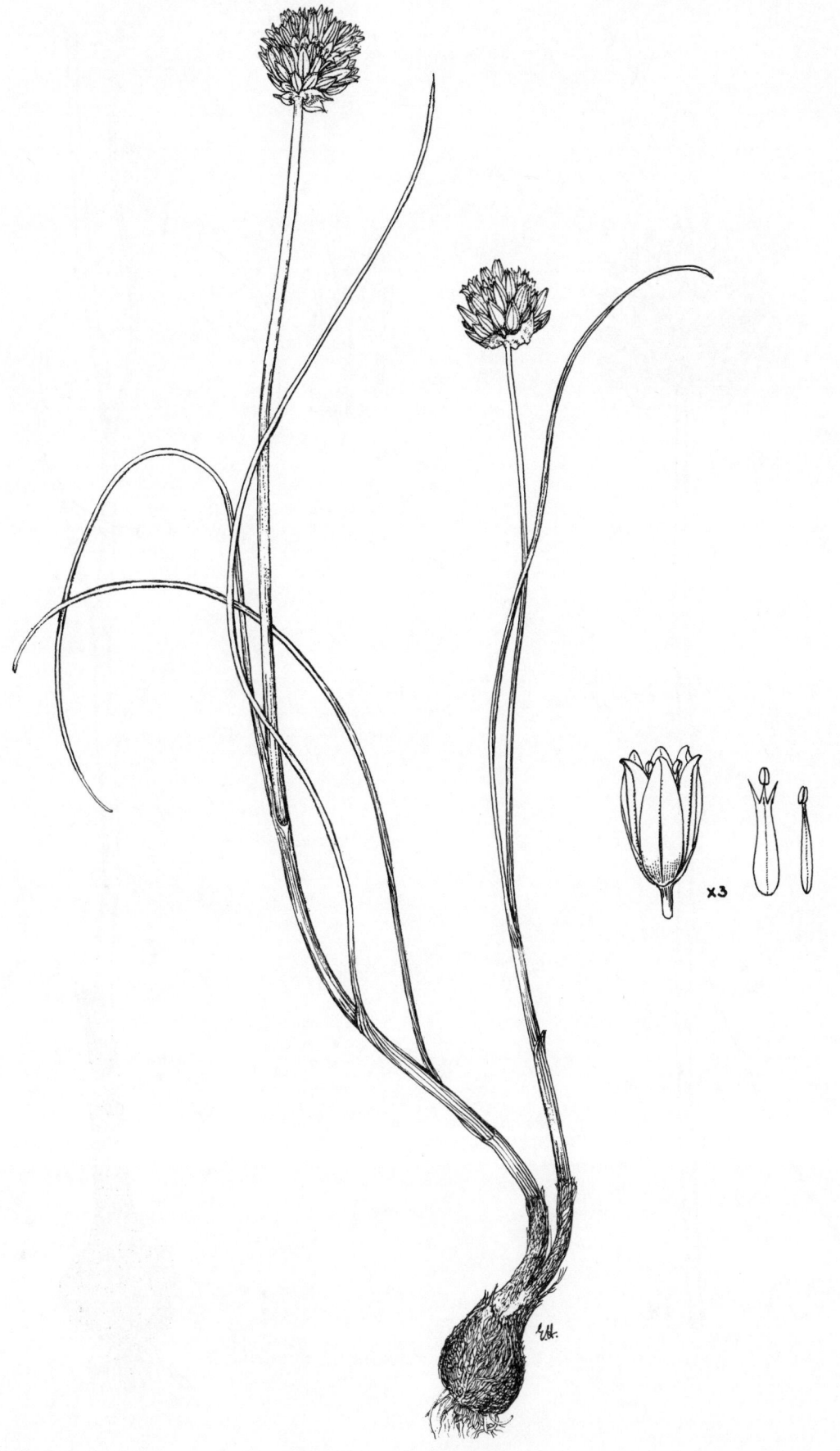

127. Allium hierochuntinum Boiss. שום יְרִיחוֹ

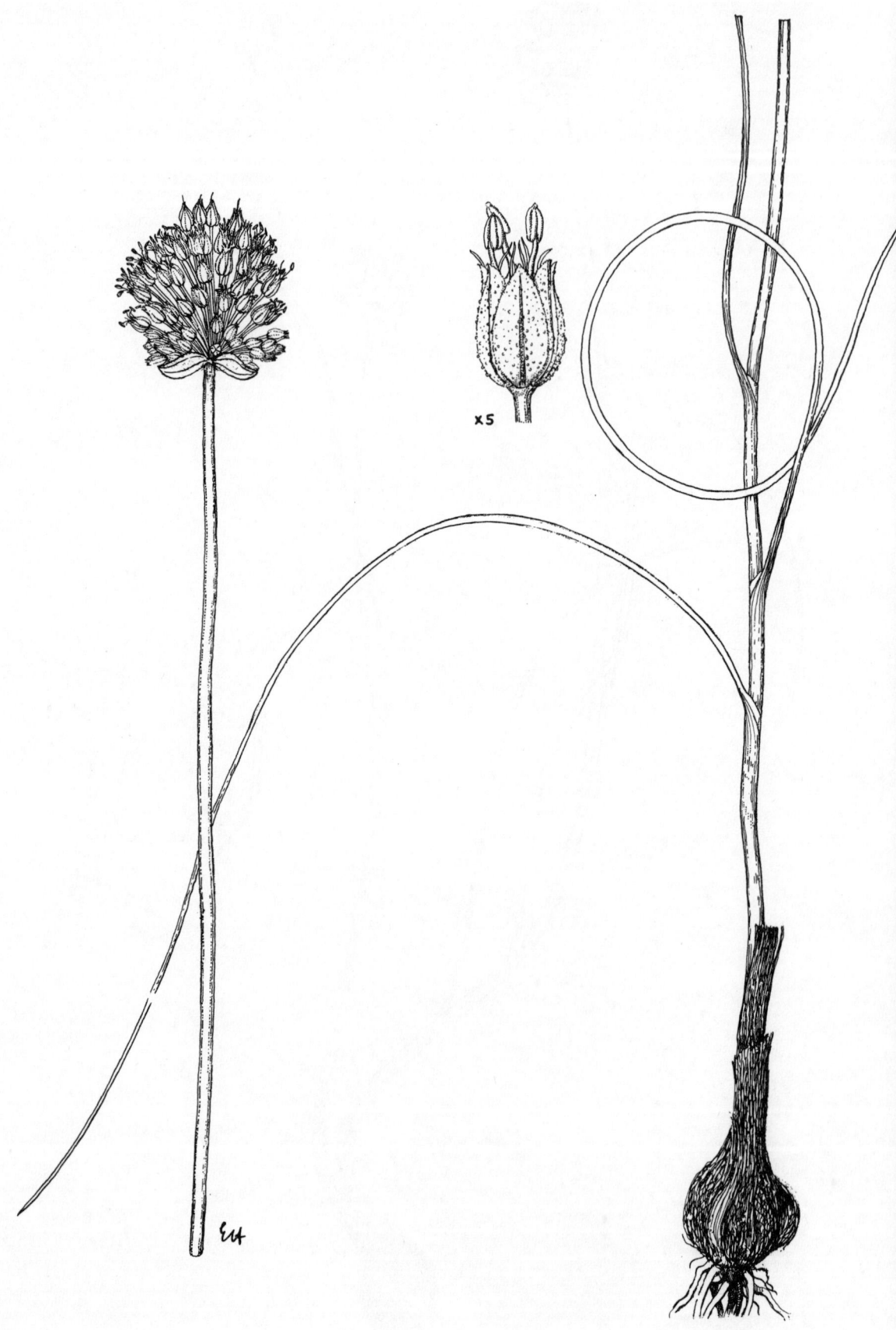

128. Allium artemisietorum Eig & Feinbr. שׁוּם הַלַּעֲנָה

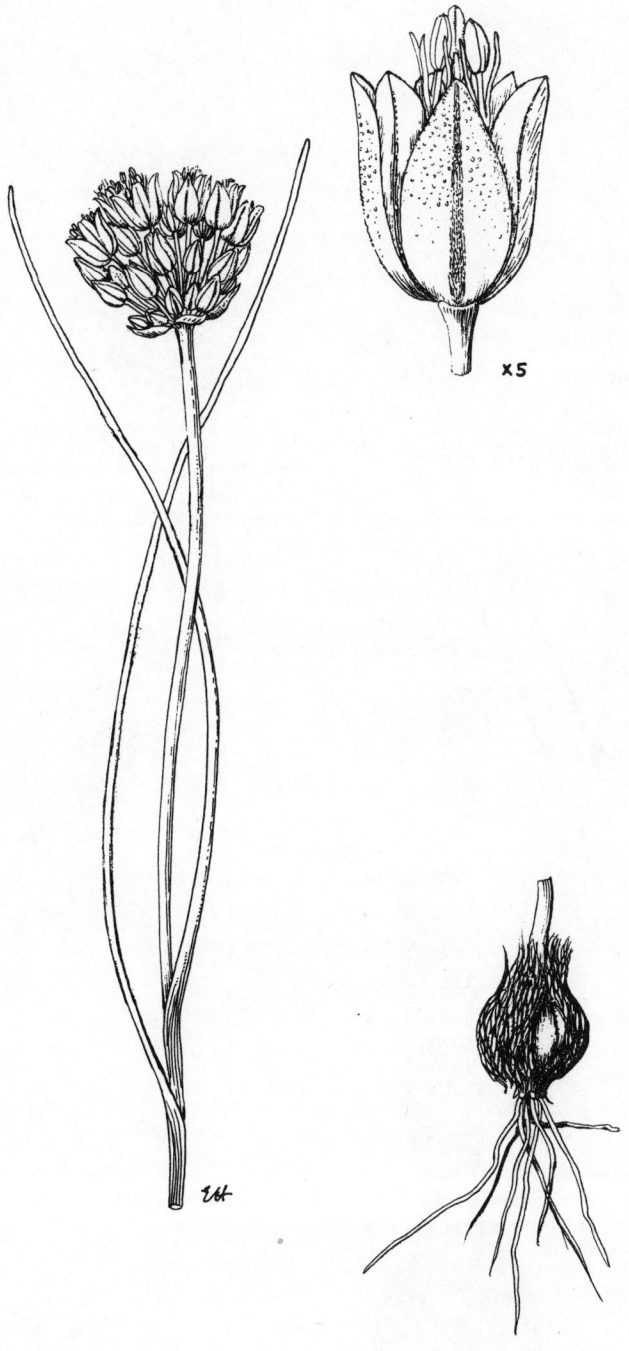

x5

129. Allium sinaiticum Boiss. שׁוּם סִינַי

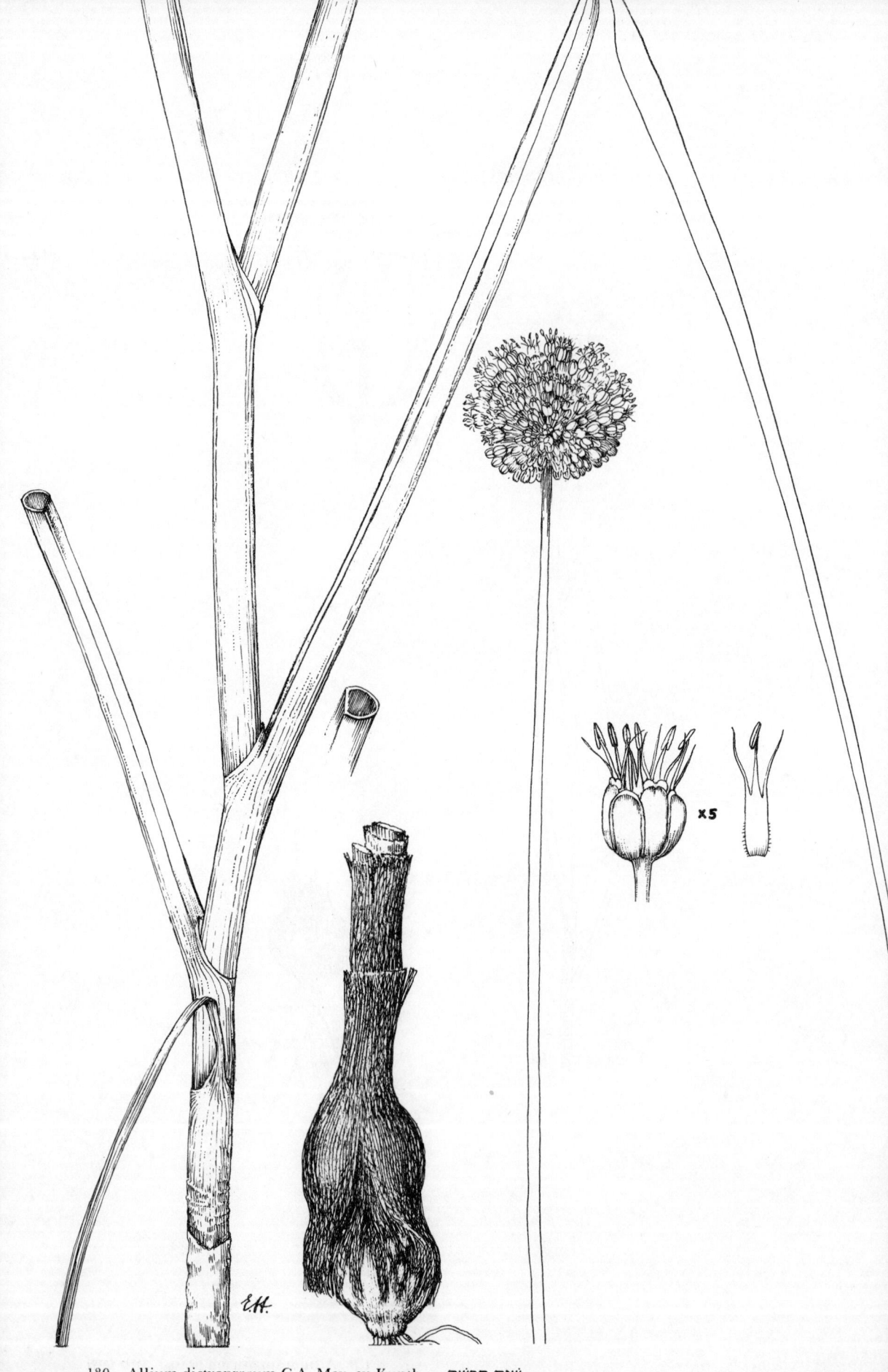

130. Allium dictyoprasum C.A. Mey. ex Kunth   שׁוּם הָרֶשֶׁת

131. Allium nigrum L. שׁוּם שָׁחוֹר

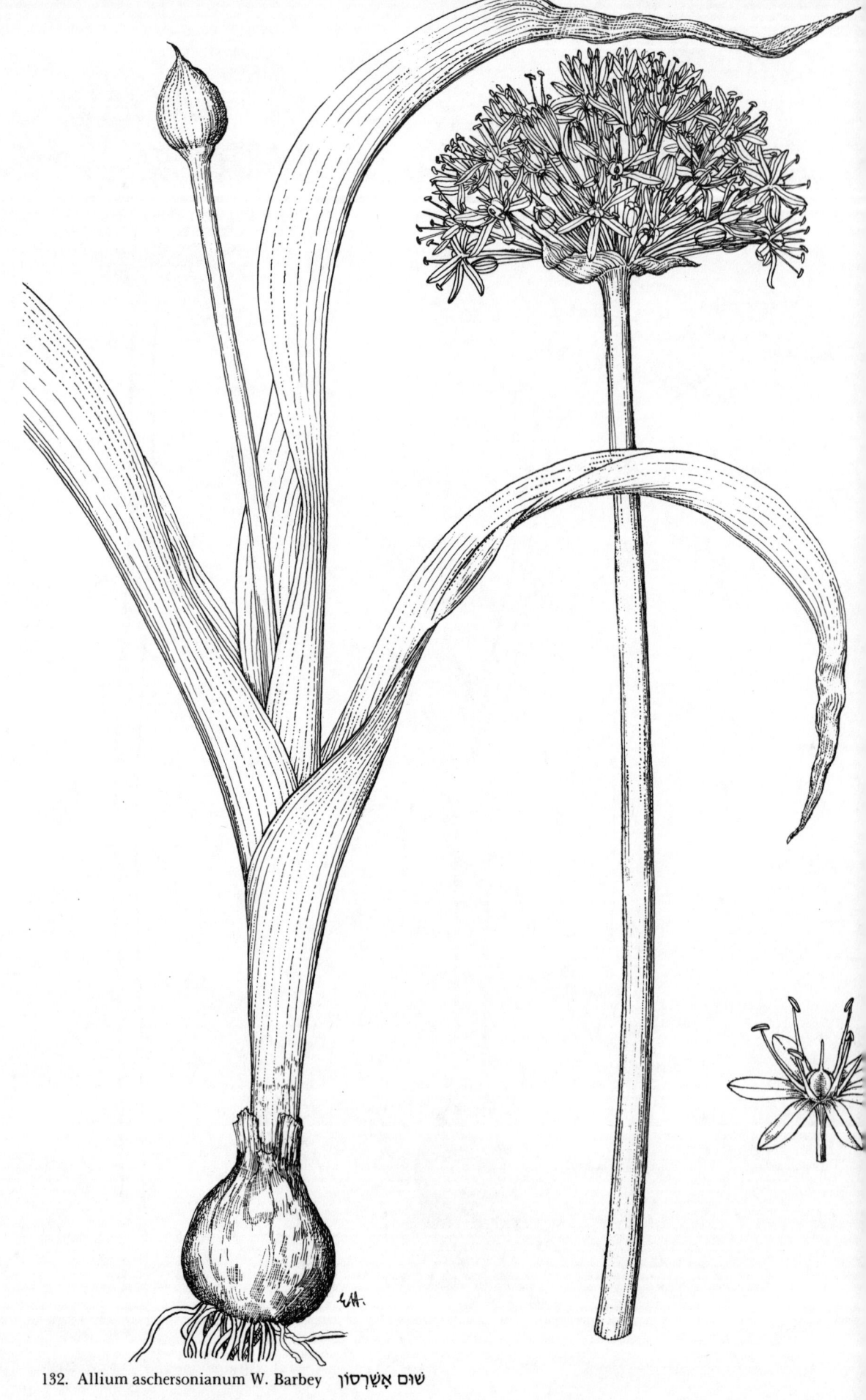

132. Allium aschersonianum W. Barbey שׁוּם אָשֶׁרְסוֹן

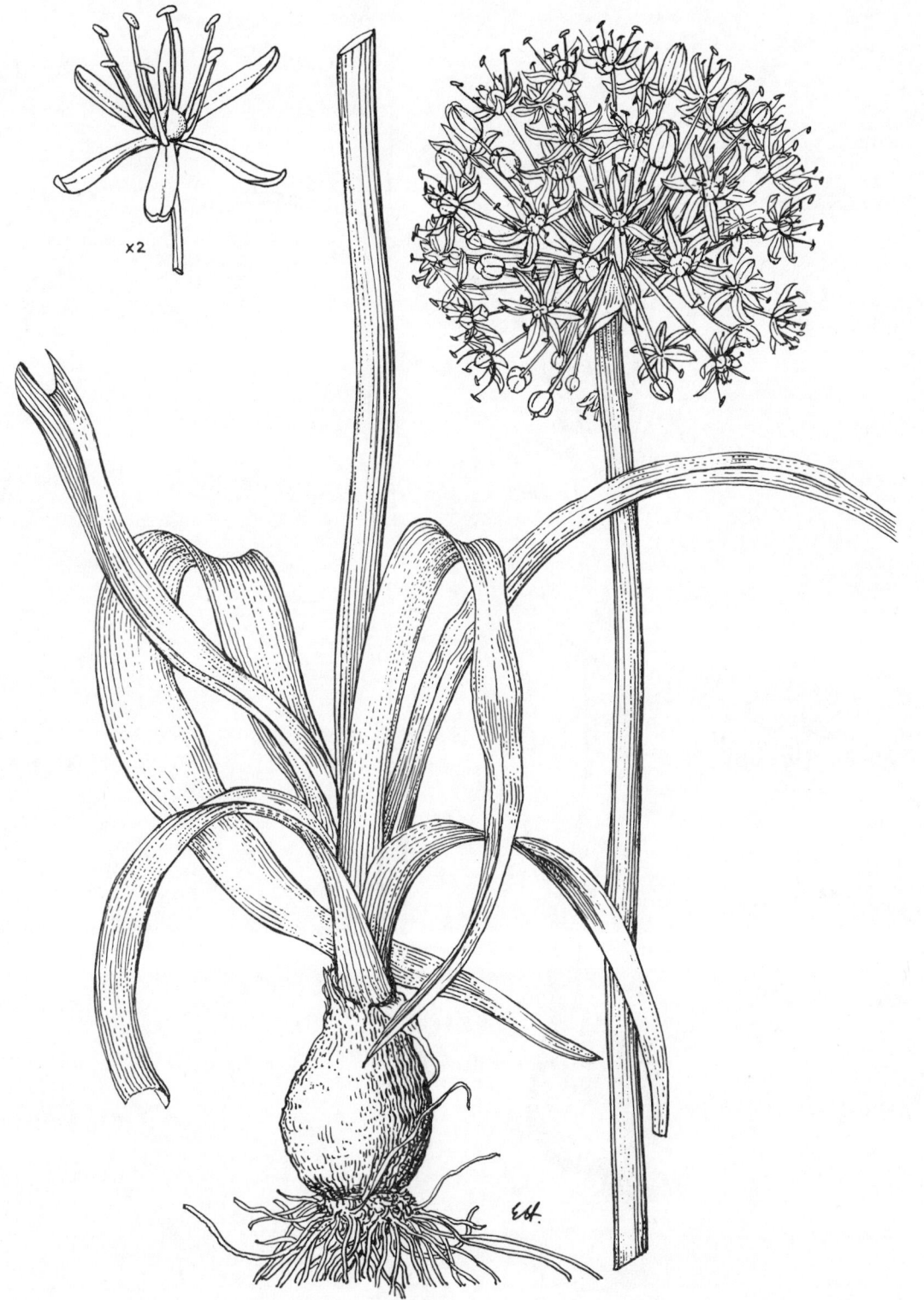

133. Allium tel-avivense Eig שום תֵּל־אֲבִיבִי

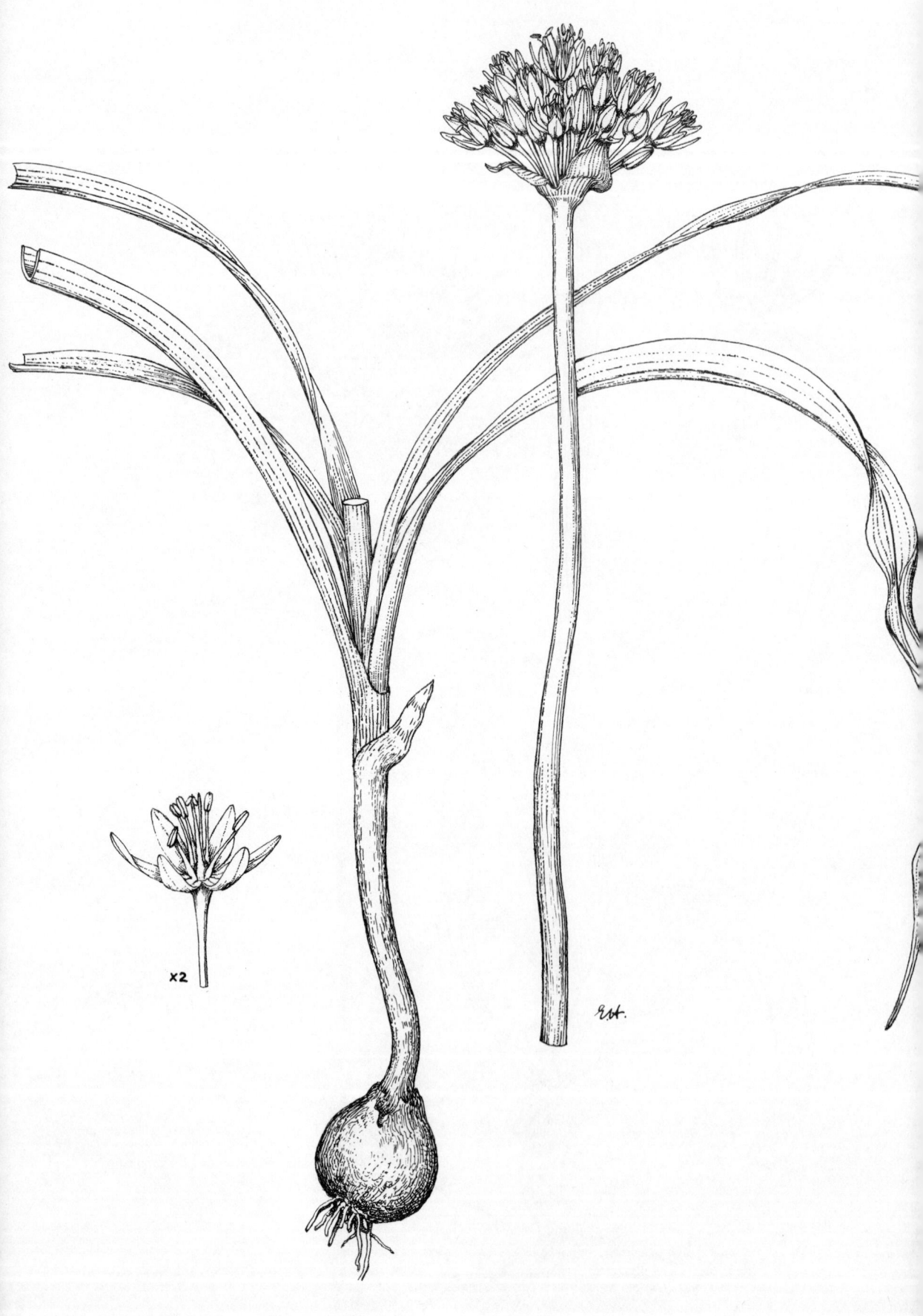

134. Allium orientale Boiss. שום מִזְרָחִי

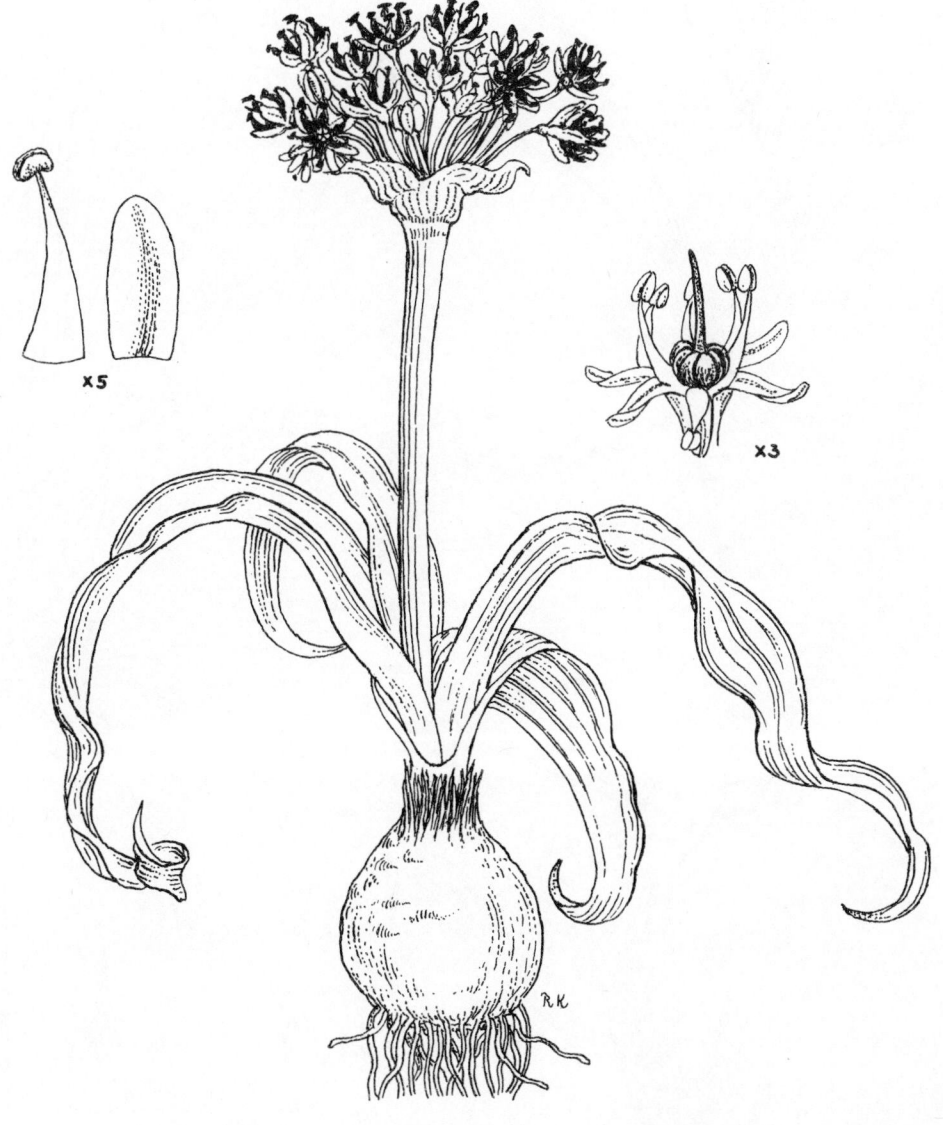

135. Allium rothii Zucc. שום הַנֶּגֶב

136. Allium schubertii Zucc.   שׁוּם הַגַּלְגַּל

×2

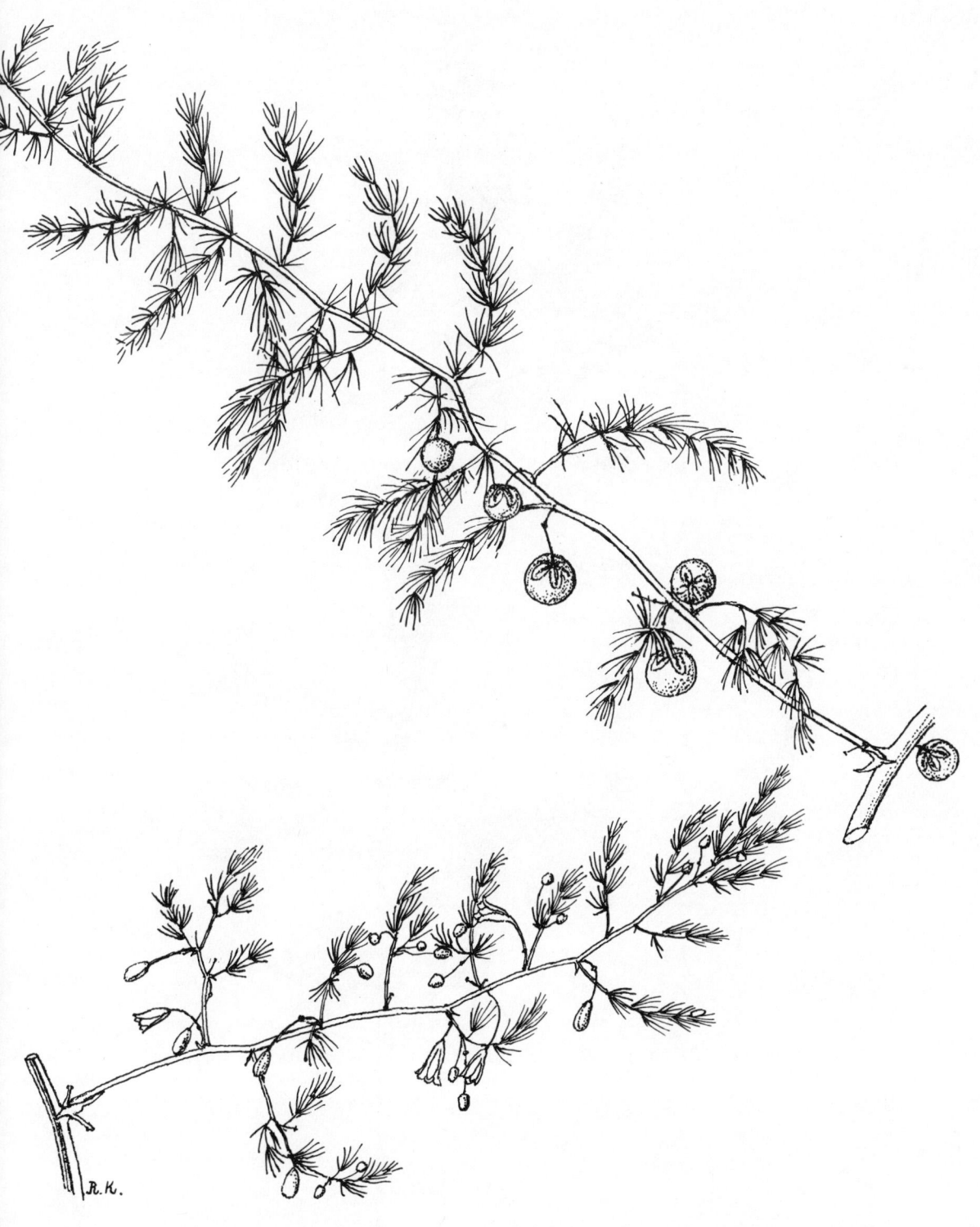

137. Asparagus palaestinus Baker אַסְפָּרָג אֶרֶץ־יִשְׂרְאֵלִי

138. Asparagus acutifolius L.   אַסְפָּרָג חַד

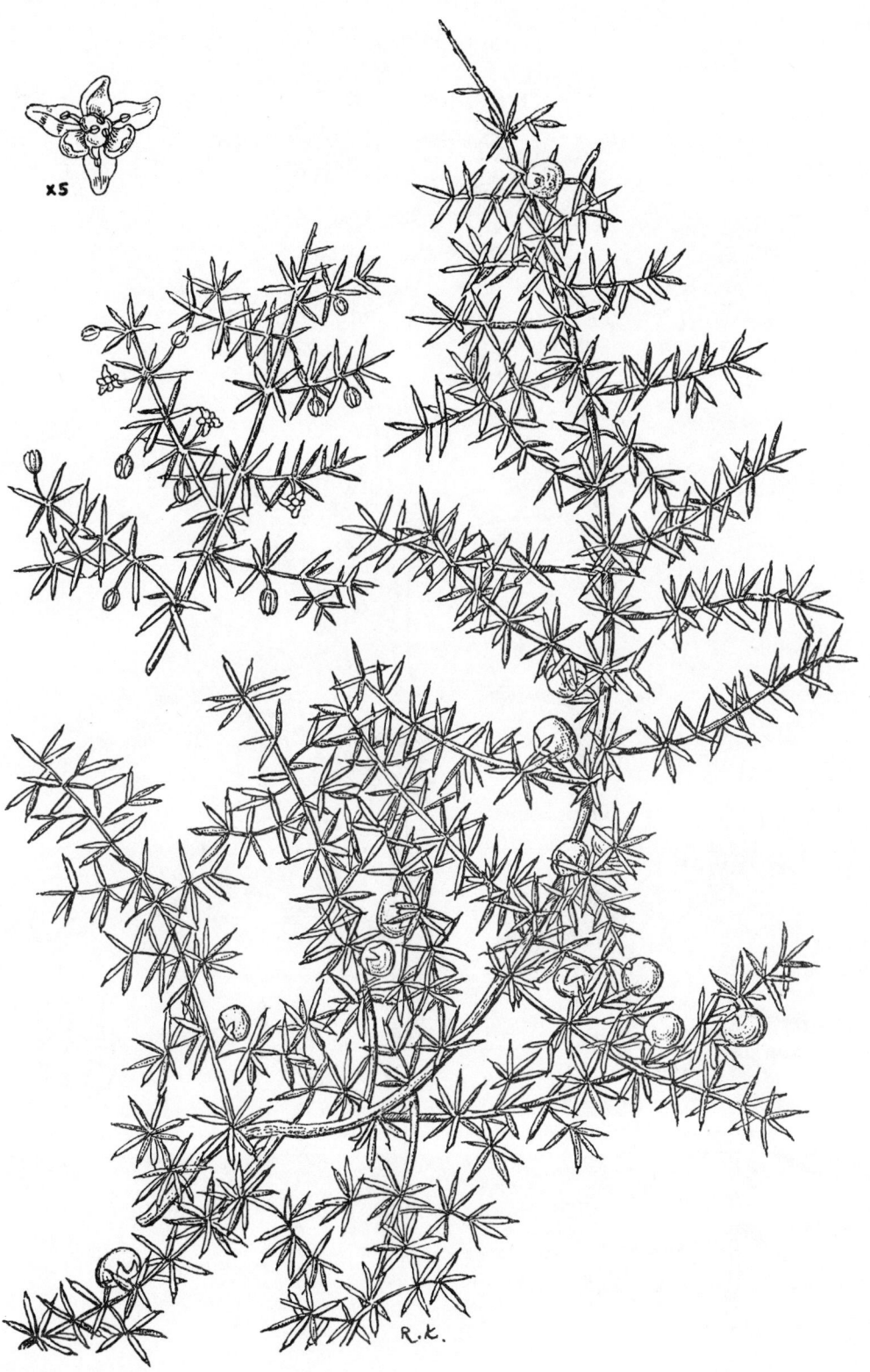

139. Asparagus aphyllus L. אַסְפָּרָג הַחֹרֶשׁ

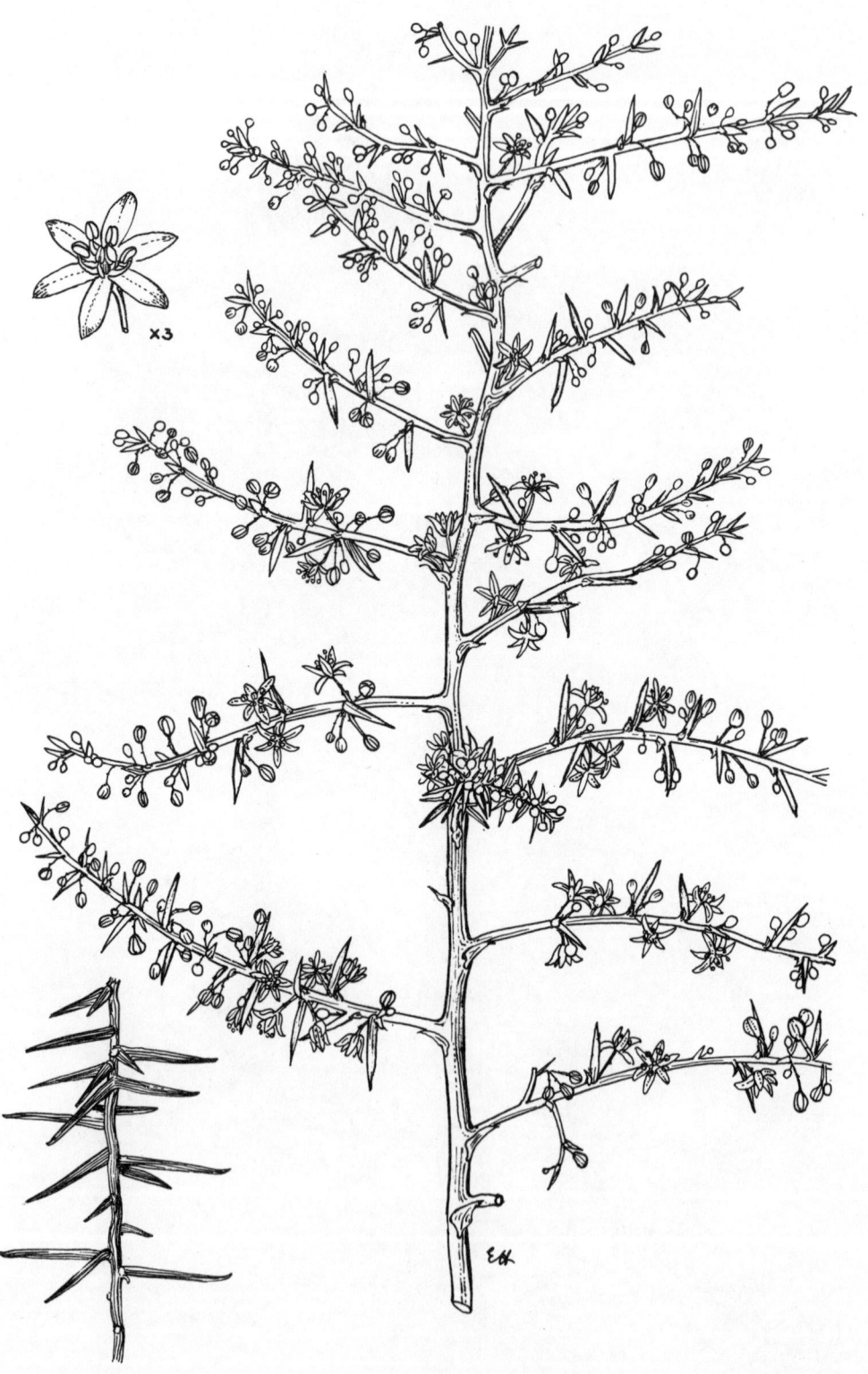

140. Asparagus stipularis Forssk. אַסְפָּרָג אֲרֹךְ־הֶעָלִים

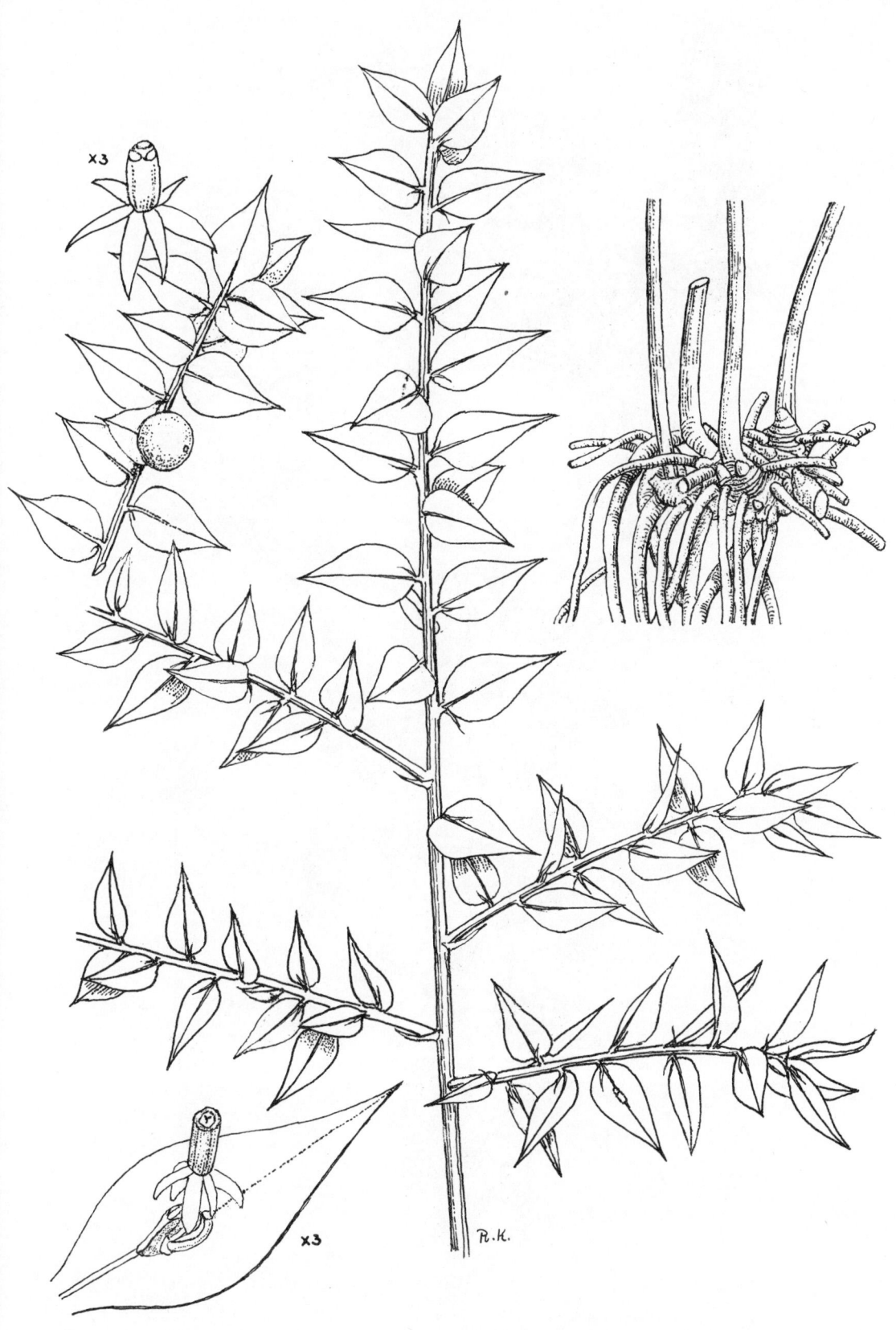

141. Ruscus aculeatus L. עֶצְבּוֹנִית הַחֹרֶשׁ

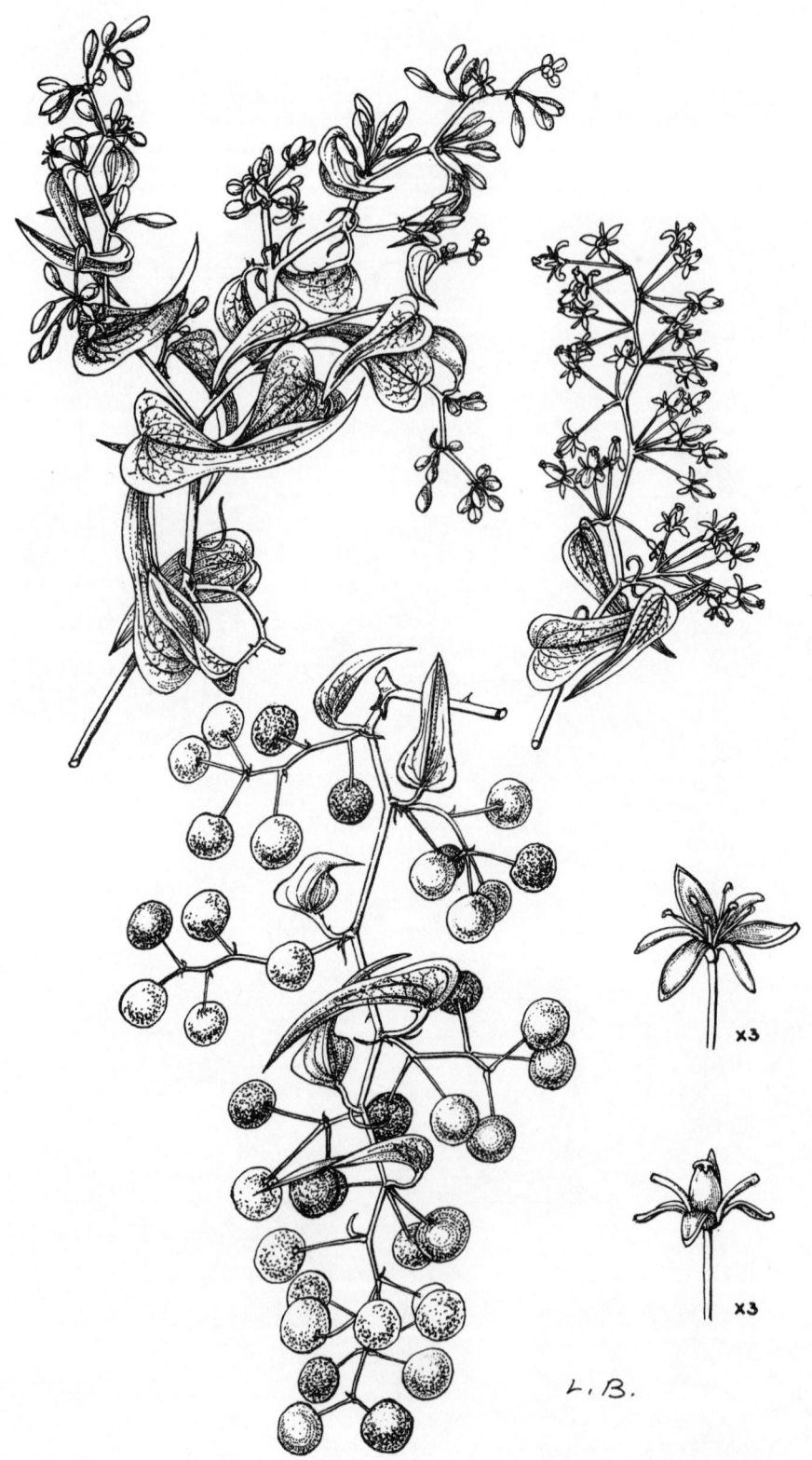

142. Smilax aspera L. קִיסוֹסִית קוֹצָנִית

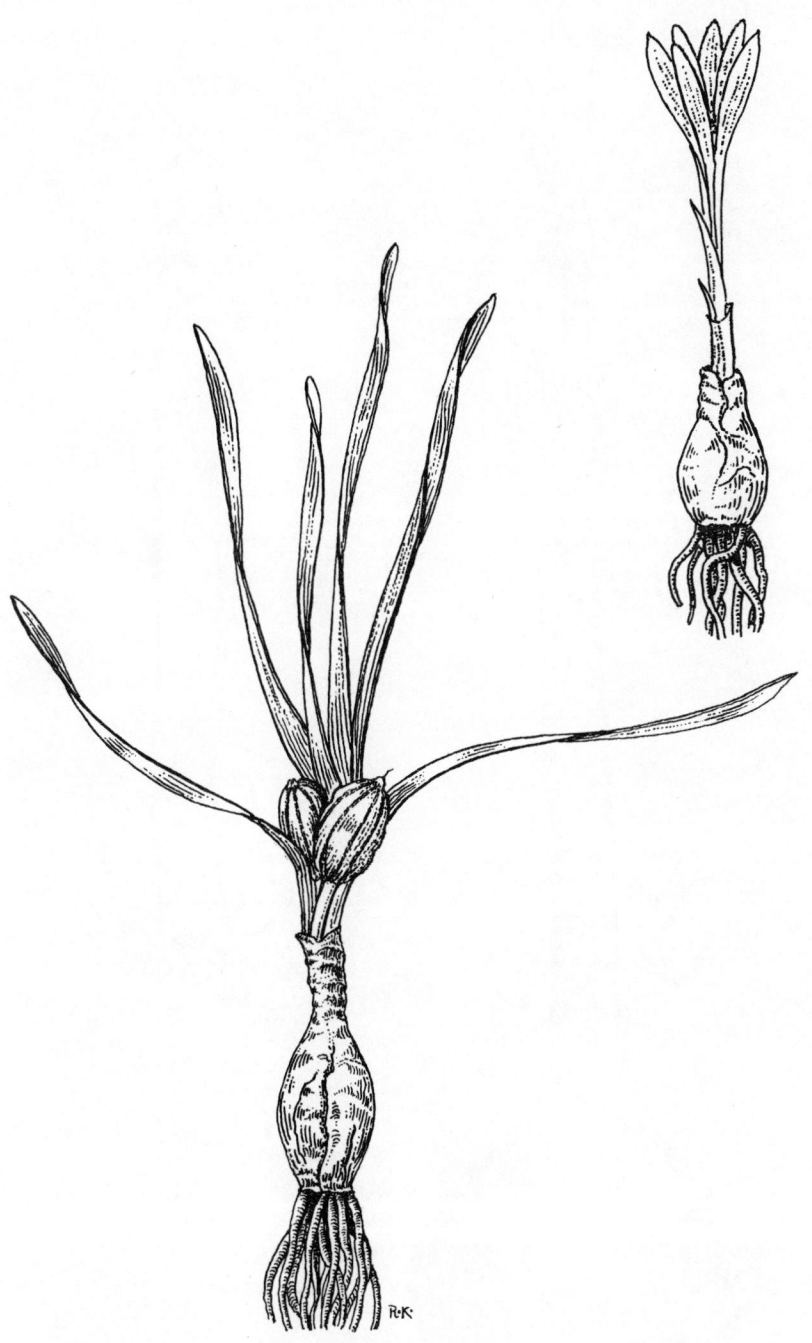

143. Sternbergia colchiciflora Waldst. & Kit. חֶלְמוֹנִית זְעִירָה

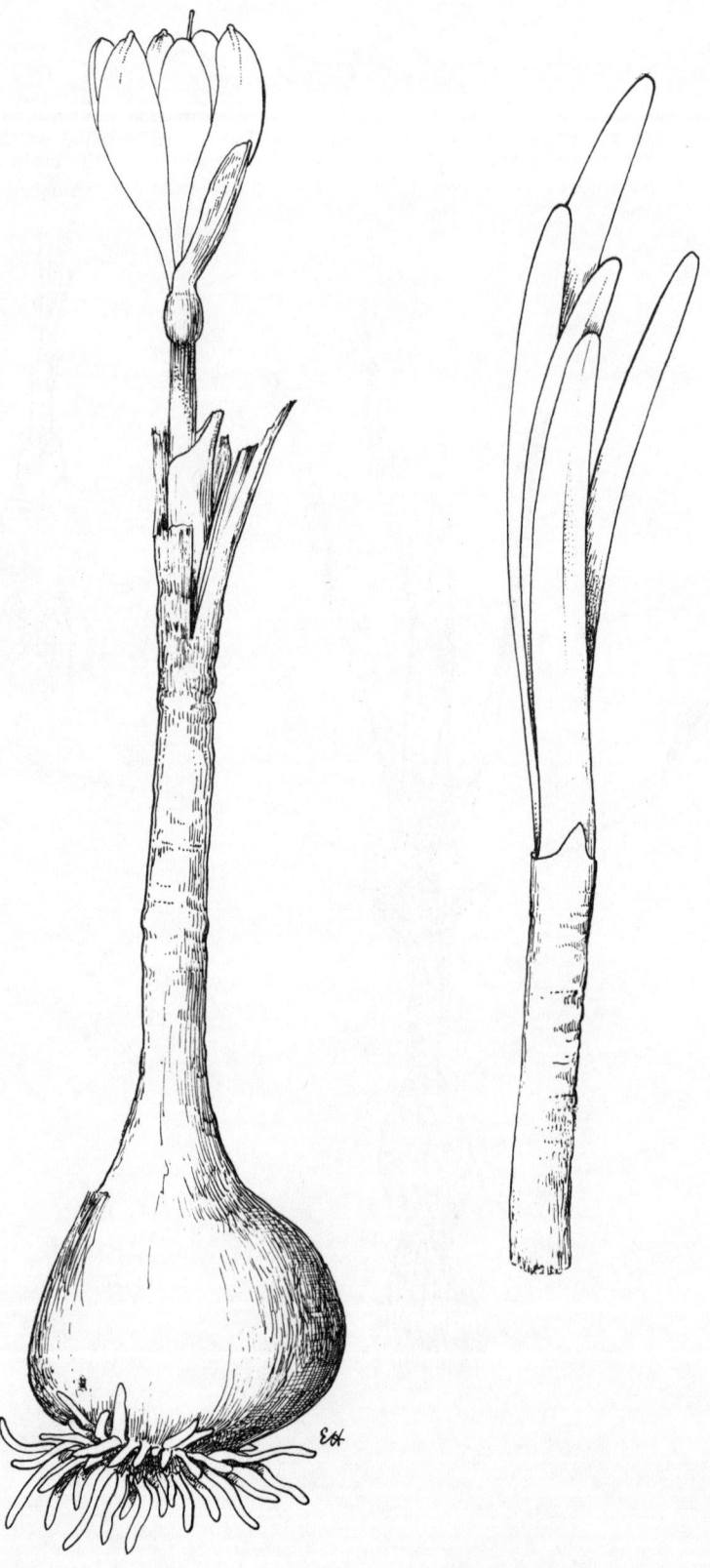

144. Sternbergia lutea (L.) Ker-Gawler ex Spreng.   חֶלְמוֹנִית צְהֻבָּה

145. Sternbergia clusiana (Ker-Gawler) Ker-Gawler ex Spreng.   חֶלְמוֹנִית גְּדוֹלָה

146. Narcissus tazetta L.   נַרְקִיס מָצוּי

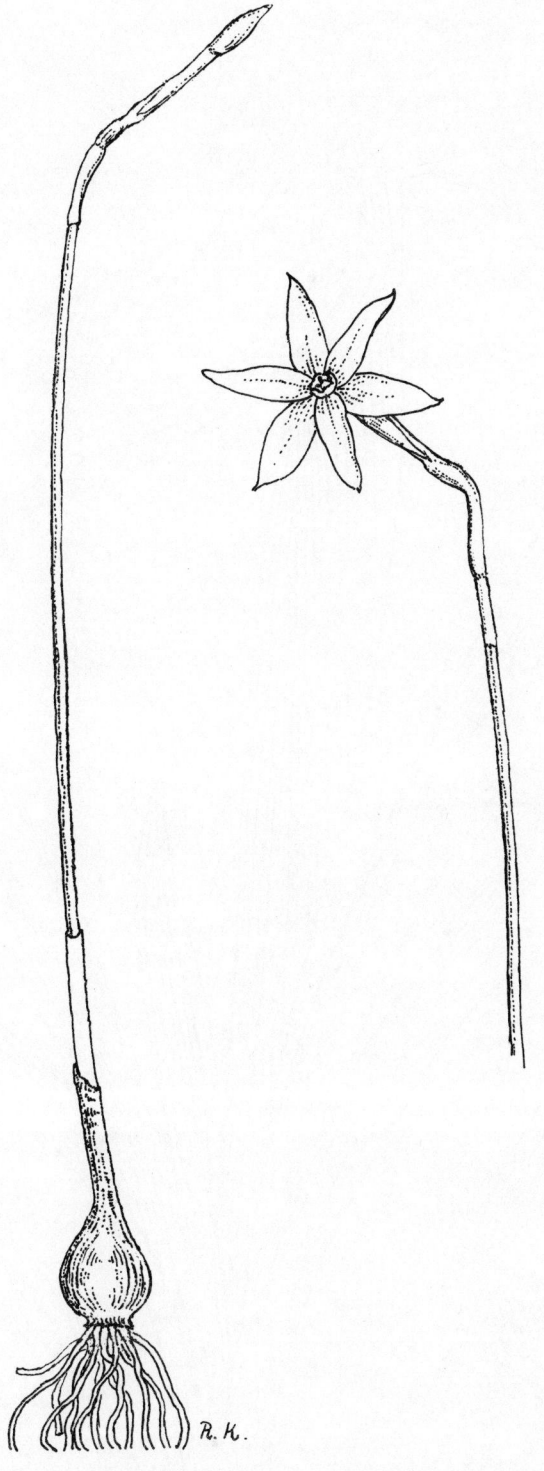

147. Narcissus serotinus L.   נַרְקִיס אָפִיל

148. Pancratium maritimum L.　חֲבַצֶּלֶת הַחוֹף

149. Pancratium parviflorum Desf. ex Del. חֲבַצֶּלֶת קְטַנַּת־פְּרָחִים

150. Pancratium sickenbergeri Aschers. & Schweinf. ex C. & W. Barbey חֲבַצֶּלֶת הַנֶּגֶב

151. Ixiolirion tataricum (Pall.) Herbert   כַּחֲלִית הֶהָרִים

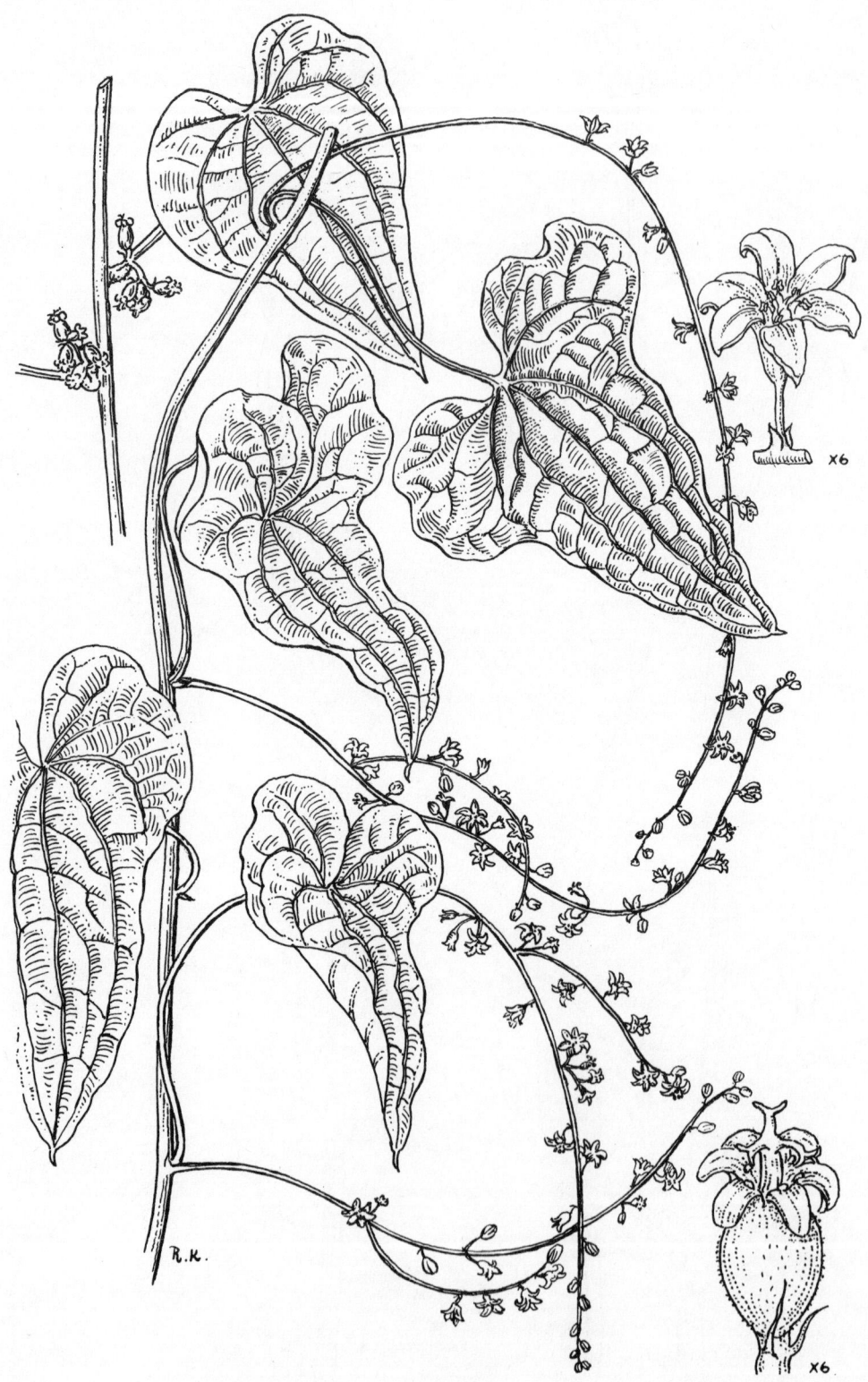

152. Tamus communis L.   טָמוּס מָצוּי

153. Tamus orientalis Thiébaut   טָמוּס מִזְרָחִי

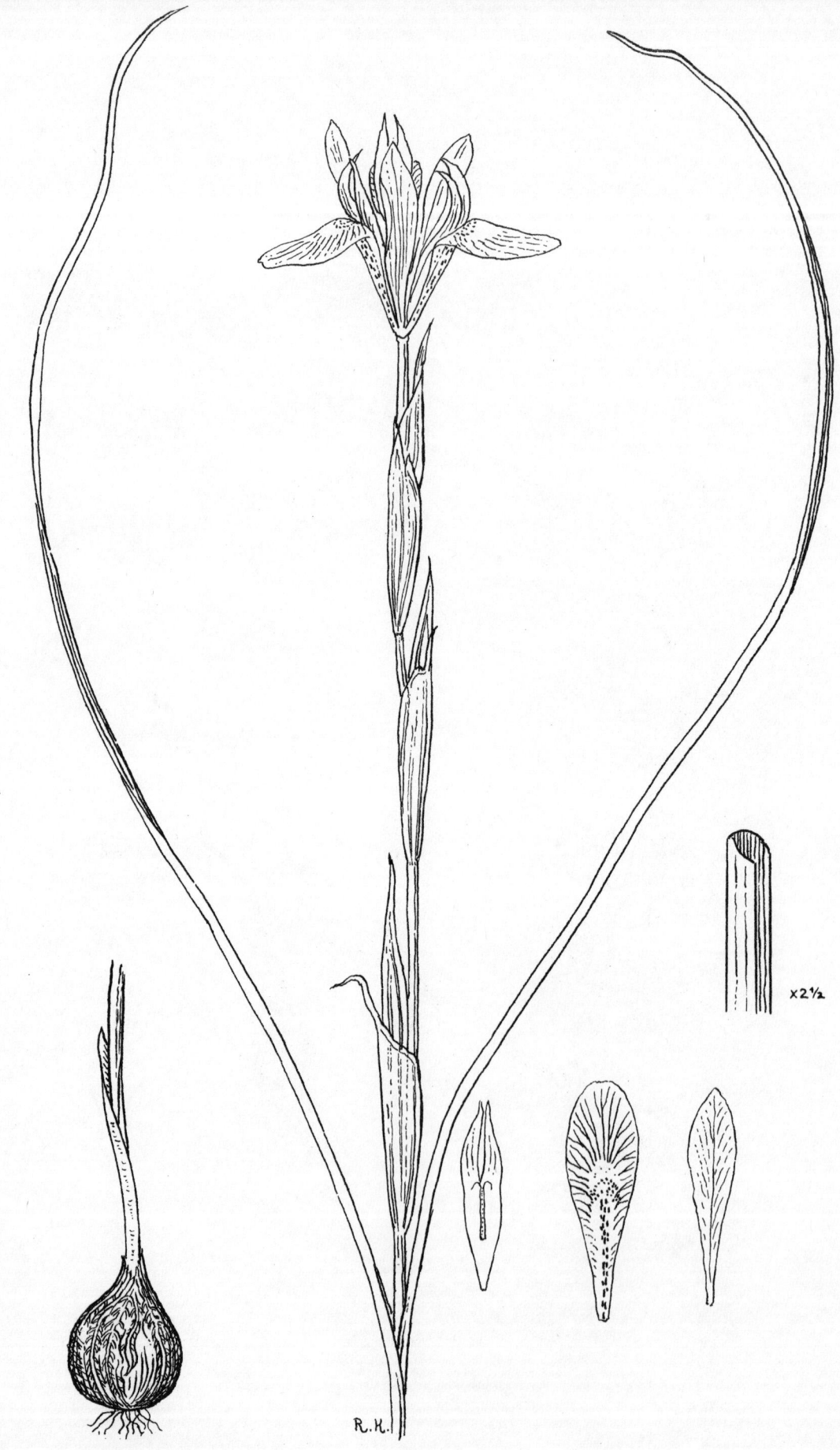

154. Gynandriris sisyrinchium (L.) Parl. אֲחִיאִירוּס מָצוּי

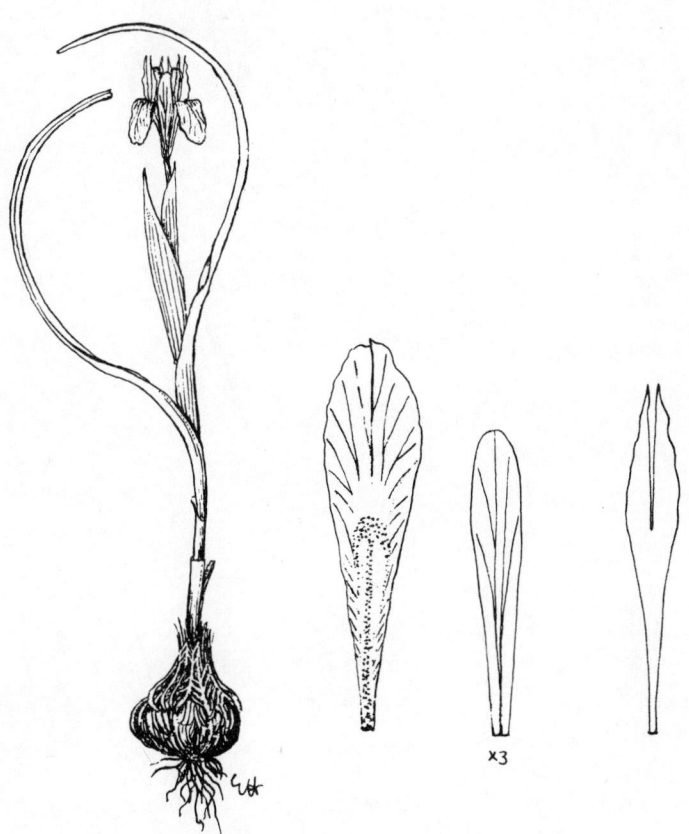

155.   Gynandriris monophylla Boiss. & Heldr. ex Klatt   אֲחִיאִירוּס קָטָן

156. Iris pseudacorus L.   אִירוּס עָנֵף

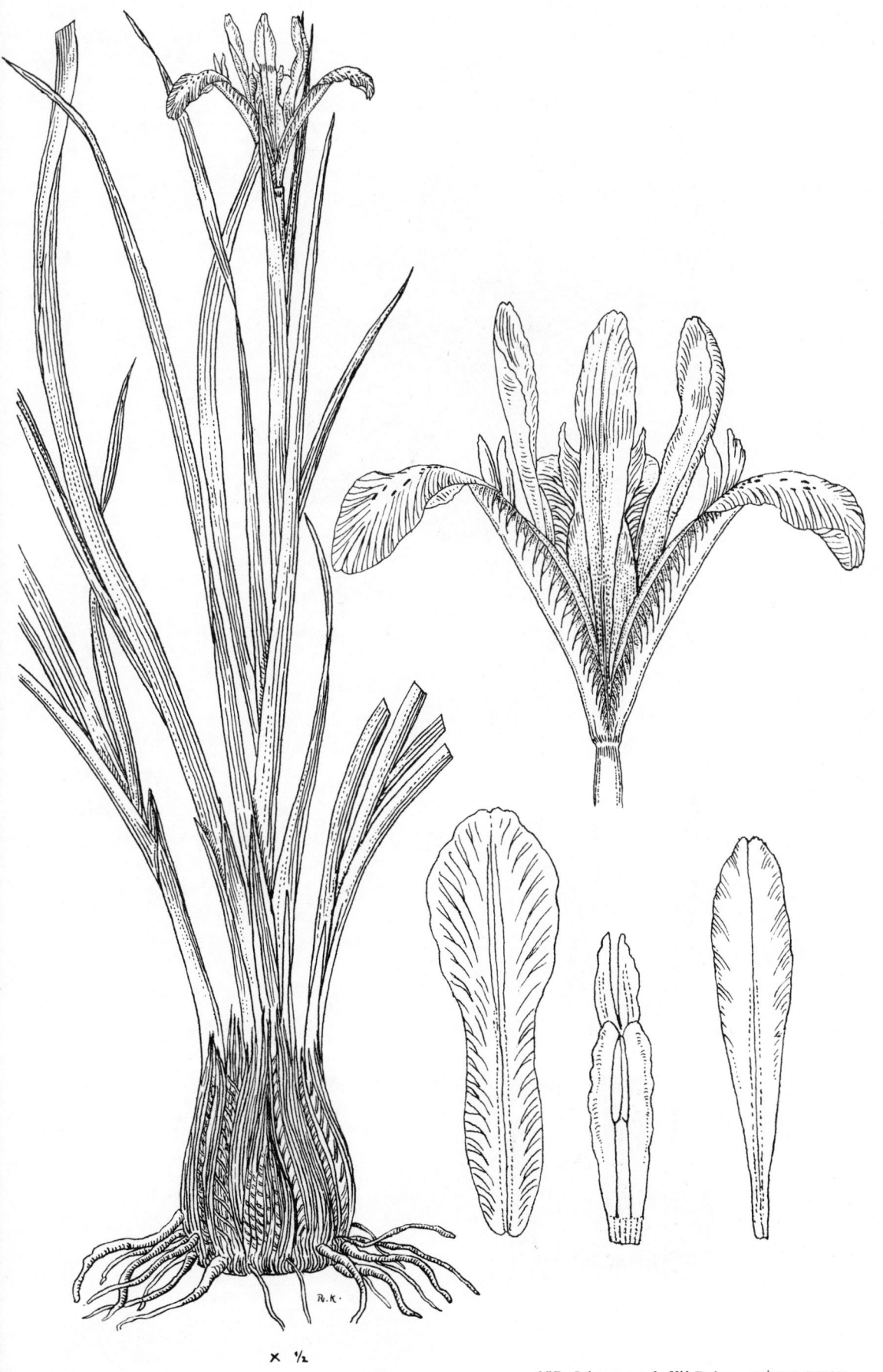

× ½

157. Iris grant-duffii Baker אִירוּס הַבִּצּוֹת

158. Iris hermona Dinsmore   אִירוּס הַחֶרְמוֹן

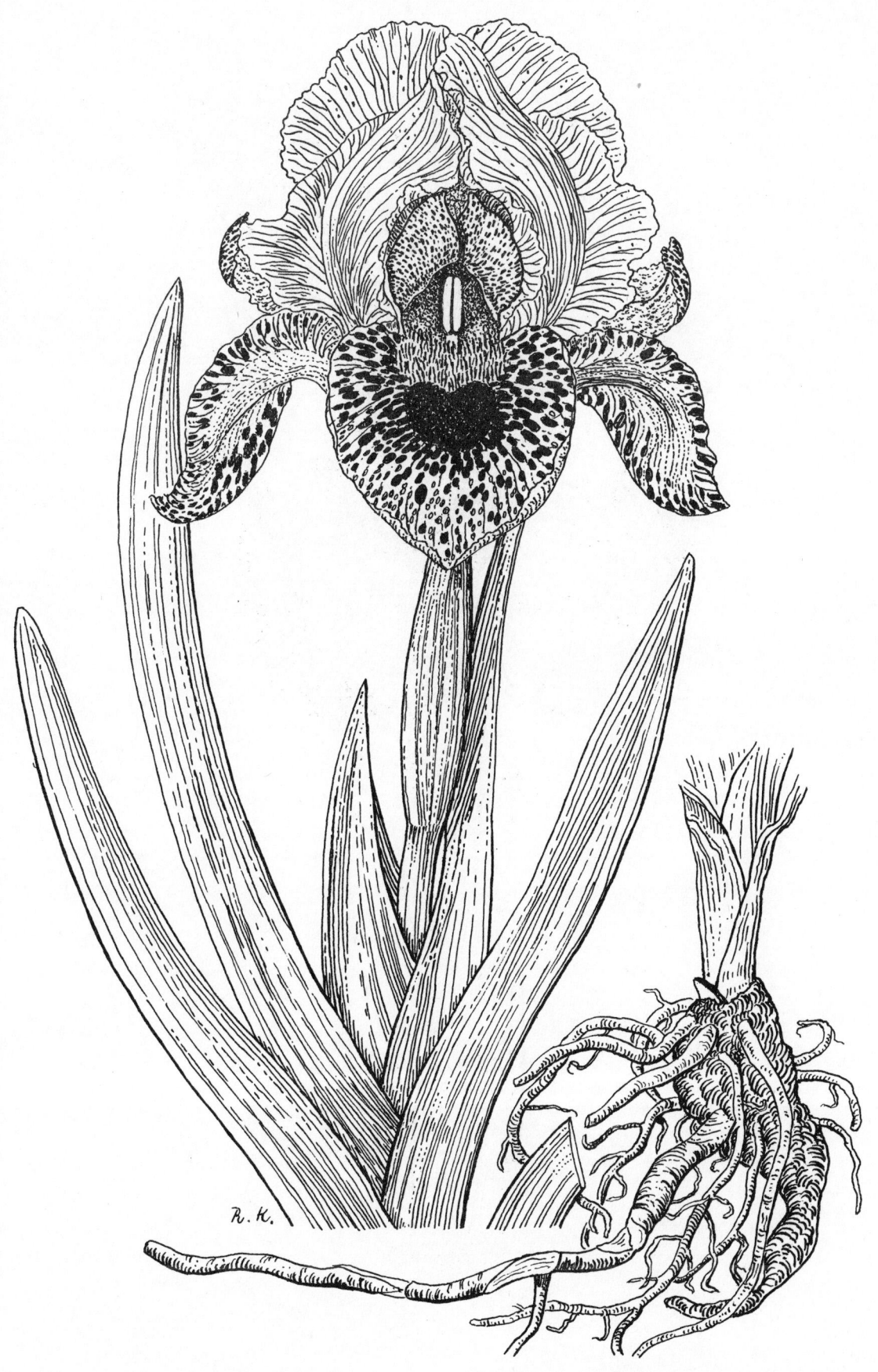

159. Iris bismarckiana Regel אירוס נַצְרָתִי

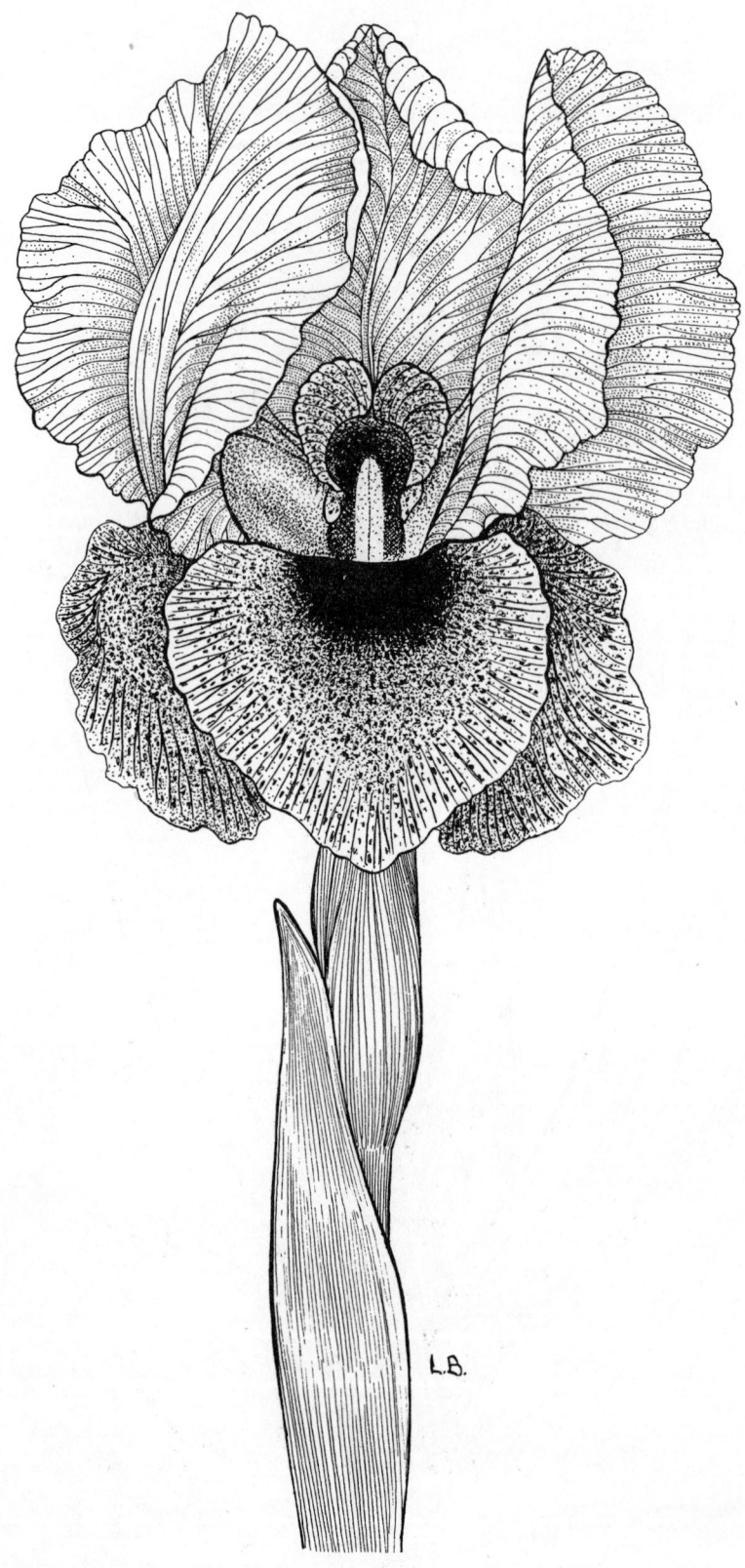

160. Iris lortetii W. Barbey אירוס הָדור

161. Iris haynei Baker   אִירוּס הַגִּלְבּוֹעַ

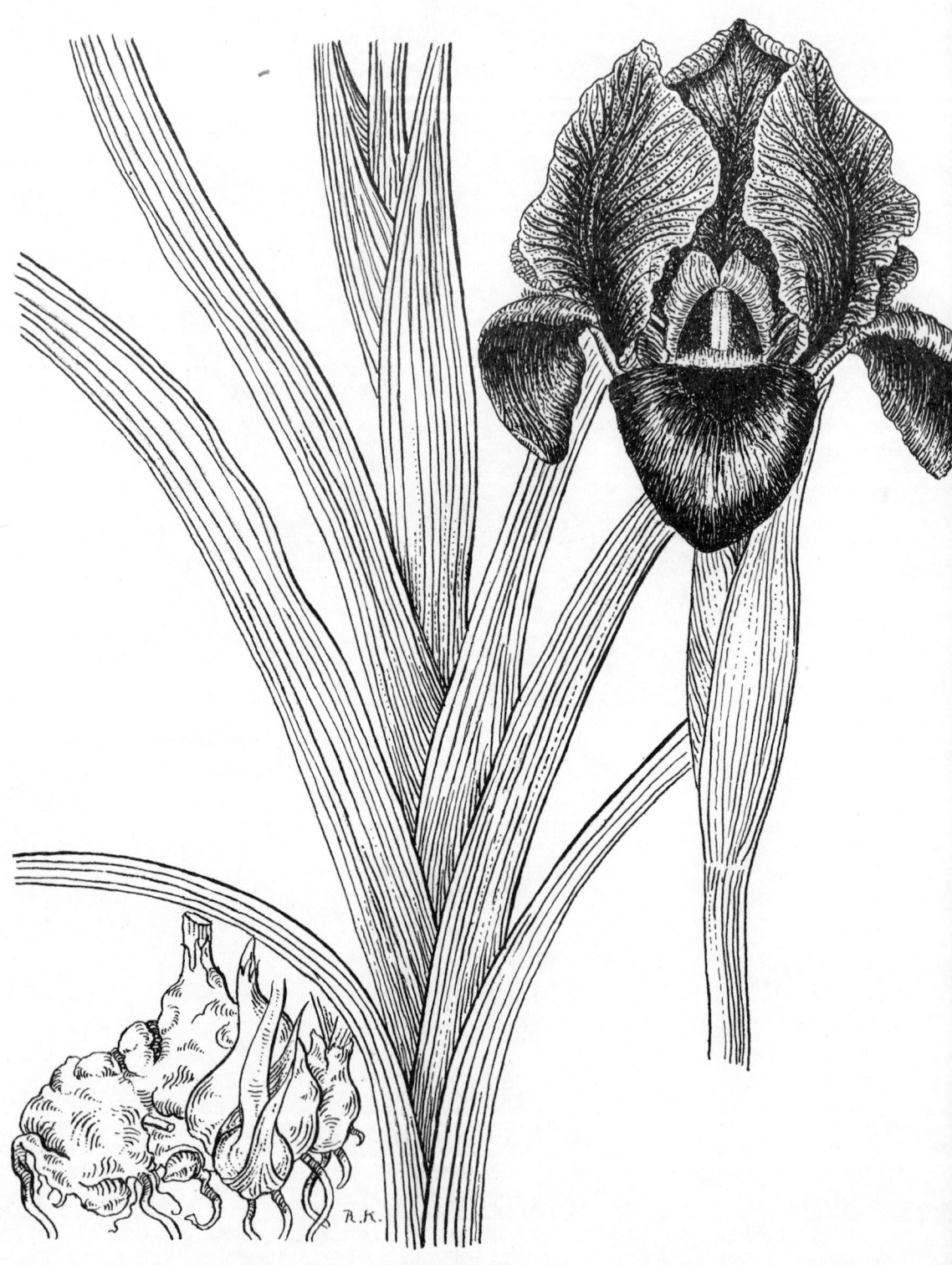

162. Iris atrofusca Baker אירוס שָׁחוּם

163. Iris nigricans Dinsmore   אִירוּס שְׁחַרְחַר

164. Iris petrana Dinsmore אִירוּס יְרוּחָם

165. Iris atropurpurea Baker אִירוּס הָאַרְגָּמָן

166. Iris mariae W. Barbey אִירוּס הַנֶּגֶב

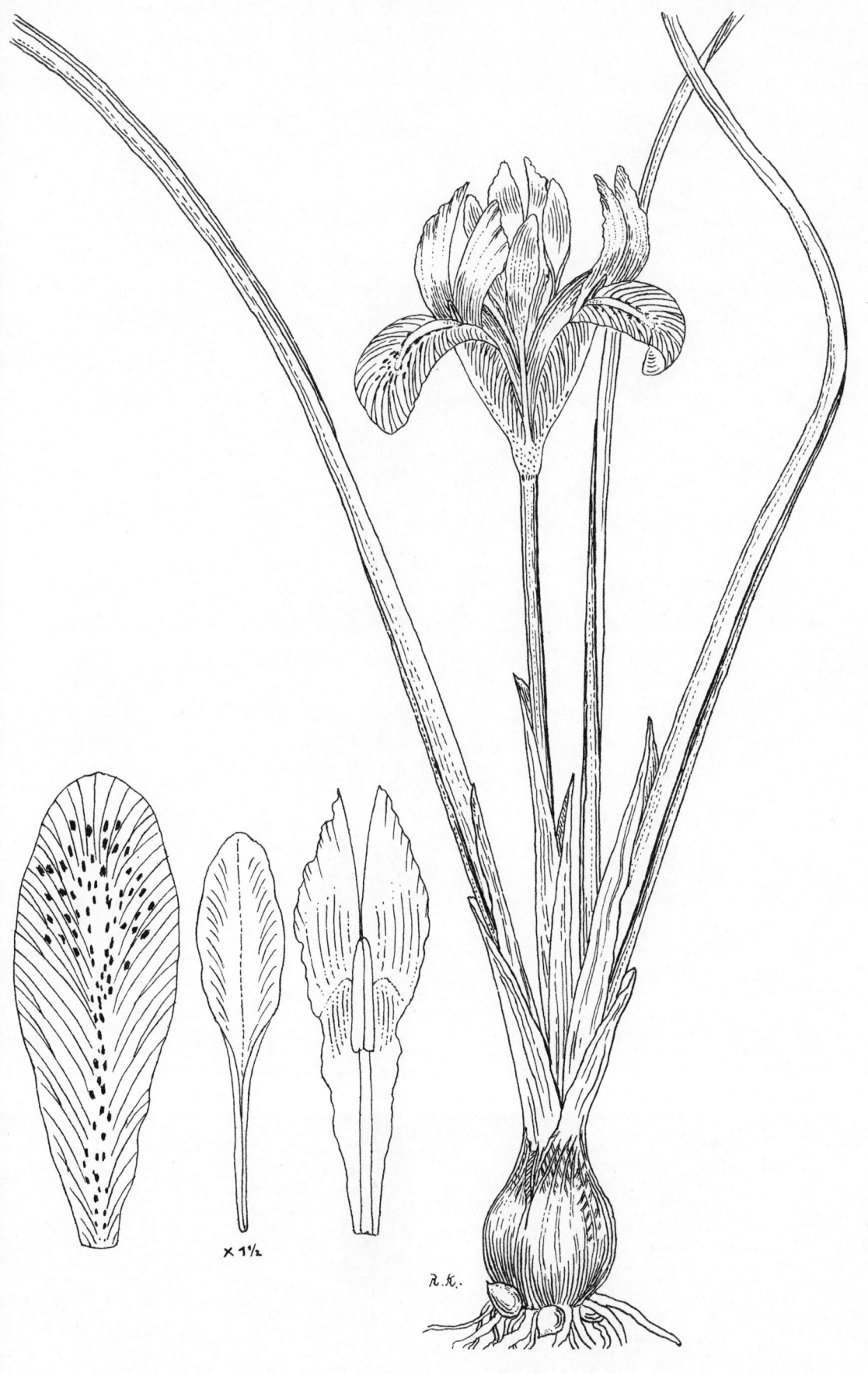

167. Iris histrio Reichenb. fil. אירוס הַלְּבָנוֹן

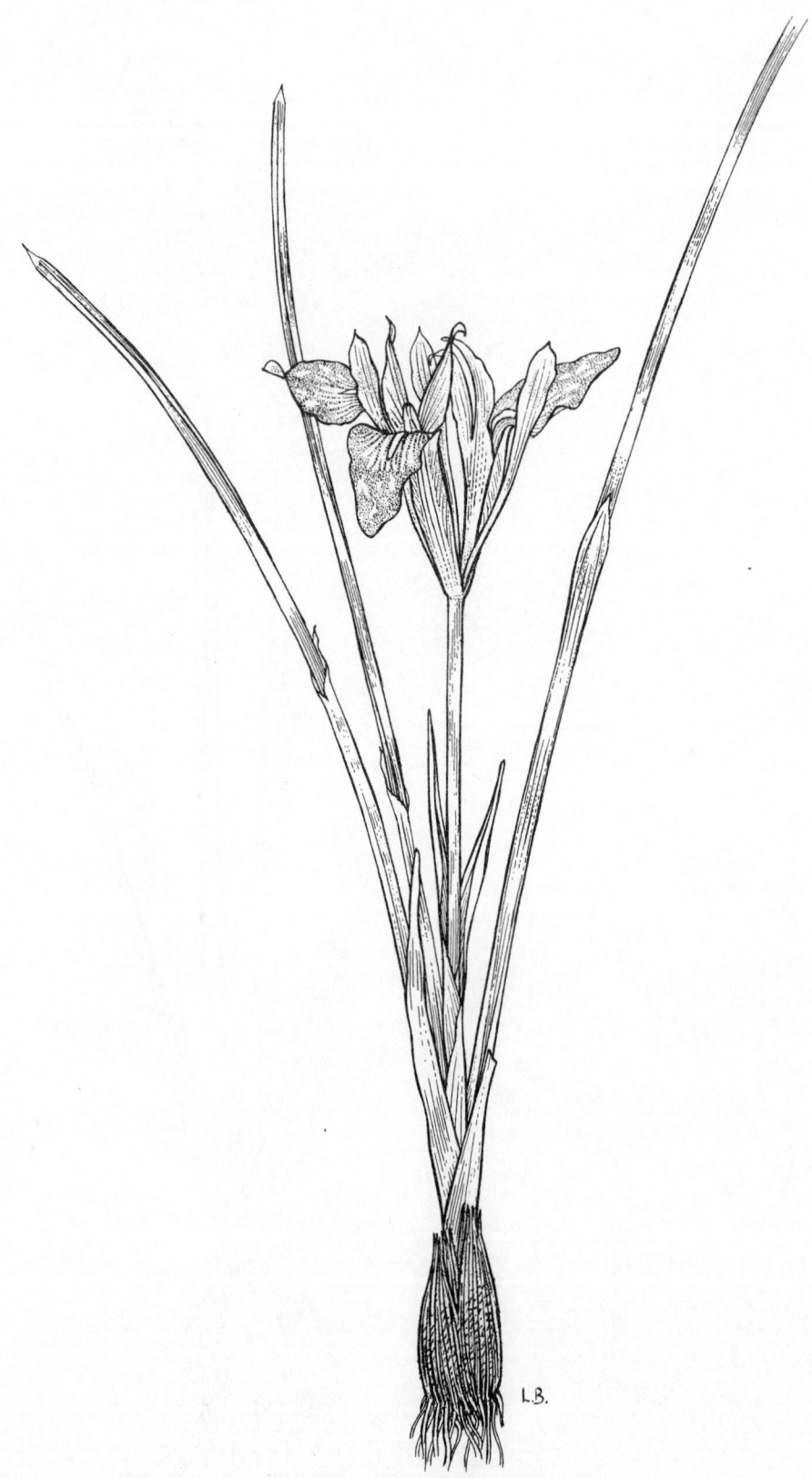

168. Iris vartanii Foster אִירוּס הַסַּרְגֵּל

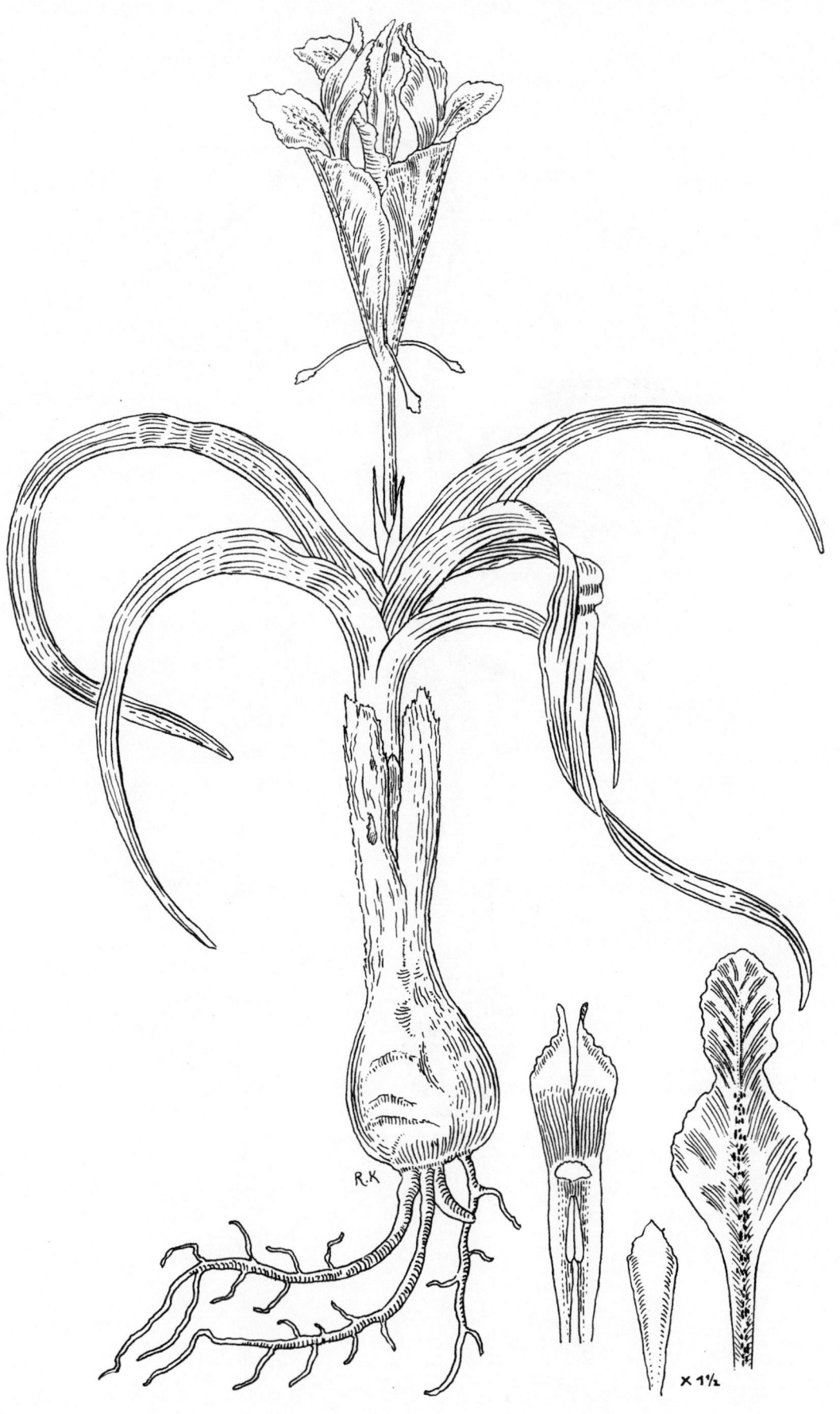

169. Iris palaestina (Baker) Boiss. אירוס אֶרֶצְיִשְׂרְאֵלִי

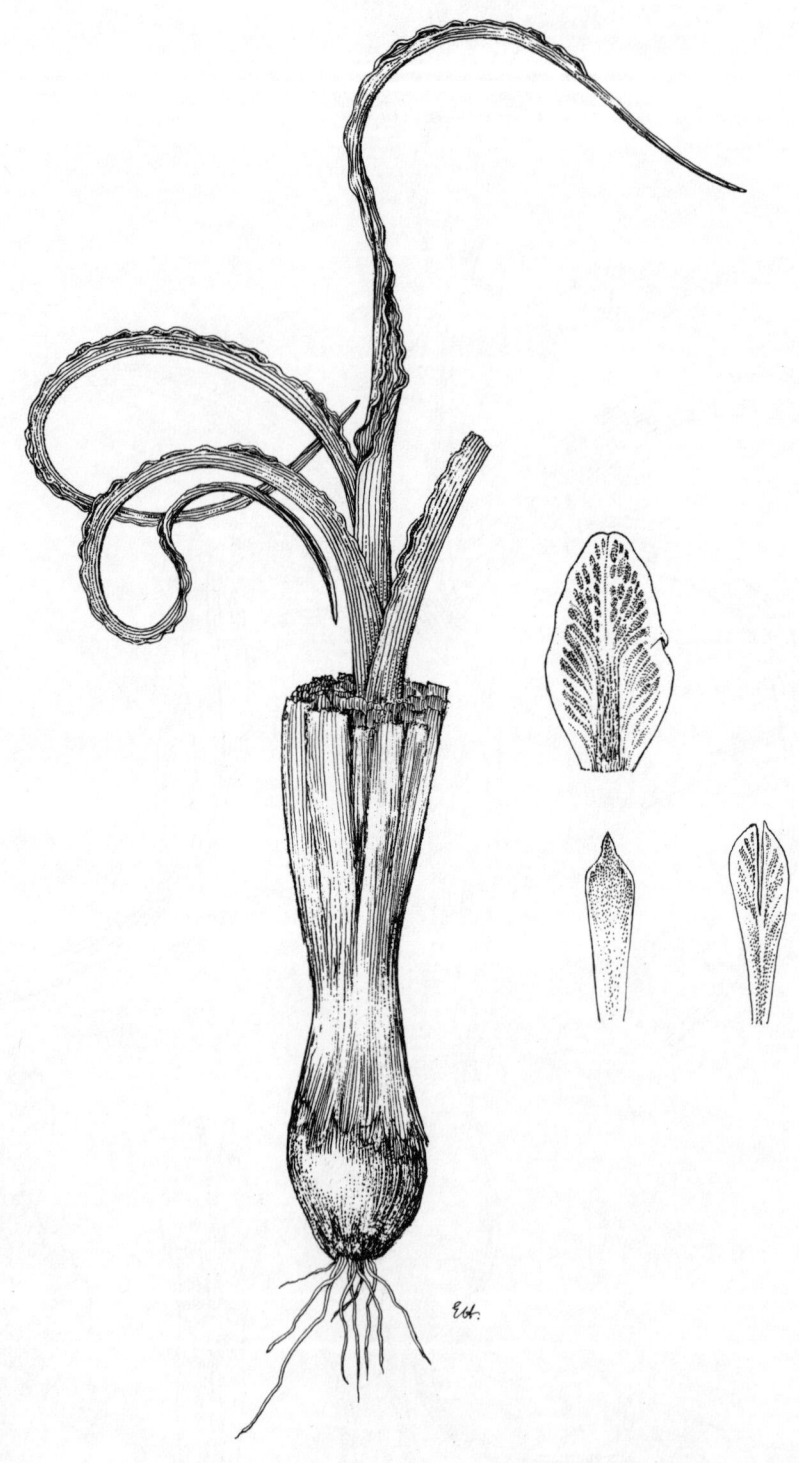

170. Iris edomensis Sealy אִירוּס אֱדוֹם

171. Iris regis-uzziae Feinbr. אִירוּס עֻזִּיָּהוּ

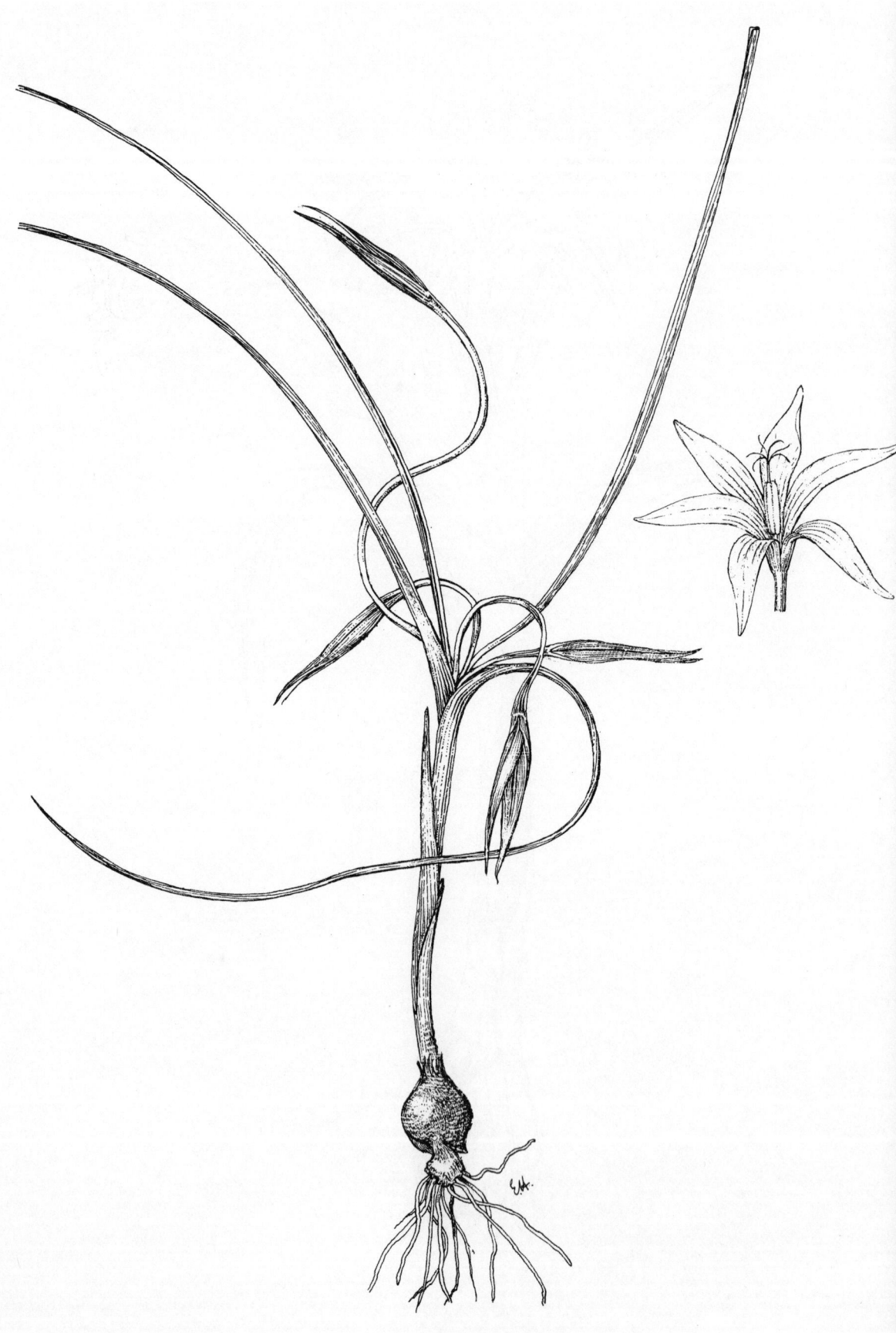

172. Romulea bulbocodium (L.) Seb. & Mauri רוֹמוּלֵיאָה סַגְלוּלִית

173. Romulea phoenicia Mout. רוֹמוּלֵיאָה צִידוֹנִית

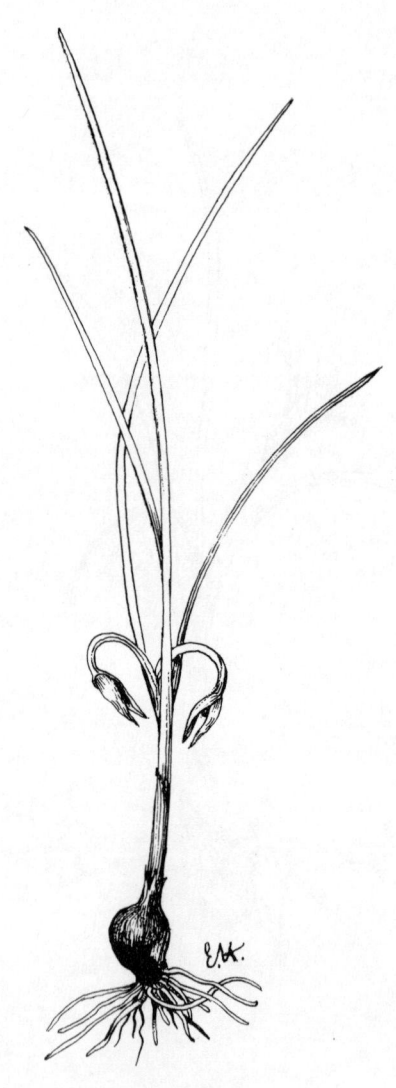

174. Romulea columnae Seb. & Mauri   רוֹמוּלֵיאָה זְעִירָה

175. Crocus ochroleucus Boiss. & Gaill. כַּרְכֹּם צְהַבְהַב

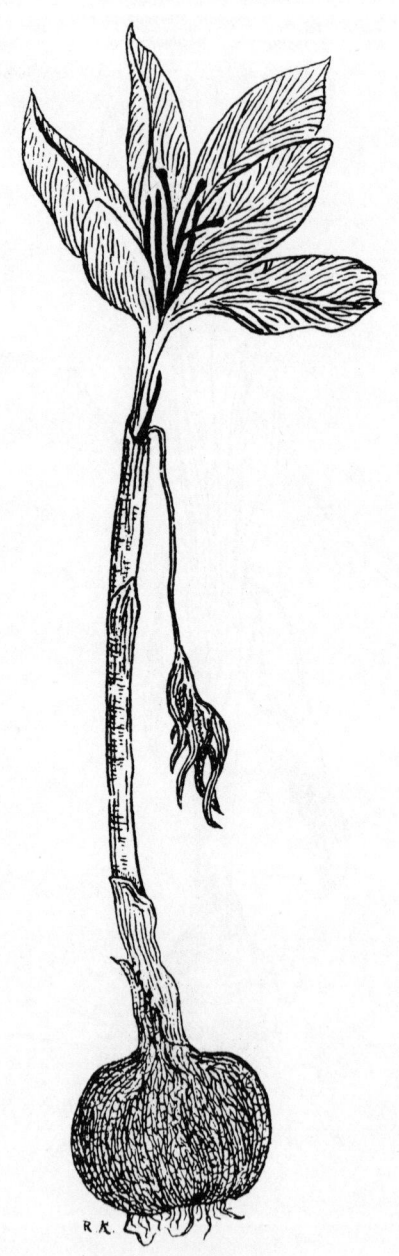

176. Crocus pallasii Goldb. כַּרְכֹּם נָאֶה

177. Crocus moabiticus Bornm. & Dinsmore כַּרְכֹּם מוֹאָבִי

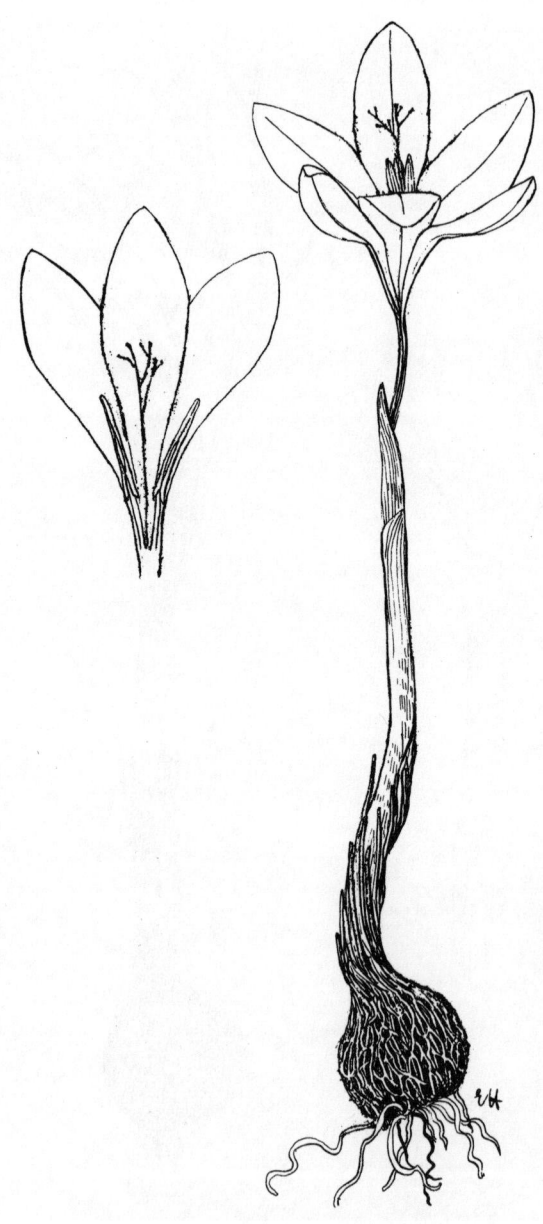

178. Crocus cancellatus Herbert כַּרְכֹּם הַשְּׂבָכָה

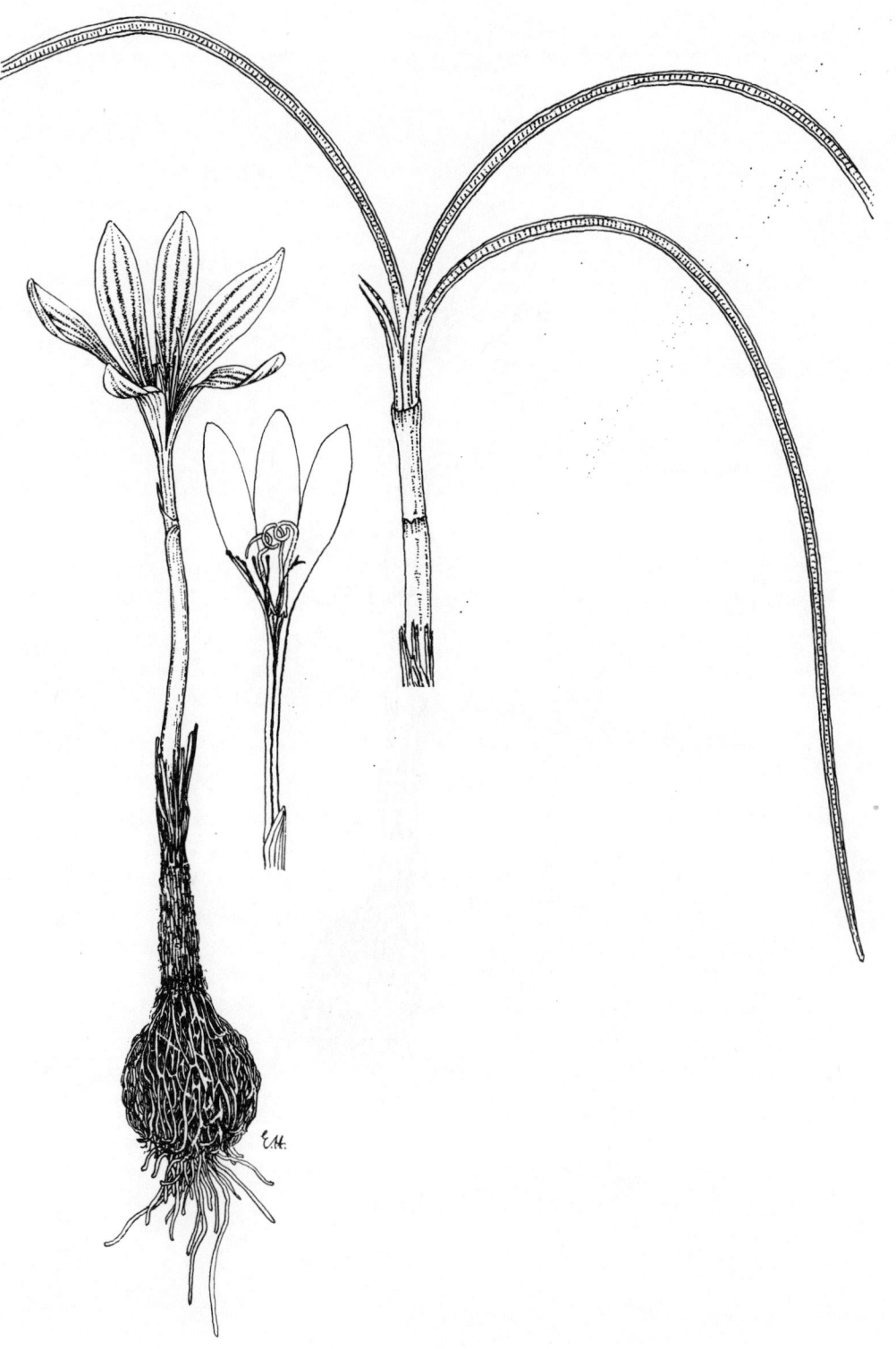

179. Crocus damascenus Herbert כַּרְכֹּם דַּמַּשְׂקָאִי

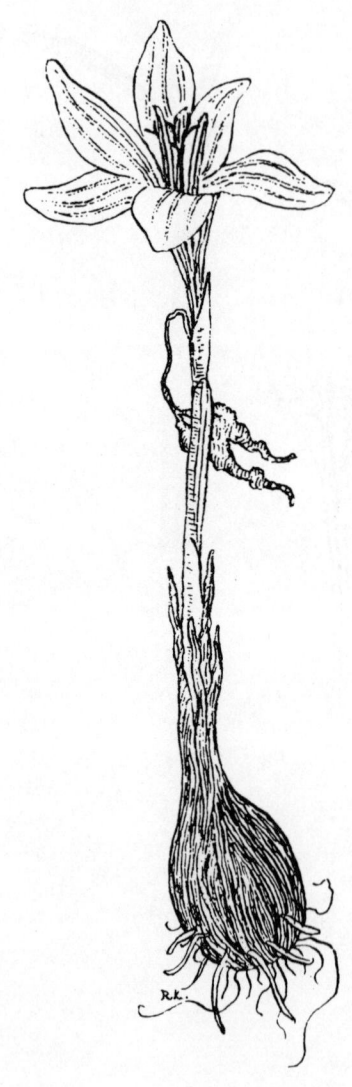

180. Crocus hermoneus Ky. ex Maw subsp. palaestinus Feinbr. כַּרְכֹּם הַחֶרְמוֹן תַּת־מִין אֶרֶצְיִשְׂרְאֵלִי

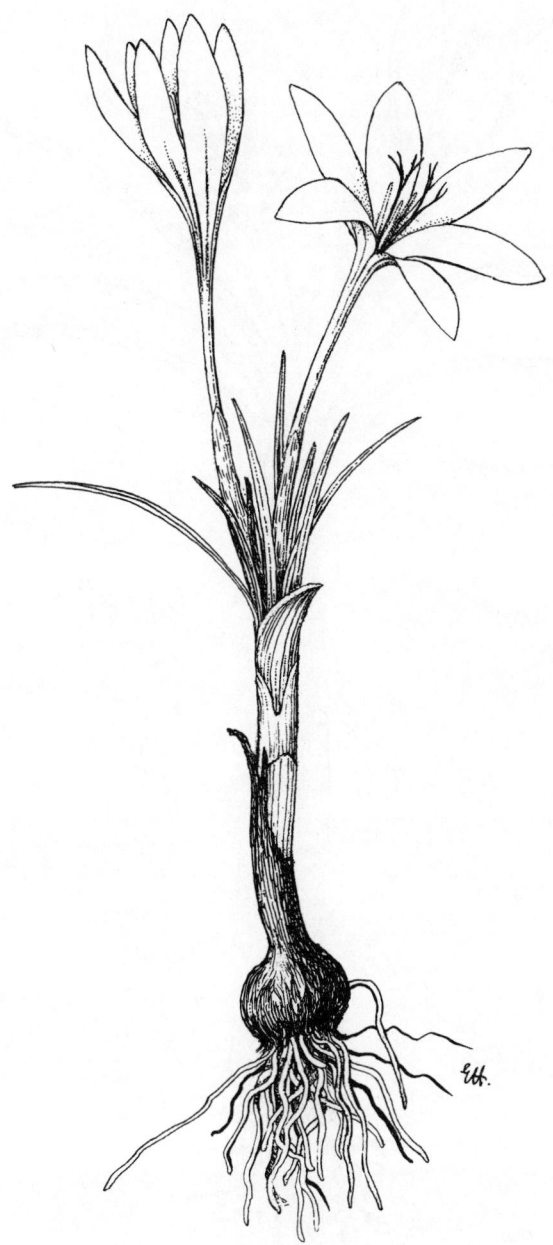

181. Crocus aleppicus Baker כַּרְכֹּם גַּיְרְדוֹ

182. Crocus hyemalis Boiss. & Bl. כַּרְכֹּם חָרְפִּי

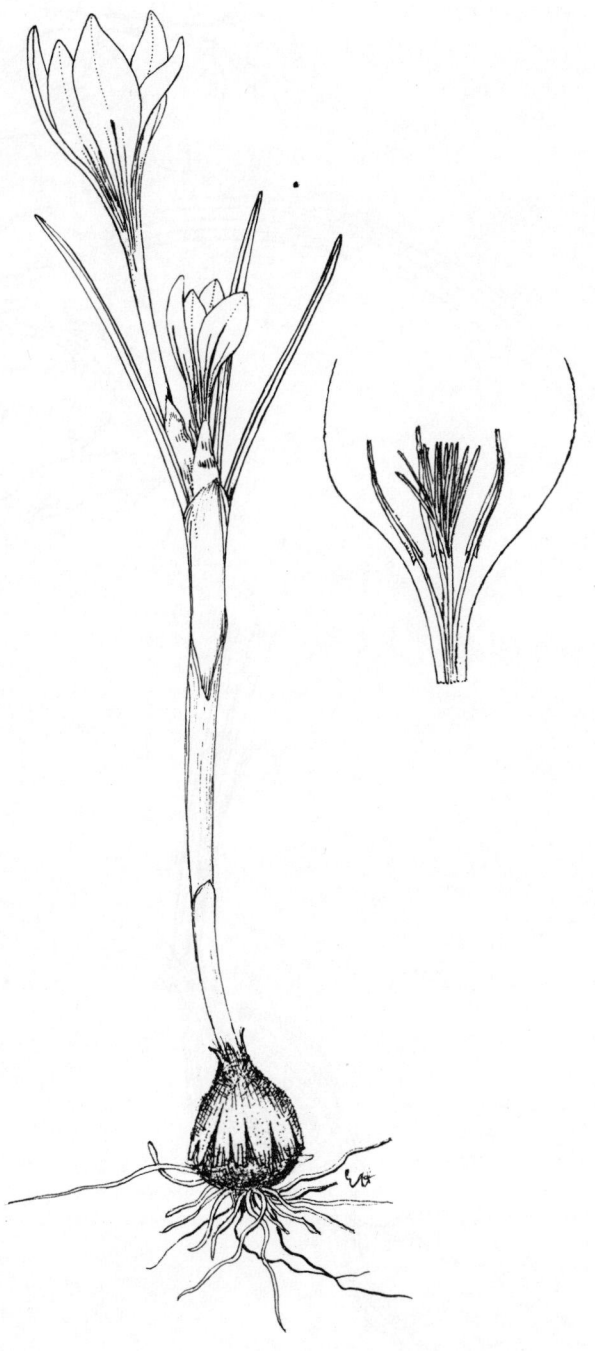

183. Crocus vitellinus Wahlenb.   כַּרְכֹּם חֶלְמוֹנִי

184. Gladiolus italicus Mill. סֵיפָן הַתְּבוּאָה

185. Gladiolus atroviolaceus Boiss.   סֵיפָן סָגֹל

186. Juncus maritimus Lam.   סָמָר יַמִּי

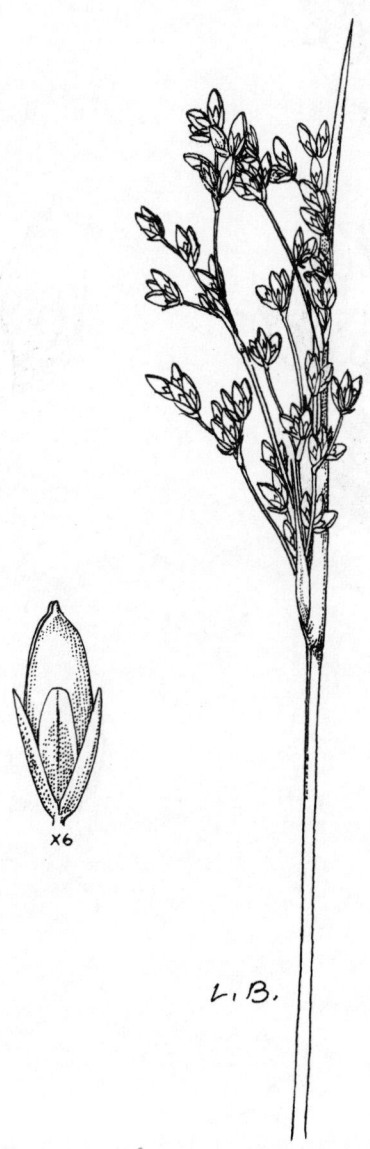

X6

L. B.

187. Juncus arabicus (Aschers. & Buchenau) Adamson סָמָר עֲרָבִי

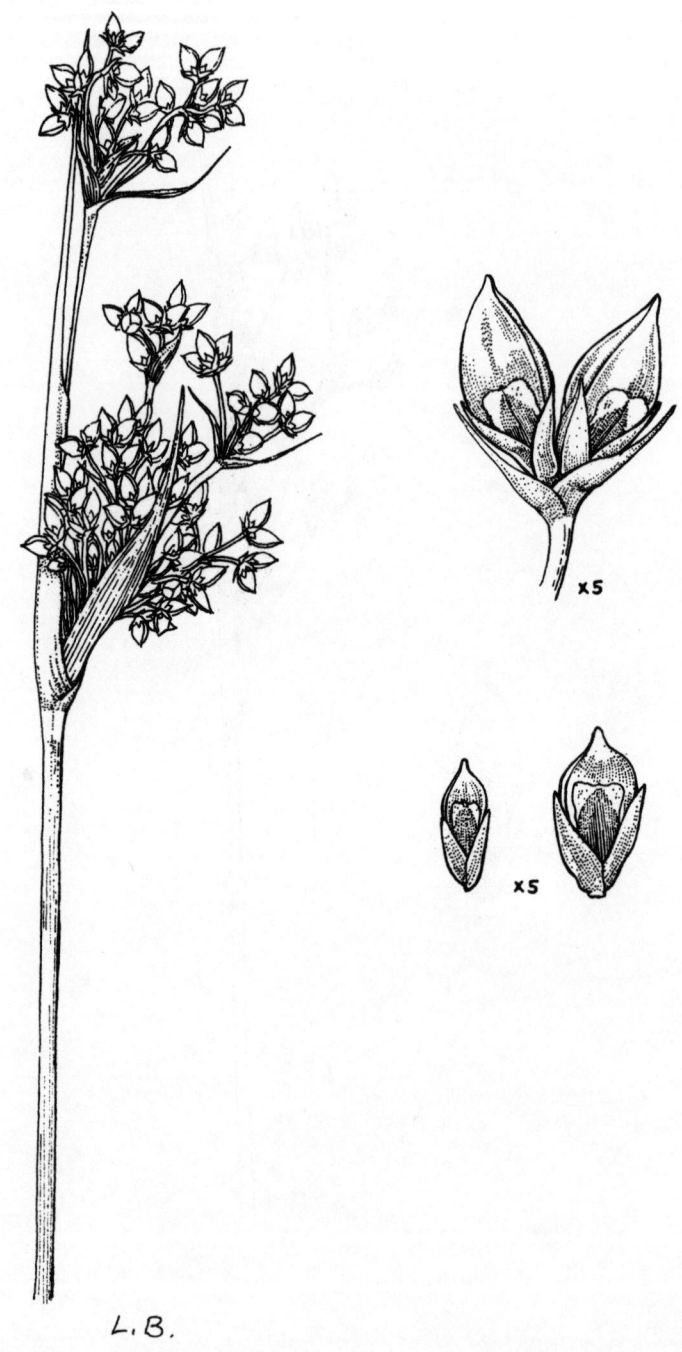

188.   Juncus acutus L. subsp. acutus & subsp. littoralis (C.A. Mey.) Feinbr.   סָמָר חַד תַּת־מִין חַד וְתַת־מִין חוֹפִי

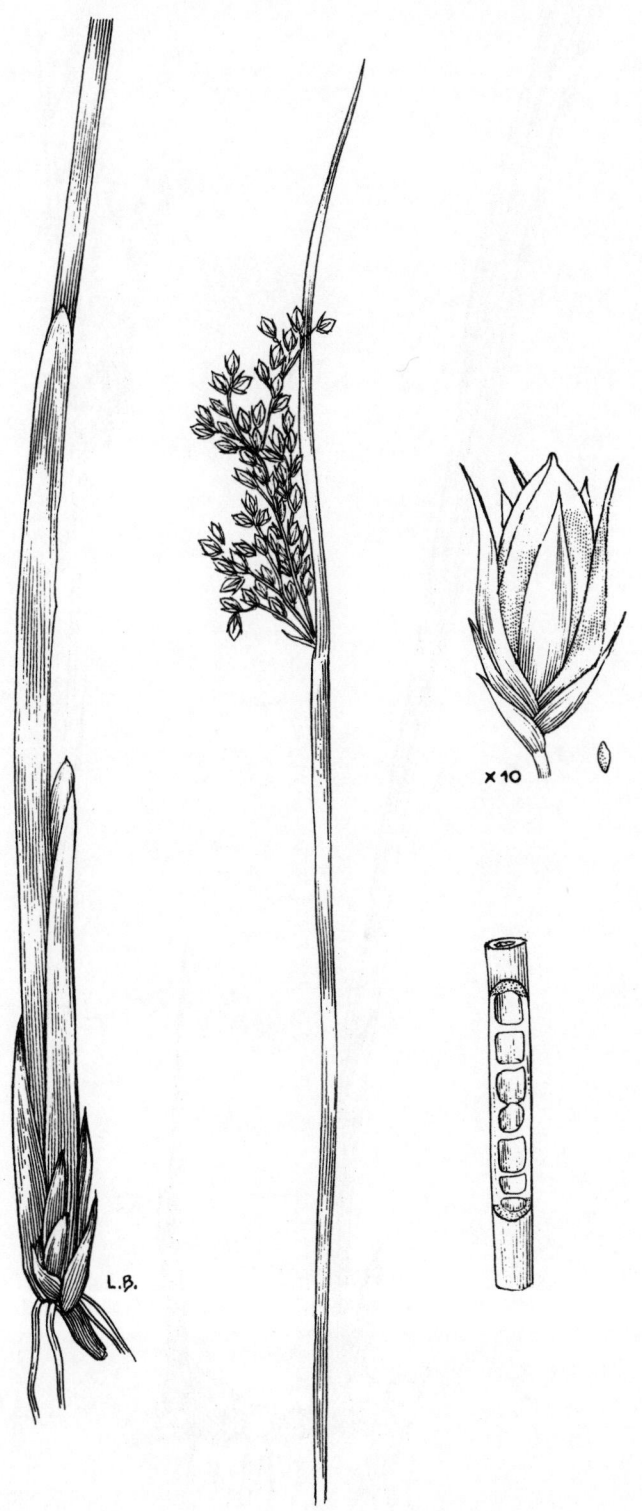

189. Juncus inflexus L. סָמָר אֲפַרְפַּר

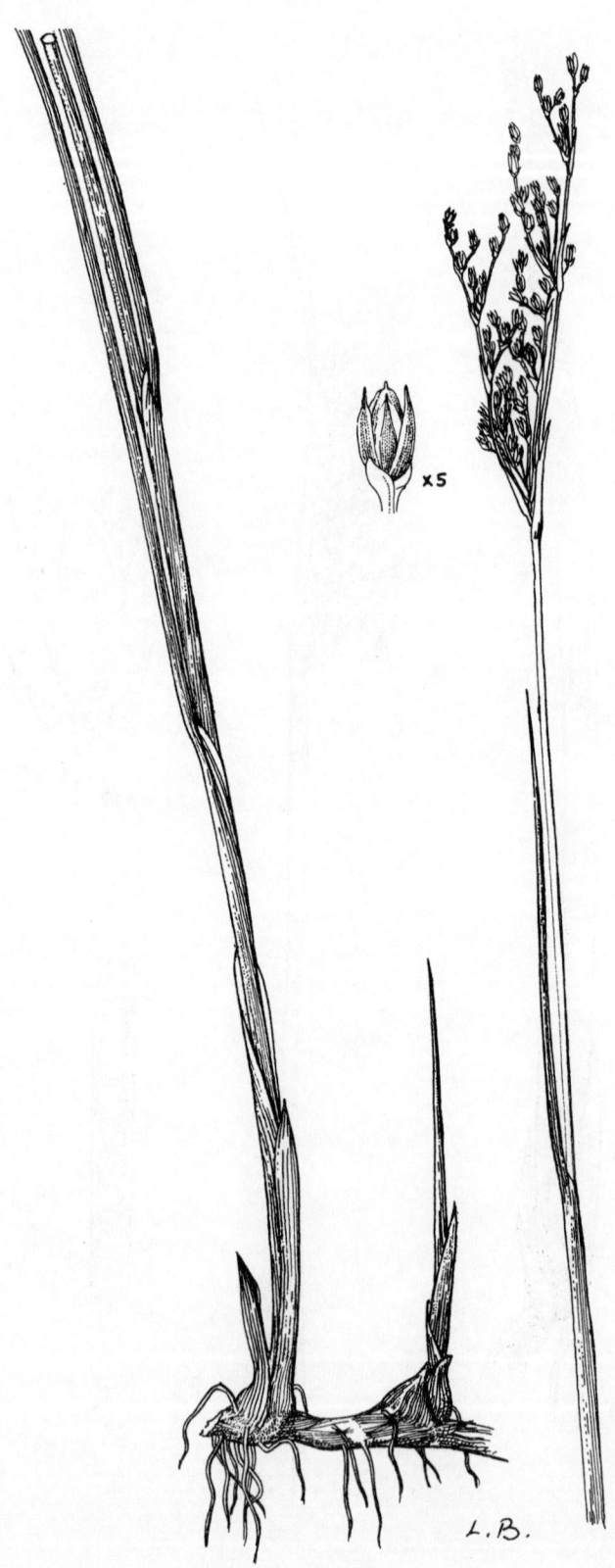

190. Juncus subulatus Forssk. סָמָר מַרְצֵעָנִי

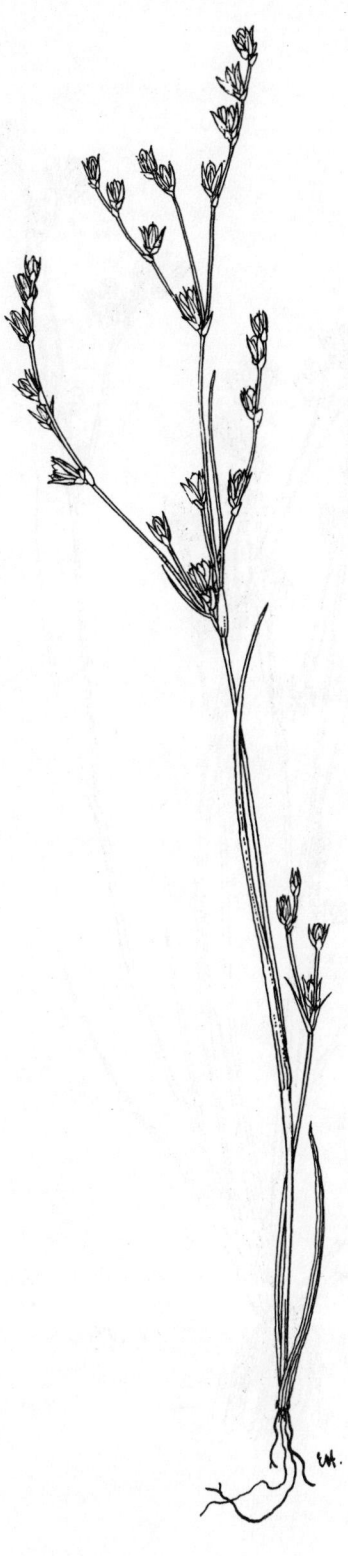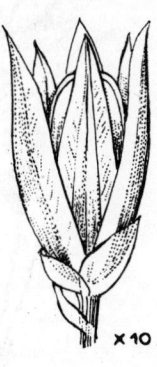

191. Juncus bufonius L. var. bufonius   סָמָר מָצוּי זַן מָצוּי

192. Juncus bufonius L. var. congestus Wahlberg   סָמָר מָצוּי זַן צָפוּף

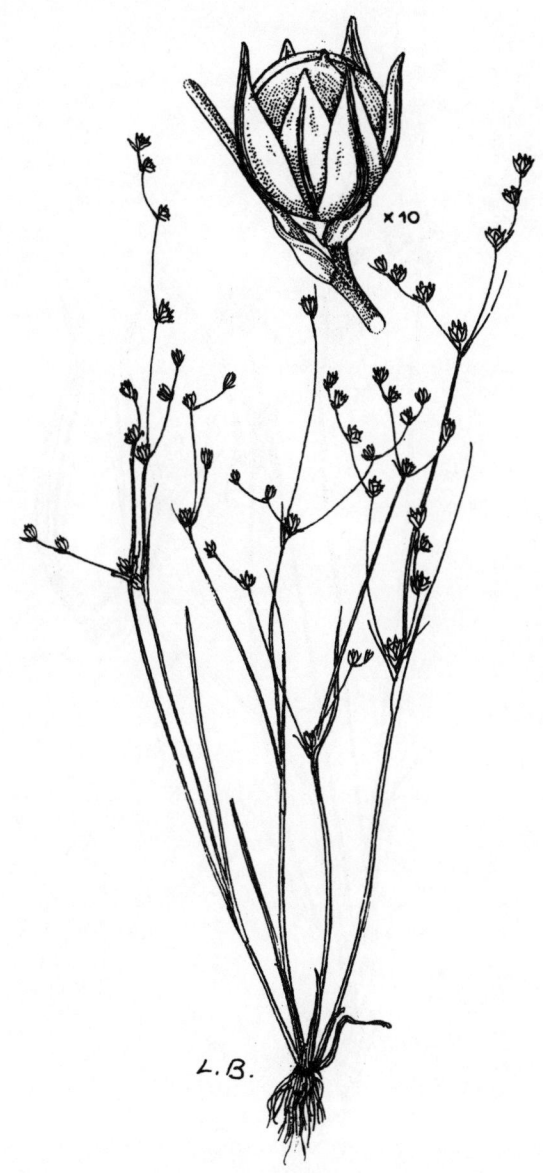

193. Juncus sphaerocarpus Nees סְמָר עָנֵף

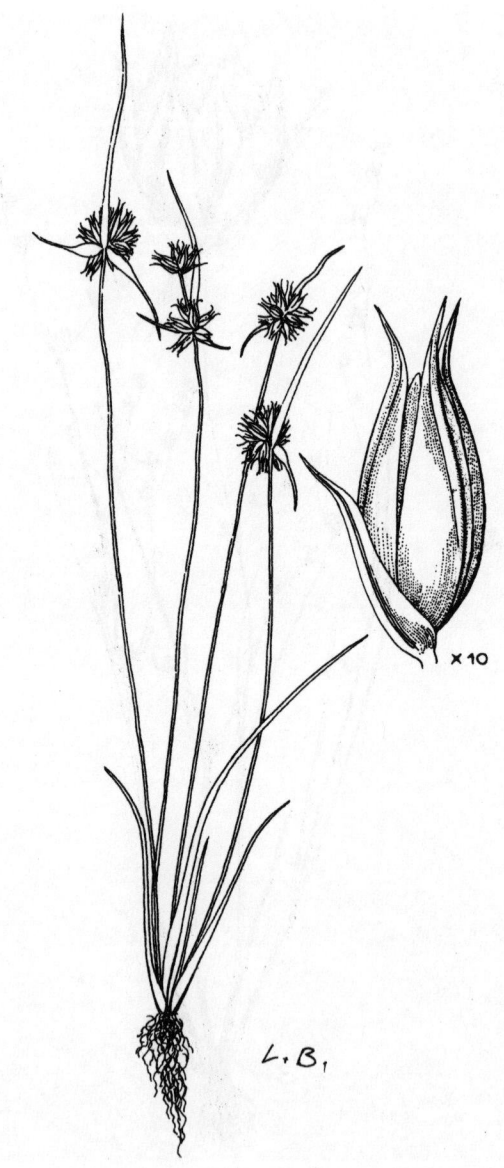

194. Juncus capitatus Weigel סָמָר קַרְקַפְתִּי

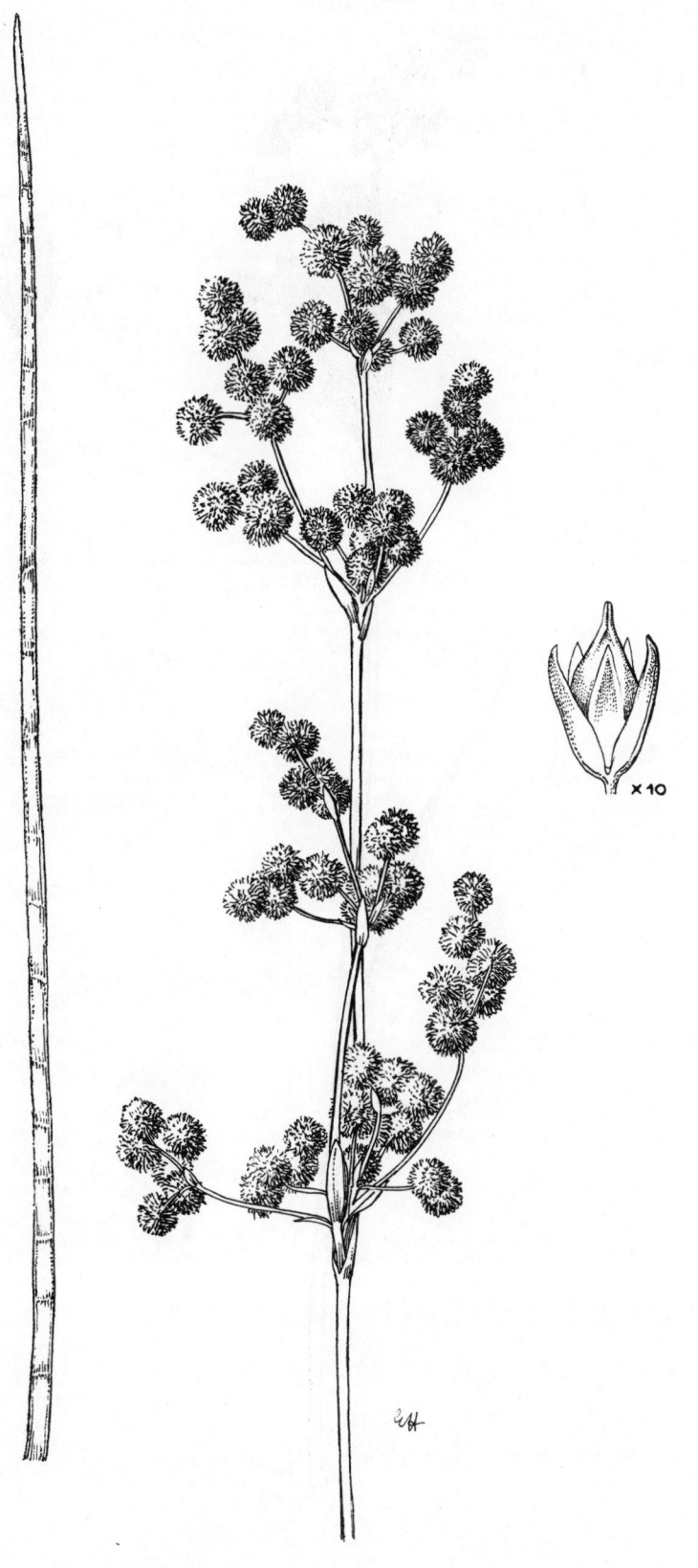

195. Juncus punctorius L. fil.   סְמַר הַמַּכְבֵּד

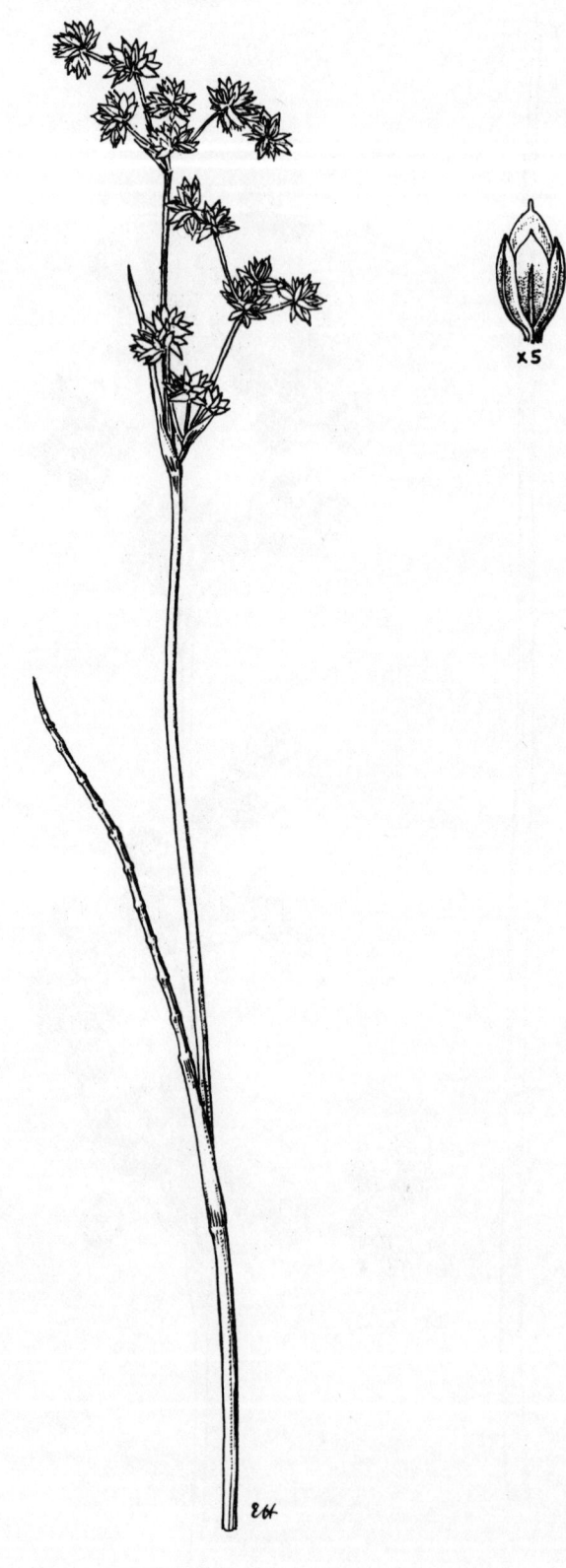

196. Juncus articulatus L.   סְמַר הַפְּרָקִים

197. Juncus fontanesii J. Gay subsp. pyramidatus (Laharpe) Snogerup סָמָר מְחֻיָּץ תַּת־מִין צְרִיפִי

L.B.

198. Leersia hexandra Swartz   בַּת־אֹרֶז מְשֻׁשָּׁה

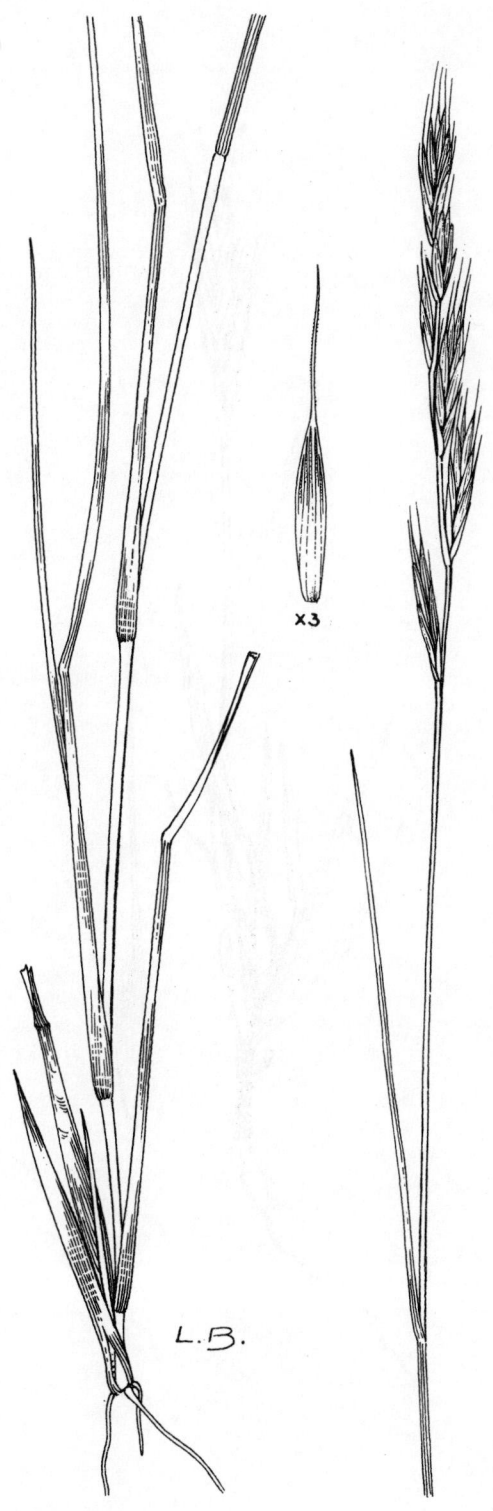

199. Brachypodium pinnatum (L.) Beauv. עֻקְצָר מְנֻצָּה

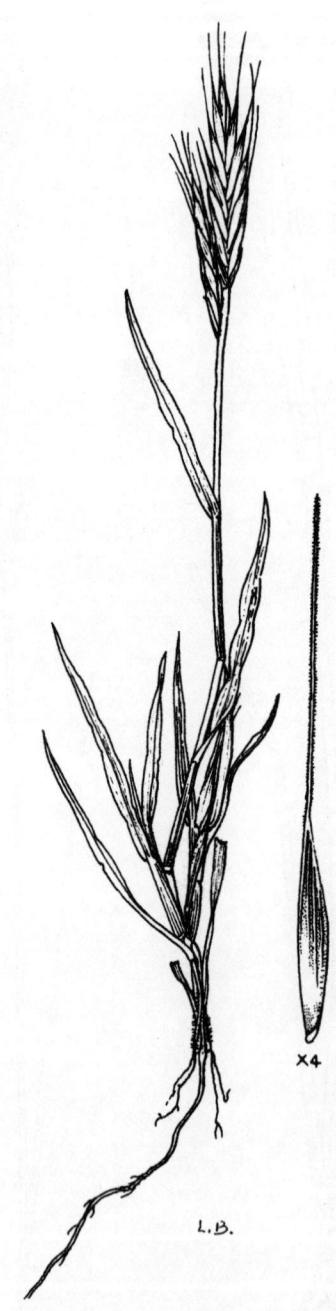

x4

200. Brachypodium distachyon (L.) Beauv. עֲקְצָר מָצוּי

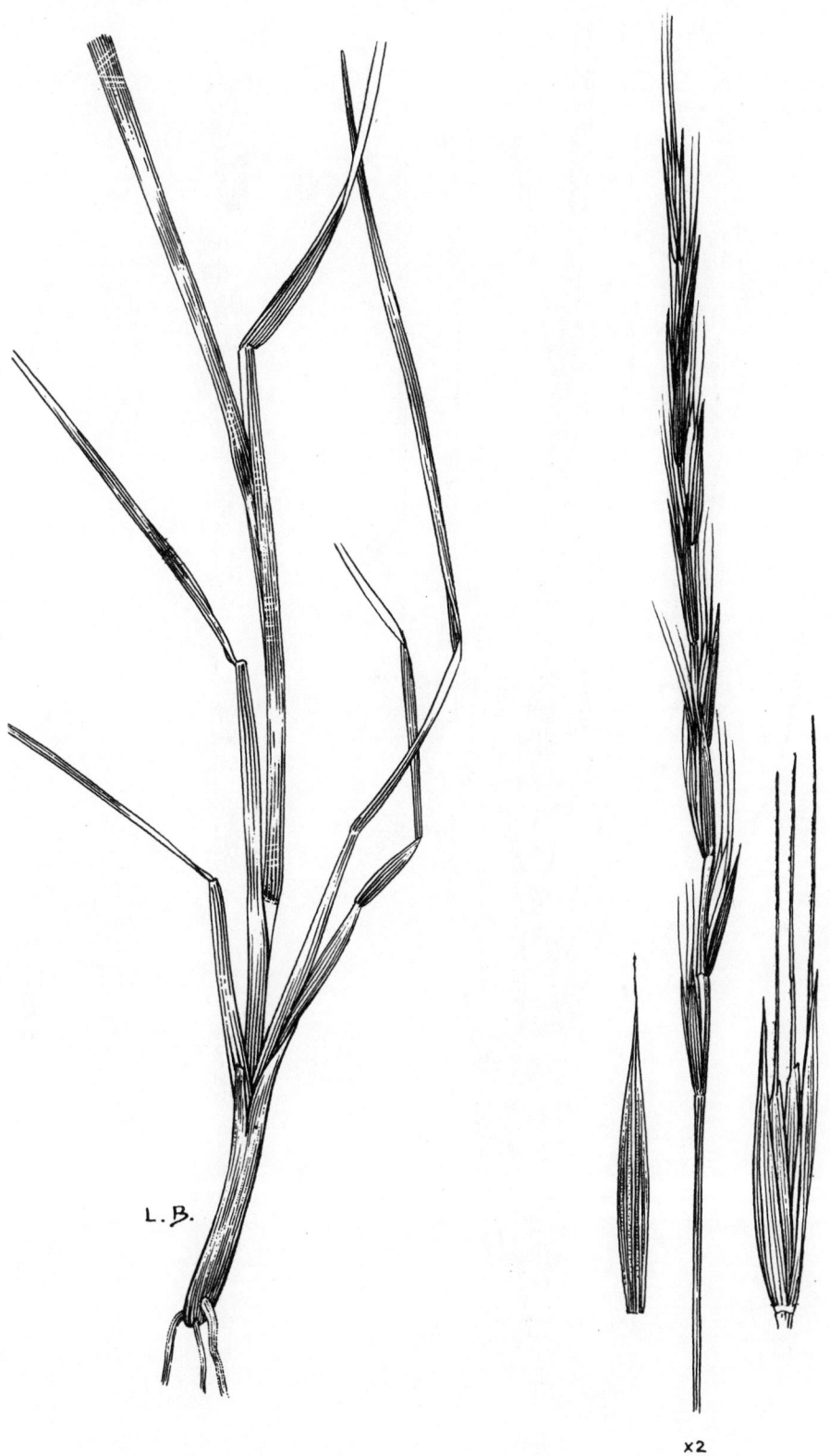

201. Elymus panormitanus (Parl.) Tzvelev אַגְרוֹפִּירוֹן הַחֹרֶשׁ

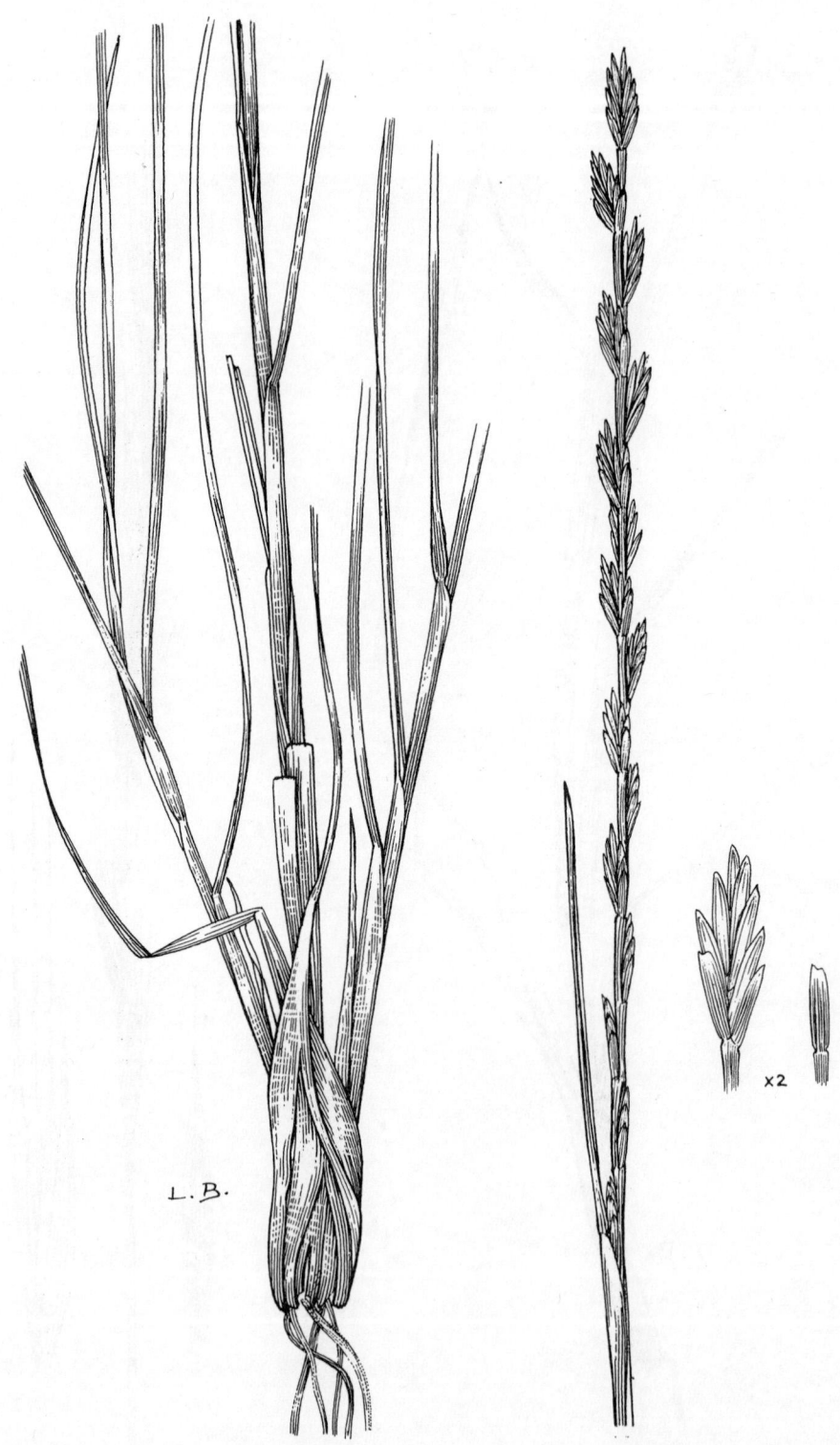

202. Elymus elongatus (Host) Runemark אַגְרוֹפִּירוֹן מָאֳרָךְ

203. Elymus farctus (Viv.) Runemark ex Melderis subsp. farctus אַגְרוֹפִּירוֹן סַמְרָנִי

204. Crithopsis delileana (Schult. & Schult. fil.) Roshev.   בֶּן־שְׂעוֹרָה מָצוּי

205. Eremopyrum bonaepartis (Spreng.) Nevski var. bonaepartis אֶרֶמוֹפִּירוֹן מְפֻשָּׂק זַן מְפֻשָּׂק

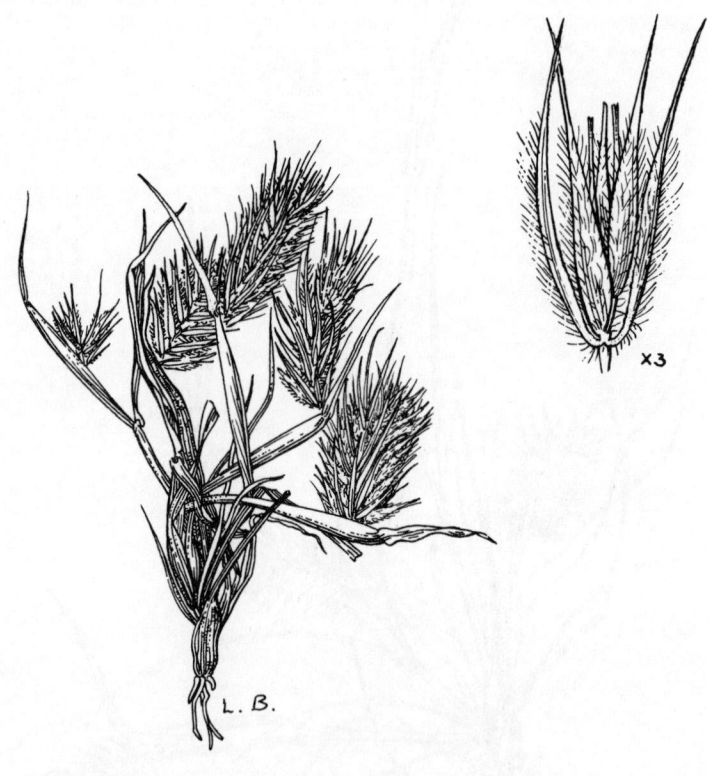

206. Eremopyrum distans (C. Koch) Nevski אֶרֶמוֹפִּירוֹן מְרֻחָק

207. Heteranthelium piliferum (?Banks & Sol.) Hochst. ex Jaub. & Spach עֲקָר שָׂעִיר

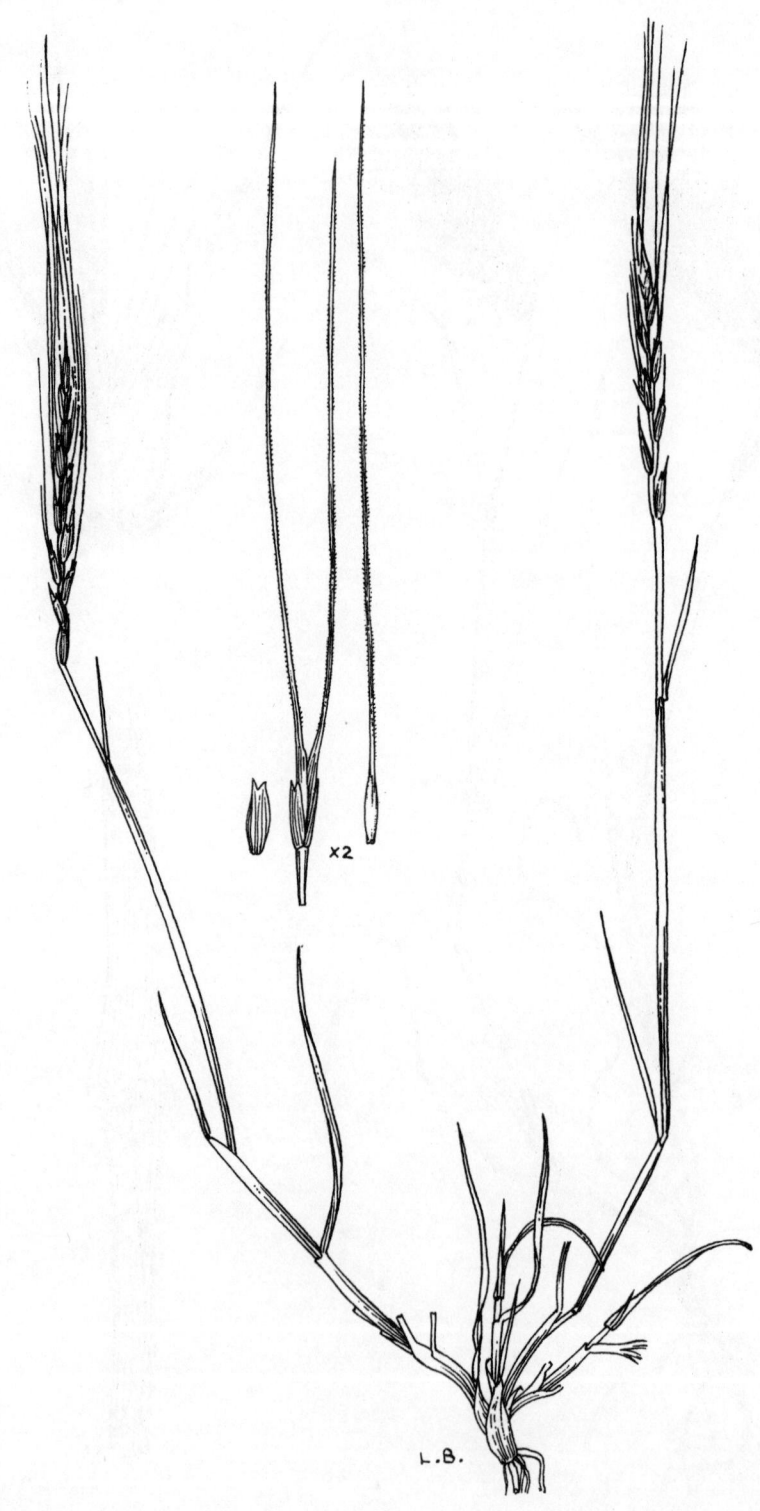

208. Aegilops bicornis (Forssk.) Jaub. & Spach var. bicornis בֶּן־חִטָּה דוּקַרְנִי זַן דוּקַרְנִי

209. Aegilops sharonensis Eig var. sharonensis
& var. mutica (Post) Eig

בֶּן־חִטָּה שָׁרוֹנִי זַן שָׁרוֹנִי וְזַן חֲסַר־מַלְעָנִים

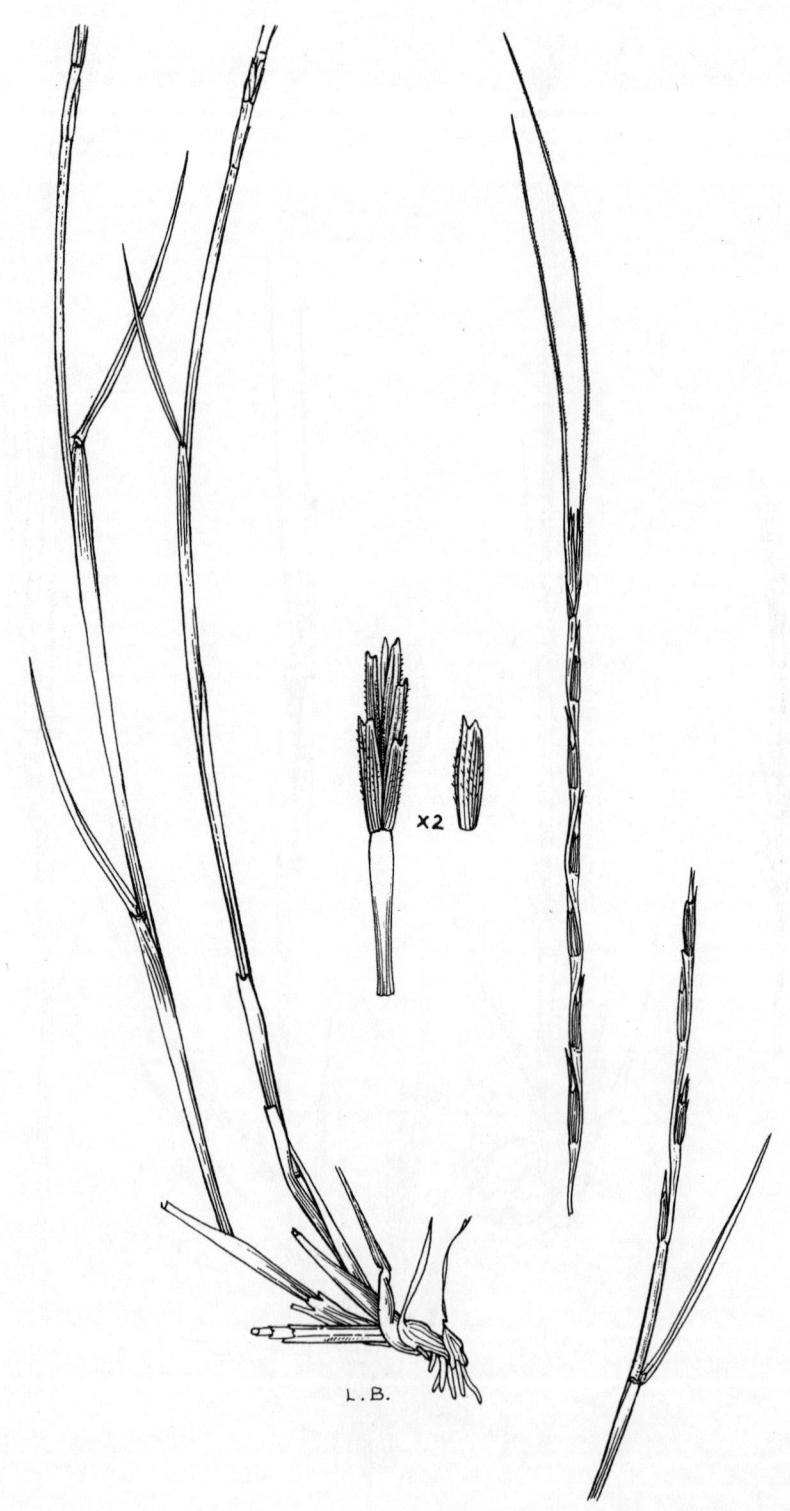

210. Aegilops longissima Schweinf. & Muschler   בֶּן־חִטָּה אֲרִיכָא

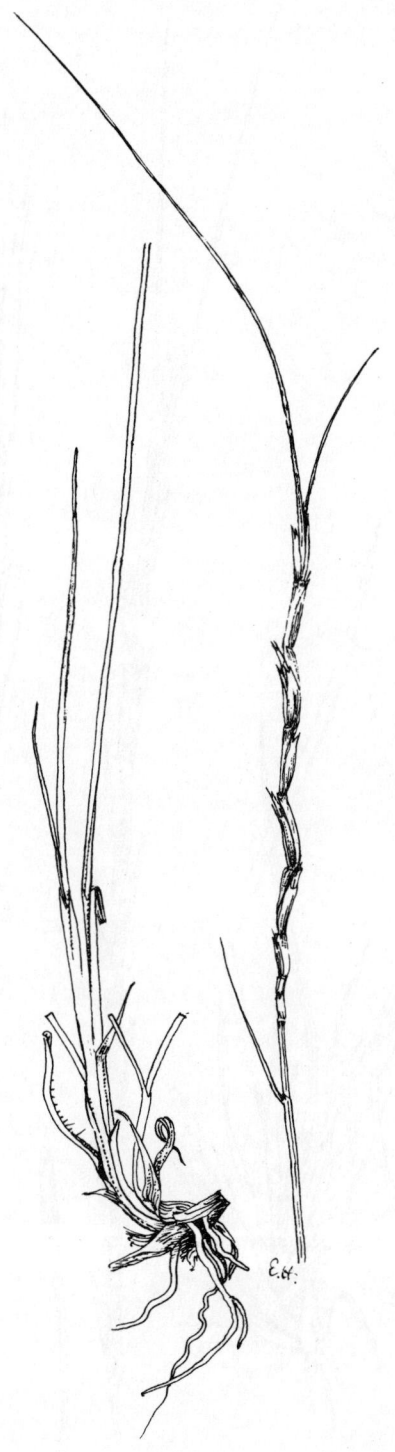

211. Aegilops searsii Feldman & Kislev ex Hammer בֶּן־חִטָּה סִירְס

212. Aegilops speltoides Tausch var. speltoides   בֶּן־חִטָּה קָטוּעַ זָן קָטוּעַ וְזָן לִיגוּרִי
      & var. ligustica (Savign.)Fiori

213. Aegilops crassa Boiss. subsp. vavilovii Zhuk. בֶּן־חִטָּה מְעֻבֶּה תַּת־מִין וָוִילוֹב

214. Aegilops peregrina (Hackel) Maire & בֶּן־חִטָּה רַב־אַנְפִּין תַּת־מִין רַב־אַנְפִּין וְתַת־מִין אֲרַךְ־שִׁבֹּלֶת

Weiller subsp. peregrina & subsp. cylindrostachys (Eig & Feinbr.) Hammer

215. Aegilops kotschyi Boiss. var. kotschyi בֶּן־חִטָּה מִדְבָּרִי זַן מִדְבָּרִי

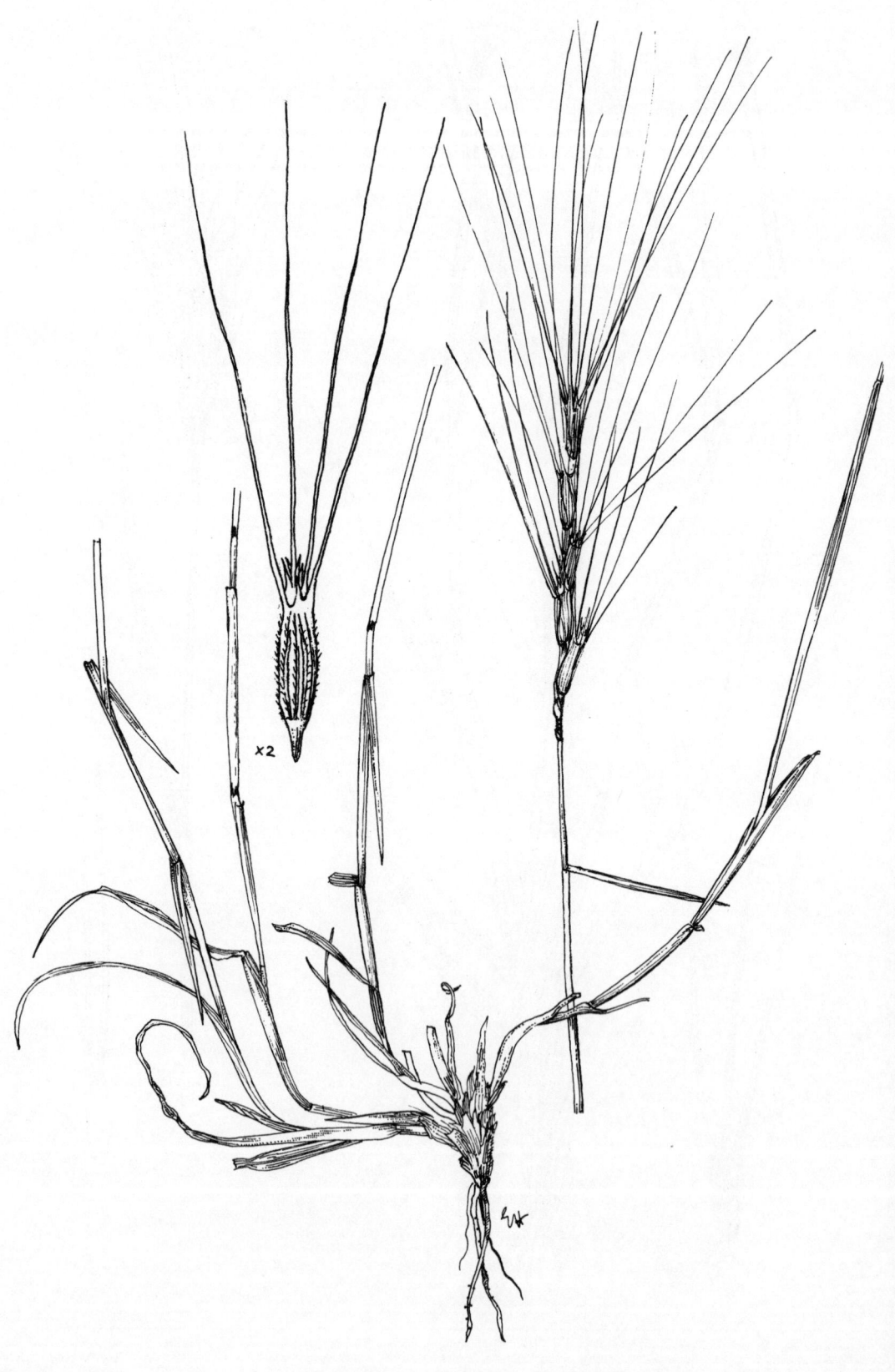

216. Aegilops triuncialis L. בֶּן־חִטָּה שְׁלָשׁ־זִיפִי

217. Aegilops biuncialis Vis. בֶּן־חִטָּה דַּל־שִׁבֹּלֶת

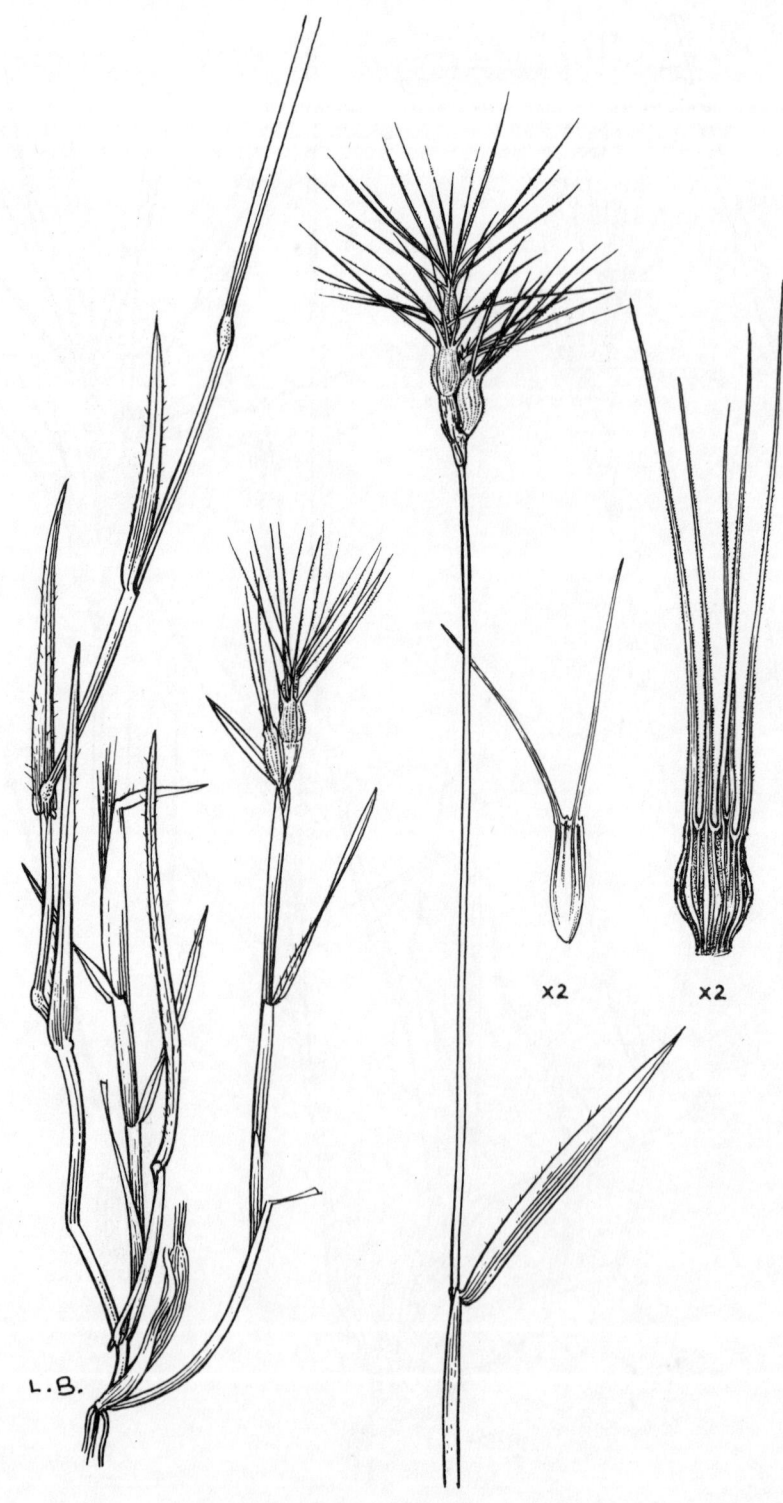

218. Aegilops geniculata Roth בֶּן־חִטָּה בֵּיצָנִי

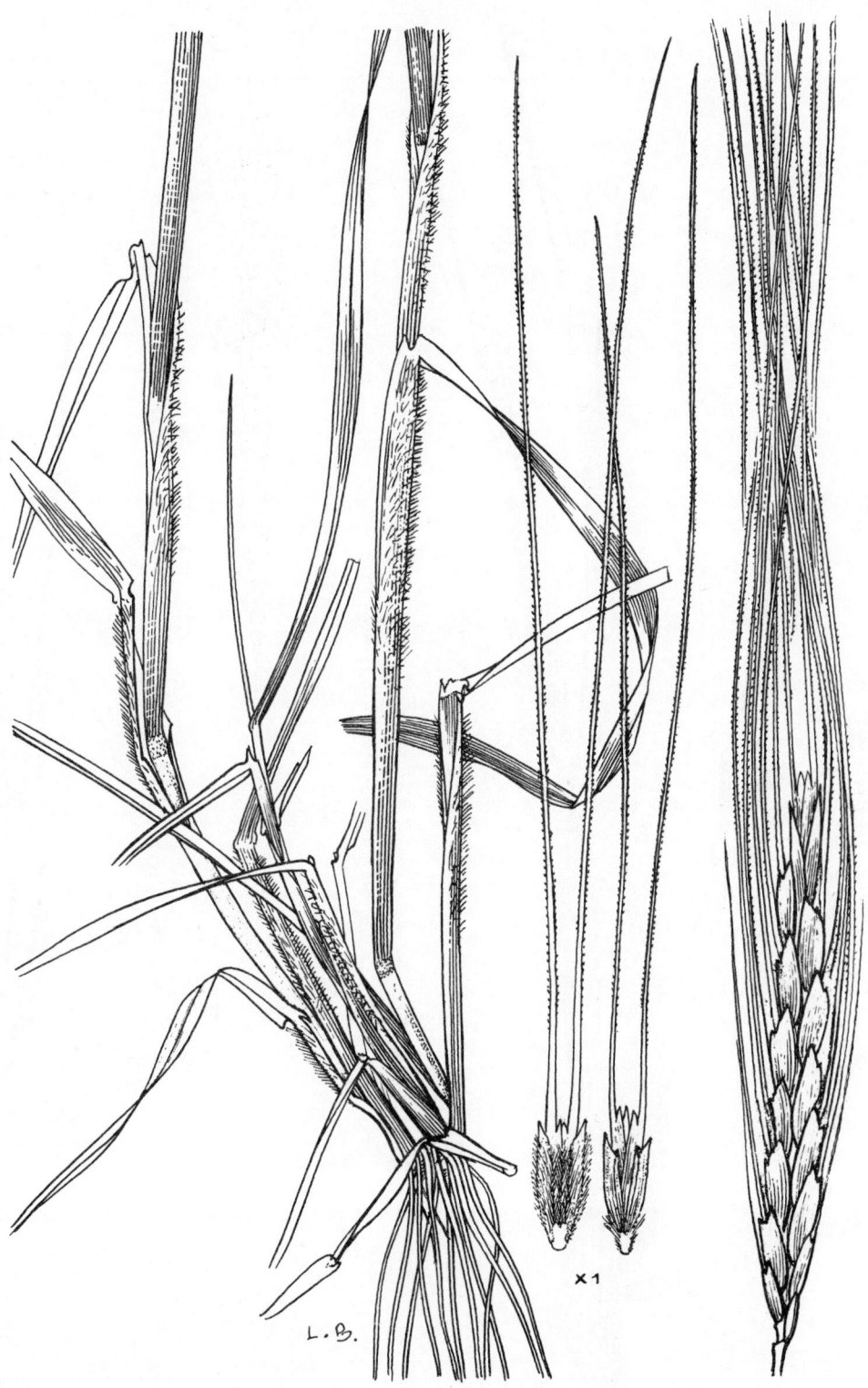

219. Triticum dicoccoides (Koern. ex Aschers. & Graebn.) Aaronsohn חִטַּת הַבָּר

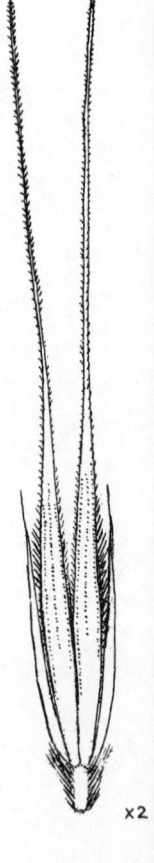

×2

220. Secale montanum Guss. שִׁפוֹן הֶהָרִים

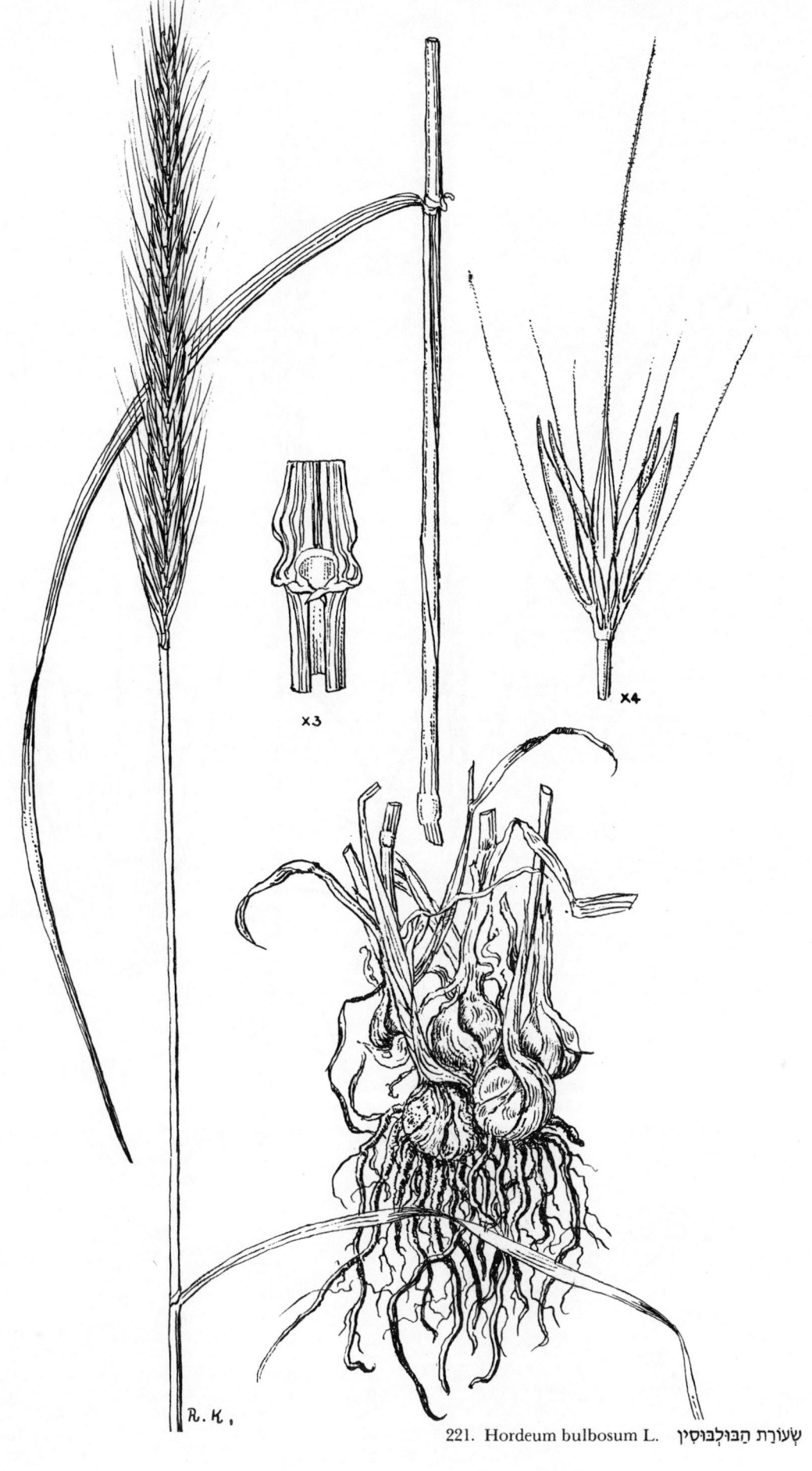

×3

×4

R. K.

221. Hordeum bulbosum L. שְׂעוֹרַת הַבּוּלְבּוּסִין

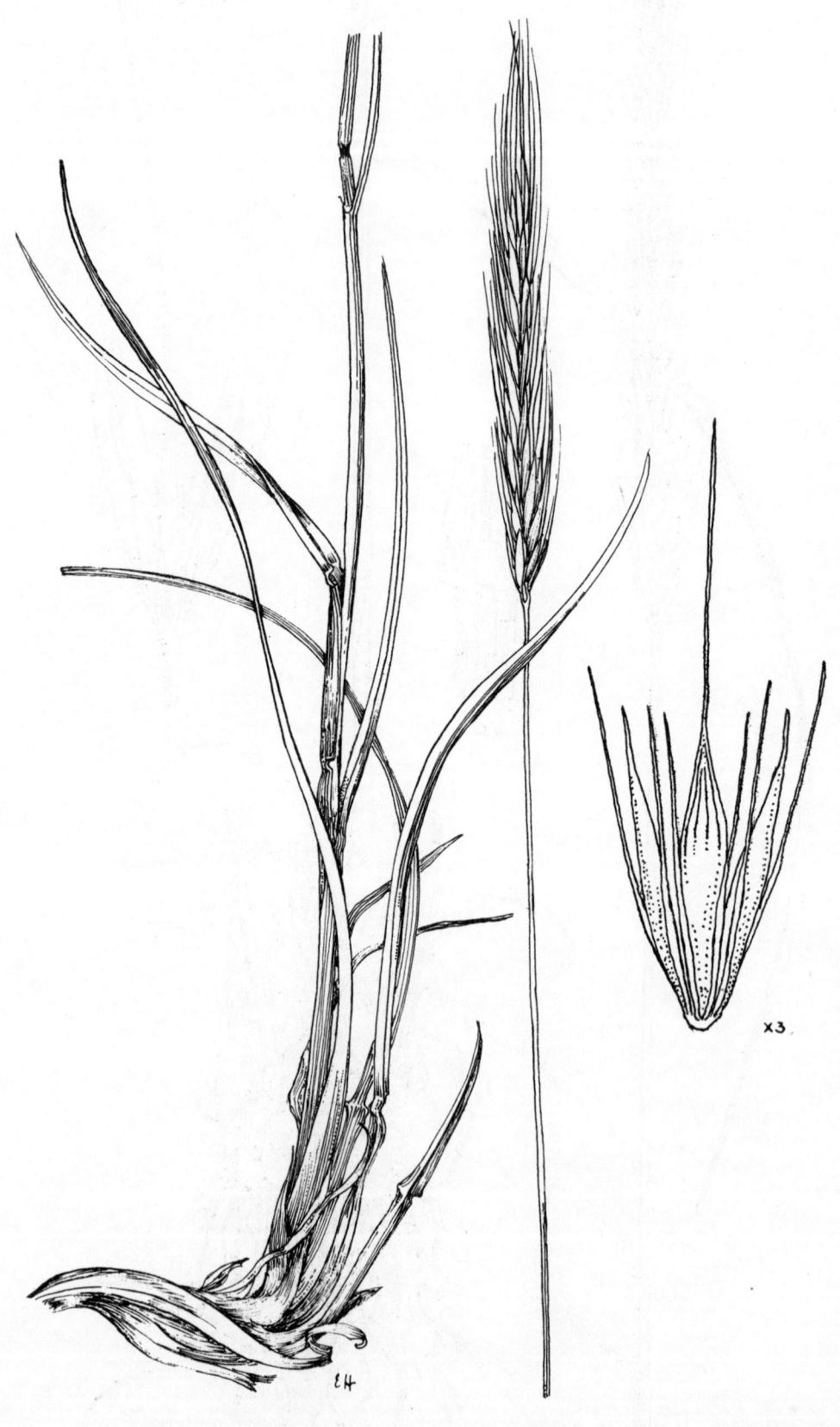

222. Hordeum secalinum Schreb. שְׂעוֹרָה דְּמוּיַת־שִׁפּוֹן

223. **Hordeum spontaneum** C. Koch שְׂעוֹרַת הַתָּבוֹר

×2

224. Hordeum glaucum Steud. שְׂעוֹרָה מַכְחִילָה

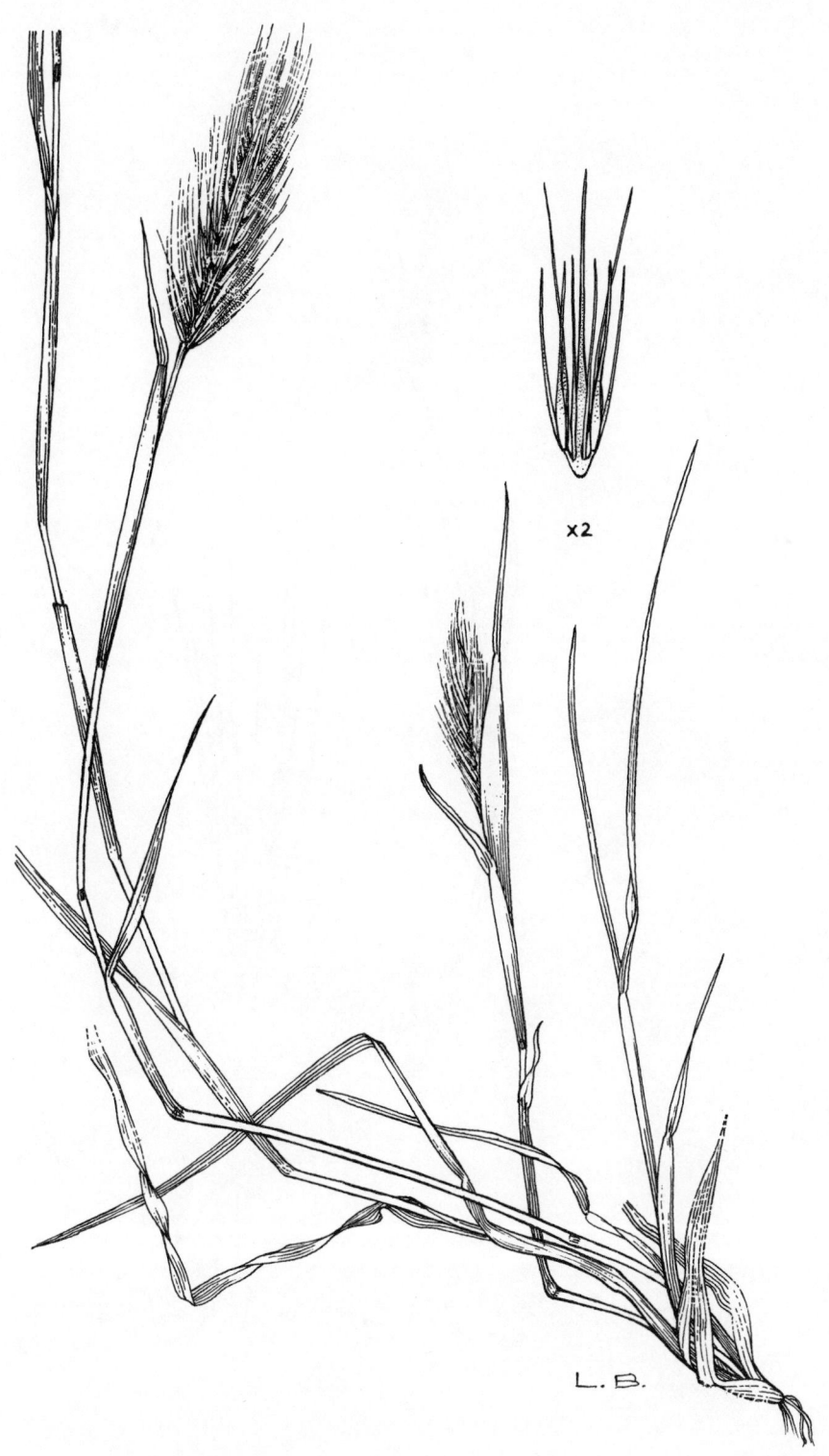

225. Hordeum marinum Huds.   שְׂעוֹרַת הַחוֹף

x3

226. Hordeum hystrix Roth שְׂעוֹרָה נִימִית

227. **Taeniatherum crinitum** (Schreb.) Nevski מַלְעֶנֶת אֲרֻכַּת־מַלְעָנִים

228. Bromus syriacus Boiss. & Bl. בְּרוֹמִית סוּרִית

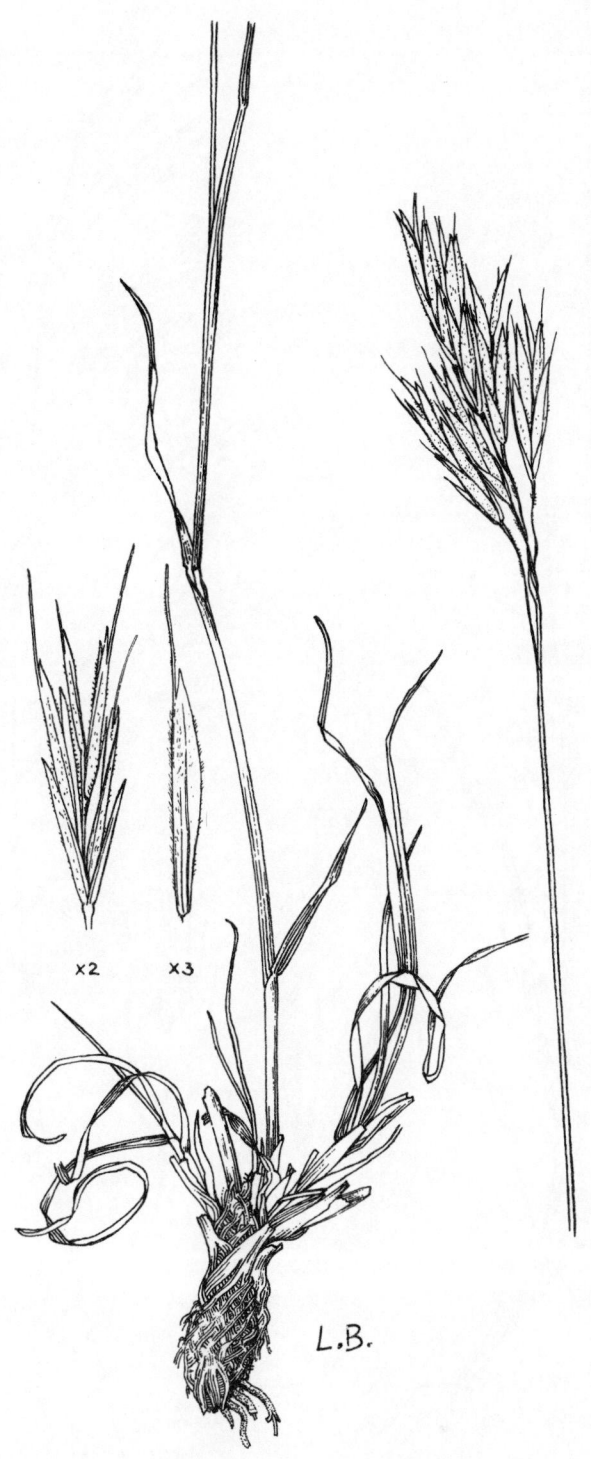

229. Bromus tomentellus Boiss. בְּרוֹמִית לִבְדָּנִית

230. Bromus brachystachys Hornung   בְּרוֹמִית קְצָרַת־שִׁבֳּלִית

231. Bromus japonicus Thunb. בְּרוֹמִית יַפָּנִית

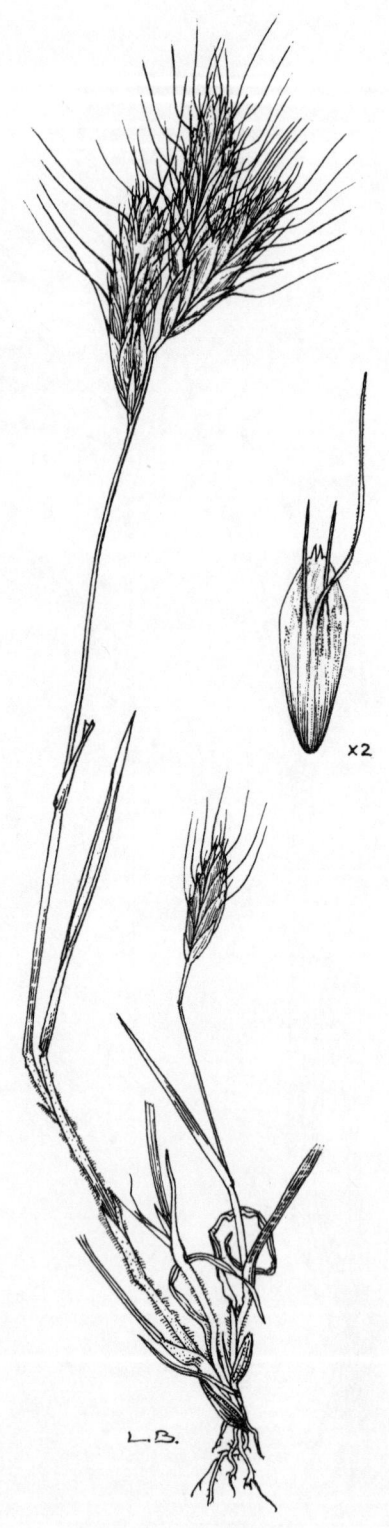

232. Bromus danthoniae Trin.   בְּרוֹמִית רַבַּת־מַלְעָנִים

233. Bromus lanceolatus Roth var. lanatus Kerguélen בְּרוֹמִית אִזְמֵלָנִית זַן צָמִיר

234. Bromus alopecuros Poir. subsp. caroli-henrici (Greuter) P. M. Smith בְּרוֹמִית זְנַב־הַשּׁוּעָל

x2

x3

235. Bromus scoparius L.   בְּרוֹמִית הַמַּטְאֲטֵא

236. Bromus tectorum L.　בְּרוֹמִית הַגַּגּוֹת

237. Bromus fasciculatus C. Presl בְּרוֹמִית מְאֻגֶּדֶת

×2

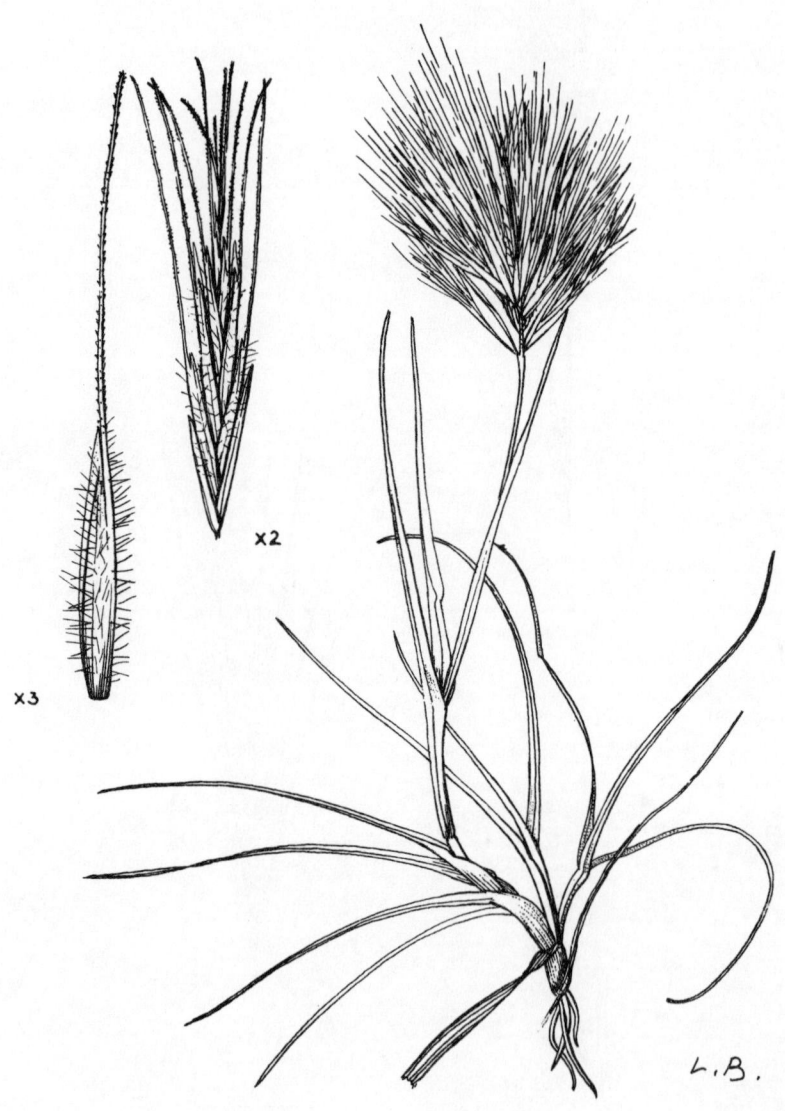

238. Bromus rubens L. בְּרוֹמִית אַדְמוֹנִית

239. Bromus madritensis L. subsp. madritensis בְּרוֹמִית סְפָרַדִּית תַּת־מִין סְפָרַדִּית

x2

x3

L.B.

240. Bromus madritensis L. subsp. delilei (Boiss.) Maire & Weiller   בְּרוֹמִית סְפָרַדִּית תַּת־מִין צְפוּפָה

241. Bromus sterilis L.   בְּרוֹמִית עֲקָרָה

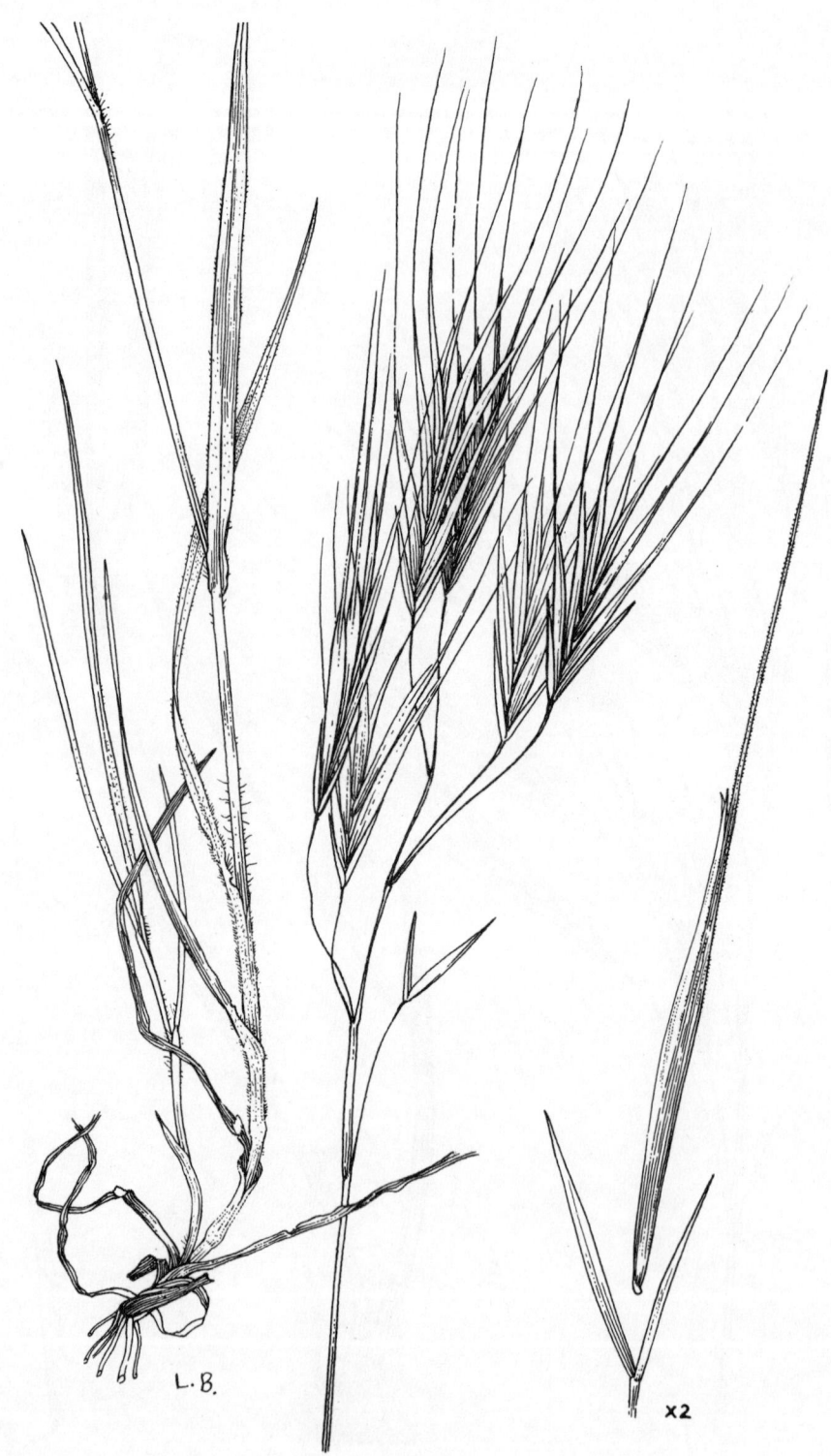

242. Bromus diandrus Roth בְּרוֹמִית דו־אַבְקָנִית

243. Bromus rigidus Roth בְּרוֹמִית שְׂעִירָה

244. Bromus catharticus Vahl בְּרוֹמִית גְּדוֹלָה

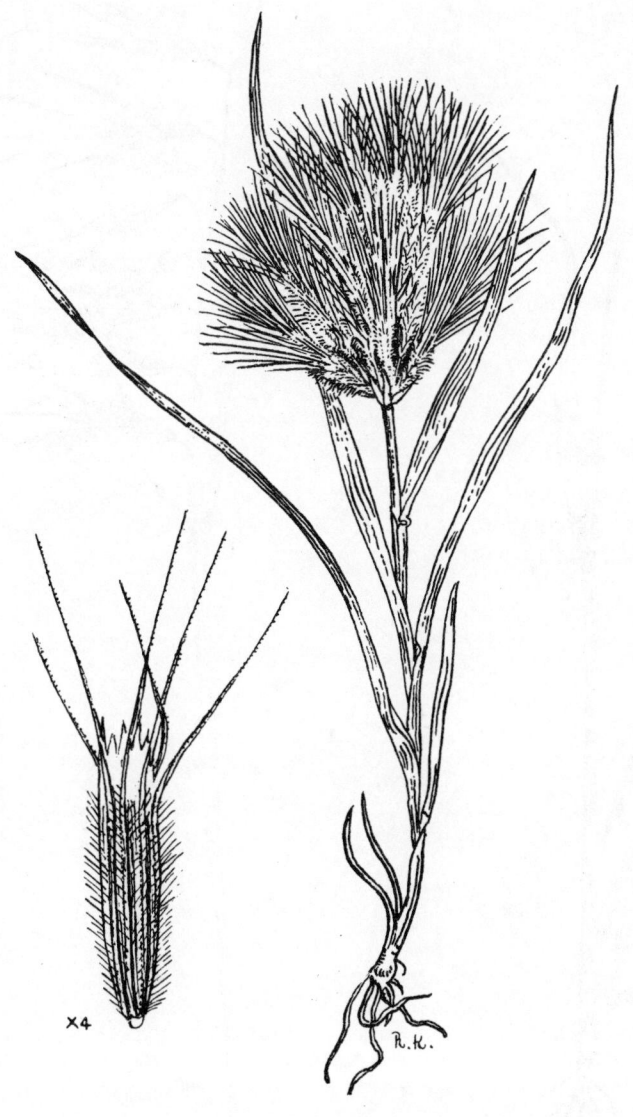

245. Boissiera squarrosa (Banks & Sol.) Nevski בּוּאַסְיֶרָה מְצֻיֶּצֶת

246. *Avena clauda* Durieu שִׁבֹּלֶת־שׁוּעָל שׁוֹנַת־גְּלוּמוֹת

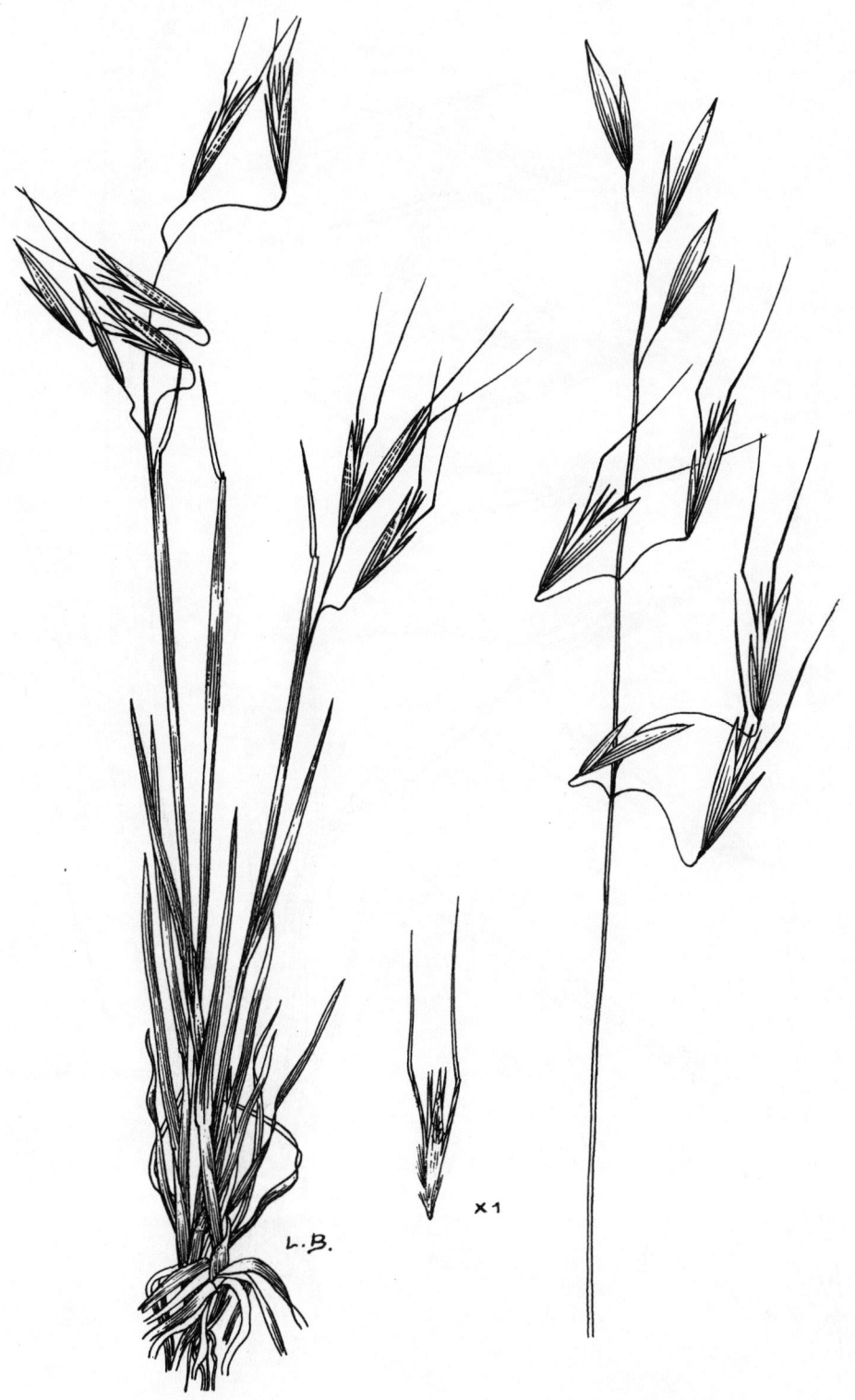

247. Avena eriantha Durieu שִׁבֹּלֶת־שׁוּעָל צְמִרִית

x3

L.B.

248. Avena longiglumis Durieu שִׁבֹּלֶת־שׁוּעָל גְּדוֹלָה

249. Avena barbata Pott ex Link subsp. barbata שִׁבֹּלֶת־שׁוּעָל מִתְפָּרֶקֶת תַּת־מִין מִתְפָּרֶקֶת

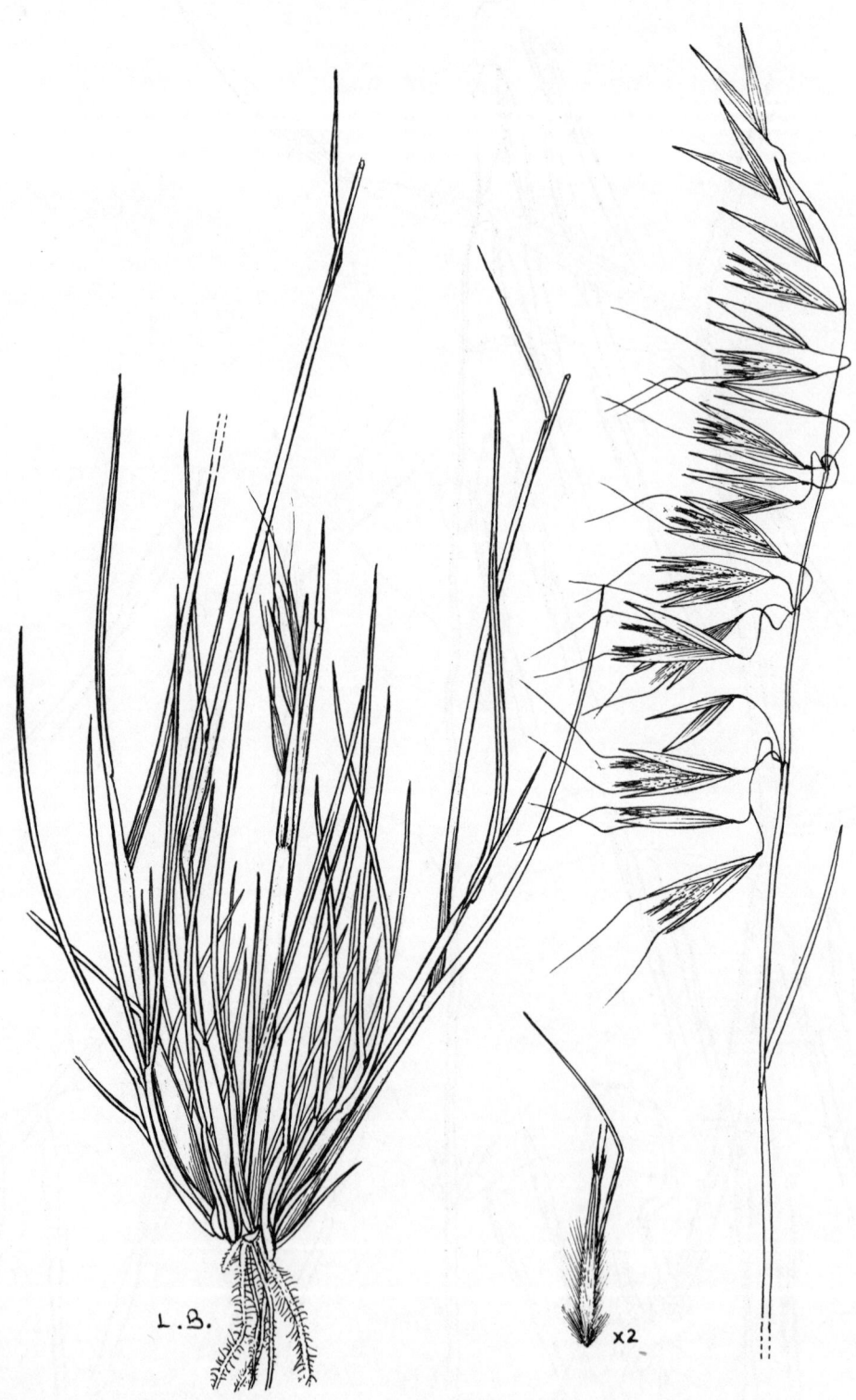

250. *Avena wiestii* Steud. שִׁבֹּלֶת־שׁוּעָל עַרְבָתִית

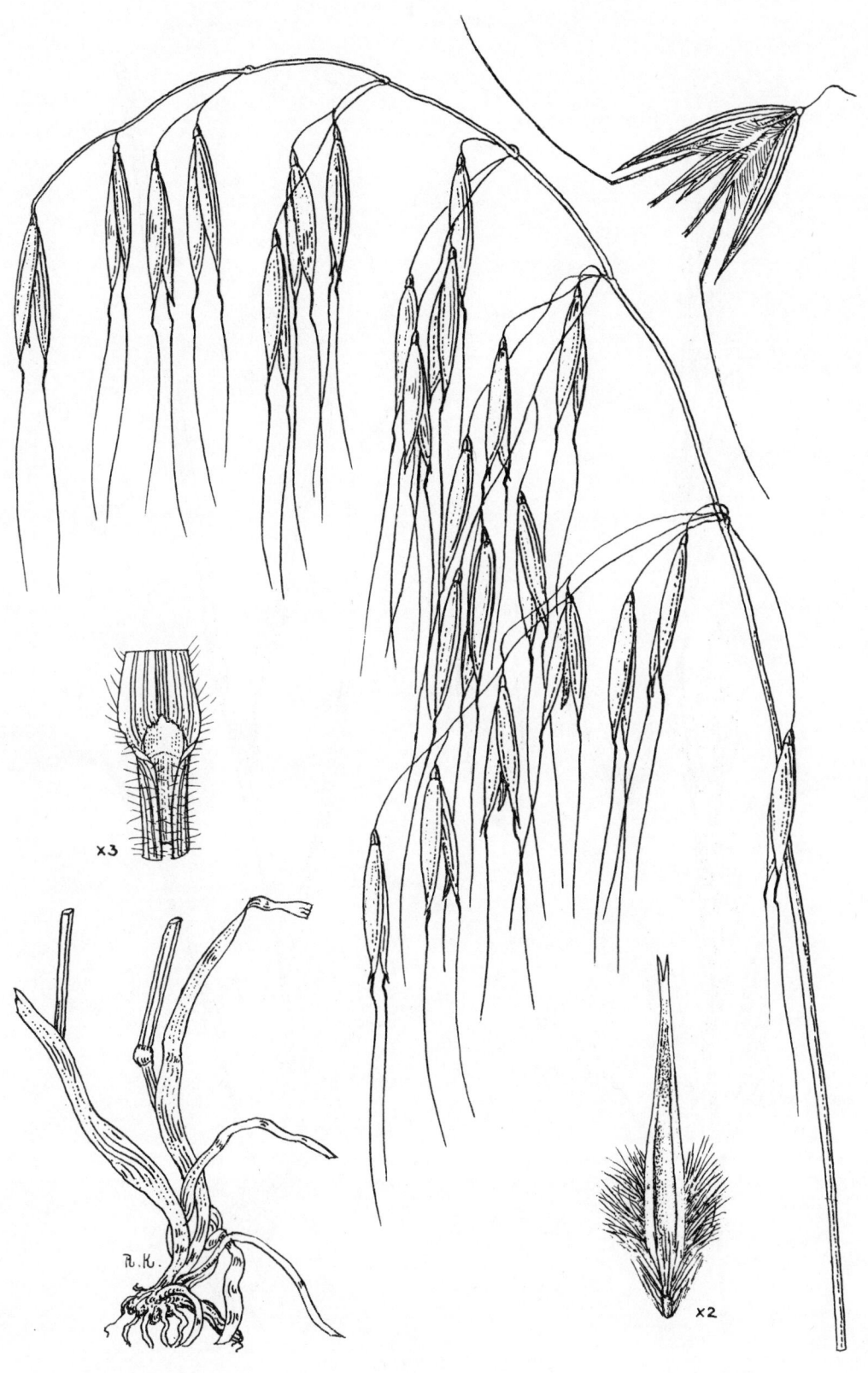

251. Avena sterilis L. subsp. sterilis שִׁבֹּלֶת־שׁוּעָל נְפוֹצָה תַּת־מִין נְפוֹצָה

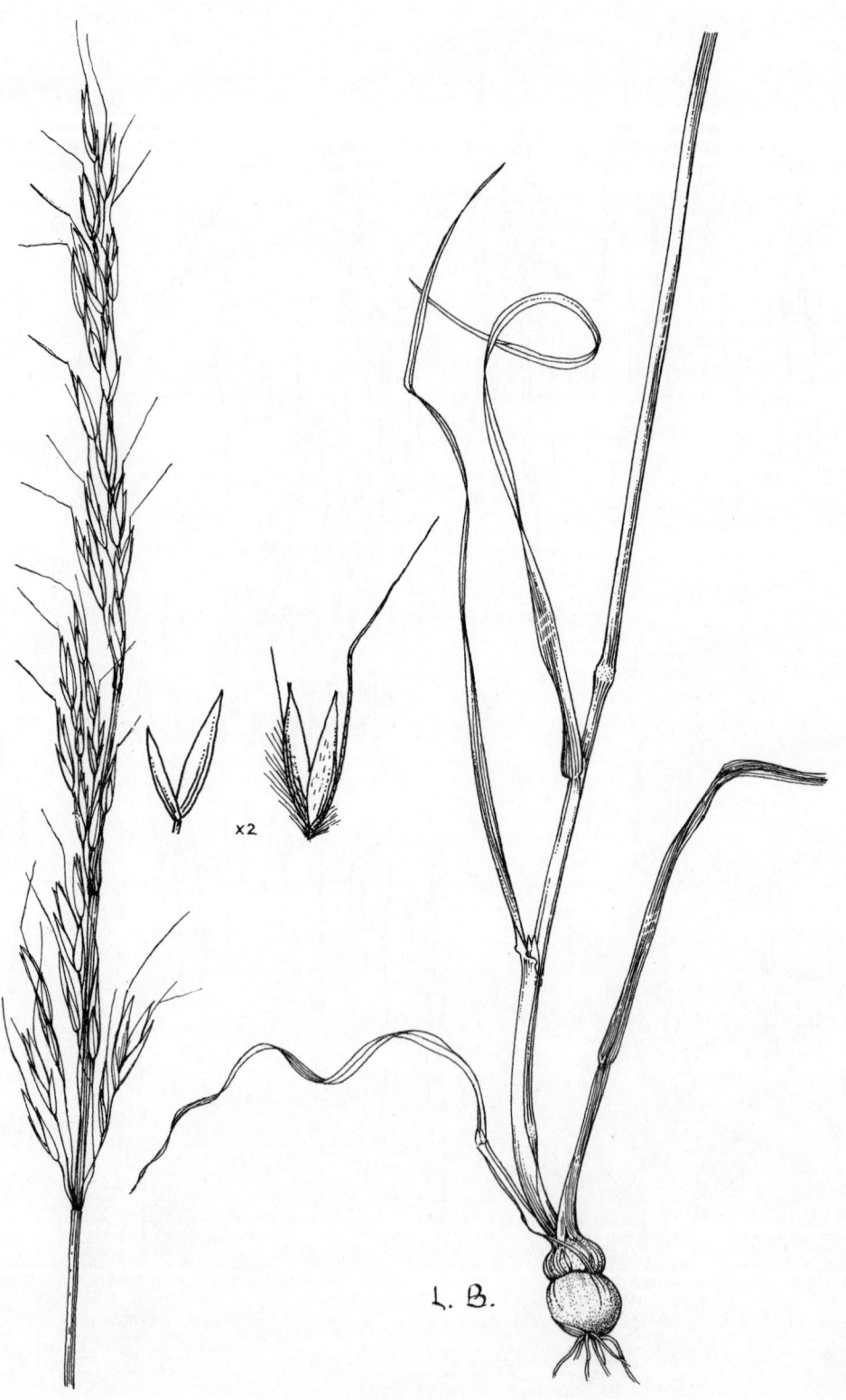

252. Arrhenatherum palaestinum Boiss. בַּלְבְּסָן אֶרֶצְיִשְׂרְאֵלִי

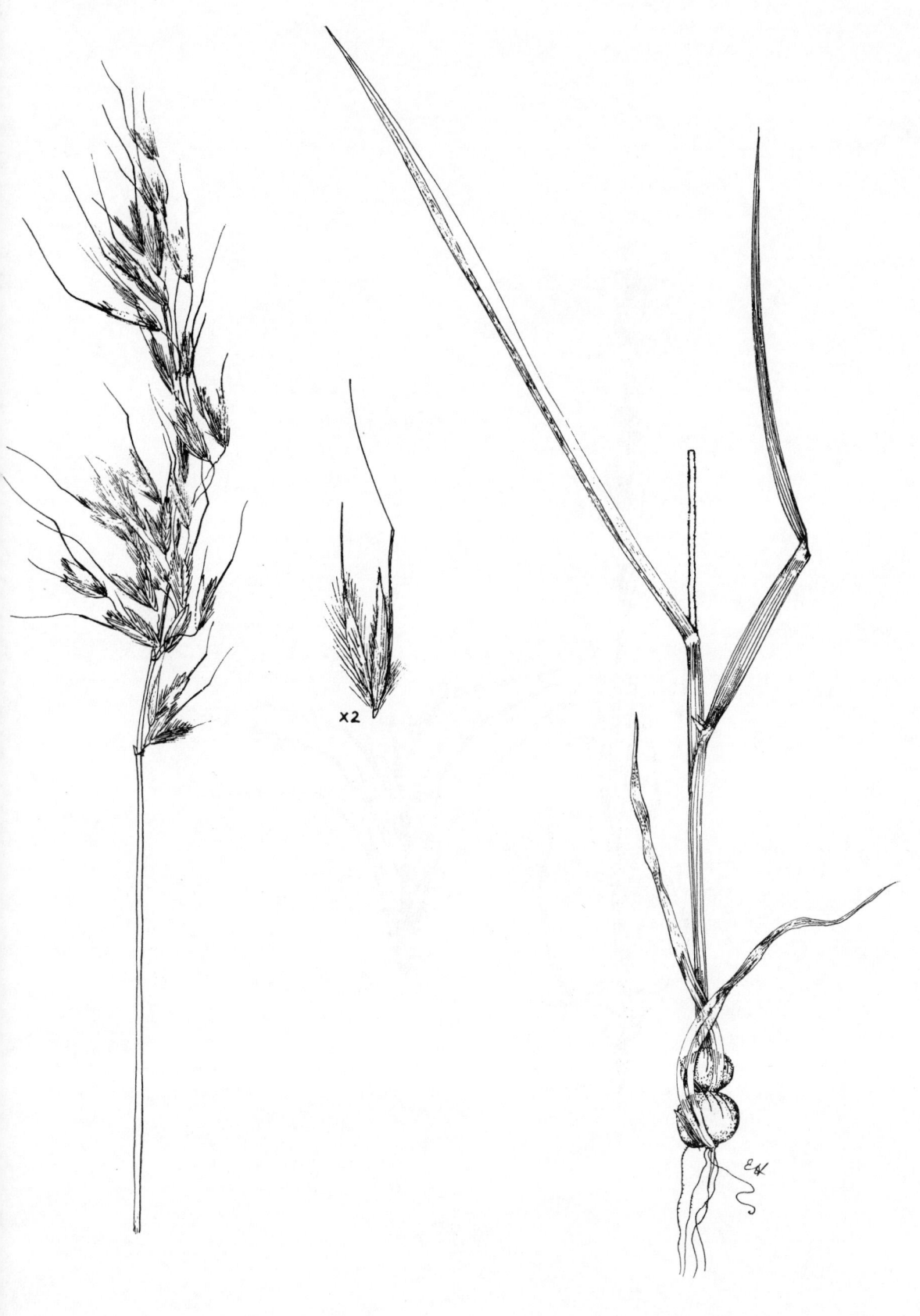

253. *Arrhenatherum kotschyi* Boiss. בֶּלְבְּסָן קוֹטְשִׁי

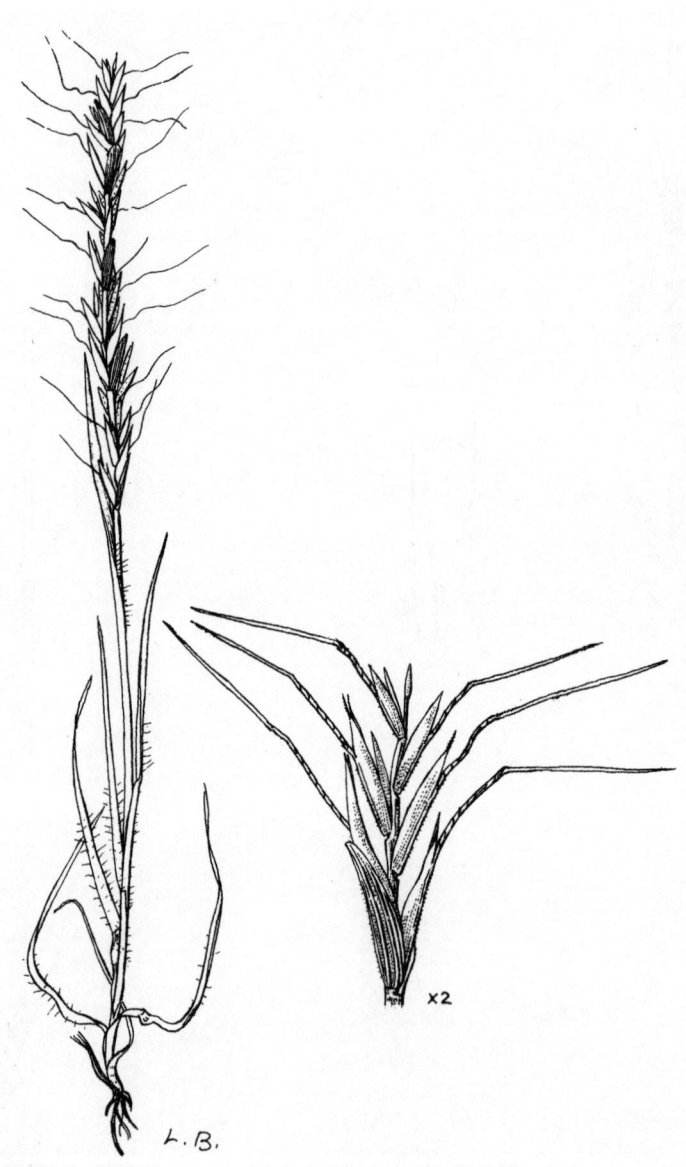

254. Gaudinia fragilis (L.) Beauv. גוֹדִינְיָה שְׁבִירָה

255. **Pilgerochloa blanchei** (Boiss.) Eig   פִּילְגֶרִית הַגּוֹלָן

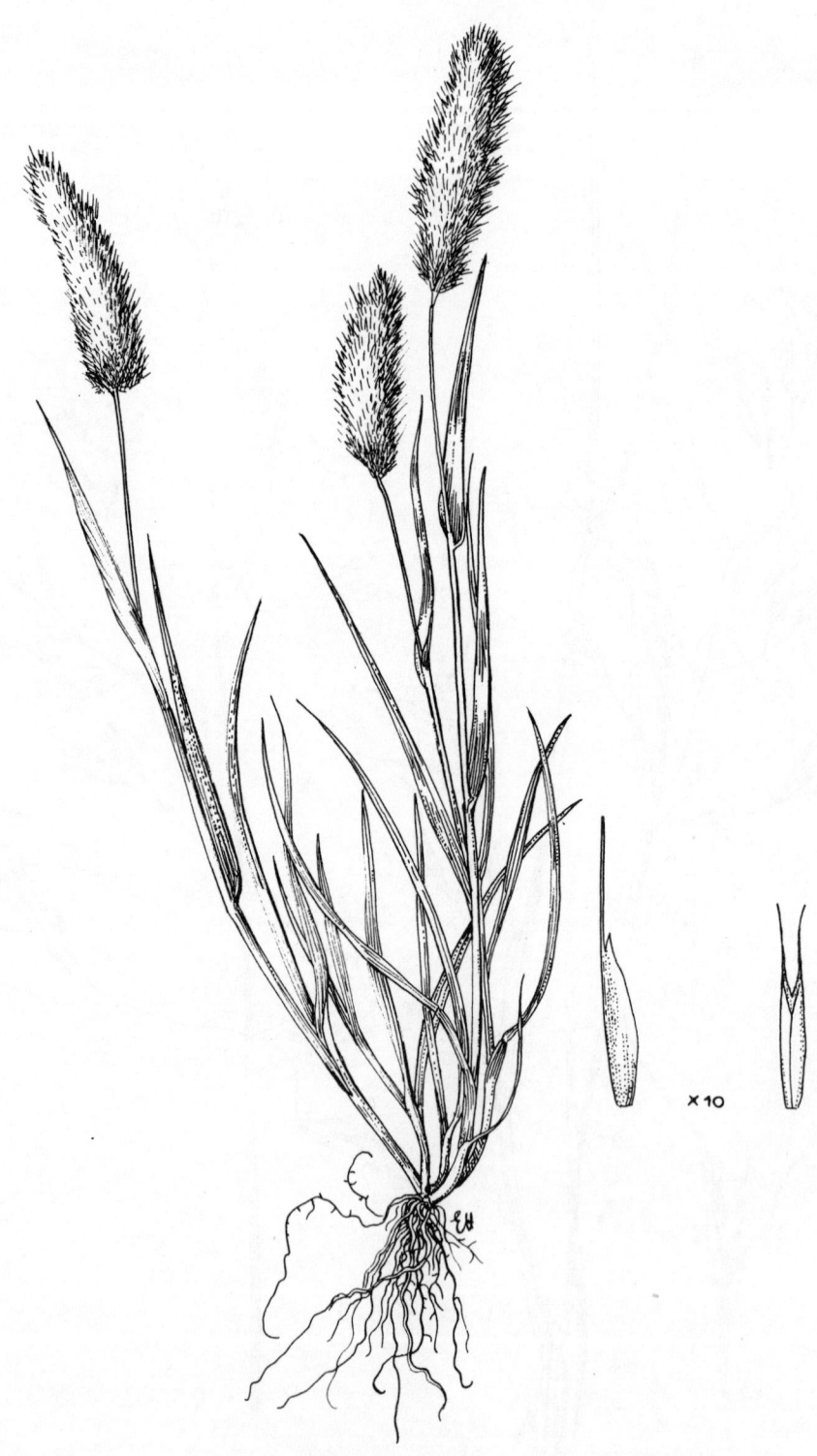

256. Lophochloa berythea (Boiss. & Bl.) Bor דַגְנִין בֵּירוּתִי

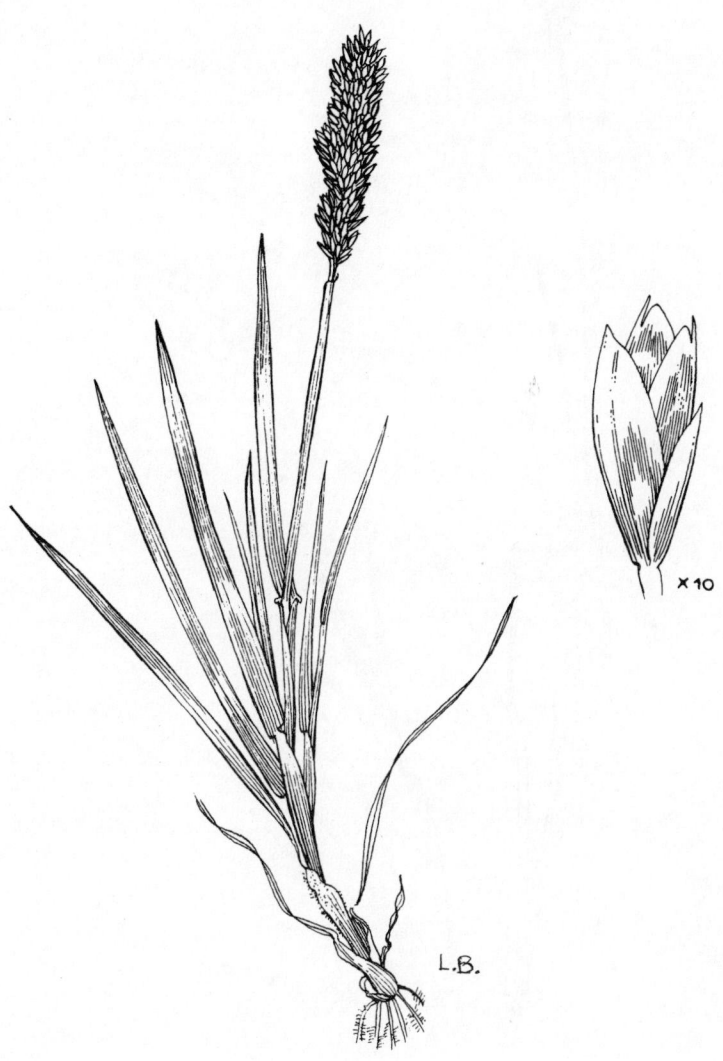

257. Lophochloa cristata (L.) Hyl. דַּגְנִין מָצוּי

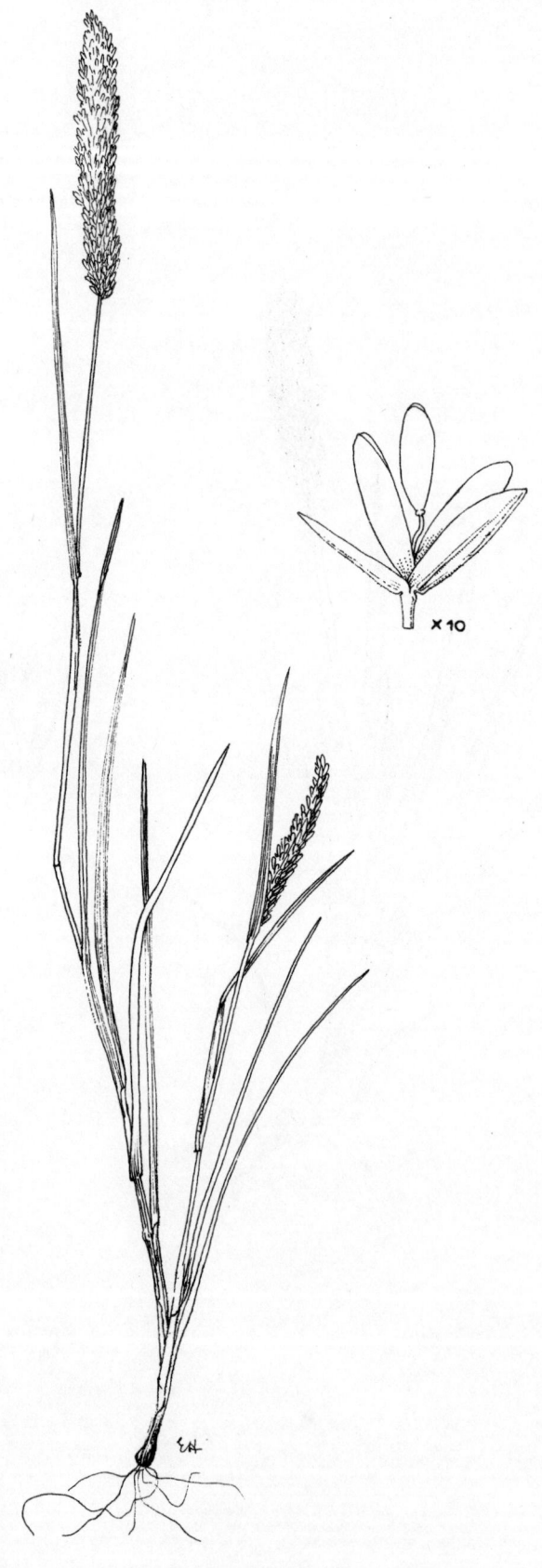

258. Lophochloa obtusiflora (Boiss.) Gontsch. דַּגְנִין קֵהֶה

259. Lophochloa pumila (Desf.) Bor דָּגְנִין גָּמוּד

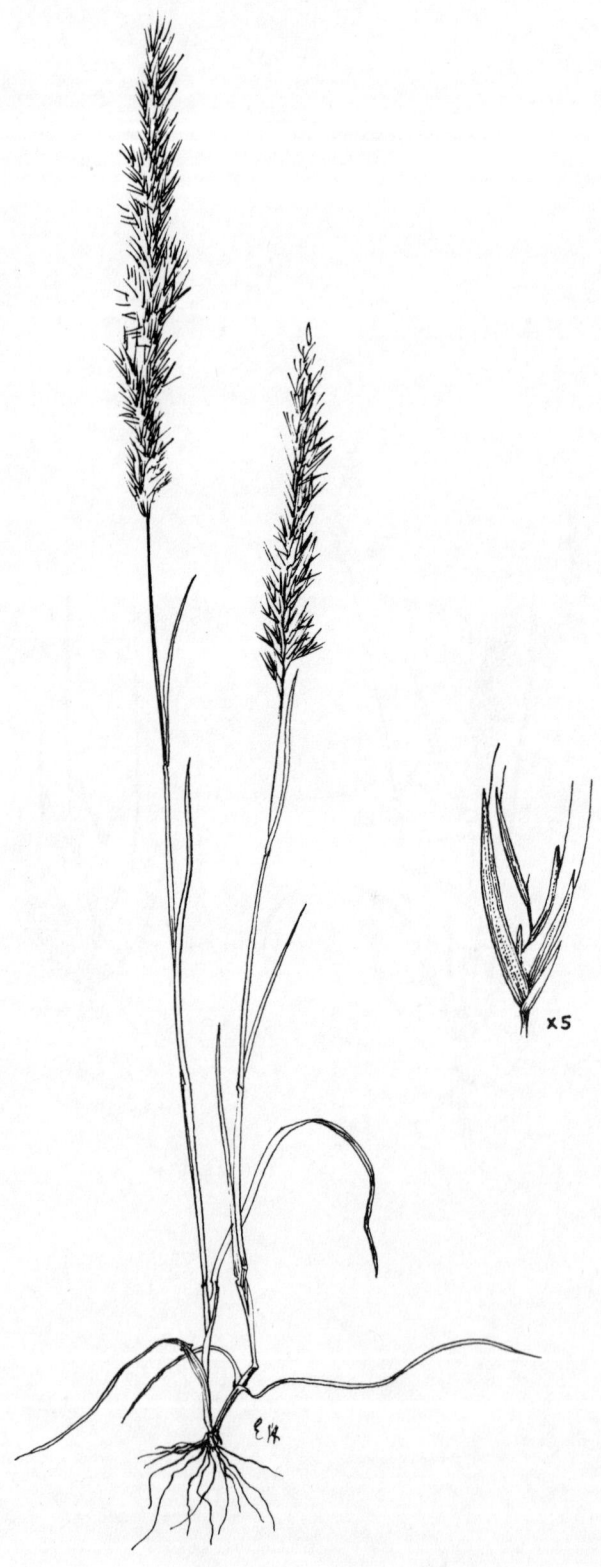

260. Avellinia michelii (Savi) Parl. אָבֶלִינִיָּה מִישֶׁלִי

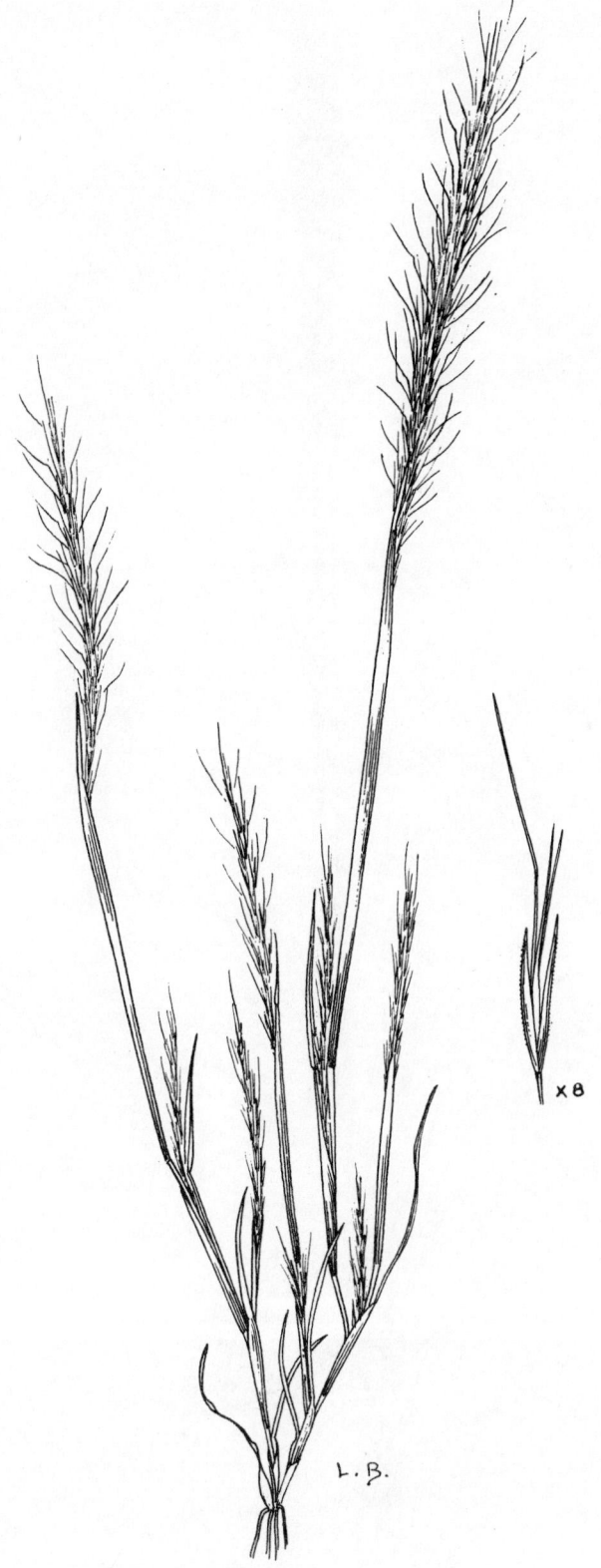

261. Trisetaria linearis Forssk. שְׁלָשׁוֹן סַרְגְּלָנִי

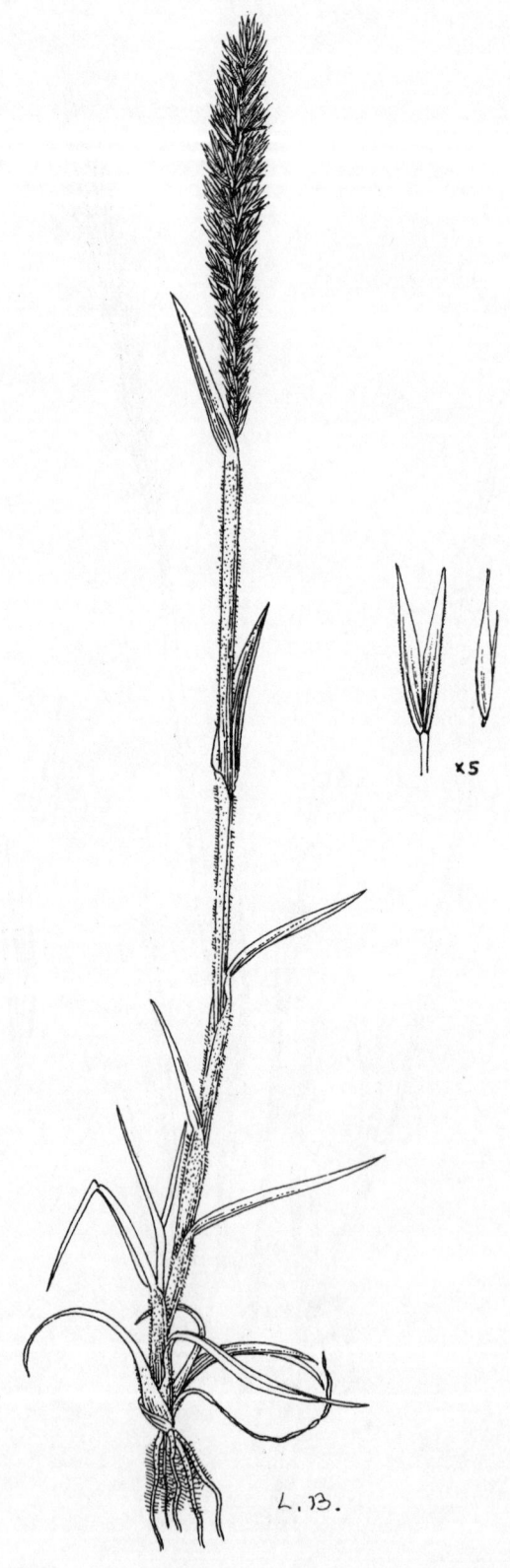

262. Trisetaria koelerioides (Bornm. & Hackel) Melderis שְׁלַשׁוֹן הַחוֹף

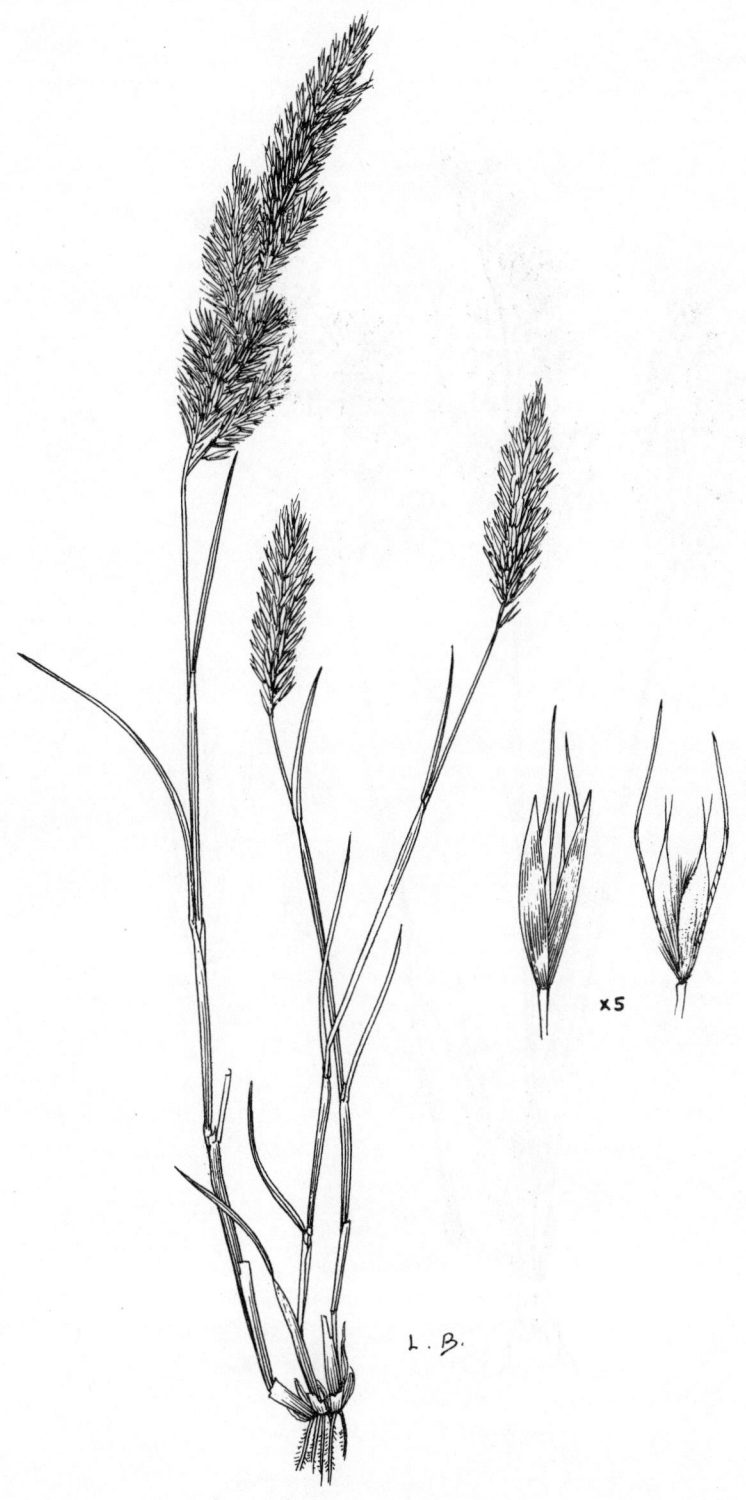

263. Trisetaria glumacea (Boiss.) Maire שִׁלְשׁוֹן גְלוּמָנִי

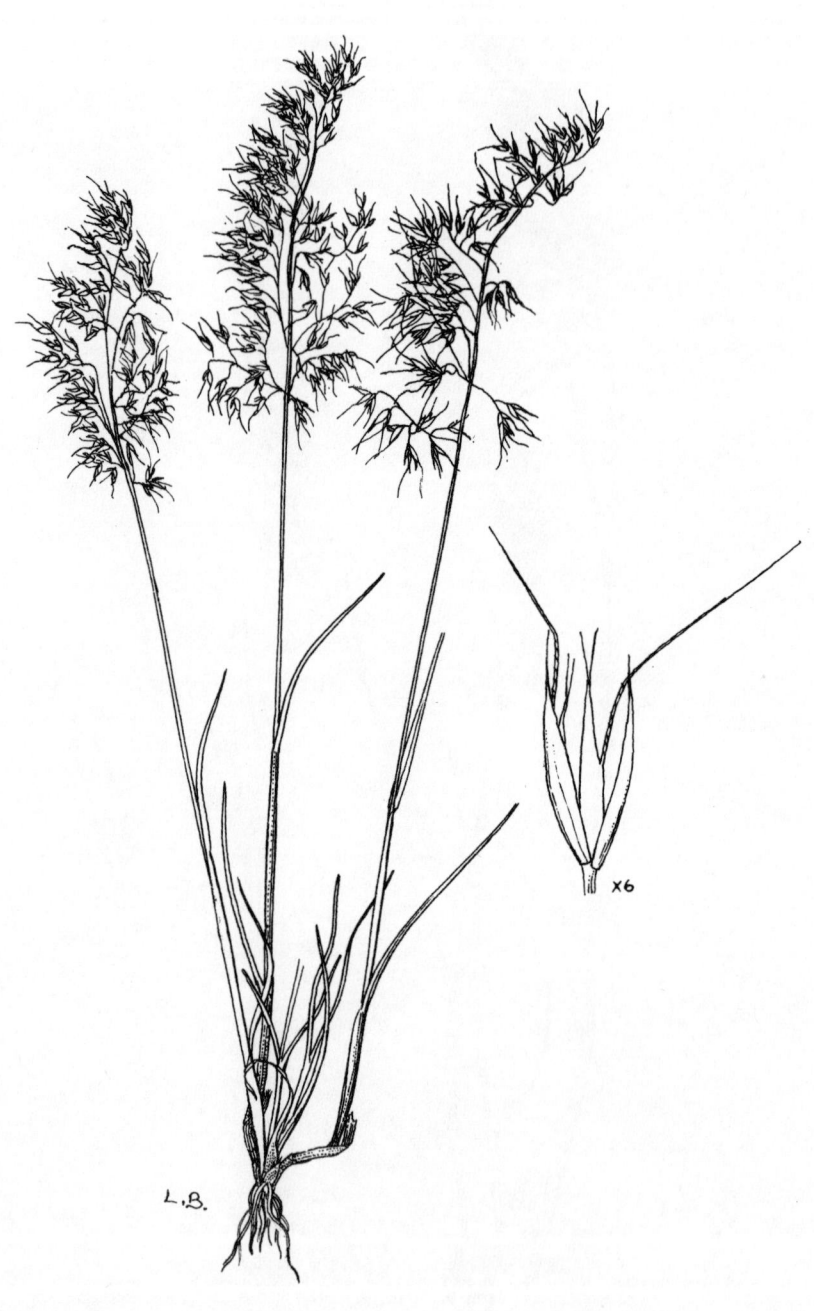

264. Trisetaria macrochaeta (Boiss.) Maire שִׁלְשׁוֹן הַמִּדְבָּר

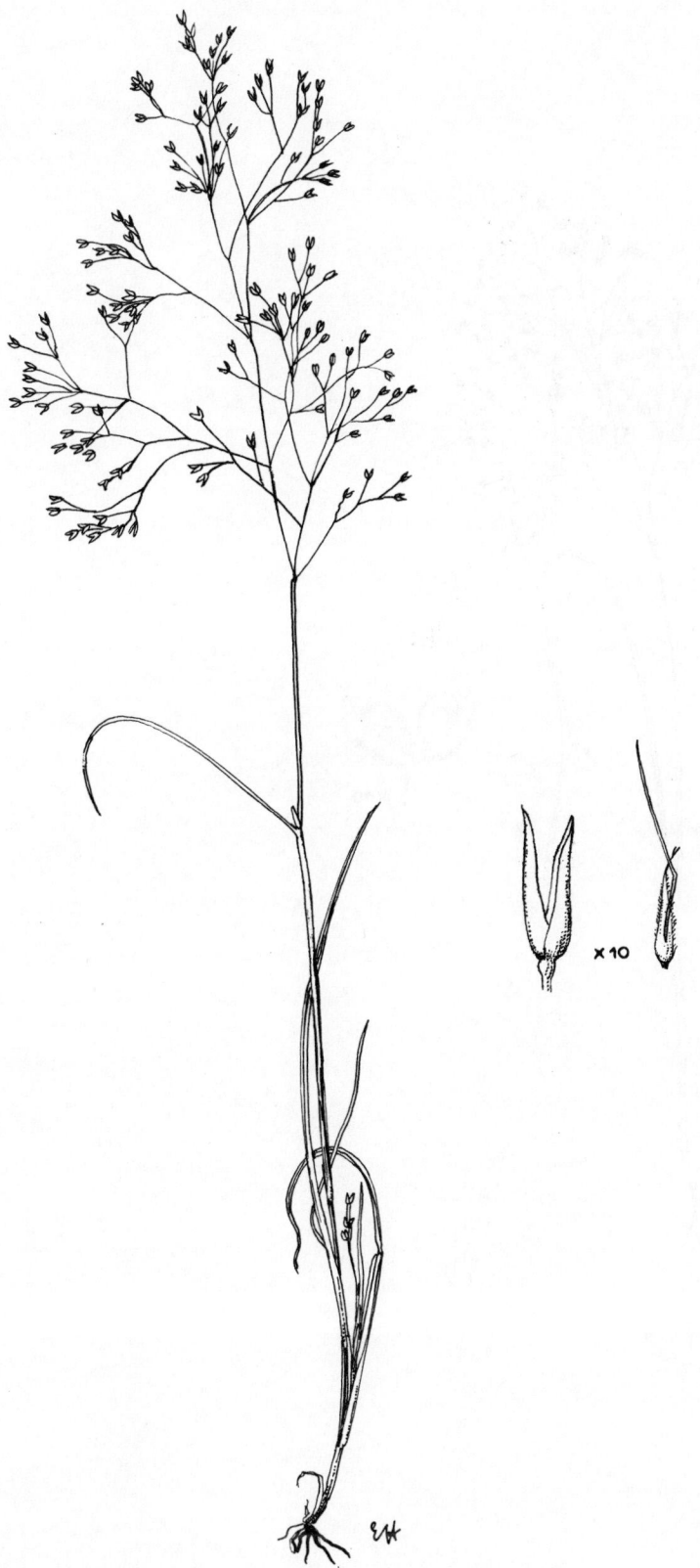

265. Aira elegantissima Schur אָאִירָה נִימִית

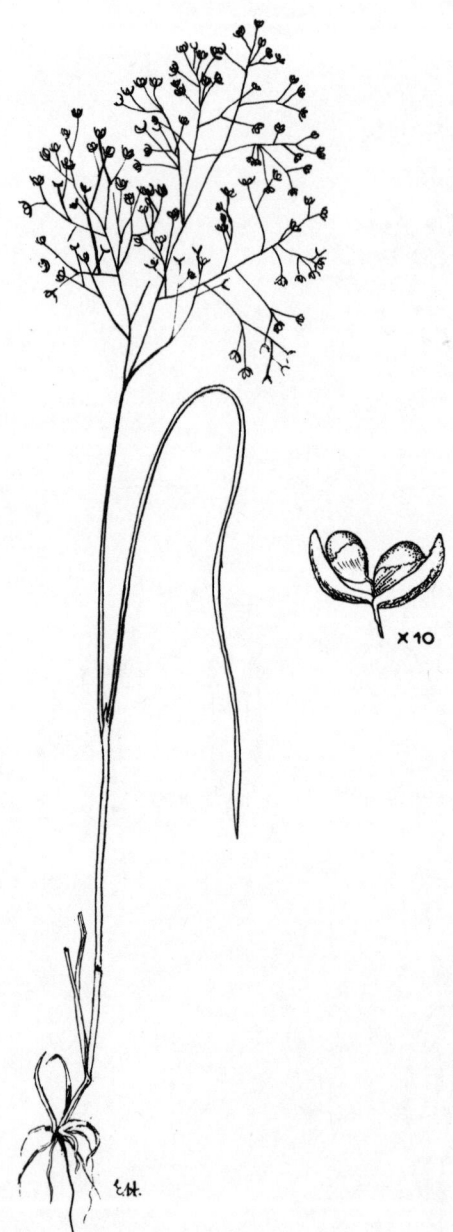

266. Antinoria insularis Parl. אַנְטִינוֹרִיַּת הָאִיִּים

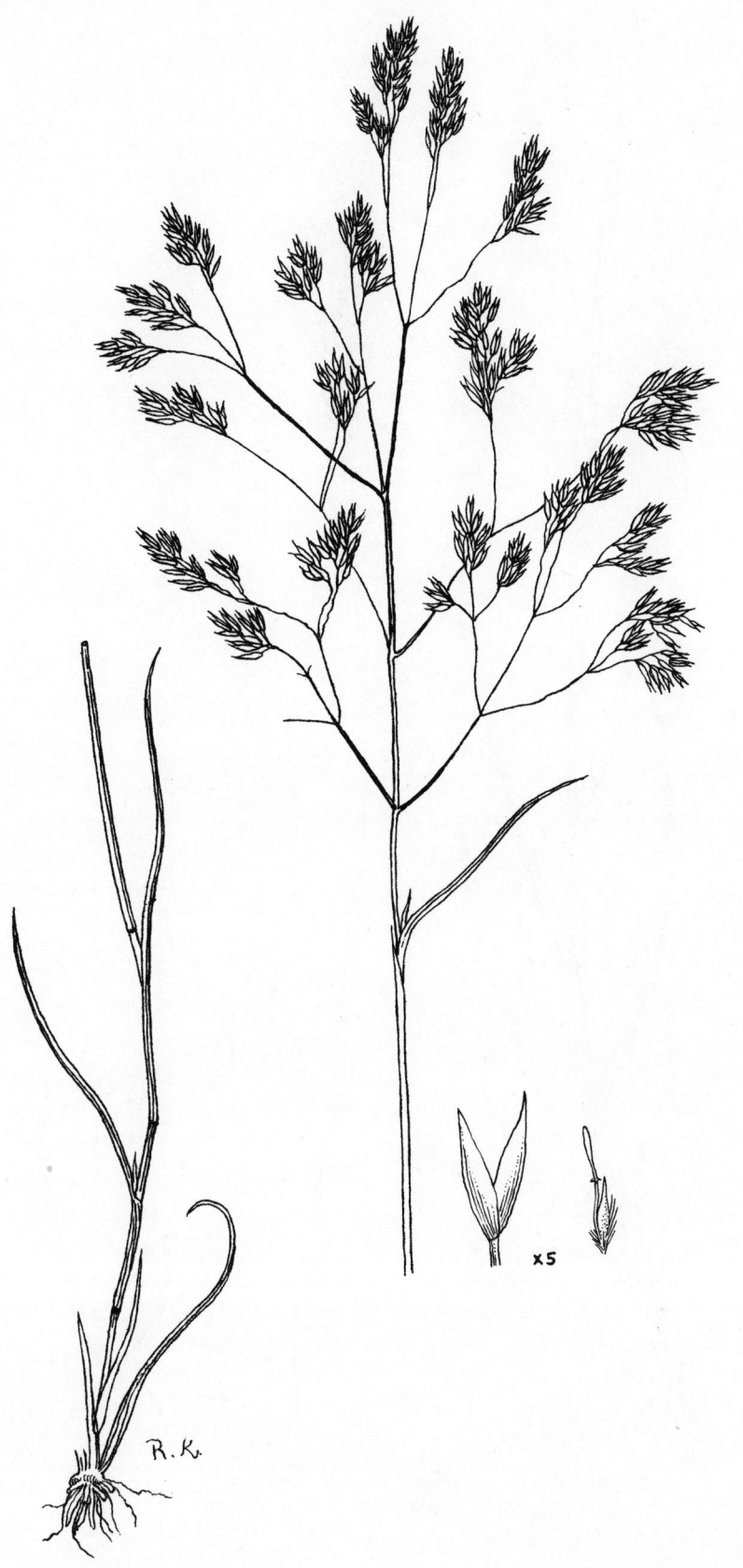

267. Corynephorus divaricatus (Pourr.) Breistr. אֲלִית הַמְפֹרָק

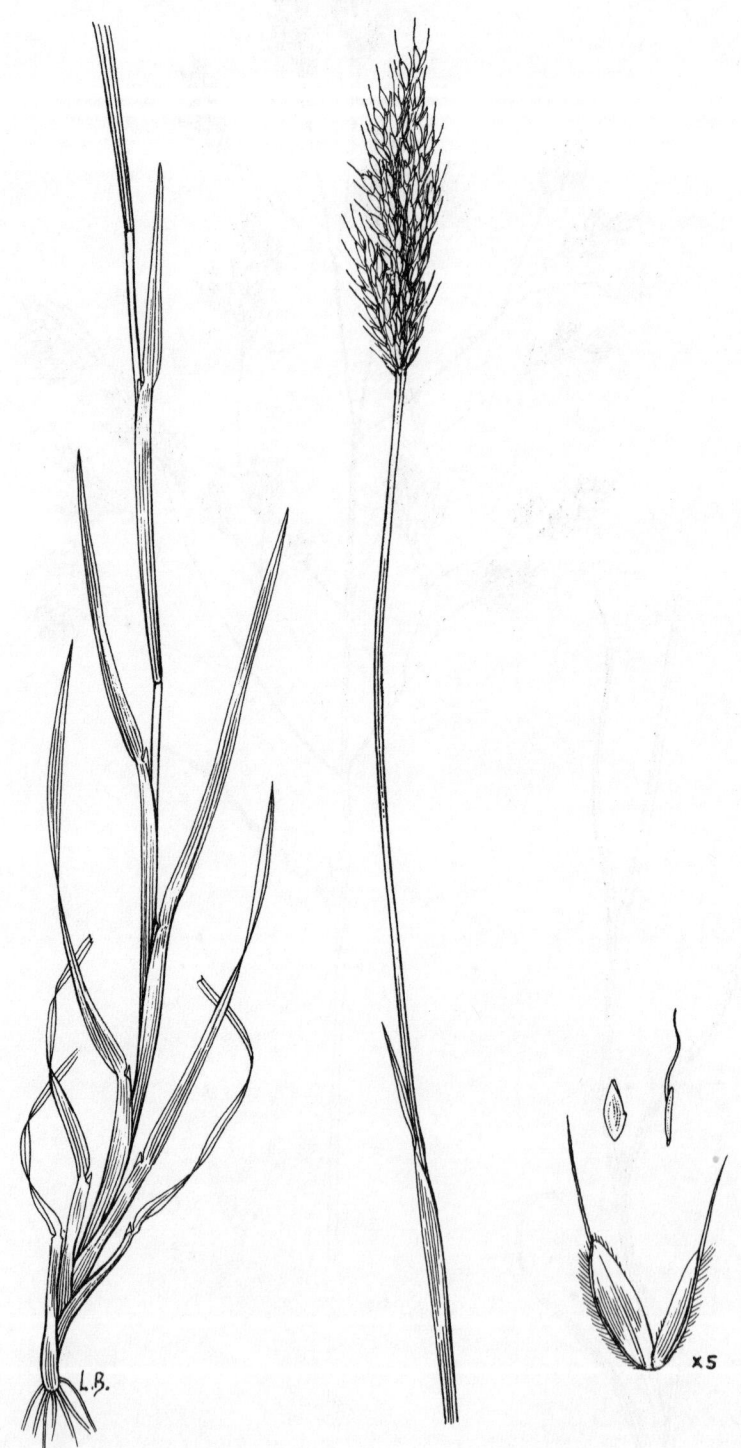

268. Holcus annuus Salzm. ex C.A. Mey. עֶדֶן חַד־שְׁנָתִי

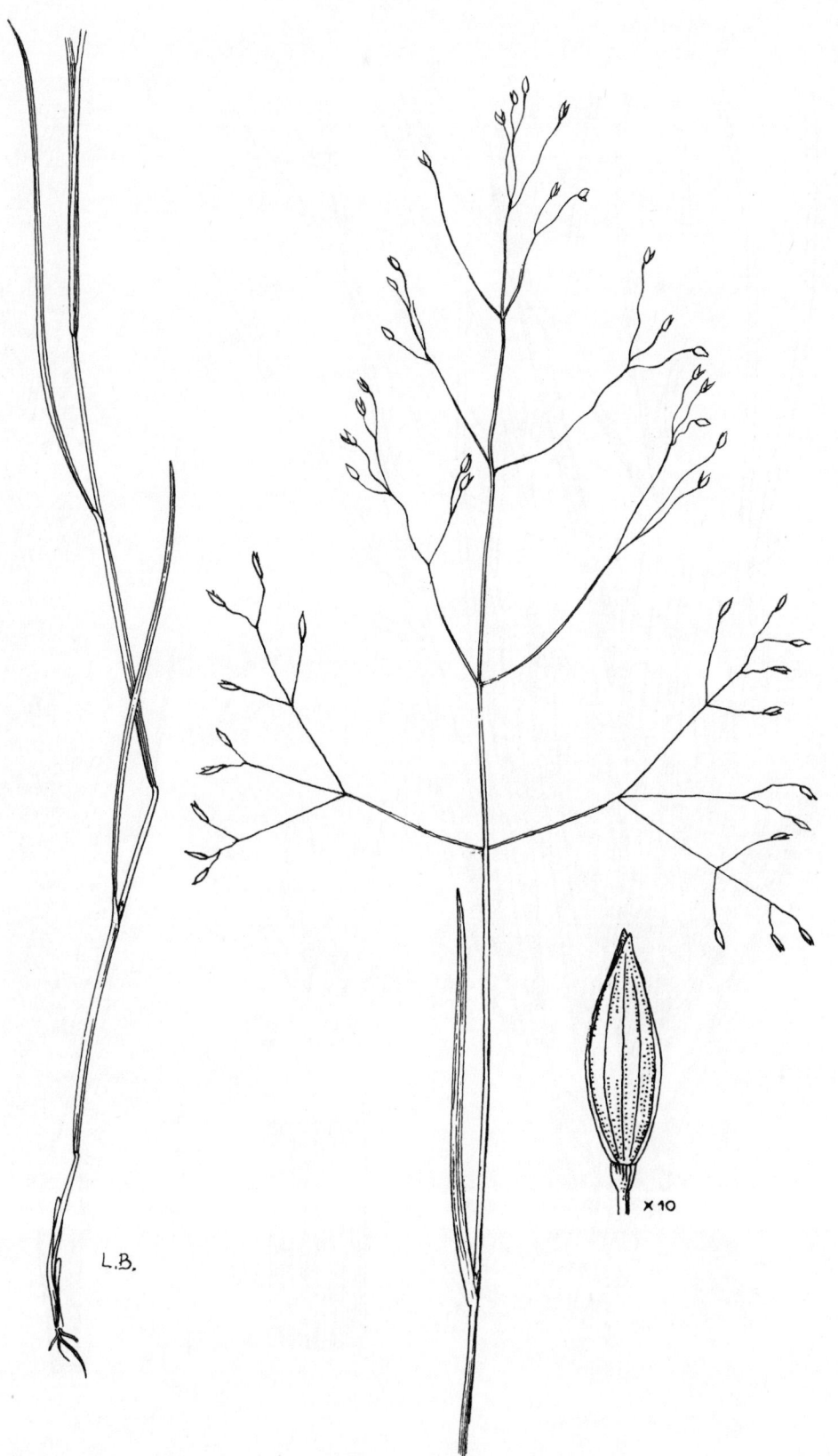

269. Milium pedicellare (Bornm.) Roshev. ex Melderis רַפְרַף אֲבִיבִי

270. Ammophila arenaria (L.) Link   יְדִיד־הַחוֹלוֹת הַמָּצוּי

271. Lagurus ovatus L.   זְנַב־הָאַרְנֶבֶת הַבֵּיצָנִי

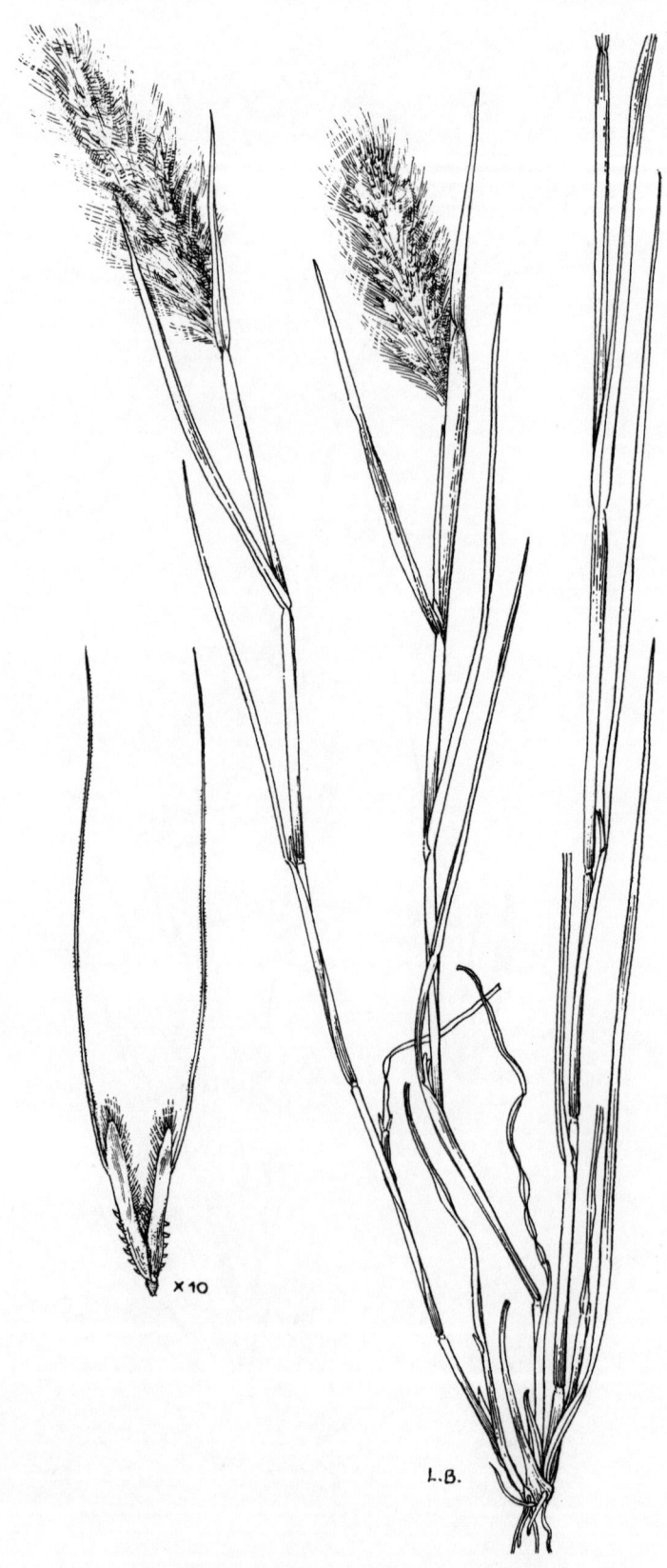

272. Polypogon maritimus Willd. עַבְדְּקָן הַחוֹף

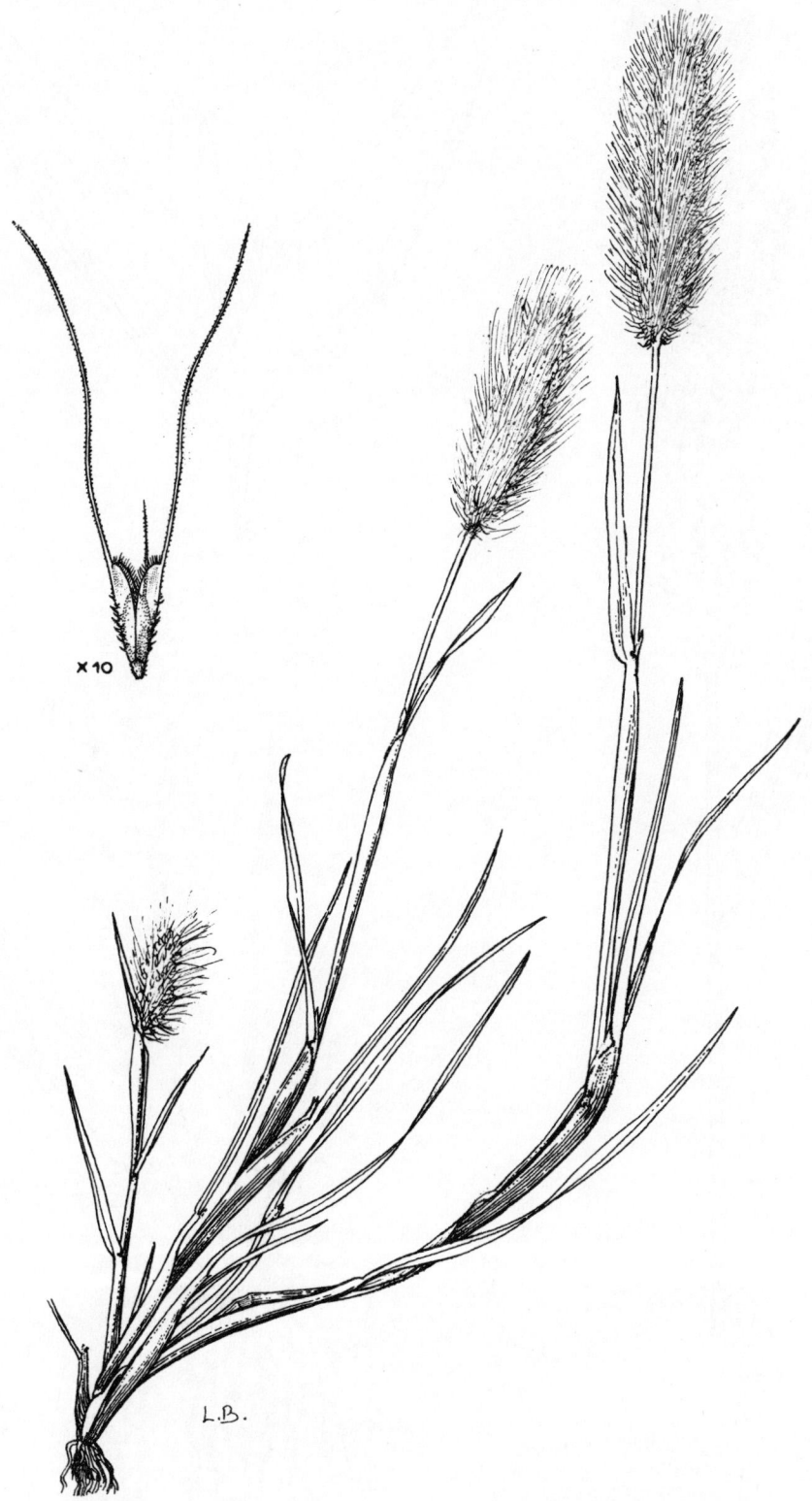

273. Polypogon monspeliensis (L.) Desf. עַבְדְּקָן מָצוּי

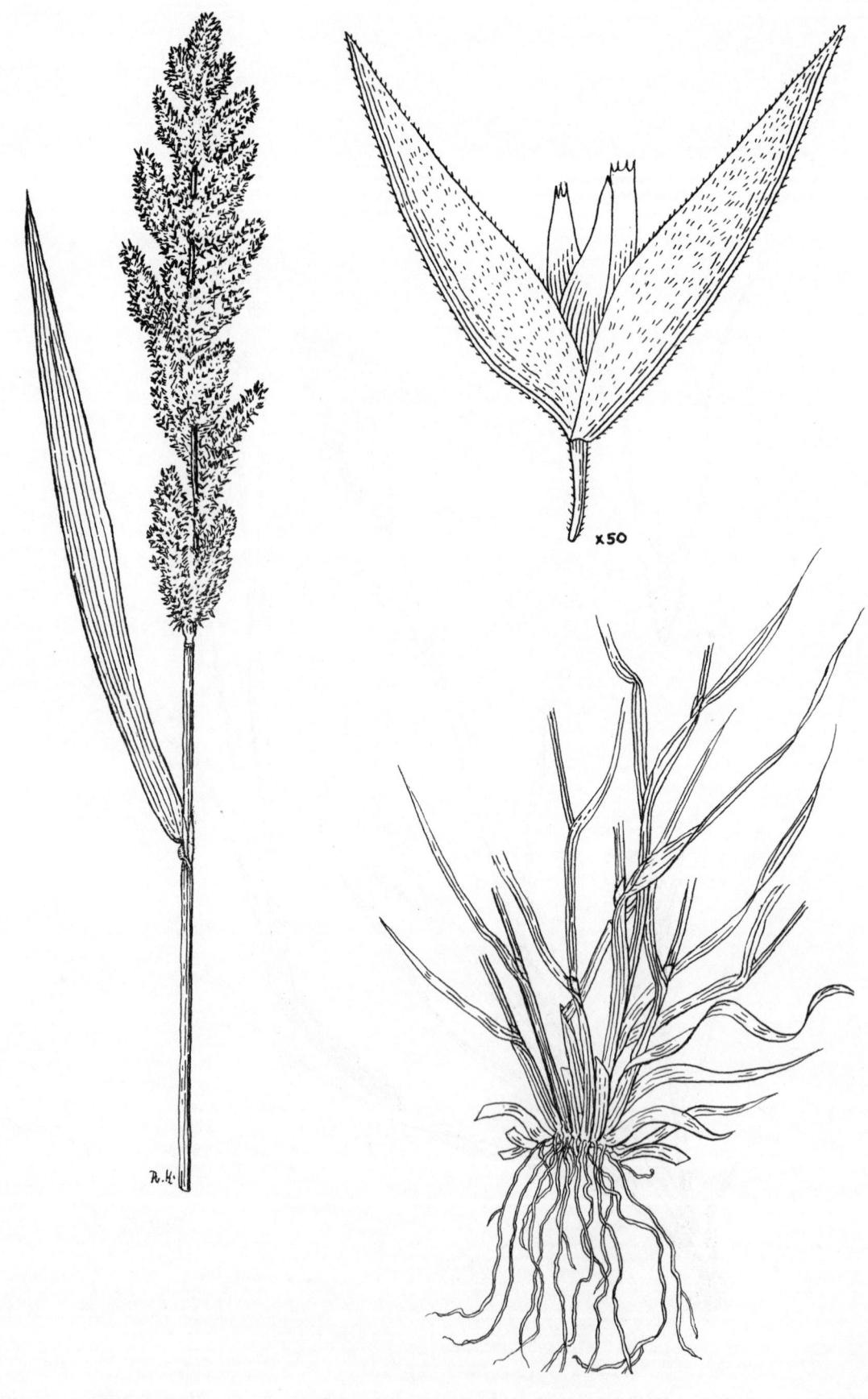

274. Polypogon viridis (Gouan) Breistr. עֲבְדְּקַן הַדּוּרִים

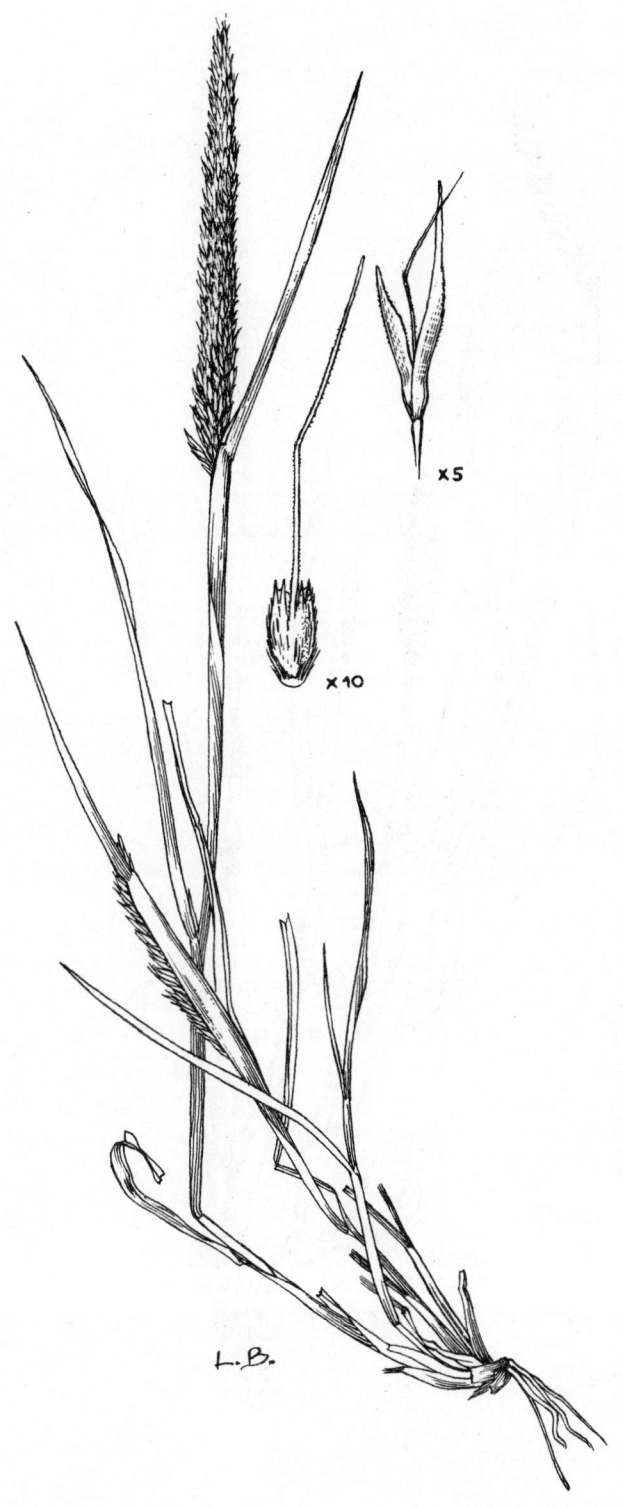

275. Gastridium ventricosum (Gouan) Schinz & Thell.   כַּרְסְתָן נָפוּחַ

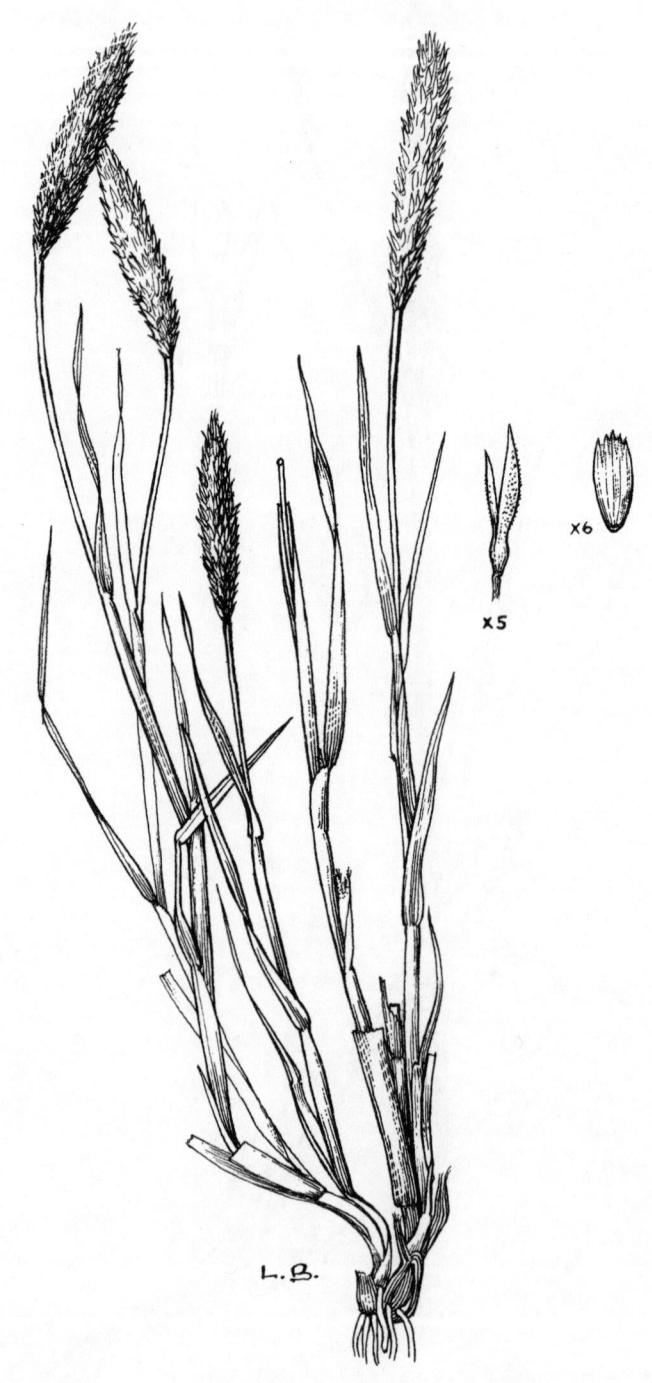

276. Gastridium scabrum C. Presl   כַּרְסְתָן מְחֻסְפָּס

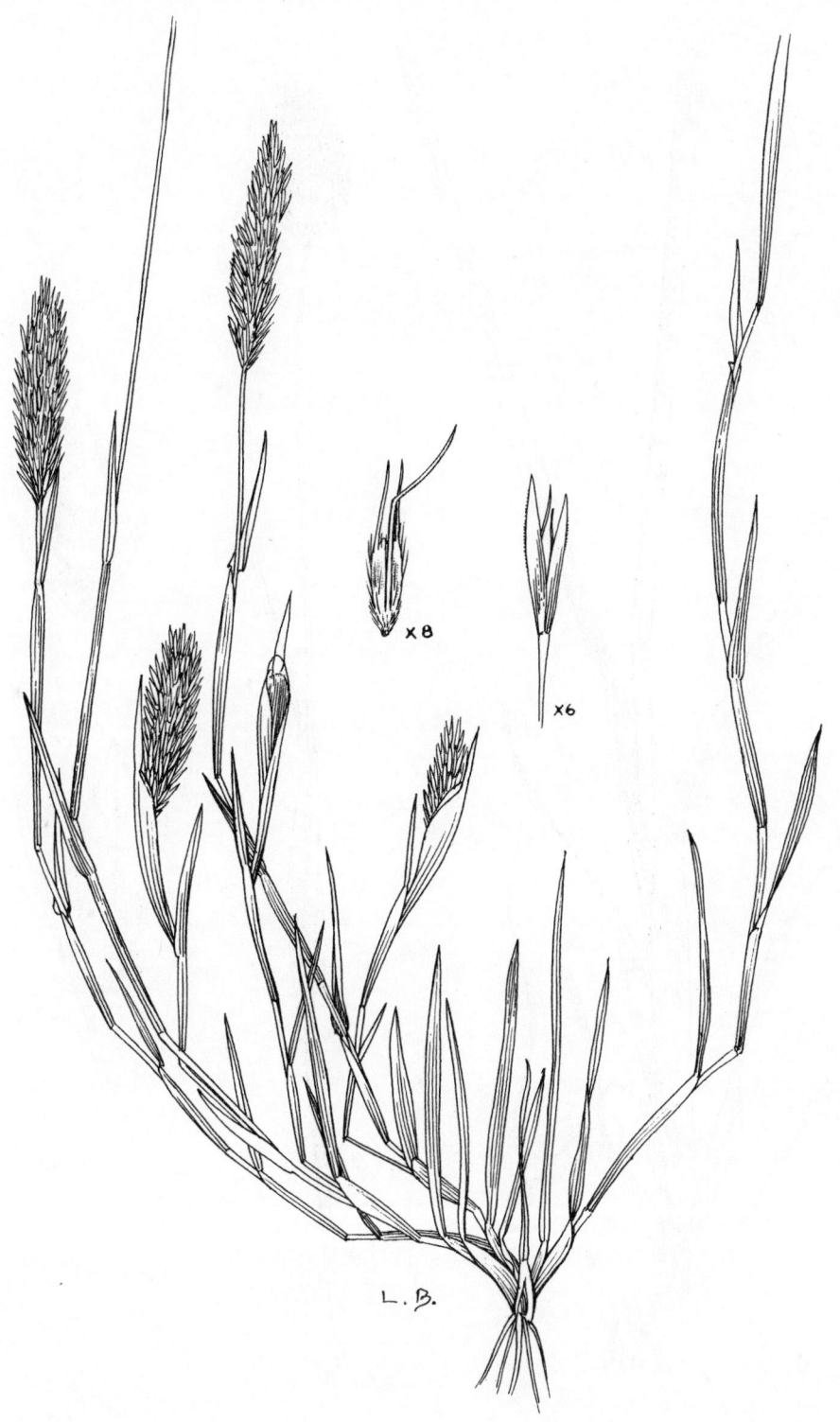

277. Triplachne nitens (Guss.) Link   תְּלַת־חֹד מַבְרִיק

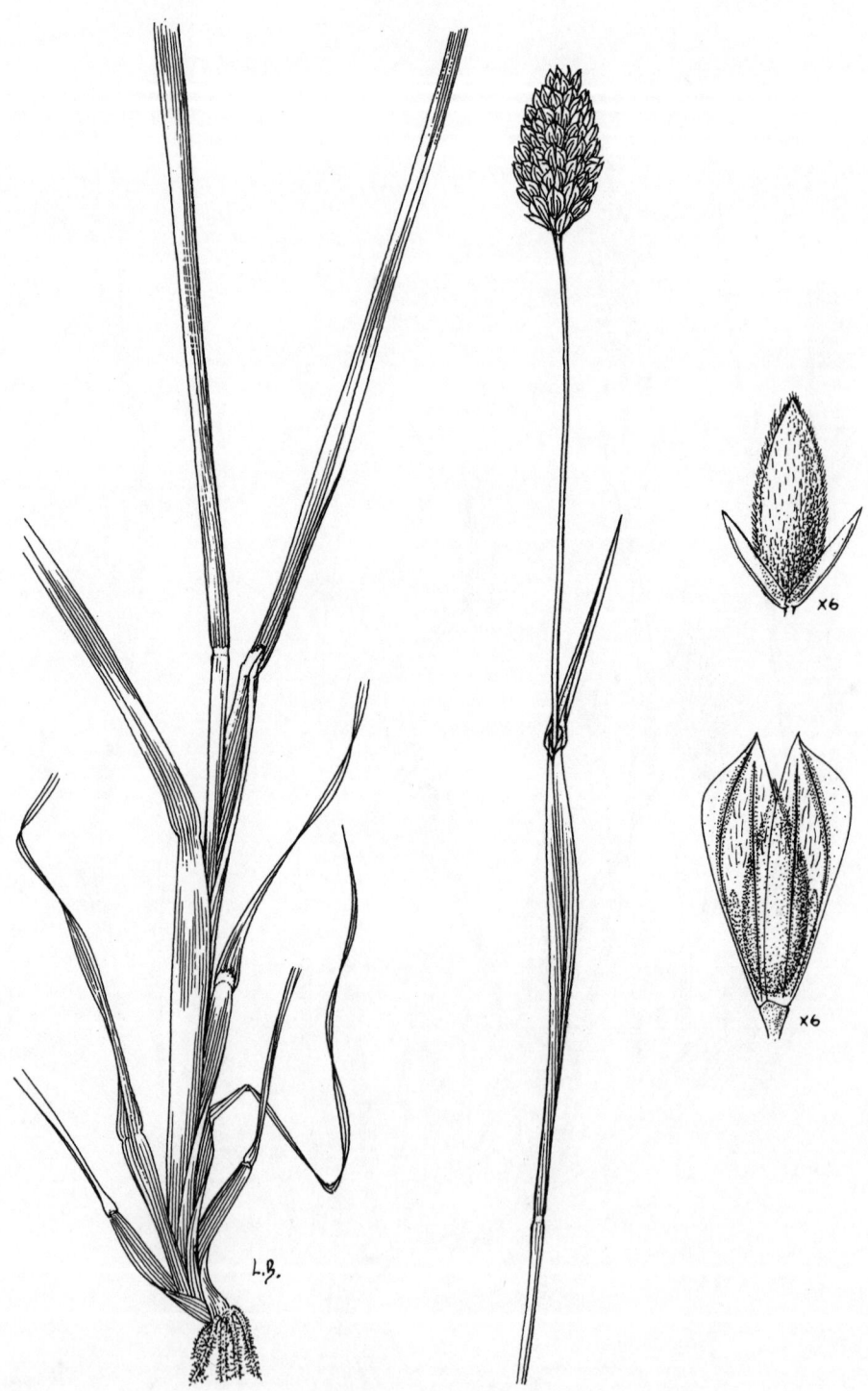

278. Phalaris canariensis L. חֲפוּרִית קָנָרִית

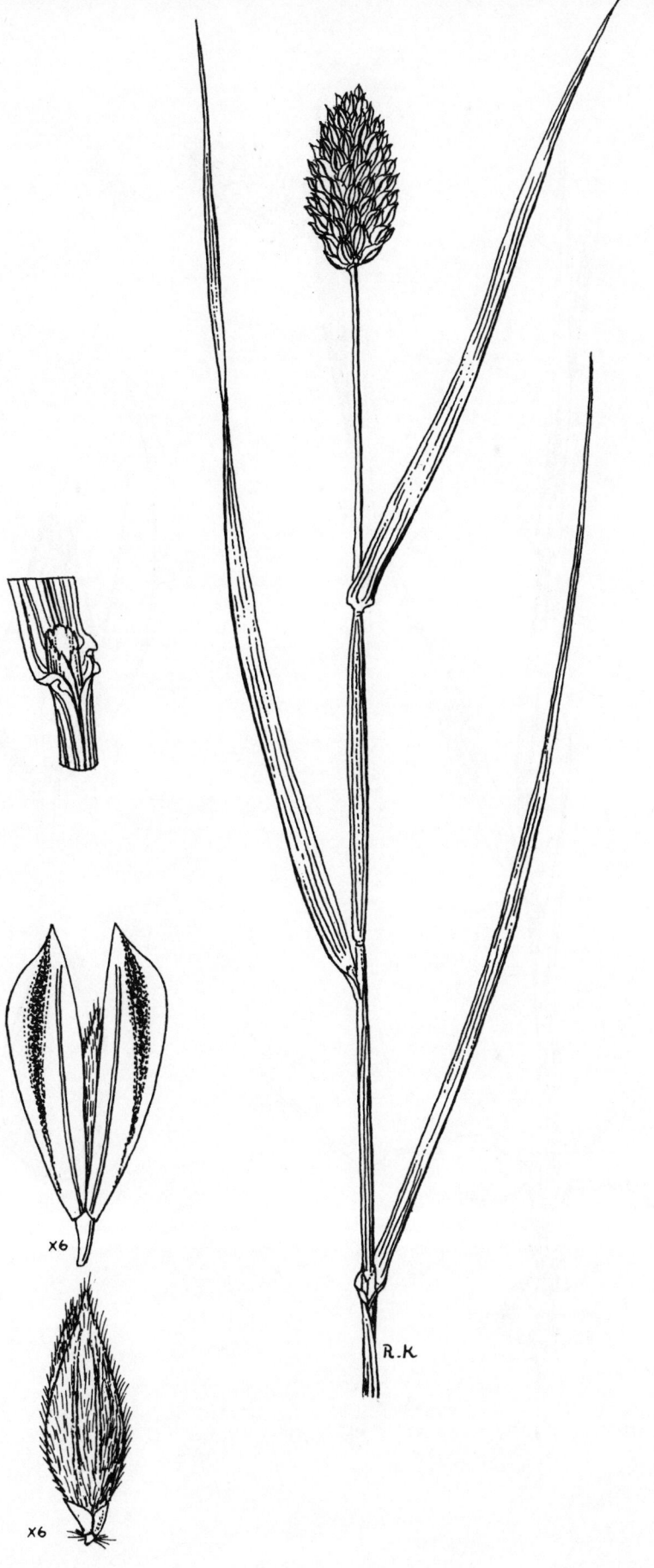

279. Phalaris brachystachys Link חֲפוּרִית מְצוּיָה

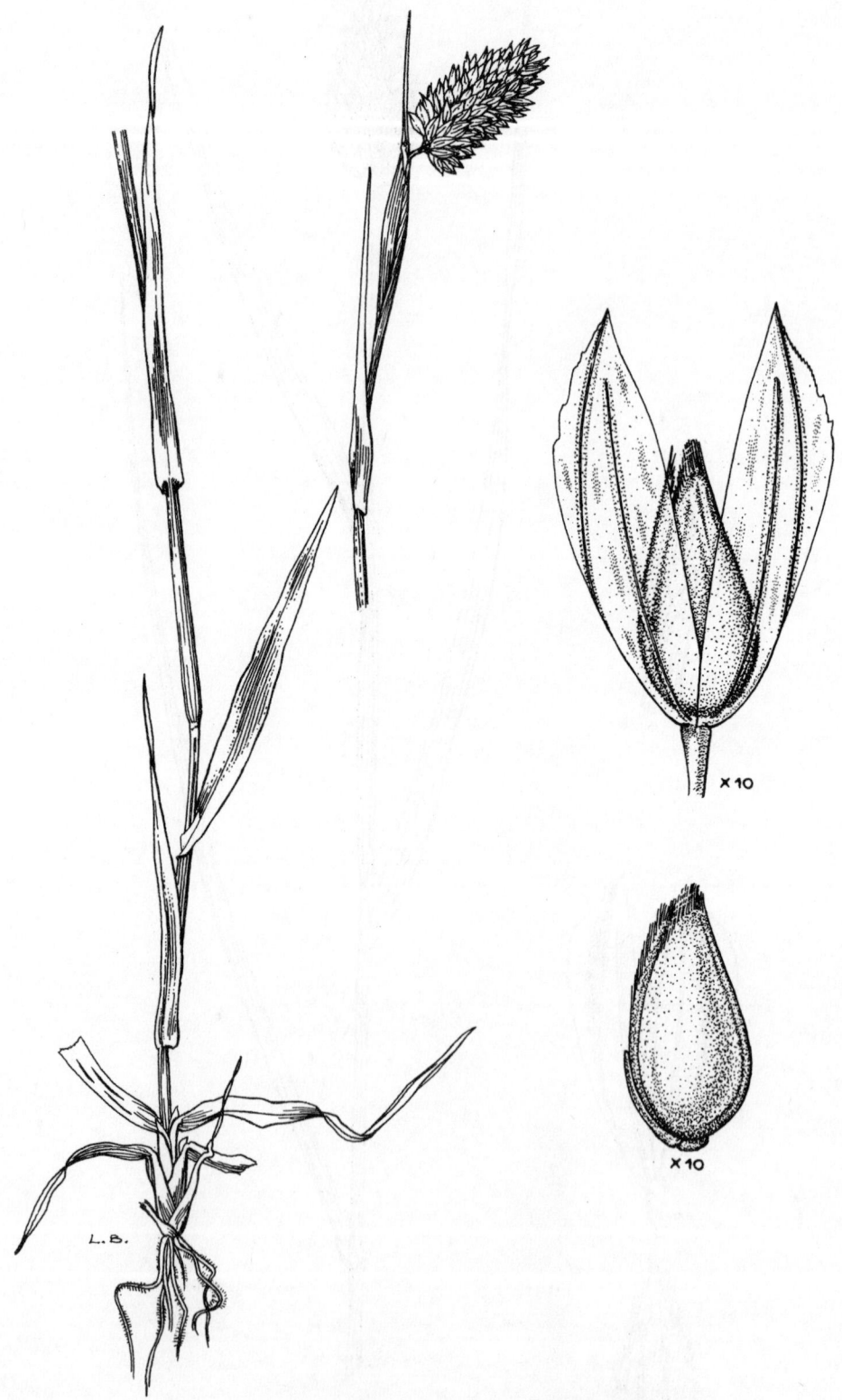

280. Phalaris minor Retz. var. minor   חֲפוּרִית קְטַנָּה זַן קְטַנָּה

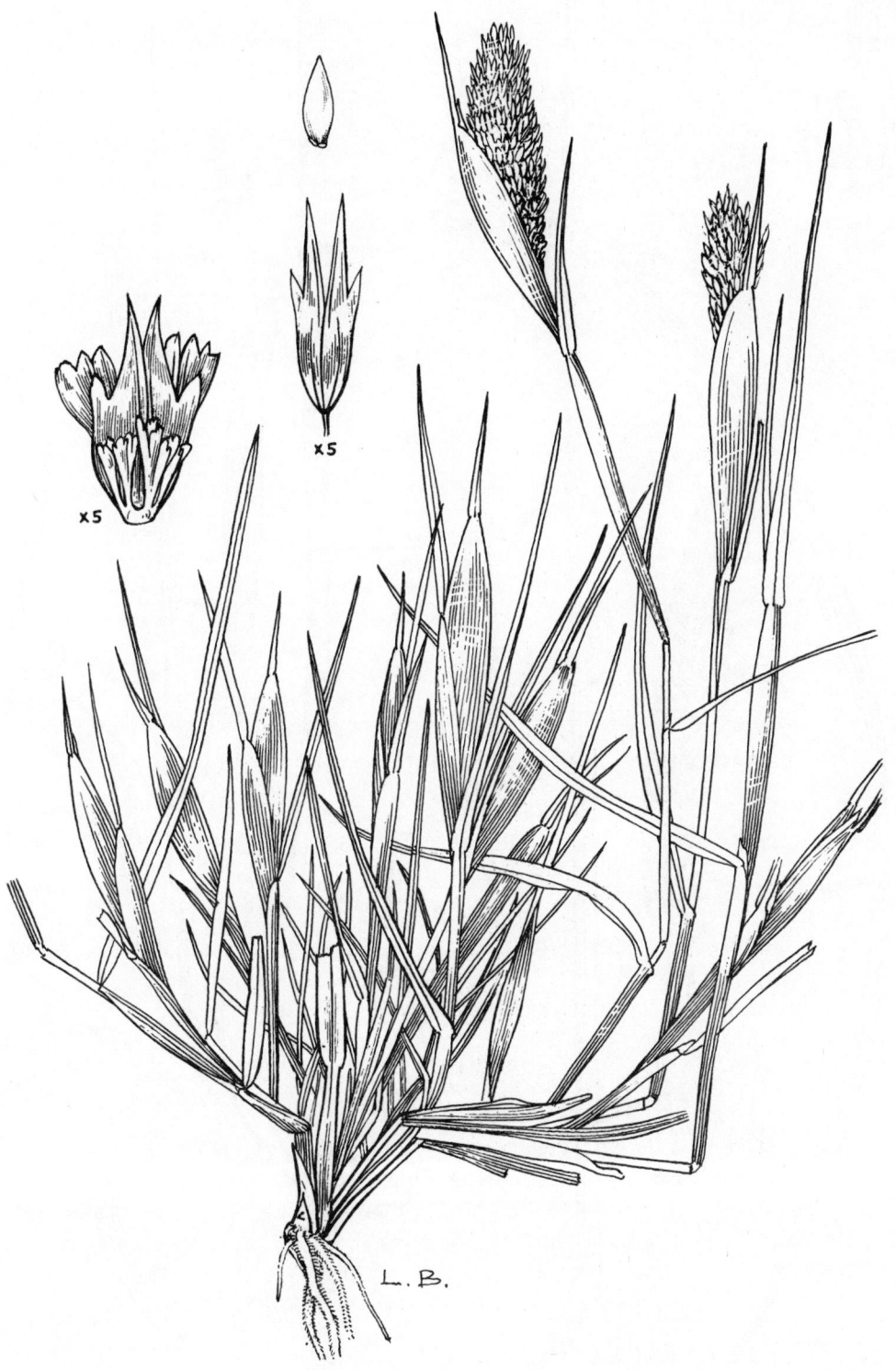

281. Phalaris paradoxa L. חֲפוּרִית מוּזָרָה

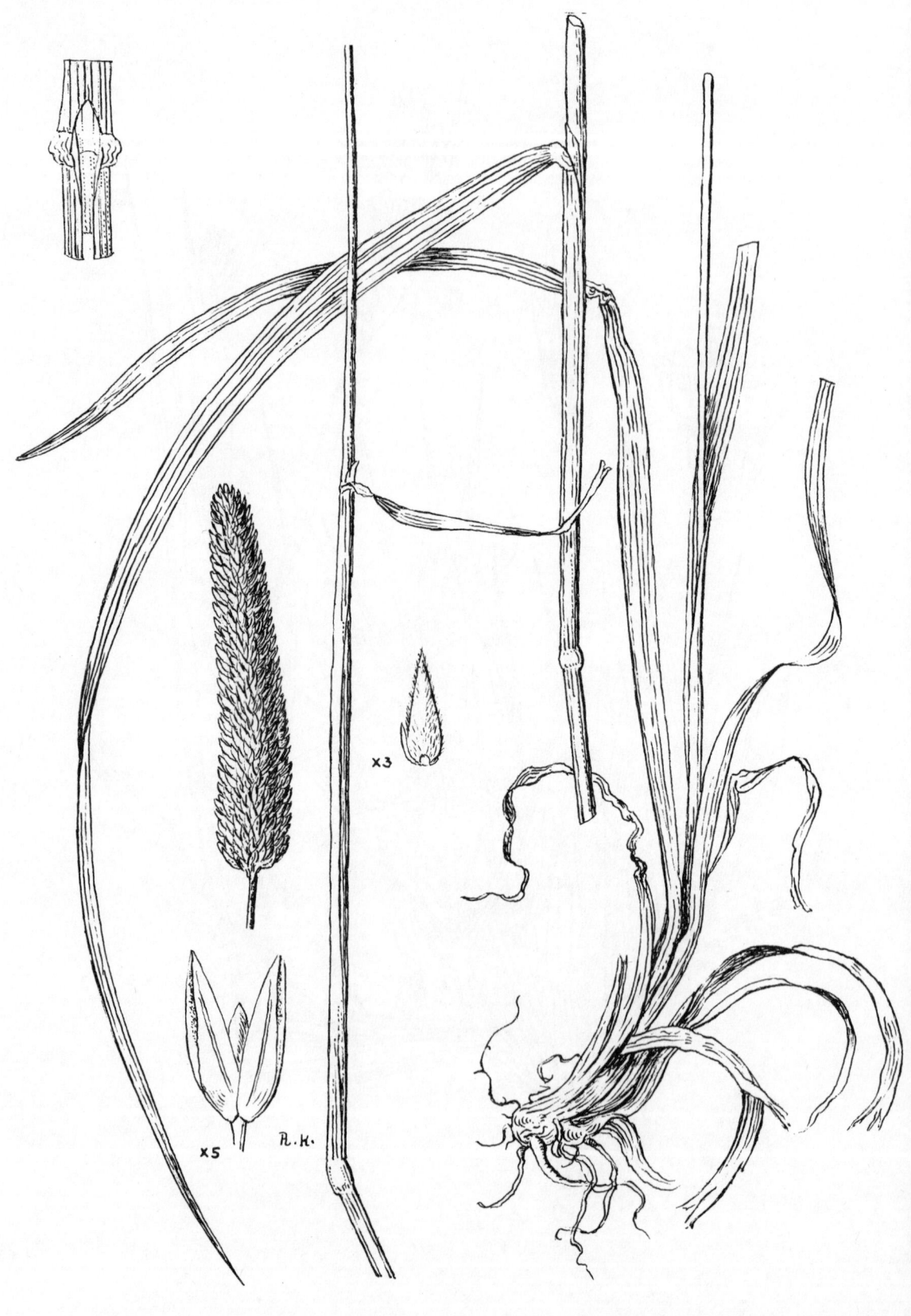

282. Phalaris tuberosa L.   חֲפוּרִית הַפְּקָעִים

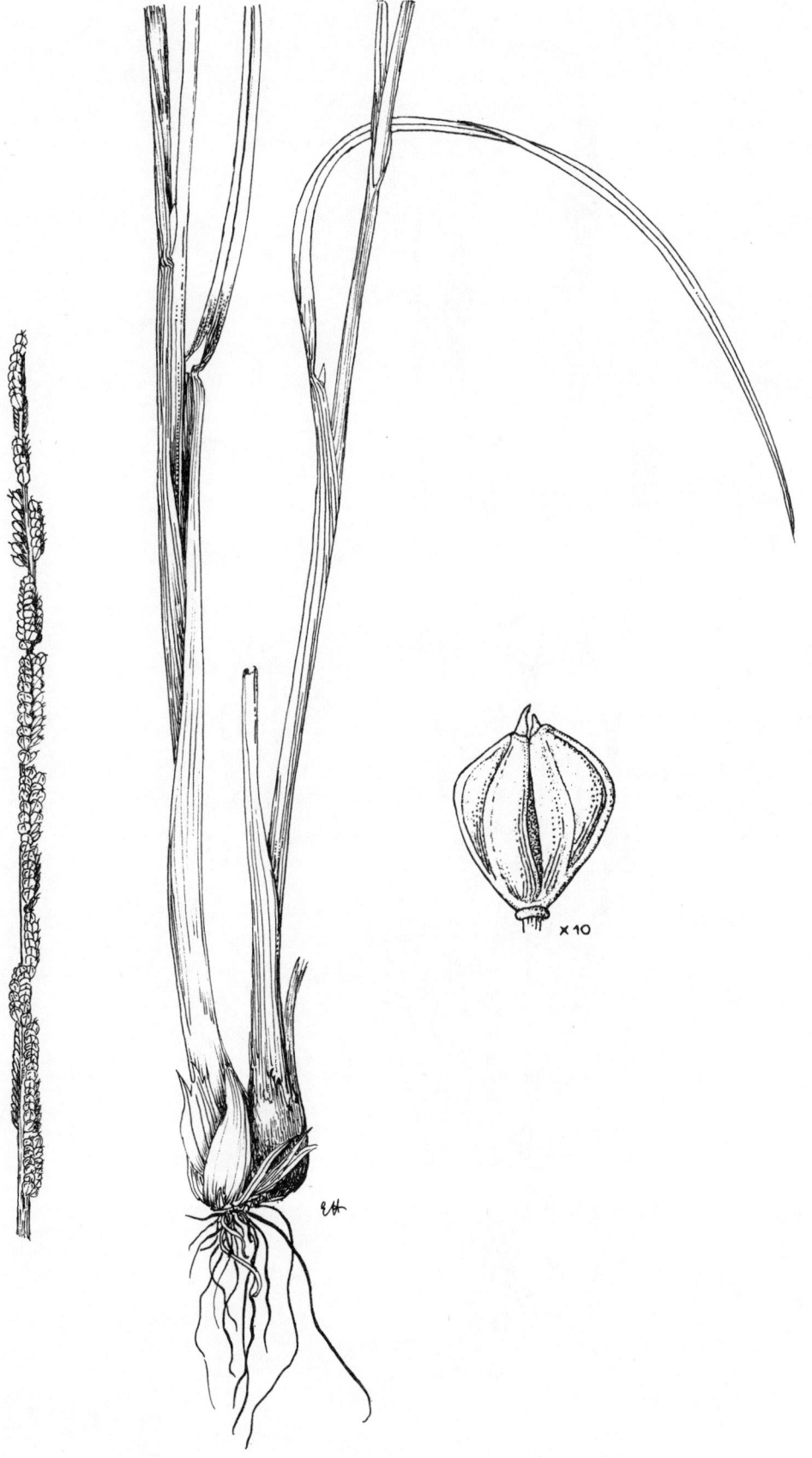

283. Beckmannia eruciformis (L.) Host   בֶּקְמַנְיָה דּוּ־טוּרִית

284. Phleum subulatum (Savi) Aschers. & Graebn.   אִיטָן מַרְצֵעָנִי

285. Phleum graecum Boiss. & Heldr. subsp. aegaeum (Vierh.) Greuter   אִיטָן הַחוֹלוֹת

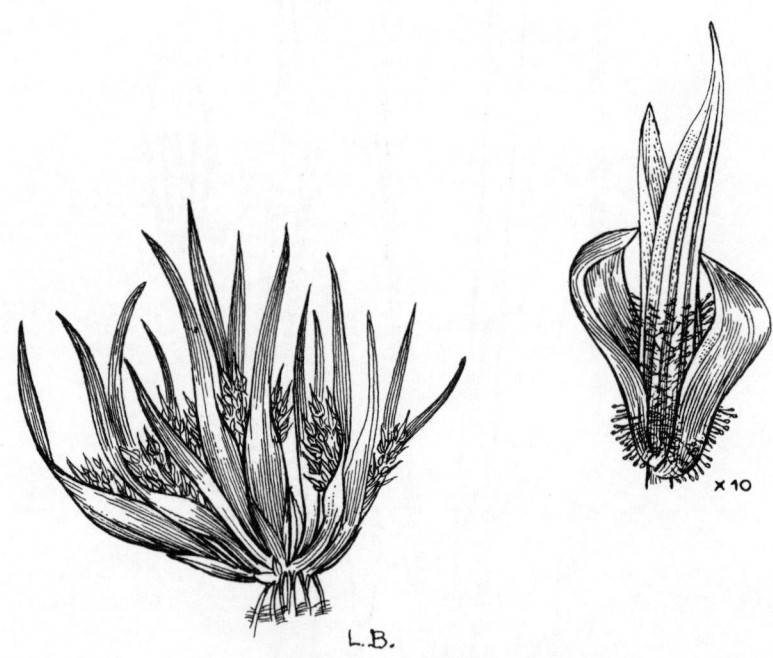

286. Rhizocephalus orientalis Boiss.   גַּמְדּוֹנִית מִזְרָחִית

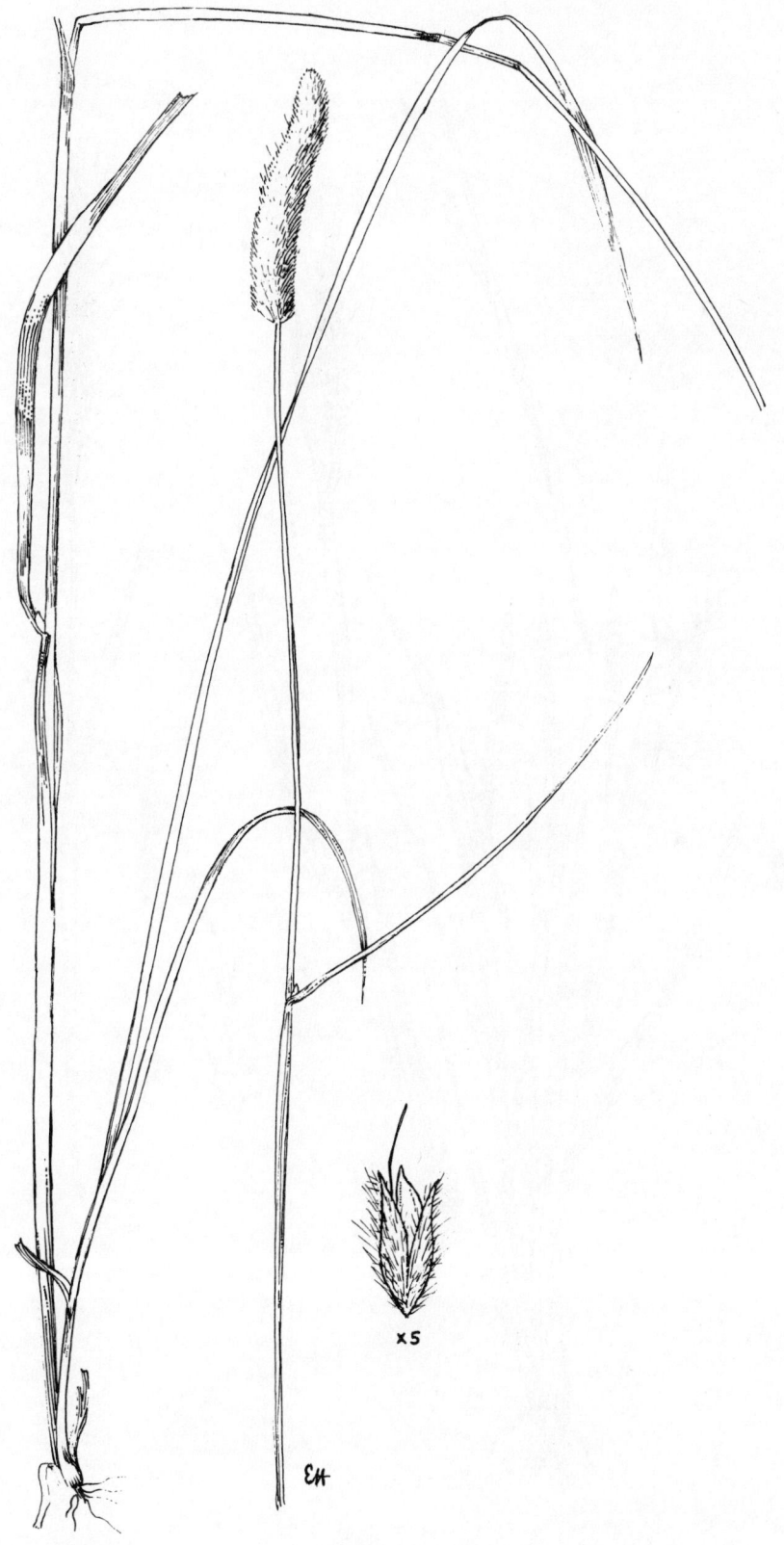

×5

287. Alopecurus arundinaceus Poir. זְנַב־הַשּׁוּעָל הַבִּצָּתִי

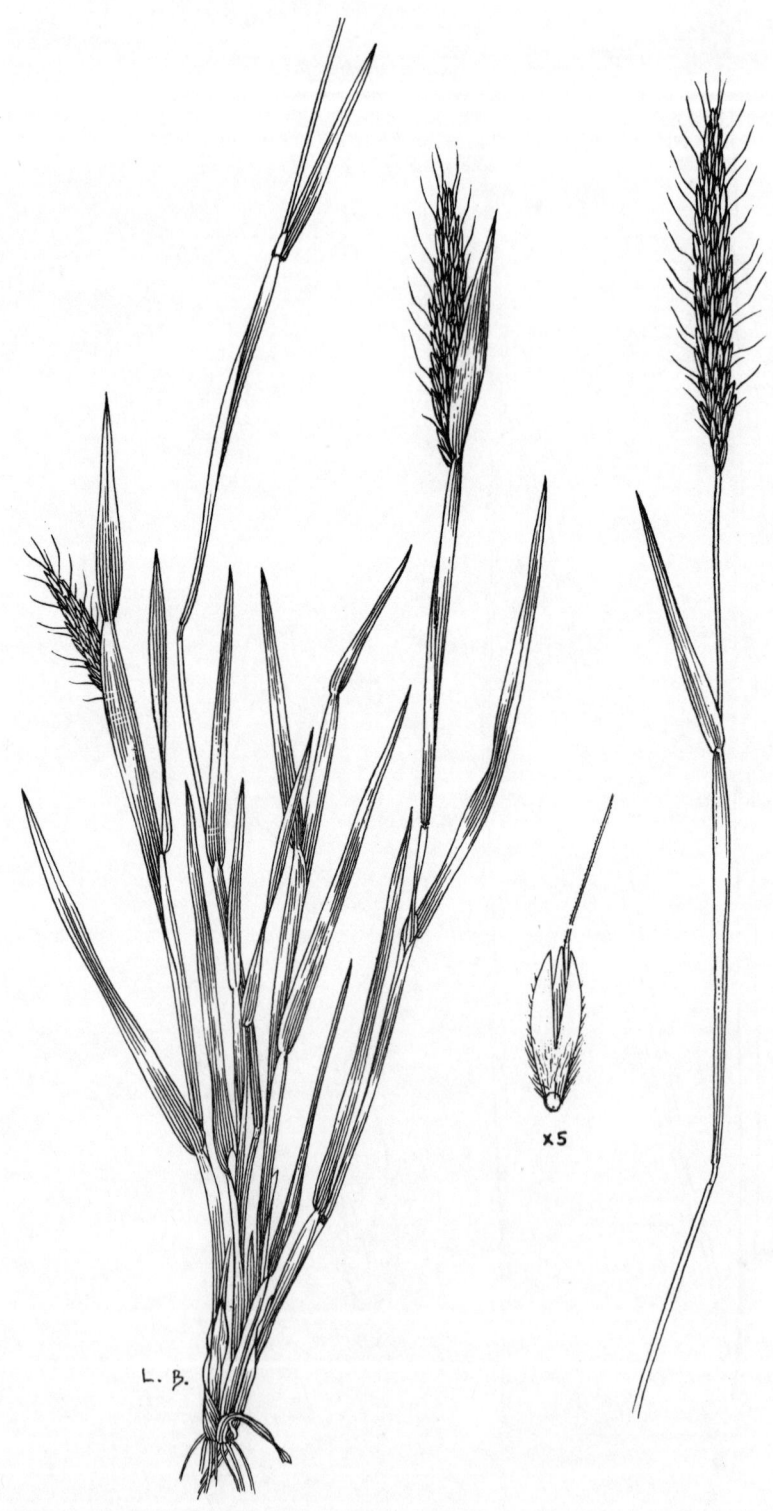

288. Alopecurus myosuroides Huds. זְנַב־הַשּׁוּעָל הָאָרֹךְ

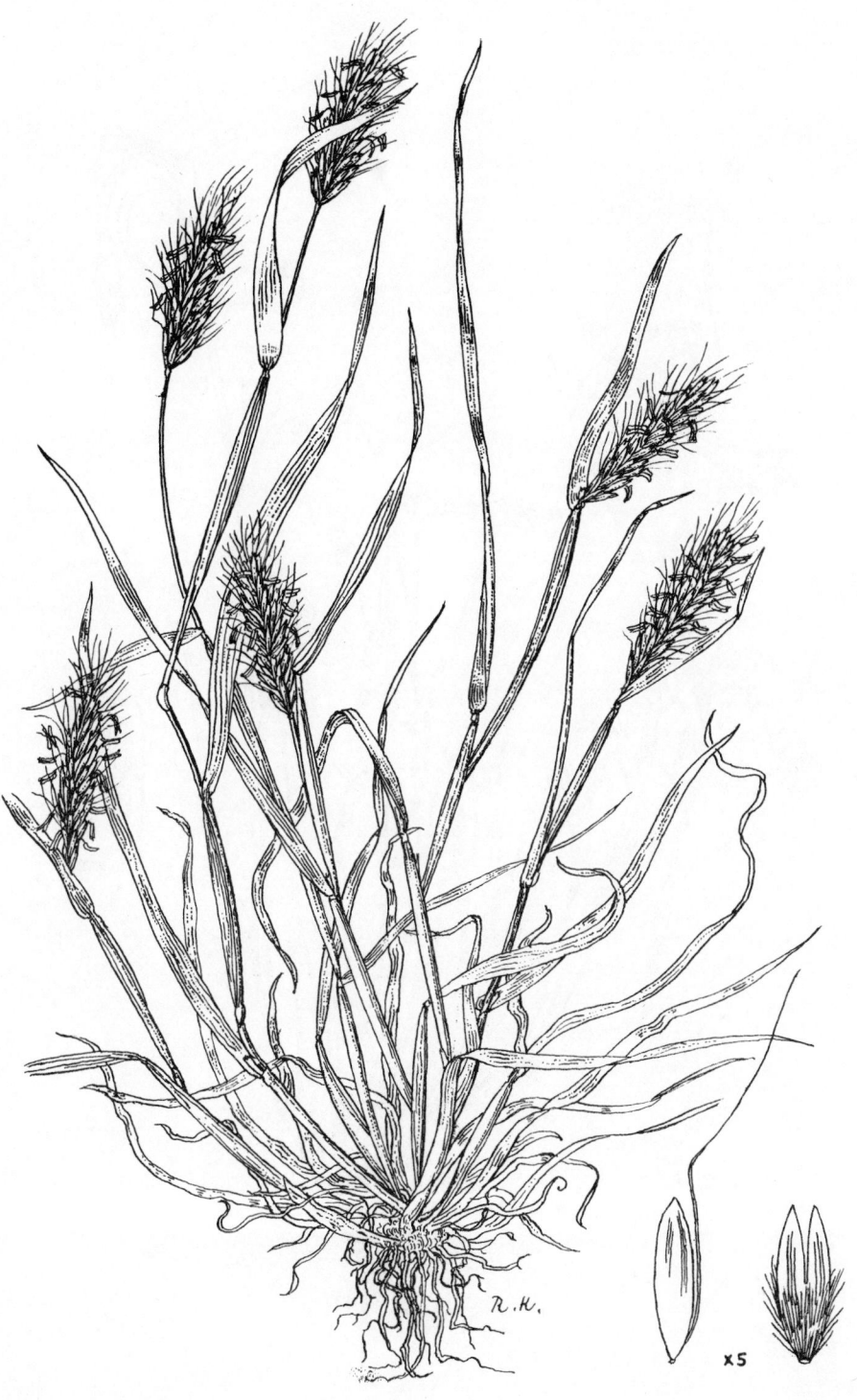

289. Alopecurus utriculatus Banks & Sol. זְנַב־הַשּׁוּעָל הַמְּצוּי

290. Cornucopiae cucullatum L.   כּוֹסָנִית מְשֻׁנֶּנֶת

291. Cornucopiae alopecuroides L.   כּוֹסָנִית מְמֻלְעֶנֶת

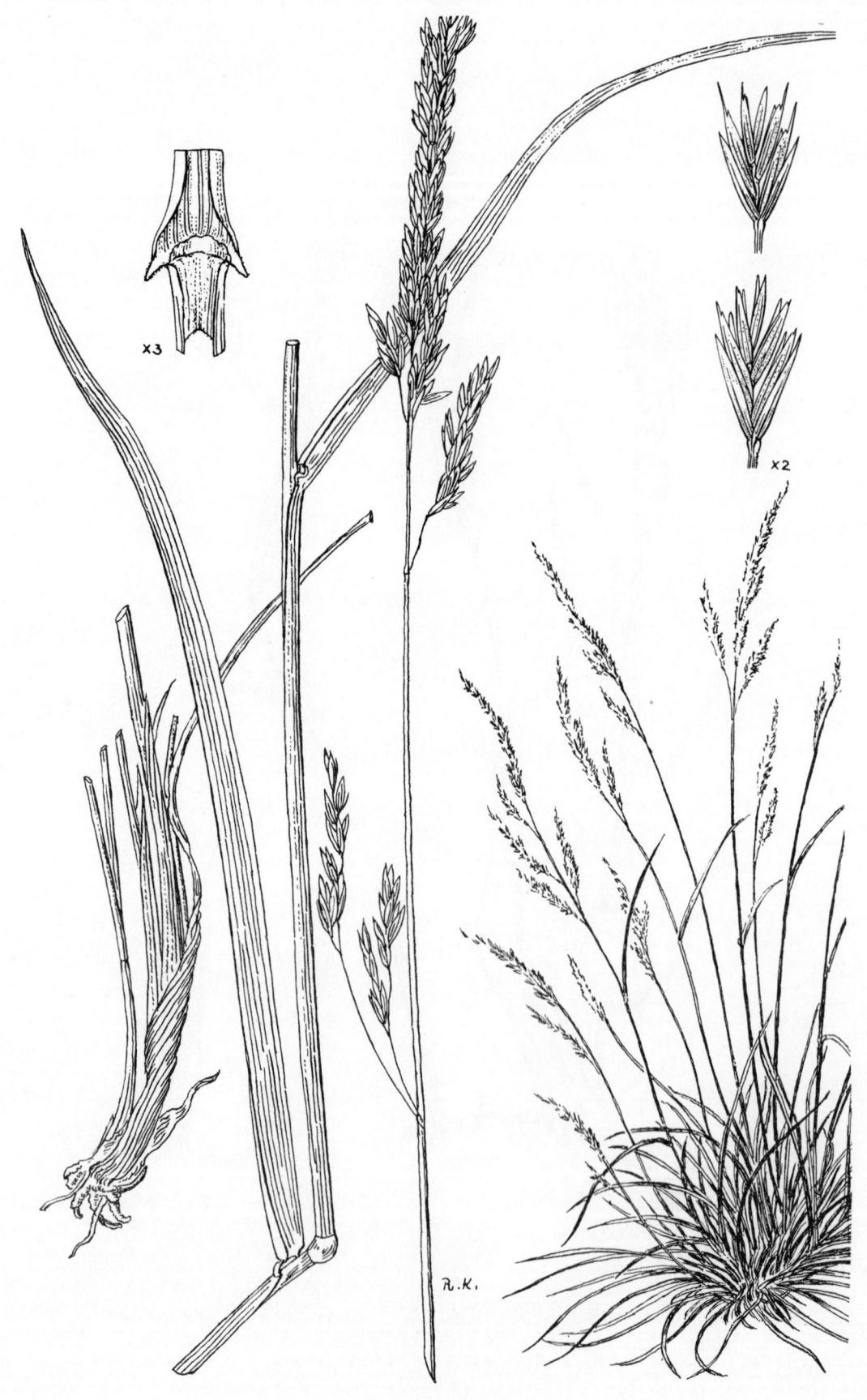

292. Festuca arundinacea Schreb. בֶּן־אֲפָר מָצוּי

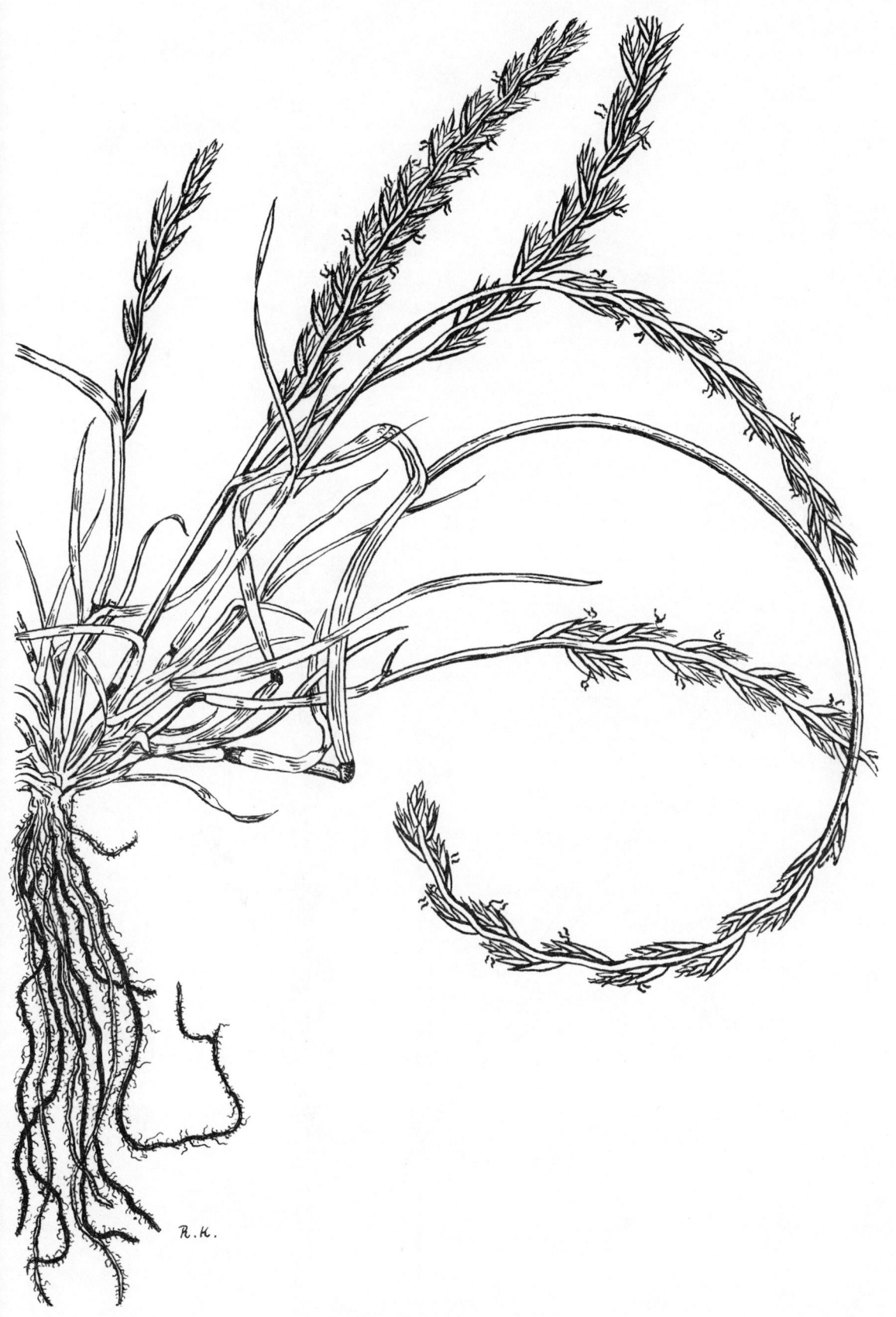

293. Lolium perenne L. זון רַב־שְׁנָתִי

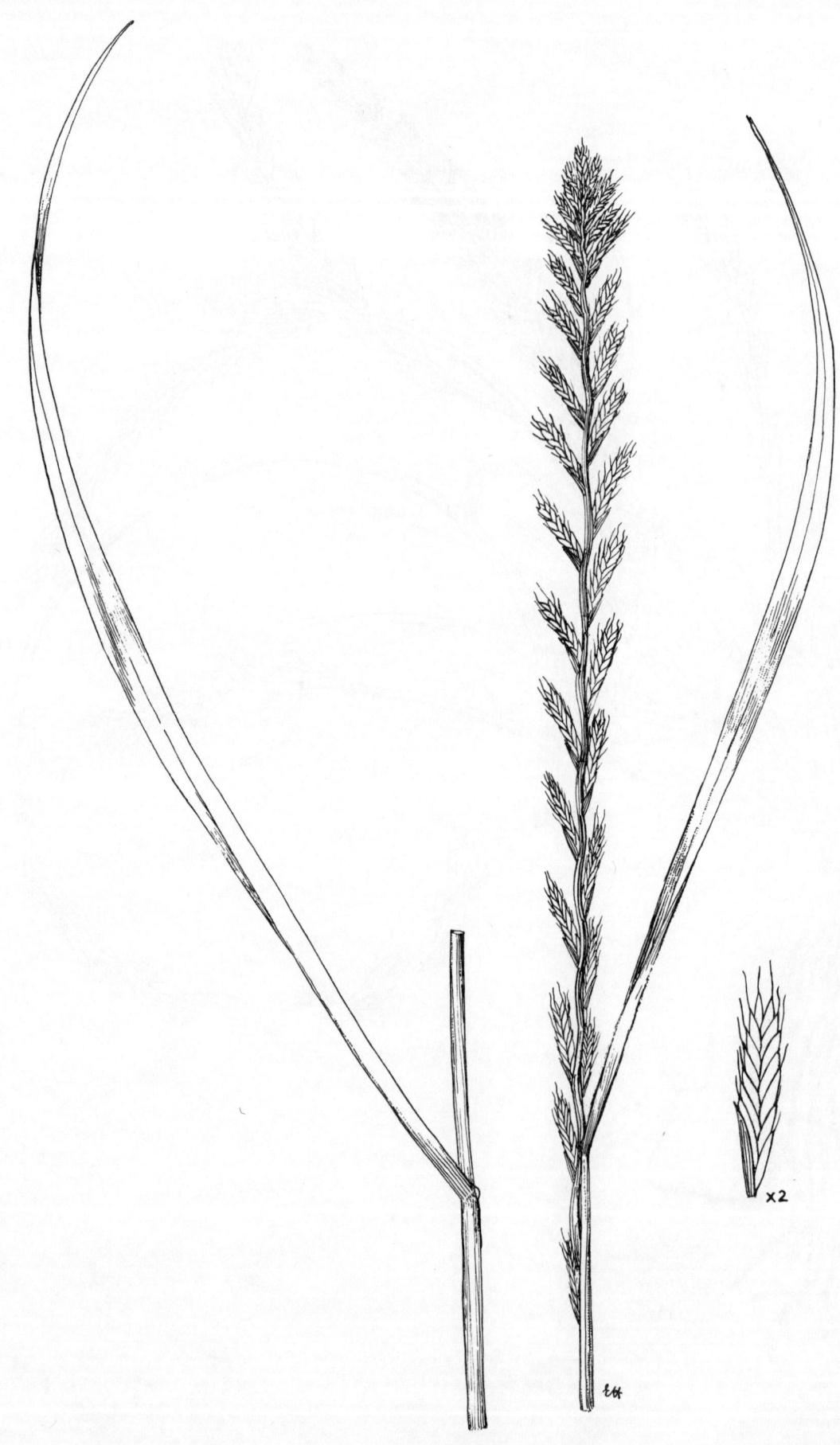

294. Lolium multiflorum Lam. זון רַב־פְּרָחִים

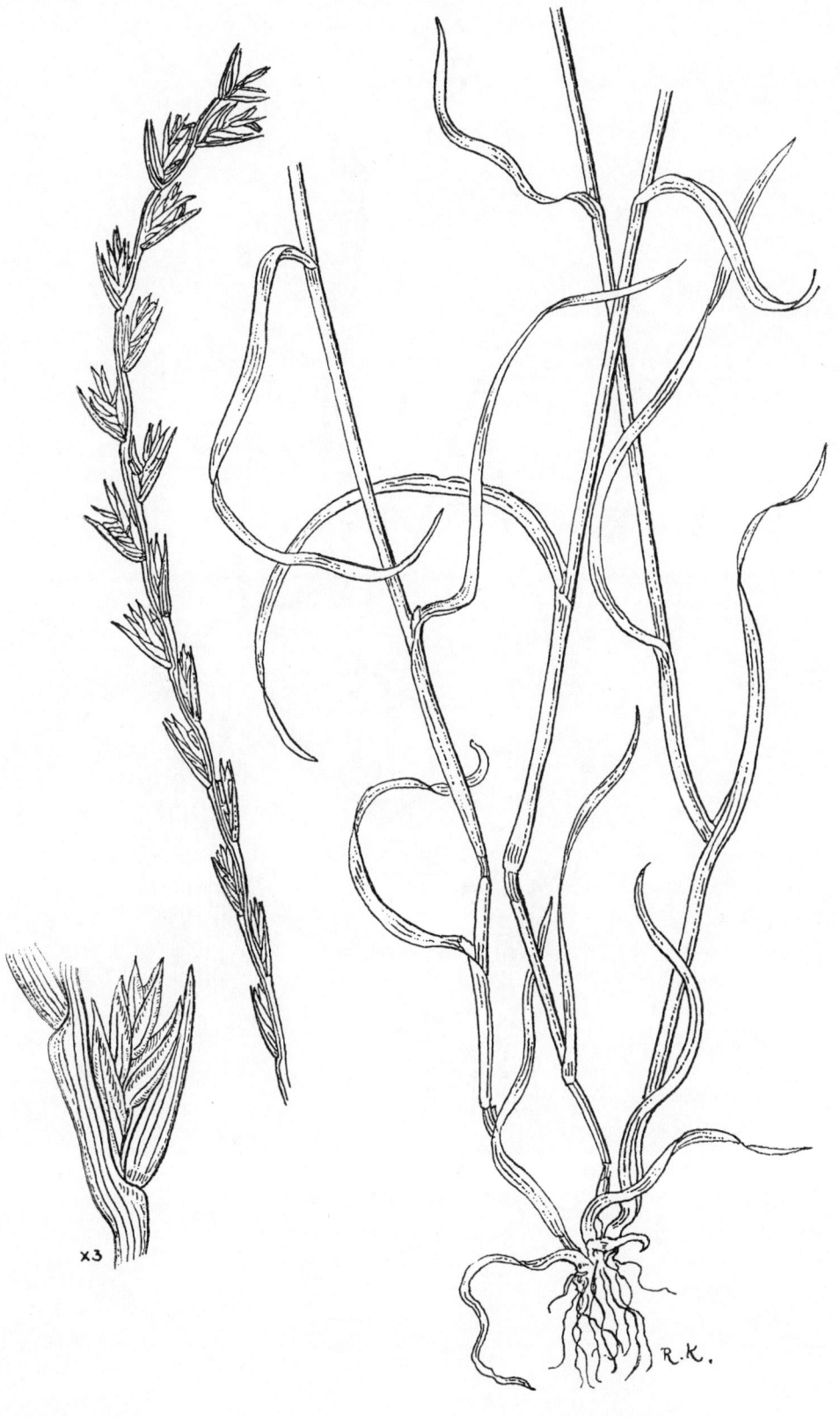

295. Lolium rigidum Gaudin subsp. rigidum זון אָשׁוּן תַּת־מִין אָשׁוּן

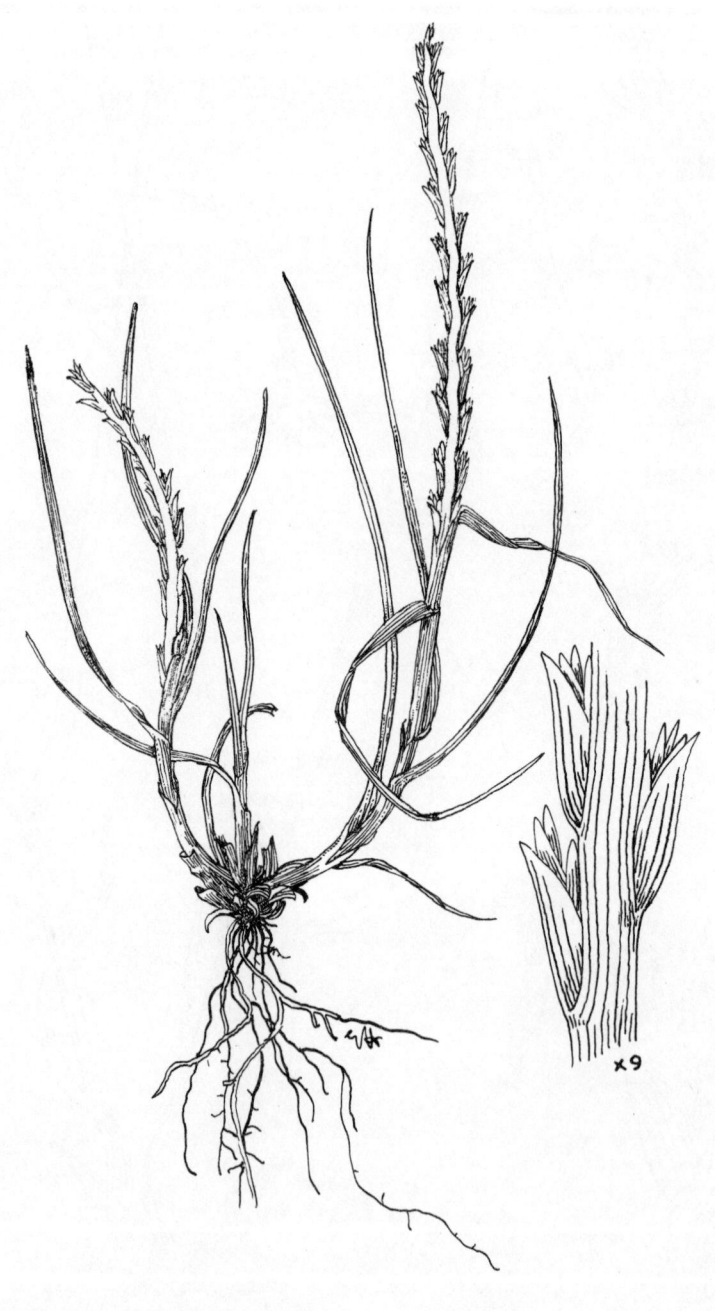

296. Lolium rigidum Gaudin subsp. lepturoides (Boiss.)   זוּן אָשׁוּן תַּת־מִין פְּחוּס־צִיר

Sennen & Mauricio

297. Lolium rigidum Gaudin subsp. negevense Feinbr. זון אָשׁוּן תַּת־מִין הַנֶּגֶב

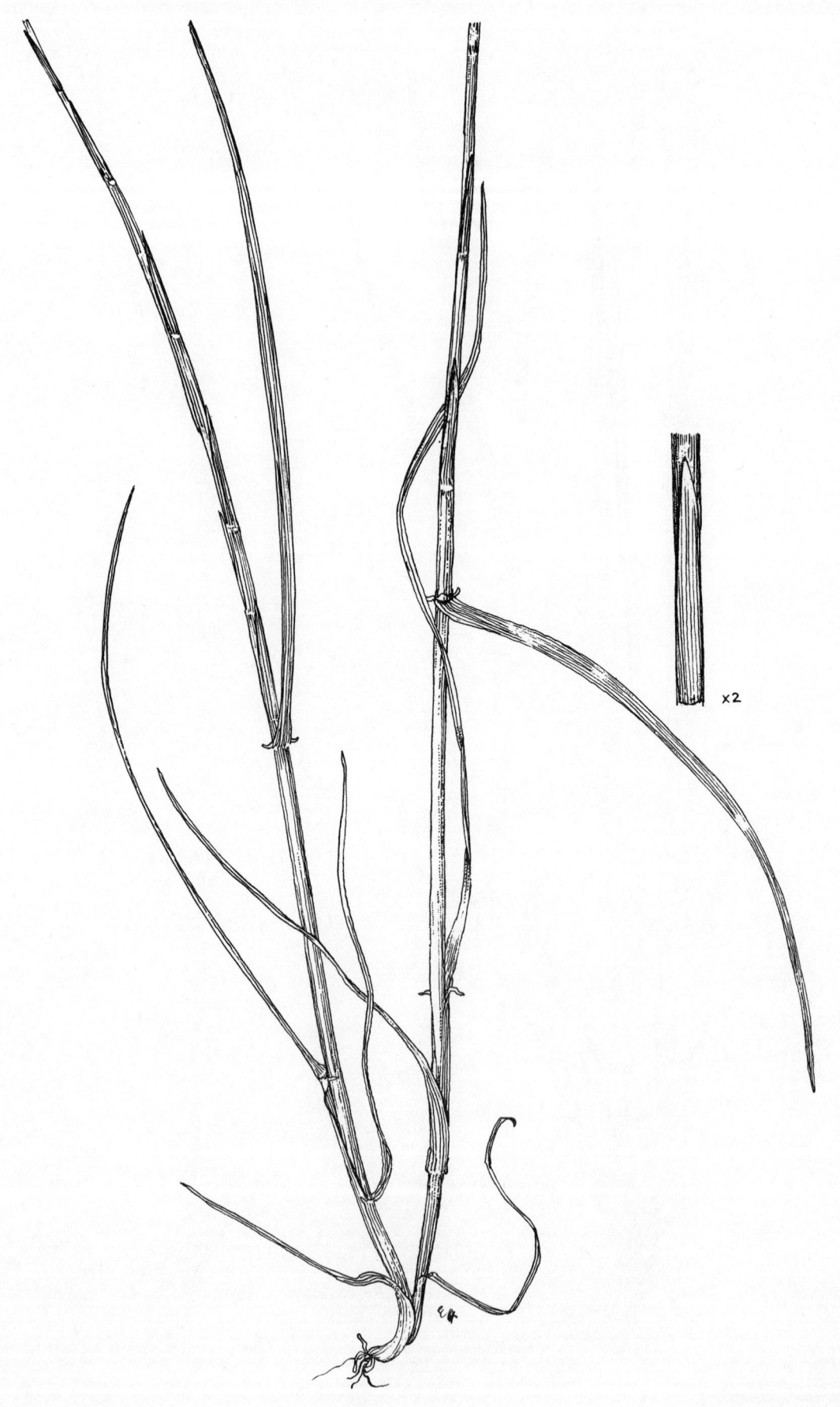

298. Lolium subulatum Vis. emend. Terrell זוּן מַרְצְעָנִי

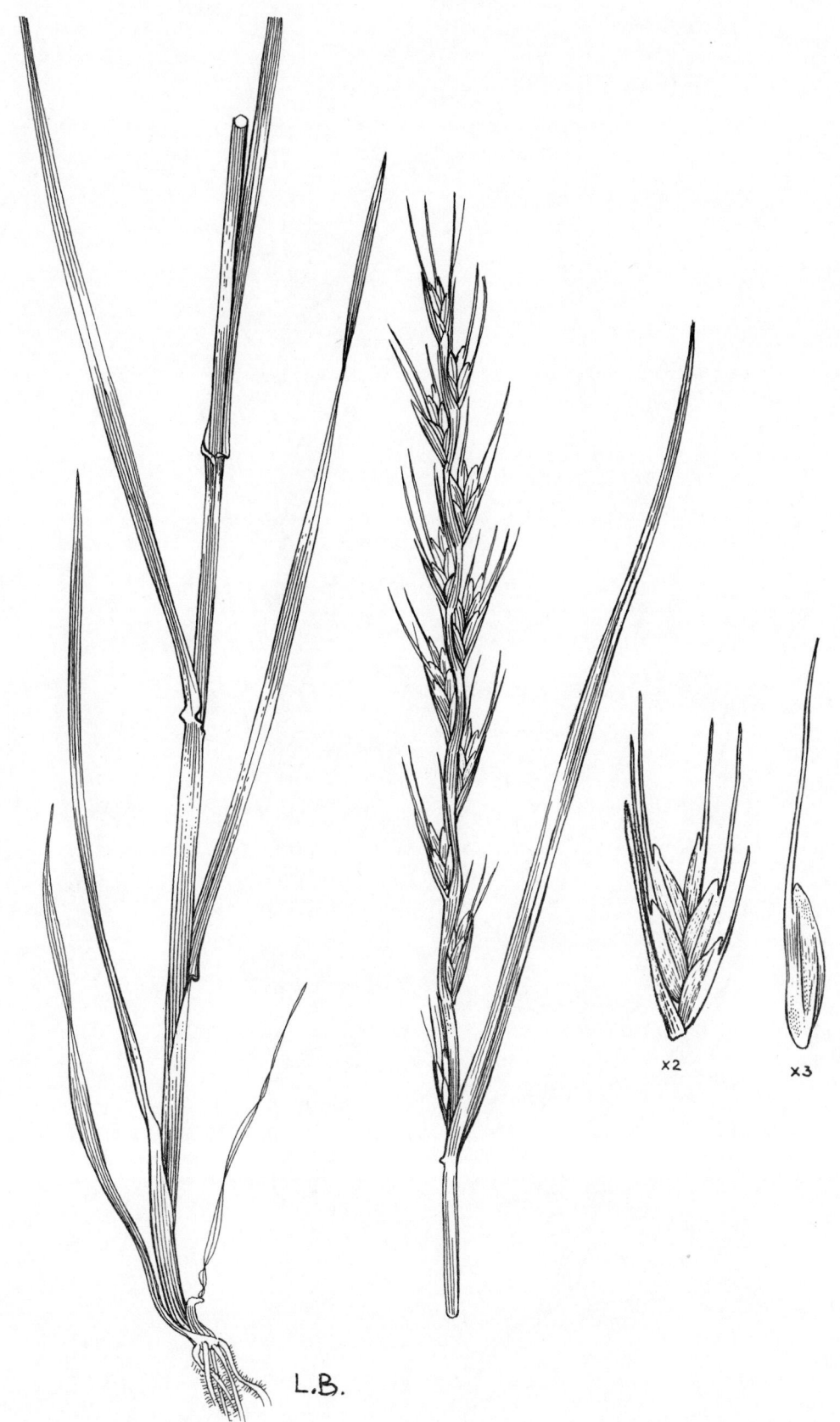

L.B.

299. Lolium temulentum L. זון מְשַׁכֵּר

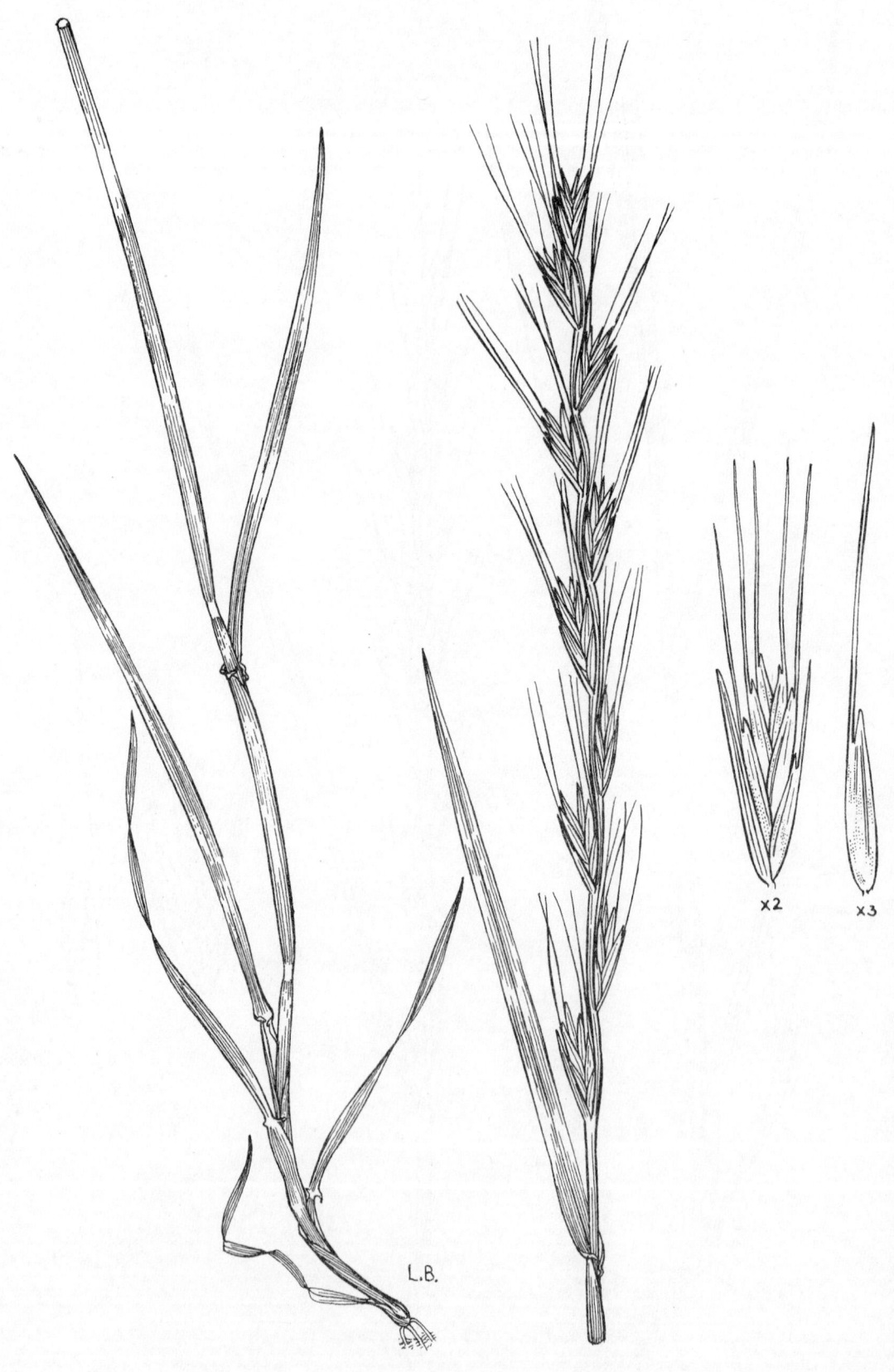

300. Lolium persicum Boiss. et Hohen. זון פַּרְסִי

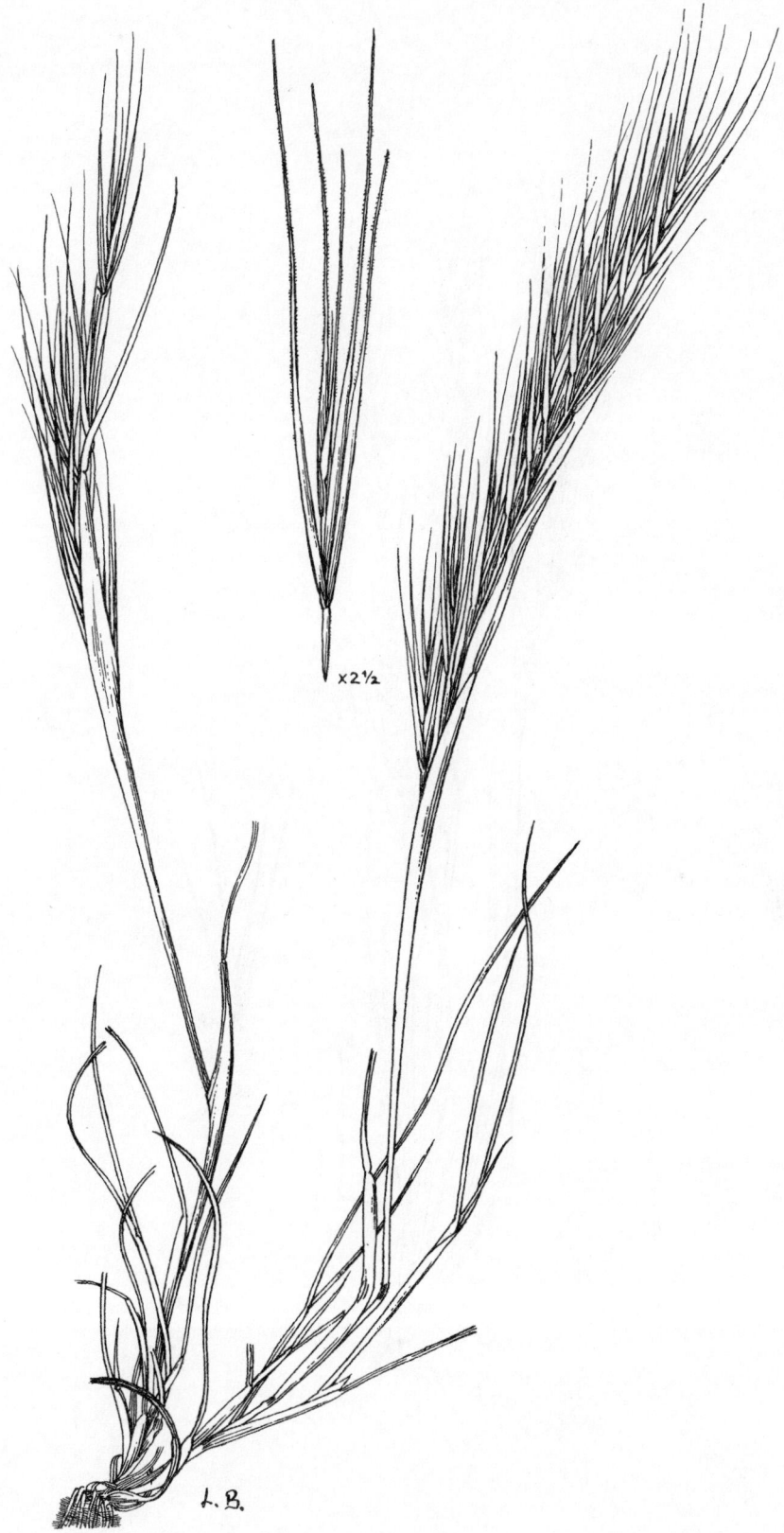

×2½

L. B.

301. Vulpia fasciculata (Forssk.) Samp. שַׁעֲלָב מְקֻפָּח

302. Vulpia myuros (L.) C.C. Gmel.　שַׁעֲלָב מָצוּי

x2

L.B.

303. Vulpia muralis (Kunth) Nees שַׁעֲלָב אָרֹךְ

304. *Vulpia ciliata* Dumort.　שַׁעֲלָב רִיסָנִי

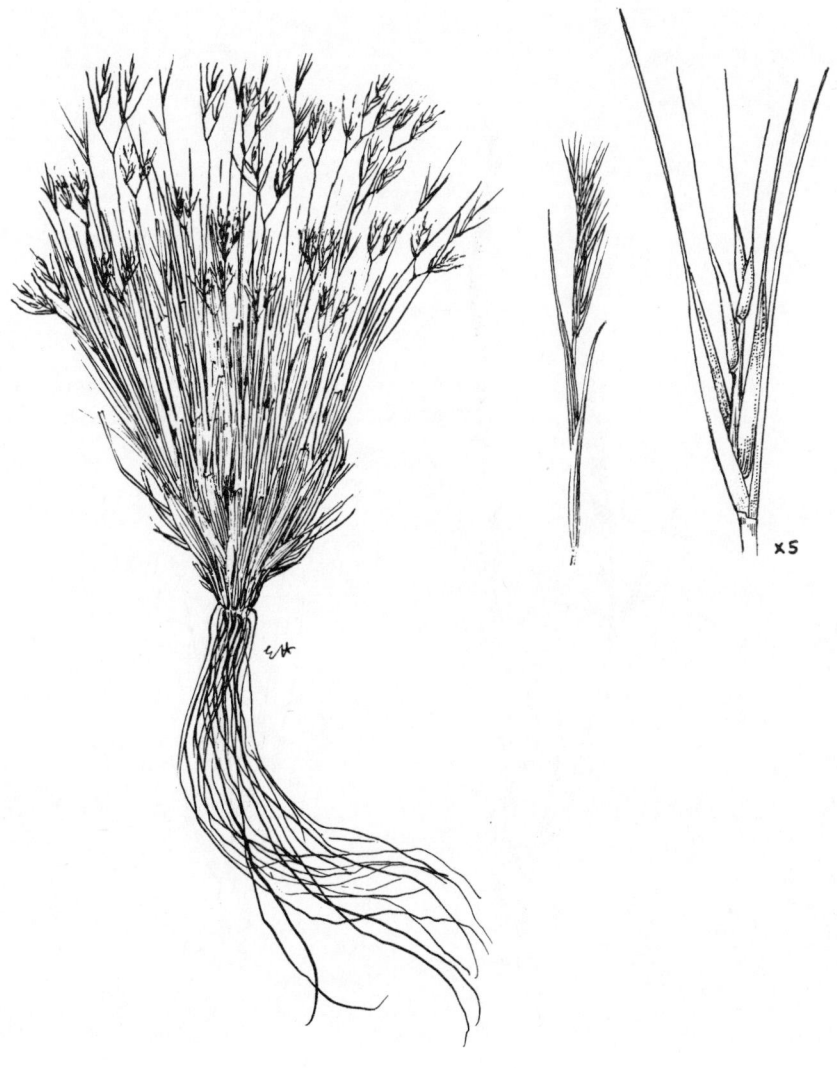

305. Vulpia brevis Boiss. & Ky.   שַׁעֲלָב קָצָר

306. *Vulpia unilateralis* (L.) Stace שֻׁעֲלָב עָדִין

307. Loliolum subulatum (Banks & Sol.) Eig   נַרְדּוּרִית מִזְרָחִית

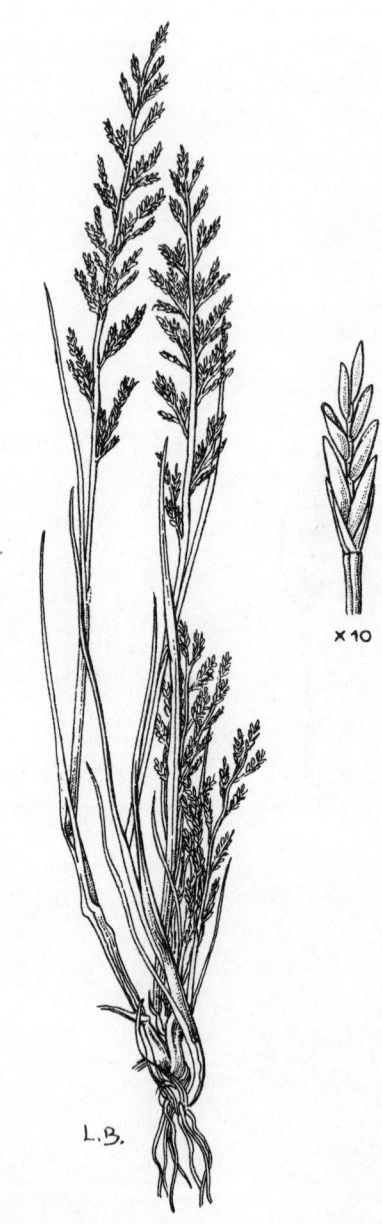

308. Catapodium rigidum (L.) C.E. Hubbard סִיסָן אָשׁוּן

309. Catapodium marinum (L.) C.E. Hubbard סיסן זוני

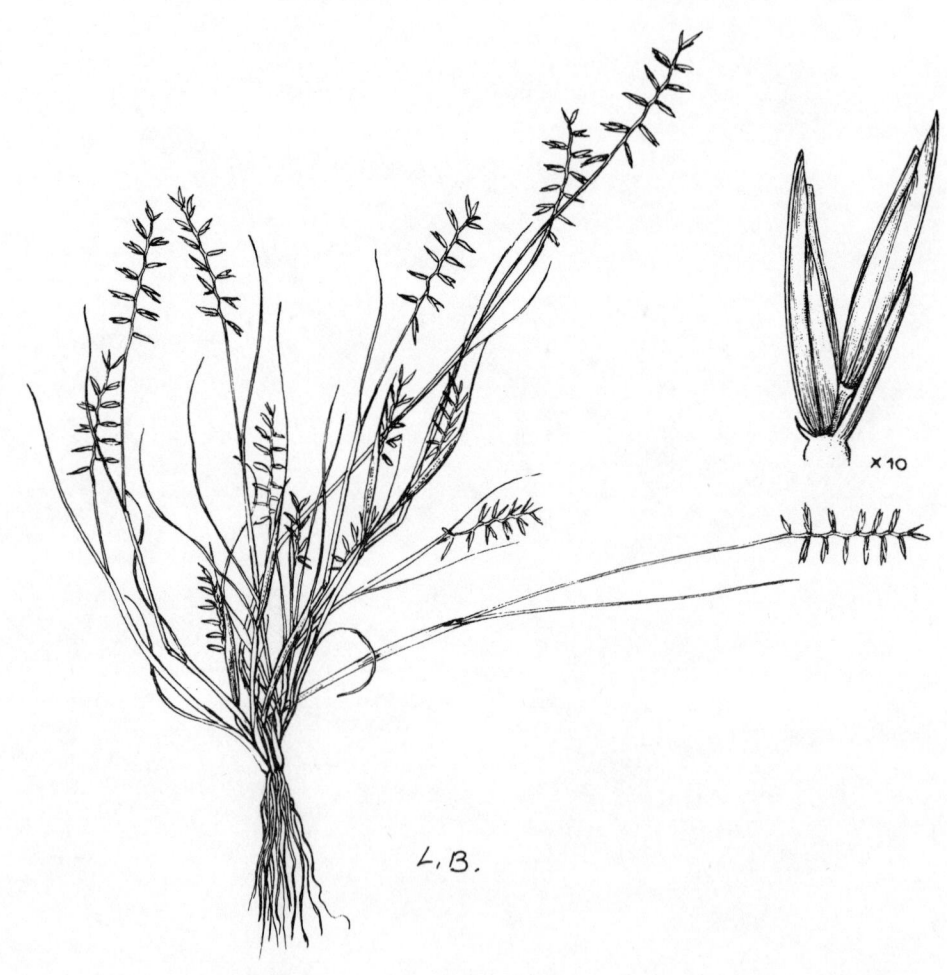

310. Ctenopsis pectinella (Del.) De Not. שַׁעֲלָבִית מַסְרֵקָנִית

311. Cutandia maritima (L.) W. Barbey קוּטַנְדְּיָה חוֹפִית

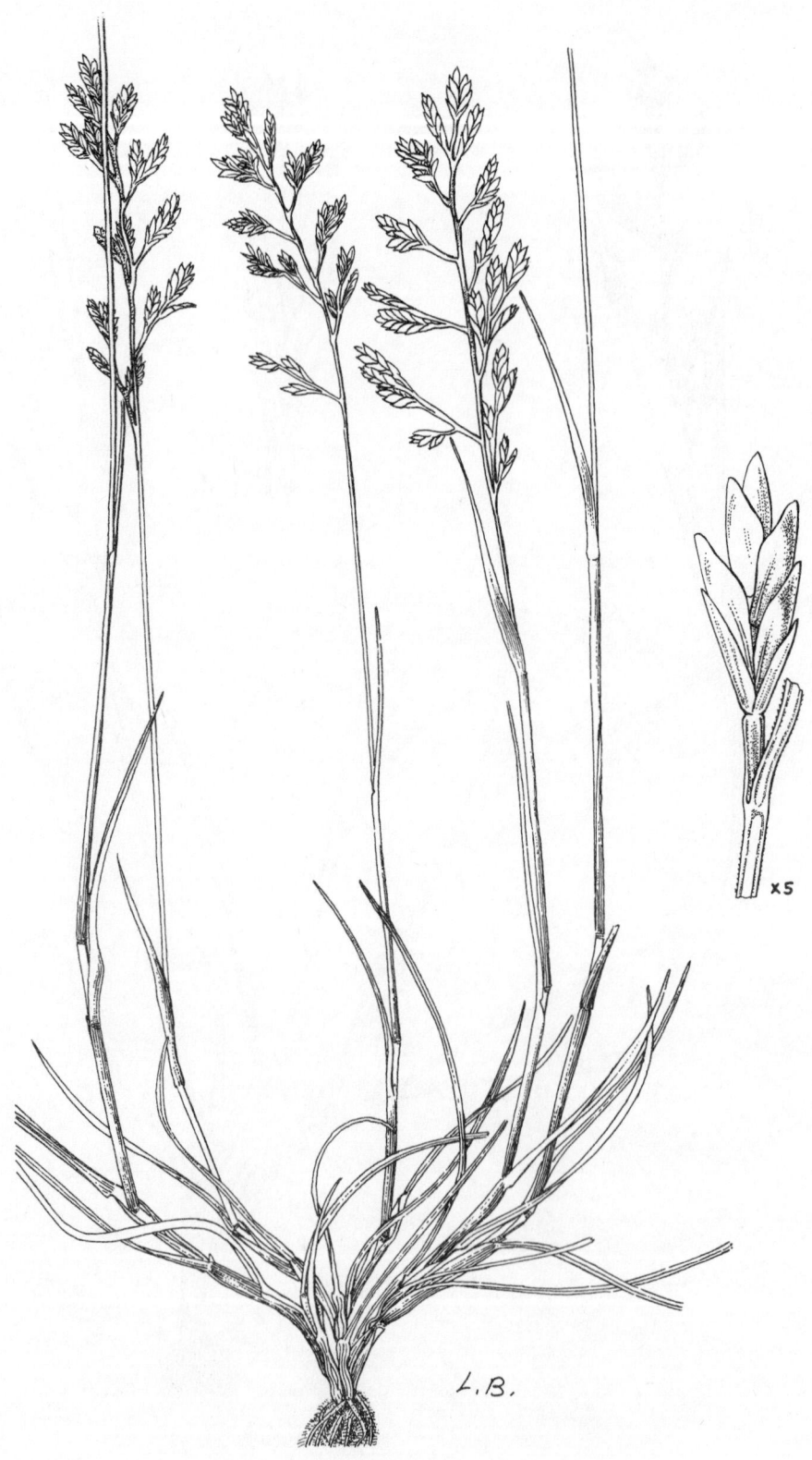

312. Cutandia philistaea (Boiss.) Jackson קוֹטַנְדִיָּה פְּלִשְׁתִּית

313. Cutandia memphitica (Spreng.) K. Richter קוּטַנְדְיָה מִצְרִית

314. Cutandia dichotoma (Forssk.) Trabut קוּטַנְדִּיָּה מְדֻקְרֶנֶת

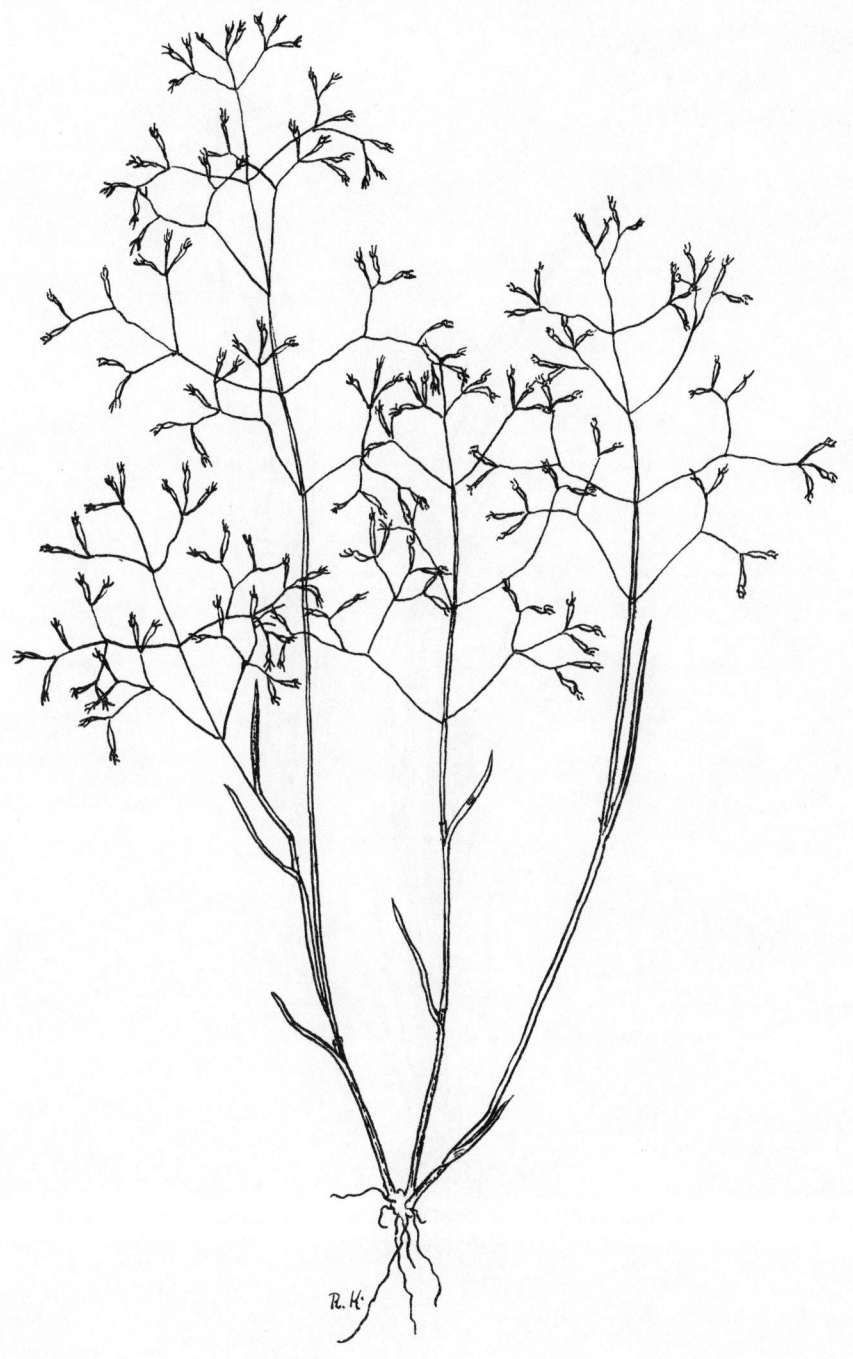

315. *Sphenopus divaricatus* (Gouan) Reichenb. יַתְדָן מְפֻשָּׂק

316. *Psilurus incurvus* (Gouan) Schinz & Thell. נִימִית מְמֻלְעֶנֶת

317. Poa bulbosa L. var. bulbosa & var. hackelii (Post) Feinbr.

סִיסָנִית הַבּוּלְבּוּסִין זַן הַבּוּלְבּוּסִין וְזַן הַקֶּלִי

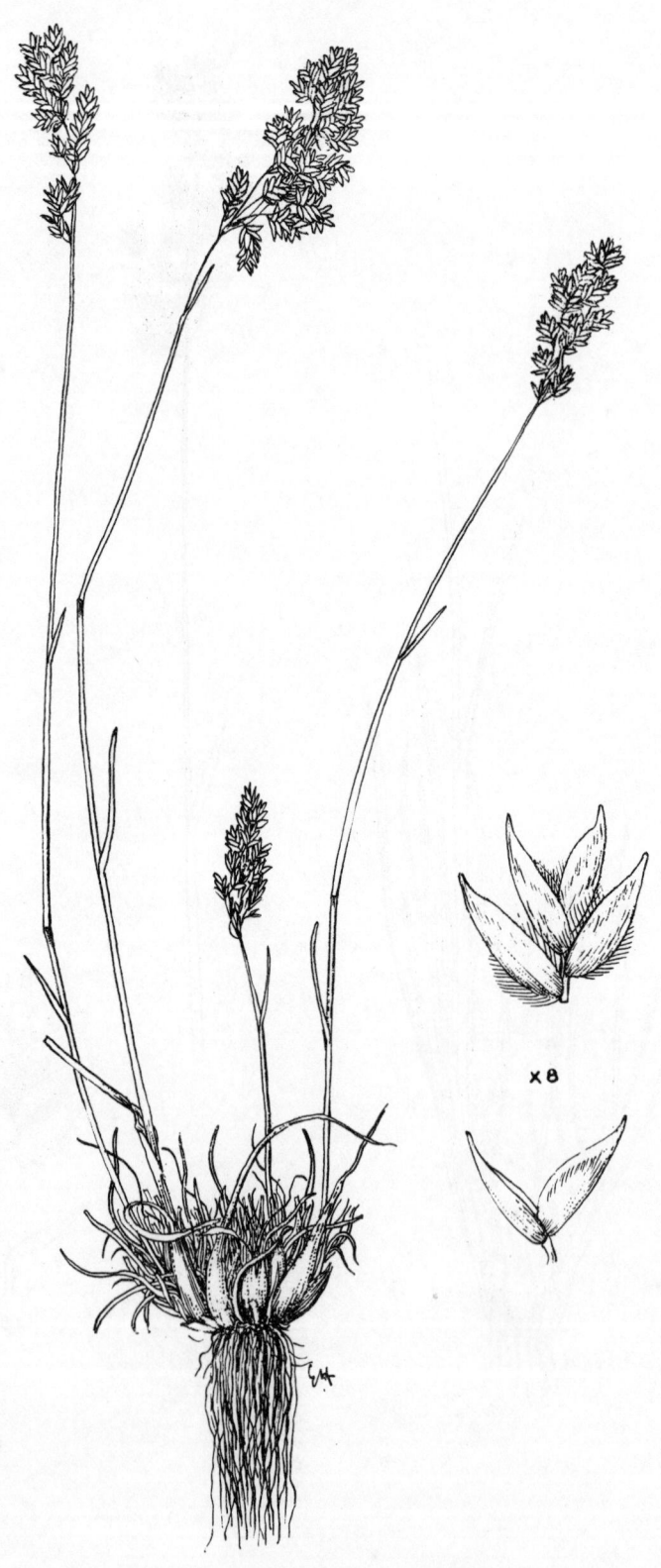

318. Poa eigii Feinbr. סִיסָנִית אֵיג

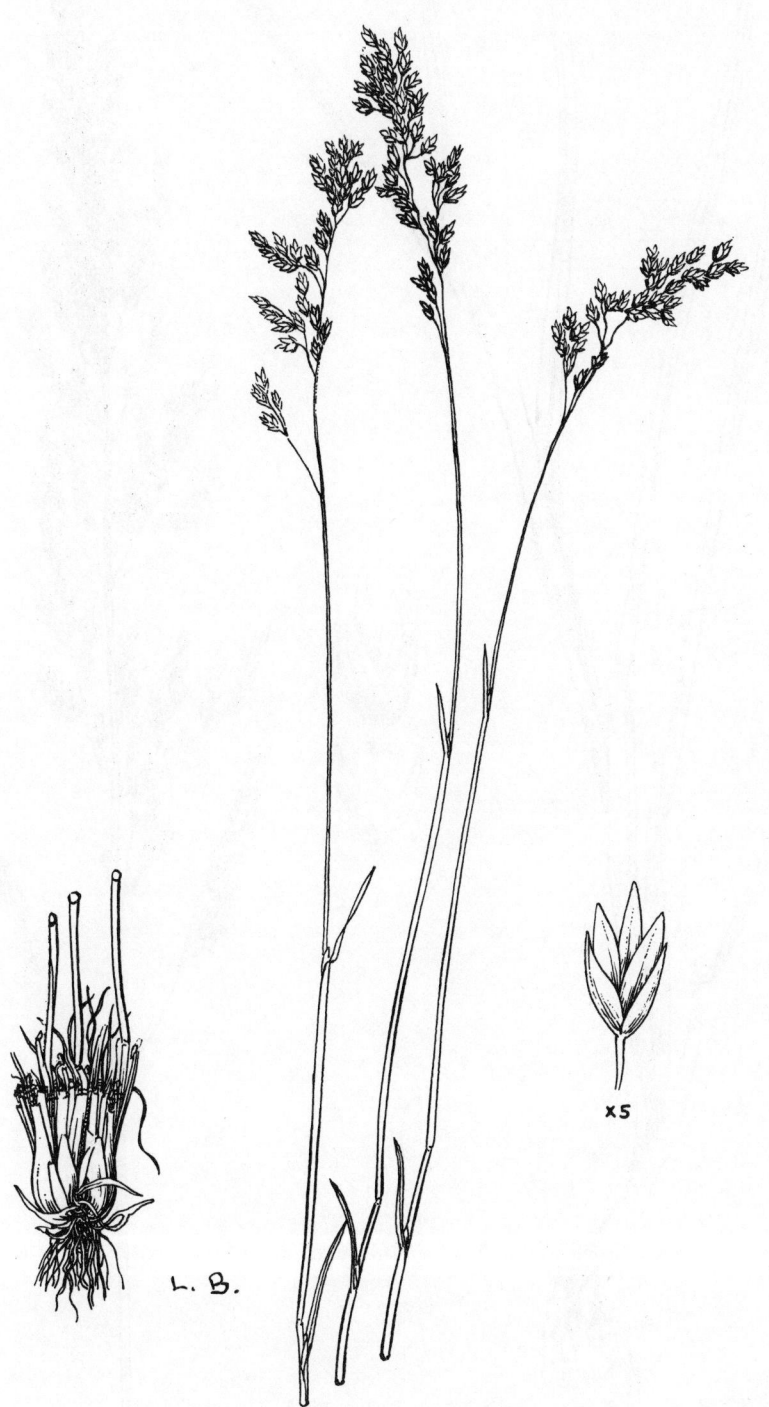

319. Poa sinaica Steud. סִיסָנִית סִינַי

320. Poa trivialis L. סִיסָנִית הַבִּצּוֹת

321. Poa nemoralis L. סִיסָנִית יְעָרוֹת

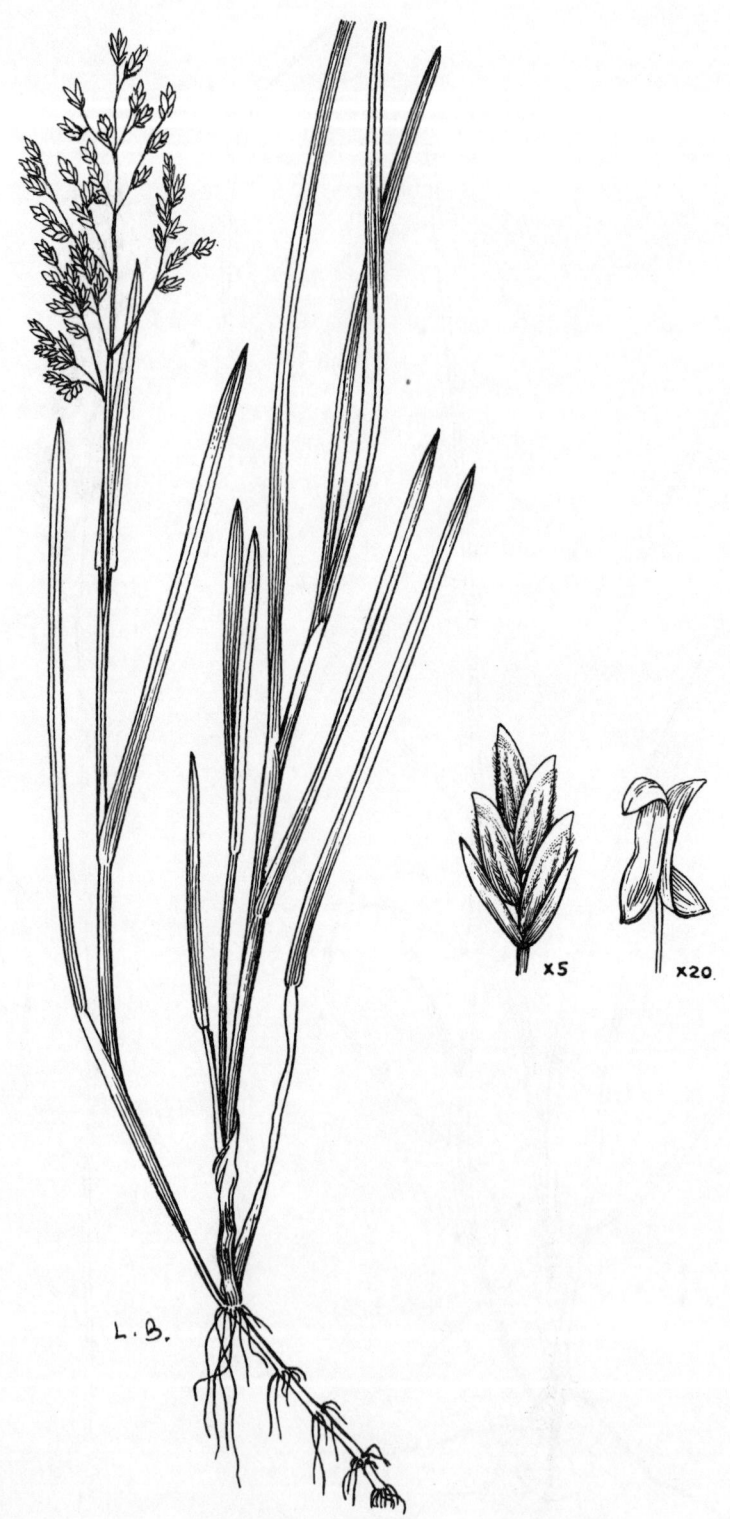

322. Poa annua L.   סִיסָנִית חַד־שְׁנָתִית

323. Poa infirma Kunth סִיסָנִית הַגַּנּוֹת

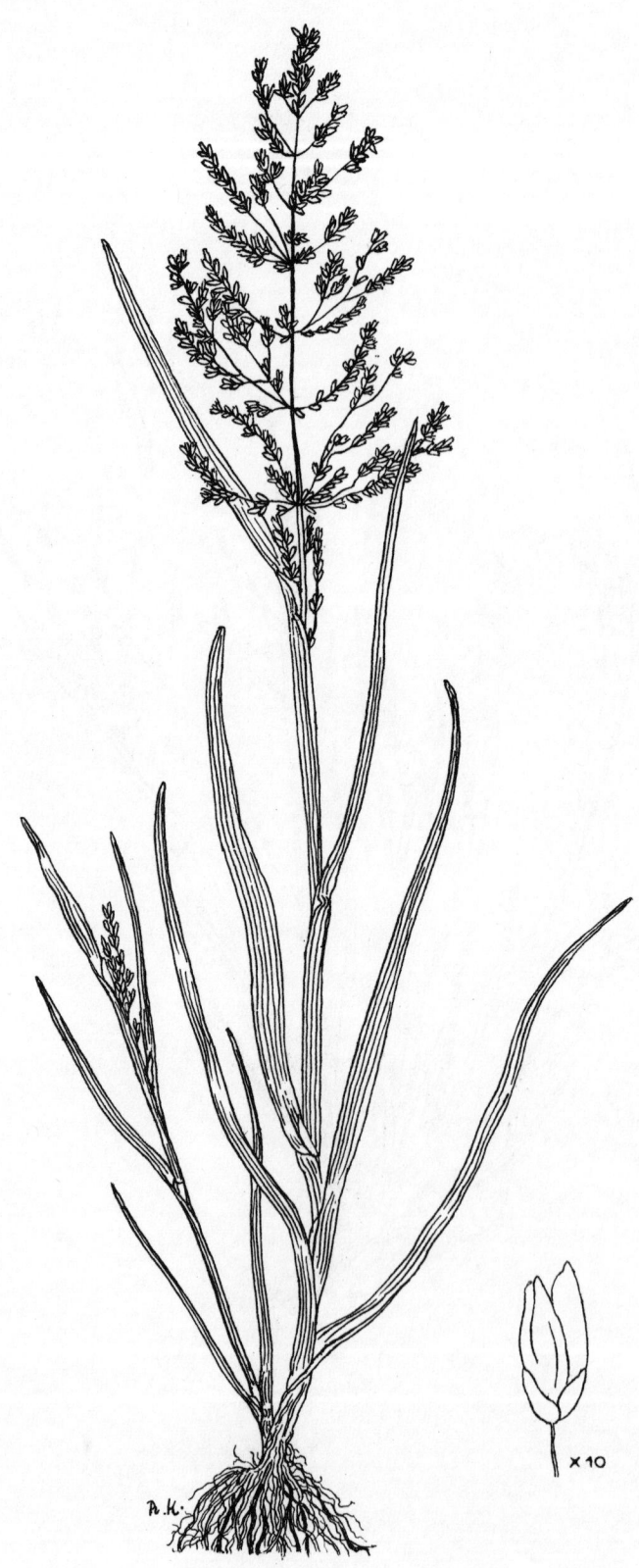

324. Catabrosa aquatica (L.) Beauv. סְפֵה הַמַּיִם

325. Puccinellia distans (L.) Parl. בַּר־בִּצַּת מְרֻחָק

326.   Sclerochloa dura (L.) Beauv.   יַקְשָׁן שָׂרוּעַ

327. Dactylis glomerata L.　צִבֹּרֶת הֶהָרִים

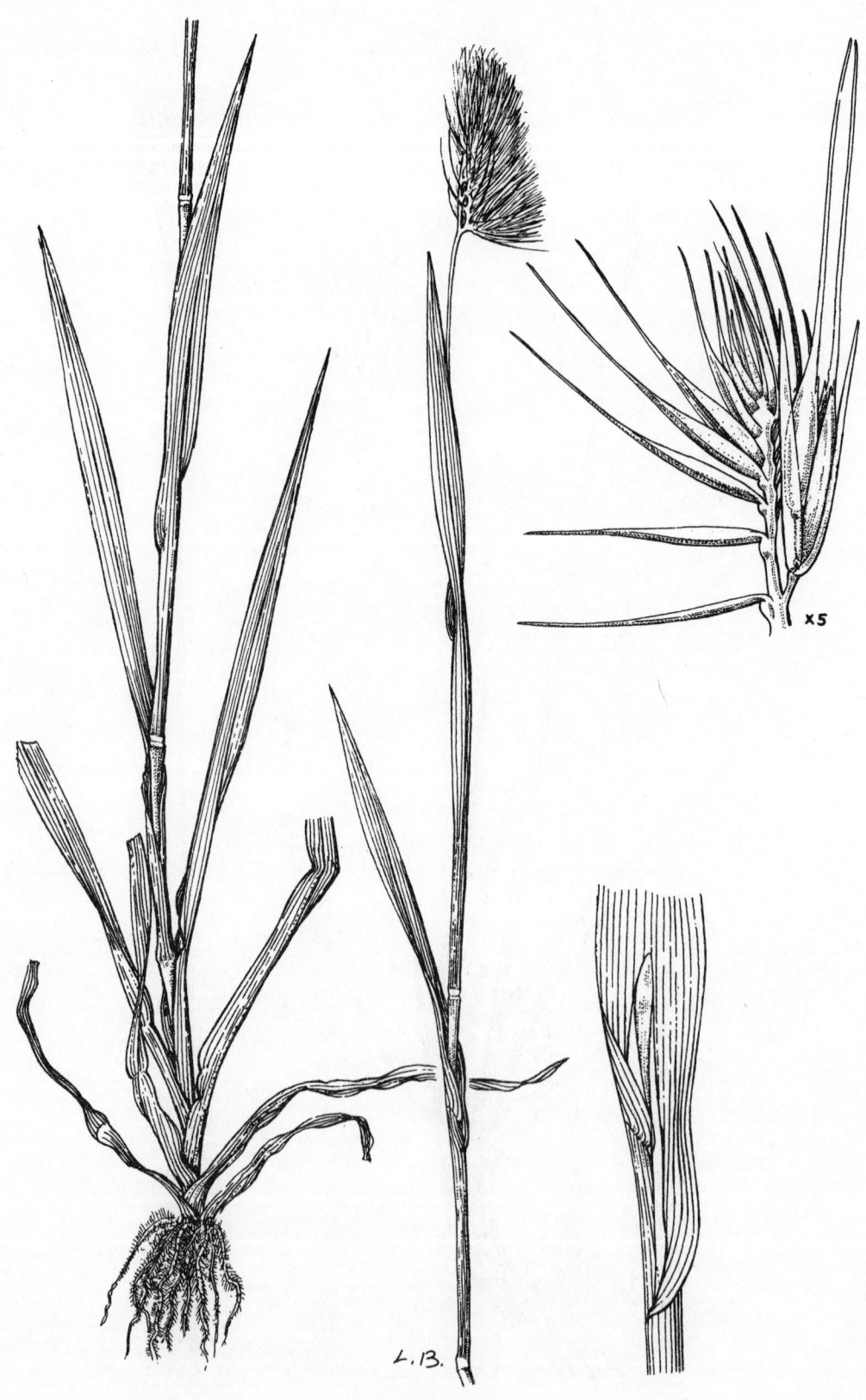

328. Cynosurus echinatus L. זְנַב־הַכֶּלֶב הַדּוֹקְרָנִי

329. Cynosurus callitrichus W. Barbey זְנַב־הַכֶּלֶב הַמָּצוּי

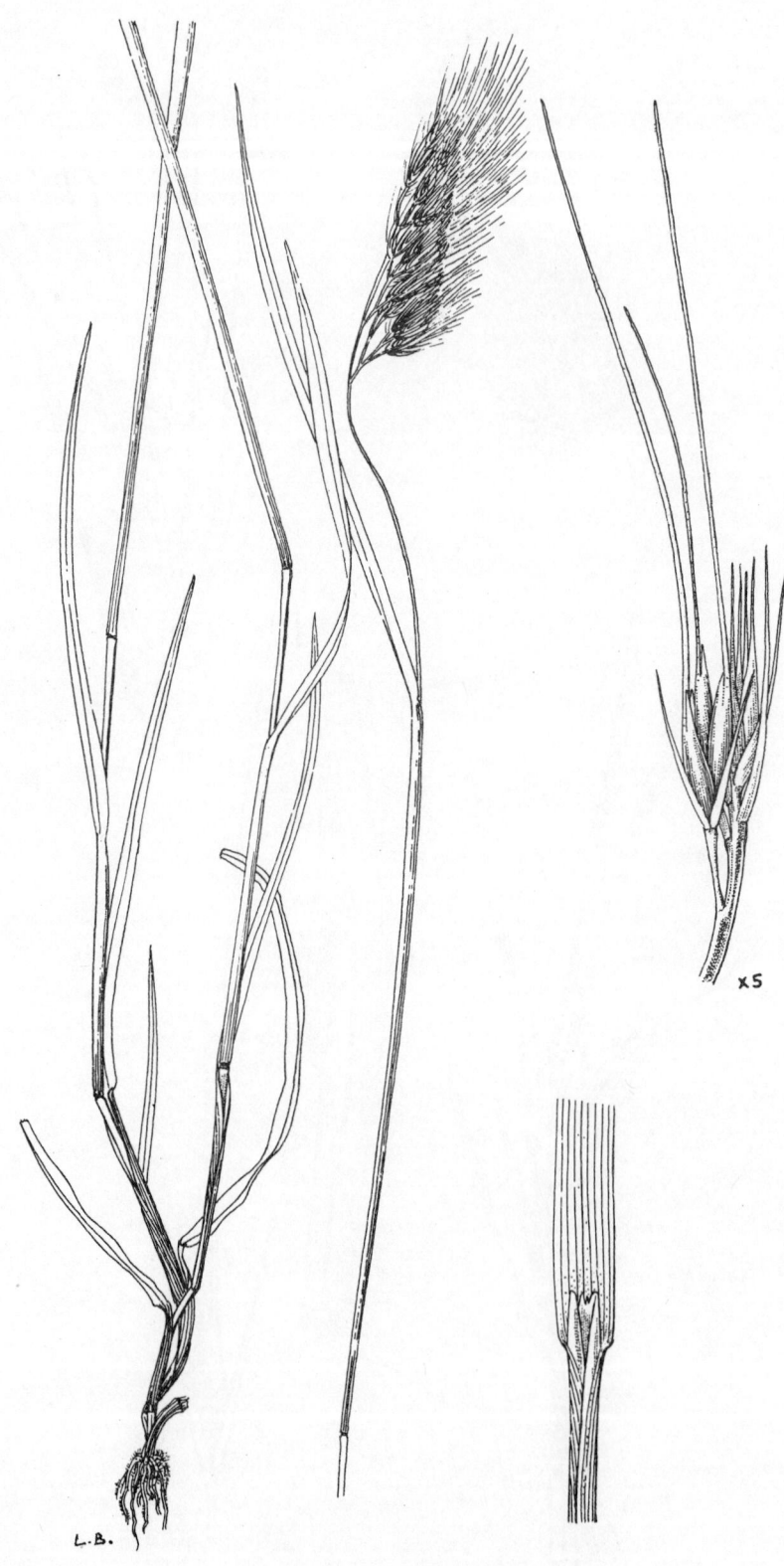

x5

330. Cynosurus elegans Desf. זְנַב־הַכֶּלֶב הֶעָדִין

x5

L. B.

331. Lamarckia aurea (L.) Moench מִשְׂעֶרֶת זְהֻבָּה

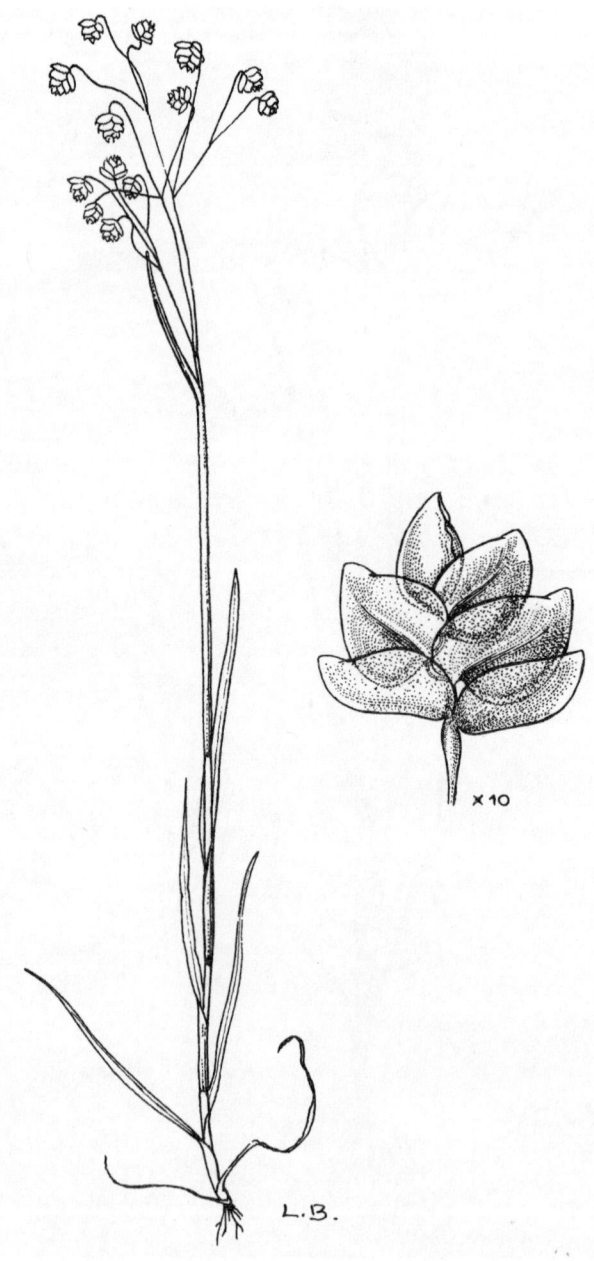

L.B.

332. Briza minor L. זַעֲזוּעִית קְטַנָּה

333. Briza humilis Bieb. זַעֲזוּעִית מְשֻׁבֶּלֶת

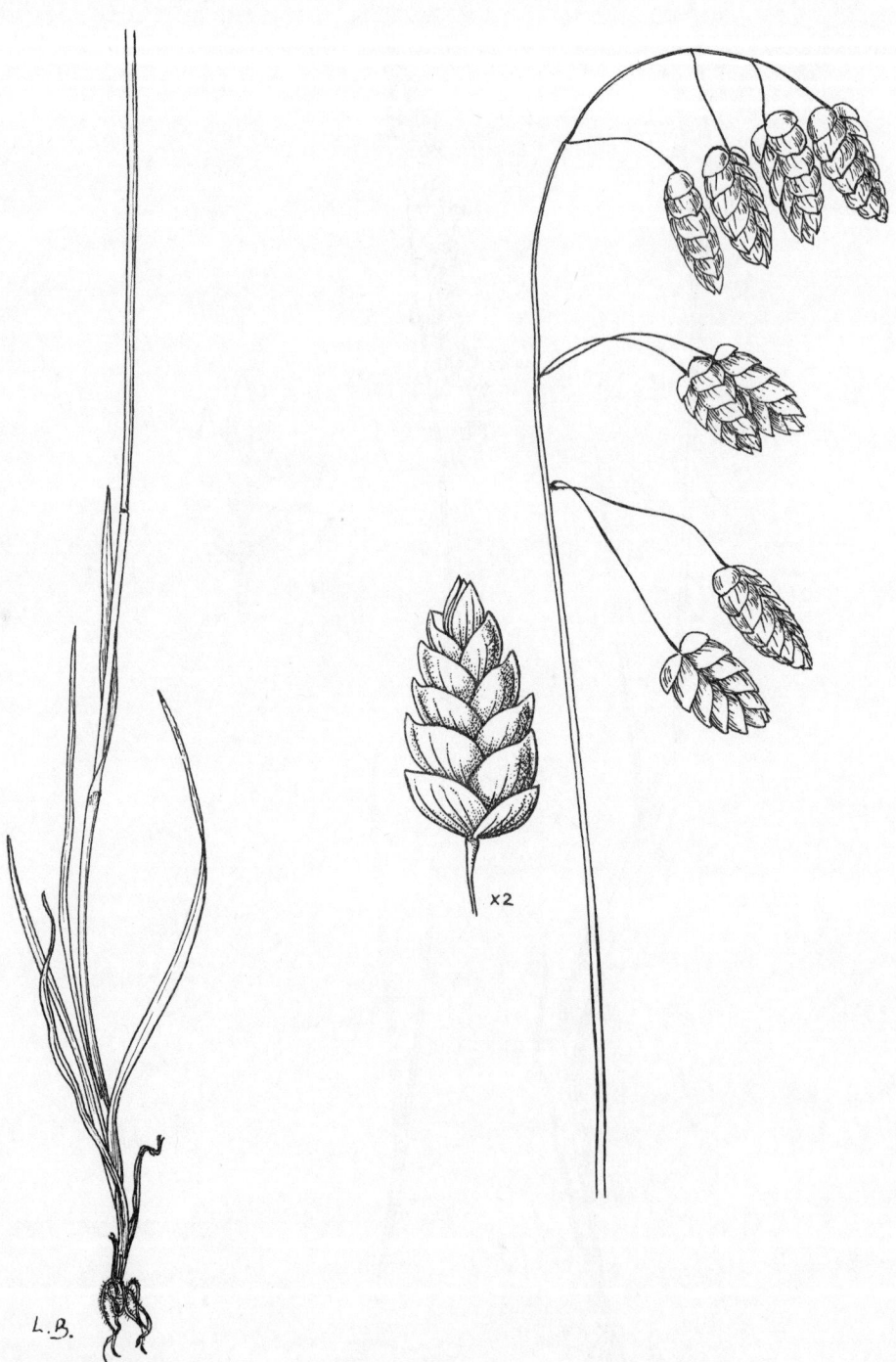

334. Briza maxima L. זַעֲזוּעִית גְּדוֹלָה

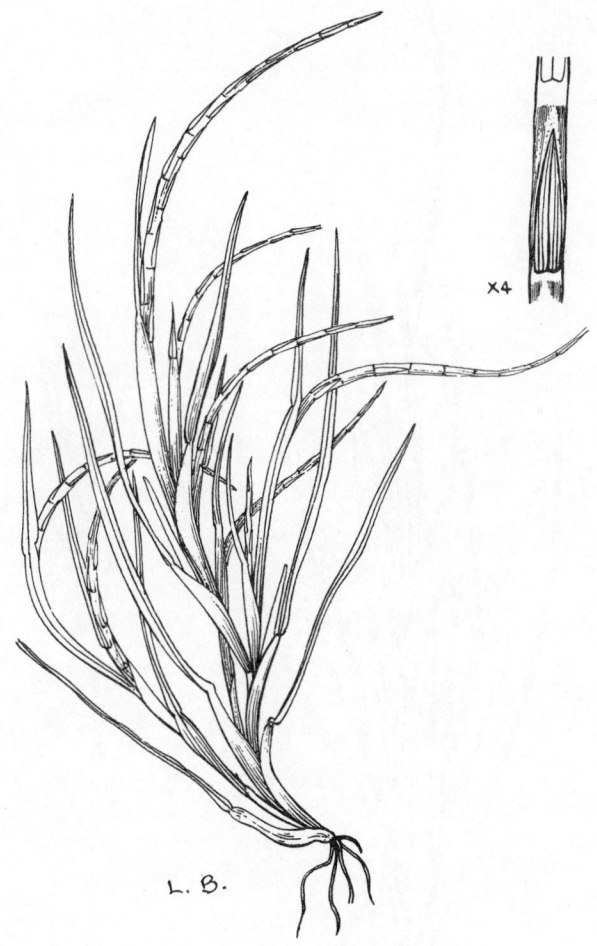

335. Parapholis incurva (L.) C.E. Hubbard דִּקְזָנָב קַשְׁתָּנִי

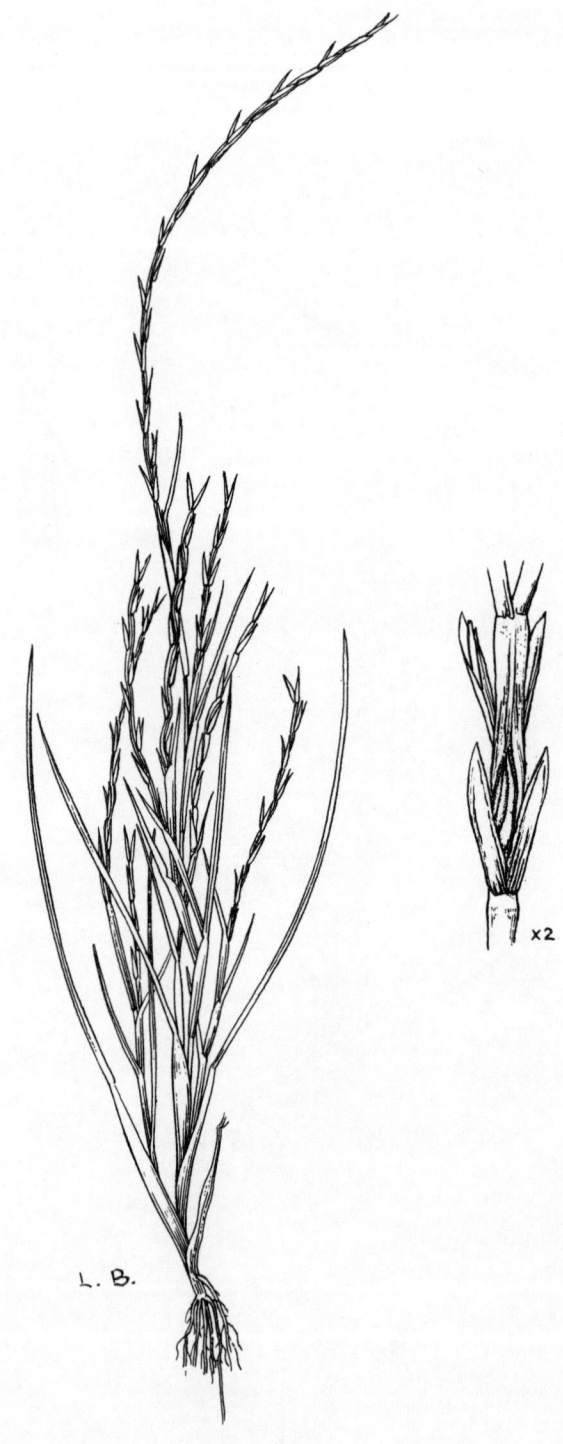

L. B.

336. Parapholis filiformis (Roth) C.E. Hubbard דַּקְזָנָב נִימִי

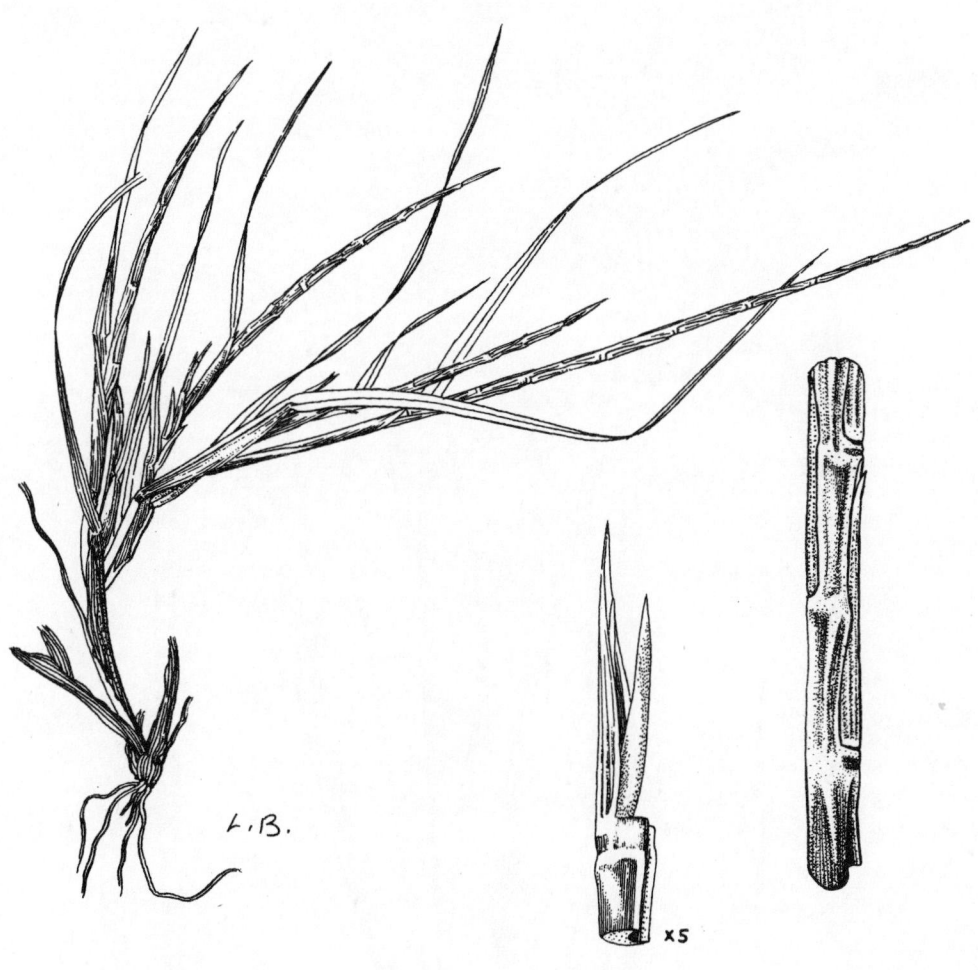

337. *Monerma cylindrica* (Willd.) Coss. & Durieu גְלִימָה גְלִילִית

338. Echinaria capitata (L.) Desf. קִפּוֹדִית הַקַּרְקֶפֶת

339. Ammochloa palaestina Boiss.   בַּת־חוֹל אֶרֶץ־יִשְׂרְאֵלִית

340. Melica minuta L.   דִּבְשִׁית קְטַנָּה

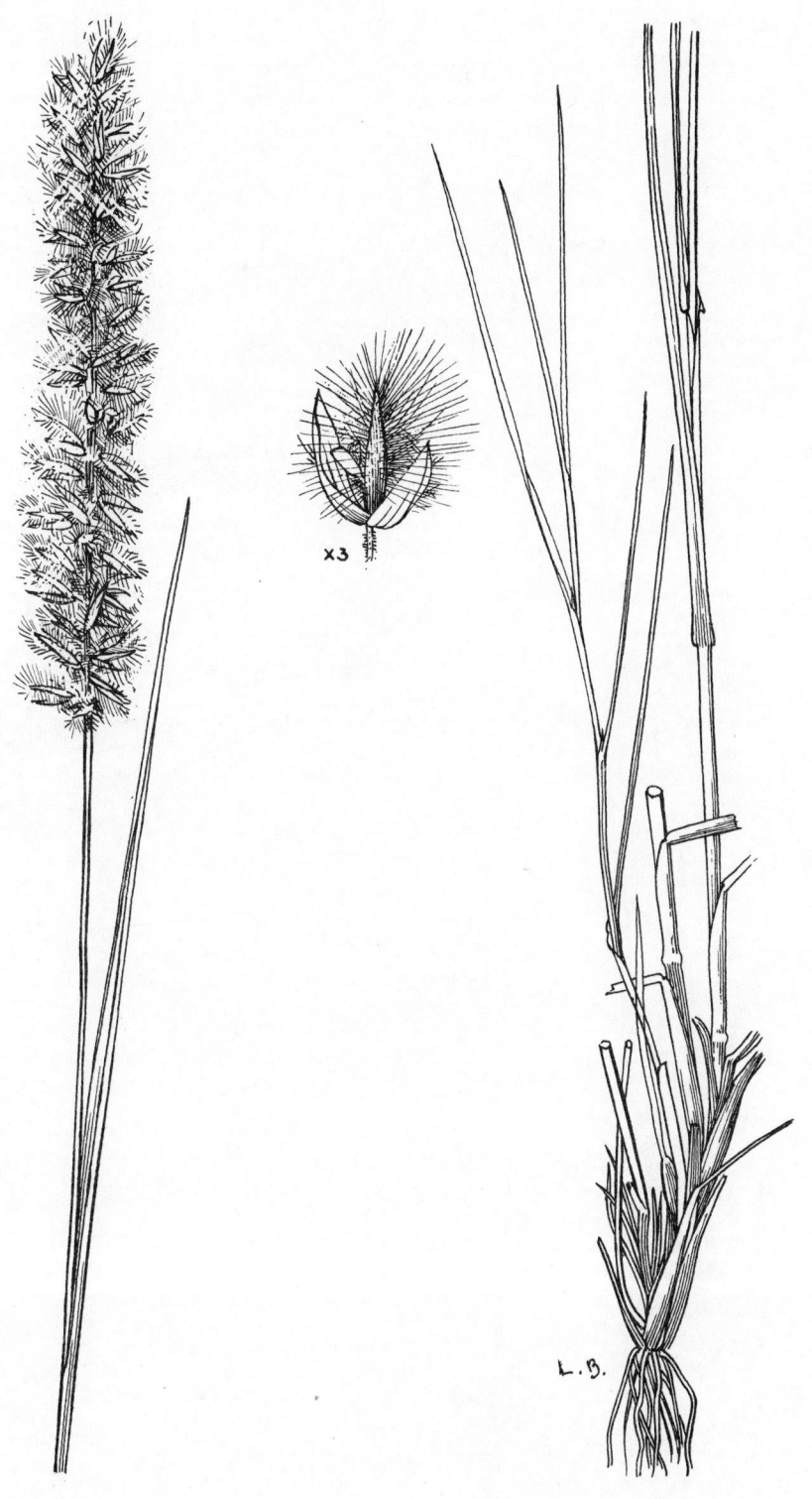

341. Melica cupani Guss. דִּבְשִׁית שְׂעִירָה

342. Stipa parviflora Desf.   מַלְעֲנִיאֵל קְטַן־פְּרָחִים

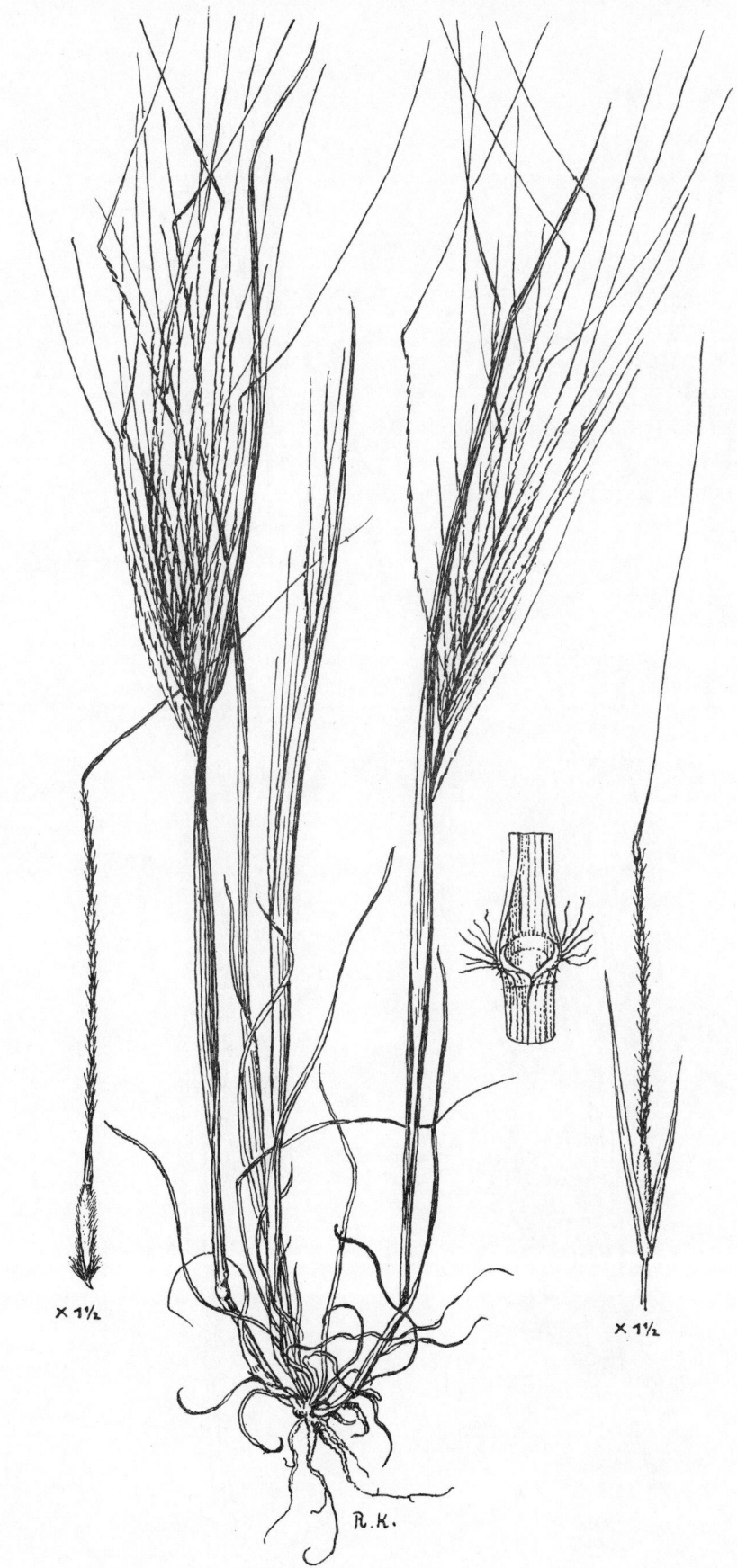

343. Stipa capensis Thunb.   מַלְעָנִיאֵל מָצוּי

344. Stipa barbata Desf. מַלְעָנִיאֵל הַנּוֹצוֹת

345. Stipa hohenackeriana Trin. & Rupr.   מַלְעָנִיאֵל הַמִּזְרָח

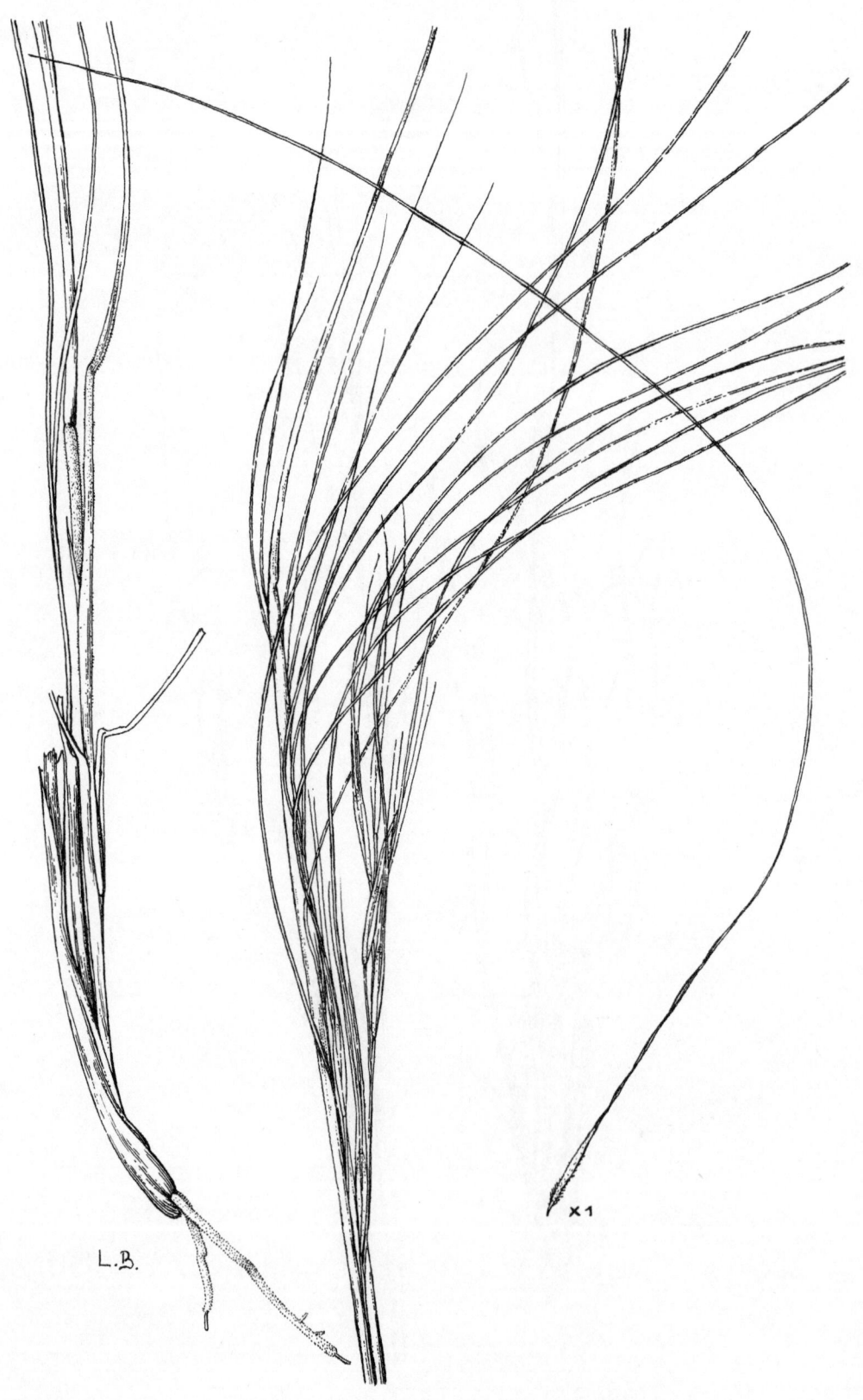

346. Stipa lagascae Roem. & Schult. מַלְעֲנִיאֵל אָרֹךְ

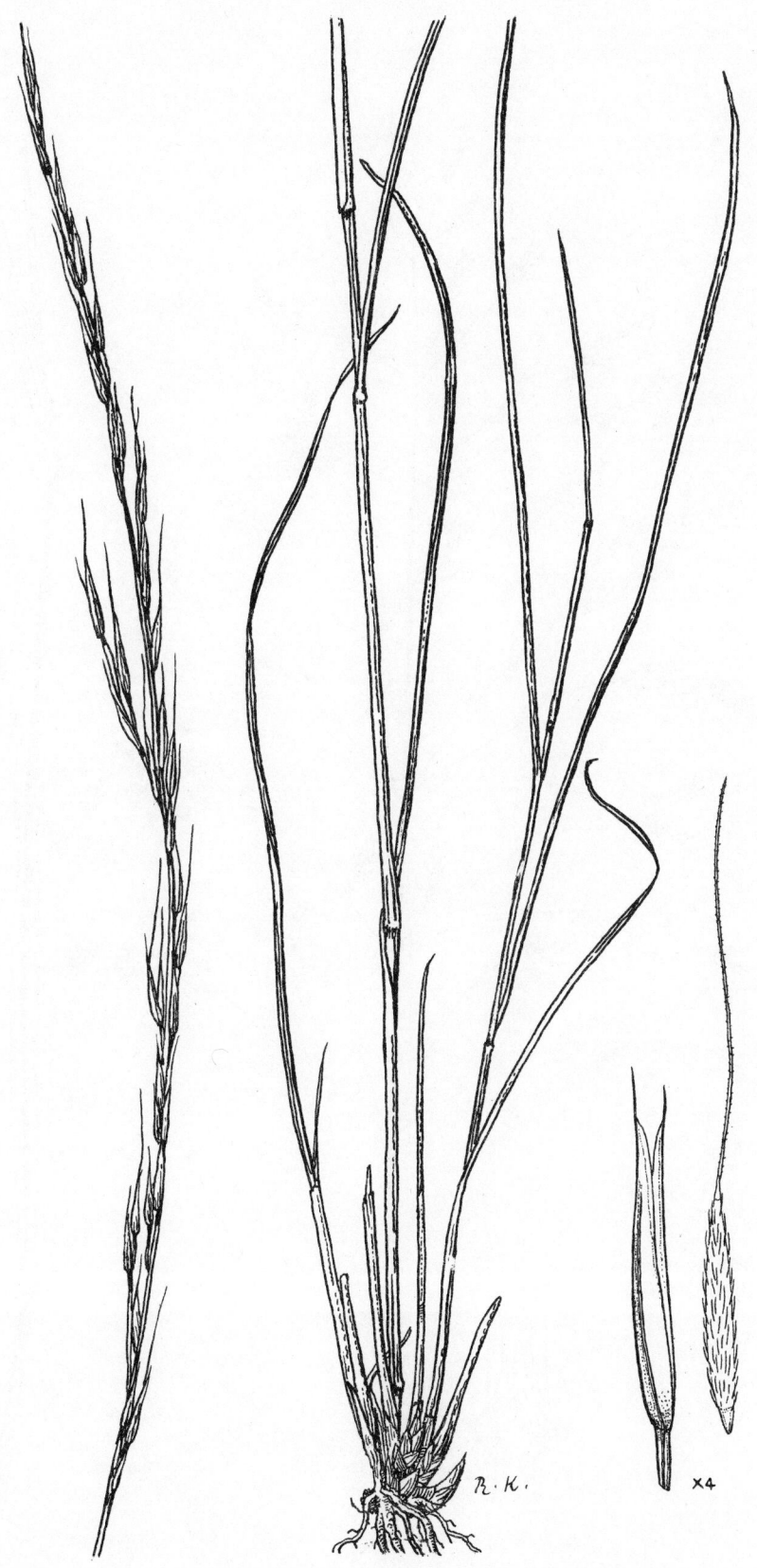

347. *Stipa bromoides* (L.) Dörfler מַלְעֲנִיאֵל קְצַר־מַלְעָנִים

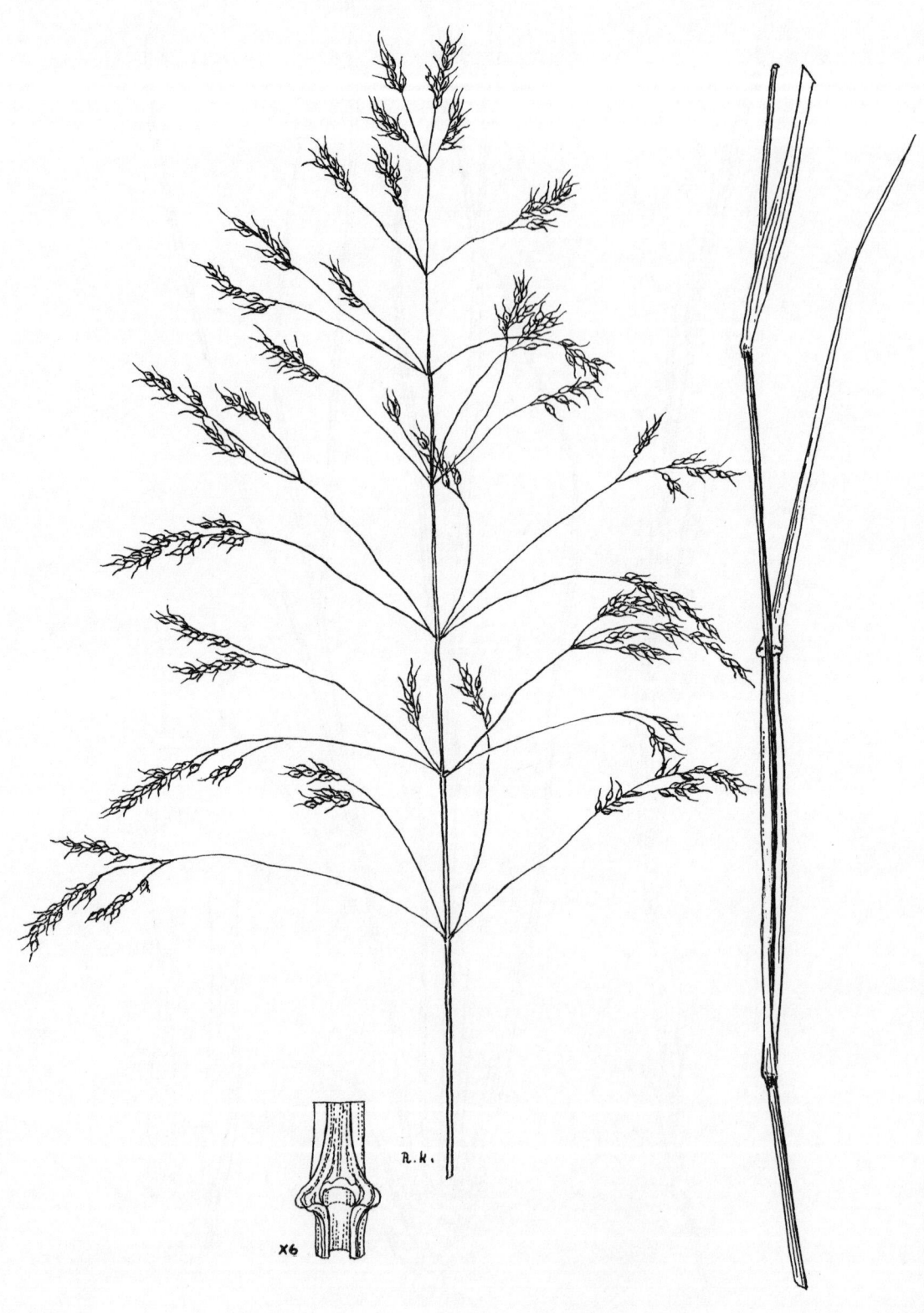

348. Piptatherum miliaceum (L.) Coss. var. miliaceum נִשְׁרָן הַדֹּחַן זַן הַדֹּחַן

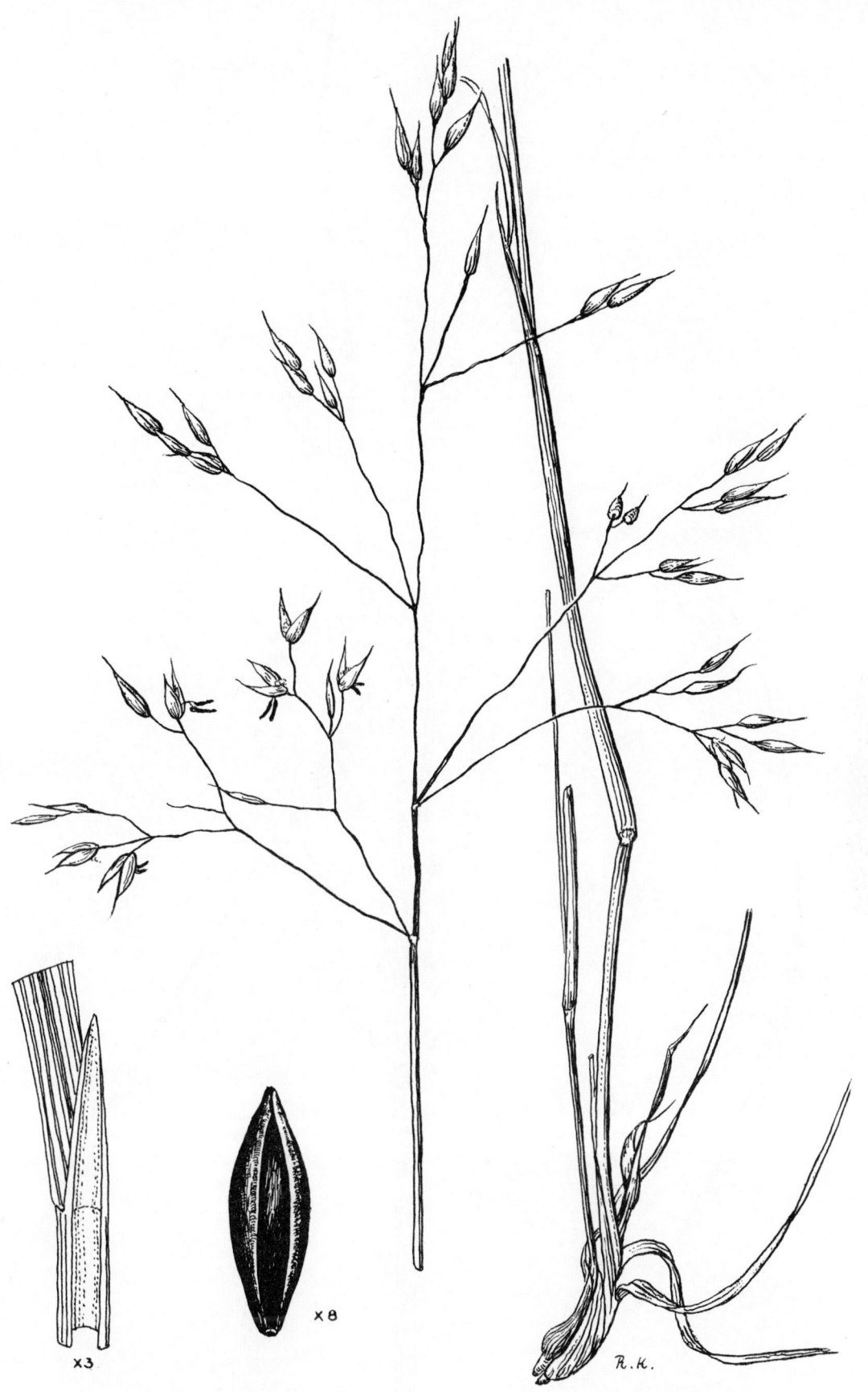

349. Piptatherum blancheanum Desv. ex Boiss. נַשְׁרָן מַכְחִיל

350. Piptatherum holciforme (Bieb.) Roem. & Schult. נִשְׁרָן שָׂעִיר

subsp. longiglume (Hausskn.) Freitag

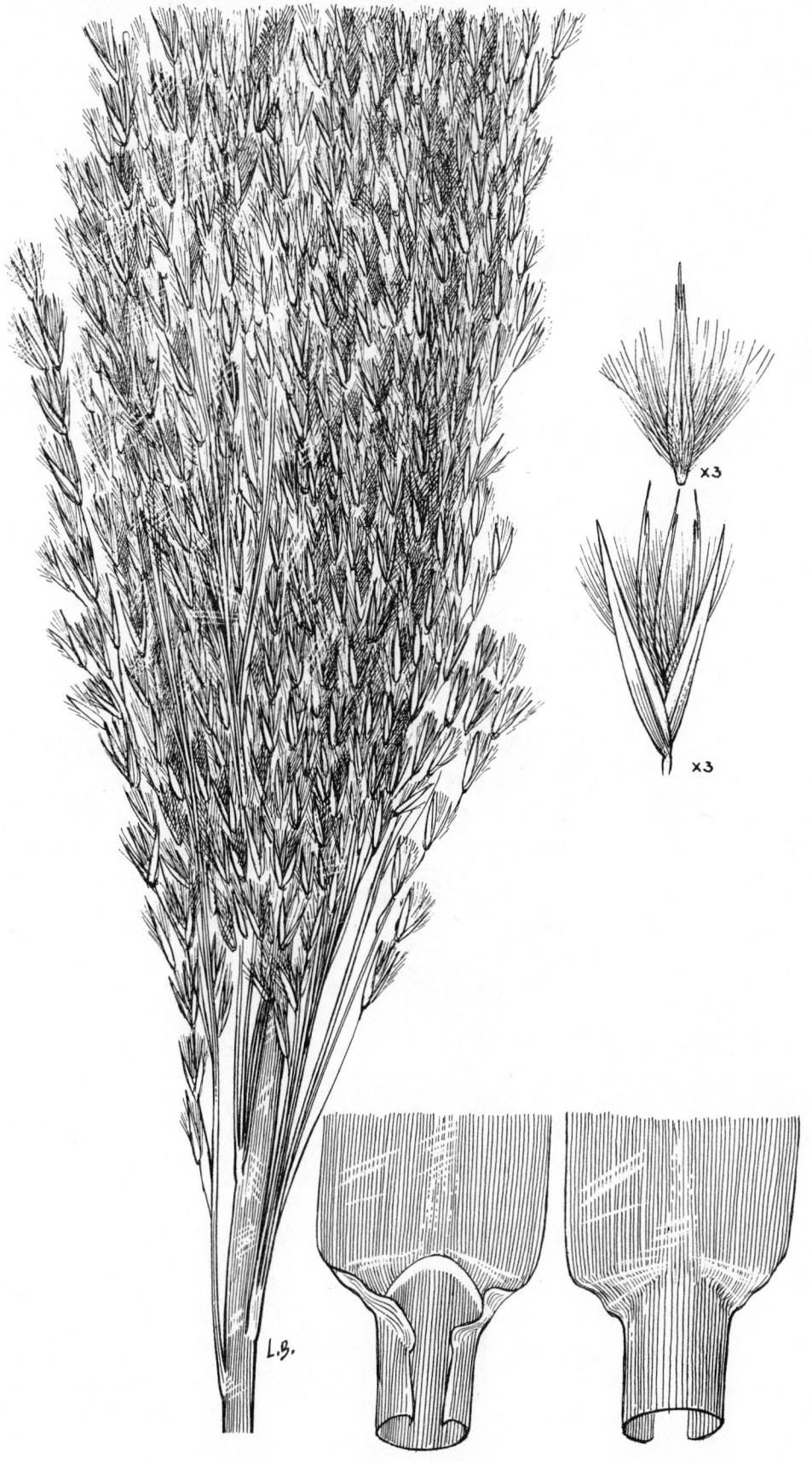

351. Arundo donax L. עַבְקָנֶה שָׂכִיחַ

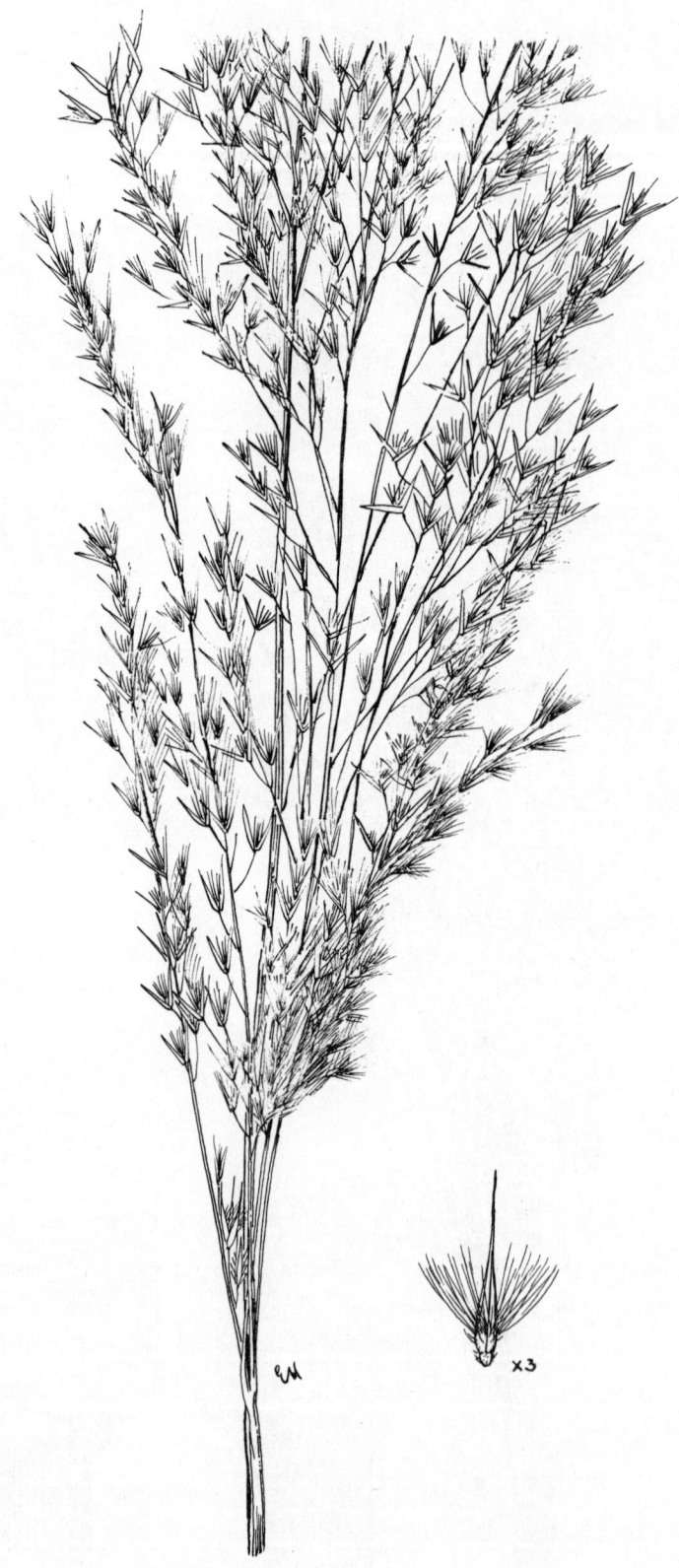

352. Arundo plinii Turra עַבְקָנֶה נָדִיר

353.   Phragmites australis (Cav.) Trin. ex Steud. subsp. altissimus (Benth.) Clayton   קָנֶה מָצוּי

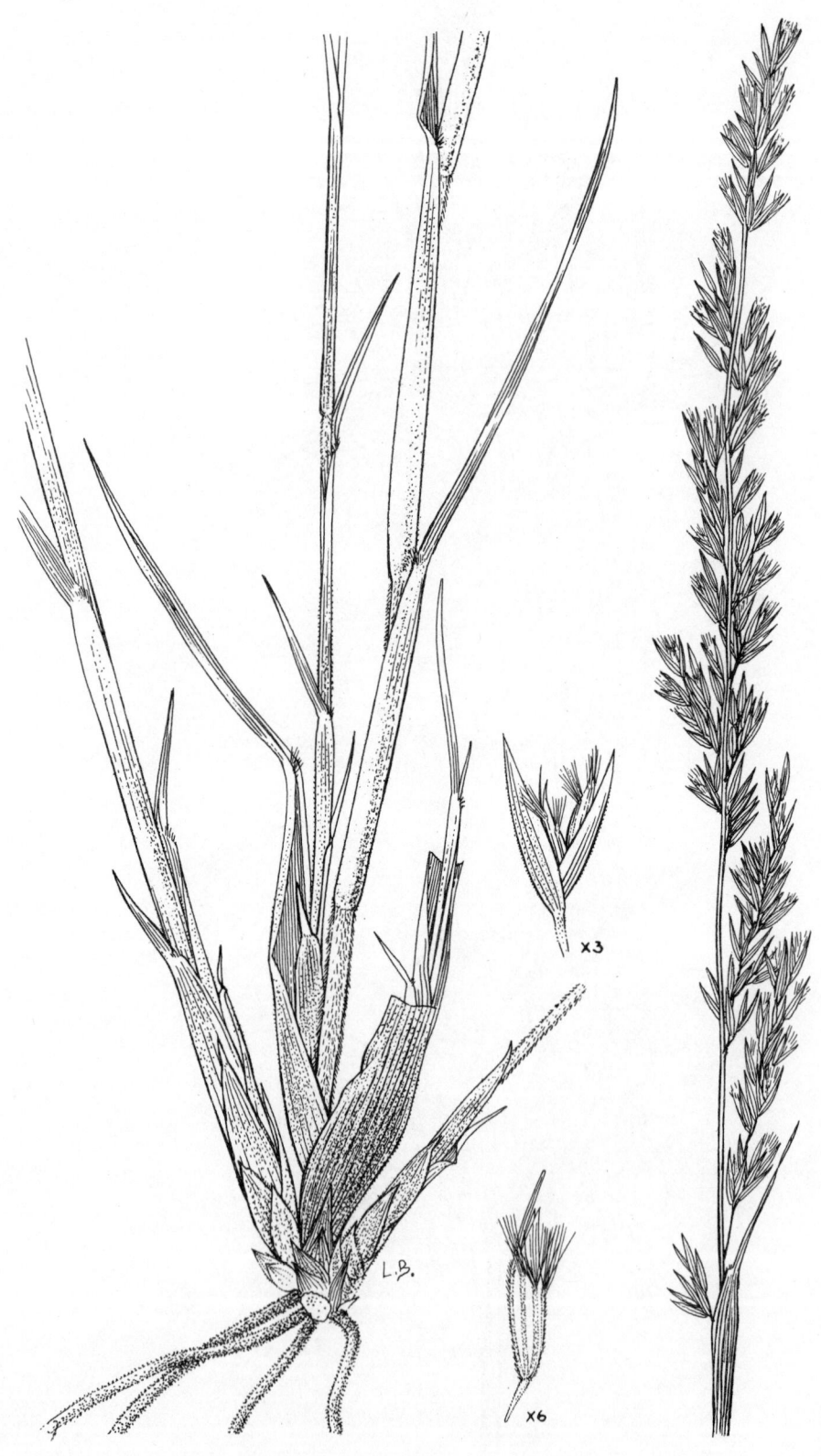

354. Asthenatherum forsskalii (Vahl) Nevski דַּנְתּוֹנִית הַחוֹלוֹת

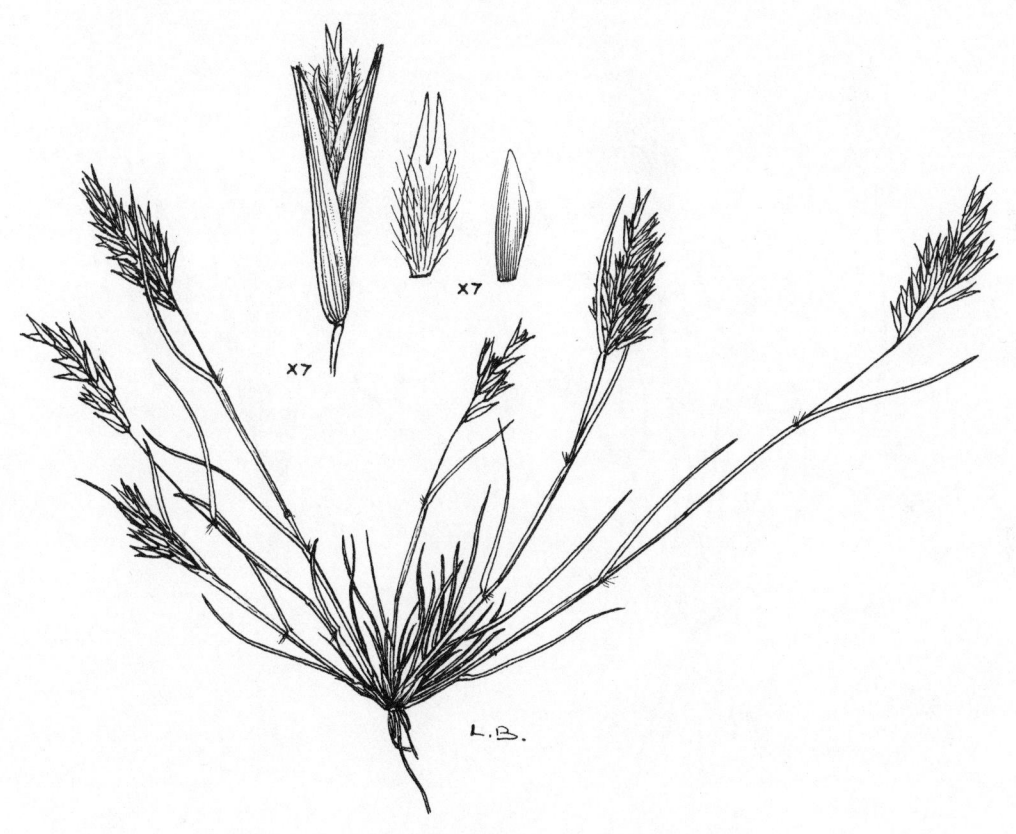

355. Schismus arabicus Nees שְׁסִיעַ עֲרָבִי

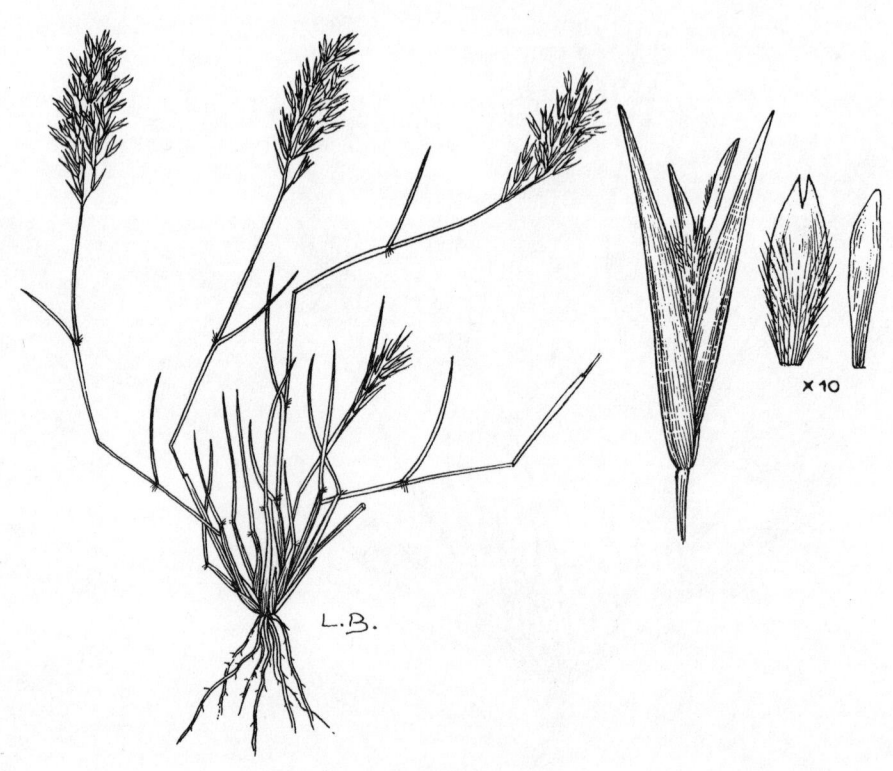

356. Schismus barbatus (L.) Thell. שַׁסִיעַ שָׂעִיר

357. Aristida coerulescens Desf. תְּלַת־מַלְעָן מָצוּי

358. Aristida adscensionis L.   תְּלַת־מַלְעָן פָּעוּט

359. Aristida sieberiana Trin. ‏תְּלַת־מַלְעָן אָרֹךְ

360. Stipagrostis ciliata (Desf.) de Winter מַלְעָנָן רִיסָנִי

×3

R.K.

361. Stipagrostis obtusa (Del.) Nees מַלְעָנָן קֵהָה

362. Stipagrostis plumosa (L.) Munro ex T. Anders. מַלְעָנָן מְנֻצֶּה

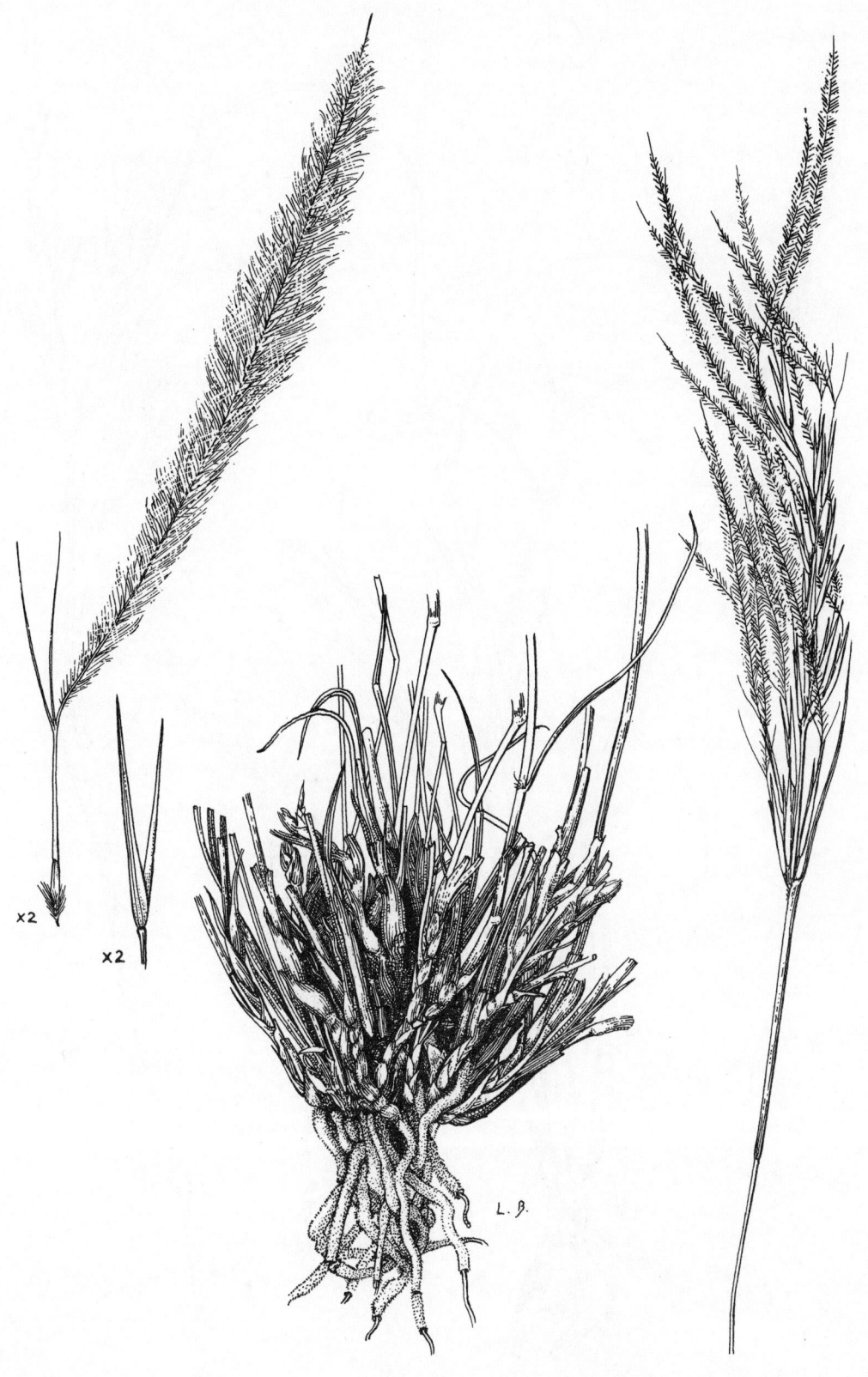

363. Stipagrostis raddiana (Savi) de Winter מַלְעָנָן יְפֵה־שֵׂעָר

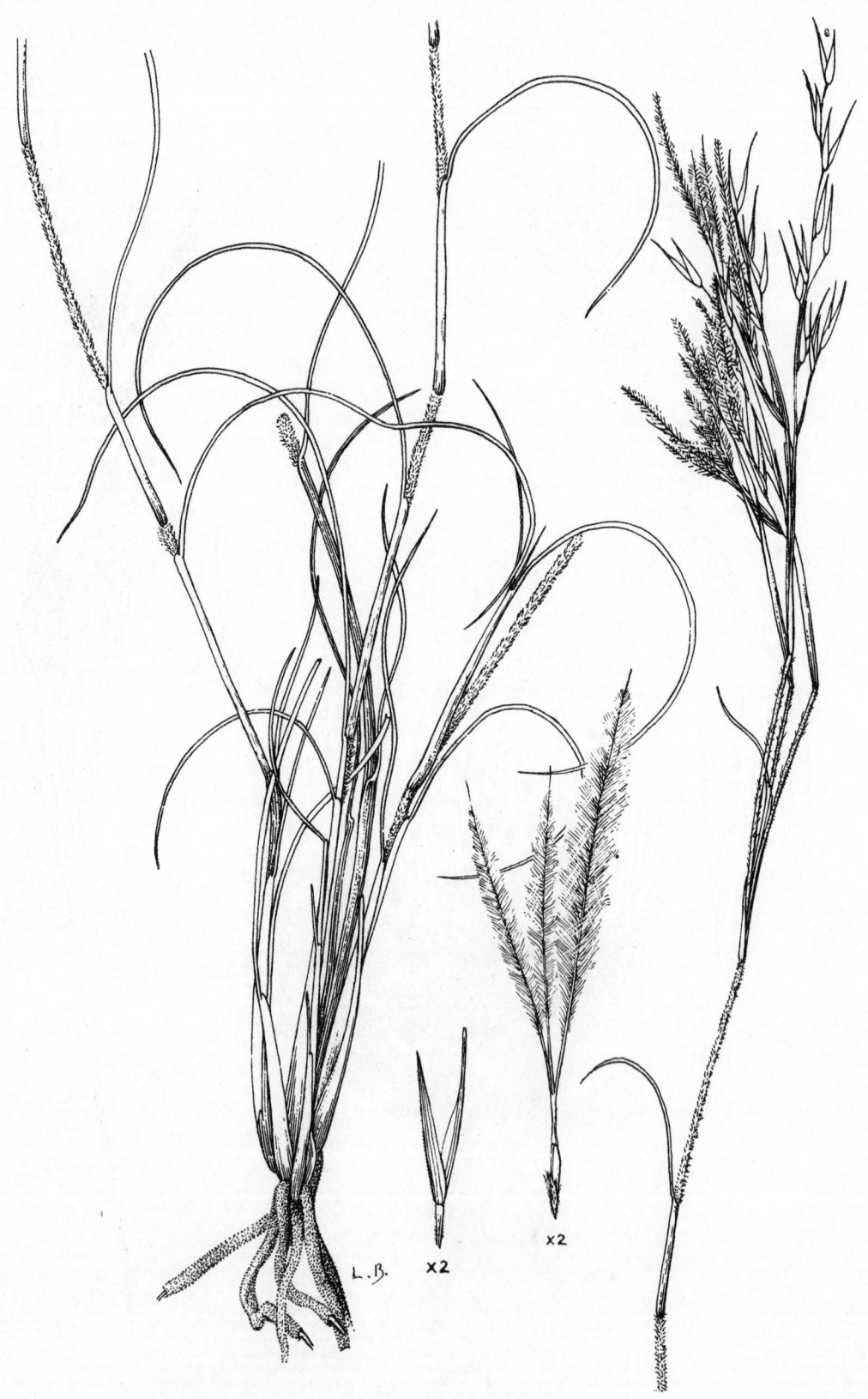

364. Stipagrostis lanata (Forssk.) de Winter מַלְעֲנַן הַחוֹף

365. *Stipagrostis hirtigluma* (Steud. ex Trin. & Rupr.) de Winter מַלְעֲנָן שְׂעִיר־הַגְּלוּמָה

366. Stipagrostis scoparia (Trin. & Rupr.) de Winter מַלְעֲנַן הַמַּטְאֲטְאִים

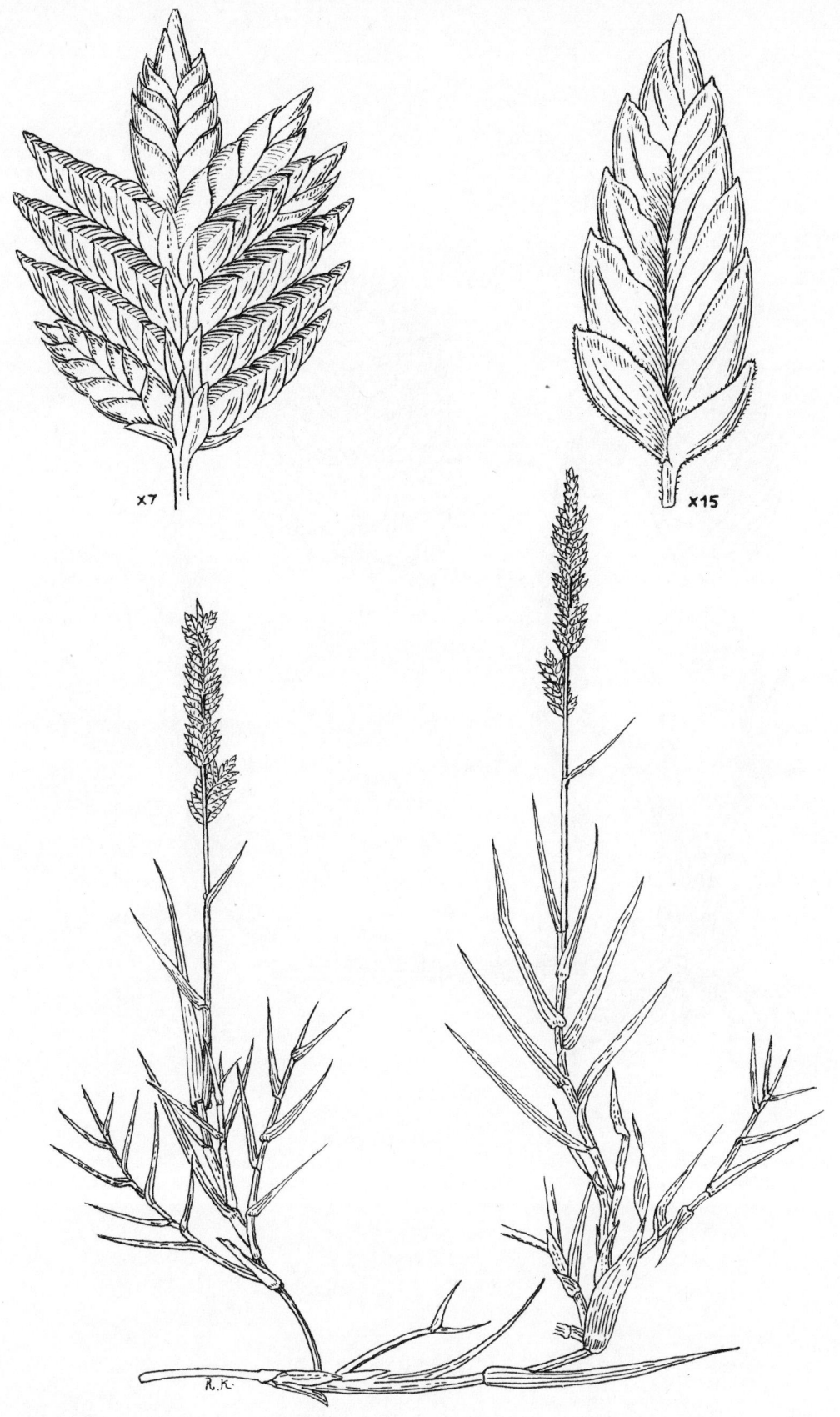

367. Aeluropus littoralis (Gouan) Parl. כַּף־הֶחָתוּל הַשְּׂרוּעָה

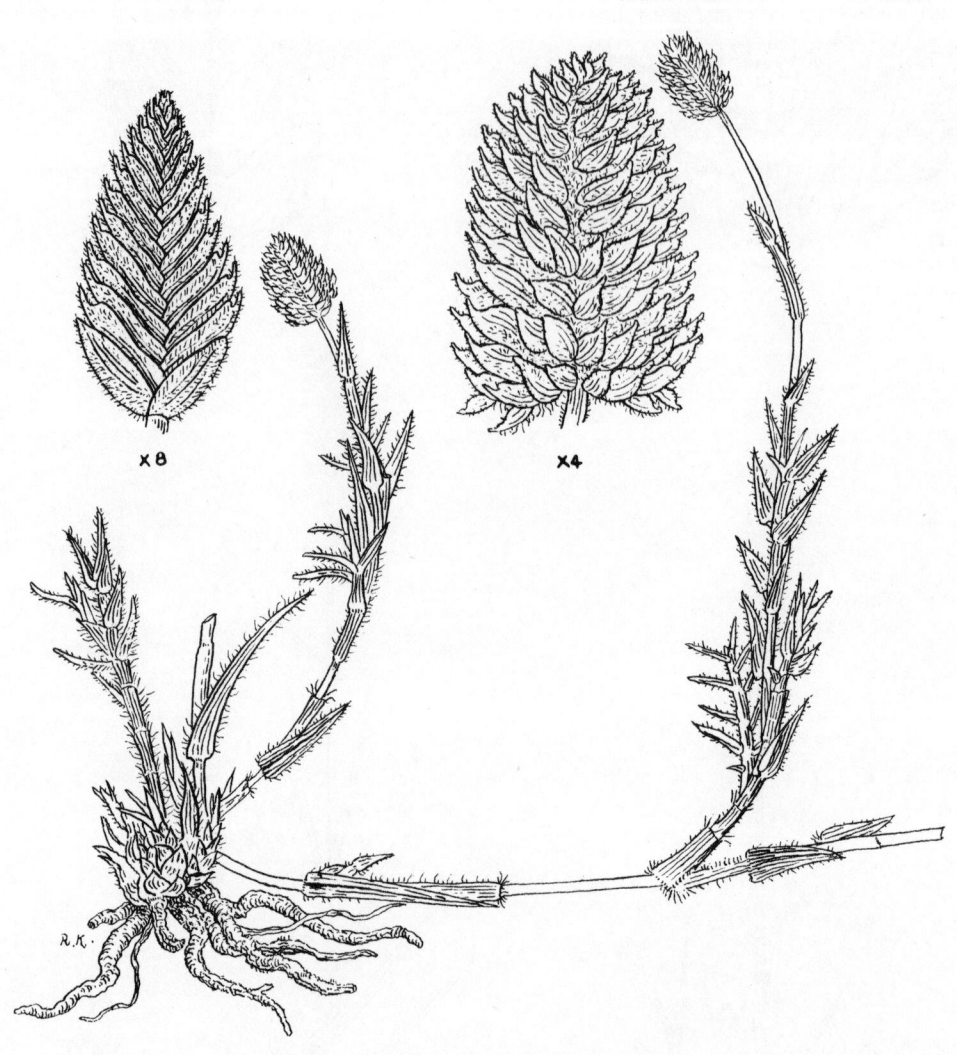

368. Aeluropus lagopoides (L.) Trin. ex Thwaites כַּף־הֶחָתוּל הַזּוֹחֶלֶת

369. Enneapogon persicus Boiss. צִיצָן פַּרְסִי

370. Enneapogon brachystachyus (Jaub. & Spach) Stapf צִיצָן קָצָר

371. Eragrostis japonica (Thunb.) Trin.   בֶּן־חִילָף מְפֻסָּק

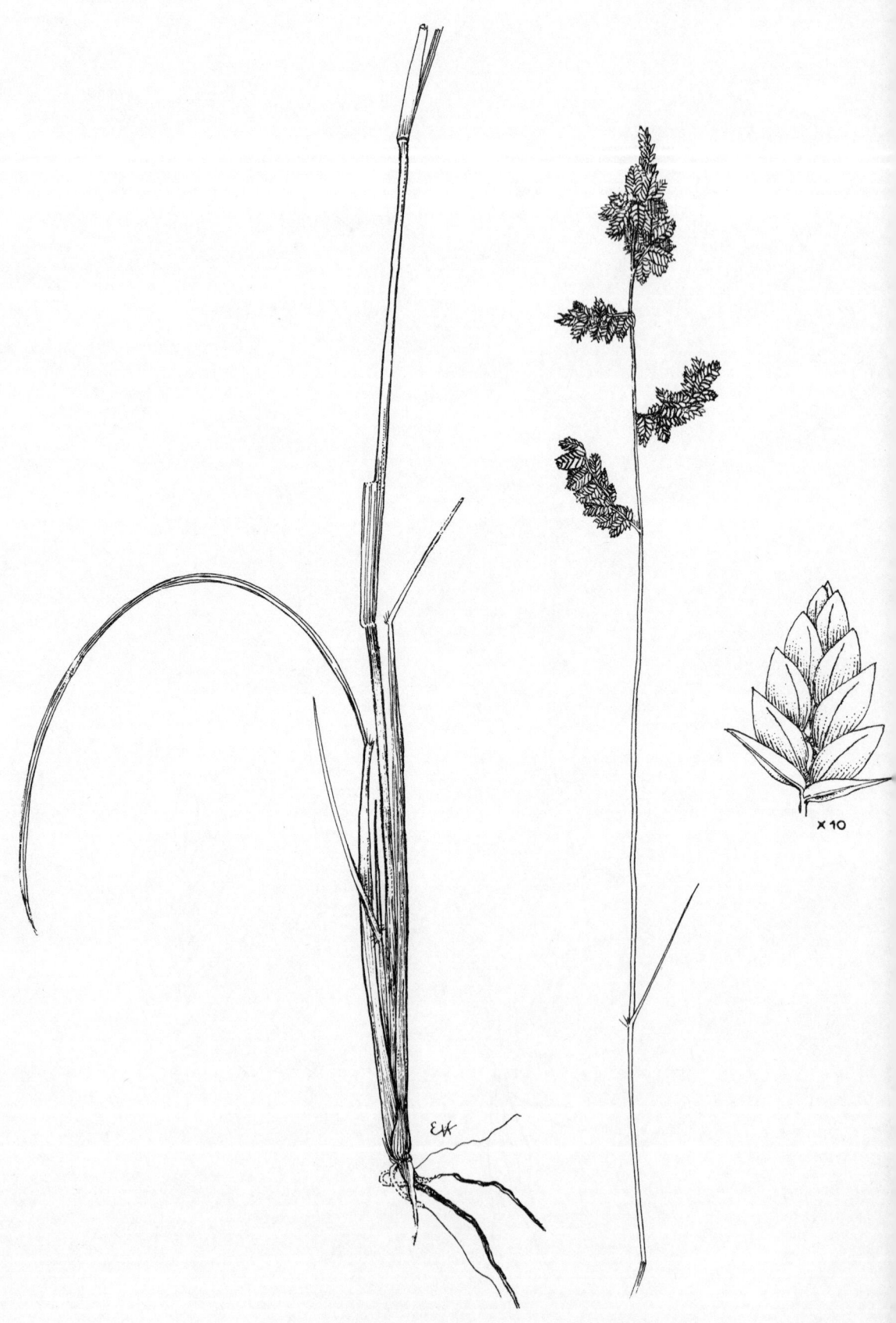

372. Eragrostis echinochloidea Stapf בֶּן־חִילָף דְּמוּי־דֹּחֲנִית

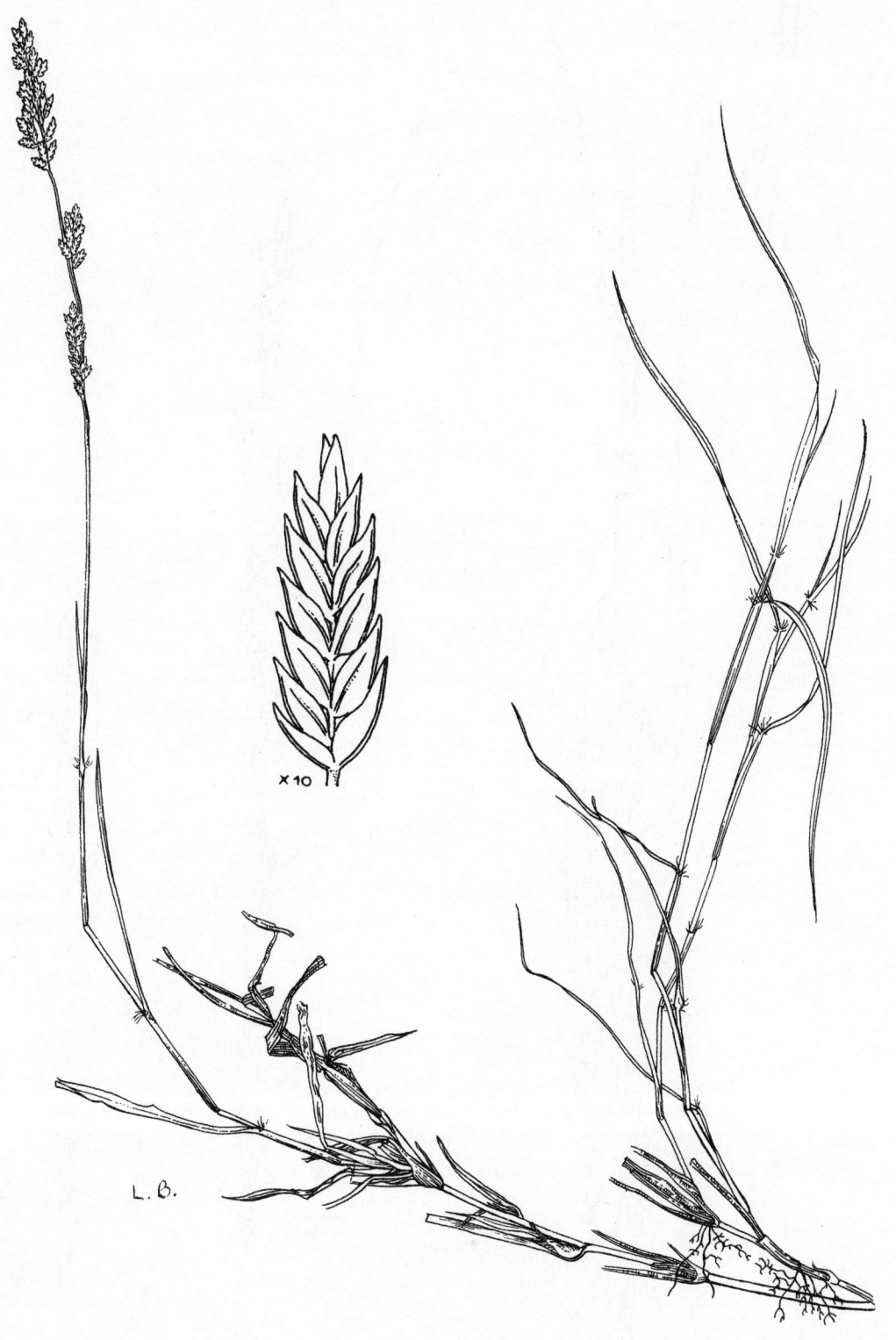

373. Eragrostis sarmentosa (Thunb.) Trin. בֵּן־חִילָף הַבִּצּוֹת

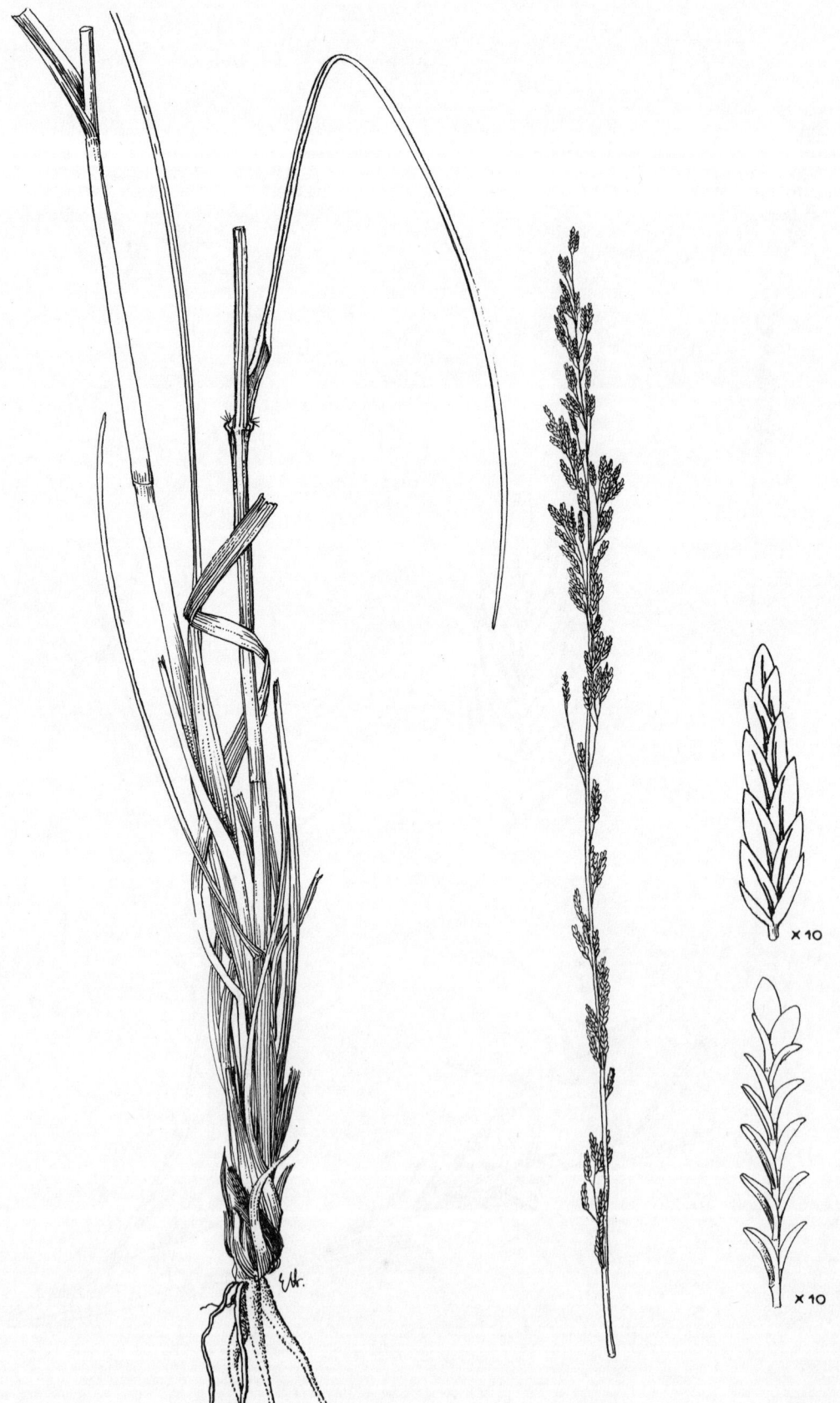

374. Eragrostis prolifera (Swartz) Steud. בֶּן־חִילָף מְשַׂגְשֵׂג

. Eragrostis palmeri S. Wats.　בֶּן־חִילָף פֶּלְמֶר

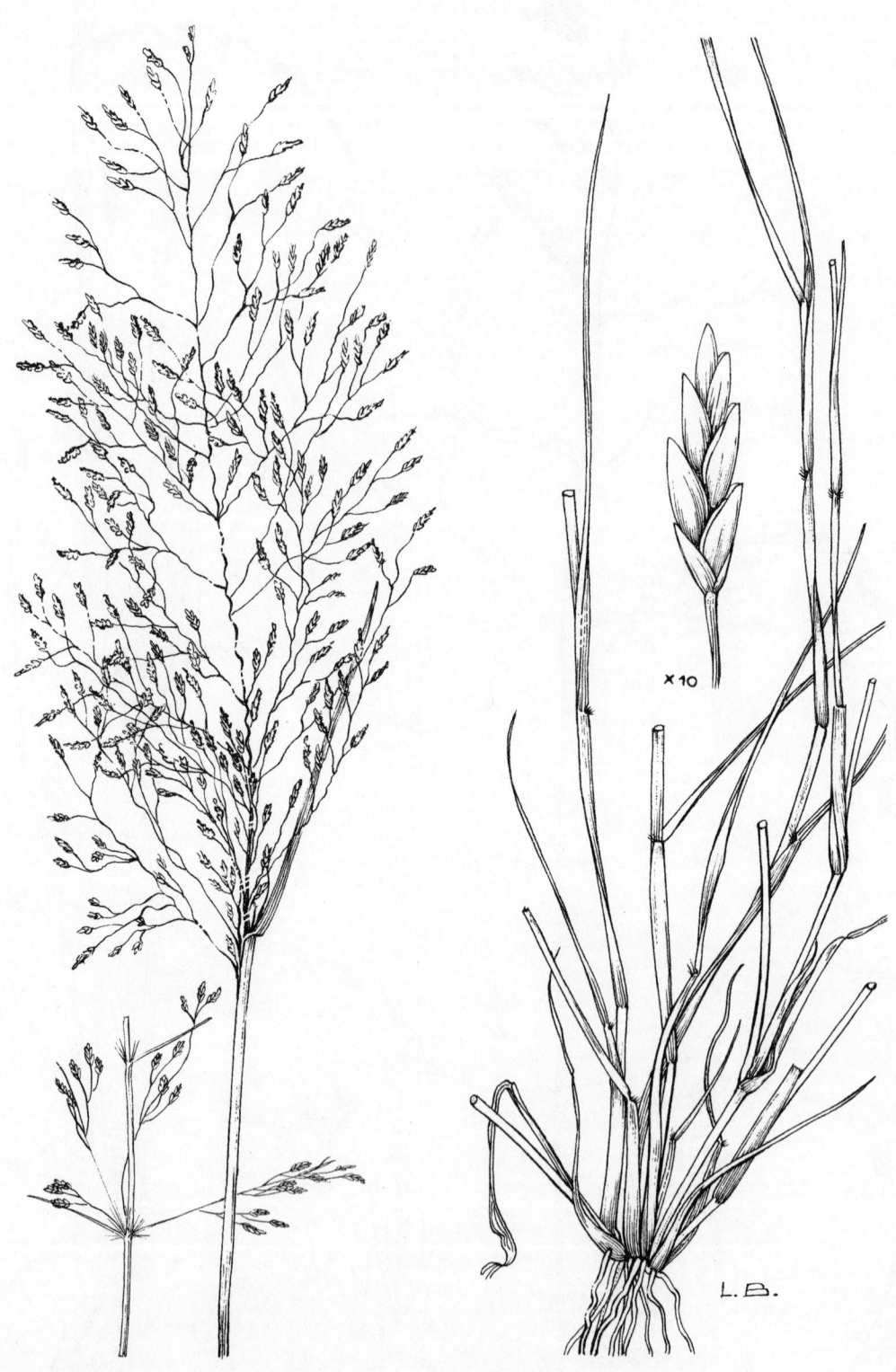

376. Eragrostis pilosa (L.) Beauv.   בֶּן־חִילָף שָׂעִיר

377. Eragrostis barrelieri Daveau   בֶּן־חִילָף נָמוּךְ

378. Eragrostis minor Host   בֶּן־חִילָף קָטָן

379. **Eragrostis cilianensis (All.) F.T. Hubbard** בֶּן־חִילָף גְּדָל־שִׁבֳּלִית תַּת־מִין גְּדָל־שִׁבֳּלִית

subsp.. cilianensis

380. Eragrostis cilianensis (All.) F.T. Hubbard
subsp. starosselskyi (Grossh.) Tzvelev

בֶּן־חִילָף גְּדָל־שִׁבֳּלִית תַּת־מִין סְטָרוֹסֶלְסְקִי

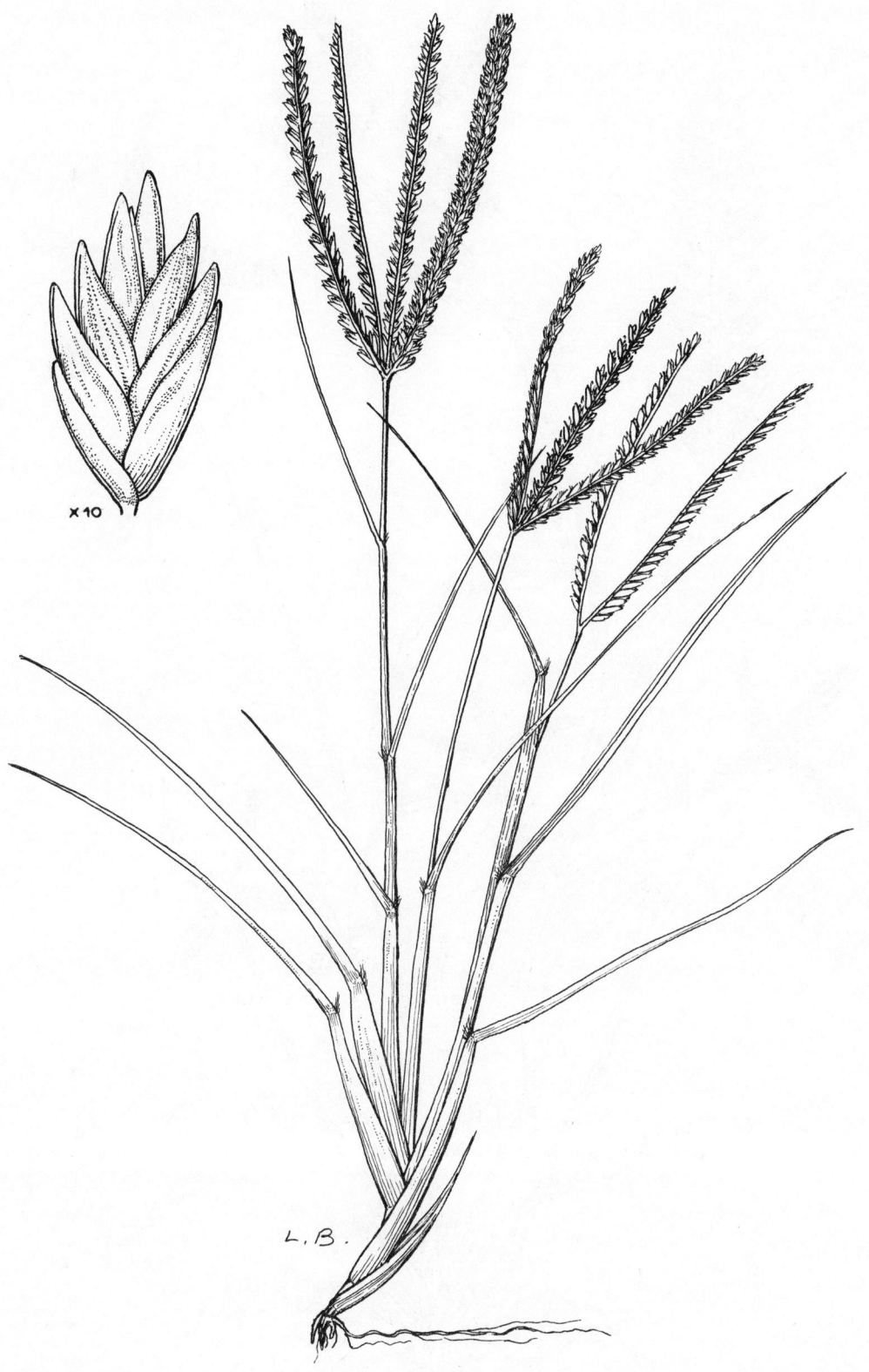

381. Eleusine indica (L.) Gaertn. אֱלֶבְסִינֵי הוֹדִית

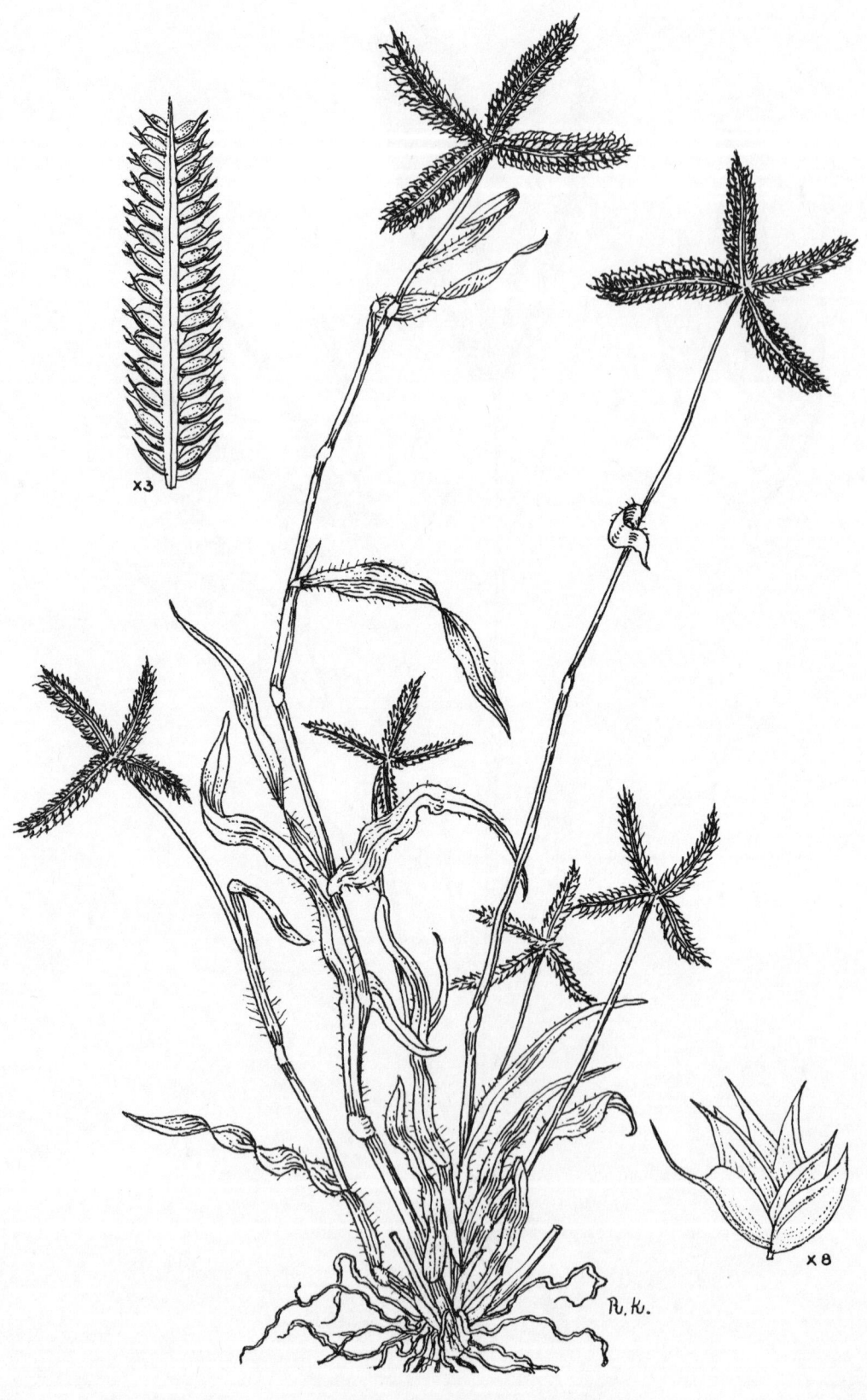

382. Dactyloctenium aegyptium (L.) Willd. בַּת־יַבְלִית מִצְרִית

383. Desmostachya bipinnata (L.) Stapf חִילָף הַחוֹלוֹת

×10

R.K.

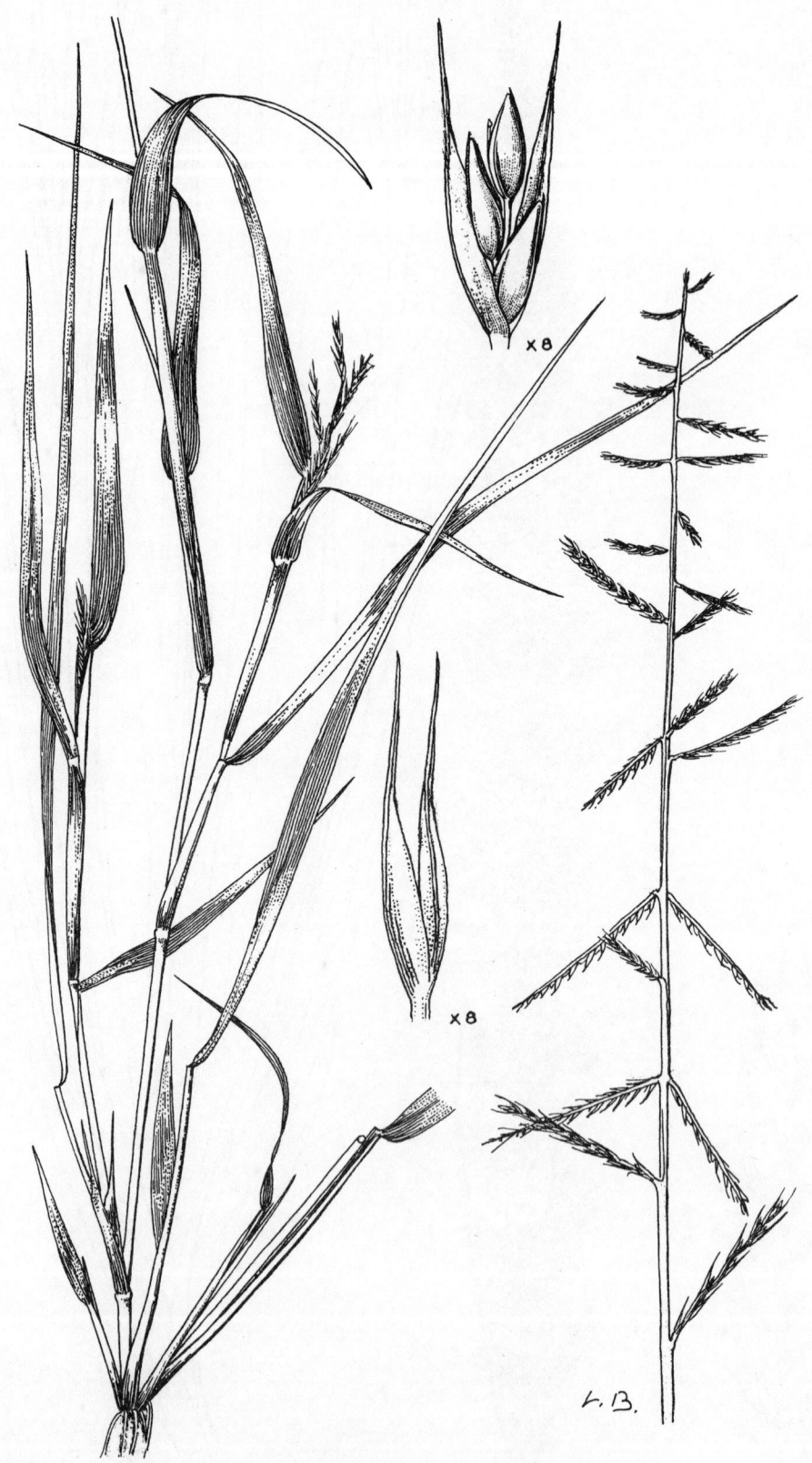

384. Dinebra retroflexa (Vahl) Panz. זְנֵבָה נְטוּיָה

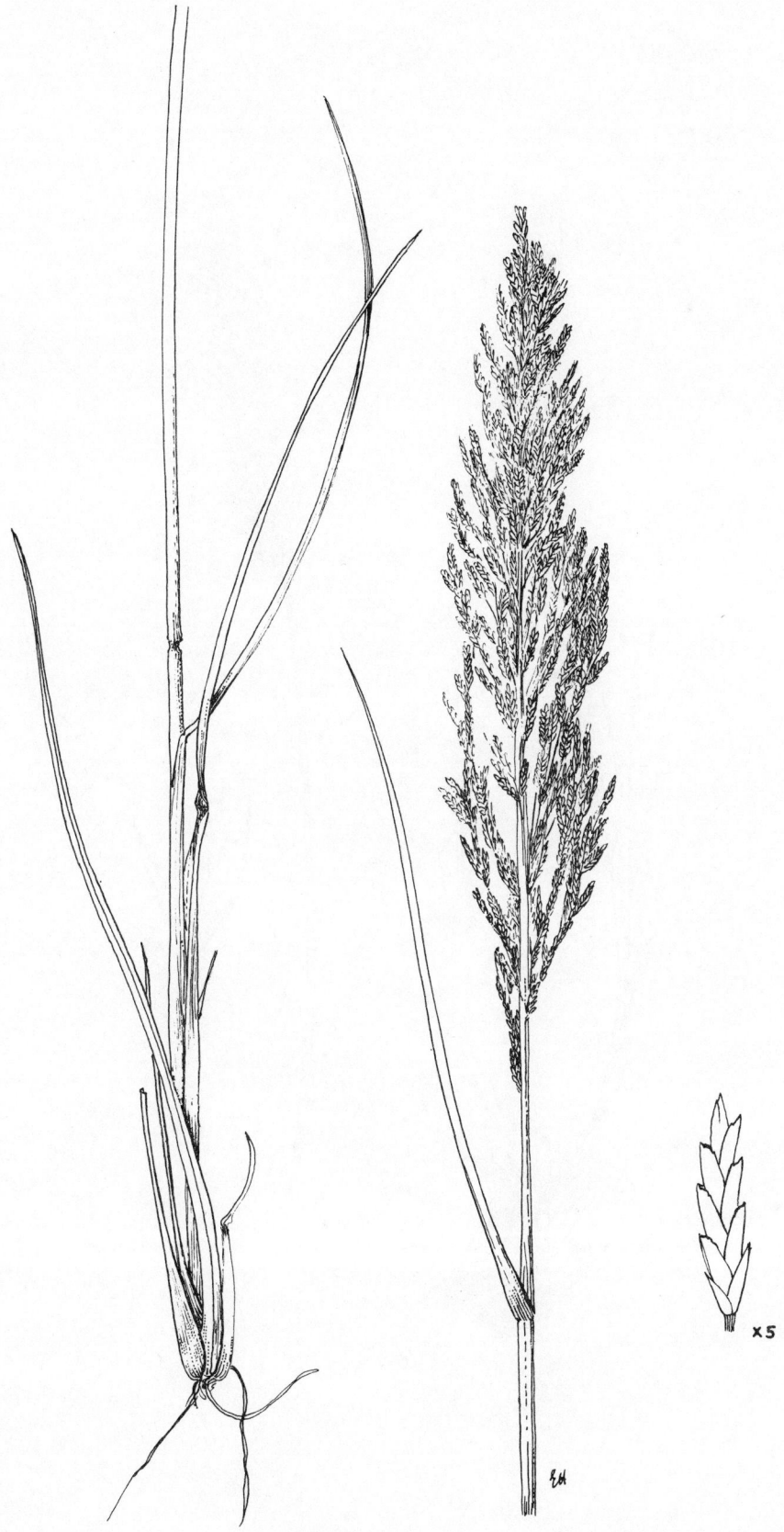

385. Diplachne fusca (L.) Roem & Schult. דו־מוץ חום

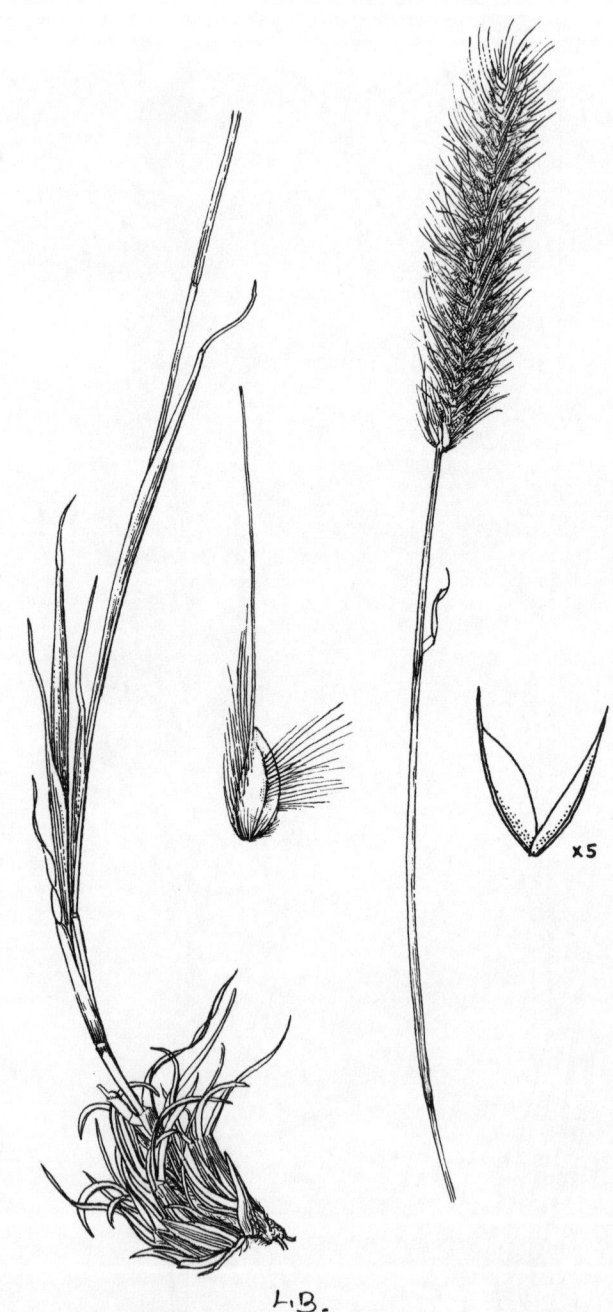

386. Tetrapogon villosus Desf. אַרְבְּעוֹנִי שָׂעִיר

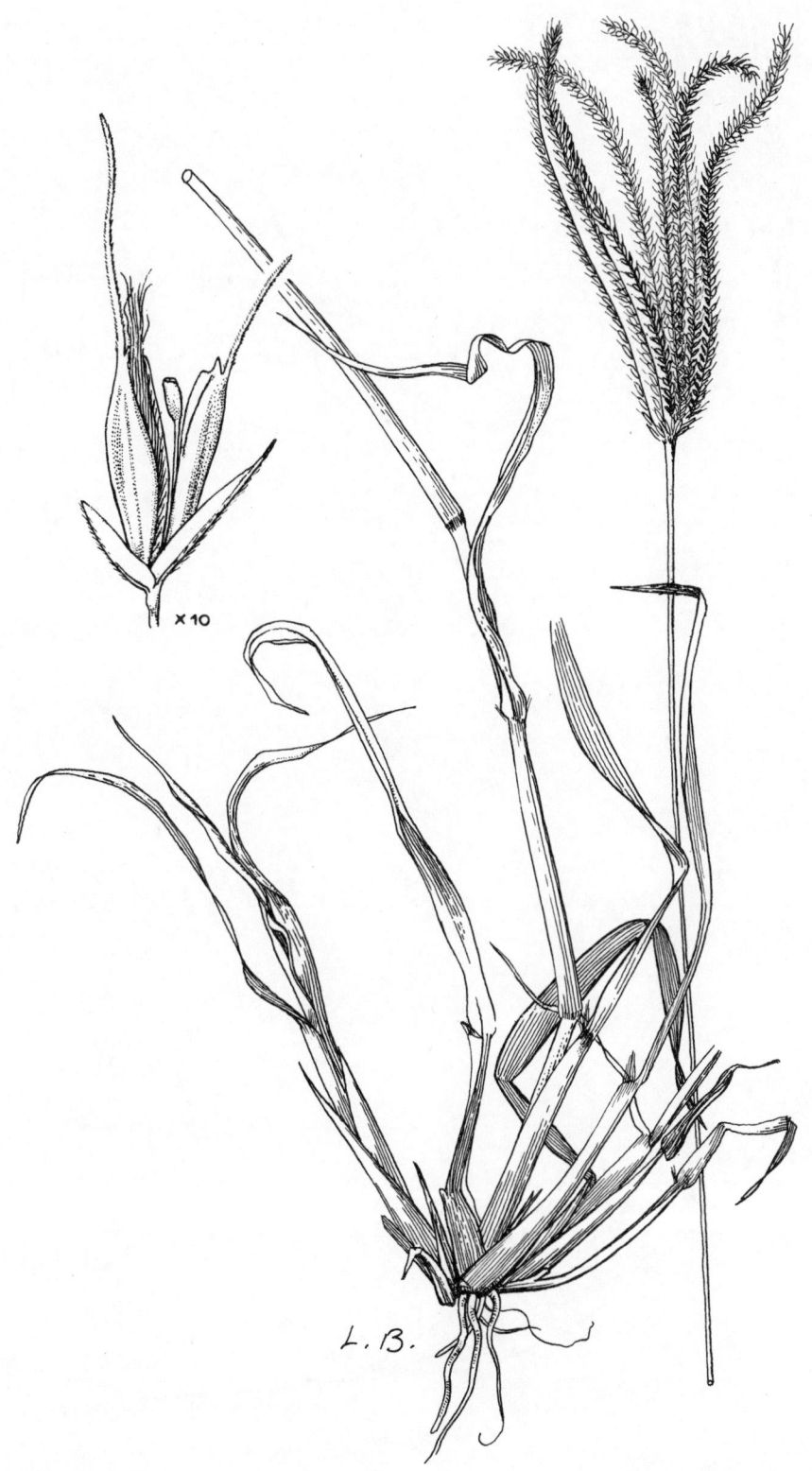

387. Chloris gayana Kunth כְּלוֹרִיס גְּוִיאָנִי

388. Chloris virgata Swartz   כְּלוֹרִיס רָתְמִי

389. Cynodon dactylon (L.) Pers.　יַבְּלִית מְצוּיָה

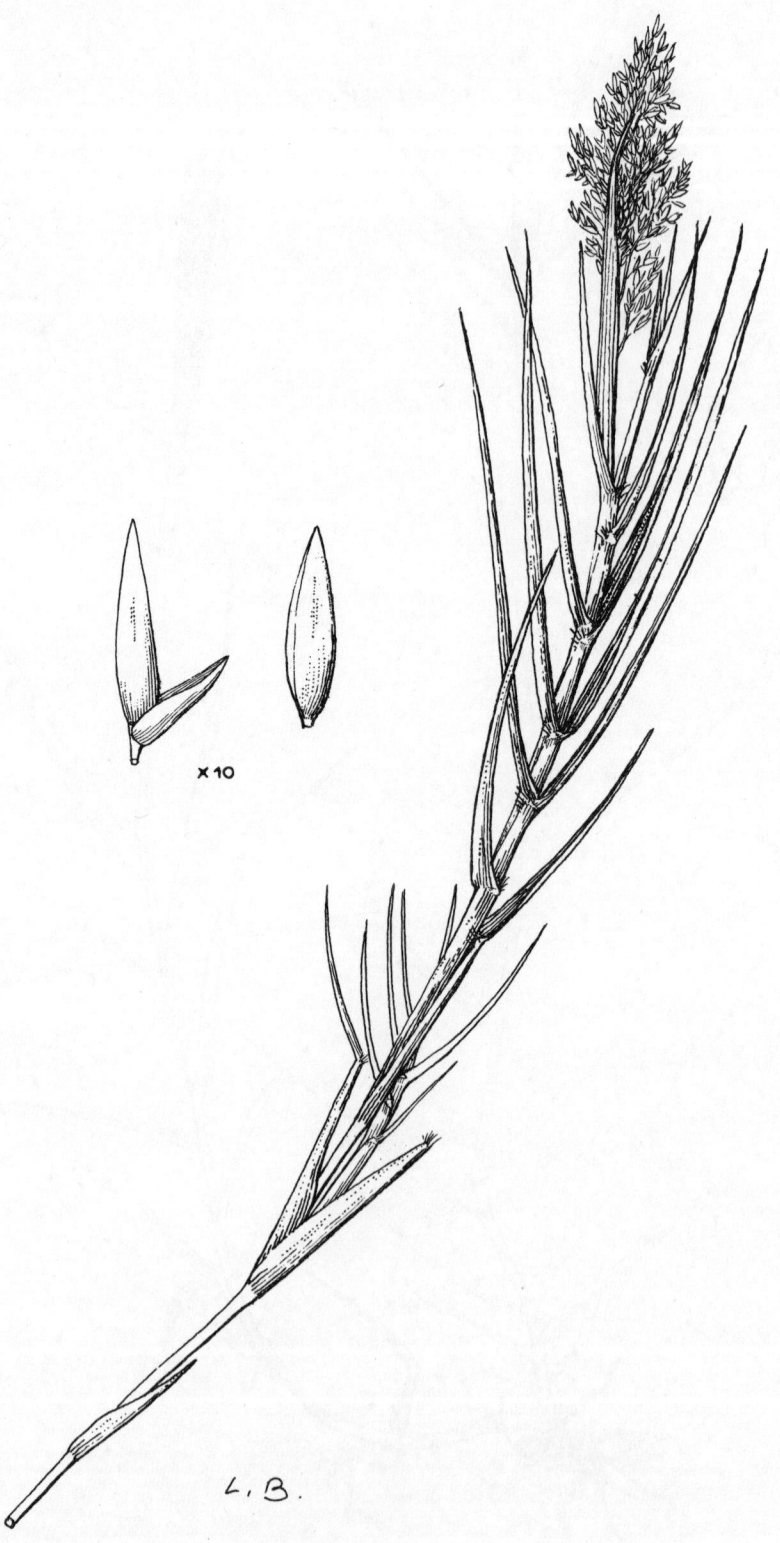

390. Sporobolus pungens (Schreb.) Kunth מַדְחוֹל דּוֹקְרָנִי

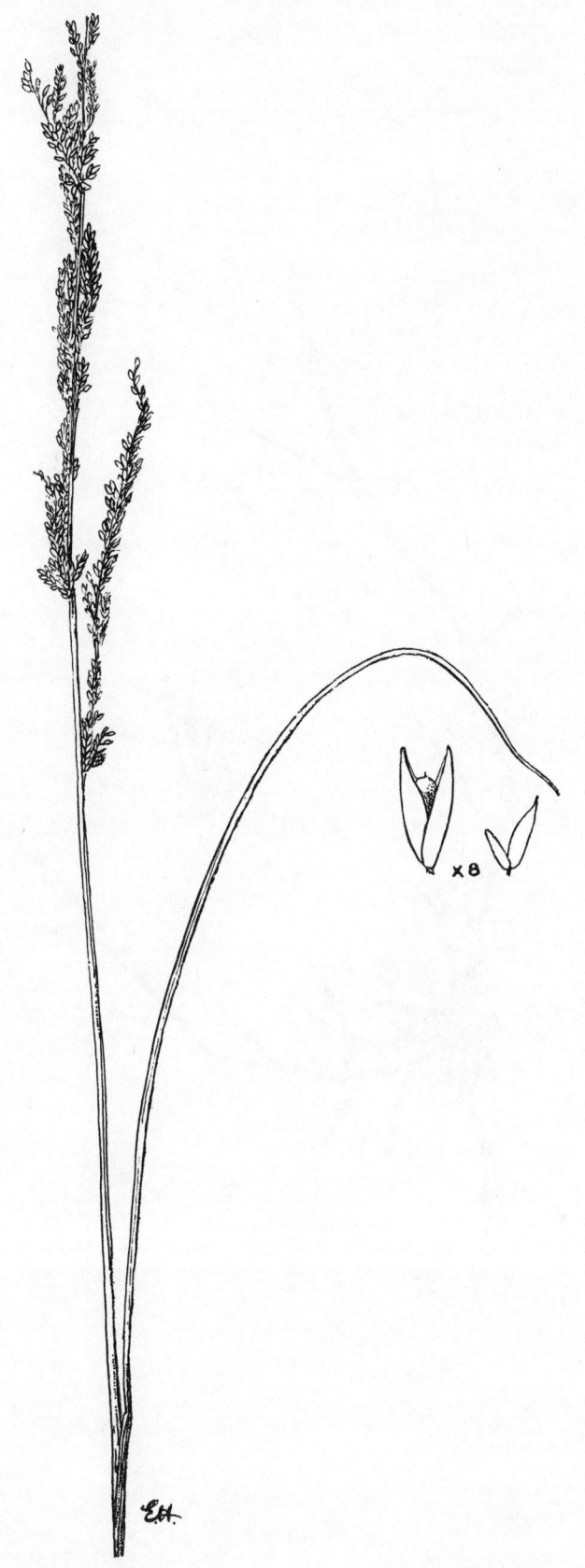

391. Sporobolus indicus (L.) R. Br. מַדְחוֹל הוֹדִי

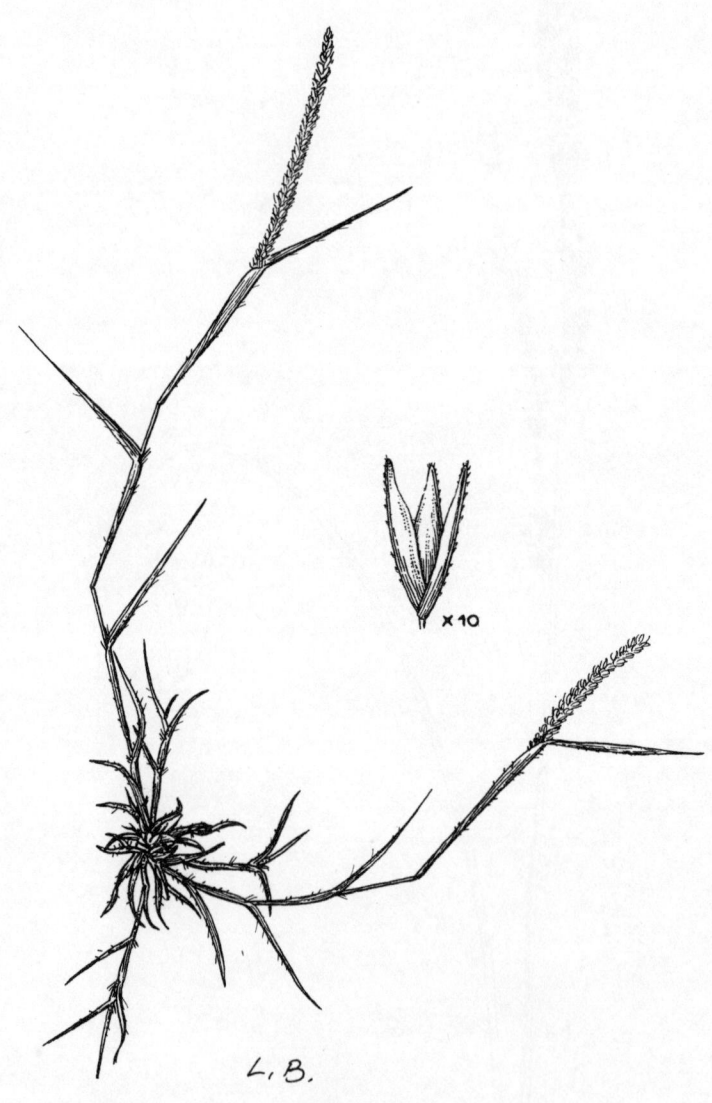

392. Crypsis alopecuroides (Piller & Mitterp.) Schrad. עֶטְיָנִית דַּקָּה

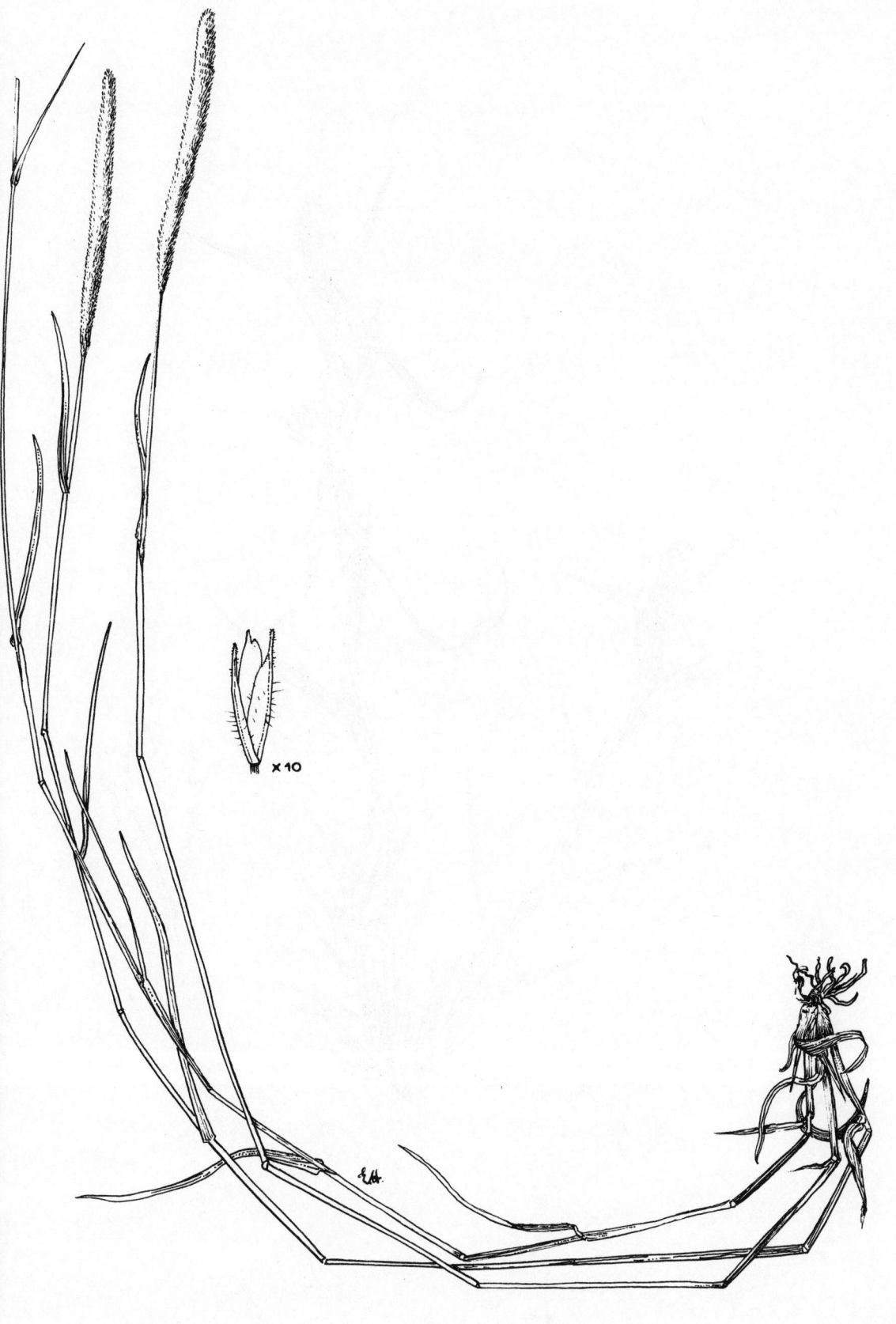

393. Crypsis acuminata Trin. עֶטְיָנִית אֲרֻכָּה

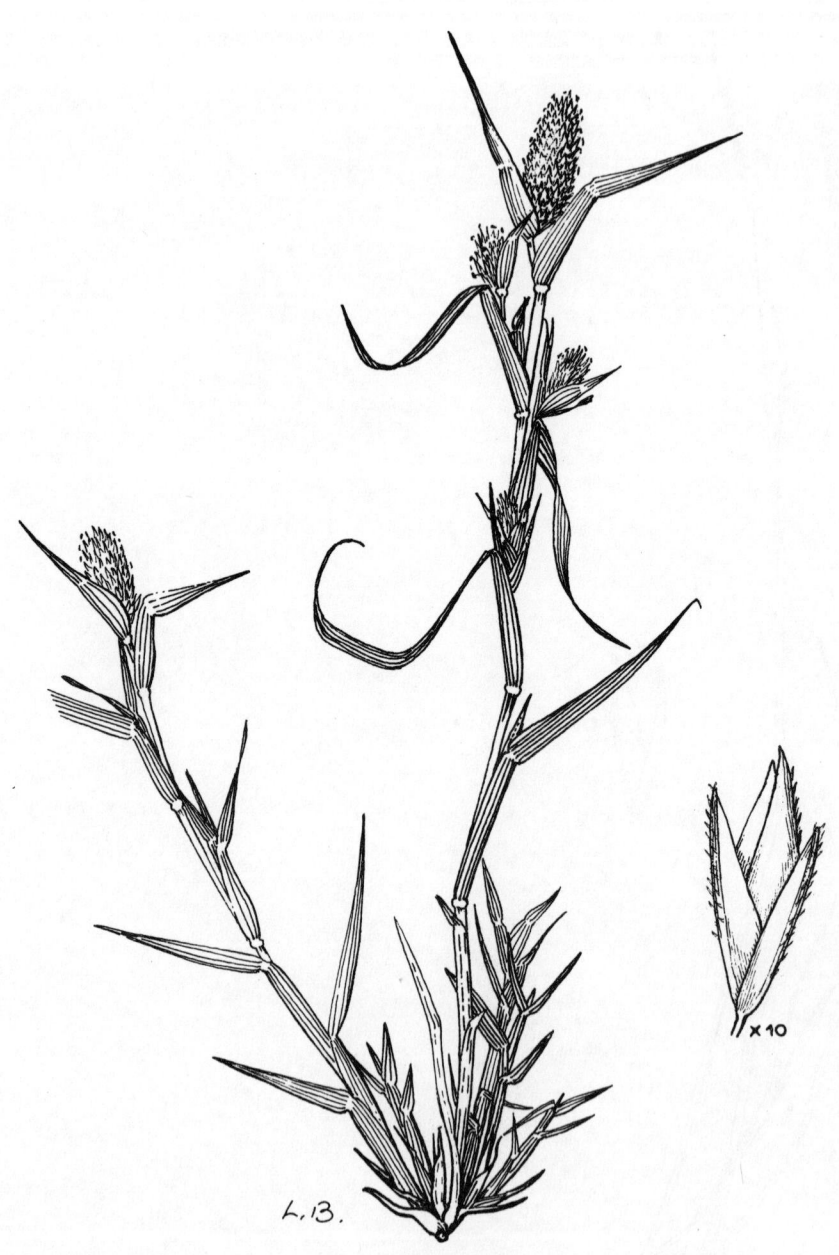

394. Crypsis schoenoides (L.) Lam. עֶטְיָנִית קְצָרָה

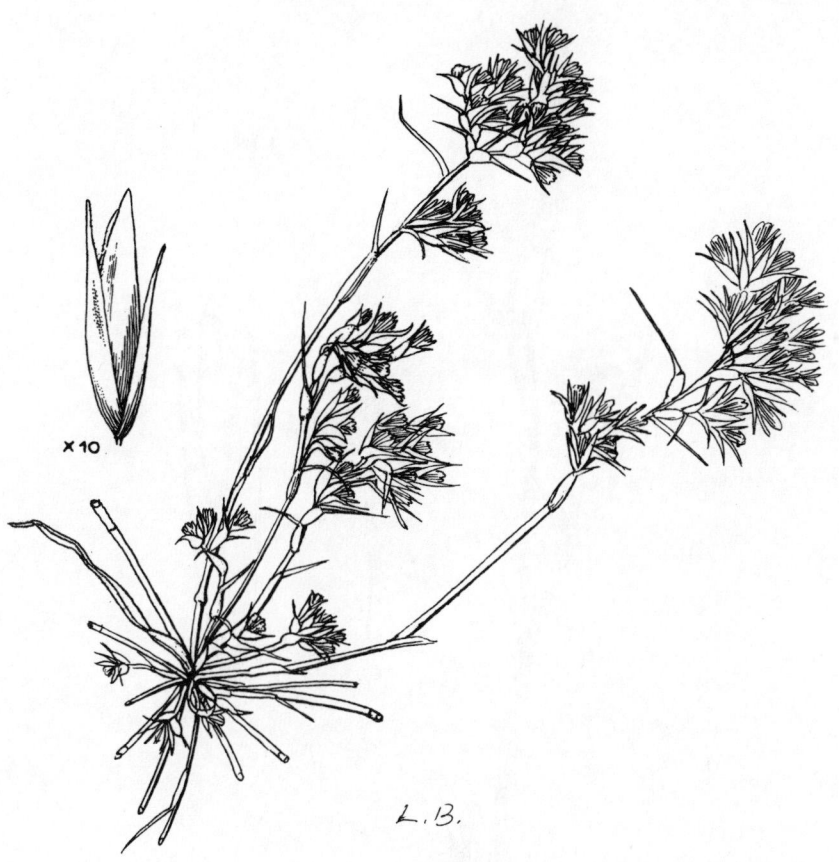

L. B.

395. Crypsis minuartioides (Bornm.) Mez עֲטִיָנִית מְגֻבֶּבֶת

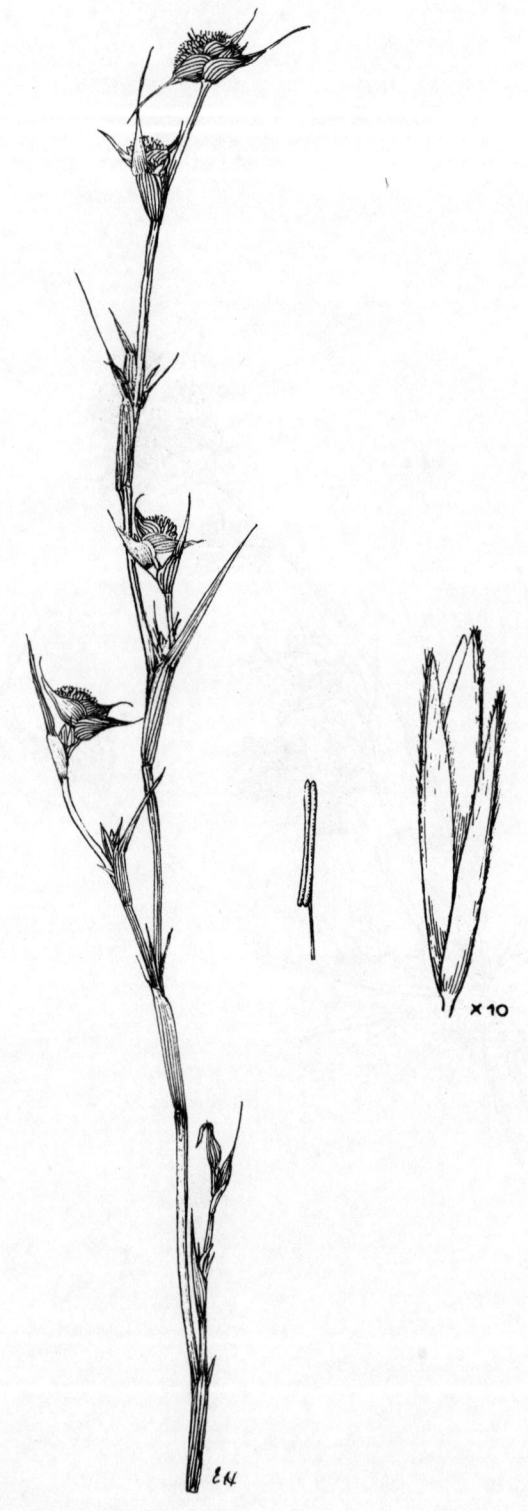

396. Crypsis factorovskyi Eig עֶטְיָנִית פַקְטוֹרִי

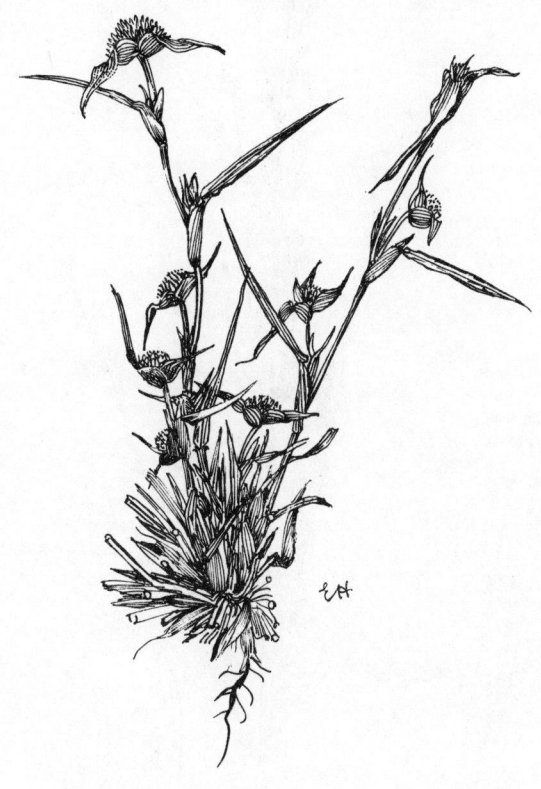

397. Crypsis aculeata (L.) Ait. עֶטְיָנִית דּוּ־אַבְקָנִית

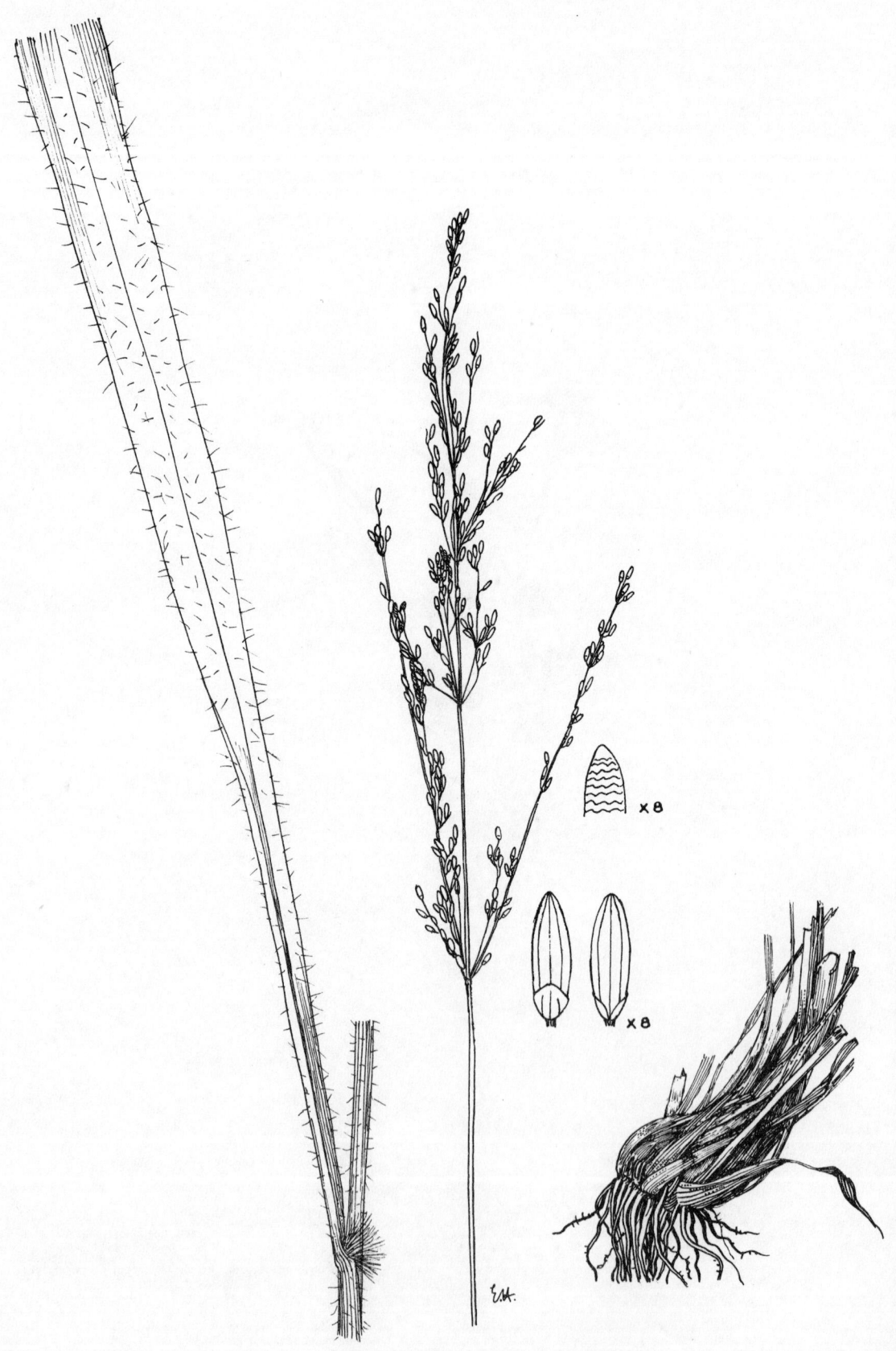

398. Panicum maximum Jacq. דֹּחַן קִפֵּחַ

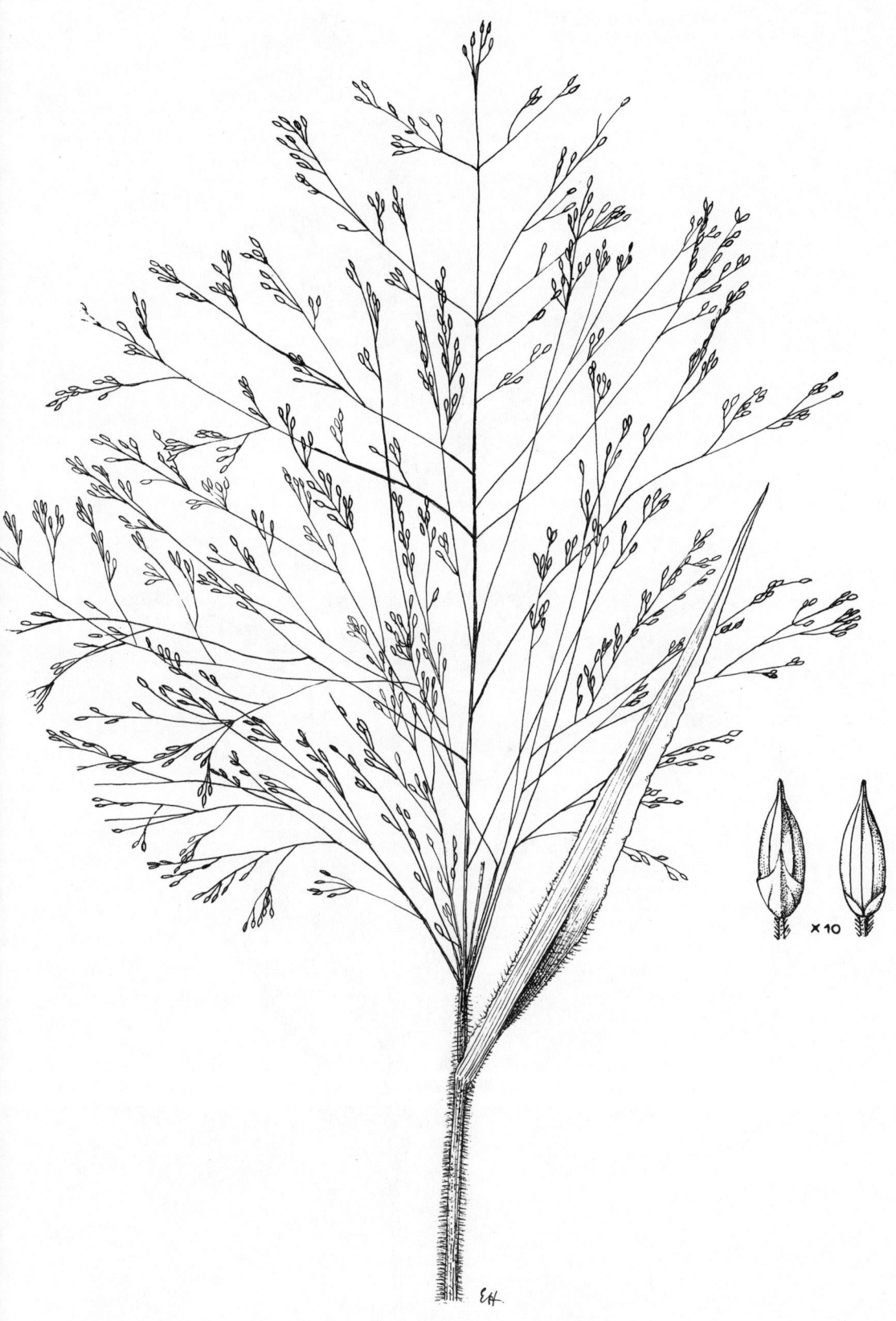

399. Panicum capillare L.   דֹּחַן נִימִי

400. Panicum antidotale Retz. דֹּחַן הָעֲרָבָה

401. Panicum miliaceum L.   דֹּחַן תַּרְבּוּתִי

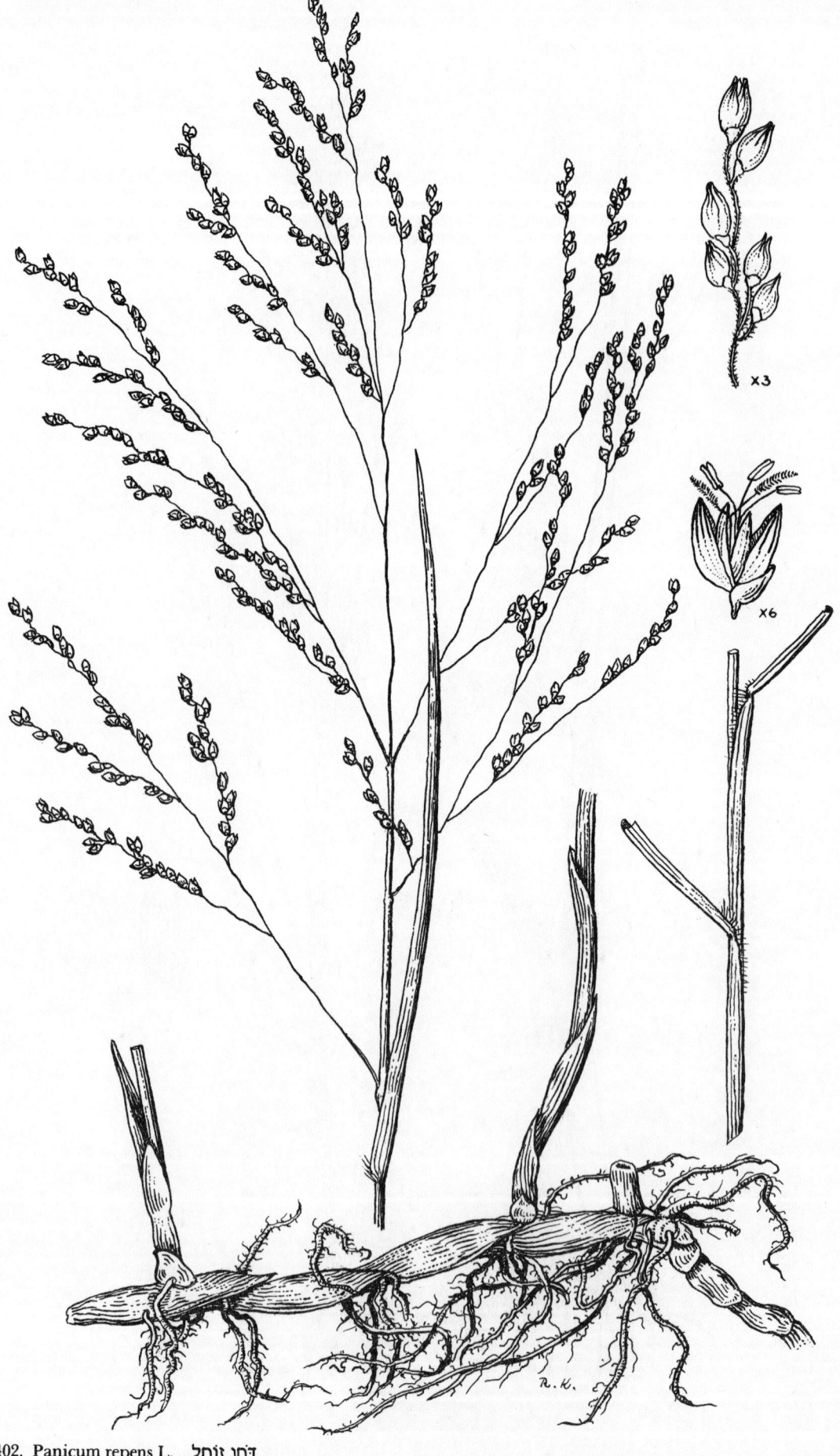

402. Panicum repens L. דֹּחַן זוֹחֵל

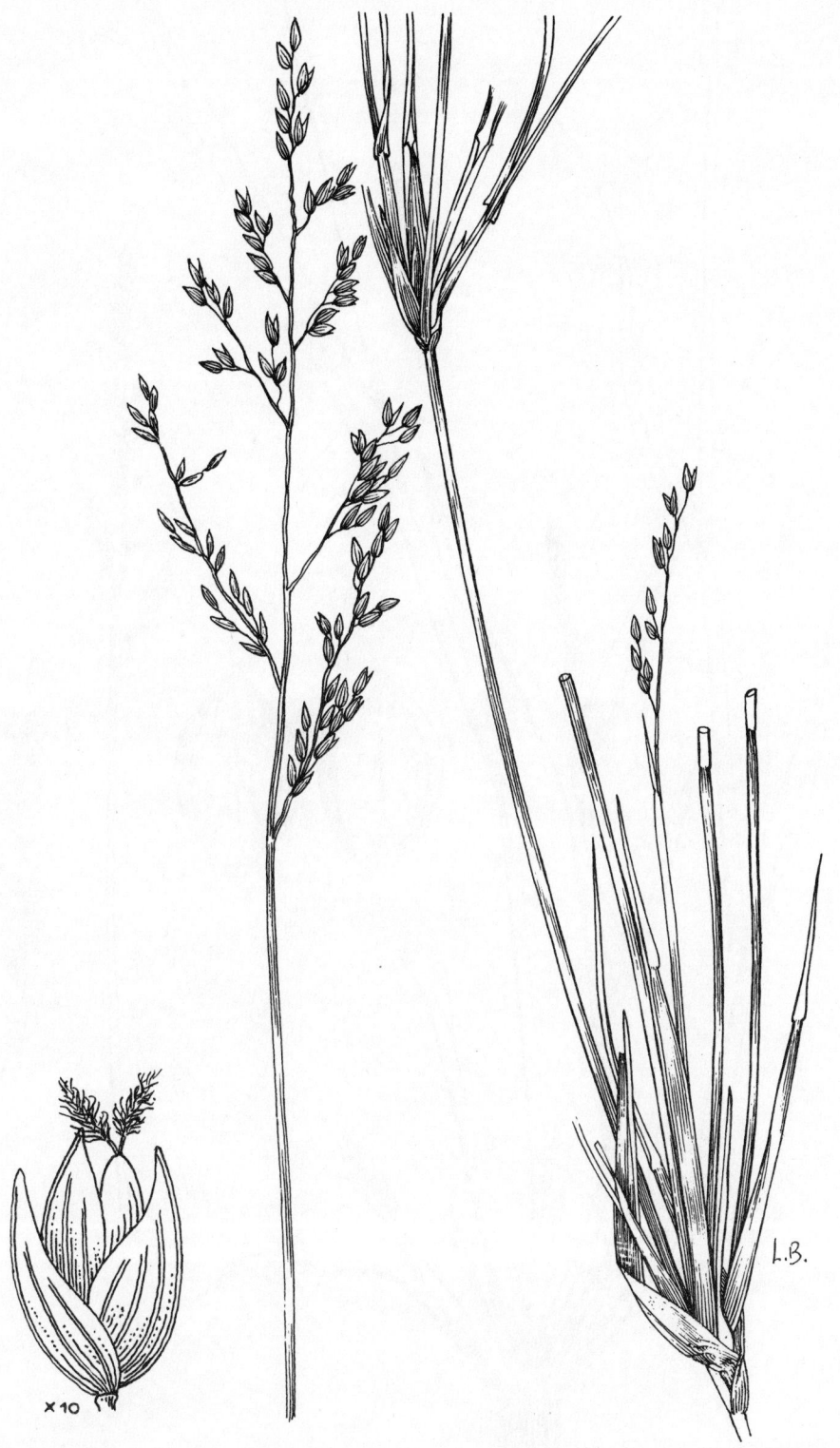

403. Panicum turgidum Forssk. דֹּחַן אָשׁוּן

x 10

x 2

404.   Echinochloa colonum (L.) Link   דֹּחֲנִית הַשְּׁלָחִין

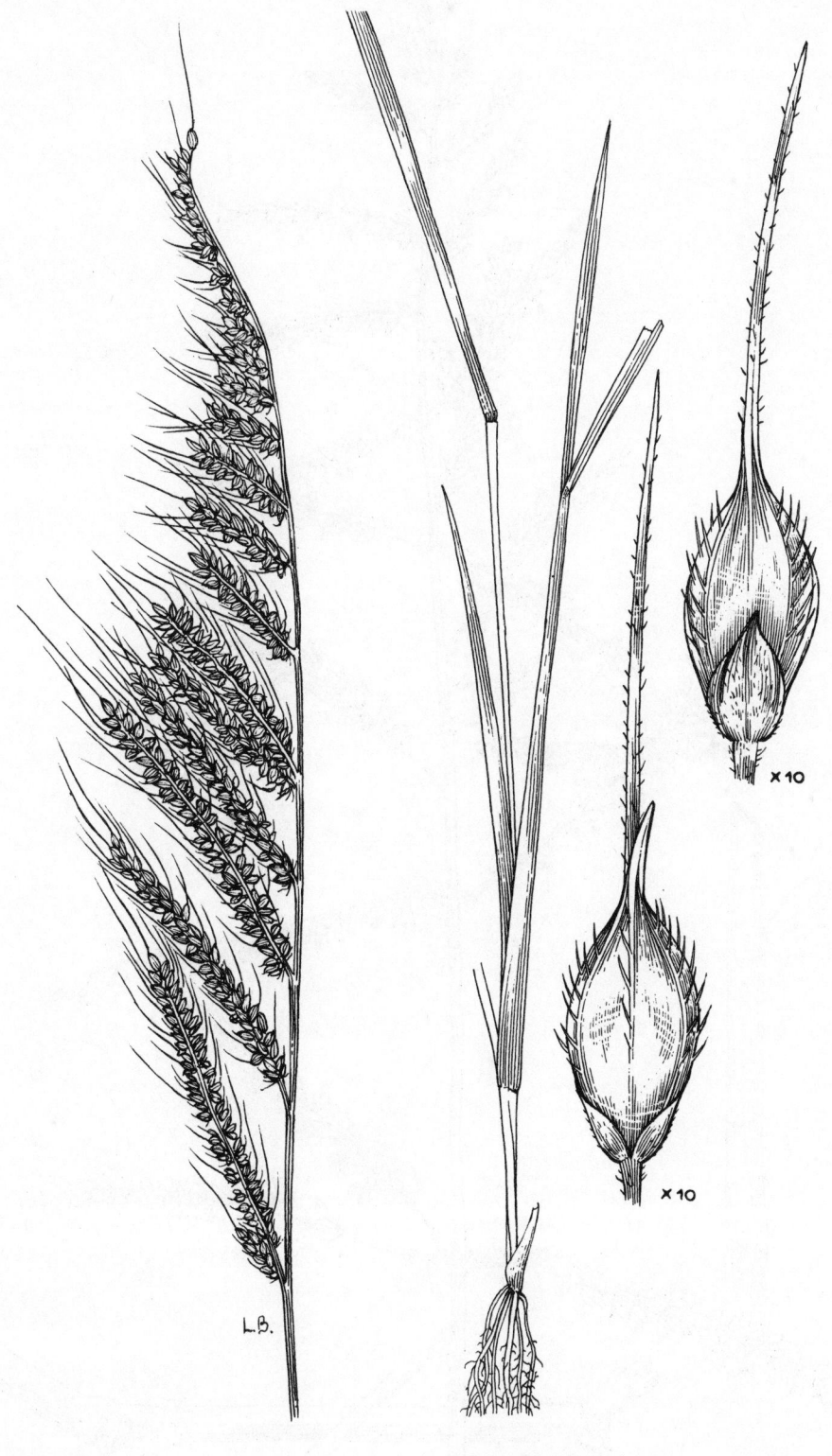

405. Echinochloa crusgalli (L.) Beauv. דֹּחֲנָאִית הַשַּׁלְחִין

406. Brachiaria mutica (Forssk.) Stapf   דֹּחֲנַן קַפֵּחַ

407. Brachiaria eruciformis (Sm.) Griseb. דֹּחֲנָן דַּק

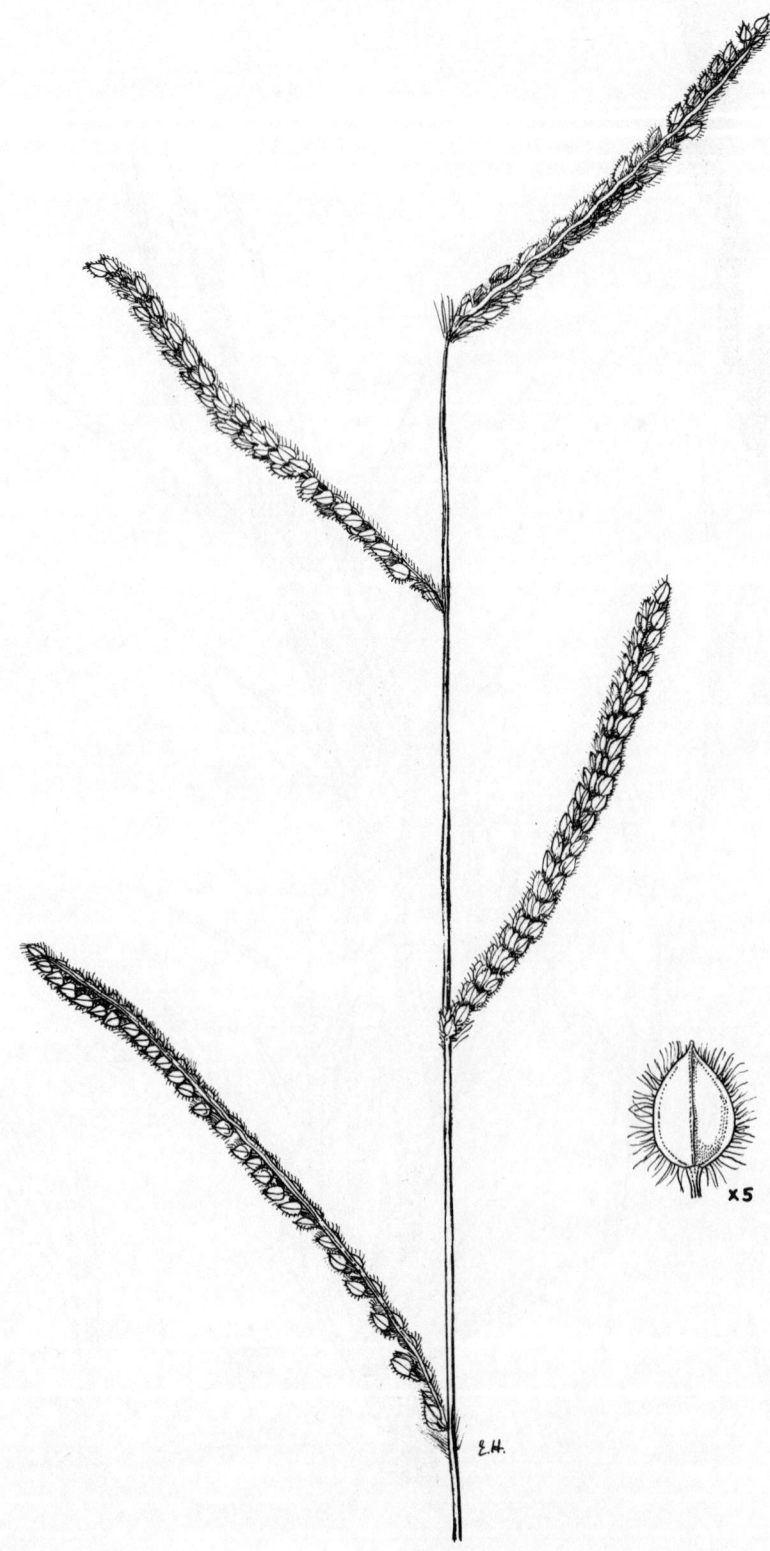

408. Paspalum dilatatum Poir. פַּסְפָּלוֹן מֻרְחָב

409. Paspalum paspalodes (Michx.) Scribner   פַּסְפָּלוֹן דּוּ־טוּרִי

410. **Paspalidium geminatum** (Forssk.) Stapf פַּסְפָּלִידְיוֹן הַתְּאוֹמִים

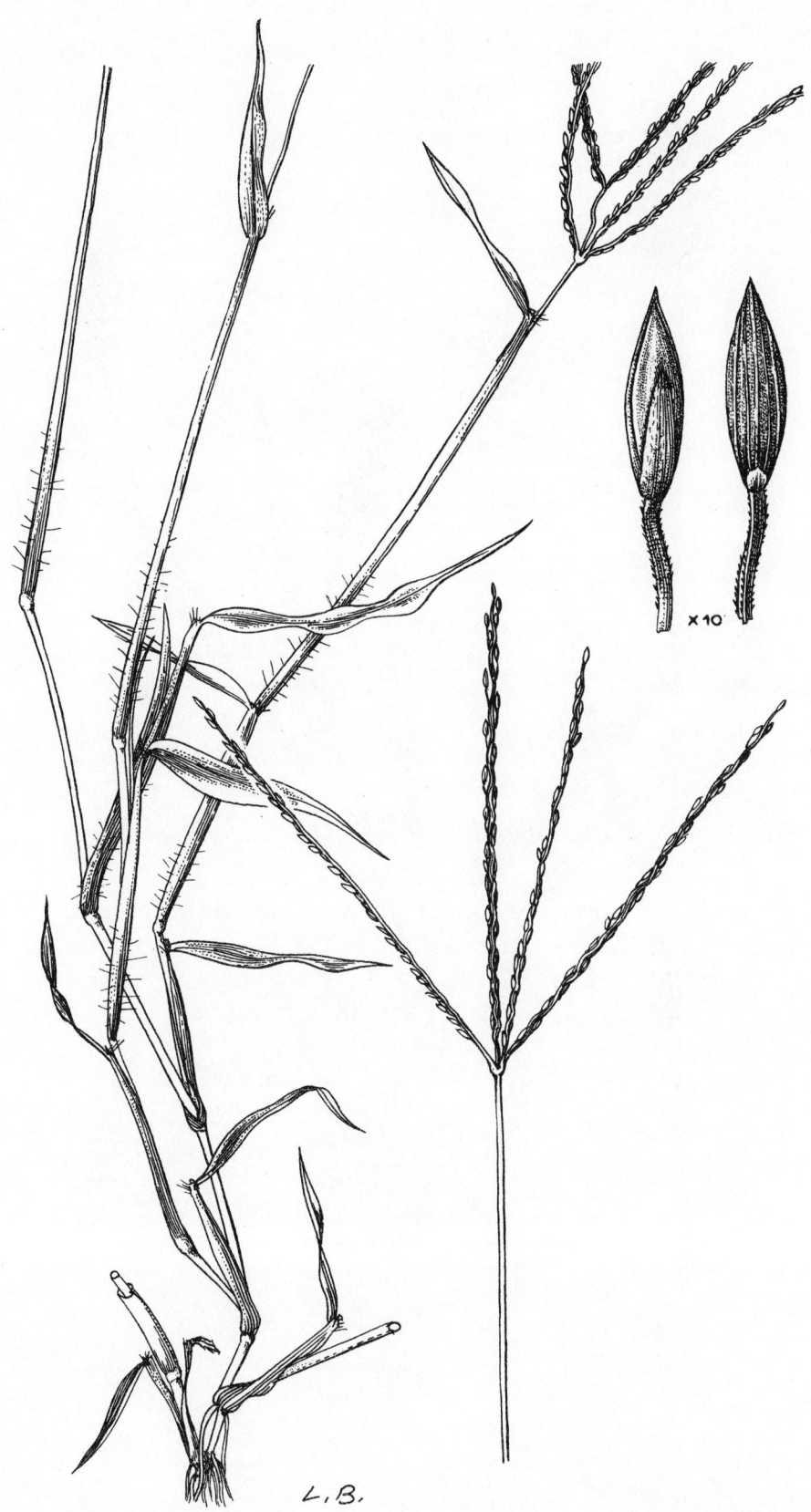

411. Digitaria sanguinalis (L.) Scop. אֶצְבָּעָן מַאְדִּים

412.   Setaria glauca (L.) Beauv.   זִיפָן כְּחַלְחַל

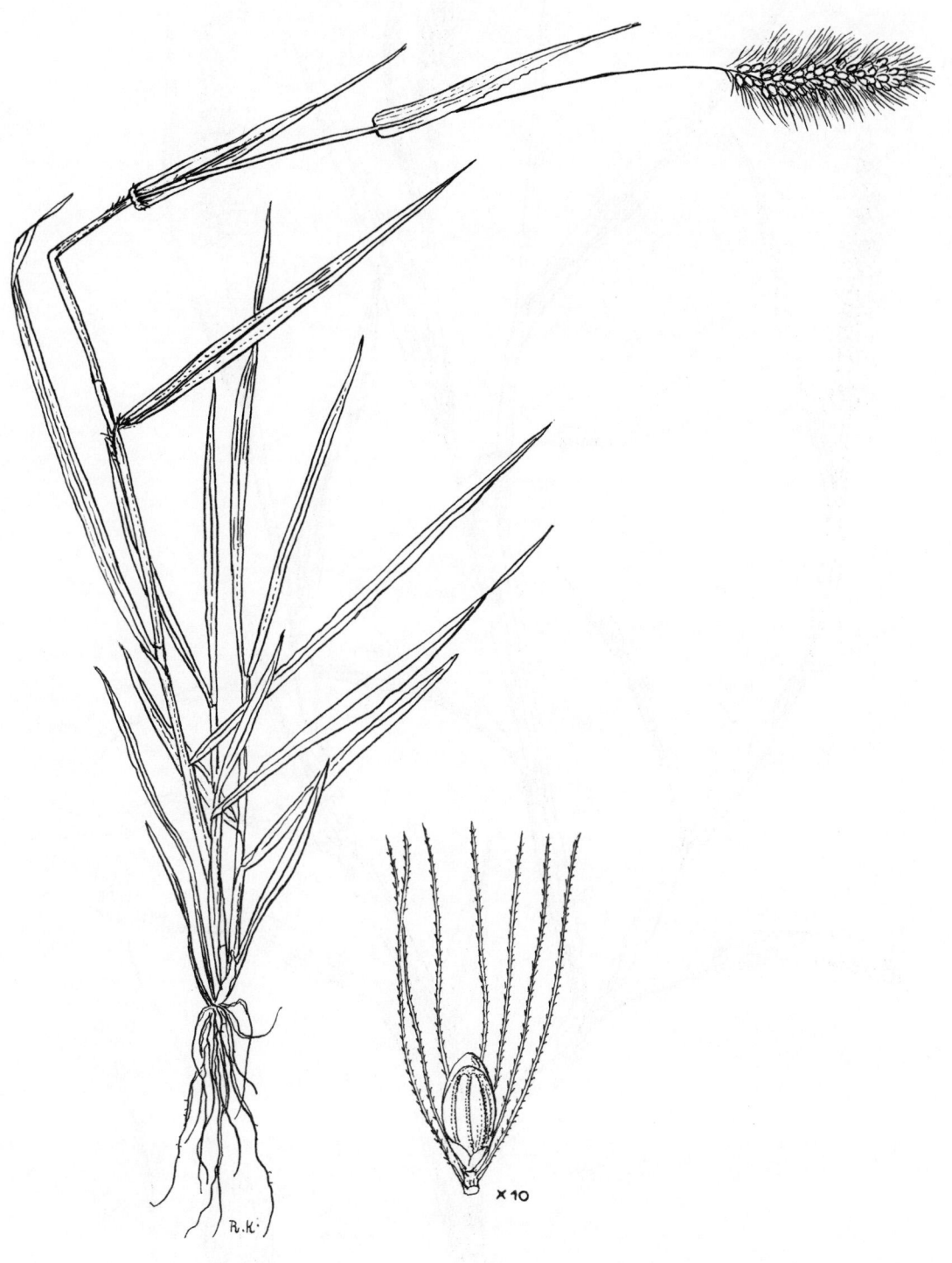

413.   Setaria viridis (L.) Beauv.   זִיפָן יָרֹק

414. Setaria verticillata (L.) Beauv. var. verticillata זִיפָן מָצוּי זַן מָצוּי

415. Pennisetum ciliare (L.) Link זִיפְנוֹצָה רִיסָנִית

416. Pennisetum divisum (J.F. Gmel.) Henrard   זִיפְנוֹצָה מְדֻקְרֶנֶת

L.B.

417. Pennisetum asperifolium (Desf.) Kunth ‏זִיפְנוֹצָה מְחֻסְפֶּסֶת‏

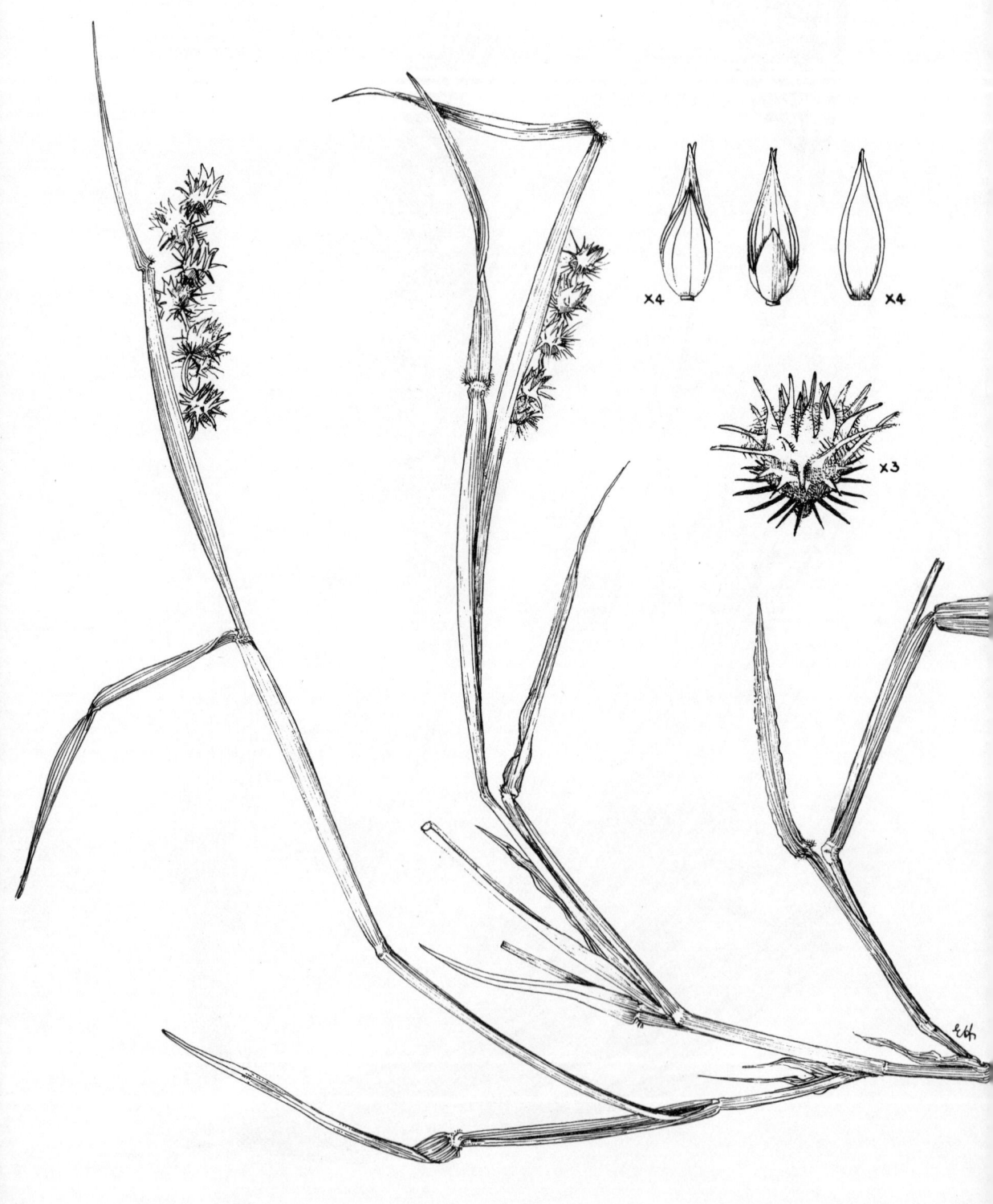

418. Cenchrus echinatus L. קֶנְכְּרוּס קוֹצָנִי

419. Tricholaena teneriffae (L. fil.) Link   בֶּן־דֹּחַן מִדְבָּרִי

420.   Anthephora laevis Stapf & C. E. Hubbard   שְׁחוֹרָן חָלָק

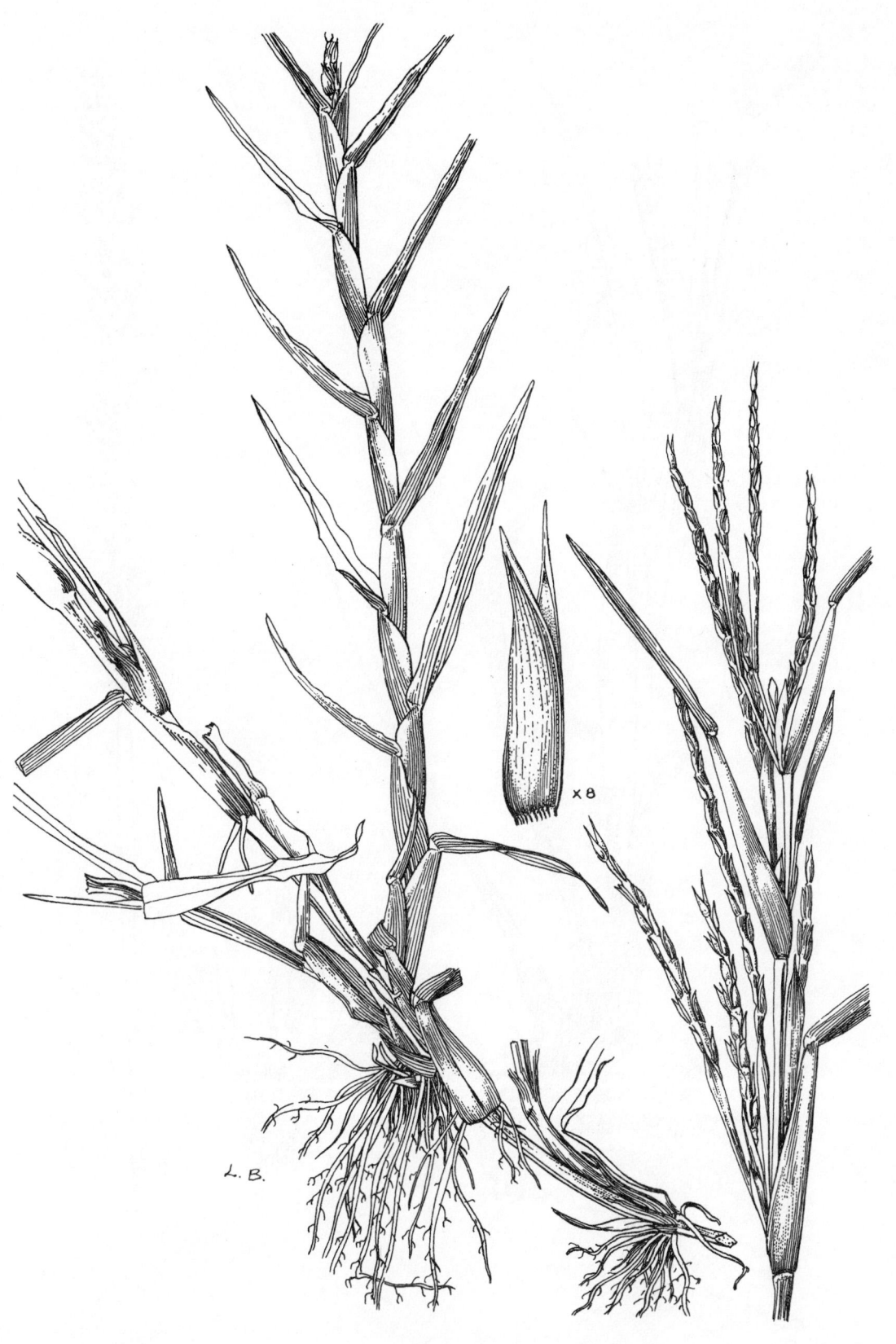

421. Hemarthria altissima (Poir.) Stapf & C.E. Hubbard יַשְׂרוּעַ מְאֻגָּד

422. Lasiurus scindicus Henrard מִצְמֶרֶת שְׂעִירָה

423. Imperata cylindrica (L.) Raeuschel מִשְׁיָן גְּלִילִי

424. Saccharum spontaneum L.   קְנֵה־סֻכָּר מִצְרִי

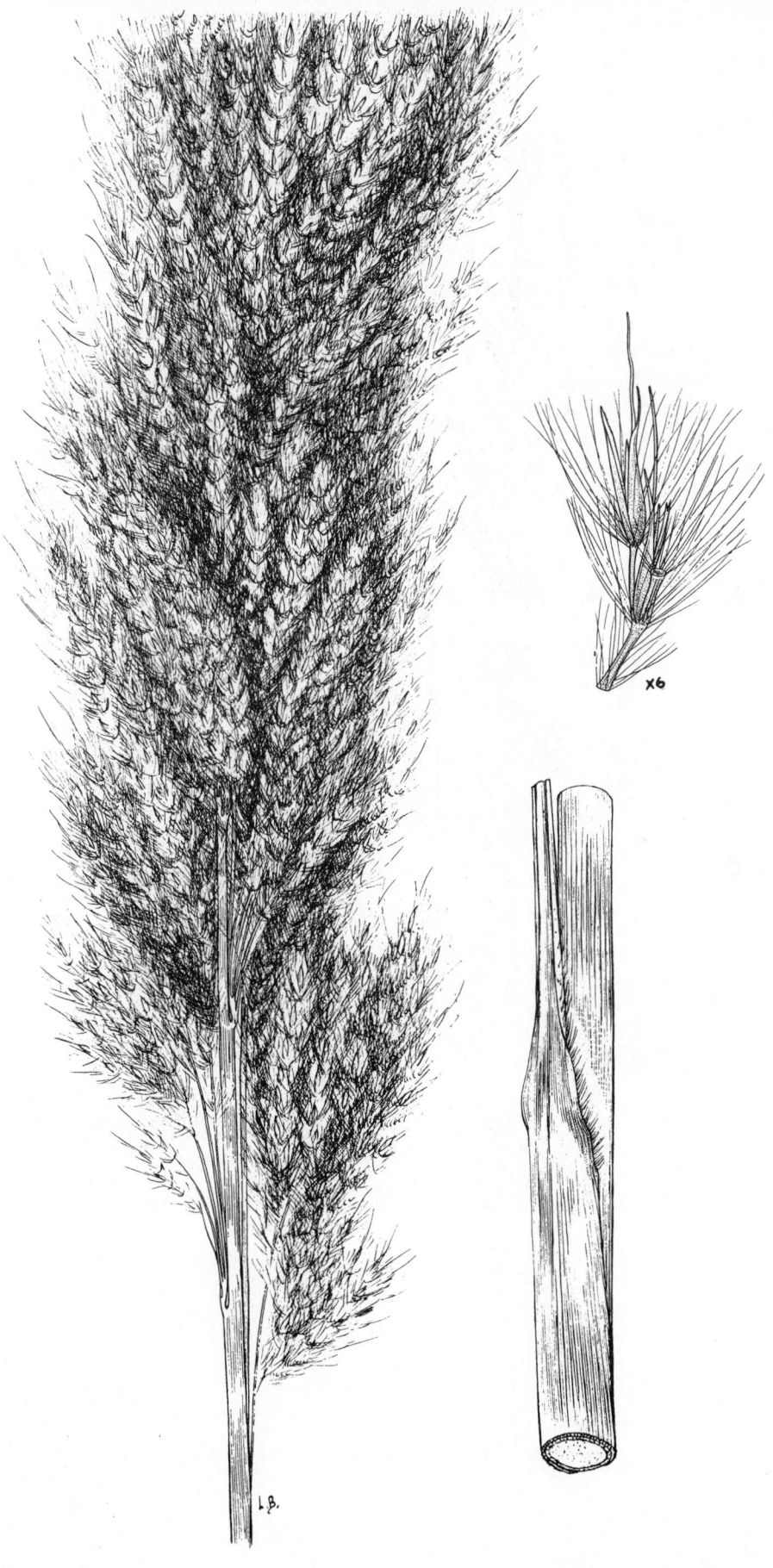

425. Saccharum ravennae (L.) Murr. קְנֵה־סֻכָּר גָּבֹהַּ

× 10

426. Saccharum strictum (Host) Spreng.   קָנֶה־סֻכָּר זָקוּף

427. Sorghum halepense (L.) Pers.   דּוּרַת אֲרַם־צוֹבָא

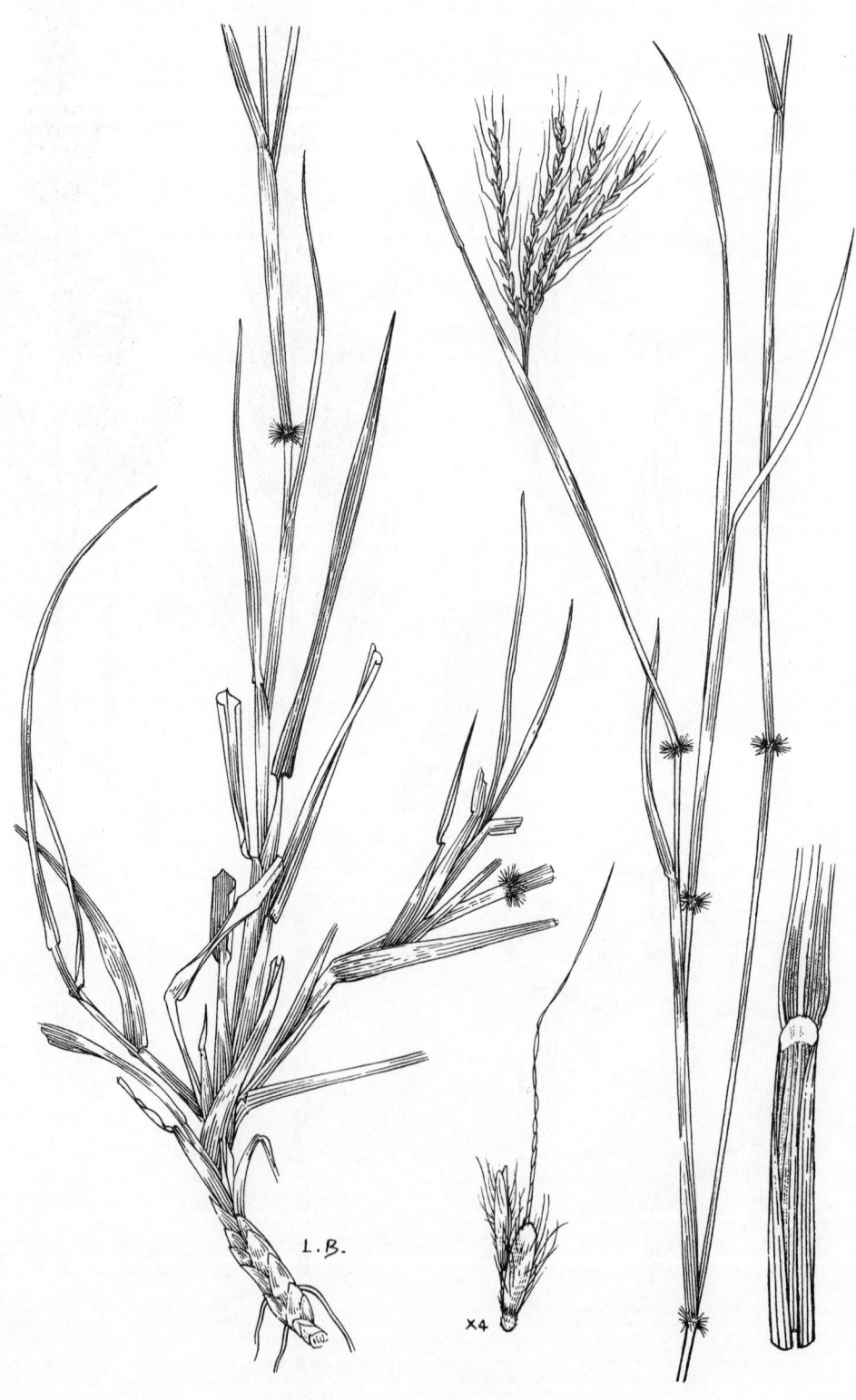

428. Dichanthium annulatum (Forssk.) Stapf זְקָנוּנִית הַטַּבָּעוֹת

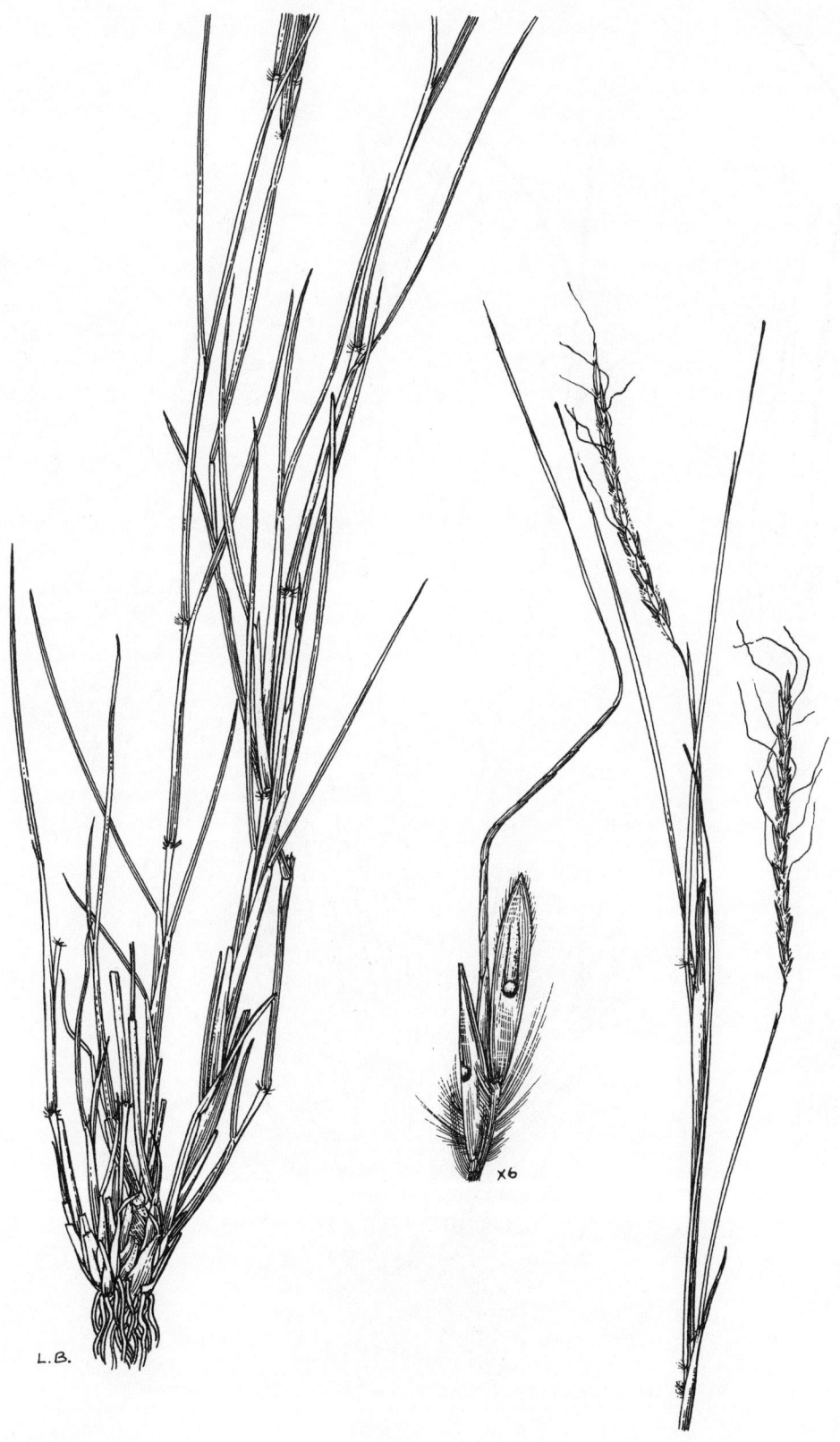

L.B.

429. Eremopogon foveolatus (Del.) Stapf זְקַנְצִיַּת הַגֻּמָּמוֹת

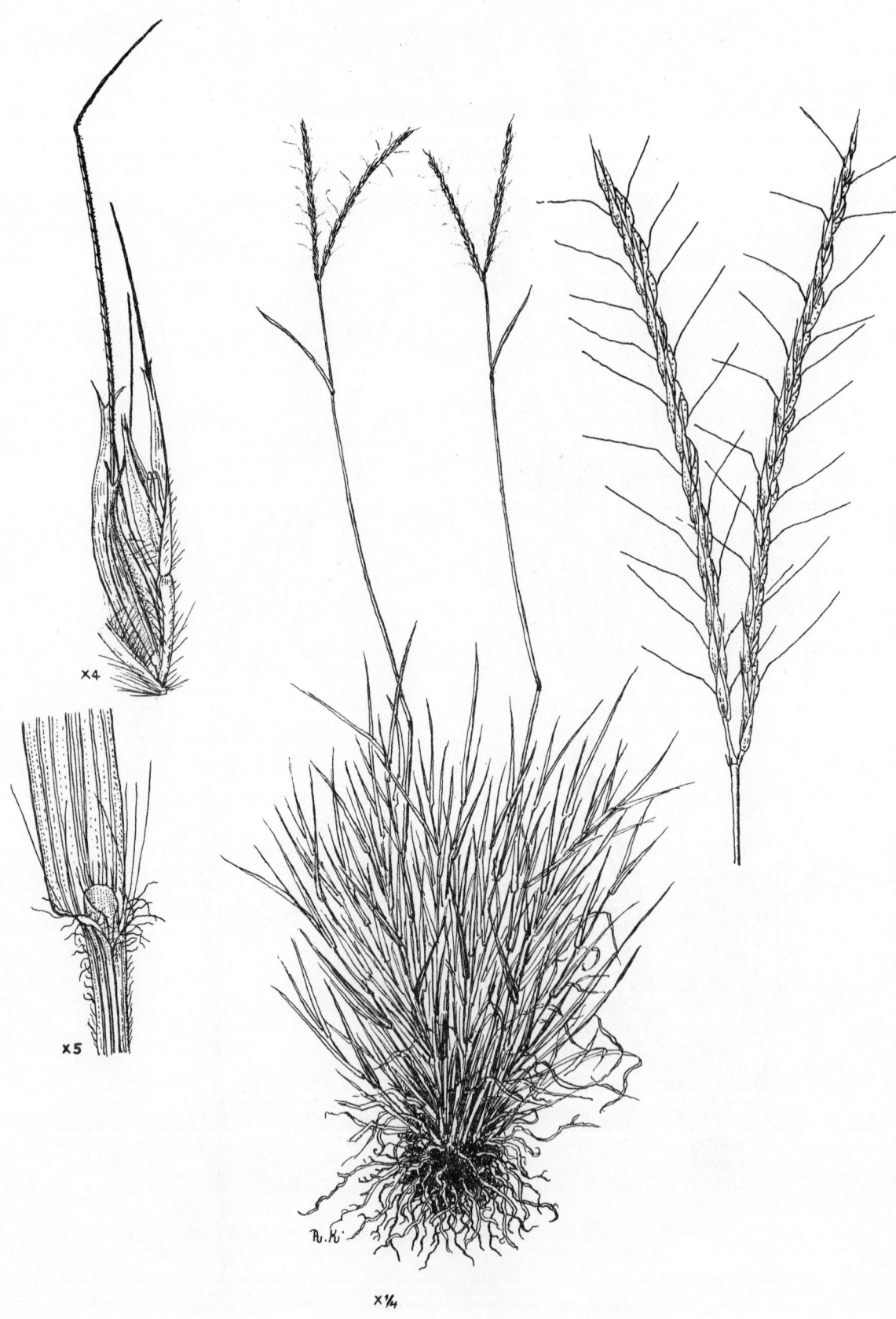

430. Andropogon distachyos L. זְקָנִים כְּפוּל־הַשִּׁבֳּלִים

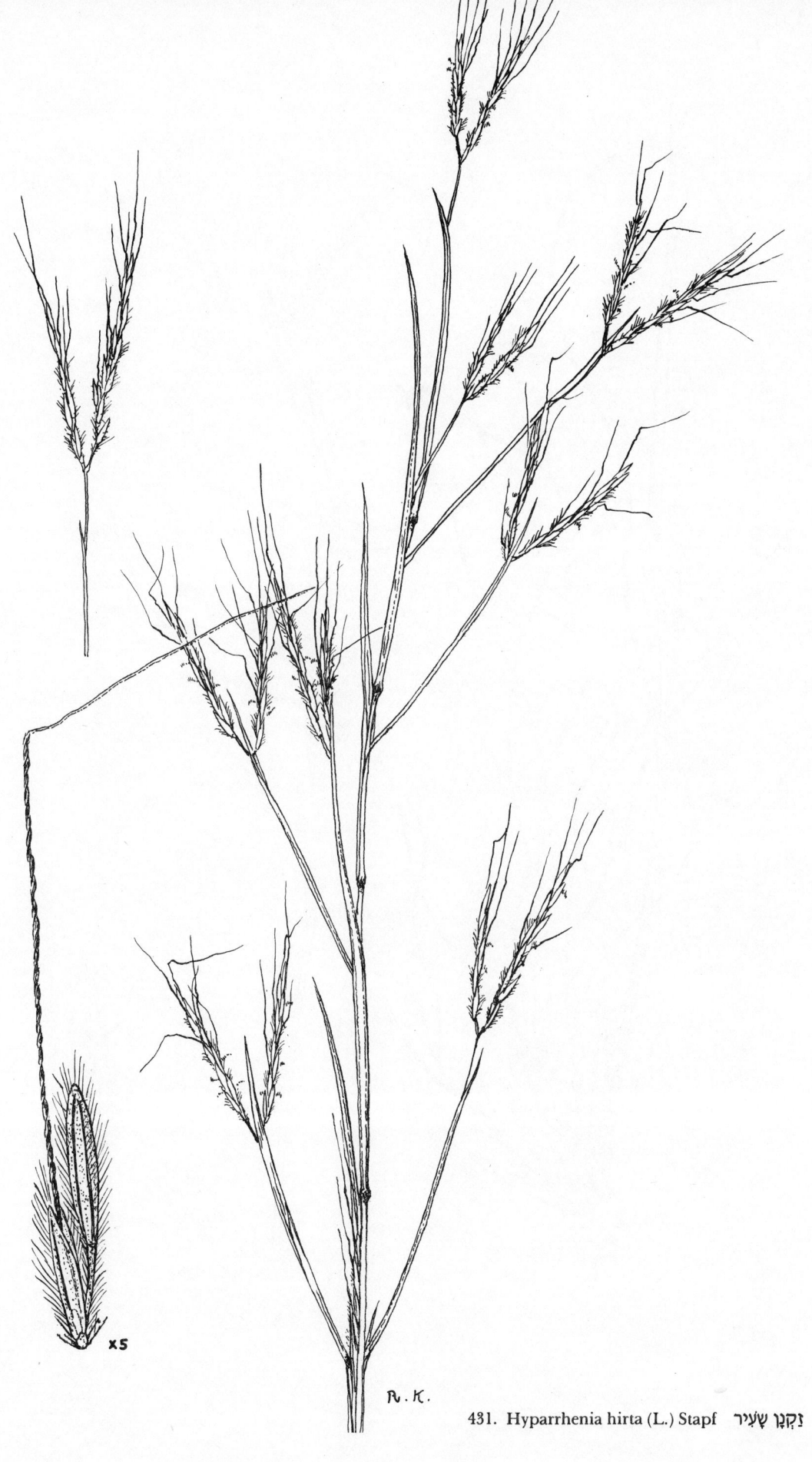

431. Hyparrhenia hirta (L.) Stapf זְקָנָן שָׂעִיר

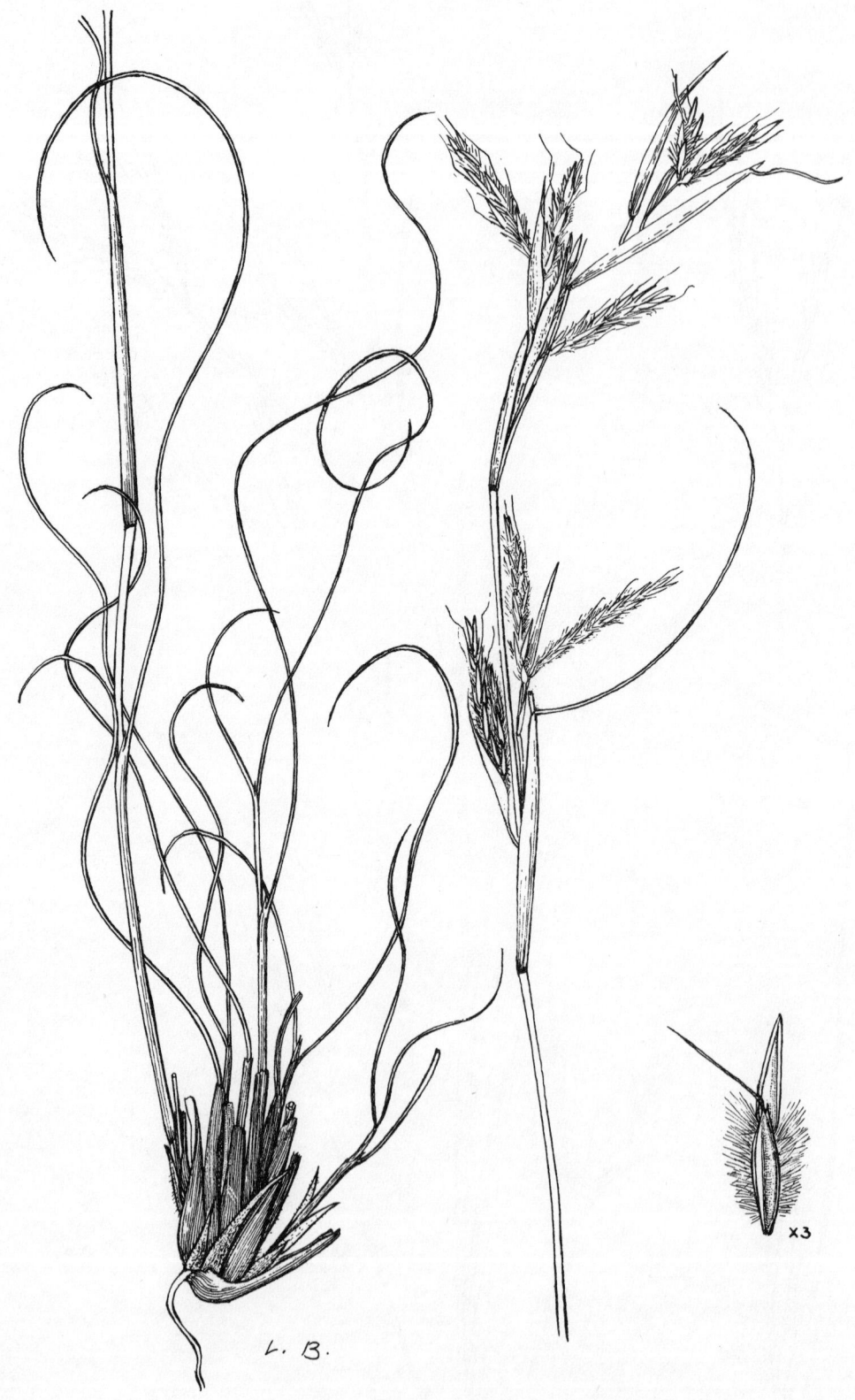

L. B.

432. Cymbopogon parkeri Stapf רַב־זָקָן קֵרֵחַ

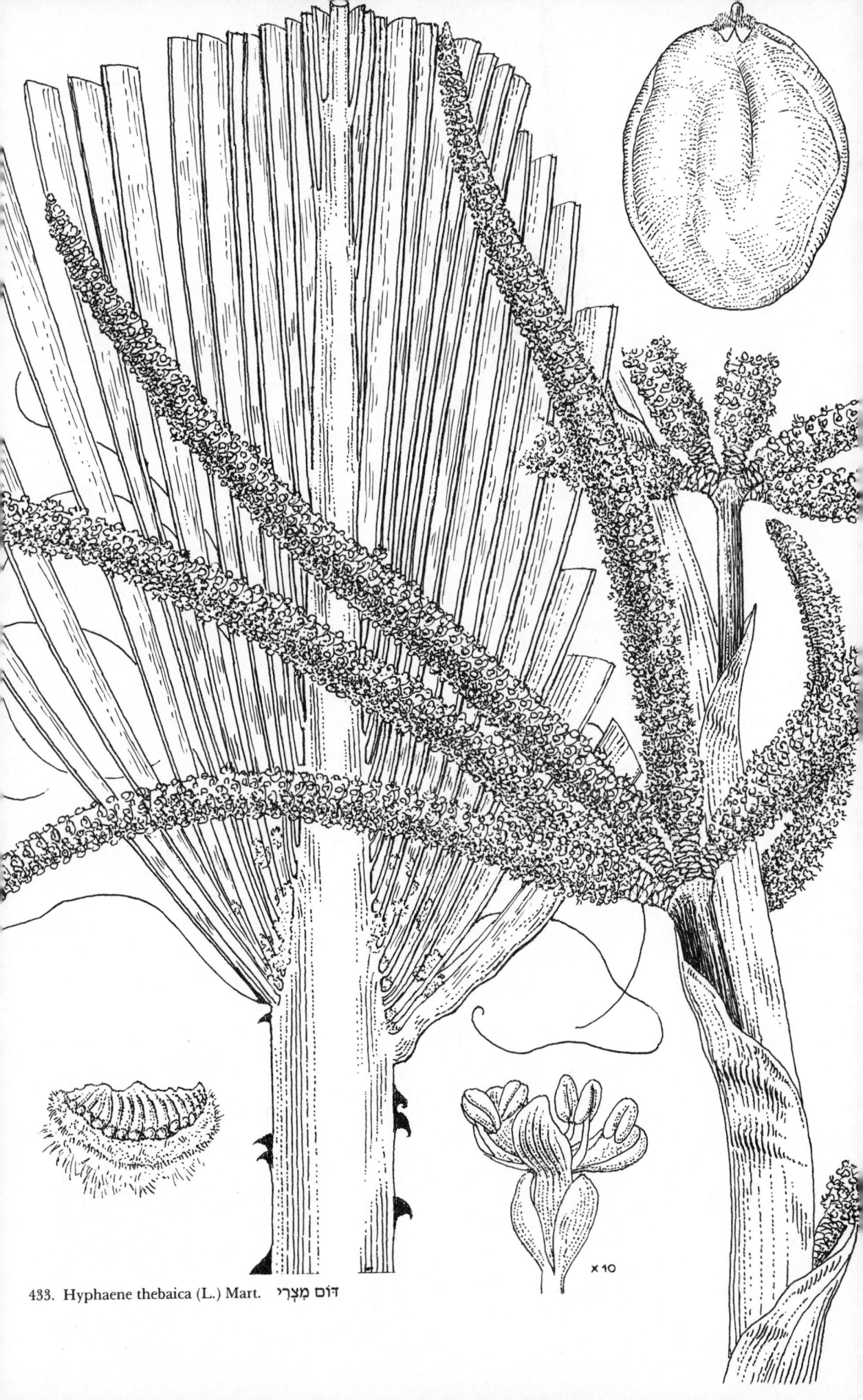

433. Hyphaene thebaica (L.) Mart. דום מִצְרִי

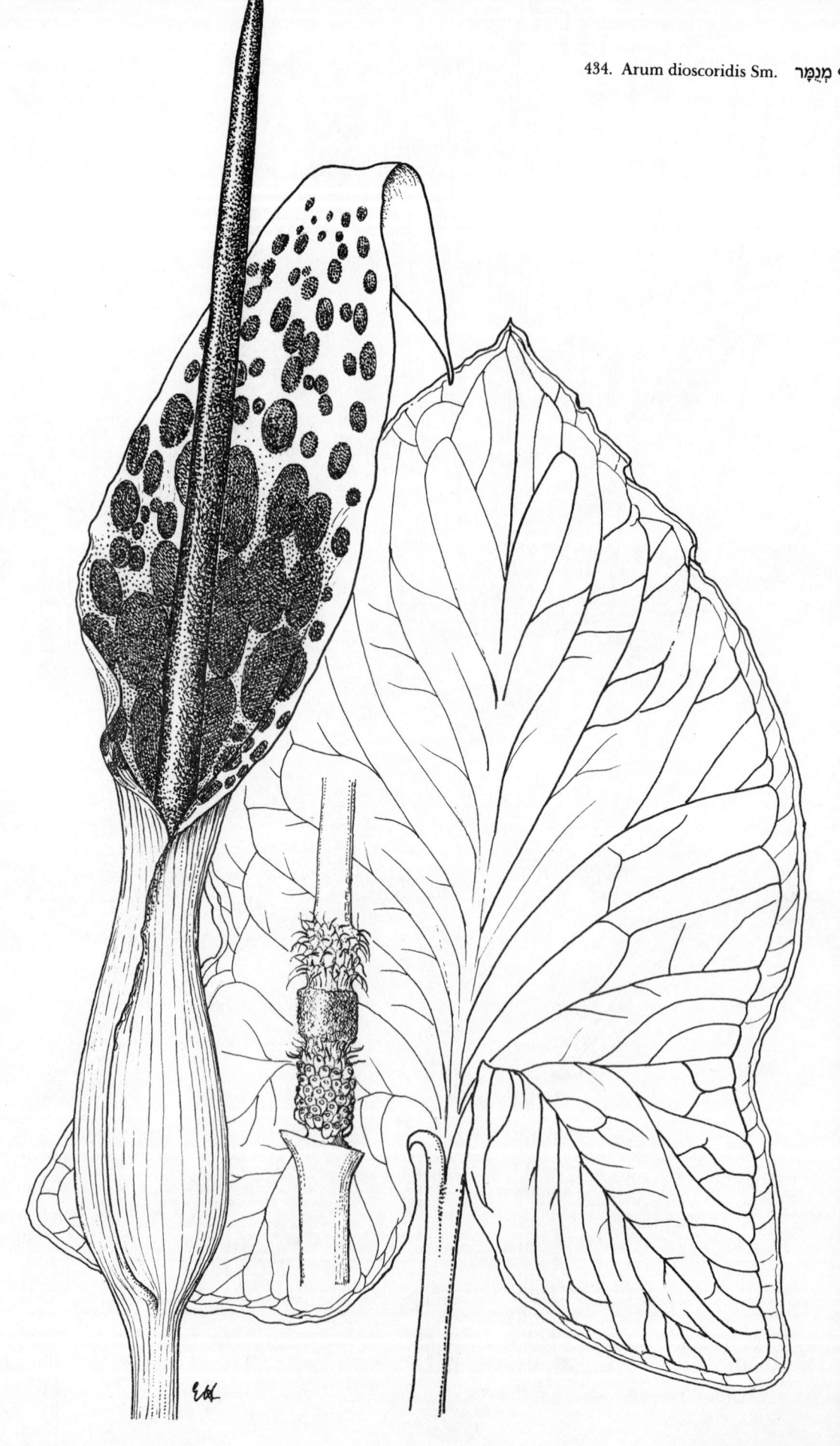

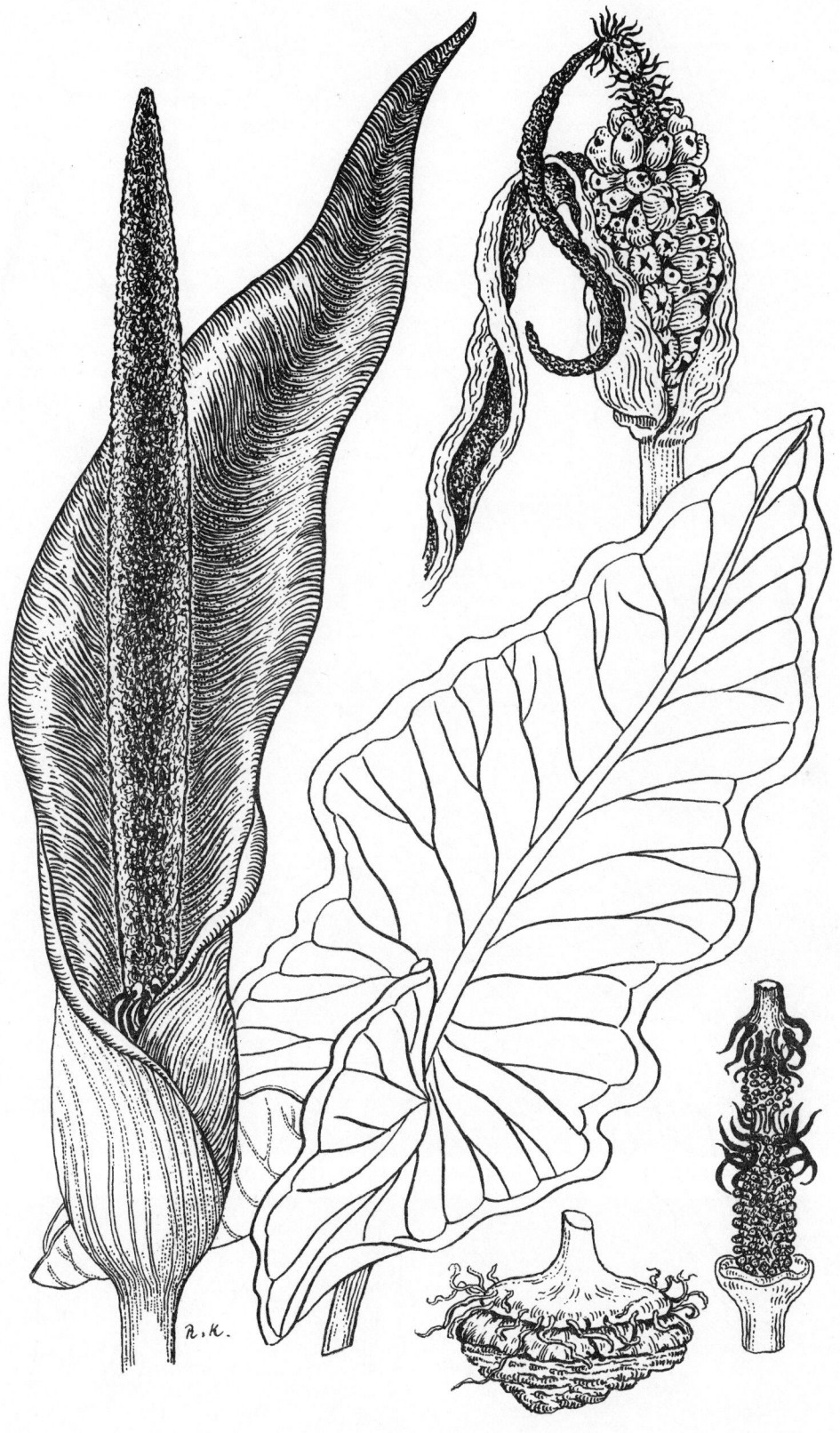

435. Arum palaestinum Boiss. לוף אֶרֶצְיִשְׂרְאֵלִי

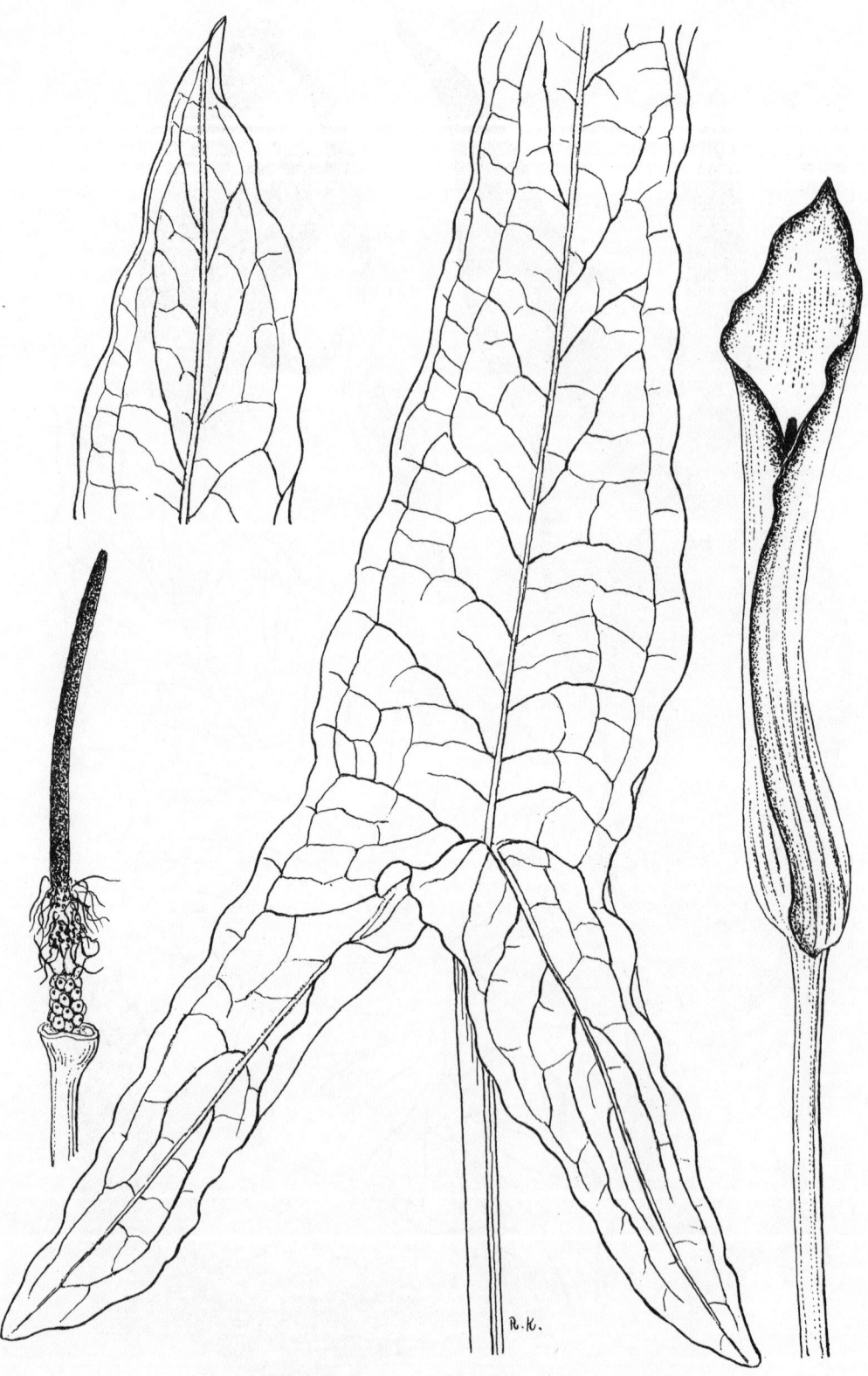

436. Arum hygrophilum Boiss. לוּף יָרֹק

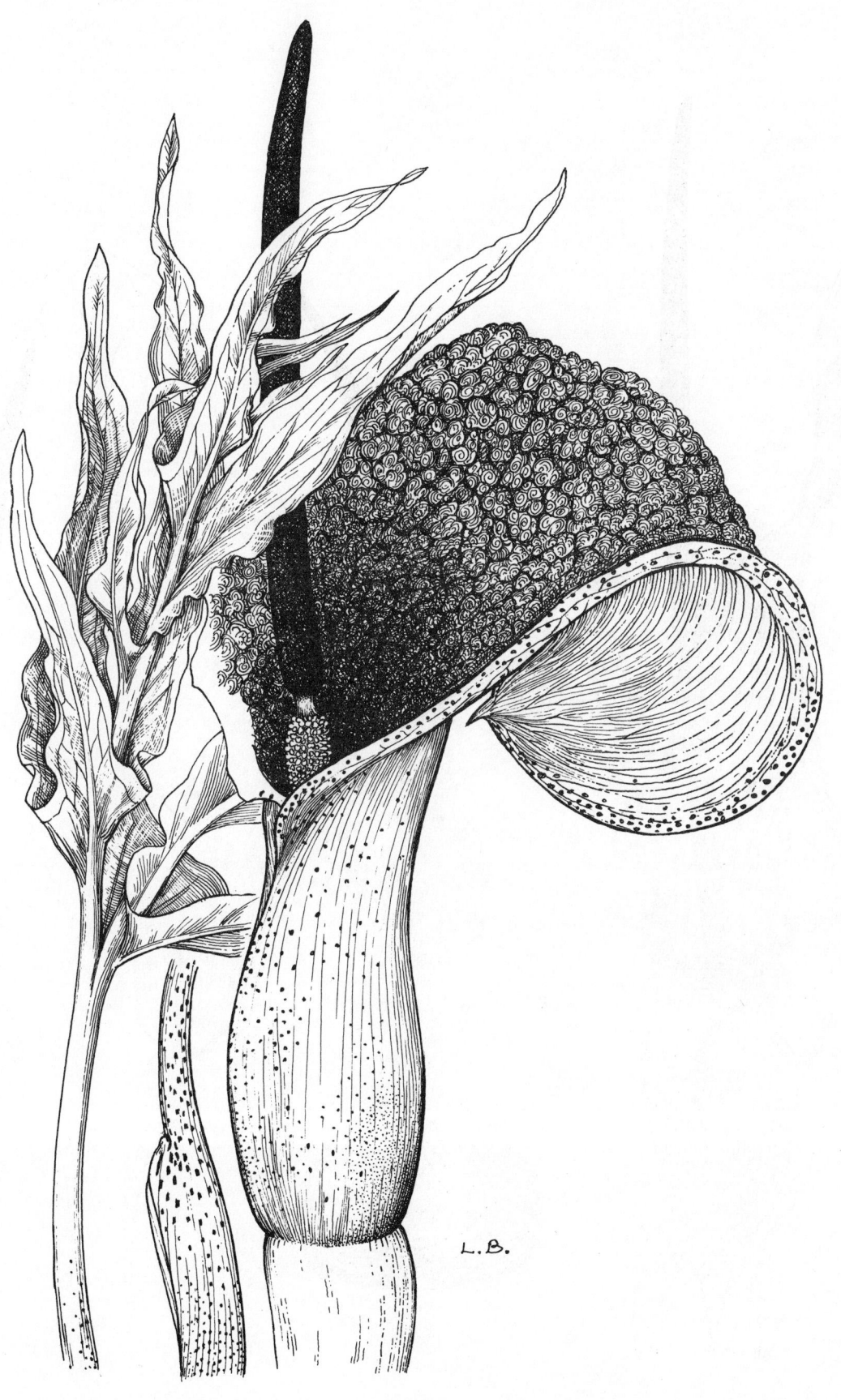

437. Eminium spiculatum (Blume) Schott לוּלְיָנִית מְעֻבָּה

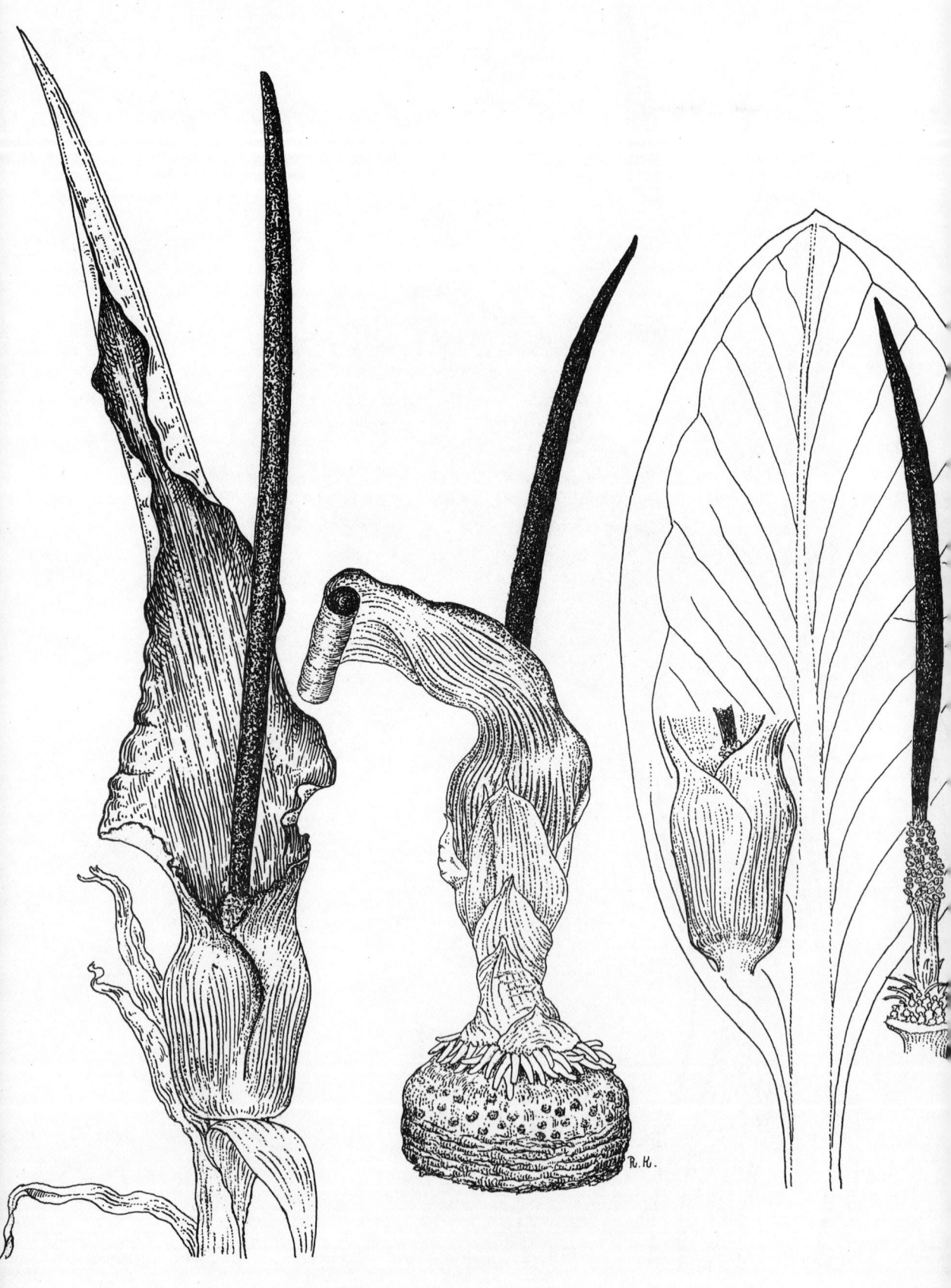

438. Biarum pyrami (Schott) Engler אֲחִילוּף הַגָּלִיל

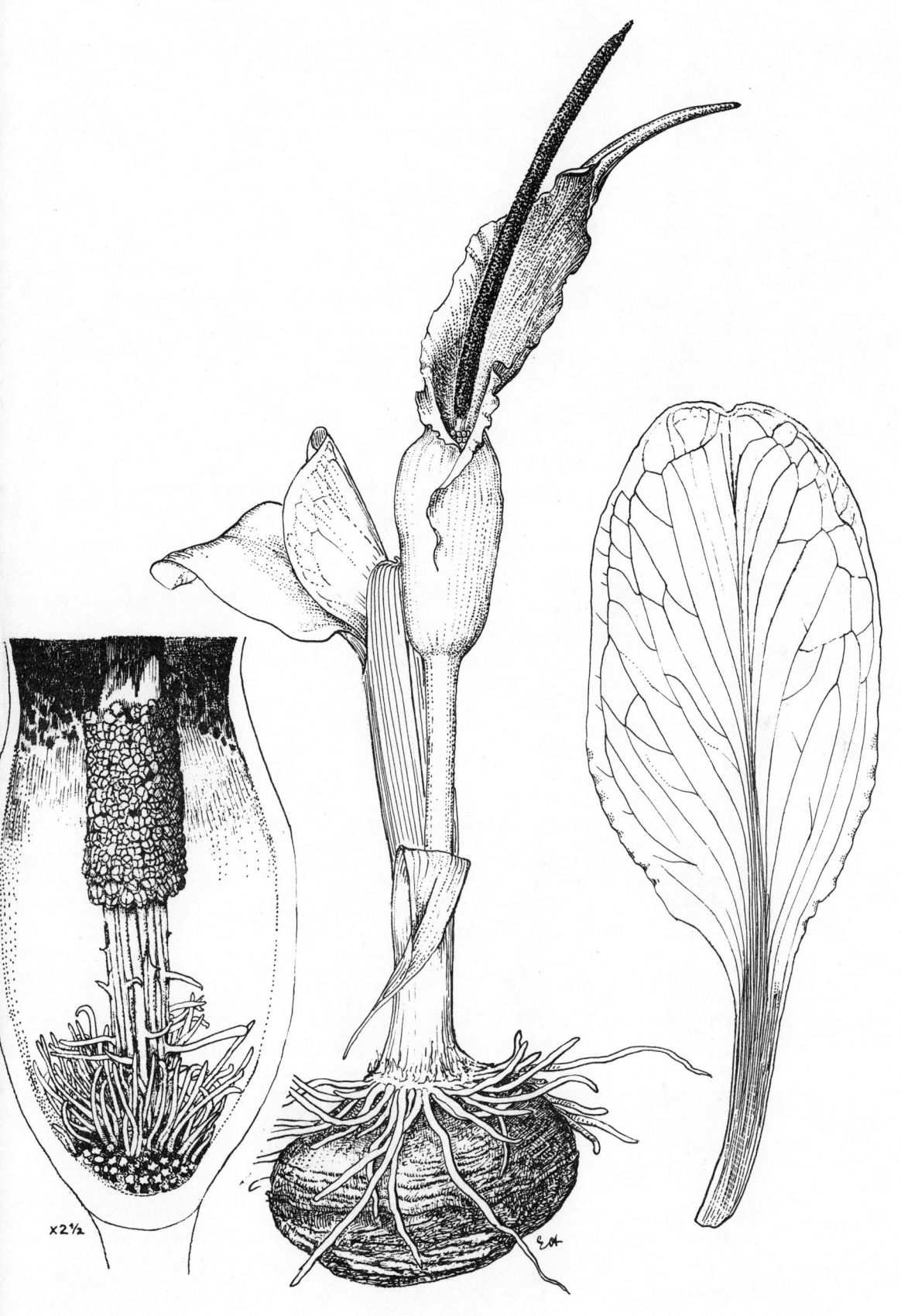

439. Biarum bovei Decne. אֲחִילוּף הַלְּבָנוֹן

440. Biarum angustatum (Hook. fil.) N.E. Brown אֲחִילוּף צַר־עָלִים

441. Biarum olivieri Blume אֲחִילוּף זָעִיר

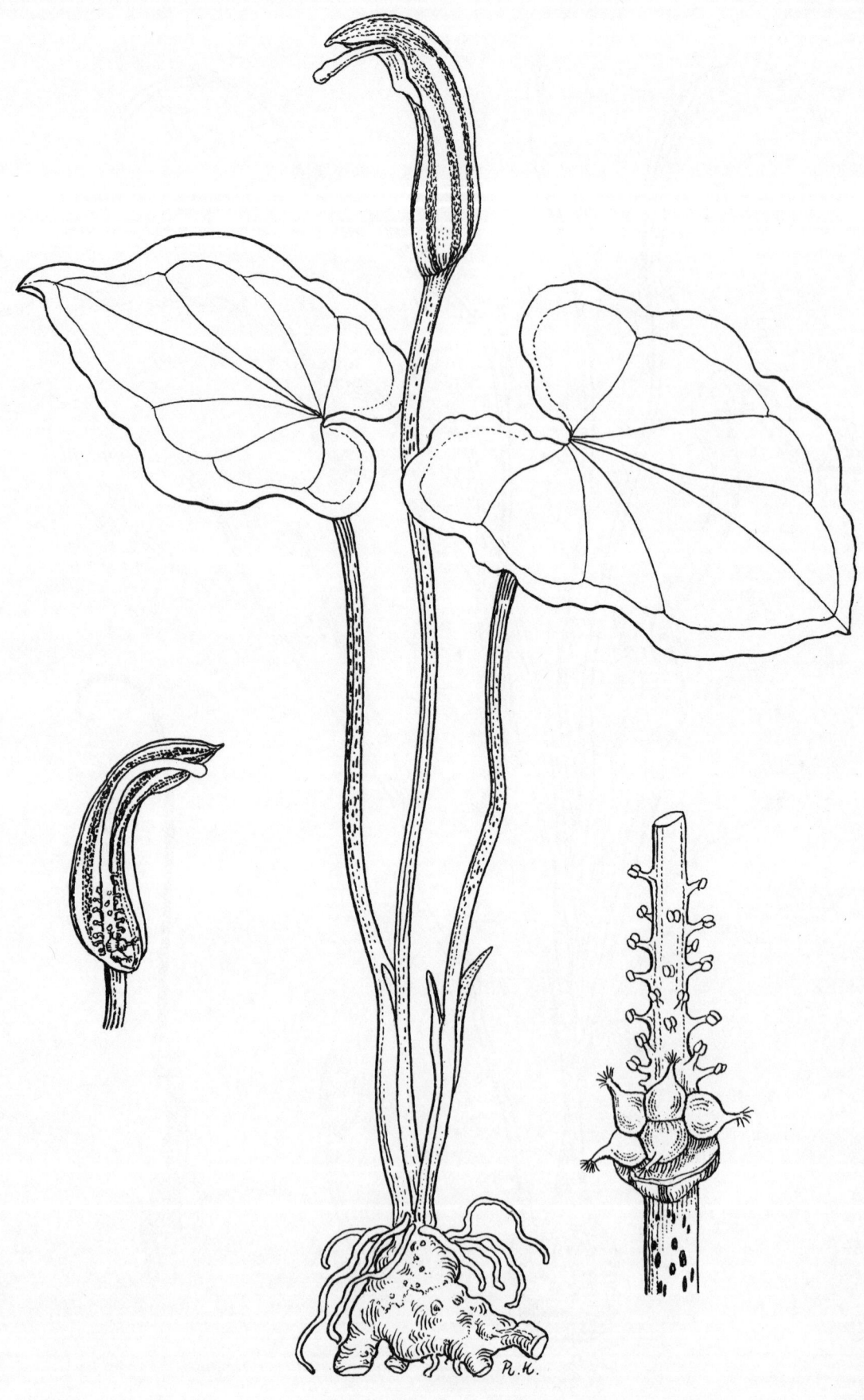

442. Arisarum vulgare Targ.-Tozz. לופית מְצוּיָה

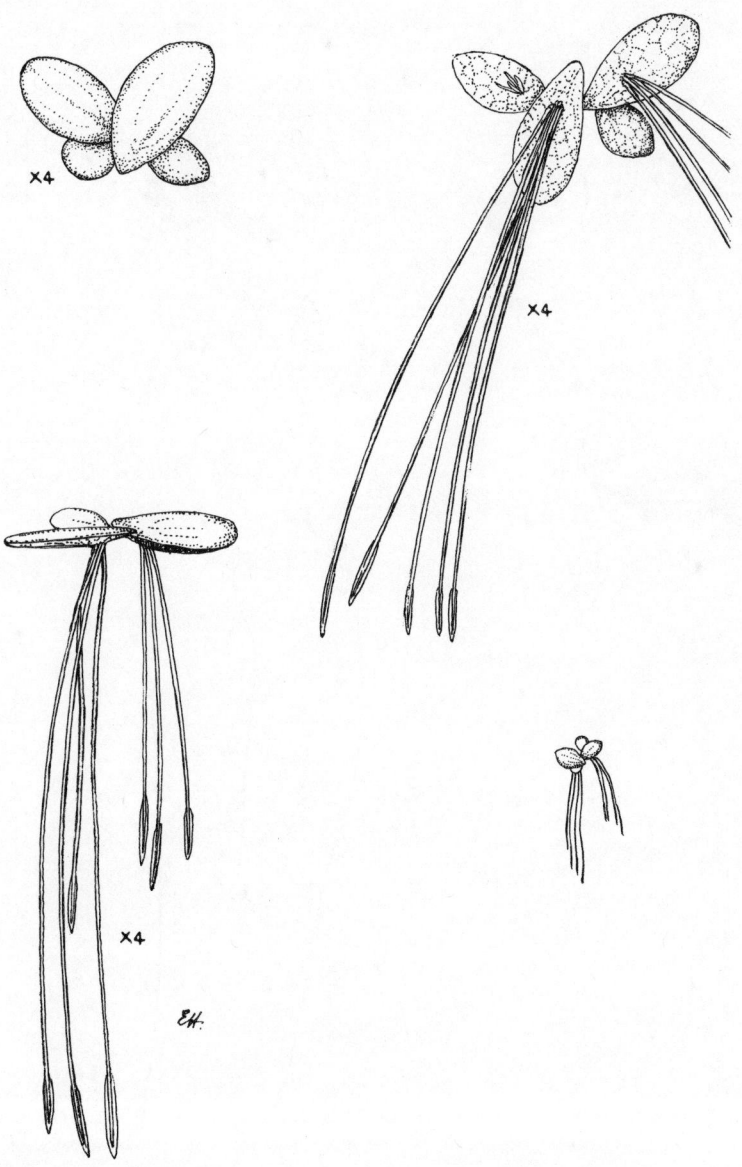

443. Spirodela polyrhiza (L.) Schleiden אַגְמִית רַבַּת־שָׁרָשִׁים

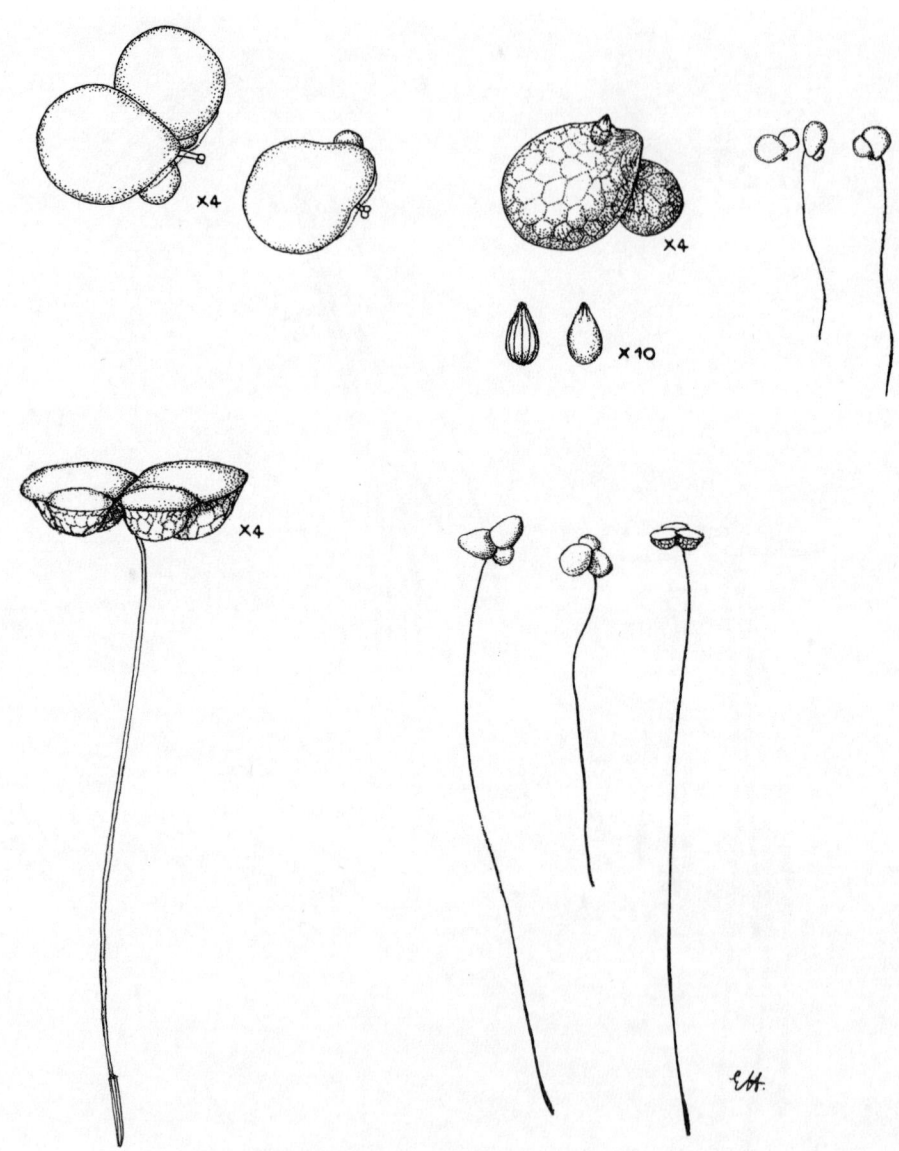

444. Lemna gibba L. עַדְשַׁת־הַמַּיִם הַגִּבֶּנֶת

445. Lemna minor L. עֲדָשַׁת־הַמַּיִם הַזְּעִירָה

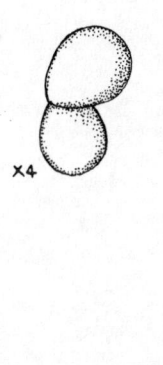

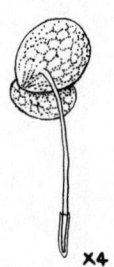

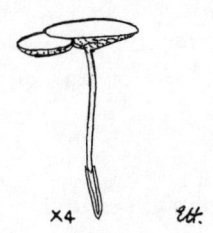

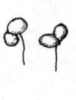

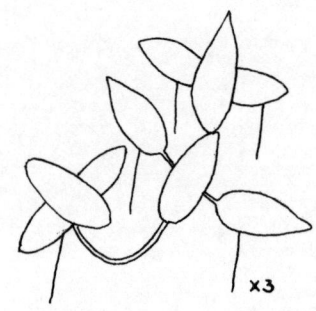

x3

446. Lemna trisulca L.   עֲדָשַׁת־הַמַּיִם הַמִּצְטַלֶבֶת

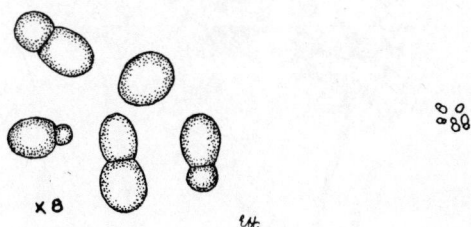

447.　Wolffia arrhiza (L.) Horkel & Wimmer　כַּדְרוּרִית הַמַּיִם

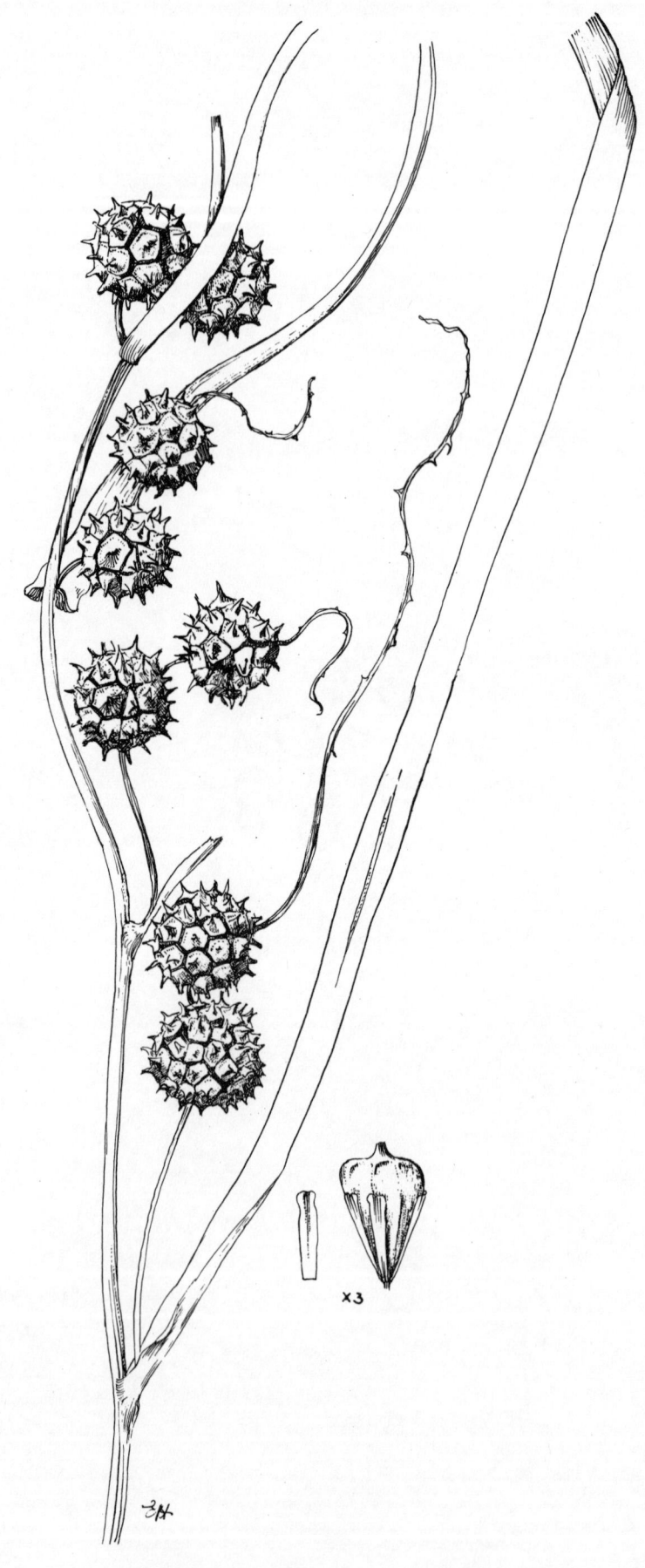

448. Sparganium erectum L. subsp. erectum   כַּדּוּרָן עָנֵף תַּת־מִין עָנֵף

449. Sparganium erectum L. subsp. neglectum (Beeby) K. Richter כַּדּוּרָן עָנֵף תַּת־מִין הַבִּצּוֹת

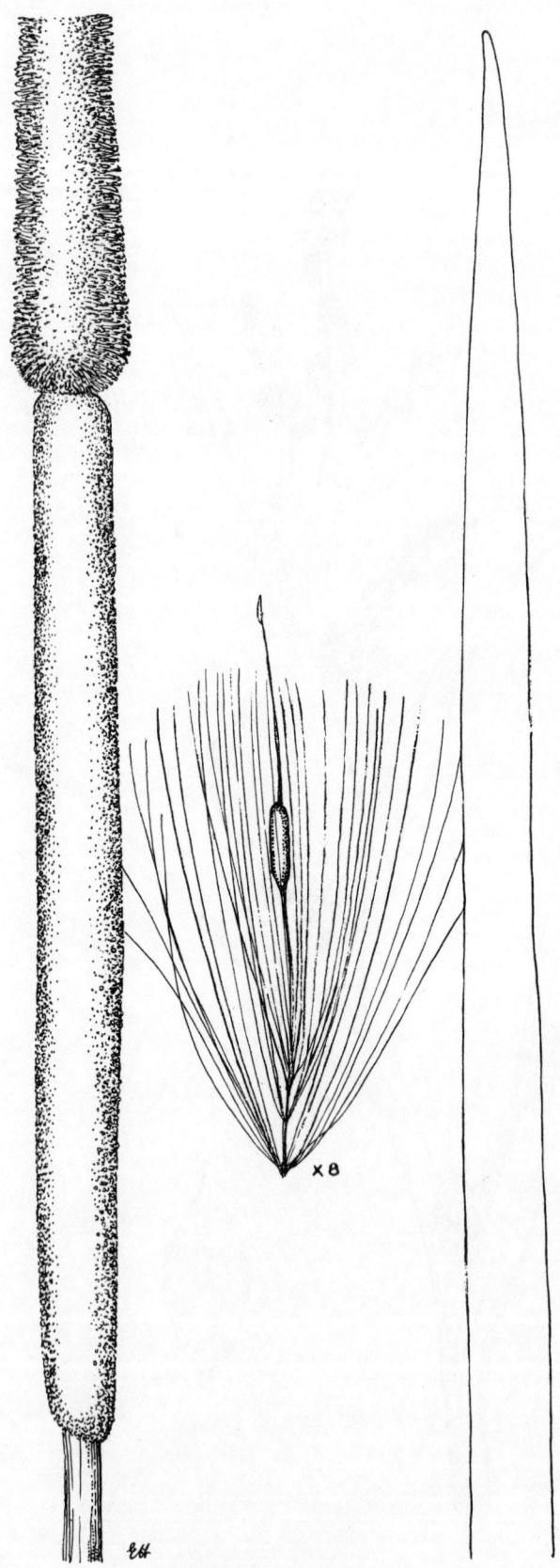

450. Typha latifolia L. סוּף רְחַב־עָלִים

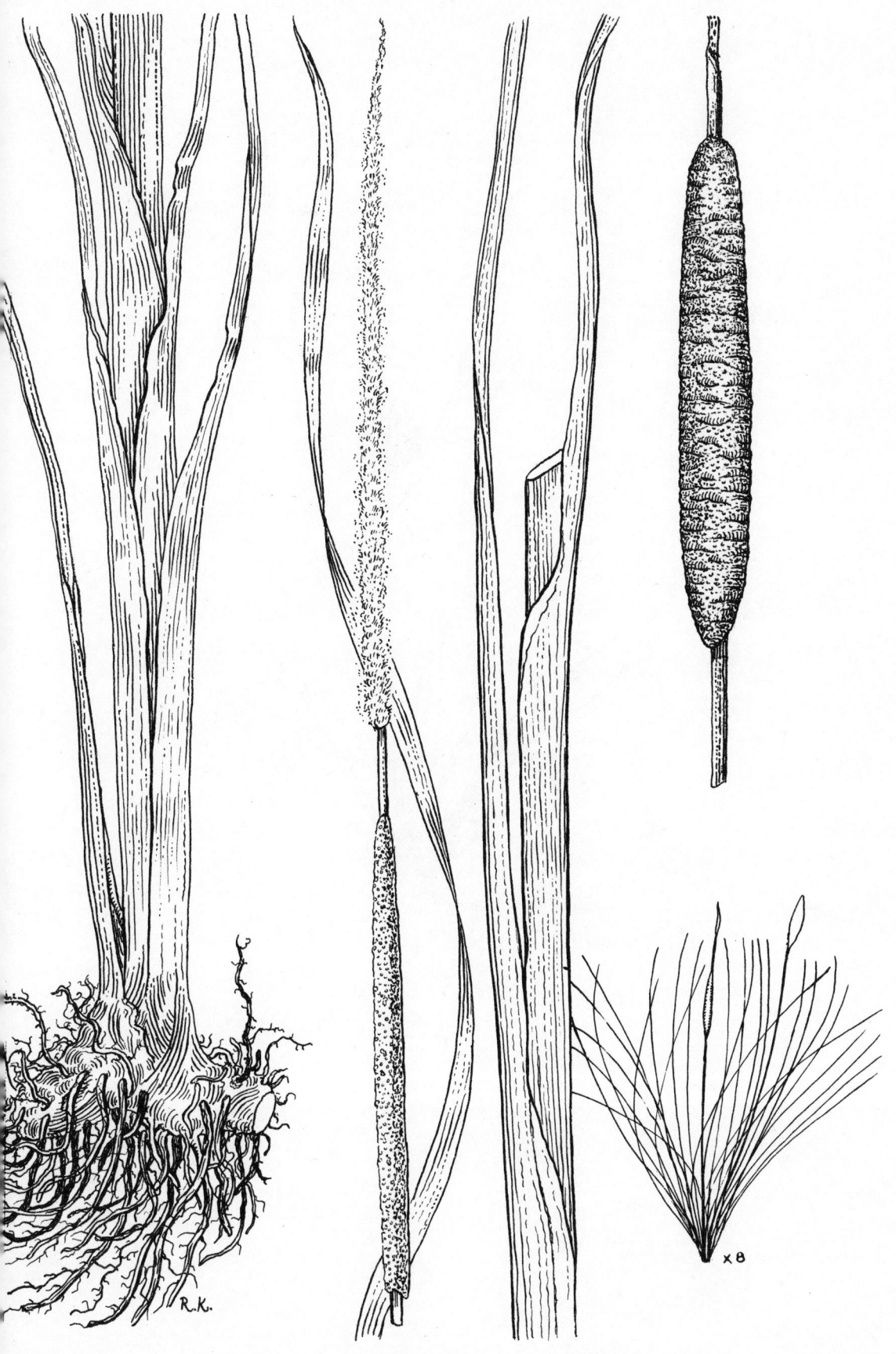

451. *Typha domingensis* (Pers.) Poir. ex Steud. סוּף מְצוּי

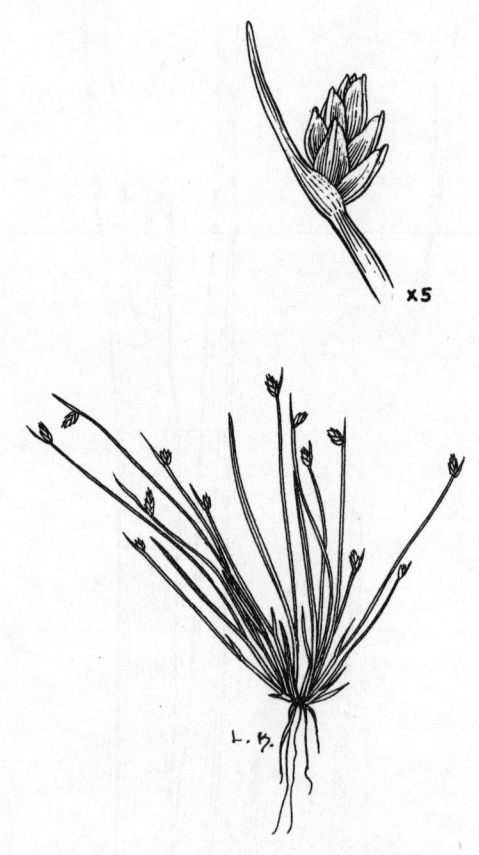

452. Scirpus cernuus Vahl   אַגְמוֹן נָטוּי

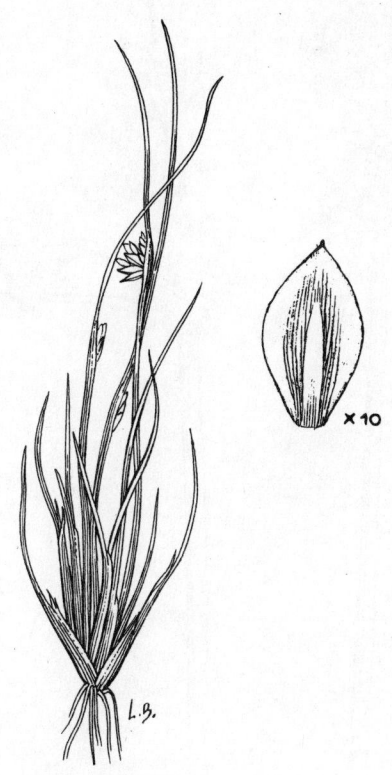

453. Scirpus supinus L.   אַגְמוֹן שָׂרוּעַ

454. Scirpus holoschoenus L.   אַגְמוֹן הַכַּדּוּרִים

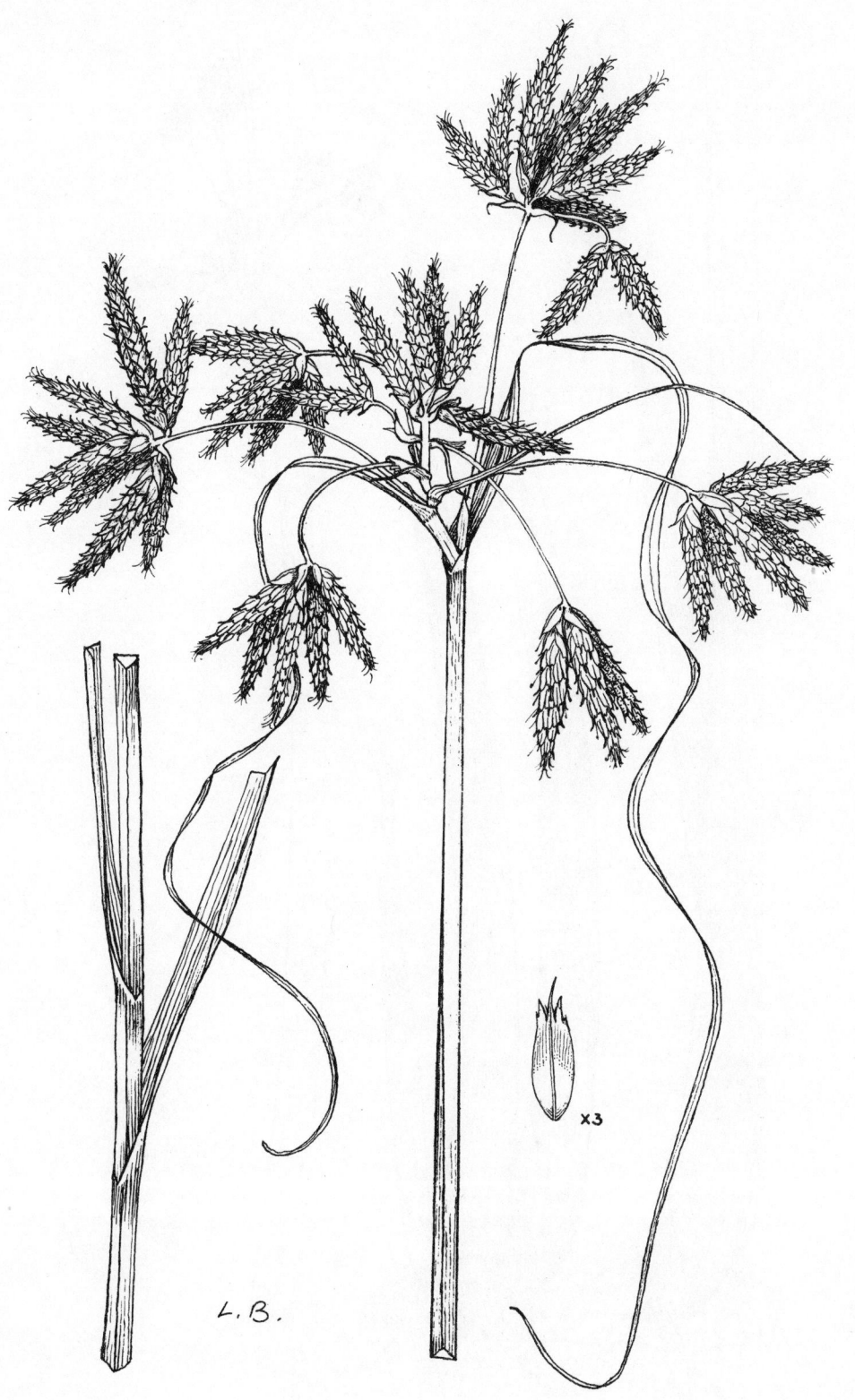

L.B.

x3

455. Scirpus maritimus L. אַגְמוֹן יַמִּי

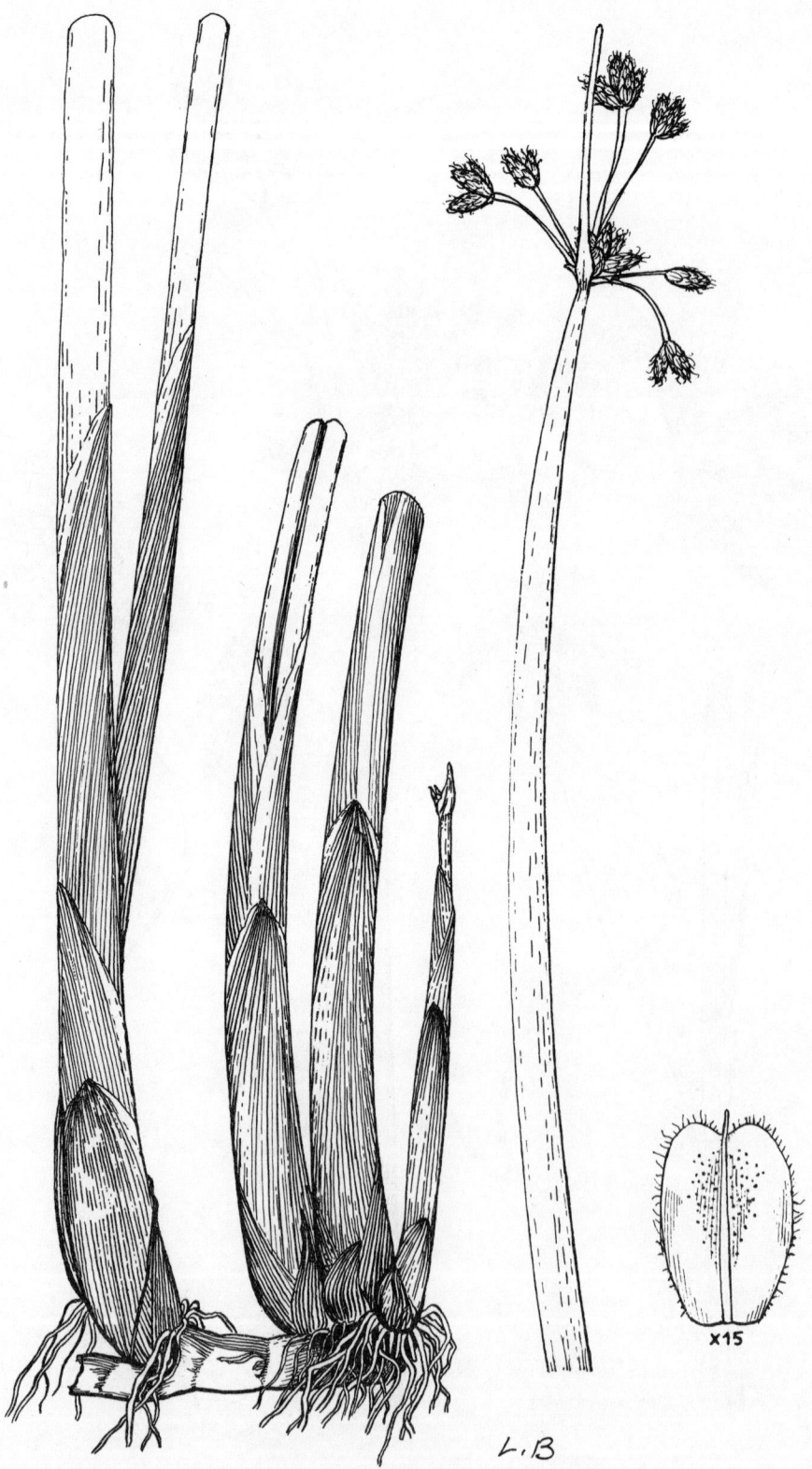

456. Scirpus lacustris L. subsp. tabernaemontani (C. C. Gmel.) Syme אַגְמוֹן הָאֲגַם

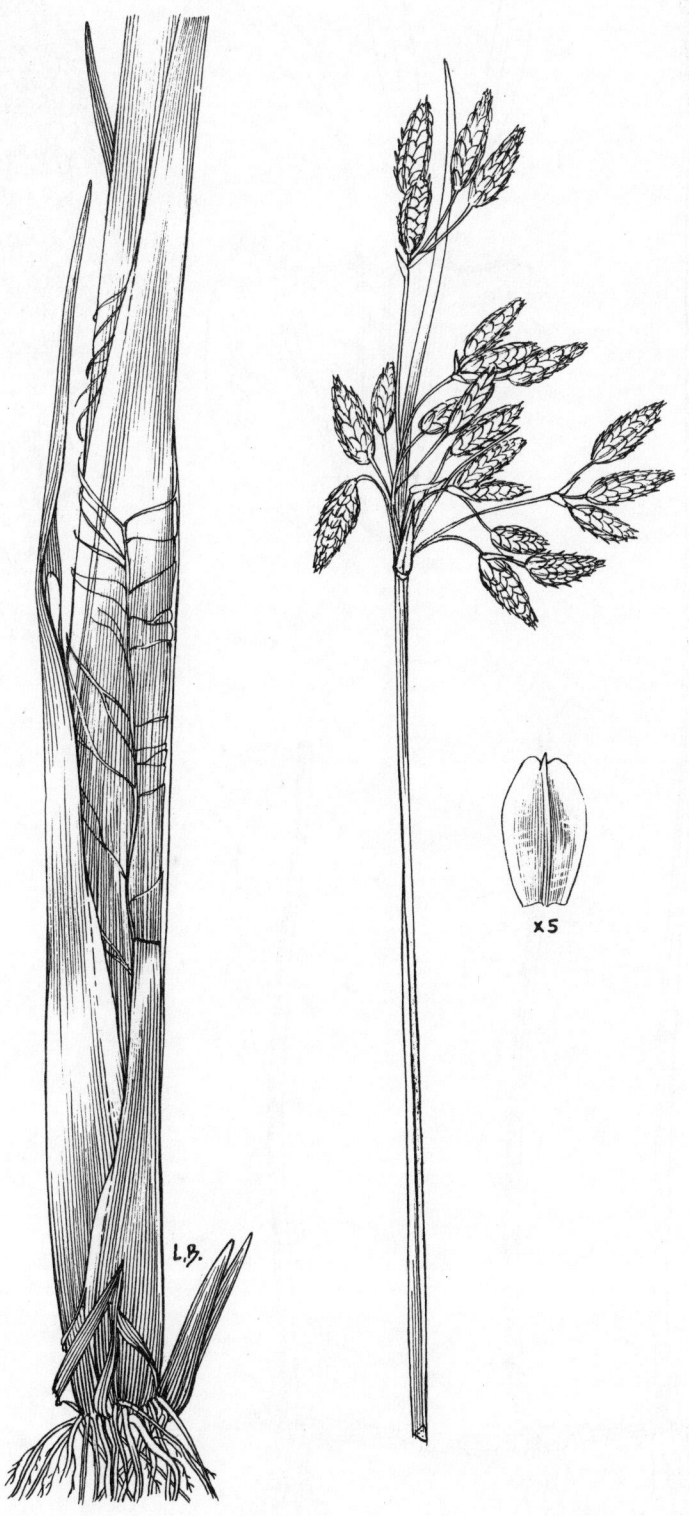

457. Scirpus litoralis Schrad. אַגְמוֹן הַחוֹף

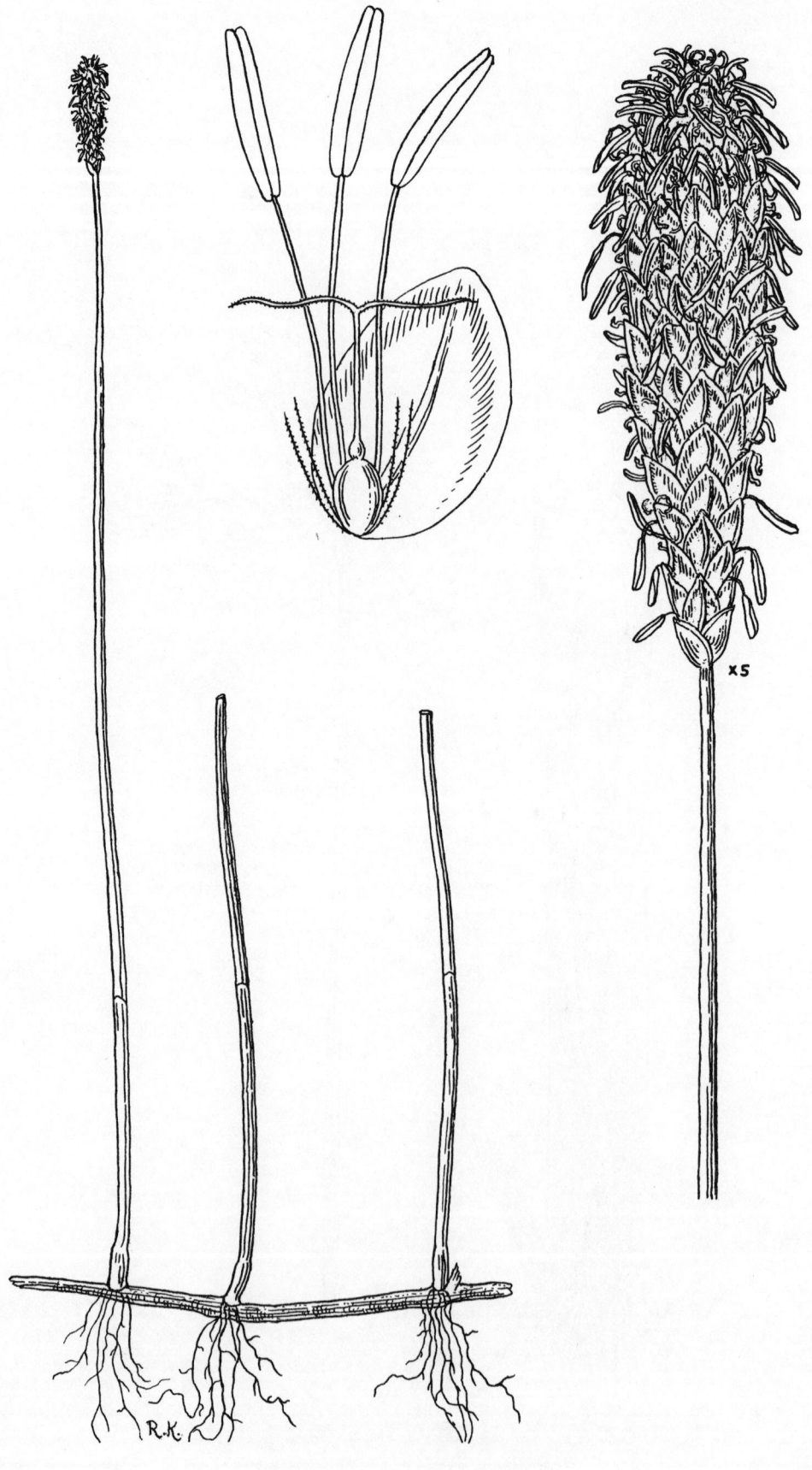

458. *Eleocharis palustris* (L.) Roem. & Schult. subsp. palustris בִּצְעוֹנִי מָצוּי תַּת־מִין מָצוּי

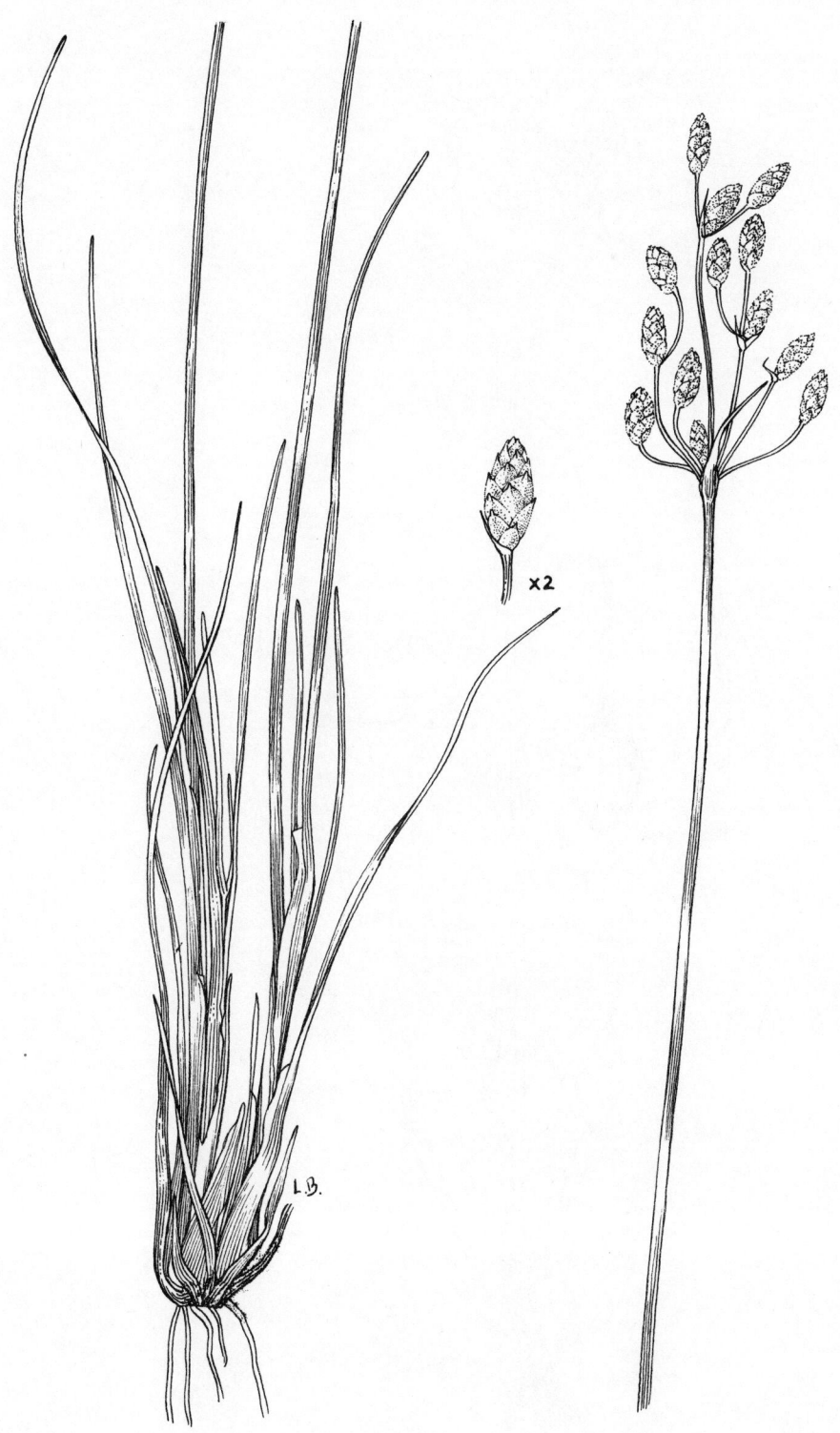

459. Fimbristylis ferruginea (L.) Vahl עֱלִיאָב חָלוּד

460. Fimbristylis bisumbellata (Forssk.) Bubani עֲלִיעָב מְדֻקְרָן

461. Fuirena pubescens (Poir.) Kunth פוּאִירֶנָה שְׂעִירָה

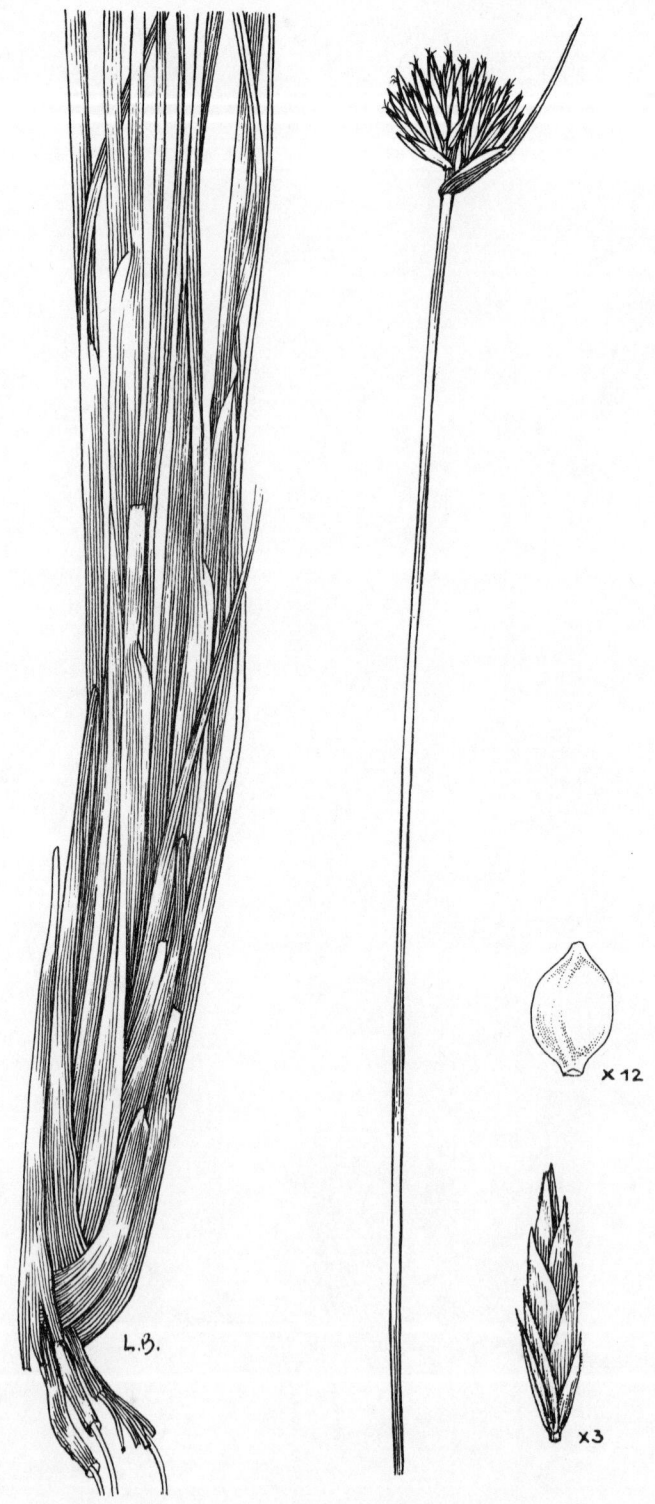

462. Schoenus nigricans L. אֲחִיגֹּמֶא מַשְׁחִיר

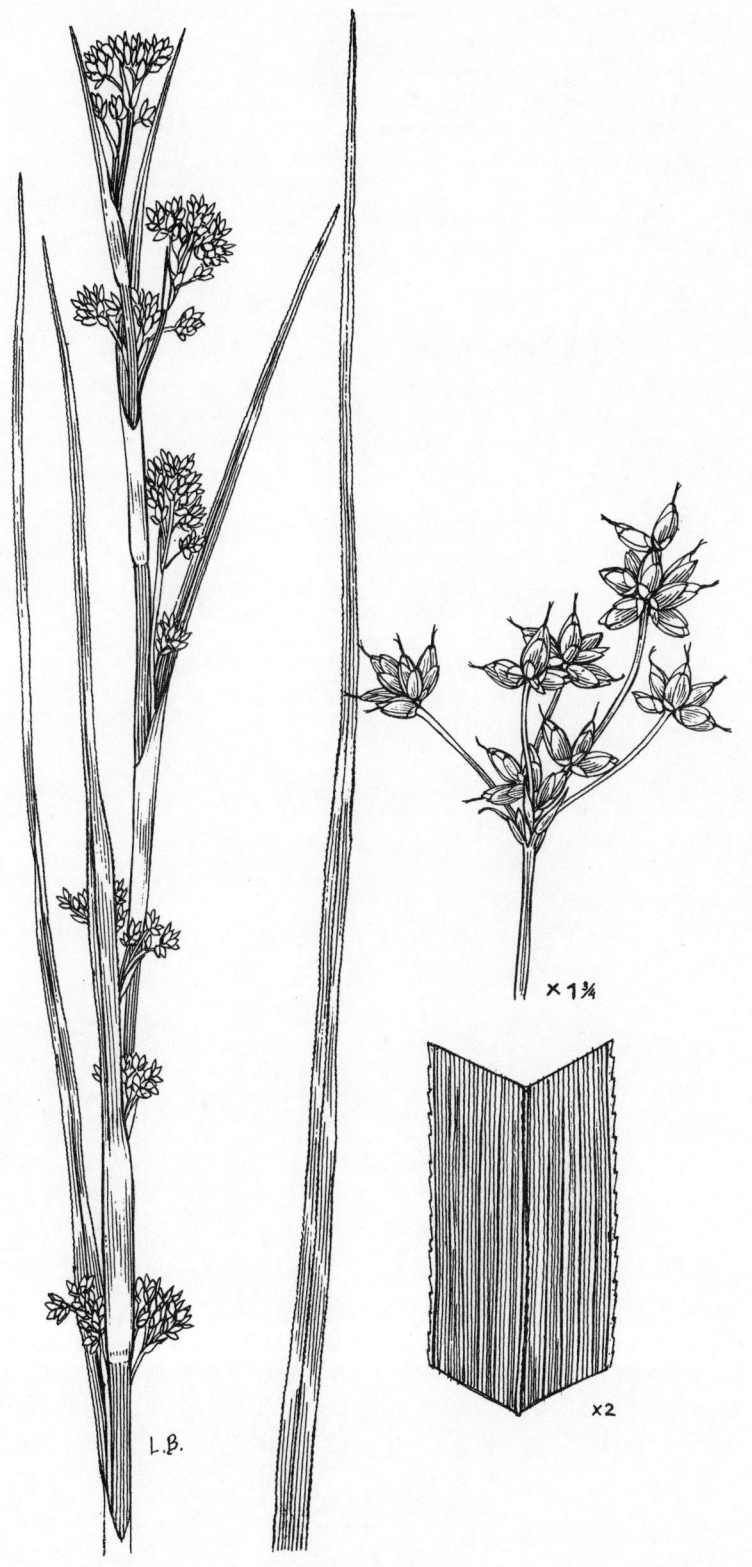

463. Cladium mariscus (L.) Pohl מַכְבֵּד הַבִּצּוֹת

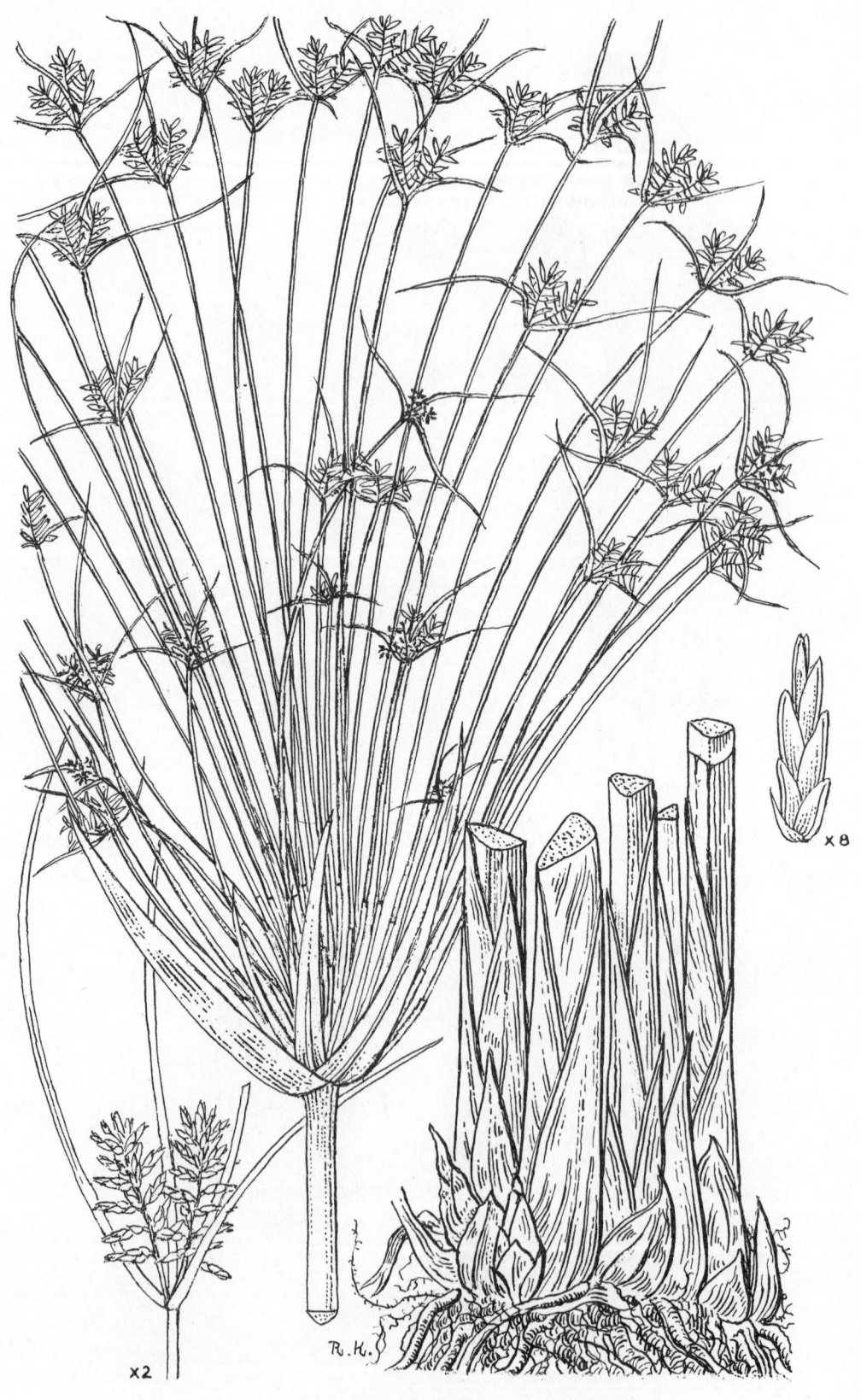

464. Cyperus papyrus L.   גֹּמֶא הַפַּפִּירוּס

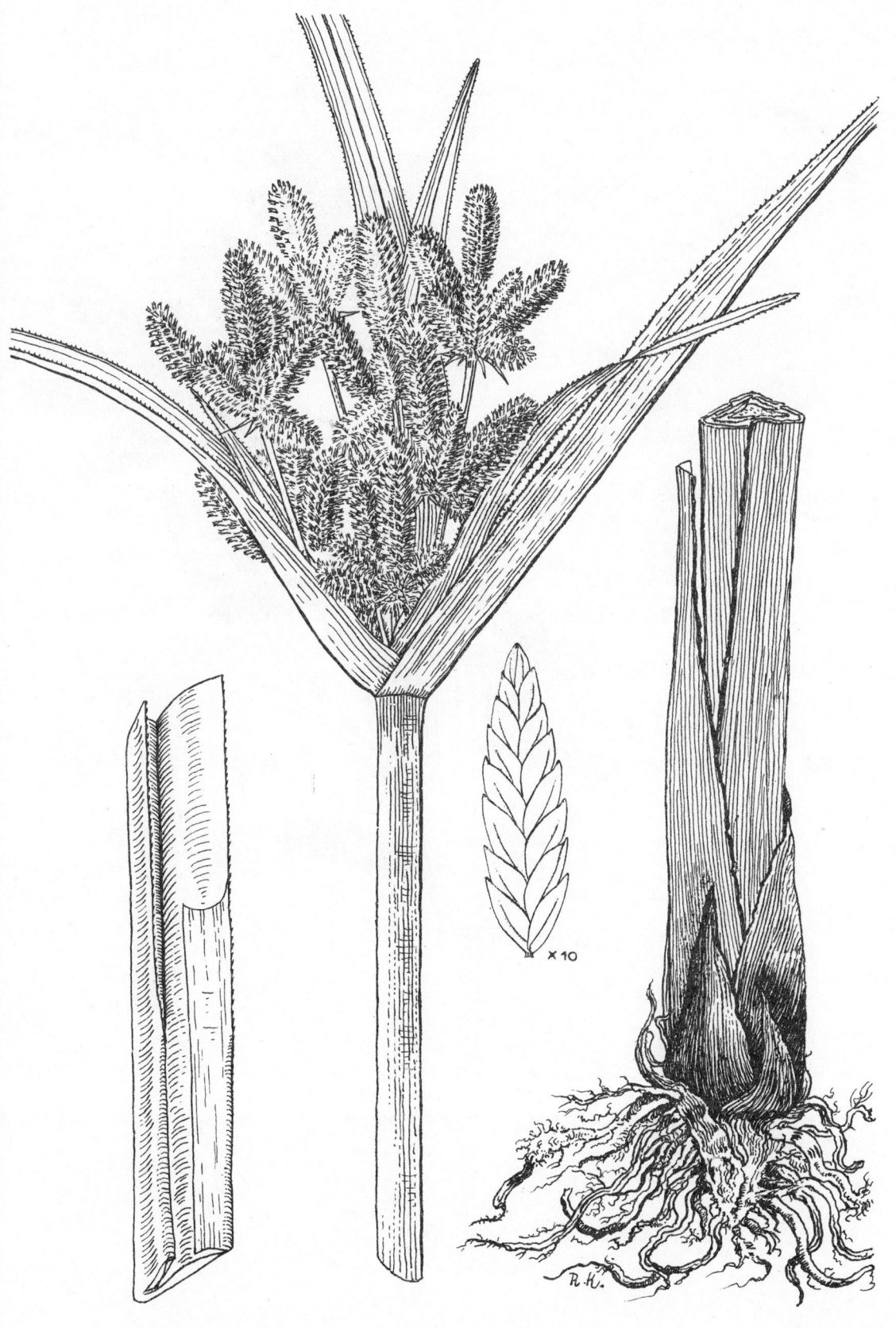

465. Cyperus dives Del. גֹּמֶא שׁוֹפֵעַ

466. Cyperus alopecuroides Rottb. גֹּמֶא צָפוּף

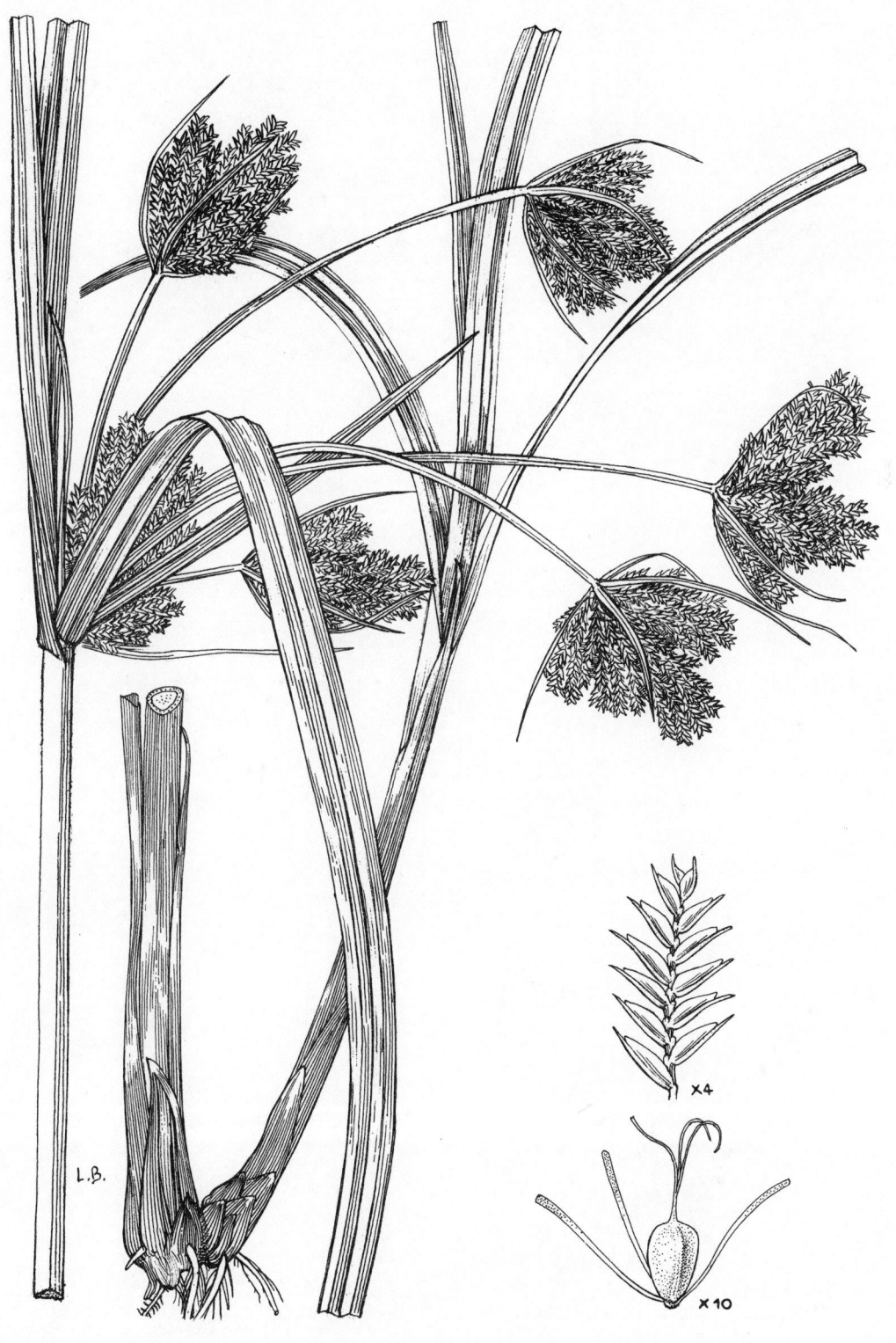

467. Cyperus eleusinoides Kunth גֹּמֶא צְפוּף־שִׁבֹּלֶת

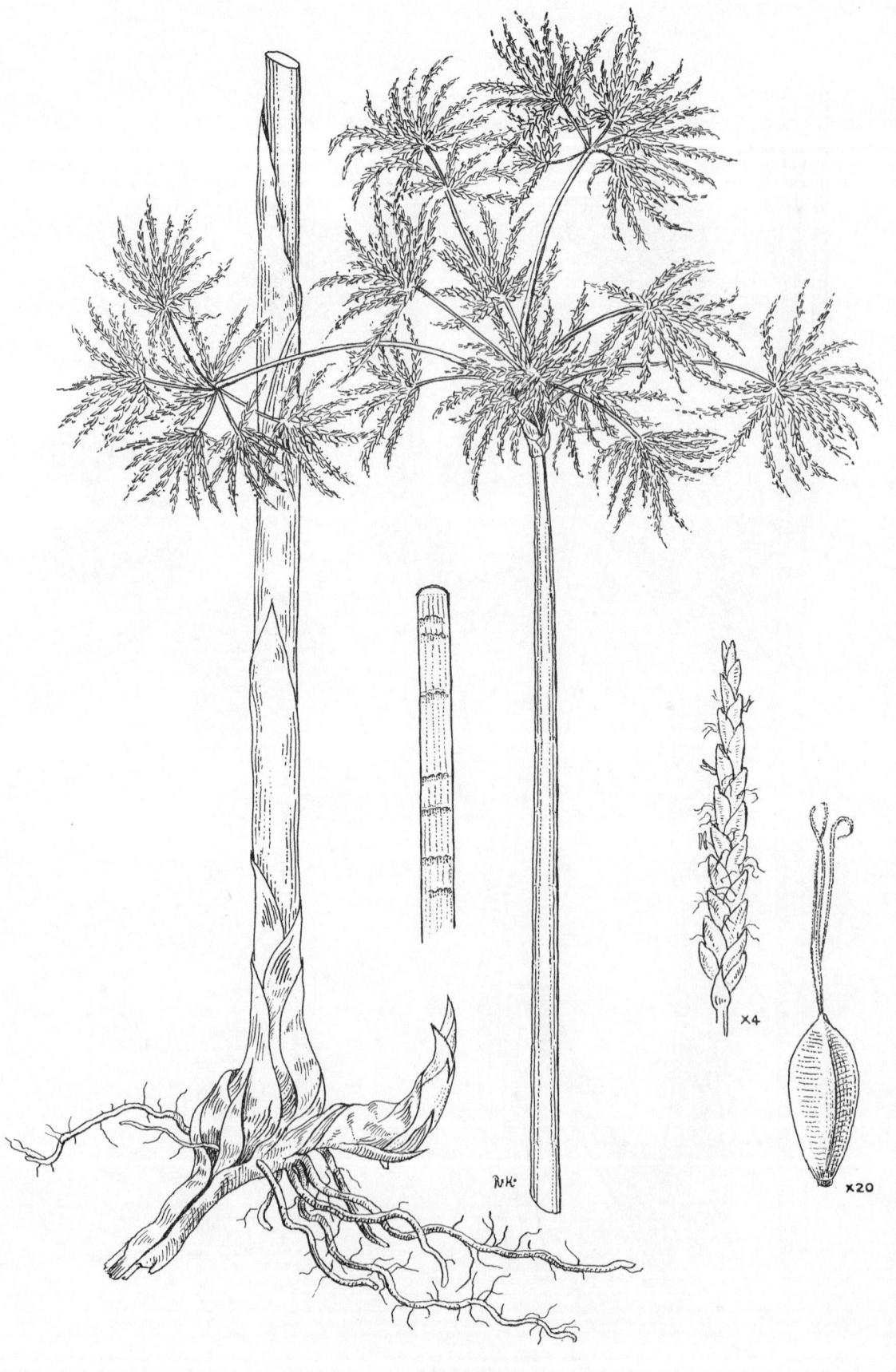

468. Cyperus articulatus L.   גֹּמֶא הַפְּרָקִים

469. Cyperus corymbosus Rottb. גֹּמֶא הַיַּרְקוֹן

470. Cyperus latifolius Poir. גֹּמֶא רְחַב־עָלִים

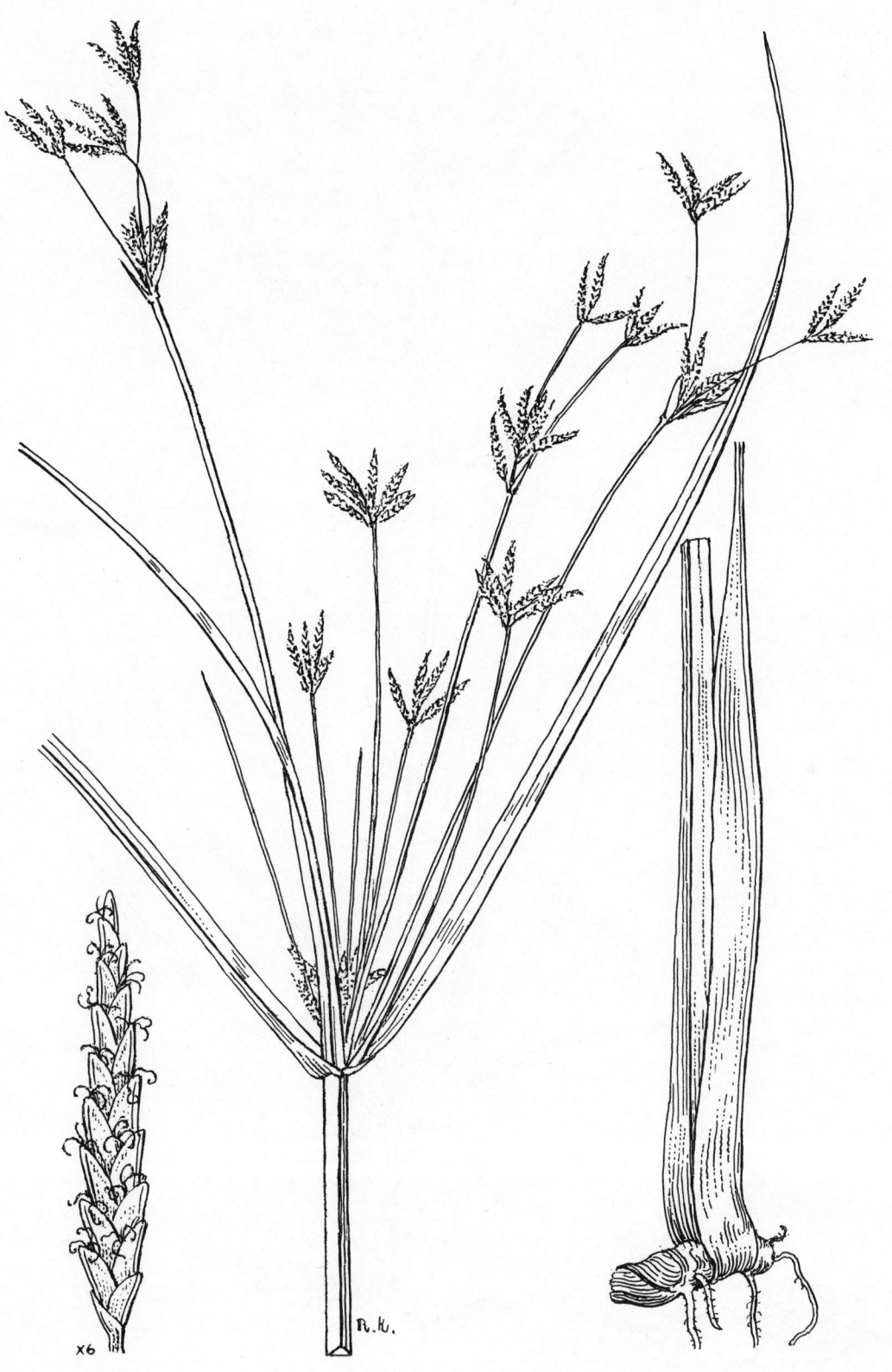

471. Cyperus longus L. גֹּמֶא אָרֹךְ

472. Cyperus rotundus L.   גֹּמֶא הַפְּקָעִים

473. Cyperus glaber L.　גֹּמֶא קֵרֵחַ

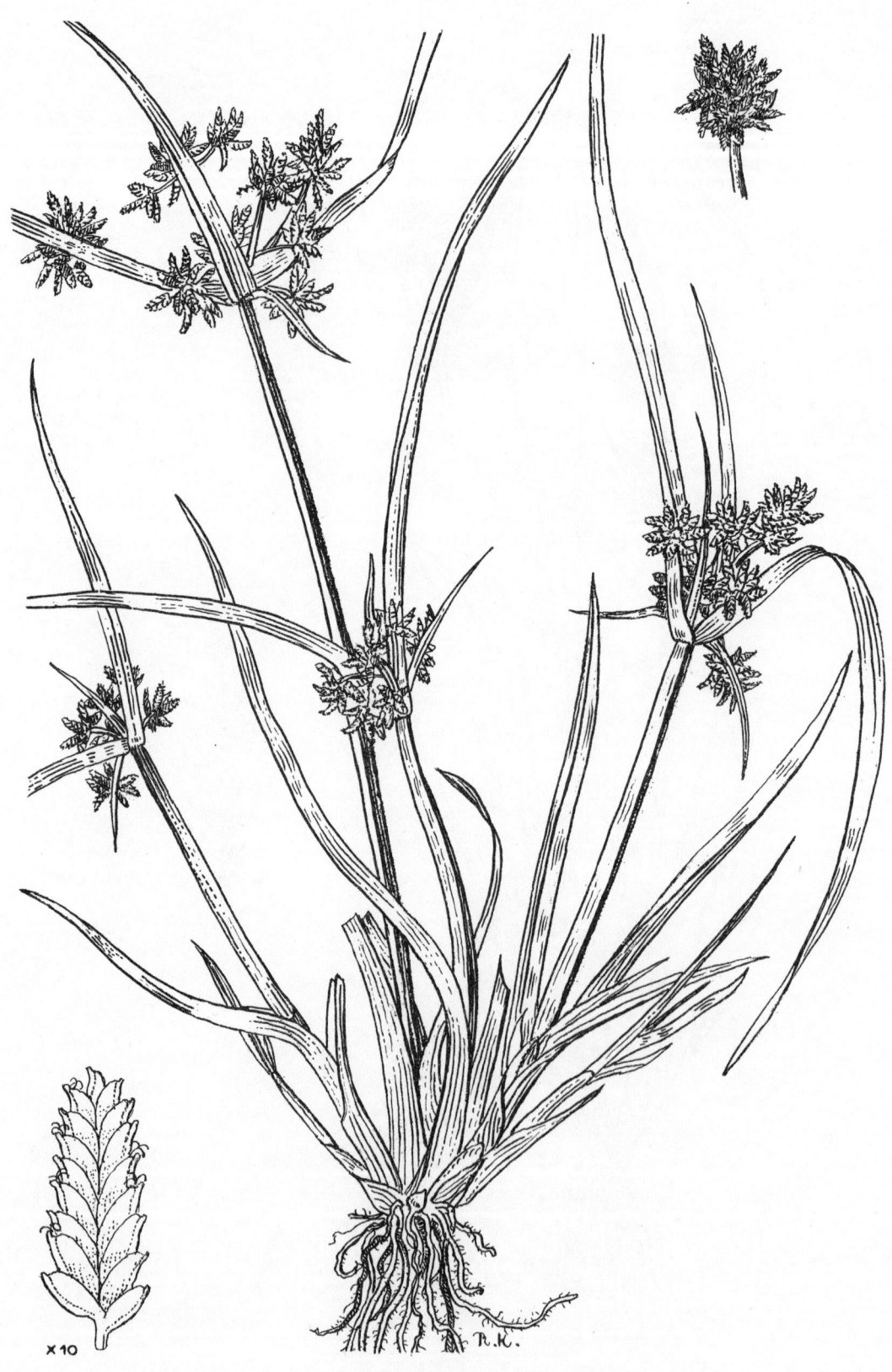

474. Cyperus fuscus L. גֹּמֶא חוּם

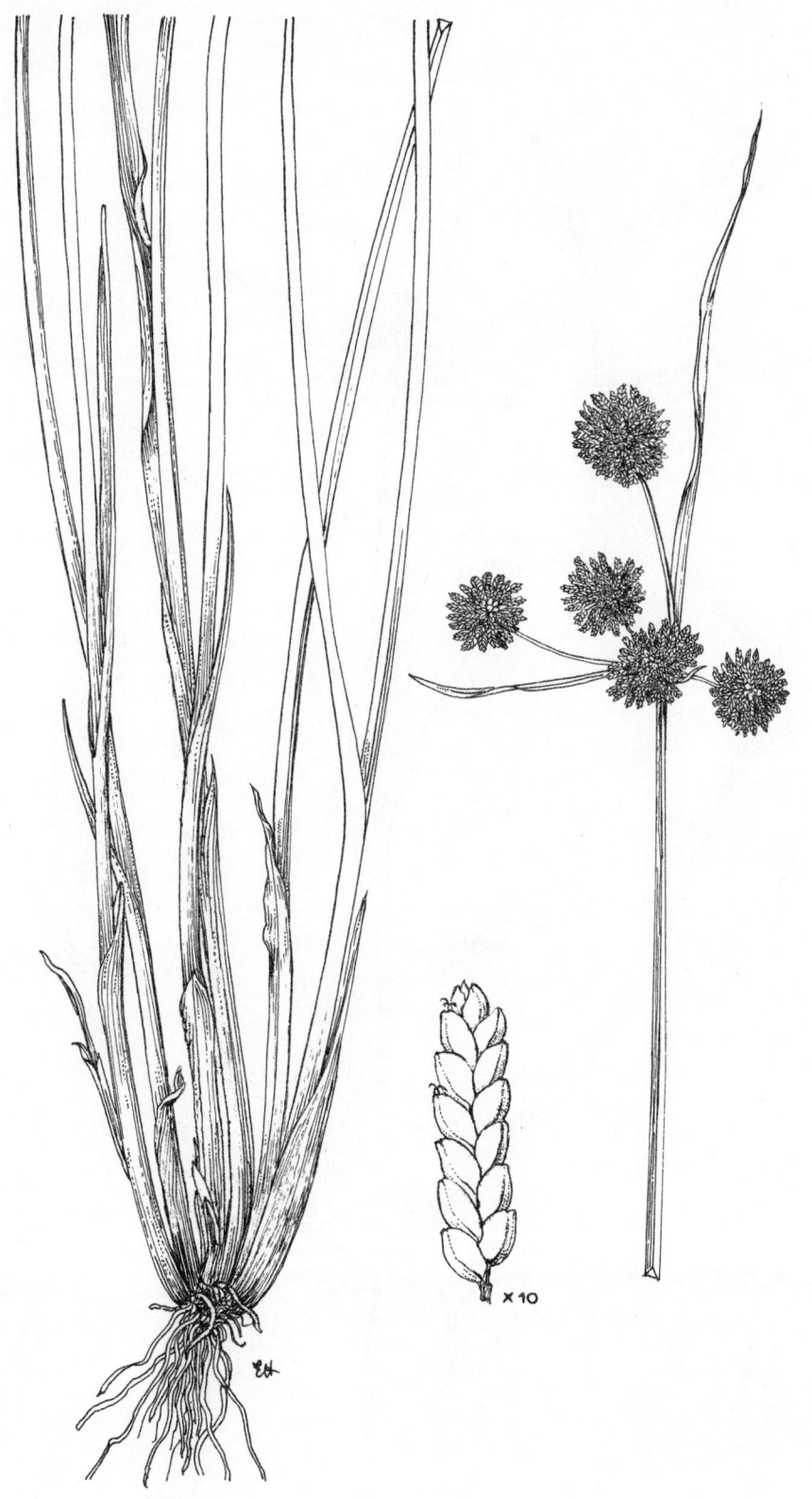

475. Cyperus difformis L. גֹּמֶא דו־אַנְפִּין

476. Cyperus capitatus Vand. גֹּמֶא הַקַּרְקֶפֶת

477. Cyperus conglomeratus Rottb. גֹּמֶא מְגֻבָּב

478. Cyperus jeminicus Rottb. גֹּמֶא נָאֶה

479. Cyperus pygmaeus Rottb. גֹּמֶא נַנָּסִי

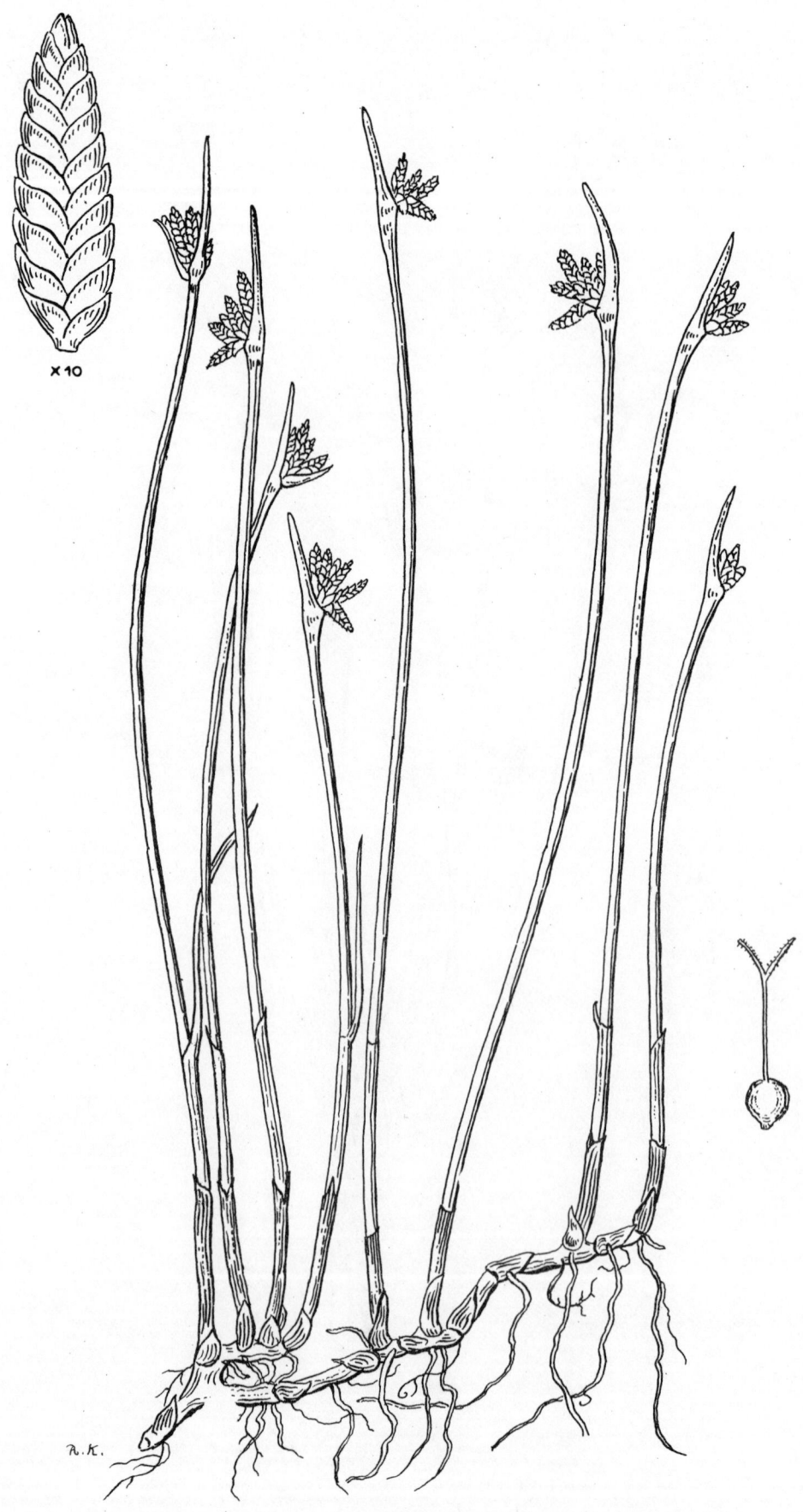

480. Cyperus laevigatus L. subsp. laevigatus גֹּמֶא חֲלַקְלַק תַּת־מִין חֲלַקְלַק

481. Cyperus laevigatus L. subsp. distachyos (All.) Maire & Weiller   גֹּמֶא חֲלַקְלַק תַּת־מִין דַּל־שִׁבֳּלִים

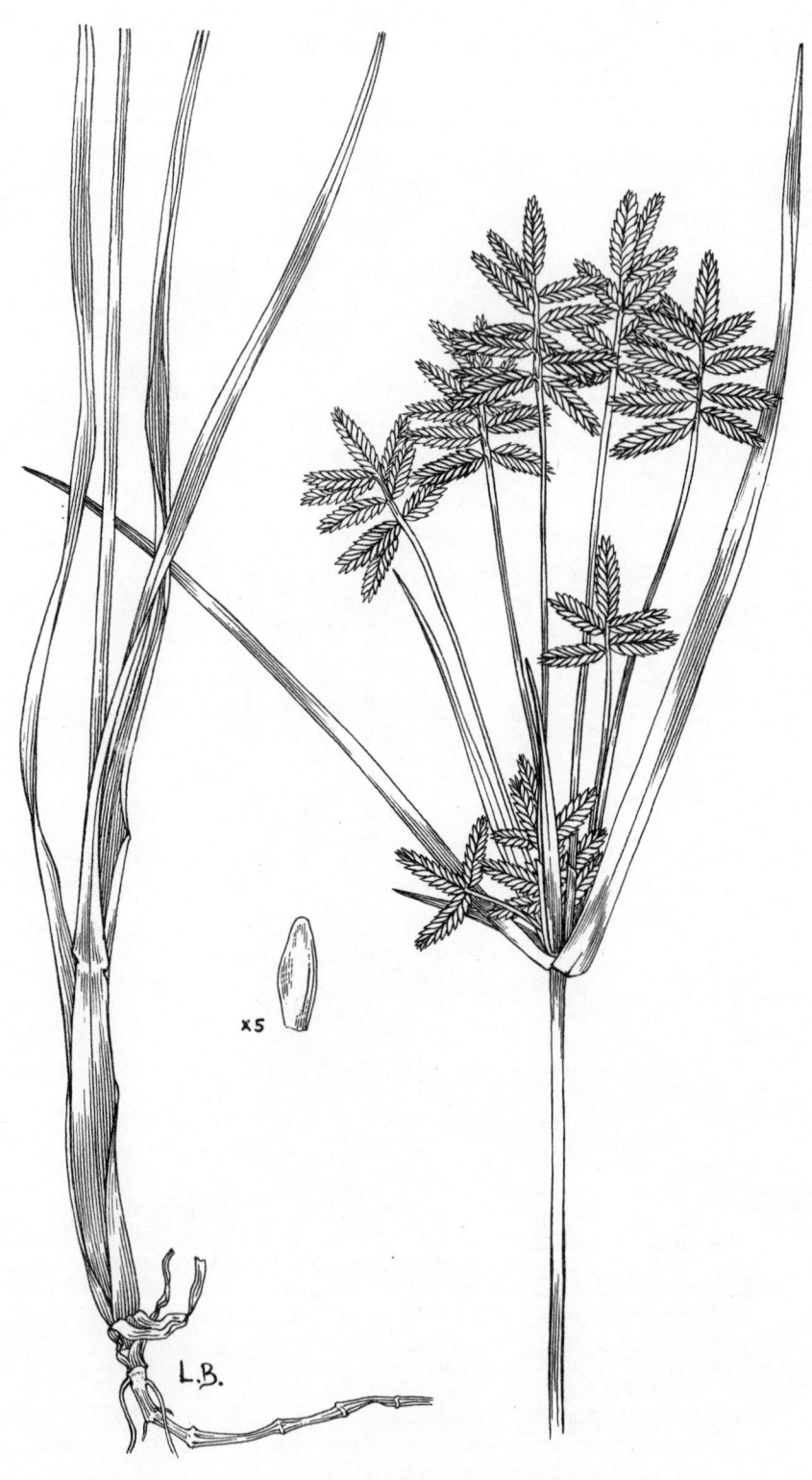

482. Cyperus nitidus Lam. גֹּמֶא אִזְמֶלָנִי

483. Cyperus flavidus Retz. גֹּמֶא כַּדּוּרִי

484. Cyperus flavescens L.   גֹּמֶא צְהַבְהַב

485. Cyperus polystachyos Rottb. גֹּמֶא רַב־שִׁבֳּלִיּוֹת

486. Carex pachystylis J. Gay   כָּרִיךְ הָעֲרָבוֹת

487. Carex divisa Huds.   כָּרִיךְ מְחֻלָּק

488.   Carex divulsa Stokes subsp. leersii (Kneucker) Walo Koch   כָּרִיךְ הַחֹרֶשׁ

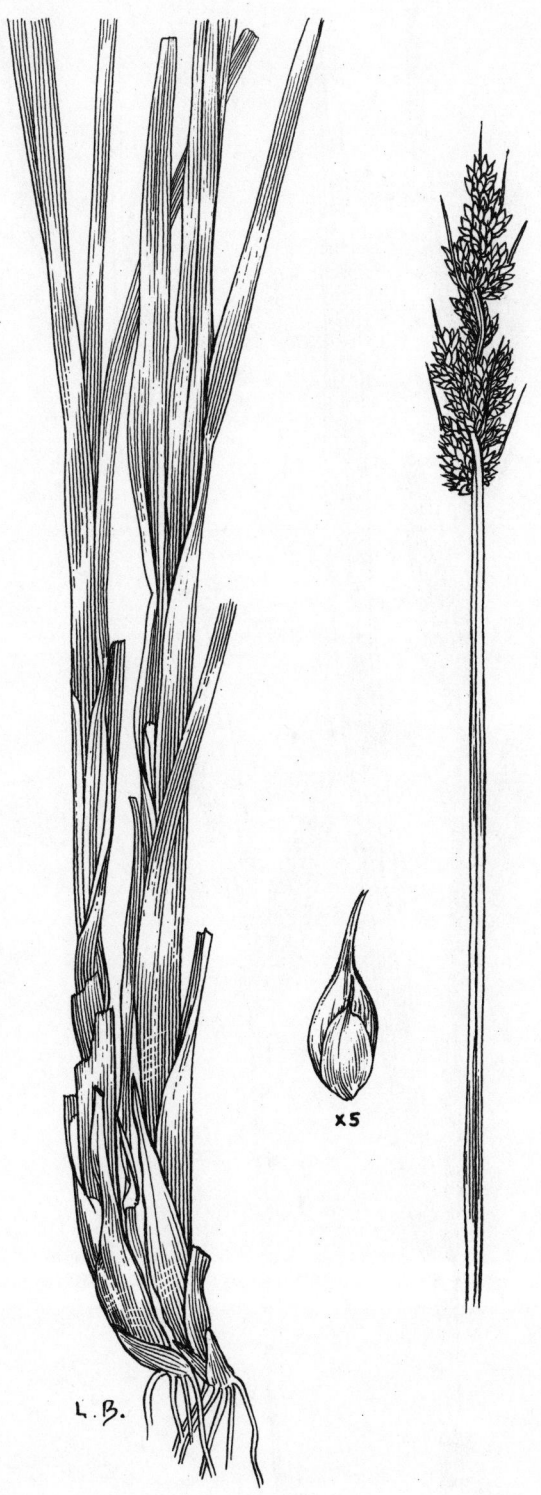

489. Carex otrubae Podp. כָּרִיךְ שָׁחוּם

490. Carex acutiformis Ehrh.   כָּרִיךְ חַד

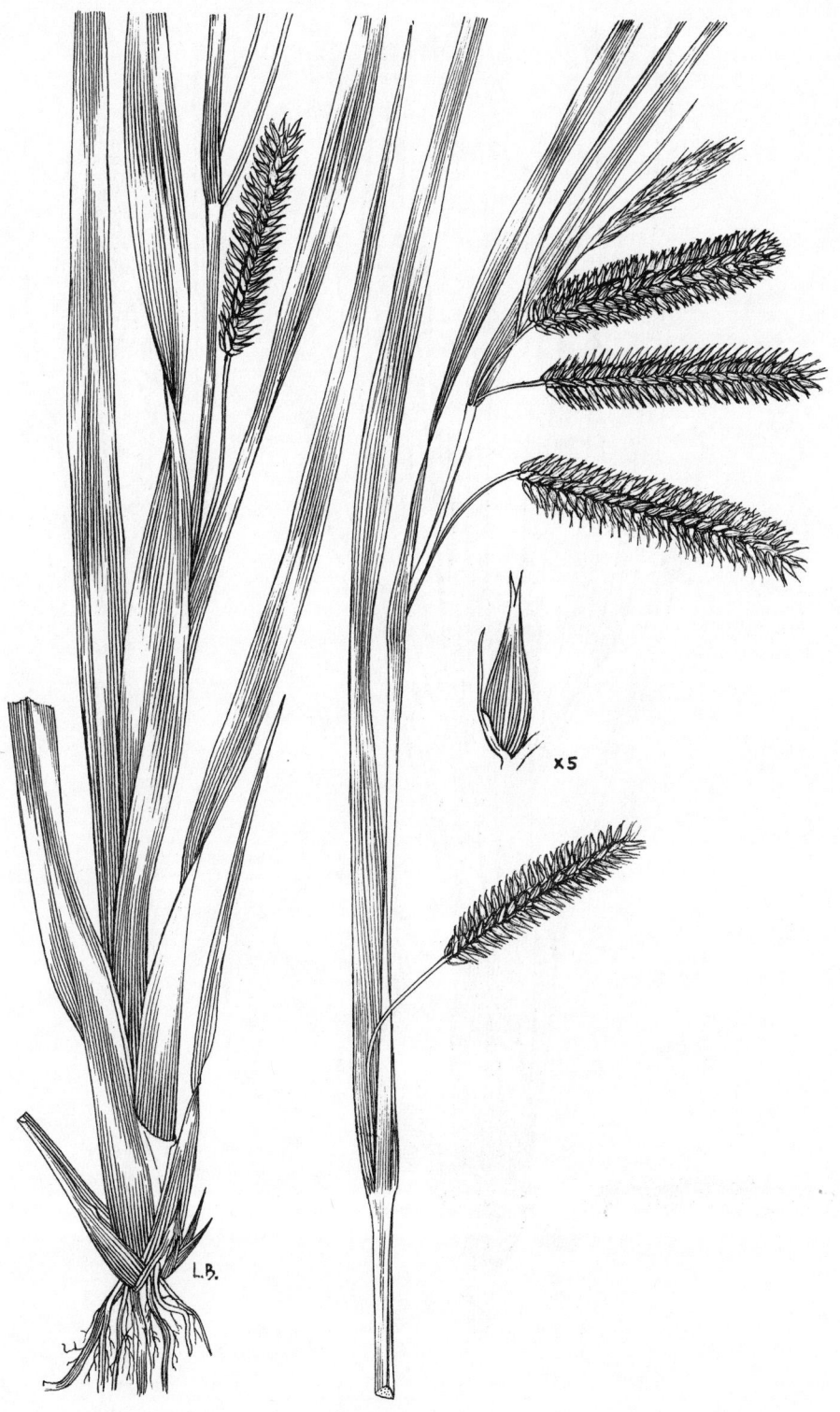

491. Carex pseudocyperus L. כָּרִיךְ גֹּמְאִי

492.   Carex flacca Schreb. subsp. serrulata (Biv.) Greuter   כָּרִיךְ אֲפַרְפַּר תַּת־מִין מְחֻדָּד

493. Carex distans L.   כָּרִיךְ מְרֻחָק

494. Carex hispida Willd. כָּרִיךְ שָׂעִיר

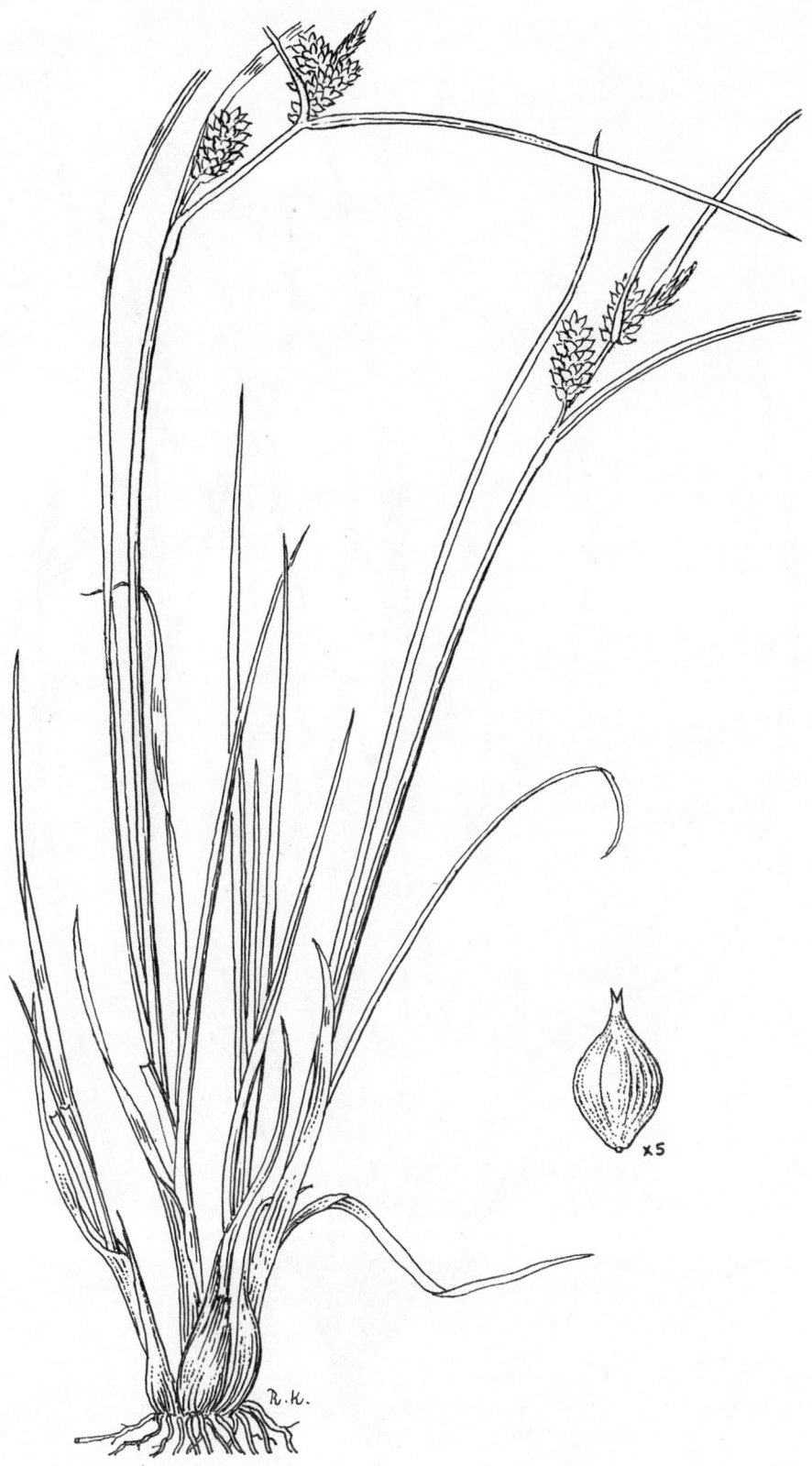

495. Carex extensa Good. כָּרִיךְ רָווּחַ

496. Carex hallerana Asso כָּרִיךְ נָמוּךְ

497. Epipactis helleborine (L.) Crantz   בֶּן־חֹרֶשׁ רְחַב־עָלִים

498. Epipactis veratrifolia Boiss. & Hohen. (En Gedi) בֶּן־חֹרֶשׁ גָּדוֹל (עֵין־גֶּדִי)

499. Epipactis veratrifolia Boiss. & Hohen. (Dan Valley) בֶּן־חֹרֶשׁ גָּדוֹל (עֵמֶק דָּן)

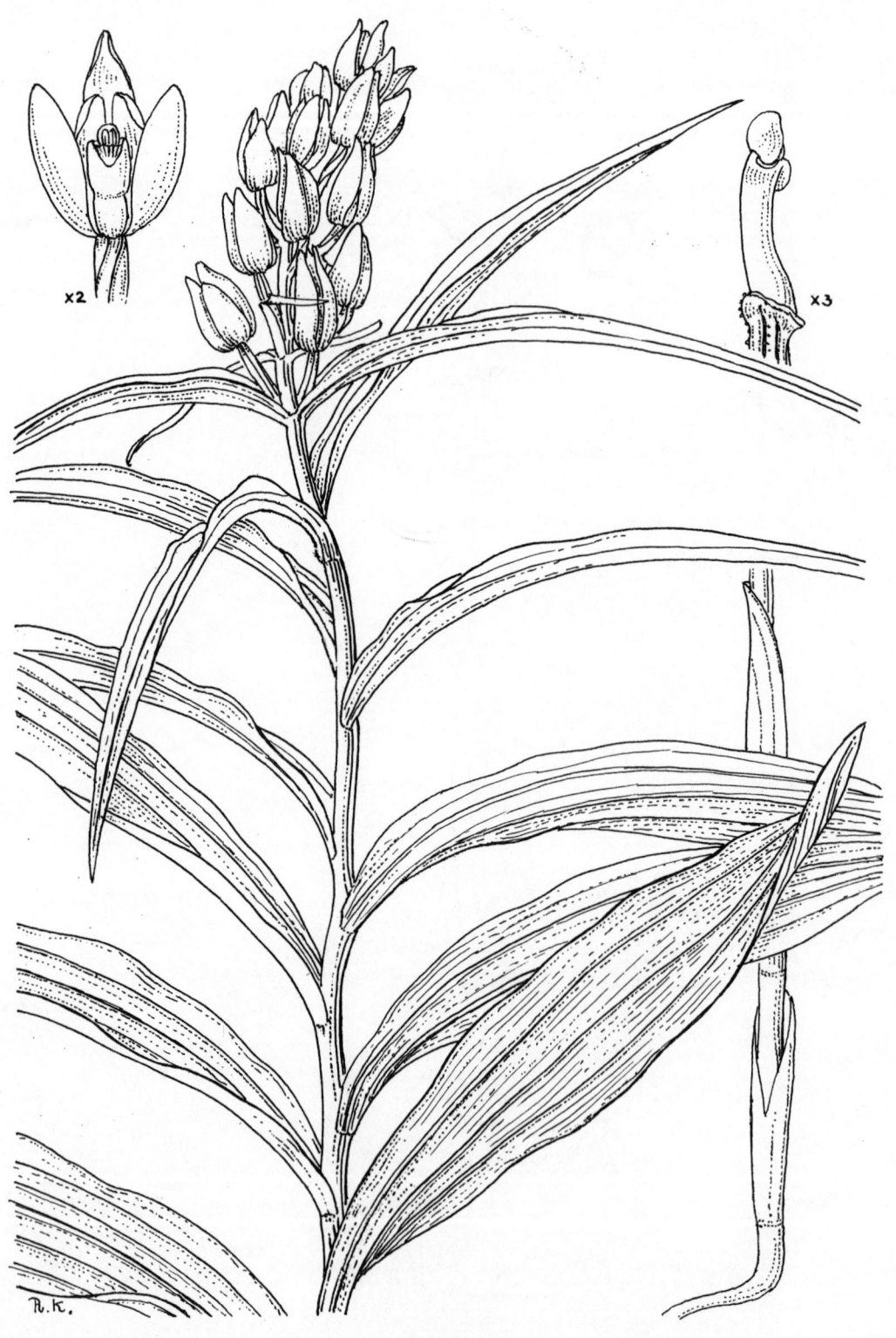

500. Cephalanthera longifolia (L.) Fritsch סַחְלְבָן הַחֹרֶשׁ

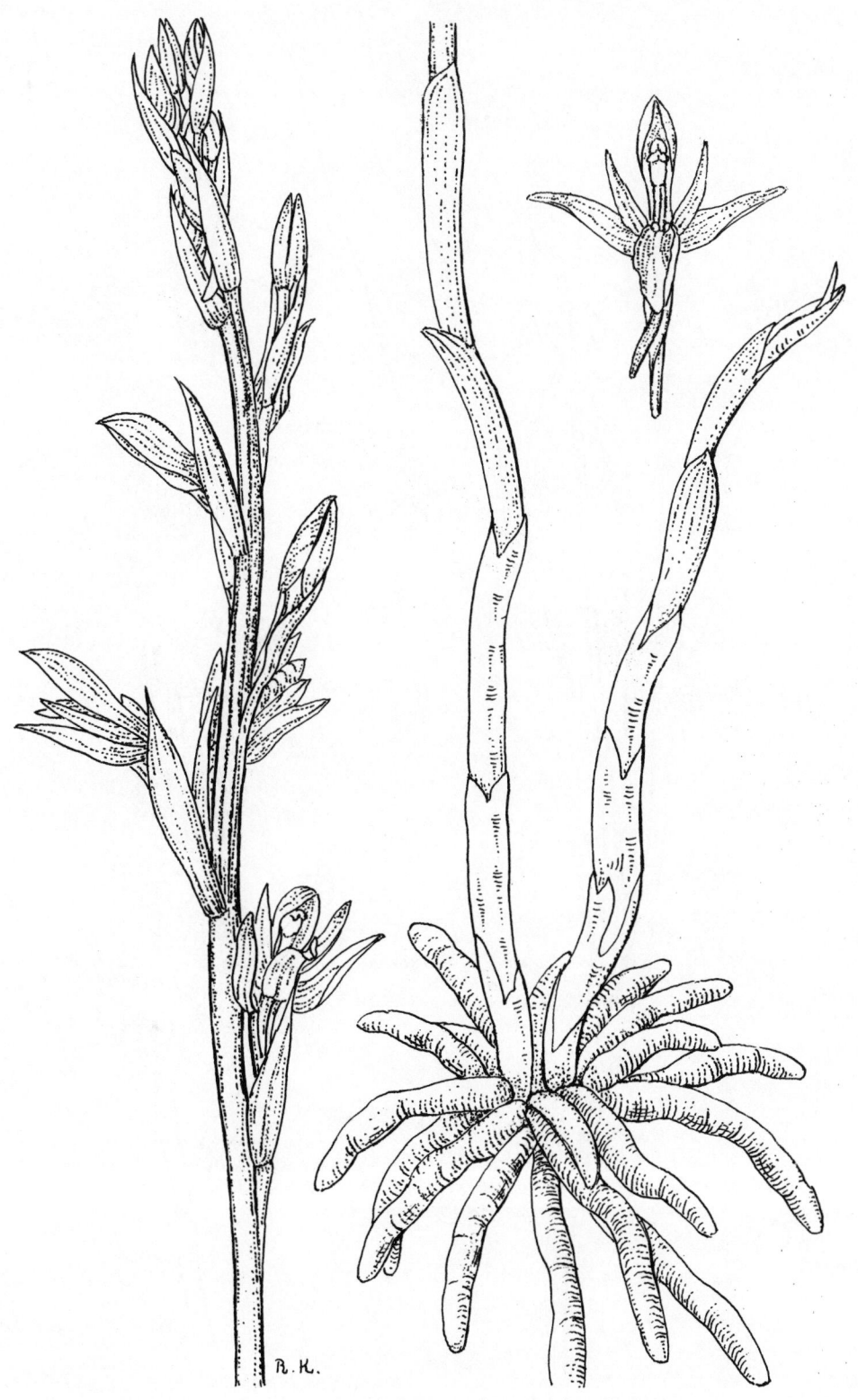

501. Limodorum abortivum (L.) Swartz שַׁנָּק הַחֹרֶשׁ

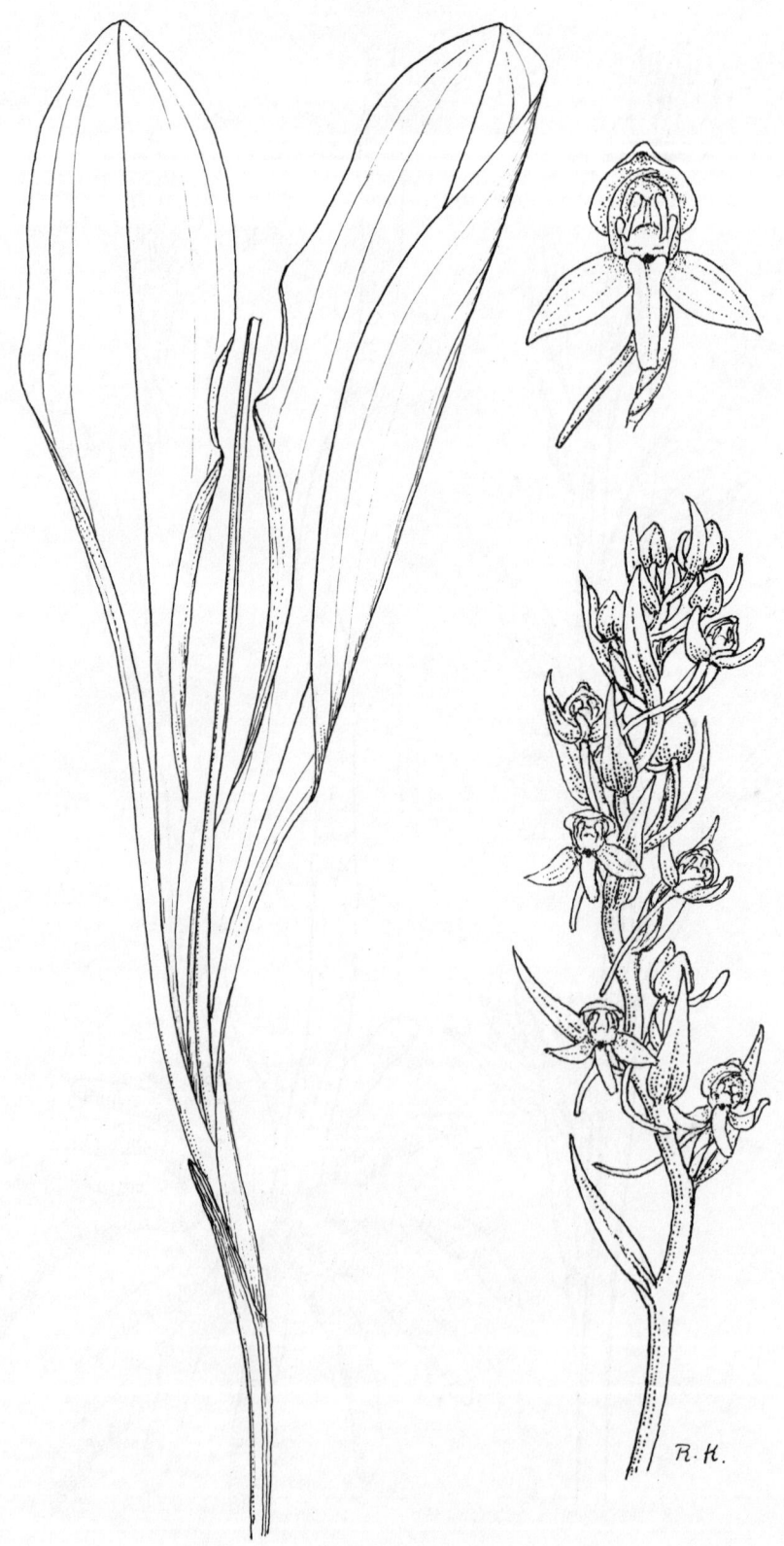

502. Platanthera holmboei Lindb. fil. מֵירוֹנִית סַרְגֵּלִית

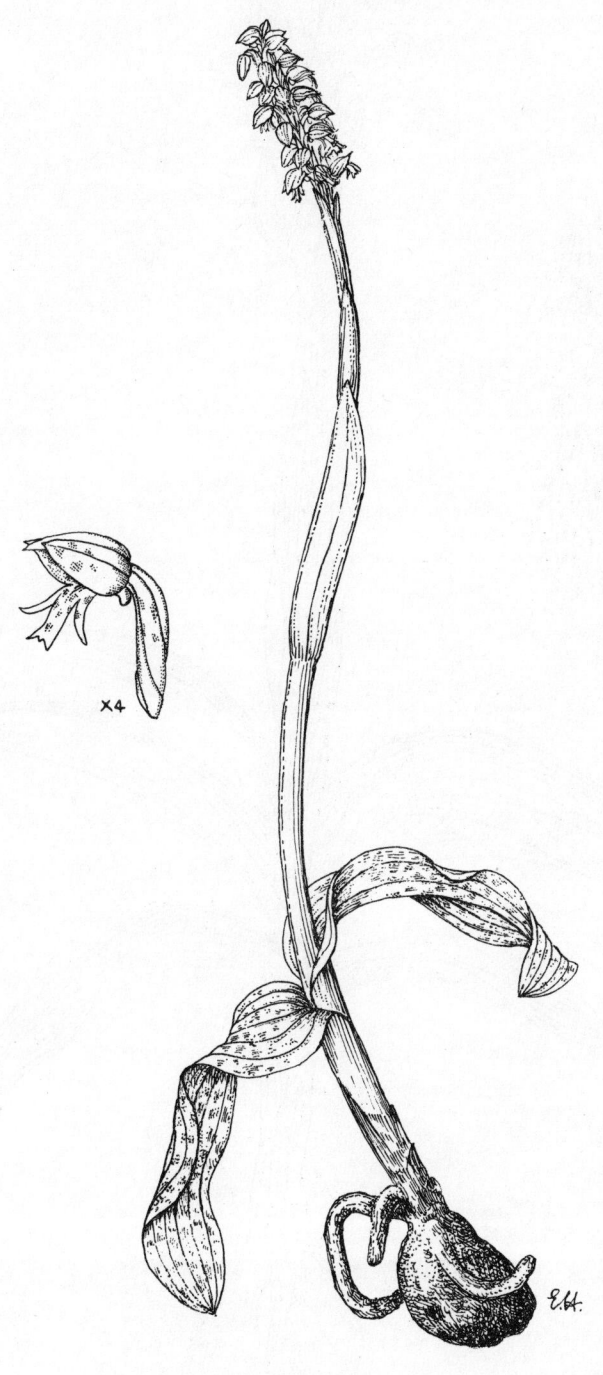

503. Neotinea maculata (Desf.) Stearn ניאוֹטִינֵאָה תְּמִימָה

504. Orchis papilionacea L.   סַחְלָב פַּרְפְּרָנִי

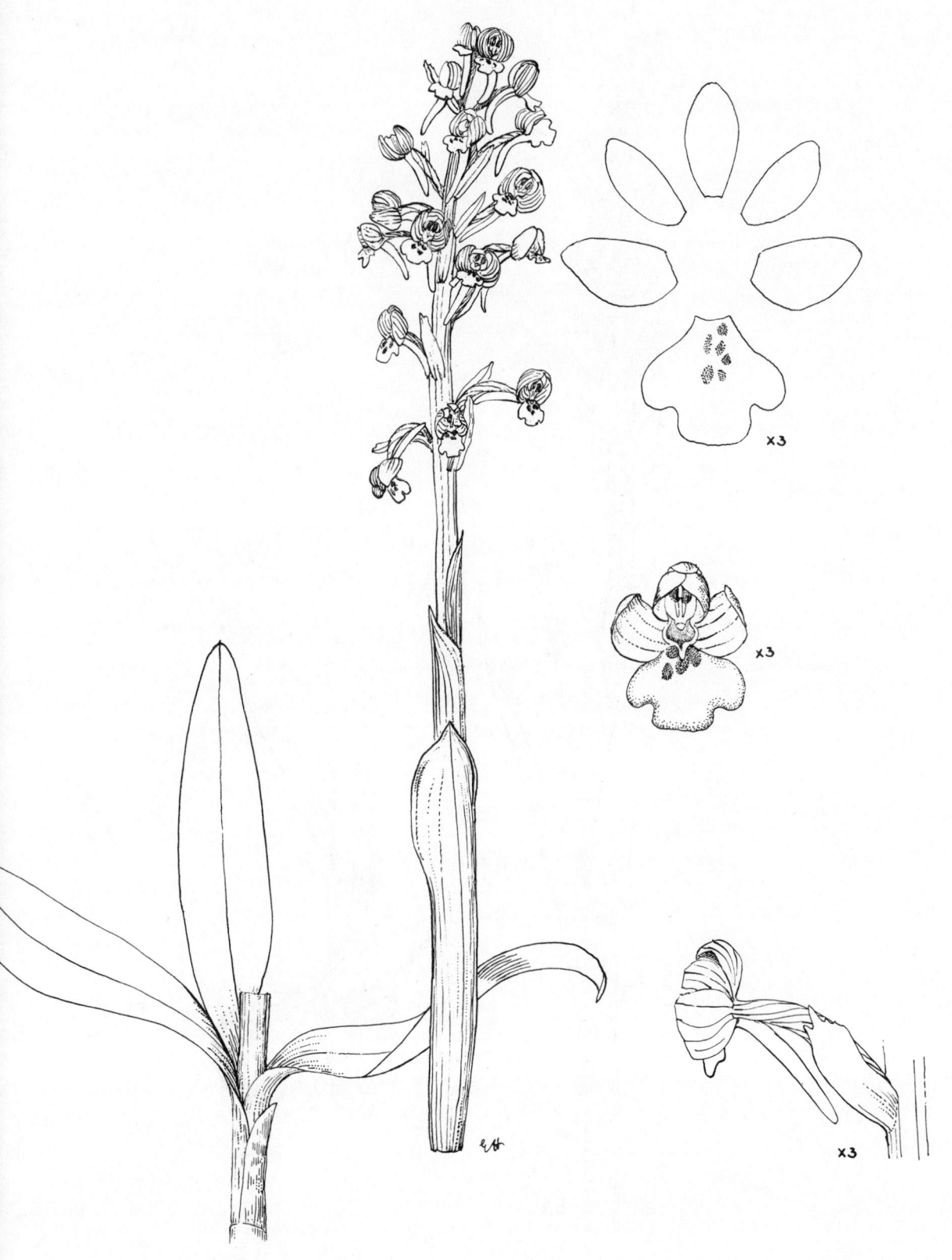

505. Orchis israëlitica Baumann & Dafni סַחְלָב מְצֻיָּר

506. Orchis coriophora L. סַחְלָב רֵיחָנִי

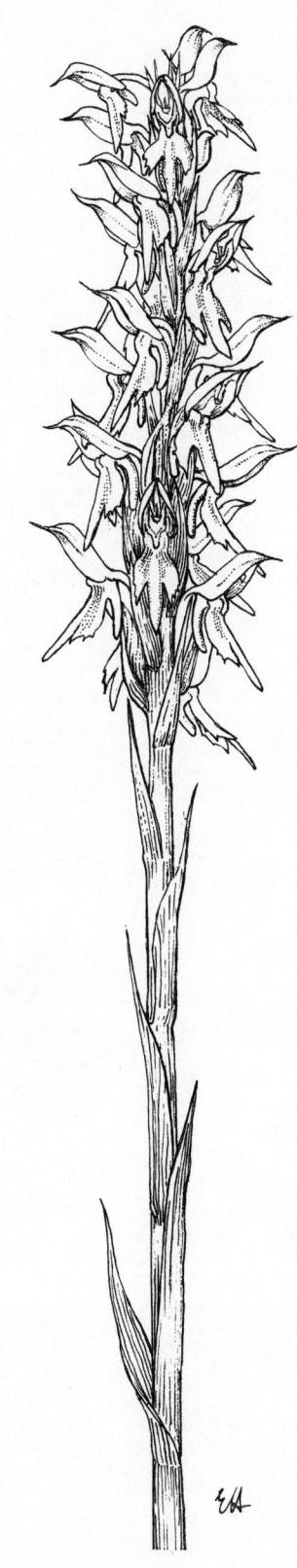
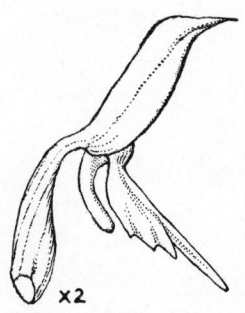

507. Orchis sancta L.   סַחְלָב קָדוֹשׁ

508. Orchis tridentata Scop. subsp. commutata (Tod.) Nyman סַחְלָב שְׁלָשׁ־הַשִּׁנַּיִם

509. *Orchis italica* Poir.   סַחְלָב אִיטַלְקִי

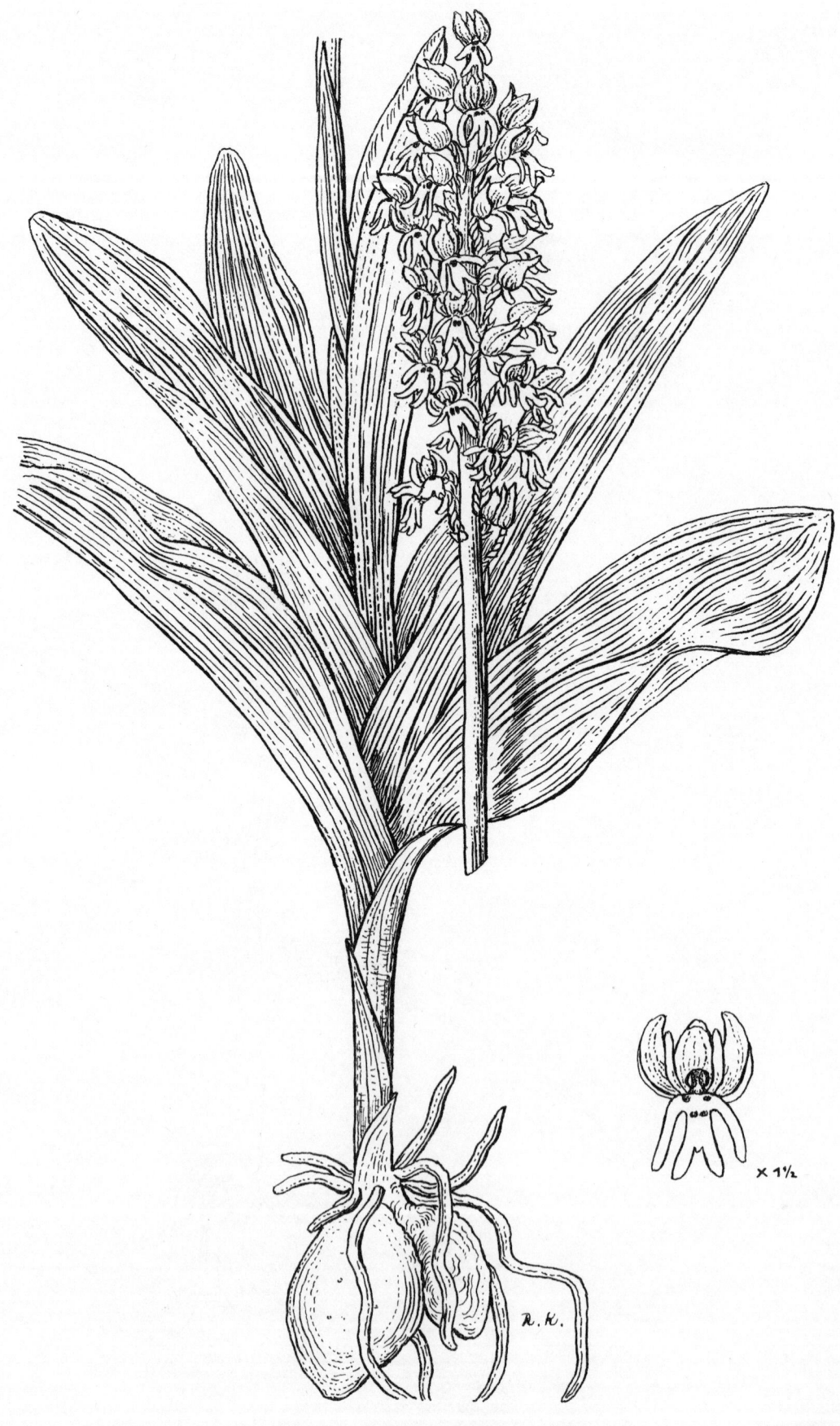

510. Orchis galilaea (Bornm. & M. Schulze) Schlechter סַחְלַב הַגָּלִיל

511. Orchis punctulata Stev. ex Lindl. סַחְלָב נָקוּד

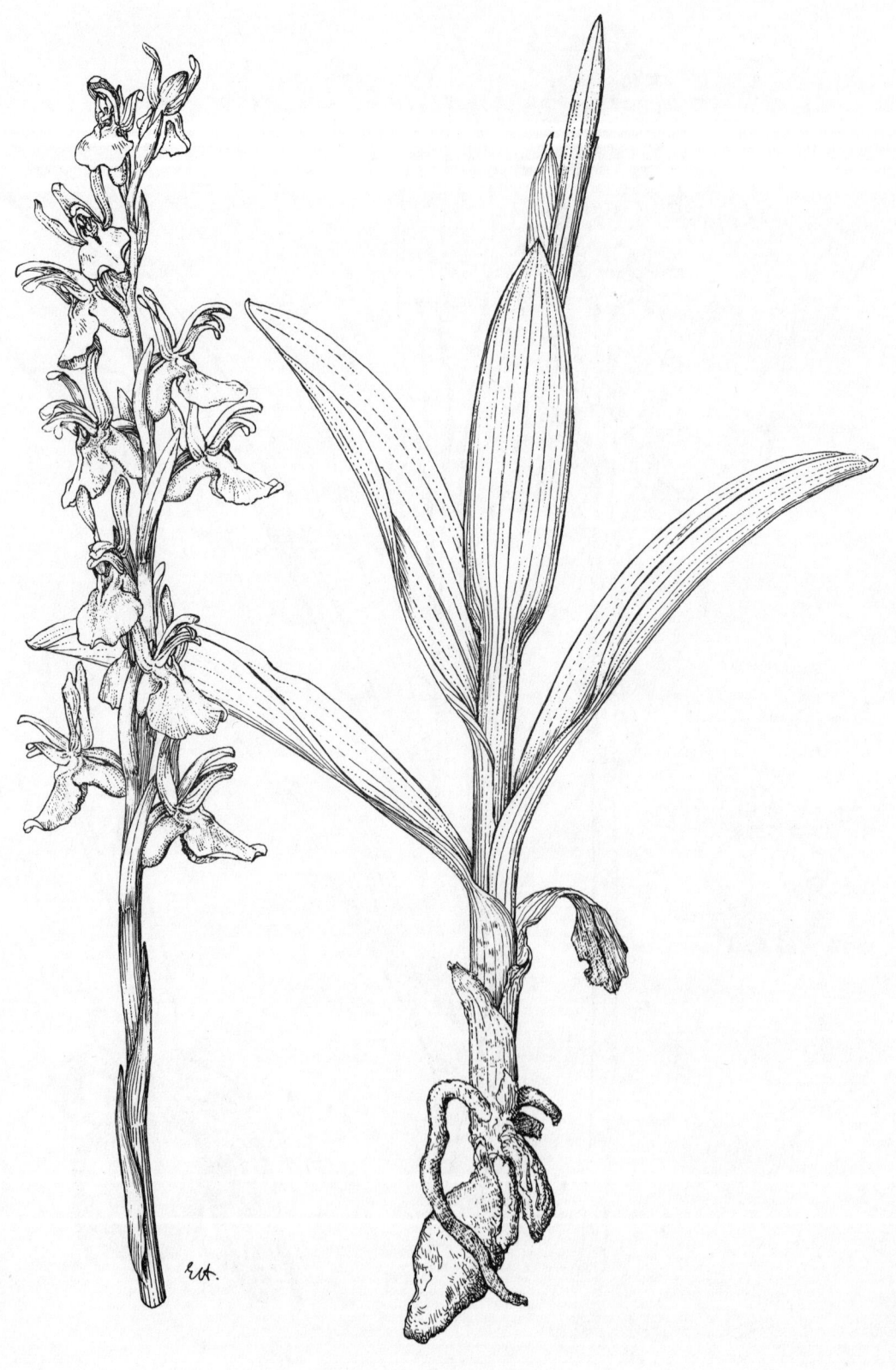

512. Orchis saccata Ten. סַחְלַב הַשַּׂקִּיק

513. Orchis anatolica Boiss.   סַחְלָב אֲנָטוֹלִי

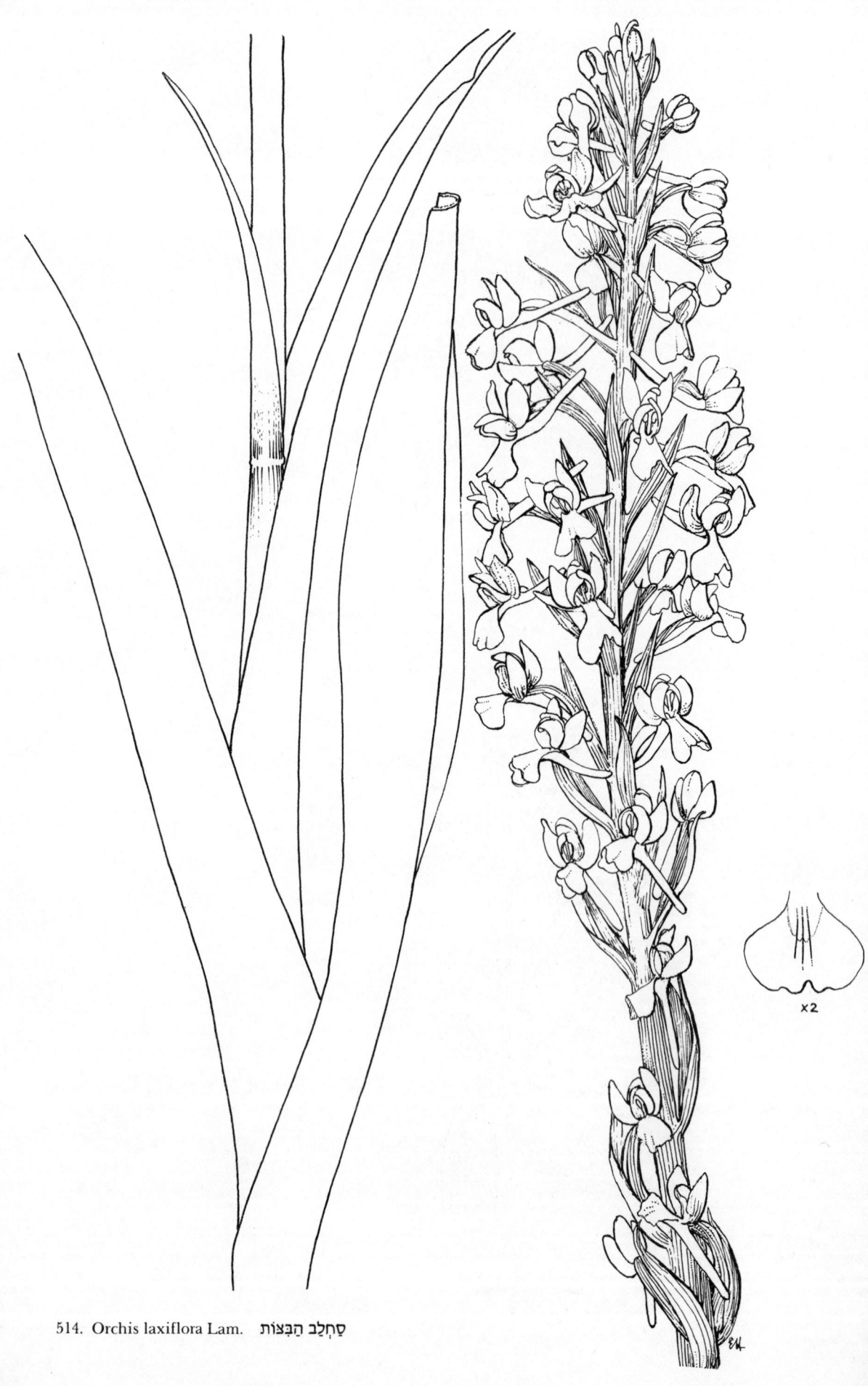

514. Orchis laxiflora Lam. סַחְלַב הַבִּצּוֹת

515. Himantoglossum affine (Boiss.) Schlechter   רְצוּעִית הַגָּלִיל

516. Anacamptis pyramidalis (L.) L.C.M. Richard   בֶּן־סַחְלָב צְרִיפִי

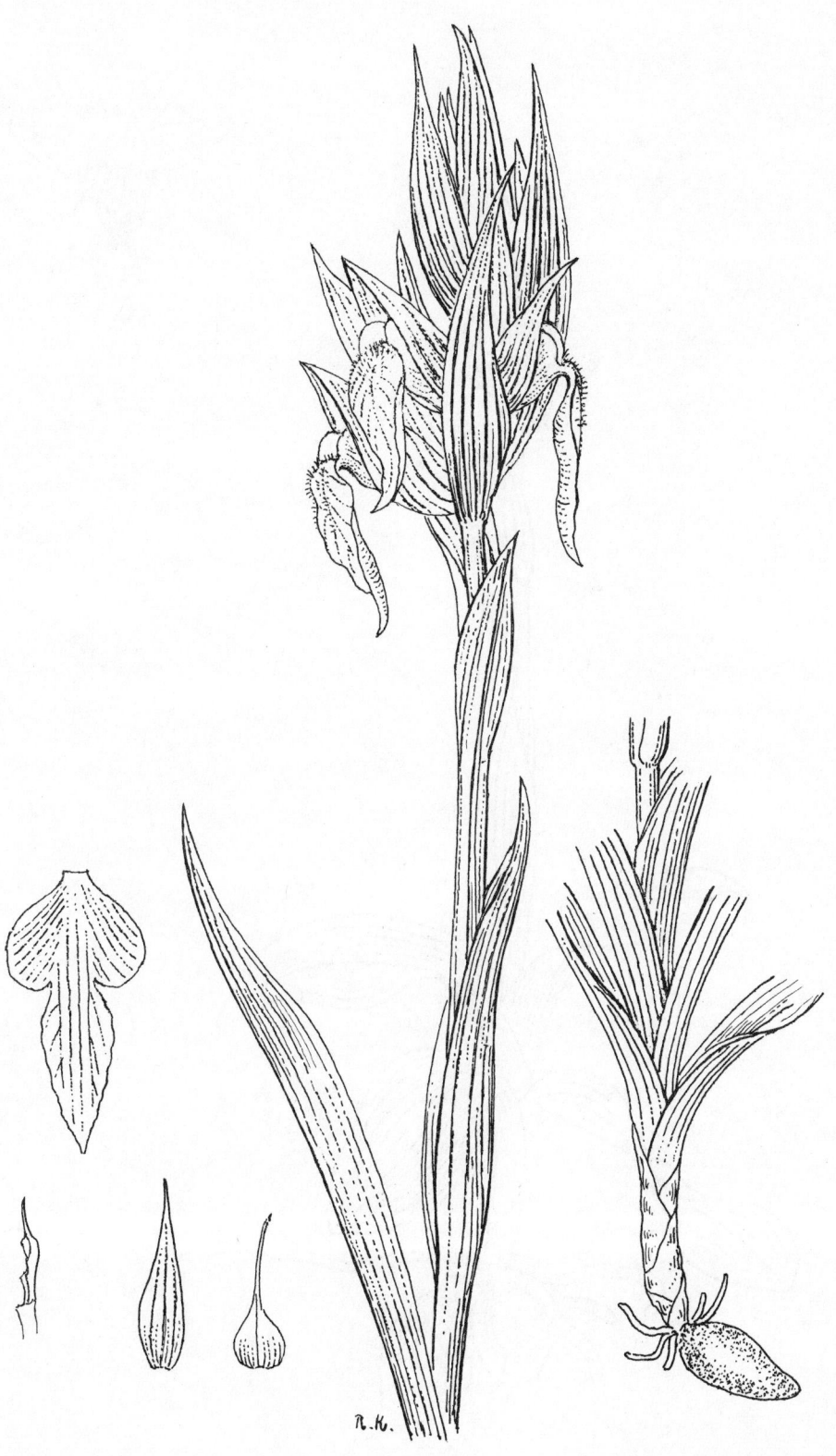

517. Serapias vomeracea (Burm. fil.) Briq. שִׂפְתָּן מָצוּי

518. Ophrys lutea Cav. subsp. galilaea (Fleischm. & Bornm.) Soó דְּבוֹרָנִית צְהֻבָּה

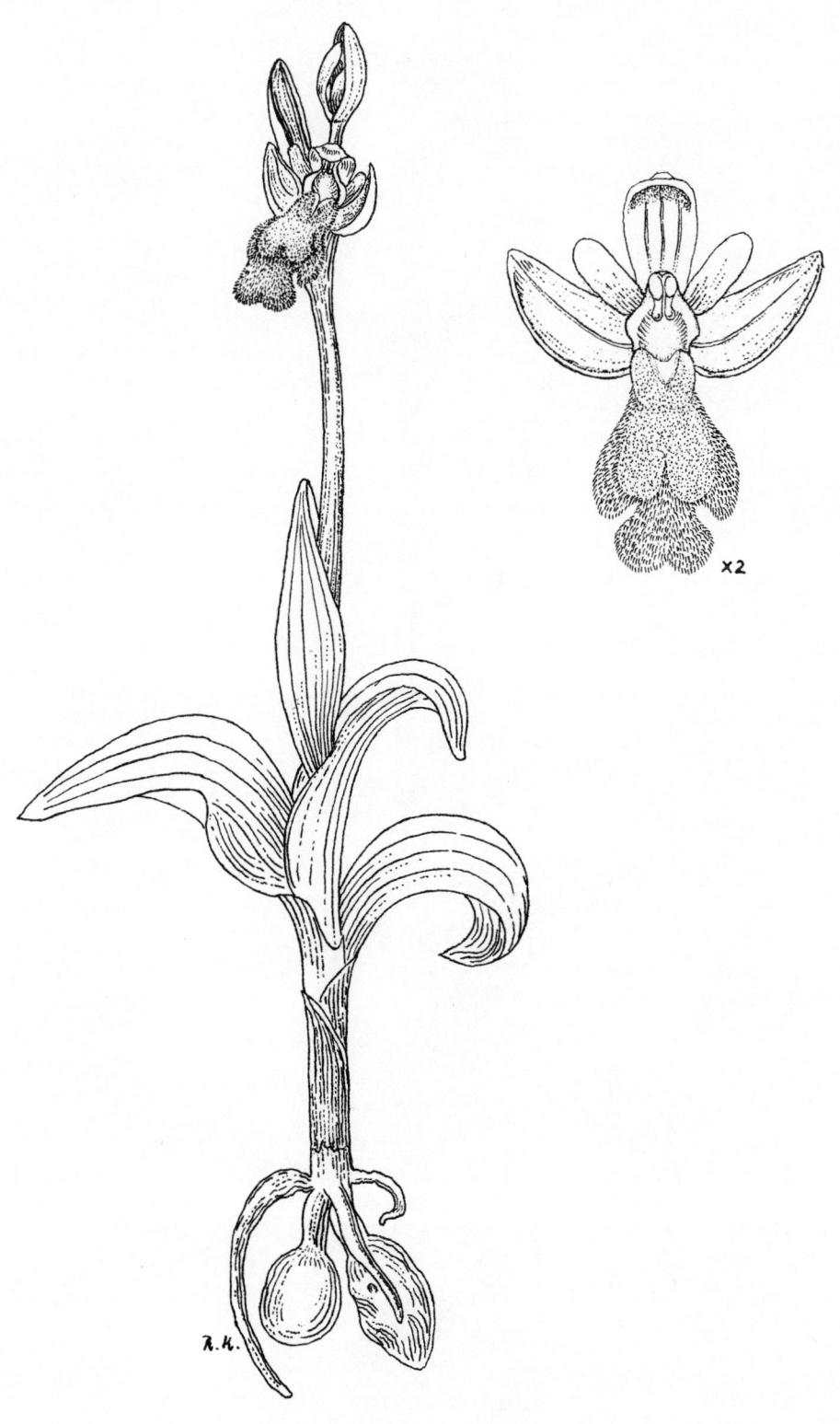

×2

519. Ophrys iricolor Desf. דְּבוֹרָנִית כְּחַלְחַלָּה

520. Ophrys fleischmannii Hayek דְּבוֹרָנִית שְׁחוּמָה

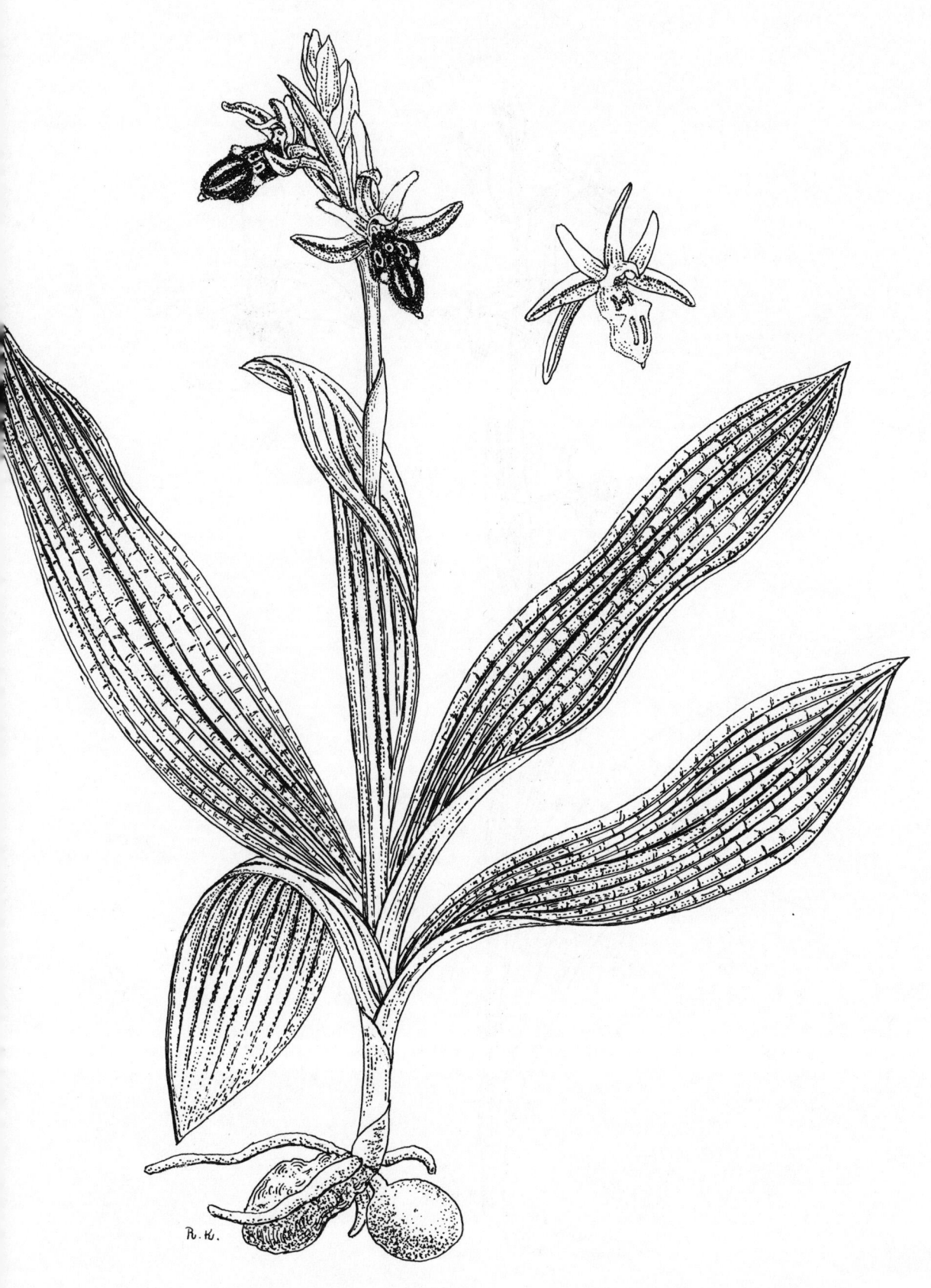

521. Ophrys transhyrcana Czerniak. דְּבוֹרָנִית הַקְּטִיפָה

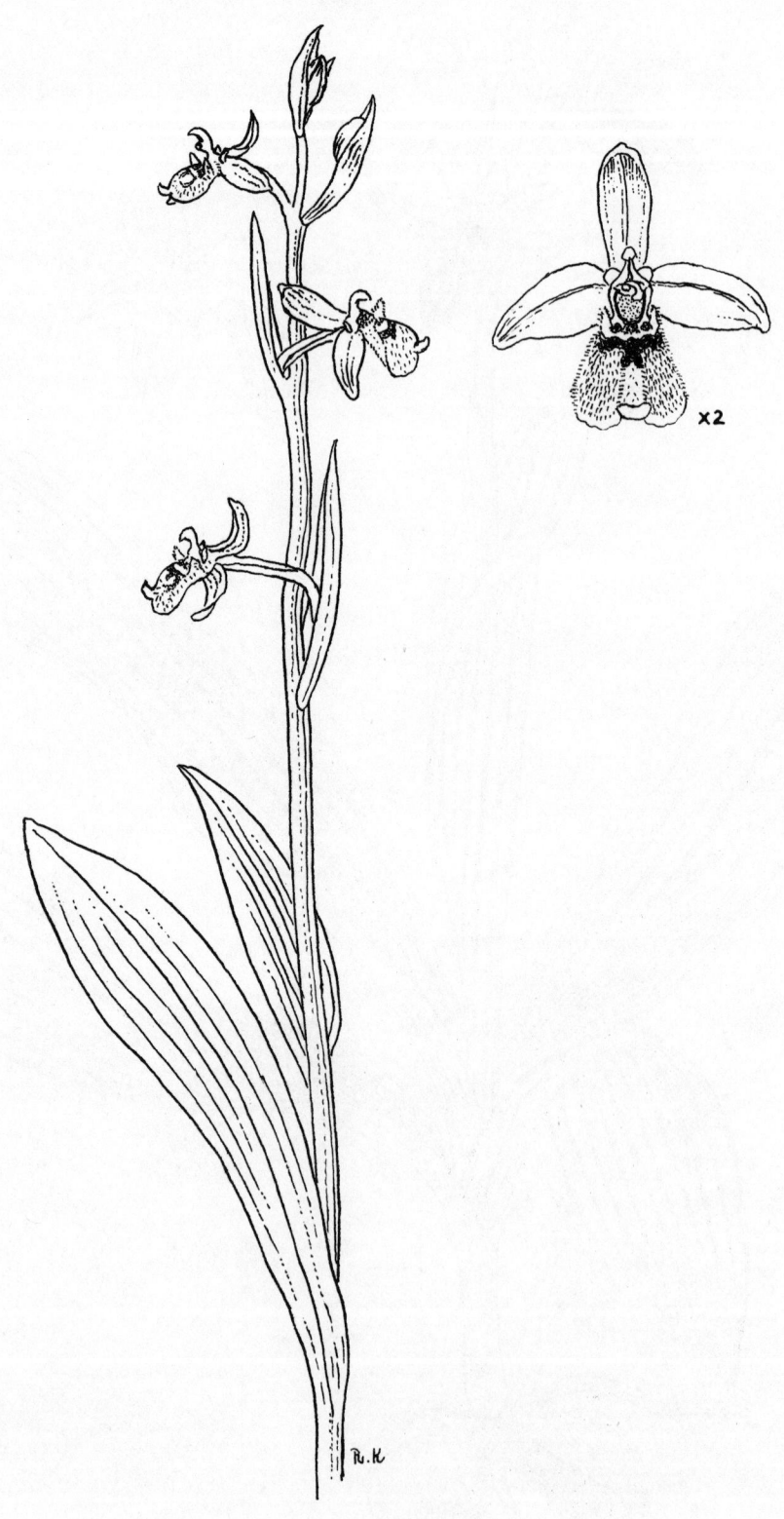

522. Ophrys bornmülleri M. Schulze דְבוֹרָנִית נָאָה

523. Ophrys fuciflora (F.W. Schmidt) Moench דְּבוֹרָנִית גְּדוֹלָה

524. Ophrys apifera Huds.   דְּבוֹרָנִית הַדְּבוֹרָה

525. Ophrys carmeli Fleischm. & Bornm. subsp. carmeli   דְּבוֹרָנִית דִּינְסְמוֹר

LIST OF PLATES WITH EXPLANATIONS

1 **Alisma plantago-aquatica L.** — Lower part of plant with leaves; fruiting panicle.
2 **Alisma lanceolatum With.** — Base of plant; leaf; part of inflorescence with flowers and fruits; flower.
3 **Damasonium alisma Mill.** — Base of plant; leaves; fruiting umbel; fruit.
4 **Butomus umbellatus L.** — Base of plant; leaves and inflorescence.
5 **Hydrocharis morsus-ranae L.** — Plant with basal leaves; pistil with 6 bifid styles and 3 staminodes.
6 **Vallisneria spiralis L.** — Stolon and leafy shoots of a pistillate plant bearing a long-pedunculate pistillate flower; flower enclosed in a tubular 2-valved spathe.
7 **Halophila ovalis (R. Br.) Hook. fil.** — Creeping and rooting rhizome with 2 scales at each node and pairs of leaves on short axillary shoots.
8 **Halophila stipulacea (Forssk.) Aschers.** — Creeping rhizome with 2 scale-like leaves at each node, pairs of leaves on short axillary shoots and pistillate flowers in axils of scales; ovary with apical beak and 3 styles; part of shoot bearing a pedicellate staminate flower.
9 **Potamogeton nodosus Poir.** — Part of plant bearing floating leaves with conspicuous stipules and a pedunculate spike.
10 **Potamogeton lucens L.** — Part of plant bearing leaves with conspicuous stipules and a pedunculate spike.
11 **Potamogeton perfoliatus L.** — Part of plant bearing leaves and pedunculate spikes.
12 **Potamogeton crispus L.** — Part of plant bearing leaves and pedunculate fruiting spikes; flower.
13 **Potamogeton berchtoldii Fieber** — Part of plant bearing leaves and pedunculate spikes, each leaf with a free stipule; tip of leaf enlarged.
14 **Potamogeton trichoides Cham. & Schlecht.** — Part of plant bearing leaves and pedunculate spikes, each leaf with a pair of free stipules; tip of leaf enlarged.
15 **Potamogeton filiformis Pers.** — Part of plant bearing leaves and pedunculate fruiting spikes; fruitlet with a subapical beak; leaf with a stipule adnate to leaf-base.
16 **Potamogeton pectinatus L.** — Part of plant bearing leaves and a spike in flower, each leaf with a stipule adnate to the leaf-base; flower.
17 **Ruppia cirrhosa (Petagna) Grande** — Part of plant with leaves and spirally coiled peduncles with long-stipitate fruitlets; fruitlets.
18 **Ruppia maritima L.** — Part of plant with leaves and flower- or fruit-bearing peduncles; young fruitlets; a 2-flowered spike of hermaphrodite flowers; leaf-sheaths.
19 **Zannichellia palustris L.** — Part of plant with leaves and axillary unisexual flowers; staminate flower of 1 stamen borne on a peduncle; fruitlet; pistillate flower with a perianth and several carpels.
20 **Halodule uninervis (Forssk.) Aschers.** — Parts of plant with leaves.
21 **Cymodocea nodosa (Ucria) Aschers.** — Part of plant with rhizome, cluster of leaves and 2 fruitlets.

The plant parts are listed here in the following order: from upper left of the plate downwards, then from upper right downwards.

22 **Cymodocea rotundata Ehrenb. & Hemprich ex Aschers.**—Part of plant with rhizome and clusters of leaves; fruitlet.

23 **Syringodium isoëtifolium (Aschers.) Dandy**—Rhizome bearing leaves and an inflorescence.

24 **Thalassodendron ciliatum (Forssk.) den Hartog**—Rhizome and branches with terminal cluster of leaves.

25 **Najas delilei Rouy**—Branch; single leaf.

26 **Najas minor All.**—Branch; tip of branch with pistillate flower.

27 **Asphodelus aestivus Brot.**—Base of plant with leaves and cluster of fleshy fusiform roots (reduced to nearly ½ nat. size); inflorescence; young capsule topped by deciduous perianth; portion of keeled leaf; stamens.

28 **Asphodelus fistulosus L.**—Base of plant with leaves and cluster of fleshy roots; inflorescence; flower; portion of stem enlarged; part of fruiting branch; stamen.

29 **Asphodelus tenuifolius Cav.**—Plant in flower.

30 **Asphodelus viscidulus Boiss.**—Plant in flower and fruit; bract.

31 **Asphodelus refractus Boiss.**—Plant in flower and fruit; bract.

32 **Asphodeline lutea (L.) Reichenb.**—Base of plant with leaves and fleshy roots; inflorescence; portion of leaf; capsule; stamens.

33 **Asphodeline brevicaulis (Bertol.) J. Gay ex Baker**—Base of plant with fleshy roots; inflorescence; part of flowering branch showing bracts.

34 **Asphodeline recurva Post**—Base of plant with leaves and fleshy roots; part of inflorescence with flowers and capsules on recurved pedicels.

35 **Eremurus libanoticus Boiss. & Bl.**—Base of plant with leaves and cluster of tuberous roots; inflorescence; portion of fruiting stem.

36 **Colchicum ritchii R. Br.**—Plant in flower; stamen with filament flanked by fimbriate lamellae at base; stigma; limb of flower viewed from above; flower with perianth split lengthwise.

37 **Colchicum tuviae Feinbr.**—Plant in flower; outer and inner segments, each with stamen and fimbriate lamellae; fimbriate lamellae at base of outer and inner perianth-segments.

38 **Colchicum schimperi Janka ex Stefanoff**—Plant in flower; stamen; stigma.

39 **Colchicum tauri Siehe ex Stefanoff**—Plant in flower before appearance of leaves; plant after appearance of leaves; flower (upper part).

40 **Colchicum brachyphyllum Boiss. & Hausskn.**—Plant in flower.

41 **Colchicum stevenii Kunth**—Plant in flower.

42 **Colchicum decaisnei Boiss.**—Plant in flower; plant with leaves and capsule; flower (upper part).

43 **Colchicum hierosolymitanum Feinbr.**—Plant in flower; leaves; flower (upper part); stigma; capsule; seed.

44 **Colchicum tunicatum Feinbr.**—Plant in flower; plant with leaves.

45 **Androcymbium palaestinum Baker**—Plant in flower.

46 **Gagea villosa (Bieb.) Duby var. villosa**—Plant in flower; young capsule.

47 **Gagea villosa (Bieb.) Duby var. hermonis Dafni & Heyn**—Plant in flower; seed; young capsule with perianth; capsule.

48 **Gagea micrantha (Boiss.) Pascher**—Plant in flower; flower; capsule with perianth.

49 **Gagea bohemica (Zauschn.) Schult. & Schult. fil.**—Plant in flower; capsule with perianth; seed.

50 **Gagea fistulosa Ker-Gawler**—Plant in flower; portion of leaf (in cross-section).

51 **Gagea dayana Chodat & Beauverd var. dayana**—Plant in flower; bulb enveloped in thickened roots.

52 **Gagea dayana Chodat & Beauverd var. conjungens (Pascher) Heyn & Dafni**—Plant in flower; capsule with perianth; seed.

53 **Gagea chlorantha (Bieb.) Schult. & Schult. fil.**—Plant in flower; capsule with perianth; ripe capsule opened; seed.

54 **Gagea reticulata (Pall.) Schult. & Schult. fil.**—Plant in flower; flower; capsule with perianth; seed.

55 **Gagea fibrosa (Desf.) Schult. & Schult. fil.**—Plant in flower; capsule with perianth; seed.

56 **Gagea commutata C. Koch var. commutata**—Plant in flower; base of plant with young tubers at ends of stolons; capsule; young capsule with perianth; seed.

57 **Gagea libanotica (Hochst.) Greuter**—Plant in flower.

58 **Tulipa polychroma Stapf**—Plant in flower; bulb; outer perianth-segment; inner perianth-segment.

59 **Tulipa agenensis DC. subsp. agenensis**—Plant in flower; bulb; inner perianth-segment; pistil; stamen; outer perianth-segment.

60 **Tulipa agenensis DC. subsp. sharonensis (Dinsmore) Feinbr.**—Plant in flower; outer perianth-segment; inner perianth-segment; bulb.

61 **Tulipa systola Stapf**—Plant in flower; bulb; pistil; stamen; inner perianth-segment; outer perianth-segment.

62 **Fritillaria persica L.**—Plant in flower; bulb.

63 **Lilium candidum L.**—Inflorescence; basal leaf.

64 **Scilla cilicica Siehe**—Plant with flowers and fruits; bracts.

65 **Scilla hyacinthoides L.**—Inflorescence; flower; bulb; leaf.

66 **Scilla autumnalis L.**—Plant in flower before appearance of leaves; plant with leaves in fruit; flower; capsule.

67 **Scilla hanburyi Baker**—Raceme with flowers and fruits; bulb with leaves after flowering; flower; capsule.

68 **Urginea undulata (Desf.) Steinh.**—Inflorescence; bulb with leaves after flowering.

69 **Urginea maritima (L.) Baker**—Inflorescence; bulb with leaves; flower.

70 **Ornithogalum narbonense L. subsp. narbonense**—Leaves; inflorescence; bulb.

71 **Ornithogalum narbonense L. subsp. brachystachys (C. Koch) Feinbr.**—Plant in flower; portion of leaf.

72 **Ornithogalum fuscescens Boiss. & Gaill.**—Leaves; inflorescence.

73 **Ornithogalum arabicum L.**—Inflorescence.

74 **Ornithogalum montanum Cyr. ex Ten.**—Plant in flower.

75 **Ornithogalum lanceolatum Labill.**—Plant in flower; bract.

76 **Ornithogalum neurostegium Boiss. & Bl. subsp. neurostegium**—Plant in flower; portion of leaf.

77 **Ornithogalum neurostegium Boiss. & Bl. subsp. eigii (Feinbr.) Feinbr.**—Plant in flower; bulb; portion of leaf showing cilia.

78 **Ornithogalum platyphyllum Boiss.**—Plant in flower; capsule on spreading pedicel with bract; bulb.

79 **Ornithogalum divergens Boreau**—Plant in flower; portion of leaf; stamen; perianth-segment.

 80 **Ornithogalum trichophyllum Boiss. & Heldr.**—Plant in flower; portion of leaf; capsules (all enlarged × 1½).
 81 **Dipcadi erythraeum Webb & Berth.**—Plant in flower.
 82 **Hyacinthus orientalis L.**—Plant in flower; flower with perianth expanded.
 83 **Hyacinthella nervosa (Bertol.) Chouard**—Plant in flower; perianth expanded; capsule.
 84 **Bellevalia trifoliata (Ten.) Kunth**—Plant in flower; flower.
 85 **Bellevalia macrobotrys Boiss.**—Inflorescence; flower; leaves.
 86 **Bellevalia warburgii Feinbr.**—Plant in flower; portion of leaf; flower.
 87 **Bellevalia eigii Feinbr.**—Plant in flower; flower with expanded perianth; portion of leaf; part of fruiting raceme.
 88 **Bellevalia flexuosa Boiss.**—Plant in flower; flower with part of perianth expanded; flower; fruiting raceme.
 89 **Bellevalia mosheovii Feinbr.**—Plant in flower; fruiting raceme; flower; flower with expanded perianth; portion of leaf.
 90 **Bellevalia densiflora Boiss.**—Plant in flower.
 91 **Bellevalia desertorum Eig & Feinbr.**—Plant in flower; flower with expanded perianth; fruiting raceme; flower.
 92 **Bellevalia longipes Post**—Inflorescence; part of fruiting raceme; leaves.
 93 **Bellevalia stepporum Feinbr. var. transjordanica Feinbr.**—Inflorescence; fruiting raceme; leaf.
 94 **Bellevalia stepporum Feinbr. var. edumea Feinbr.**—Plant in flower; fruiting raceme.
 95 **Bellevalia zoharyi Feinbr.**—Bulb and leaves; inflorescence; fruiting raceme.
 96 **Leopoldia comosa (L.) Parl.**—Plant in flower; flower.
 97 **Leopoldia bicolor (Boiss.) Eig & Feinbr.**—Plant in flower; flower.
 98 **Leopoldia deserticola (Rech. fil.) Feinbr.**—Inflorescence.
 99 **Leopoldia eburnea Eig & Feinbr.**—Plant in flower; plant in fruit; seed; flower.
100 **Leopoldia longipes (Boiss.) Losinsk. subsp. longipes**—Plant in flower; flower; flower with expanded perianth.
101 **Leopoldia longipes (Boiss.) Losinsk. subsp. negevensis Feinbr. & Danin**—Plant in flower; expanded perianth; flower; bulb.
102 **Muscari commutatum Guss.**—Plant in flower; flower.
103 **Muscari pulchellum Heldr. & Sart. ex Boiss.**—Plant in flower; flower; flower with part of expanded perianth.
104 **Muscari parviflorum Desf.**—Plant in flower; flower.
105 **Allium neapolitanum Cyr.**—Plant in flower.
106 **Allium trifoliatum Cyr. subsp. hirsutum (Regel) Kollmann var. hirsutum**—Plant in flower; bulb; flower.
107 **Allium papillare Boiss.**—Plant in flower; outer perianth-segment and stamen; inner perianth-segment and stamen; flower; bulb.
108 **Allium erdelii Zucc.**—Plant in flower; flower.
109 **Allium qasyunense Mout.**—Plant in flower; flower; scape with young umbel enclosed in spathe.
110 **Allium negevense Kollmann**—Plant in flower; flower.
111 **Allium roseum L. var. tourneuxii Boiss.**—Plant in flower; flower; outer perianth-segment; inner perianth-segment; stamen; enlarged portion of pitted outer bulb-tunics.

112 **Allium carmeli Boiss.**—Plant in flower; outer perianth-segment; inner perianth-segment; flower; bulb.

113 **Allium paniculatum L. subsp. paniculatum**—Plant in flower (note shape of umbel and spathe); flower, perianth-segments, stamen and ovary of plants from Upper Jordan Valley; flower and perianth-segments of plants from Lower Jordan Valley (note truncate perianth-segments).

114 **Allium paniculatum L. subsp. paniculatum**—Plant from Judean Mts. in flower (note shape of umbel and spathe); flower.

115 **Allium paniculatum L. subsp. fuscum (Waldst. & Kit.) Arcangeli**—Plant in flower; flower; outer perianth-segment and stamen; inner perianth-segment and stamen; capsule with perianth.

116 **Allium pallens L.**—Plant in flower; valve of spathe; flower; outer perianth-segment; inner perianth-segment; cross-section of fistulous leaf-blade.

117 **Allium desertorum Forssk.**—Plant in flower; flower; outer perianth-segment; inner perianth-segment.

118 **Allium sindjarense Boiss. & Hausskn. ex Regel**—Plant in flower; flower; outer perianth-segment; inner perianth-segment.

119 **Allium stamineum Boiss. subsp. stamineum**—Plant in flower; flower; valves of spathe.

120 **Allium decaisnei C. Presl**—Plant in flower; flower; valves of spathe.

121 **Allium albotunicatum O. Schwarz subsp. albotunicatum**—Plant in flower; flower; part of expanded perianth with filaments.

122 **Allium ampeloprasum L.**—Bulb with bulblets; umbel; inner filament; flower.

123 **Allium truncatum (Feinbr.) Kollmann & D. Zohary**—Scape with umbel; transition of leaf-sheath into blade; bulb; bulb with bulblets (mobile type); flower; outer perianth-segment; outer filament; inner perianth-segment and inner stamen.

124 **Allium scorodoprasum L, subsp. rotundum (L.) Stearn**—Plant in flower; flower; inner stamen.

125 **Allium phanerantherum Boiss. & Hausskn.**—Plant in flower; flower.

126 **Allium curtum Boiss. & Gaill. subsp. curtum**—Plant in flower; flower; inner stamen.

127 **Allium hierochuntinum Boiss.**—Plant in flower; flower; inner stamen; outer stamen.

128 **Allium artemisietorum Eig & Feinbr.**—Plant in flower; flower.

129 **Allium sinaiticum Boiss.**—Plant in flower; flower.

130 **Allium dictyoprasum C.A. Mey. ex Kunth**—Plant in flower; cross-section of leaf-blade; flower; inner stamen.

131 **Allium nigrum L.**—Plant with young umbel enclosed in spathe; umbel in flower.

132 **Allium aschersonianum W. Barbey**—Plant with young umbel enclosed in spathe; umbel in flower; flower.

133 **Allium tel-avivense Eig**—Plant in flower; flower.

134 **Allium orientale Boiss.**—Plant in flower; flower.

135 **Allium rothii Zucc.**—Plant in flower; stamen; perianth-segment; flower.

136 **Allium schubertii Zucc.**—Plant with young umbel enclosed in spathe; umbel in flower and fruit; flower.

137 **Asparagus palaestinus Baker**—Branch bearing fruit; branch bearing staminate flowers.
138 **Asparagus acutifolius L.**—Branch.
139 **Asparagus aphyllus L.**—Branch in flower; branch in fruit; staminate flower.
140 **Asparagus stipularis Forssk.**—Branch with staminate flowers; staminate flower; branch with thickened phylloclades.
141 **Ruscus aculeatus L.**—Part of plant bearing scale-like leaves and phylloclades; branch with a phylloclade bearing a berry; staminate flower with filaments united into a column; phylloclade bearing a staminate flower; rhizome.
142 **Smilax aspera L.**—Parts of plants bearing staminate inflorescences; part of plant with berries on axillary branchlets; staminate flower; pistillate flower.
143 **Sternbergia colchiciflora Waldst. & Kit.**—Plant in flower; plant with leaves and capsules.
144 **Sternbergia lutea (L.) Ker-Gawler ex Spreng.**—Plant in flower; leaves enclosed by cataphyll.
145 **Sternbergia clusiana (Ker-Gawler) Ker-Gawler ex Spreng.**—Plant with leaves and capsules; plant in flower; flower.
146 **Narcissus tazetta L.**—Plant in flower; longitudinal sections of short-styled and long-styled flower.
147 **Narcissus serotinus L.**—Plant with flower before opening; open flower.
148 **Pancratium maritimum L.**—Bulb, leaves and flowering scape.
149 **Pancratium parviflorum Desf. ex Del.**—Bulb with leaves; inflorescence; fruiting umbel.
150 **Pancratium sickenbergeri Aschers. & Schweinf. ex C. & W. Barbey**—Bulb with leaves; inflorescence.
151 **Ixiolirion tataricum (Pall.) Herbert**—Bulb; leafy stem; inflorescence; pistil.
152 **Tamus communis L.**—Portion of branch bearing 2 pistillate inflorescences; branch of a staminate plant bearing long inflorescences; staminate flower; pistillate flower.
153 **Tamus orientalis Thiébaut**—Part of pistillate plant in fruit; branch of staminate plant in flower; staminate flower.
154 **Gynandriris sisyrinchium (L.) Parl.**—Plant in flower; section of leaf; stigmatic branch; fall; standard.
155 **Gynandriris monophylla Boiss. & Heldr. ex Klatt**—Plant in flower; fall; standard; stigmatic branch.
156 **Iris pseudacorus L.**—Plant in flower; leaf.
157 **Iris grant-duffii Baker**—Plant in flower (reduced to ½); flower; fall; stigmatic branch and stamen; standard (flower and flower parts somewhat enlarged).
158 **Iris hermona Dinsmore**—Plant in flower.
159 **Iris bismarckiana Regel**—Plant in flower; rhizome.
160 **Iris lortetii W. Barbey**—Flower.
161 **Iris haynei Baker**—Flower.
162 **Iris atrofusca Baker**—Part of rhizome; leaves; flower.
163 **Iris nigricans Dinsmore**—Leaves; flower.
164 **Iris petrana Dinsmore**—Plant in flower.
165 **Iris atropurpurea Baker**—Plant in flower.
166 **Iris mariae W. Barbey**—Plant in flower.
167 **Iris histrio Reichenb. fil.**—Plant in flower; fall; standard; stigmatic branch and stamen.

168 **Iris vartanii Foster** — Plant in flower.

169 **Iris palaestina (Baker) Boiss.** — Plant in flower; stigmatic branch and stamen; standard; fall.

170 **Iris edomensis Sealy** — Bulb with leaves; fall; standard; stigmatic branch.

171 **Iris regis-uzziae Feinbr.** — Plant in flower; standard.

172 **Romulea bulbocodium (L.) Seb. & Mauri** — Plant at the end of flowering; flower.

173 **Romulea phoenicia Mout.** — Plant in flower; flower with spathe.

174 **Romulea columnae Seb. & Mauri** — Plant at the end of flowering.

175 **Crocus ochroleucus Boiss. & Gaill.** — Plant in flower; perianth-segment with stamen and style-branch.

176 **Crocus pallasii Goldb.** — Plant in flower.

177 **Crocus moabiticus Bornm. & Dinsmore** — Plant with leaves; inflorescence; part of corm-tunic.

178 **Crocus cancellatus Herbert** — Plant in flower; part of flower with expanded perianth.

179 **Crocus damascenus Herbert** — Plant in flower; part of plant with leaves; part of flower with expanded perianth.

180 **Crocus hermoneus Ky. ex Maw subsp. palaestinus Feinbr.** — Plant in flower.

181 **Crocus aleppicus Baker** — Plant in flower.

182 **Crocus hyemalis Boiss. & Bl.** — Plant in flower.

183 **Crocus vitellinus Wahlenb.** — Plant in flower; stamens and style.

184 **Gladiolus italicus Mill.** — Plant in flower.

185 **Gladiolus atroviolaceus Boiss.** — Plant in flower.

186 **Juncus maritimus Lam.** — Inflorescence; capsule with perianth.

187 **Juncus arabicus (Aschers. & Buchenau) Adamson** — Inflorescence; capsule with perianth.

188 **Juncus acutus L. subsp. acutus** — Inflorescence; perianth and capsule. **Subsp. littoralis (C. A. Mey.) Feinbr.** — Perianth and capsule (two variants).

189 **Juncus inflexus L.** — Lower part of plant; stem with inflorescence; capsule with perianth subtended by bracteoles; seed; part of stem in longitudinal section showing interrupted pith.

190 **Juncus subulatus Forssk.** — Lower part of plant with rhizome; stem with inflorescence; flower.

191 **Juncus bufonius L. var. bufonius** — Plant with inflorescence; capsule with perianth subtended by bracteoles.

192 **Juncus bufonius L. var. congestus Wahlberg** — Plant with inflorescence; tip of branch with bracteoles and 2 flowers.

193 **Juncus sphaerocarpus Nees** — Plant with inflorescences; capsule with perianth subtended by bracteoles.

194 **Juncus capitatus Weigel** — Plant with inflorescences; flower with bracteole.

195 **Juncus punctorius L. fil.** — Leaf; branch with inflorescences; capsule with perianth.

196 **Juncus articulatus L.** — Part of plant with leaf and inflorescence; capsule with perianth.

197 **Juncus fontanesii J. Gay subsp. pyramidatus (Laharpe) Snogerup** — Lower part of plant with leaves; inflorescence; capsule with perianth.

198 **Leersia hexandra Swartz** — Leaf; inflorescence; pectinate lemma.

199 **Brachypodium pinnatum (L.) Beauv.** — Part of plant with inflorescence; lemma.

200 **Brachypodium distachyon (L.) Beauv.**—Plant with inflorescence; lemma.

201 **Elymus panormitanus (Parl.) Tzvelev**—Base of plant with leaves; spike; glume; spikelet.

202 **Elymus elongatus (Host) Runemark**—Base of plant with leaves; spike; spikelet; glume.

203 **Elymus farctus (Viv.) Runemark ex Melderis subsp. farctus**—Base of plant with leaves; spike.

204 **Crithopsis delileana (Schult. & Schult. fil.) Roshev.**—Plant with spikes.

205 **Eremopyrum bonaepartis (Spreng.) Nevski var. bonaepartis**—Plant with spikes; spikelet.

206 **Eremopyrum distans (C. Koch) Nevski**—Plant with spikes; spikelet.

207 **Heteranthelium piliferum (?Banks & Sol.) Hochst. ex Jaub. & Spach**—Plant with spikes; spikelet; leaf with ligule.

208 **Aegilops bicornis (Forssk.) Jaub. & Spach var. bicornis**—Plant with spikes; spikelet; glume; lemma with awn.

209 **Aegilops sharonensis Eig**—Base of plant; glume; spike of **var. mutica (Post) Eig** on left; spikelet and spike of **var. sharonensis** on right.

210 **Aegilops longissima Schweinf. & Muschler**—Lower part of plant; spike and its non-deciduous lower part; spikelet; glume.

211 **Aegilops searsii Feldman & Kislev ex Hammer**—Base of plant; spike.

212 **Aegilops speltoides Tausch**—Base of plant; glume. **Var. speltoides**—Spike and its non-deciduous lower part. **Var. ligustica (Savign.) Fiori**—Spikelet.

213 **Aegilops crassa Boiss. subsp. vavilovii Zhuk.**—Plant with spike; spikelet.

214 **Aegilops peregrina (Hackel) Maire & Weiller subsp. peregrina**—Plant with spikes; glume; lemma. **Subsp. cylindrostachys (Eig & Feinbr.) Hammer**—Spike.

215 **Aegilops kotschyi Boiss. var. kotschyi**—Plant and spike; glume; lemma.

216 **Aegilops triuncialis L.**—Base of plant; spike; spikelet.

217 **Aegilops biuncialis Vis.**—Plant with spike; spike; glume of upper spikelet.

218 **Aegilops geniculata Roth**—Plant with spikes; lemma; glume.

219 **Triticum dicoccoides (Koern. ex Aschers. & Graebn.) Aaronsohn**—Base of plant; ventral and dorsal view of spikelet; spike.

220 **Secale montanum Guss.**—Base of plant; spike; spikelet.

221 **Hordeum bulbosum L.**—Spike; part of culm with leaf; ligule and auricles; triplet of spikelets; tuber-like lower internode of culms.

222 **Hordeum secalinum Schreb.**—Plant with leaves; spike; triplet of spikelets.

223 **Hordeum spontaneum C. Koch**—Plant with leaves; spike; triplet of spikelets; ligule and auricles.

224 **Hordeum glaucum Steud.**—Plant with spikes; triplet of spikelets.

225 **Hordeum marinum Huds.**—Plant with spikes; triplet of spikelets.

226 **Hordeum hystrix Roth**—Plant with spike; triplet of spikelets.

227 **Taeniatherum crinitum (Schreb.) Nevski**—Plant with leaves; spike; pair of spikelets.

228 **Bromus syriacus Boiss. & Bl.**—Base of plant with leaves; panicle; spikelet; lemma.

229 **Bromus tomentellus Boiss.**—Base of plant with leaves; panicle; spikelet; lemma.

230 **Bromus brachystachys Hornung**—Base of plant with leaves; panicle; lemma; spikelet.

231 **Bromus japonicus Thunb.**—Base of plant with leaves; panicle; lemma; glumes.

232 **Bromus danthoniae Trin.**—Plant with panicle; lemma.

233 **Bromus lanceolatus Roth**—Plant with panicles; lemma; spikelet.

234 **Bromus alopecuros Poir. subsp. caroli-henrici (Greuter) P.M. Smith**—Plant with panicles; lemma.

235 **Bromus scoparius L.**—Base of plant with leaves; panicle; spikelet; lemma.

236 **Bromus tectorum L.**—Plant with panicle; lemma; spikelet.

237 **Bromus fasciculatus C. Presl**—Plant with panicle; spikelet.

238 **Bromus rubens L.**—Plant with panicle; lemma; spikelet.

239 **Bromus madritensis L. subsp. madritensis**—Plant with panicle; lemma.

240 **Bromus madritensis L. subsp. delilei (Boiss.) Maire & Weiller**—Plant with panicle; spikelet; lemma.

241 **Bromus sterilis L.**—Base of plant; panicle; lemma.

242 **Bromus diandrus Roth**—Plant with panicle; lemma; glumes.

243 **Bromus rigidus Roth**—Plant with panicle; glumes; lemma.

244 **Bromus catharticus Vahl**—Plant with panicle.

245 **Boissiera squarrosa (Banks & Sol.) Nevski**—Plant with panicle; lemma.

246 **Avena clauda Durieu**—Lower part of plant; panicle.

247 **Avena eriantha Durieu**—Plant with panicles; panicle; dispersal unit (spikelet without glumes).

248 **Avena longiglumis Durieu**—Base of plant; panicle; dispersal unit (individual floret).

249 **Avena barbata Pott ex Link subsp. barbata**—Plant with panicle; dispersal unit (individual floret).

250 **Avena wiestii Steud.**—Base of plant; panicle; dispersal unit (individual floret).

251 **Avena sterilis L. subsp. sterilis**—Base of plant; inflorescence; ligule; spikelet; lemma (ventral side).

252 **Arrhenatherum palaestinum Boiss.**—Base of plant; panicle; glumes; lower and upper florets.

253 **Arrhenatherum kotschyi Boiss.**—Base of plant; panicle; lower and upper florets.

254 **Gaudinia fragilis (L.) Beauv.**—Plant with spike; spikelet.

255 **Pilgerochloa blanchei (Boiss.) Eig**—Plant with panicle; spikelet.

256 **Lophochloa berythea (Boiss. & Bl.) Bor**—Plant with panicles; lemma; palea.

257 **Lophochloa cristata (L.) Hyl.**—Plant with panicle; spikelet.

258 **Lophochloa obtusiflora (Boiss.) Gontsch.**—Plant with panicles; spikelet.

259 **Lophochloa pumila (Desf.) Bor**—Plant with panicles; spikelet.

260 **Avellinia michelii (Savi) Parl.**—Plant with panicles; spikelet.

261 **Trisetaria linearis Forssk.**—Plant with panicles; spikelet.

262 **Trisetaria koelerioides (Bornm. & Hackel) Melderis**—Plant with panicle; glumes; floret.

263 **Trisetaria glumacea (Boiss.) Maire**—Plant with panicles; spikelet; florets.

264 **Trisetaria machrochaeta (Boiss.) Maire**—Plant with panicles; spikelet.

265 **Aira elegantissima Schur**—Plant with panicle; glumes; floret.

266 **Antinoria insularis Parl.**—Plant with panicle; spikelet.

267 **Corynephorus divaricatus (Pourr.) Breistr.**—Plant with panicle; glumes; floret.

268 **Holcus annuus Salzm. ex C.A. Mey.**—Plant with panicle; hermaphrodite floret; staminate floret; glumes.

269 **Milium pedicellare (Bornm.) Roshev. ex Melderis**—Plant with panicle; spikelet.

270 **Ammophila arenaria (L.) Link**—Base of plant; panicle; spikelet; portion of leaf.

271 **Lagurus ovatus L.**—Plant with panicles; spikelet.

272 **Polypogon maritimus Willd.**—Plant with panicles; spikelet.

273 **Polypogon monspeliensis (L.) Desf.**—Plant with panicles; spikelet.

274 **Polypogon viridis (Gouan) Breistr.**—Base of plant; panicle; spikelet.

275 **Gastridium ventricosum (Gouan) Schinz & Thell.**—Plant with panicles; floret; spikelet.

276 **Gastridium scabrum C. Presl**—Plant with panicles; spikelet; floret.

277 **Triplachne nitens (Guss.) Link**—Plant with panicles; floret; spikelet.

278 **Phalaris canariensis L.**—Plant with panicle; fertile lemma with 2 sterile lemmas at base; spikelet.

279 **Phalaris brachystachys Link**—Branch of plant with panicle; ligule; spikelet; fertile lemma with 2 sterile lemmas at base.

280 **Phalaris minor Retz. var. minor**—Base of plant; branch with panicle; spikelet; fertile lemma with a single sterile lemma at base.

281 **Phalaris paradoxa L.**—Plant with inflorescences; group of spikelets from basal part of panicle comprising deformed sterile spikelets; fertile spikelet; fertile lemma with 2 minute sterile lemmas at base.

282 **Phalaris tuberosa L.**—Basal part of plant; culm and leaves; ligule; panicle; spikelet; fertile lemma with 2 unequal sterile lemmas at base.

283 **Beckmannia eruciformis (L.) Host**—Plant with inflorescence; spikelet.

284 **Phleum subulatum (Savi) Aschers. & Graebn.**—Plant with inflorescences; spikelet.

285 **Phleum graecum Boiss. & Heldr. subsp. aegaeum (Vierh.) Greuter**—Plant with inflorescences; spikelet.

286 **Rhizocephalus orientalis Boiss.**—Plant with inflorescences; spikelet.

287 **Alopecurus arundinaceus Poir.**—Plant with inflorescence; spikelet.

288 **Alopecurus myosuroides Huds.**—Plant with inflorescences; spikelet.

289 **Alopecurus utriculatus Banks & Sol.**—Plant with inflorescences; lemma; glumes.

290 **Cornucopiae cucullatum L.**—Plant with inflorescences; spikelet.

291 **Cornucopiae alopecuroides L.**—Plant with inflorescences; spikelet.

292 **Festuca arundinacea Schreb.**—Plant with inflorescences (reduced in size); base of plant; culm with leaves; panicle; ligule and auricles; spikelet (lemma shortly awned); spikelet (lemma mucronate).

293 **Lolium perenne L.**—Plant in flower.

294 **Lolium multiflorum Lam.**—Leaf; spike; spikelet.

295 **Lolium rigidum Gaudin subsp. rigidum**—Plant; spike; spikelet.

296 **Lolium rigidum Gaudin subsp. lepturoides (Boiss.) Sennen & Mauricio**—Plant with inflorescences; spikelets on flattened rachis of spike.

297 **Lolium rigidum Gaudin subsp. negevense Feinbr.**—Plant with leaves; spike; spikelet; lemma.

298 **Lolium subulatum Vis. emend. Terell**—Plant with spikes; spikelet with glume concealing florets.

299 **Lolium temulentum L.**—Plant with leaves; spike; spikelet; lemma.

300 **Lolium persicum Boiss. & Hohen.**—Plant with leaves; spike; spikelet; lemma.

301 **Vulpia fasciculata (Forssk.) Samp.**—Plant with inflorescences; spikelet.

302 **Vulpia myuros (L.) C.C. Gmel.**—Plant with inflorescences; spikelet.

303 **Vulpia muralis (Kunth) Nees** — Plant with leaves; glumes and lower florets; panicle.

304 **Vulpia ciliata Dumort.** — Plant with inflorescences; spikelet; panicle.

305 **Vulpia brevis Boiss. & Ky.** — Plant with inflorescences; panicle; spikelet.

306 **Vulpia unilateralis (L.) Stace** — Plant with inflorescences: spikelet.

307 **Loliolum subulatum (Banks & Sol.) Eig** — Plant with inflorescence; spikelet.

308 **Catapodium rigidum (L.) C.E. Hubbard** — Plant with inflorescences; spikelet.

309 **Catapodium marinum (L.) C.E. Hubbard** — Plant with inflorescences; spikelet.

310 **Ctenopsis pectinella (Del.) De Not.** — Plant with inflorescences; spikelet.

311 **Cutandia maritima (L.) W. Barbey** — Plant with inflorescence; spikelet.

312 **Cutandia philistea (Boiss.) Jackson** — Plant with inflorescences; spikelet.

313 **Cutandia memphitica (Spreng.) K. Richter** — Plant with inflorescences; tip of panicle; branch bearing spikelet.

314 **Cutandia dichotoma (Forssk.) Trabut** — Plant with inflorescences; spikelet.

315 **Sphenopus divaricatus (Gouan) Reichenb.** — Plant with inflorescences.

316 **Psilurus incurvus (Gouan) Schinz & Thell.** — Plant with inflorescences; spikelet.

317 **Poa bulbosa L. var. bulbosa** — Base of plant; panicle; spikelet (glumes, florets). On the right: **var. hackelii (Post) Feinbr.** — Spikelet (glumes, florets).

318 **Poa eigii Feinbr.** — Plant with panicles; spikelet (glumes, florets).

319 **Poa sinaica Steud.** — Base of plant; culm with panicles; spikelet.

320 **Poa trivialis L.** — Base of plant with leaves; panicle; spikelet (glumes, florets).

321 **Poa nemoralis L.** — Base of plant; panicle; spikelet.

322 **Poa annua L.** — Plant with panicle; spikelet; anther.

323 **Poa infirma Kunth** — Plant with panicles; spikelet; anther.

324 **Catabrosa aquatica (L.) Beauv.** — Plant with panicles; spikelet.

325 **Puccinellia distans (L.) Parl.** — Base of plant; panicle; spikelet.

326 **Sclerochloa dura (L.) Beauv.** — Plant with panicles.

327 **Dactylis glomerata L.** — Base of plant; panicle; spikelet.

328 **Cynosurus echinatus L.** — Base of plant; culm bearing panicle; group of one fertile and several sterile spikelets; portion of leaf with ligule.

329 **Cynosurus callitrichus W. Barbey** — Plant with panicles; portion of leaf with ligule; group of one fertile and several sterile spikelets; fertile spikelet.

330 **Cynosurus elegans Desf.** — Plant with panicle; group of one fertile and several sterile spikelets; ligule.

331 **Lamarckia aurea (L.) Moench** — Plant bearing panicle; group of spikelets, one fertile and one sterile.

332 **Briza minor L.** — Plant bearing panicle; spikelet.

333 **Briza humilis Bieb.** — Plant bearing panicle; spikelet.

334 **Briza maxima L.** — Plant bearing panicle; spikelet.

335 **Parapholis incurva (L.) C.E. Hubbard** — Plant bearing spikes; portion of spike-rachis and spikelet, with 2 glumes seated side by side.

336 **Parapholis filiformis (Roth) C.E. Hubbard** — Plant bearing spikes; spikelets on the spike-rachis.

337 **Monerma cylindrica (Willd.) Coss. & Durieu** — Plant bearing spikes; spikelet; spikelets filling the cavity in the rachis-internodes.

338 **Echinaria capitata (L.) Desf.** — Plant with capitate panicles; spikelet; lower glume; palea; lemma; ligule.

339 **Ammochloa palaestina Boiss.**—Plant bearing head-like inflorescences; head of spikelets.

340 **Melica minuta L.**—Plant bearing panicle; spikelet.

341 **Melica cupani Guss.**—Plant bearing panicle; spikelet.

342 **Stipa parviflora Desf.**—Plant bearing panicle; spikelet.

343 **Stipa capensis Thunb.**—Plant bearing panicles; lemma with awn; ligule; spikelet.

344 **Stipa barbata Desf.**—Base of plant; panicle; lemma with awn.

345 **Stipa hohenackeriana Trin. & Rupr.**—Base of plant; panicle; lemma with awn.

346 **Stipa lagascae Roem. & Schult.**—Base of plant; panicle; lemma with awn.

347 **Stipa bromoides (L.) Dörfler**—Plant with panicle; glumes; lemma with awn.

348 **Piptatherum miliaceum (L.) Coss. var. miliaceum**—Panicle; culm bearing leaves; ligule.

349 **Piptatherum blancheanum Desv. ex Boiss.**—Plant with panicle; ligule; caryopsis enclosed in lemma and palea.

350 **Piptatherum holciforme (Bieb.) Roem. & Schult. subsp. longiglume (Hausskn.) Freitag**—Panicle; floret; ligule; portion of culm bearing leaf with ligule.

351 **Arundo donax L.**—Panicle; floret; spikelet; portion of leaf with ligule; the same seen from the back.

352 **Arundo plinii Turra**—Panicle; floret.

353 **Phragmites australis (Cav.) Trin. ex Steud. subsp. altissimus (Benth.) Clayton**—Panicle; upper floret with long-pilose rachilla; glumes and lower floret.

354 **Asthenatherum forsskalii (Vahl) Nevski**—Plant with spike; spikelet; floret.

355 **Schismus arabicus Nees**—Plant with panicles; spikelet; lemma; palea.

356 **Schismus barbatus (L.) Thell.**—Plant with panicles; spikelet; lemma; palea.

357 **Aristida coerulescens Desf.**—Plant with panicle; glumes; floret.

358 **Aristida adscensionis L.**—Plant with panicles; floret; glumes.

359 **Aristida sieberiana Trin.**—Plant with panicle; floret; glumes.

360 **Stipagrostis ciliata (Desf.) de Winter**—Base of plant; panicle; floret; glumes.

361 **Stipagrostis obtusa (Del.) Nees**—Plant with panicles; floret.

362 **Stipagrostis plumosa (L.) Munro ex T. Anders.**—Plant with panicles; glumes; floret.

363 **Stipagrostis raddiana (Savi) de Winter**—Base of plant; panicle; floret; glumes.

364 **Stipagrostis lanata (Forssk.) de Winter**—Base of plant; panicle; glumes; floret.

365 **Stipagrostis hirtigluma (Steud. ex Trin. & Rupr.) de Winter**—Plant with panicles; lower glume; glumes; floret.

366 **Stipagrostis scoparia (Trin. & Rupr.) de Winter**—Branch of plant; panicle; floret; glumes.

367 **Aeluropus littoralis (Gouan) Parl.**—Stolon and branches bearing inflorescences; spike; spikelet.

368 **Aeluropus lagopoides (L.) Trin. ex Thwaites**—Stolon and branches bearing spikes; spikelet; head-like spike.

369 **Enneapogon persicus Boiss.**—Plant with panicle; spikelet.

370 **Enneapogon brachystachyus (Jaub. & Spach) Stapf**—Plant with panicles; spikelet; floret.

371 **Eragrostis japonica (Thunb.) Trin. var. interrupta (Lam.) Henrard**—Plant with panicles; panicle; spikelet.

372 **Eragrostis echinochloidea Stapf**—Plant with panicle; spikelet.

373 **Eragrostis sarmentosa (Thunb.) Trin.**—Plant with panicle; spikelet.

374 **Eragrostis prolifera (Swartz) Steud.**—Plant with panicle; spikelet; spikelet breaking up from base upwards.

375 **Eragrostis palmeri S. Wats.**—Plant with panicle; spikelet.

376 **Eragrostis pilosa (L.) Beauv.**—Plant with panicle; part of panicle with a whorl of long hairs at point of insertion of lower branches; spikelet.

377 **Eragrostis barrelieri Daveau**—Plant with terminal and axillary panicles; spikelet.

378 **Eragrostis minor Host**—Plant with panicle; portion of leaf with tubercle-like glands at margins; spikelet.

379 **Eragrostis cilianensis (All.) F.T. Hubbard subsp. cilianensis**—Plant with panicle; portion of leaf with tubercle-like glands at margins; spikelet.

380 **Eragrostis cilianensis (All.) F.T. Hubbard subsp. starosselskyi (Grossh.) Tzvelev**—Plant with panicle; spikelet.

381 **Eleusine indica (L.) Gaertn.**—Plant with spikes; spikelet.

382 **Dactyloctenium aegyptium (L.) Willd.**—Plant with spikes; spike; spikelet.

383 **Desmostachya bipinnata (L.) Stapf**—Base of plant; inflorescence; spikelet.

384 **Dinebra retroflexa (Vahl) Panz.**—Plant and inflorescence; spikelet; glumes.

385 **Diplachne fusca (L.) Roem. & Schult.**—Plant with inflorescence; spikelet.

386 **Tetrapogon villosus Desf.**—Base of plant; inflorescence; floret; glumes.

387 **Chloris gayana Kunth**—Plant with inflorescence; spikelet.

388 **Chloris virgata Swartz**—Branch bearing inflorescence; florets.

389 **Cynodon dactylon (L.) Pers.**—Plant with inflorescences; spikelet.

390 **Sporobolus pungens (Schreb.) Kunth**—Branch with panicle; glumes; floret.

391 **Sporobolus indicus (L.) R. Br.**—Branch with panicle; lemma and palea enclosing caryopsis; glumes.

392 **Crypsis alopecuroides (Piller & Mitterp.) Schrad.**—Plant with inflorescences; spikelet.

393 **Crypsis acuminata Trin.**—Plant with inflorescences; spikelet.

394 **Crypsis schoenoides (L.) Lam.**—Plant with inflorescences; spikelet.

395 **Crypsis minuartioides (Bornm.) Mez**—Plant with inflorescences; spikelet.

396 **Crypsis factorovskyi Eig**—Branch of plant with inflorescences; stamen; spikelet.

397 **Crypsis aculeata (L.) Ait.**—Plant with inflorescences.

398 **Panicum maximum Jacq.**—Base of plant; leaf; panicle; part of transversely rugulose upper lemma; two views of spikelet.

399 **Panicum capillare L.**—Panicle and upper leaf; two views of spikelet.

400 **Panicum antidotale Retz.**—Panicle.

401 **Panicum miliaceum L.**—Base of plant; panicle; two views of spikelet.

402 **Panicum repens L.**—Rhizome; panicle; branch of panicle; spikelet; leaves.

403 **Panicum turgidum Forssk.**—Part of culm with clusters of branches; panicle; spikelet.

404 **Echinochloa colonum (L.) Link**—Plant bearing inflorescence; inflorescence; two views of spikelet; part of spike-like raceme.

405 **Echinochloa crusgalli (L.) Beauv.**—Inflorescence with awned spike-like racemes; base of plant with leaves; two views of spikelet.

406 **Brachiaria mutica (Forssk.) Stapf**—Inflorescence; leaf; rhizome; spikelet.

407 **Brachiaria eruciformis (Sm.) Griseb.**—Plant with panicle of spike-like racemes; spikelet with adaxial lower glume.

408 **Paspalum dilatatum Poir.**—Spike-like racemes spaced along rachis; spikelet.

409 **Paspalum paspalodes (Michx.) Scribner**—Rooting stolon; branch of plant with terminal spike-like racemes; spikelet.

410 **Paspalidium geminatum (Forssk.) Stapf**—Plant with inflorescence of spike-like racemes; spikelet.

411 **Digitaria sanguinalis (L.) Scop.**—Plant with inflorescence of spike-like racemes; two views of spikelet.

412 **Setaria glauca (L.) Beauv.**—Plant with panicles; spikelet.

413 **Setaria viridis (L.) Beauv.**—Plant with panicle; spikelet subtended by antrorsely scabrous bristles.

414 **Setaria verticillata (L.) Beauv. var. verticillata**—Plant with panicles; spikelet; portion of retrorsely scabrous bristle.

415 **Pennisetum ciliare (L.) Link**—Base of plant; panicle; spikelet with involucre of bristles.

416 **Pennisetum divisum (J.F. Gmel.) Henrard**—Branch of plant; panicle; spikelet with involucre of bristles.

417 **Pennisetum asperifolium (Desf.) Kunth**—Branch of plant; panicle; spikelet with involucre of bristles.

418 **Cenchrus echinatus L.**—Plant with raceme of burrs; two views of spikelet; lemma; burr.

419 **Tricholaena teneriffae (L. fil.) Link**—Branch of plant; panicle; glumes with involucre of bristles; floret.

420 **Anthephora laevis Stapf & C.E. Hubbard**—Base of plant; inflorescence; the same after several spikelet groups have dropped off; spikelet group; lower glume; upper glume; lemma of sterile floret; lemma of fertile floret; palea.

421 **Hemarthria altissima (Poir.) Stapf & C.E. Hubbard**—Plant with inflorescences; spikelet.

422 **Lasiurus scindicus Henrard**—Plant with inflorescence; spikelet.

423 **Imperata cylindrica (L.) Raeuschel**—Leaves; panicle; spikelet.

424 **Saccharum spontaneum L.**—Panicle; branch of panicle; portion of leaf; node of culm with roots.

425 **Saccharum ravennae (L.) Murr.**—Panicle; spikelets; portion of leaf.

426 **Saccharum strictum (Host) Spreng.**—Panicle; spikelet.

427 **Sorghum halepense (L.) Pers.**—Basal part of culm; panicles; pair of spikelets.

428 **Dichanthium annulatum (Forssk.) Stapf**—Plant with spike-like racemes; pair of heterogamous spikelets; ligule.

429 **Eremopogon foveolatus (Del.) Stapf**—Plant with spike-like raceme; pair of heterogamous spikelets.

430 **Andropogon distachyos L.**—Plant (reduced to about ¼ nat. size); pair of heterogamous spikelets; ligule; pair of spike-like racemes.

431 **Hyparrhenia hirta (L.) Stapf**—Branch of plant with pairs of spike-like racemes; pair of racemes; pair of heterogamous spikelets.

432 **Cymbopogon parkeri Stapf**—Base of plant; pairs of spike-like racemes; pair of spikelets.

433 **Hyphaene thebaica (L.) Mart.**—Leaf; part of staminate inflorescence; bract; fruit; staminate flower.

434 **Arum dioscoridis Sm.**—Leaf-blade; spathe enclosing spadix; pistillate, staminate and sterile flowers on lower part of spadix.

435 **Arum palaestinum Boiss.** — Leaf-blade; spathe enclosing spadix; fruiting spadix; tuber; pistillate, staminate and sterile flowers on lower part of spadix.

436 **Arum hygrophilum Boiss.** — Leaf-blade; spadix with pistillate, staminate and sterile flowers; spathe.

437 **Eminium spiculatum (Blume) Schott** — Leaf; leaf sheath; spathe with spadix.

438 **Biarum pyrami (Schott) Engler** — Spathe and spadix; tuber bearing cataphylls, spathe and spadix; tubular part of spathe; leaf-blade; spadix with flowers.

439 **Biarum bovei Decne.** — Plant with tuber, spathe, spadix and emerging leaves; leaf-blade.

440 **Biarum angustatum (Hook. fil.) N.E. Brown** — Spathe subtended by cataphylls and enclosing spadix; spadix bearing pistillate and staminate flowers; tuber and base of stem with cataphylls; leaf-blade.

441 **Biarum olivieri Blume** — Plant; spathe; spadix with pistillate and staminate flowers.

442 **Arisarum vulgare Targ.-Tozz.** — Plant; spathe cut open; spadix with pistillate and staminate flowers.

443 **Spirodela polyrhiza (L.) Schleiden** — Plant seen from above, from below and in side-view.

444 **Lemna gibba L.** — Plants in flower and fruit; fruit; plant in side-view, with root.

445 **Lemna minor L.** — Plants seen from above, from below and in side-view.

446 **Lemna trisulca L.** — Plant with several fronds; fronds with single roots.

447 **Wolffia arrhiza (L.) Horkel ex Wimmer** — Plants seen from above.

448 **Sparganium erectum L. subsp. erectum** — Fruiting branch; perianth-segments; fruit with perianth.

449 **Sparganium erectum L. subsp. neglectum (Beeby) K. Richter** — Branch with staminate and pistillate flowers; fruit with perianth.

450 **Typha latifolia L.** — Inflorescence, with upper staminate and adjoining pistillate part; pistillate flower on a long-hairy stalk; upper part of leaf.

451 **Typha domingensis (Pers.) Poir. ex Steud.** — Base of plant; inflorescence; leaves and part of stem; fruiting spike; pistillate flower on a long-hairy stalk and accompanied by a bracteole.

452 **Scirpus cernuus Vahl** — Plant with spikelets; spikelet.

453 **Scirpus supinus L.** — Plant with spikelets; glume.

454 **Scirpus holoschoenus L.** — Base of plant; inflorescences; glume.

455 **Scirpus maritimus L.** — Leaves; inflorescence; glume.

456 **Scirpus lacustris L. subsp. tabernaemontani (C.C. Gmel.) Syme** — Base of plant; inflorescence; glume.

457 **Scirpus litoralis Schrad.** — Base of plant; inflorescence; glume.

458 **Eleocharis palustris (L.) Roem. & Schult. subsp. palustris** — Plant with inflorescence; spike in flower; flower subtended by glume.

459 **Fimbristylis ferruginea (L.) Vahl** — Base of plant; inflorescence; spikelet.

460 **Fimbristylis bisumbellata (Forssk.) Bubani** — Plant with inflorescences; glume; nut.

461 **Fuirena pubescens (Poir.) Kunth** — Base of plant; inflorescence; spikelet.

462 **Schoenus nigricans L.** — Base of plant; inflorescence; nut; spikelet.

463 **Cladium mariscus (L.) Pohl** — Inflorescence; leaf; part of inflorescence; portion of leaf.

464 **Cyperus papyrus L.** — Base of plant; compound inflorescence; ray with partial inflorescence; spikelet.

465 **Cyperus dives Del.**—Base of plant; compound umbel; portion of leaf; spikelet.

466 **Cyperus alopecuroides Rottb.**—Compound umbel; spikelet.

467 **Cyperus eleusinoides Kunth**—Compound umbel; base of plant with leaves; spikelet; flower.

468 **Cyperus articulatus L.**—Base of plant; compound umbel; portion of stem cut lengthwise; spikelet; pistil.

469 **Cyperus corymbosus Rottb.**—Base of plant; compound umbel; spikelet.

470 **Cyperus latifolius Poir.**—Base of plant; compound umbel; glume.

471 **Cyperus longus L.**—Base of plant; compound umbel; spikelet.

472 **Cyperus rotundus L.**—Plant with tuber and umbel.

473 **Cyperus glaber L.**—Plant with umbels; spikelet.

474 **Cyperus fuscus L.**—Plant with umbels; part of umbel; spikelet.

475 **Cyperus difformis L.**—Base of plant; umbel; spikelet.

476 **Cyperus capitatus Vand.**—Plant with capitate inflorescence; glume; pistil.

477 **Cyperus conglomeratus Rottb.**—Base of plant; umbel; glume.

478 **Cyperus jeminicus Rottb.**—Base of plant; umbel.

479 **Cyperus pygmaeus Rottb.**—Plant with umbel; spikelet.

480 **Cyperus laevigatus L. subsp. laevigatus**—Plant with clusters of spikelets; spikelet; pistil.

481 **Cyperus laevigatus L. subsp. distachyos (All.) Maire & Weiller**—Plant with inflorescences.

482 **Cyperus nitidus Lam.**—Plant with inflorescence; glume.

483 **Cyperus flavidus Retz.**—Plant with inflorescence; spikelet.

484 **Cyperus flavescens L.**—Plant with inflorescence.

485 **Cyperus polystachyos Rottb.**—Plant with inflorescence; spikelet.

486 **Carex pachystylis J. Gay**—Plant with inflorescence; spikelet; pistillate flower; staminate flower.

487 **Carex divisa Huds.**—Plant with inflorescence.

488 **Carex divulsa Stokes subsp. leersii (Kneucker) Walo Koch**—Plant with inflorescence; utricle subtended by glume.

489 **Carex otrubae Podp.**—Plant with inflorescence; utricle subtended by glume.

490 **Carex acutiformis Ehrh.**—Branch with staminate spikelets; branch with pistillate spikelets.

491 **Carex pseudocyperus L.**—Plant with inflorescences; utricle subtended by glume.

492 **Carex flacca Schreb. subsp. serrulata (Biv.) Greuter**—Plant with inflorescence; pistillate flower with glume; staminate flower with glume.

493 **Carex distans L.**—Plant with inflorescence; pistillate flower with glume; utricle.

494 **Carex hispida Willd.** —Plant with inflorescences; pistillate flower; glume.

495 **Carex extensa Good.**—Plant with inflorescences; utricle.

496 **Carex hallerana Asso**—Plant with inflorescences.

497 **Epipactis helleborine (L.) Crantz**—Plant in flower.

498 **Epipactis veratrifolia Boiss. & Hohen.**—Plant from En Gedi in flower.

499 **Epipactis veratrifolia Boiss. & Hohen.**—Plant from Hurshat Tal in flower.

500 **Cephalanthera longifolia (L.) Fritsch**—Plant in flower; flower; column; lower leaves.

501 **Limodorum abortivum (L.) Swartz**—Base of plant with roots; inflorescence flower.

502 **Platanthera holmboei Lindb. fil.**—Lower leaves; inflorescence; flower.

503 **Neotinea maculata (Desf.) Stearn**—Plant in flower; flower.

504 **Orchis papilionacea L.**—Plant in flower; flower.

505 **Orchis israëlitica Baumann & Dafni**—Lower leaves; inflorescence; spread out perianth-segments; perianth; flower with bract.

506 **Orchis coriophora L.**—Plant in flower; flower.

507 **Orchis sancta L.**—Plant in flower; flower.

508 **Orchis tridentata Scop. subsp. commutata (Tod.) Nyman**—Plant in flower; flower; labellum.

509 **Orchis italica Poir.**—Plant with inflorescence; perianth; flower with spur and ovary; part of column.

510 **Orchis galilaea (Bornm. & M. Schulze) Schlechter**—Plant in flower; flower.

511 **Orchis punctulata Stev. ex Lindl.**—Plant in flower; flower.

512 **Orchis saccata Ten.**—Plant in flower.

513 **Orchis anatolica Boiss.**—Plant in flower; flower.

514 **Orchis laxiflora Lam.**—Plant in flower; labellum.

515 **Himantoglossum affine (Boiss.) Schlechter**—Inflorescence; labellum; outer perianth-segment.

516 **Anacamptis pyramidalis (L.) L.C.M. Richard**—Plant in flower; flower; pair of pollinia connected to a single gland.

517 **Serapias vomeracea (Burm. fil.) Briq.**—Plant in flower; labellum; column; outer perianth-segment; inner perianth-segment.

518 **Ophrys lutea Cav. subsp. galilaea (Fleischm. & Bornm.) Soó**—Plant in flower; flower.

519 **Ophrys iricolor Desf.**—Plant in flower; flower.

520 **Ophrys fleischmannii Hayek**—Plant in flower; flower.

521 **Ophrys transhyrcana Czerniak.**—Plant in flower; flower.

522 **Ophrys bornmülleri M. Schulze**—Plant in flower; flower.

523 **Ophrys fuciflora (F.W. Schmidt) Moench**—Plant in flower; flower.

524 **Ophrys apifera Huds.**—Plant in flower.

525 **Ophrys carmeli Fleischm. & Bornm. subsp. carmeli**—Plant in flower; flower.

INDEX OF PLATES

Aegilops bicornis var. bicornis 208
  biuncialis 217
  crassa subsp. vavilovii 213
  geniculata 218
  kotschyi var. kotschyi 215
  longissima 210
  peregrina subsp. cylindrostachys &
    subsp. peregrina 214
  searsii 211
  sharonensis var. mutica & var.
    sharonensis 209
  speltoides var. ligustica & var.
    speltoides 212
  triuncialis 216
Aeluropus lagopoides 368
  littoralis 367
Aira elegantissima 265
Alisma lanceolatum 2
  plantago-aquatica 1
Allium albotunicatum subsp.
    albotunicatum 121
  ampeloprasum 122
  artemisietorum 128
  aschersonianum 132
  carmeli 112
  curtum subsp. curtum 126
  decaisnei 120
  desertorum 117
  dictyoprasum 130
  erdelii 108
  hierochuntinum 127
  neapolitanum 105
  negevense 110
  nigrum 131
  orientale 134
  pallens 116
  paniculatum subsp. fuscum 115
  paniculatum subsp. paniculatum 113,
    114
  papillare 107
  phanerantherum 125
  qasyunense 109
  roseum var. tourneuxii 111
  rothii 135
  schubertii 136
  scorodoprasum subsp. rotundum 124

  sinaiticum 129
  sindjarense 118
  stamineum 119
  tel-avivense 133
  trifoliatum subsp. hirsutum var.
    hirsutum 106
  truncatum 123
Alopecurus arundinaceus 287
  myosuroides 288
  utriculatus 289
Ammochloa palaestina 339
Ammophila arenaria 270
Anacamptis pyramidalis 516
Androcymbium palaestinum 45
Andropogon distachyos 430
Anthephora laevis 420
Antinoria insularis 266
Arisarum vulgare 442
Aristida adscensionis 358
  coerulescens 357
  sieberiana 359
Arrhenatherum kotschyi 253
  palaestinum 252
Arum dioscoridis 434
  hygrophilum 436
  palaestinum 435
Arundo donax 351
  plinii 352
Asparagus acutifolius 138
  aphyllus 139
  palaestinus 137
  stipularis 140
Asphodeline brevicaulis 33
  lutea 32
  recurva 34
Asphodelus aestivus 27
  fistulosus 28
  refractus 31
  tenuifolius 29
  viscidulus 30
Asthenatherum forsskalii 354
Avellinia michelii 260
Avena barbata subsp. barbata 249
  clauda 246
  eriantha 247
  longiglumis 248

Avena (cont.)
  sterilis subsp. sterilis 251
  wiestii 250
Beckmannia eruciformis 283
Bellevalia densiflora 90
  desertorum 91
  eigii 87
  flexuosa 88
  longipes 92
  macrobotrys 85
  mosheovii 89
  stepporum var. edumea 94
  stepporum var. transjordanica 93
  trifoliata 84
  warburgii 86
  zoharyi 95
Biarum angustatum 440
  bovei 439
  olivieri 441
  pyrami 438
Boissiera squarrosa 245
Brachiaria eruciformis 407
  mutica 406
Brachypodium distachyon 200
  pinnatum 199
Briza humilis 333
  maxima 334
  minor 332
Bromus alopecuros subsp.
    caroli-henrici 234
  brachystachys 230
  catharticus 244
  danthoniae 232
  diandrus 242
  fasciculatus 237
  japonicus 231
  lanceolatus 233
  madritensis subsp. delilei 240
  madritensis subsp. madritensis 239
  rigidus 243
  rubens 238
  scoparius 235
  sterilis 241
  syriacus 228
  tectorum 236
  tomentellus 229
Butomus umbellatus 4
Carex acutiformis 490

distans 493
divisa 487
divulsa subsp. leersii 488
extensa 495
flacca subsp. serrulata 492
hallerana 496
hispida 494
otrubae 489
pachystylis 486
pseudocyperus 491
Catabrosa aquatica 324
Catapodium marinum 309
  rigidum 308
Cenchrus echinatus 418
Cephalanthera longifolia 500
Chloris gayana 387
  virgata 388
Cladium mariscus 463
Colchicum brachyphyllum 40
  decaisnei 42
  hierosolymitanum 43
  ritchii 36
  schimperi 38
  stevenii 41
  tauri 39
  tunicatum 44
  tuviae 37
Cornucopiae alopecuroides 291
  cucullatum 290
Corynephorus divaricatus 267
Crithopsis delileana 204
Crocus aleppicus 181
  cancellatus 178
  damascenus 179
  hermoneus subsp. palaestinus 180
  hyemalis 182
  moabiticus 177
  ochroleucus 175
  pallasii 176
  vitellinus 183
Crypsis aculeata 397
  acuminata 393
  alopecuroides 392
  factorovskyi 396
  minuartioides 395
  schoenoides 394
Ctenopsis pectinella 310
Cutandia dichotoma 314

Cutandia (cont.)
  maritima 311
  memphitica 313
  philistaea 312
Cymbopogon parkeri 432
Cymodocea nodosa 21
  rotundata 22
Cynodon dactylon 389
Cynosurus callitrichus 329
  echinatus 328
  elegans 330
Cyperus alopecuroides 466
  articulatus 468
  capitatus 476
  conglomeratus 477
  corymbosus 469
  difformis 475
  dives 465
  eleusinoides 467
  flavescens 484
  flavidus 483
  fuscus 474
  glaber 473
  jeminicus 478
  laevigatus subsp. distachyos 481
  laevigatus subsp. laevigatus 480
  latifolius 470
  longus 471
  nitidus 482
  papyrus 464
  polystachyos 485
  pygmaeus 479
  rotundus 472
Dactylis glomerata 327
Dactyloctenium aegyptium 382
Damasonium alisma 3
Desmostachya bipinnata 383
Dichanthium annulatum 428
Digitaria sanguinalis 411
Dinebra retroflexa 384
Dipcadi erythraeum 81
Diplachne fusca 385
Echinaria capitata 338
Echinochloa colonum 404
  crusgalli 405
Eleocharis palustris subsp.
  palustris 458
Eleusine indica 381

Elymus elongatus 202
  farctus subsp. farctus 203
  panormitanus 201
Eminium spiculatum 437
Enneapogon brachystachyus 370
  persicus 369
Epipactis helleborine 497
  veratrifolia 498, 499
Eragrostis barrelieri 377
  cilianensis subsp. cilianensis 379
  cilianensis subsp. starosselskyi 380
  echinochloidea 372
  japonica 371
  minor 378
  palmeri 375
  pilosa 376
  prolifera 374
  sarmentosa 373
Eremopogon foveolatus 429
Eremopyrum bonaepartis var.
    bonaepartis 205
  distans 206
Eremurus libanoticus 35
Festuca arundinacea 292
Fimbristylis bisumbellata 460
  ferruginea 459
Fritillaria persica 62
Fuirena pubescens 461
Gagea bohemica 49
  chlorantha 53
  commutata var. commutata 56
  dayana var. conjungens 52
  dayana var. dayana 51
  fibrosa 55
  fistulosa 50
  libanotica 57
  micrantha 48
  reticulata 54
  villosa var. hermonis 47
  villosa var. villosa 46
Gastridlium scabrum 276
  ventricosum 275
Gaudinia fragilis 254
Gladiolus atroviolaceus 185
  italicus 184
Gynandriris monophylla 155
  sisyrinchium 154
Halodule uninervis 20

Halophila ovalis 7
  stipulacea 8
Hemarthria altissima 421
Heteranthelium piliferum 207
Himantoglossum affine 515
Holcus annuus 268
Hordeum bulbosum 221
  glaucum 224
  hystrix 226
  marinum 225
  secalinum 222
  spontaneum 223
Hyacinthella nervosa 83
Hyacinthus orientalis 82
Hydrocharis morsus-ranae 5
Hyparrhenia hirta 431
Hyphaene thebaica 433
Imperata cylindrica 423
Iris atrofusca 162
  atropurpurea 165
  bismarckiana 159
  edomensis 170
  grant-duffii 157
  haynei 161
  hermona 158
  histrio 167
  lortetii 160
  mariae 166
  nigricans 163
  palaestina 169
  petrana 164
  pseudacorus 156
  regis-uzziae 171
  vartanii 168
Ixiolirion tataricum 151
Juncus acutus subsp. acutus & subsp.
    littoralis 188
  arabicus 187
  articulatus 196
  bufonius var. bufonius 191
  bufonius var. congestus 192
  capitatus 194
  fontanesii subsp. pyramidatus 197
  inflexus 189
  maritimus 186
  punctorius 195
  sphaerocarpus 193
  subulatus 190

Lagurus ovatus 271
Lamarckia aurea 331
Lasiurus scindicus 422
Leersia hexandra 198
Lemna gibba 444
  minor 445
  trisulca 446
Leopoldia bicolor 97
  comosa 96
  deserticola 98
  eburnea 99
  longipes subsp. longipes 100
  longipes subsp. negevensis 101
Lilium candidum 63
Limodorum abortivum 501
Loliolum subulatum 307
Lolium multiflorum 294
  perenne 293
  persicum 300
  rigidum subsp. lepturoides 296
  rigidum subsp. negevense 297
  rigidum subsp. rigidum 295
  subulatum 298
  temulentum 299
Lophochloa berythea 256
  cristata 257
  obtusiflora 258
  pumila 259
Melica cupani 341
  minuta 340
Milium pedicellare 269
Monerma cylindrica 337
Muscari commutatum 102
  parviflorum 104
  pulchellum 103
Najas delilei 25
  minor 26
Narcissus serotinus 147
  tazetta 146
Neotinea maculata 503
Ophrys apifera 524
  bornmülleri 522
  carmeli subsp. carmeli 525
  fleischmannii 520
  fuciflora 523
  iricolor 519
  lutea subsp. galilaea 518
  transhyrcana 521

Orchis anatolica 513
 coriophora 506
  galilaea 510
  israëlitica 505
  italica 509
  laxiflora 514
  papilionacea 504
  punctulata 511
  saccata 512
  sancta 507
  tridentata subsp. commutata 508
Ornithogalum arabicum 73
  divergens 79
  fuscescens 72
  lanceolatum 75
  montanum 74
  narbonense subsp. brachystachys 71
  narbonense subsp. narbonense 70
  neurostegium subsp. eigii 77
  neurostegium subsp. neurostegium 76
  platyphyllum 78
  trichophyllum 80
Pancratium maritimum 148
  parviflorum 149
  sickenbergeri 150
Panicum antidotale 400
  capillare 399
  maximum 398
  miliaceum 401
  repens 402
  turgidum 403
Parapholis filiformis 336
  incurva 335
Paspalidium geminatum 410
Paspalum dilatatum 408
  paspalodes 409
Pennisetum asperifolium 417
  ciliare 415
  divisum 416
Phalaris brachystachys 279
  canariensis 278
  minor var. minor 280
  paradoxa 281
  tuberosa 282
Phleum graecum subsp. aegaeum 285
  subulatum 284
Phragmites australis
   subsp. altissimus 353

Pilgerochloa blanchei 255
Piptatherum blancheanum 349
  holciforme subsp. longiglume 350
  miliaceum var. miliaceum 348
Platanthera holmboei 502
Poa annua 322
  bulbosa var. bulbosa & var.
    hackelii 317
  eigii 318
  infirma 323
  nemoralis 321
  sinaica 319
  trivialis 320
Polypogon maritimus 272
  monspeliensis 273
  viridis 274
Potamogeton berchtoldii 13
  crispus 12
  filiformis 15
  lucens 10
  nodosus 9
  pectinatus 16
  perfoliatus 11
  trichoides 14
Psilurus incurvus 316
Puccinellia distans 325
Rhizocephalus orientalis 286
Romulea bulbocodium 172
  columnae 174
  phoenicea 173
Ruppia cirrhosa 17
  maritima 18
Ruscus aculeatus 141
Saccharum ravennae 425
  spontaneum 424
  strictum 426
Schismus arabicus 355
  barbatus 356
Schoenus nigricans 462
Scilla autumnalis 66
  cilicica 64
  hanburyi 67
  hyacinthoides 65
Scirpus cernuus 452
  holoschoenus 454
  lacustris subsp. tabernaemontani 456
  litoralis 457
  maritimus 455

Scirpus (Cont.)
supinus 453
Sclerochloa dura 326
Secale montanum 220
Serapias vomeracea 517
Setaria glauca 412
verticillata var. verticillata 414
viridis 413
Smilax aspera 142
Sorghum halepense 427
Sparganium erectum subsp.
erectum 448
erectum subsp. neglectum 449
Sphenopus divaricatus 315
Spirodela polyrhiza 443
Sporobolus indicus 391
pungens 390
Sternbergia clusiana 145
colchiciflora 143
lutea 144
Stipa barbata 344
bromoides 347
capensis 343
hohenackeriana 345
lagascae 346
parviflora 342
Stipagrostis ciliata 360
hirtigluma 365
lanata 364
obtusa 361
plumosa 362
raddiana 363

scoparia 366
Syringodium isoëtifolium 23
Taeniatherum crinitum 227
Tamus communis 152
orientalis 153
Tetrapogon villosus 386
Thalassodendron ciliatum 24
Tricholaena teneriffae 419
Triplachne nitens 277
Trisetaria glumacea 263
koelerioides 262
linearis 261
macrochaeta 264
Triticum dicoccoides 219
Tulipa agenensis subsp. agenensis 59
agenensis subsp. sharonensis 60
polychroma 58
systola 61
Typha domingensis 451
latifolia 450
Urginea maritima 69
undulata 68
Vallisneria spiralis 6
Vulpia brevis 305
ciliata 304
fasciculata 301
muralis 303
myuros 302
unilateralis 306
Wolffia arrhiza 447
Zannichellia palustris 19

CORRIGENDA TO PLATES IN PART THREE

Plate 34   Instead of Solenostemma oleifolium (Nect.) Bullock et Bruce, read: Solenostemma oleifolium (Nect.) Maire

Plate 40   Instead of Pentatropis spiralis (Forssk.) Decne., read: Pentatropis nivalis (J.F. Gmel.) D.V. Field et J.R.I. Wood

Plate 58   Instead of Convolvulus glomeratus Choisy, read: Convolvulus auricomus (A. Richard) Bhandari

Plate 96   Instead of Megastoma pusillum Bonnet et Barratte, read: Ogastemma pusillum (Bonnet et Barratte) Brummitt

Plate 128   Instead of Alkanna tinctoria Tausch, read: Alkanna tuberculata (Forssk.) Meikle

Plate 141   Instead of Symphytum palaestinum Boiss., read: Symphytum brachycalyx Boiss.

Plate 273   Instead of Solanum luteum Mill., read: Solanum villosum Mill.

Plate 325   Instead of Chaenorhinum rytidospermum (Fisch. et Mey.) Kuprian., read: Chaenarrhinum calycinum (Banks et Sol.) P.H. Davis

Plate 366   Instead of Utricularia gibba L. subsp. exoleta (R. Br.) Taylor, read: Utricularia exoleta R. Br.

Plate 370   Correct קוֹצִיץ to קָצִיץ

Plate 521   Instead of Asteropterus leyseroides (Desf.) Rothm., read: Leysera leyseroides (Desf.) Maire

Plate 525   Instead of Varthemia iphionoides Boiss. et Bl., read: Chiliadenus iphionoides (Boiss. et Bl.) Brullo

Plate 526   Instead of Varthemia montana (Vahl) Boiss., read: Chiliadenus montanus (Vahl) Brullo

Plate 531   Instead of Pulicaria desertorum DC., read: Pulicaria incisa (Lam.) DC.

Plate 655   Instead of Rhaponticum pusillum (Labill.) Boiss., read: Serratula pusilla (Labill.) Dittrich

Plate 698   Read: שׁוֹפָרִית כְּרֵתִית תַּת־מִין עֲבַת־צַנָּאר

Plate 705   Instead of Picris sprengeriana (L.) Chaix, read: Picris altissima Del.

Plate 707   Instead of Picris radicata (Forssk.) Less., read: Picris asplenioides L.

Plate 708   Instead of Picris damascena Boiss. et Gaill., read: Picris longirostris Sch. Bip.

Plate 711   Correct to Helminthotheca

CORRIGENDA TO LIST OF PLATES WITH EXPLANATIONS IN PART THREE

ERRATA ET ADDENDUM

Pl. 233, instead of צָמִיר, read: צְמִירָה

p. iii, line 10 from bottom, delete: ex Ten.

p. v, line 18, after Boiss., delete: subsp. stamineum

— line 23, instead of filament, read: stamen

— No. 123: The drawing was made from a photograph which appeared in a paper by J. Galil, *Mada'* (1961), 6:52.

— line 26, instead of filament, read: stamen

p. xi, line 11, instead of philistea, read: philistaea

p. xxiv, line 15, instead of Chaenarrhinum, read: Chaenorrhinum

p. xxv, line 12, instead of boiss, read: Boiss.

— line 16, instead of Chaenarrhinum, read: Chaenorrhinum

עמ׳ ז, עמודה ימנית, שורה 7, צ״ל: שיבליות (שיבְּלית פורה יושבת בעלת מלען

— שורה 11, במקום: בעל, צ״ל: נושא

עמ׳ ח, עמודה שמאלית, שורה 14 מלמטה, במקום: הבצל, צ״ל: הפקעת

עמ׳ ט, עמודה ימנית, שורה 17 מלמטה, צ״ל: לשתי אונות,

עמ׳ יד, עמודה ימנית, שורה 13, במקום: זיר, צ״ל: אבקן

— שורה 16, במקום: עלה, צ״ל: עלי

— שורות 17-18, שום ערבתי (120) וכו׳, להעביר לעמודה שמאלית, לפני: שום צנוע (117)

— עמודה שמאלית, שורה 2, במקום: עלה, צ״ל: עלי

— שורה 10 מלמטה, במקום: ;זיר, צ״ל: וזיר

— שורה 9 מלמטה, במקום: וזיר, צ״ל: ואבקן

— שורה 2 מלמטה, צ״ל: תת־מין שָׂעִיר זן שָׂעִיר

עמ׳ טו, שורה 16, שנק החרש (501) וכו׳, להעביר לעמודה ימנית, לפני: שסיע ערבי (355)

תִּימוֹס 257:3	שַׂרְעוֹל 66,67:2	שְׁפִתָּן 517:4
תְּלַסוֹדֶנְדְּרוֹן 24:4	שְׁרַרְדִּיָה 397:3	שָׁקֵד 31-34:2
תְּלַת־חֹד 277:4	שֵׁשָׁן 494:1	שִׁקְמָה*
תְּלַת־מַלְעָן 357-359:4		שַׁרְבִיטָן 20-23:1
תִּלְתָּן 231-276:2	תְּאֵנָה**	שַׂרְדִינְיָה 616:3
תָּמָר***	תָּגִית 459-464:3	שְׁרוֹכָנִית 182:1
תַּמְרִיר 744,745:3	תּוֹדְרָה 365-371:1	שְׁרַכְיָה 13:1
תְּרִיסָנִית 428-430:1	תּוֹדְרָנִית 373:1	שַׂרְכִית 9:1
תַּרְמוֹס 53-58:2	תּוֹלַעֲנִית 711:3	שְׂרַכְרַךְ 4,5:1

* ראה: Part 1, Text, p. 38

** ראה: Part 1, Text, pp. 37-38

*** ראה: Part 4, Text, p. 330. Phoenix

קוֹרָנִית 3:256
קַזּוּחַ 610,611:2
קַחֲוִינָה 3:573
קַחֲוָן 547-571:3
קַחֲוָנִית 3:572
קֹטֶב 368-370:2
קְטָלָב 3:1
קִיטָה 692,693:3
קִיסוֹס 2:551
קִיסוֹסִית 4:142
קֵיצָנִית 617-620:3
קֵיצָת 496-498:3
קִיקָיוֹן 2:389
קִיקְסִיָה 304-312:3
קְלִינוֹפּוֹדְיוֹן 3:250
קְלֶפִינְיָה 3:694
קָמֶלִינָה 1:433
קְנָאוּטְיָה 3:465
קָנֶה 4:353
קְנֵה-סַכָּר 424-426:4
קֶנְכְּרוּס 4:418
קֶנְרֶס 3:641
קְעֲרוּרִית 172-174:3
קְפוֹדִית 4:338
קְפוֹדָן 608-612:3
קֶצַח 279-281:1
קָצִיץ ראה קוֹצִיץ
קֶרֶד 3:450
קַרְדָּה 631-634:3
קַרְדָּמִין 1:409
קַרְדָּמִית 2:145
קַרְדָּנִית 3:685
קַרְדַּרְיָה 1:448
קְרוֹטָלַרְיָה 2:50
קְרוּמִית 1:217
קַרְטָם 681-684:3
קְרִיתְמוֹן ראה קַרְתְּמוֹן
קֶרֶן-יָעֵל 1:405
קַרְנוּנִית 165-167:1
קַרְנָן 321,322:1
קַרְסוּלָה 2:2

קַרְצָף 3:686
קַרְקְפָן 3:655
קַרְקָשׁ 70,71:2
קַרְתְּמוֹן 2:621
קִשּׁוּא 471,472:3

רַב-גֻּלָּה 1:193
רַב-זָקָן 4:432
רַב-מוֹץ 1:275
רַב-פְּרִי 177,178:1
רַב-רֶגֶל 1:14
רֻבָּס 1:65
רְגֵלָה 1:95
רוֹבֵּירֵיאָה 1:180
רוֹמוּלֵיאָה 172-174:4
רוֹרֻפָּה 1:407
רוֹשׁ 2:585
רוֹשֶׁלְיָה 3:102
רִיסָן 368,369:3
רִכְפָּה 483-493:1
רִכְפְּתָן 1:481
רִמּוֹנִית 1:53
רַפְיָה 17,18:4
רַפְרַף 4:269
רְצוּעִית 4:515
רַקֶּפֶת 3,4:3
רִשְׁתּוֹן 1:434
רֹתֶם 2:63
וְרָתְמָה 2:61

שְׁבַטְבַּט 1,2:1
שַׁבְטוּט 1:81
שִׁבְטָן 1:43
שָׁבִיט 1:194
שִׁבֹּלֶת-שׁוּעָל 246-251:4
שַׁבָּר 2:352
שַׁבְרָק 166-180:2
שֶׁבֶת 2:627
שׁוּם 105-136:4
שׁוֹפָרִית 3:698
שׁוּשׁ 121,122:2

שׁוֹשָׁן 4:63
שׁוֹשַׁנַּת-יְרִיחוֹ 1:406
שׁוֹשַׁנְתִּית 4,5:2
שְׁזִיף 2:36
שְׁחוֹרָן 4:420
שַׁחֲלִיל 1:449
שַׁחֲלַיִם 443-447a:1
שָׁטָה 38-42:2
שֵׁיזָף 450-452:2
שִׂיחַ-אַבְרָהָם 154,155:3
שִׁכָּרוֹן 267-271:3
שַׁלְהֶבֶת 192-197:3
שְׁלוּחִית 382,383:2
שֶׁלַח 466-468:1
שַׁלְחוּפָן 2:123
שַׁלַּחְלָח 1:451
שַׁלְמוֹן 451-454:3
שָׁלֹשׁ-כְּנָפוֹת 3:602
שִׁלְשׁוֹן 261-264:4
שְׁלִישִׁי 1:91
שָׁמִיר 2:449
שָׁמָּר 2:626
שְׁמָרָר (Cachrys) 2:587
שִׁמְשׁוֹן 498-509:2
שִׁמְשׁוֹנִית 2:497
שֵׁן-אֲרִי 3:703
שִׁנָּיִן 100,101:3
שָׁנִית 536-541:2
שִׁנָּן 3:725
שֶׁנֶס 1:390
שַׁנָּק 4:501
שָׂשִׂיעַ 355,356:4
שְׁעוֹרָה 221-226:4
שַׁעֲלָב 301-306:4
שַׁעֲלָבִית 4:310
שַׁעֲמוֹן (פְּרַנְגּוֹס Prangos) 588,589:2
שְׂעָרוּר 2:569
שַׂעֲרוֹת שׁוּלַמִּית 1:6
שָׁפוֹן 4:220
שַׁפְרִירָה 2:649

פַּרְקָן 1:227	עֲרָבָה 1:24-28	סַלְסִלָּה 2:643, 644
פְּרַקְרַק 1:242	עַרְבָּז 3:24-27	סֶלֶק 1:196
פְּשֵׁטָה 3:339	עֲרַבְרַבָה 2:545-547	סַם־הַכֶּלֶב 3:29
פִּשְׁתָּה 2:373-381	עַרְטָל 1:183	סַמְקָן 3:115-118
פִּשְׁתָּנִית 3:313-321	עַרְטָנִית 1:315	סָמָר 4:186-197
פְּתִילַת־הַמִּדְבָּר 3:37	עֲרִידָה 3:9	סְנַפִּיטוֹן 3:141
	עָרִיר 4:35	סַפָּה 4:324
צִבְעוֹנִי 4:58-61	עַרְעָר 1:18, 19	סַפְלוּל 1:48-52
צַבֹּרֶת 4:327	עֹרֶף 3:83	סַפְלִילָה 2:552-554
צוּרִית 2:6-14	עָרָר 3:46	סְקְלִיגֶרְיָה 2:618, 619
צַחֲנָן 2:48	עֲשָׁן 1:350-356	סְרָפָד 1:35-38
צִינוֹרִית ראה צְנוֹרִית		סְתָוָנִית 4:36-44
צִיצָן 4:369, 370	פָּגוֹנְיָה 2:355-362	
צַלְבִּית 3:398-404	פּוּאָה 3:395, 396	עַבְדְּקָן 4:272-274
צְלוֹקִית 1:385	פּוּאָירֶנָה 4:461	עַבְקָנֶה 4:351, 352
צְלָלִית 1:154-160	פּוּאָנִית 3:393	עַגְנָן 1:138
צֶלַע־הַשּׁוֹר 2:592-599	פּוֹרְסָקְלֵיאָה 1:42	עֵדֶן 4:268
צַלְעָן 2:62	פֶּטֶל 2:16, 17	עַדְעַד 3:11-16
צָלָף 1:358-361	פֵּינָם 2:427	עַדְעָדִית 3:17
צֶלְצֶל 3:303	פֵּינָמִית 2:428-432a	עֲדָשָׁה 2:299-301
צֶמֶר 3:190, 191	פִּיטוֹלָקָה 1:83	עֲדְשַׁת־הַמַּיִם 4:444-446
צַמְרוּרָה 3:131-133	פְּלָגוֹן 3:506-514	עֻזְרָר 2:28-30
צַמְרָנִית 3:517, 518	פְּלָגֵרִית 4:255	עֲטִיָּה 2:20
צְנוֹן 1:475-477	פִּיקוּס 1:34	עֲטָיָנִית 4:392-397
צְנוֹרִית 4:23	פַּלְגִּית 3:501	עִירְיוֹנִי 4:32-34
צְנִינָה 2:648	פֻּמָּה 3:325	עִירִית 4:27-31
צַפְצָפָה 1:29	פַּסְפָּלוֹן 4:408, 409	עַכּוּבִית 3:607
צִפֹּרֶן 1:143-149	פַּסְפָּלִידְיוֹן 4:410	עַכְנַאי 3:122-126
צִפָּרְנֵי־הֶחָתוּל 3:603-606	פַּעֲמוֹנִית 3:474-485	עָלוּק 3:353
צִפָּרְנִית 1:98-133	פַּקְטוֹרוֹבְסְקִיָּה 2:200	עֶלְיָעב 4:459, 460
צַתְרָה 3:243, 244	פָּרָג 1:330-336	עֲלַקְלוּק 3:351, 352
צַתְרָנִית 3:252	פְּרֶגָה 1:339-343	עֲלֶקֶת 3:356-364
	פְּרֶדָּתַיִם 3:430	עֵלֶשׁ 3:690
קֶדֶד 2:72-119	פְּרִינְיָה 1:179	עָפְרִית 3:10
קִדָּה 2:59	פְּרַנְגּוֹס ראה שַׁעֲמוֹן	עֶצְבּוֹנִית 4:141
קוֹטוּלָה 3:586	פְּרַנְקֶנְיָה 2:529, 530	עֵץ־הַשֶּׁמֶן 2:490
קוּטַנְדִּיָּה 4:311-314	פַּרְסֶטְיָה 1:415	עֹקֶץ־הָעַקְרָב 3:84-94
קוֹכְיָה 1:221	פְּרָסִיוֹן 3:171	עַקְצוּץ 3:613
קוֹסִינְיָה 3:627-629	פַּרְסַת־הַסּוּס 2:153-156	עַקְצָר 4:199, 200
קוֹצִיץ 3:370	פֶּרַע 1:324-329	עֶקֶר 4:207
קוֹצָן 3:636-638	פַּרְעוֹשִׁית 3:530-534	עָר 1:278

נוּרִית 1:290-308
נְזָמִית 3:198-200
נְטוֹפִית 2:483-485
נִיאוֹטִינָאָה 4:503
נַיֶּדָה 4:25, 26
נִיל 2:64, 65
נִימִית 4:316
נִימְפֵּיאָה 1:318, 319
נִיסָנִית 3:746-757
נִירִית 2:605
נַעֲנָה 3:259-261
נַעֲצוּצִית 3:614
נֶפִית 3:185-188
נֵץ־הֶחָלָב 4:70-80
נֵר־הַלַּיְלָה 2:548
נַרְדּוּרִית 4:307
נַרְקִיס 4:146, 147
נַשְׁרָן 4:348-350

סַבּוֹנִית 1:140
סַבְיוֹן 3:597-601
סָבִינָיָה 1:464
סָגִינָה 1:168
סֶגֶל 2:491-494
סַהֲרוֹן 1:317
סָעָד 1:223
סוֹכְשֶׁךְ 2:561
סוֹלָנוּם 3:273-277
סוּף 4:450, 451
סַחְלָב 4:504-514
סַחְלָבָן 4:500
סְיָגִית 2:563
סֵידְלִיצִיָה 1:243
סִיסוֹן 2:607
סִיסָן 4:308, 309
סִיעָנִית 4:317-323
סֵיפָן 4:184, 185
סִירָה 2:23
סְכִיכוֹן 1:163, 164
סַלְוָדוֹרָה 2:444
סַלּוֹן 1:474

מַלְעֲנֶת 4:227
מַלְקוֹלְמִיָּה 1:386-388
מִנִיעָנִית 3:189
מַנְתּוּר 1:395-400
מַסּוֹרַיִם 2:120
מִסְמוֹר 3:36
מַסְרֵק 2:564-568
מָעוֹג 2:470-473
מַעֲלֶה־עָשָׁן 3:41
מַעֲרִיב 1:383
מַפְרִיק 2:562
מָצִיץ 3:119, 120
מְצִלּוֹת 4:96-101
מְצִלְתַּיִם 1:442
מִצְמֶרֶת 4:422
מָקוֹר־הַחֲסִידָה 2:332-349
מַרְבֵּה־חָלָב 2:433-435
מַרְבִּיוֹן 3:179-181
מַרְגָּנִית 3:7, 8
מְרוּאָה 1:357
מָרְוָה 3:219-239
מָרוֹר 3:733-737
מְרֵסִיָּה 1:391-393
מַרְסִילֵאָה 1:15
מַרְקוּלִית 2:388
מְרָרִית 3:705-710
מְשִׁיוֹבִית 3:337
מִשְׁעָן 4:423
מִשְׁנֶצֶת 2:157
מִשְׁעֶרֶת 4:331
מַשְׁקְפַיִם 1:417
מַתְנָן 2:487-489

נָאדִיד 3:365, 366
נַדָּד 2:584
נַהֲרוֹנִית 4:9-16
נוֹאִית 1:257
נוּנְיָאָה 3:142-145
נוּפָר 1:320
נוֹצִיץ 3:455-458
נוֹצָנִית 2:560

לַפִּית 3:98, 99
לֶפְלִינְגִיָּה 1:181
לַפְסָנָה 3:691
לְפָתִית 1:461
לְקוֹקִיָה 2:586
לְשׁוֹן־הָאָפְעֶה 1:3
לְשׁוֹן־הַכֶּלֶב 3:107
לְשׁוֹן־הַפָּר 3:134-139
לְשִׁישִׁית 2:384-387

מַגָּלִית 1:344-348
מַגְנוּנִית 3:431, 432
מֶגַּסְטוֹמָה 3:96
מֶדַּד ראה לוּדְבִיגִיָּה
מַדְחוֹל 4:390, 391
מוֹצִית 3:536
מוֹצָנִית 3:515
מוֹרְטָיָה 1:401-403
מוֹרִינְגָּה ראה מוֹרֶנְגָּה
מוֹרִיקַנְדִיָה 1:452, 452a
מוֹרִית 2:582, 583
מוֹרָן 3:434
מוֹרֶנְגָּה 1:495
מַחְטָנִית 3:504, 505
מֶחְמָשׁ 3:40
מַחְרֹזֶת 1:478, 479
מִיאַגְרוֹן 1:375
מֵילָה 3:21
מֵימוֹן 4:5
מֵירוֹנִית 4:502
מִישׁוֹיָה 3:473
מַכְבֵּד 4:463
מַלּוֹחַ 1:204-215
מַלּוֹחִית 1:216
מַלּוּכִיָה 2:454, 455
מְלִחִית 1:246-256
מְלֶחָנִית 1:263
מְלָעָנִית 1:426, 427
מֶלְסָּה 3:242
מַלְעֲנִיאֵל 4:342-347
מַלְעֲנָן 4:360-366

חַרְדָּל 1:459, 460
חָרוּב 2:45
חַרְחֲבִינָה 2:555-559
חַרְטֹם 2:319
חַרְטָמִית 1:379
חֲרִירִים 2:580
חֶרְמֵשִׁית 2:606
חַרְצִית 3:588-591
חַרְשָׁף 3:621-626
חֶשְׁפּוֹנִית 1:8

טַבּוּרִית 2:3
טַבָּק 3:281
טוֹבְעָנִית 2:424-426
טוּרְגֶנְיָה 2:575
טוּרִים 1:453-456
טוּרִית 1:414
טַיוֹן 3:522-524
טֶלְפִיוֹן 1:176
טָמוּס 4:152, 153
טֹפַח 2:302-314
טֹפֶל 1:54
טֶפְרוֹסְיָה 2:68, 69
טְרָכֵלַנְת 3:106
טַרְשָׁנִית 2:550

יַבְלִית 4:389
יַבְשׁוּשׁ 3:615
יְדִיד-הַחוֹלוֹת 4:270
יוֹרְנִיאָה 3:630
יַחְנוּק 3:354, 355
יַיְנִית 2:622-625
יַלְקוּט 1:435
יַלְקוּטוֹן 1:436
יָמוֹן 4:7, 8
יַמִּית 4:20
יַמְלוּחַ 2:371
יַנְבּוּט 2:43
יַסְמִין 3:22
יַעֲרָה 3:435
יַפְרוּק 1:259-261
יָקִנְטוֹן 4:82

יָקִנְטוֹנִית 4:83
יָקְשָׁן 4:326
יַרְבּוּז 1:264-272
יַרְקֶת (הַחֲמוֹר) 3:469
יַשְׂרוֹעַ 4:421
יִתְרָן 4:315

כַּדּוּרָן 4:448, 449
כַּדָן 4:102-104
כַּדְרוּרִית 4:447
כּוֹכָב 3:537-539
כּוֹכָבִית 1:162
כּוֹכָבָן 3:696, 697
כּוֹנְדְּרִלָּה 3:724
כּוֹסָנִית 4:290, 291
כַּחֲלִית 4:151
כְּלוֹרָה 3:23
כְּלוֹרִיס 4:387, 388
כְּלִיל 2:44
כִּלְיָנִית 2:124
כֶּלֶךְ 2:629-637
כַּלְכַּלָךְ 2:638
כַּלְמִנְתָּה 3:249
כַּלָנִית 1:287
כַּמְנוֹן 2:612-617a
כַּמְנוֹנִית 2:602
כְּנוֹלֵיאָה 1:218
כְּנֵפָה 2:590, 591
כַּנְפָן 1:195
כַּסִּיָה 2:46, 47
כְּסַפְסַף 2:51, 52
כַּף-אֲוָז 1:197-203
כַּף-הַזָּאֵב 3:258
כַּף-הֶחָתוּל 4:367, 368
כַּף-הָעוֹף 2:147, 148
כַּף-הַצְּפַרְדֵּעַ 4:1, 2
כַּפִּיּוֹת 1:463
כַּפְתּוֹר 2:37
כְּרָבָה 1:471, 472
כַּרְבֹּלֶת 2:158-164
כַּרְבָּלְתָּן 1:316

כָּרוֹב 1:457, 458
כַּרְוָיָה 2:608, 609
כָּרִיךְ 4:486-496
כַּרְכֹּם 4:175-183
כַּרְמְלִית 1:416
כַּרְסְתָּן 4:275, 276
כַּרְפָּס 2:600, 601
כְּשׁוּת 3:72-82
כְּתֵלָה 3:525, 526
כָּתְלִית 1:39-41
כְּתֵמָה 3:704
כָּתְנָן 3:502, 503
כִּתְרוֹן 2:149-152
כִּתְרַיִם 4:81

לְבַד 1:273
לִבְדָנִית 3:519
לִבְנֶה 3:18
לַבְנוּנִית 3:580
לוּבְיָה 2:318
לוּדְבִיגְיָה 2:543, 544
לוֹטוֹנִית 2:49
לוֹטוּס 2:126-140
לוּלְיָנִית 4:437
לוּנִיאָה 3:726-732
לוּף 4:434-436
לוּפִית 4:442
לֶחֶךְ 3:371-391
לֶטֶם 2:495, 496
לָטְמִית 2:510, 511
לֵיזֶרָה 3:521
לִיסִיאָה ראה לְסִיאָה
לִיסִימַכְיָה 3:5
לָכִיד 3:541-543
לְסִיאָה 3:578
לַעֲ-הָאֲרִי 3:322-324
לְעוּסִית 3:466
לַעֲנָה 3:593-596
לְעָנִית 3:327-336
לְפוּפִית 3:47-49
לְפִיָּה 3:153

דוּפְרֵק 469:1
דוּקֶרֶן 404:1
דּוּרָה 427:4
דּוּשֶׁן 546,545:3
דֹּחַן 403-398:4
דֹּחֲנִית 405,404:4
דֹּחַן 407,406:4
דָּטוּרָה 280,279:3
דִּיגְרָה 274:1
דַּל-קַרְנַיִם 645:2
דֹּלֶב 1:2
דְּלַעַת-הַנָּחָשׁ 468,467:3
דַּם-הַמַּכַּבִּים 520:3
דְּמוּמִית 314-310:1
דֶּמְיָה 39:3
דָּמְסוֹן 3:4
דַּנְדְּנָה 11:1
דַּנְתּוֹנִיָּה 354:4
דַּפְנָה 486:2
דֶּסְקוּרֶנְיָה 372:1
דַּקְזָנָב 336,335:4
דָּרְבָנִית 283,282:1
דַּרְדִּית 653:3
דַּרְדָּר 680-659:3
דַּרְדֶּרֶת 654:3
דַּרְכְּמוֹנִית 642-640:2
דַּרְכָּנִית 192-190:1
הַבִּיסְקוּס 457,456:2
הָגָה 165:2
הֲדַס 542:2
הוֹרְמוּצָקְיָה 147:3
הִיבִּיסְקוּס ראה הַבִּיסְקוּס
הִילֵל 105,104:3
הָלוֹטִיס 262:1
הָלוֹפֶּפְלִיס 222:1
הַפּוֹכְרִיס 701,700:3
הַרְדּוּף 30:3
הַרְדַּפְנִין 723-716:3
הַרְנוּג 46:1

וִידֵמַנְיָה 201:3
וִיתַנְיָה 272:3
וֶלֶזְיָה 150:1
וַלִיסְנֶרְיָה 6:4
וָלֶרְיָנָה 436:3
וָלֶרְיָנִית 449-437:3
וְנִקָה 28:3
וֶרְבֶּנָה 152,151:2
וַרְבְּרִגִּינָה 433:3
וֶרֶד 25,24:2
זְגִיאָה 652:3
זְהָבִית 57-46:4
זוּגָן 367-363:2
זוֹזִימָה 646:2
זוּטָה 248-245:3
זוּן 300-293:4
זִיזִים 236:1
זִיפָן 414-412:4
זִיפָנוֹצָה 417-415:4
זַיִת 19:3
זְכָרִינִי 150-148:3
זַלְזֶלֶת 289,288:1
זַמְזוּמִית 95-84:4
זְנַב-הָאַרְנֶבֶת 271:4
זְנַב-הַכֶּלֶב 330-328:4
זְנַב-הָעַקְרָב 146:2
זְנַב-הַשּׁוּעָל 289-287:4
זְנַב-עַכְבָּר*
זְנָבָה 384:4
זַעֲזוּעִית 334-332:4
זְעֵירָה 178:3
זַעֲרִיר 6:3
זֶצֶנְיָה 354:2
זָקוּם 372:2
זְקַן-הַסָּב 715:3
זְקַן-הַתַּיִשׁ 714-712:3
זַקְנוּנִית 428:4
זַקְנַיִם 430:4
זַקְנָן 431:4

זְקַנְצְיָה 429:4
חֲבַלְבַּל 70-50:3
חֲבַלְבְּלָן 71:3
חֲבַצֶּלֶת 150-148:4
חַגְוִית 429,428:3
חַד-שָׂפָה 159-157:3
חֹחַ 688,687:3
חוֹחָן 651-643:3
חוּטִית 19:4
חוֹפִית 658:3
חֲזַרְזֶרֶת 695:3
חִזְרָר 27:2
חֲטוֹטָרֶן 374:1
חָטְמִית 482-474:2
חִטָּה 219:4
חִילָף 383:4
חִיעַד 90,89:1
חַלְבִּיב 32,31:3
חַלְבִּינָה 473:1
חֲלַבְלוּב 423-390:2
חָלוּק 142-141:1
חֲלוּקָה 45,44:1
חֶלְמוֹנִית 145-143:4
חֶלְמִית 468-463:2
חַמְדָּה 241-237:1
חֶמְעָה 79-66:1
חִמְצָה 277:2
חַמְצִיץ 321,320:2
חַמְשָׁן 19,18:2
חֲנָנִית 493-491:3
חַנָּק 38:3
חַסָּה 743-738:3
חַסְפָּנִית 406,405:3
חַסְפֶּסֶת 103:3
חֲסָרָף 326:3
חֲפוּרִית 282-278:4
חָפָנַיִם 438,437:1
חָצָב 69,68:4
חַרְגֹּל 34:3

* ראה: Part 1, Text, p. 344, Myosurus

אַשְׁלִיל 2:512-515

בָּאֵשָׁן 1:362-364
בַּבּוֹנָג 3:581, 582
בַּבּוֹנָגִית 3:583, 584
בְּבֶּרְשְׁטַיְנְיָה 2:322
בַּהַק 2:350, 351
בּוֹאַסְיֶרָה 4:245
בּוֹלַנְתּוּס 1:137
בּוּפוֹנְיָה 1:161
בּוּצִין 3:282-302
בּוֹצִין 4:4
בּוּרְבִּיָה 1:86
בּוֹרִית 1:139
בַּטְנוּנִית 3:146
בִּינִית 1:394
בִּלְבְּסָן 4:252, 253
בַּלּוֹטָה 3:204-207
בַּלּוֹטָנִית 1:84, 85
בְּלוּמֵיאָה 3:500
בֶּן־אָפָר 4:292
בֶּן־בֶּצֶת 4:325
בֶּן־דֹּחַן 4:419
בֶּן־חִטָּה 4:208-218
בֶּן־חִילָף 4:371-380
בֶּן־חָצָב 4:64-67
בֶּן־חַרְדָּל 1:462
בֶּן־חַרְצִית 3:592
בֶּן־חֹרֶשׁ 4:497-499
בֶּן־מֶלַח 1:224-226
בֶּן־סַחְלָב 4:516
בֶּן־סִירָה 2:22
בֶּן־פֶּרֶג 1:337, 338
בֶּן־צִיצִית 3:516
בֶּן־קוֹצָן 3:639
בֶּן־שֶׁלַח 1:465
בֶּן־שְׁעוֹרָה 4:204
בַּסְיָה 1:219, 220
בְּצַלְצִיָה 4:45

בִּצָן 1:276, 277
בִּצְעוֹנִי 4:458
בַּקְבּוּקוֹן 1:470
בִּקְיָה 2:278-298
בֶּקְמַגְּיָה 4:283
בְּקַעְצוּר 2:15
בַּר־גְּבִיעַ 3:202, 203
בַּר־דַּרְבָּן 1:284-286
בַּר־זַיִת 3:20
בַּר־לֶעַ 3:338
בַּר־נוּרִית 1:309
בַּר־עַכְנָאִי 3:97
בַּר־עַשָׁן 1:349
בֶּרְגְּיָה 2:531
בְּרוּלָה 2:620
בְּרוֹמִית 4:228-244
בְּרוֹנִיקָה 3:340-350
בְּרוֹשׁ 1:17
בַּרְזְלוֹן 3:182-184
בֹּרִית ראה בּוֹרִית
בְּרֻגֵּרָה 3:140
בַּרְקָן 3:635
בַּת־אָרֶז 4:198
בַּת־חוֹל 4:339
בַּת־חֶלְמִית 2:469
בַּת־יַבְּלִית 4:382
בַּת־מִדְבָּר 1:389
בַּת־קוֹרָנִית ראה תִּימוֹס
בַּת־רִכְפָּה 1:482

גְּבִיעוֹנִית 4:62
גְּבְשׁוֹנִית 2:628
גַּד 2:579
גְּדִילָן 3:642
גוֹדִינְיָה 4:254
גְּזִיר 2:570-573
גֶּזֶר 2:650-656
גִּזַרְזּוּר 2:574
גִּזְרָנִית 2:577

גַּיּוֹנְיָה 3:394
גִּירְגֶנְסוֹנְיָה 1:258
גְּלוֹלָנִית 1:376 (בטעות גַּלָּנִית)
גְּלוֹסוֹנֶמָה 3:33
גְּלִימָה 4:337
גַּלִּינְסוֹגָה*
גַּלִּית 4:21, 22
גַּלָּנִית 3:367 (ראה גם גְלוֹלָנִית)
גַּלְעִינוֹן 3:95
גַּלְעִינִית 3:108-110
גָּמָא 4:464-485
גֹּמֶד 3:502
גָּמְדּוֹנִית 4:286
גֶּעֱדָה 3:160-170
גָּפוּף 1:82
גּוּפְסָנִית 1:134-136
גַּרְגִּיר 1:408
גַּרְגִּירְיוֹן 1:384
גַּרְגְּרָנִית 2:181-199a
גָּרֶדְיוֹלוּס 3:699
גְּרוֹיָה 2:453
גְּרִיזִית 1:12
גֶּרָנְיוֹן 2:323-331

דַּבְדְּבָן 2:35
דְּבוֹרָנִית 4:518-525
דְּבֵקָה 3:407-426
דַּבְקוֹן 1:47
דְּבֵקָנִית 3:427
דֻּבְשָׁה 2:224-230
דֻּבְשִׁית 4:340, 341
דַּגְנִין 4:256-259
דּוּ־מוֹץ 4:385
דּוּגוֹן 3:499
דּוּדָא 3:278
דּוּכָנֵף 1:441
דּוֹם 4:433
דּוֹנַגִּית 3:121
דּוּפְרִית 1:439, 440

INDEX OF HEBREW NAMES OF GENERA

IN PARTS ONE TO FOUR

מפתח לשמות עבריים של סוגים בכרכי הציורים
שבחלקים א-ד

אָאִירָה 265:4

אַבְגָּר 21:2

אֲבוּבִית 240:3, 241

אַבּוּטִילוֹן 462-458:2

אֲבָטִיחַ 470:3

אֲבִי־אַרְבַּע 353:2

אֲבִיבִית 432,431:1

אֲבִצְנִיָּה 156:3

אֲבֶלִינִיָה 260:4

אֶבְּטוֹרִיּוֹן 490:3

אֶבְרָה 7:1

אֶבְרִים 480:1

אֲגוֹרָה 647:2

אַגְמוֹן 457-452:4

אַגְמִית 443:4

אַגָּס 26:2

אֲגְרוֹסְטֶמָּה 96,97:1

אַגְרוֹפִּירוֹן 203-201:4

אַדְמוֹנִית 323:1

אֶדֶר 443:2

אֹהֶל 94-92:1

אַהֲרוֹנְסוֹנִיָה 585:3

אוֹג 442-440:2

אוֹלְדֶּנְלַנְדִיָה 392:3

אוֹלְמוּס 33:1

אֵזוֹב 253:3

אֵזוֹבִיּוֹן 177-175:3

אֵזוֹבִית 255,254:3

אֹזֶן־הַגְּדִי 689:3

אֵזְנָב 702:3

אָזְנָן 587:3

אֲחִיגֶזֶר 576:2

אֲחִיאִירוּס 155,154:4

אֲחִיגְמֶא 462:4

אֲחִיחַרְגֹּל 35:3

אֲחִילוֹטוּס 144,143:2

אֲחִילוּף 441-438:4

אֲחִירֹתֶם 60:2

אֲחִישֶׁבֶת 639:2

אָטָד 266-262:3

אִיטָן 285,284:4

אִיסָטִיס 378,377:1

אִירוּס 171-156:4

אֲכִלְיָאה 579-574:3

אֶכֶם 235-228:1

אַכְסָף 125:2

אֶלֶבְּסִינִי 381:4

אֵלָה 439-436:2

אַלּוֹן 32-30:1

אֶלְטִין 533,532:2

אַלִּית 267:4

אַלְמֶוֶת 189-184:1

אֶלֶנְיָה 245,244:1

אֶלְסוֹן 425-418:1

אֶלֶף־הֶעָלֶה 549:2

אֶלְקַנָּה 130-127:3

אַמְבְּרְבּוֹאָה 657,656:3

אַמְבְּרוֹסְיָה 540:3

אָמִיךְ 80:1

אַמִּיתָה 604,603:2

אַמַנְיָה 535,534:2

אַנְדְרוֹסָקִי 2:3

אֲנְוֶלֵיאָה 535:3

אַנְטִינוֹרְיָה 266:4

אַסְפְלֶנְיוּם 10:1

אַסְפֶּסֶת 223-201:2

אַסְפָּקְלֶרְיָה 489-486:3

אַסְפָּרַג 140-137:4

אַסְפָּרְגוּלָה 170,169:1

אַסְפָּרְגוּלָרְיָה 175-171:1

אַסְתּוֹם 581:2

אַסְתֵּר 495,494:3

אָפוּן 317-315:2

אֶפְיוֹנָה 529-527:3

אֲפְרוּרִית 88,87:1

אֶצְבּוֹעַ 45-42:3

אֶצְבָּעָן 411:4

אָקִינוֹס 251:3

אֲקֶלְפָטָה 544:3

אַרַבִּיס 413-410:1

אַרְבַּע־כְּנָפוֹת 142,141:2

אַרְבְּעוֹנִי 386:4

אֶרִיסִימוֹן 382-380:1

אַרְכֻּבִּית 64-55:1

אָרְכָן 450:1

אֲרֶמוֹפִירוֹן 206,205:4

אֹרֶן 16:1

אַרְנָבִית 114-111:3

אַרְנִין 640:3

אֲרֶנָרְיָה 153-151:1

אַשְׁבָּל 218-208:3

אָשְׁחָר 448-445:2

אֵשֶׁל 528-516:2

מספר החלק של הפלורה הודפס בספרה עבה, מספר הציור — בספרות דקות. השמות המלוּוים בכוכב הם של צמחים שציוריהם לא הובאו בפלורה.

שׁוּם תֵּל־אֲבִיבִי (133) : צמח בפריחה ; פרח.

שׁוֹשָׁן צָחוֹר (63) : תפרחת ; עלה בסיסי.

שִׁחוֹרָן חָלָק (420) : בסיס הצמח ; תפרחת ;
תפרחת אחרי שאחדות מקבוצות השיבליות
נשרו ; קבוצת שיבליות ; גלומה תחתונה ;
גלומה עליונה ; מוץ תחתון של הפרח העקר ;
מוץ תחתון של הפרח הפורה ; מוץ עליון.

שְׁלָשׁוֹן גְּלוֹמָנִי (263) : צמח בעל תפרחות
שיבלית ; פרחים.

שְׁלָשׁוֹן הַחוֹף (262) : צמח בעל תפרחת ;
גלומות ; פרח.

שְׁלָשׁוֹן הַמִּדְבָּר (264) : צמח בעל תפרחות ;
שיבלית.

שְׁלָשׁוֹן סַרְגְּלָנִי (261) : צמח בעל תפרחות ;
שיבלית.

שָׂסִיעַ עֲרָבִי (355) : צמח נושא תפרחות ;
שיבלית ; מוץ עליון ; מוץ תחתון.

שָׂסִיעַ שָׂעִיר (356) : צמח נושא תפרחות ;
שיבלית ; מוץ עליון ; מוץ תחתון.

שְׂעוֹרָה דְּמוּיַת־שִׁפוֹן (222) : צמח בעל עלים ;
שיבולת ; קבוצה בת שלוש שיבליות.

שְׂעוֹרַת הַבּוּלְבּוּסִין (221) : שיבולת ; עלה בעל
לשונית ואזניות ; קבוצה בת שלוש שיבליות ;
פרק תחתון דמוי־פקעת של גבעול.

שְׂעוֹרַת הַחוֹף (225) : צמח נושא שיבלים ;
קבוצה בת שלוש שיבליות.

שְׂעוֹרַת הַתָּבוֹר (223) : צמח בעל עלים ;
שיבולת ; קבוצה בת שלוש שיבליות ; לשונית
ואזניות.

שְׂעוֹרָה מַכְחִילָה (224) : צמח בעל שיבלים ;
קבוצה בת שלוש שיבליות.

שְׂעוֹרָה נִימִית (226) : צמח בעל שיבולת ;

קבוצה בת שלוש שיבליות.

שַׁעֲלָב אָרֹךְ (303) : צמח נושא עלים ; גלומות
ושני פרחים תחתונים ; מכבד.

שַׁעֲלָב מָצוּי (302) : צמח נושא תפרחות ;
שיבלית.

שַׁעֲלָב מְקֻפָּח (301) : צמח נושא תפרחות ;
שיבלית.

שַׁעֲלָב קָצָר (305) : צמח נושא תפרחות ; מכבד
שיבלית.

שַׁעֲלָב רִיסָנִי (304) : צמח נושא תפרחות ;
שיבלית ; מכבד.

שַׁעֲלָב עָדִין (306) : צמח נושא תפרחות ;
שיבלית.

שַׁעֲלָבִית מַסְרְקָנִית (310) : צמח נושא תפרחות ;
שיבלית.

שָׁנָק הַחֹרֶשׁ (501) : בסיס הצמח ; תפרחת ; פרח.

שָׁפוֹן הֶהָרִים (220) : בסיס הצמח ; שיבולת ;
שיבלית.

שִׁפְתָן מָצוּי (517) : צֶמח בפריחה ; שפית ;
עמודון ; עלה־עטיף חיצוני ; עלה־עטיף
פנימי.

תָּלַסּוֹדֶנְדְּרוֹן רִיסָנִי (24) : קנה־שורש וענפים
בעלי אגודות עלים בקצוותיהם.

תָּלָת־חַד מַבְרִיק (277) : צמח נושא תפרחות ;
פרח ; שיבלית.

תָּלָת־מַלְעָן אָרֹךְ (359) : צמח נושא תפרחת ;
פרח ; גלומות.

תָּלָת־מַלְעָן מָצוּי (357) : צמח נושא תפרחת ;
גלומות ; פרח.

תָּלָת־מַלְעָן פָּעוּט (358) : צמח נושא תפרחות ;
פרח ; גלומות.

שִׁבֹּלֶת־שׁוּעָל עֲרָבָתִית (250): צמח ותפרחת; יחידת תפוצה (פרח יחיד).

שִׁבֹּלֶת־שׁוּעָל צְמִרִית (247): צמח בעל תפרחות; אשכול; יחידת תפוצה (שיבלית בלי גלומות).

שִׁבֹּלֶת־שׁוּעָל שׁוֹנַת־גְּלוּמוֹת (246): בסיס הצמח; אשכול.

שׁוּם אֶרְדֶּל (108): צמח בפריחה; פרח.

שׁוּם אֲשֶׁרְסוֹן (132): צמח בעל סוכך צעיר עטוף במתחל; עמוד נושא תפרחת בפריחה; פרח.

שׁוּם גָּבֹהַּ (122): בצל בעל בצלצולים; סוכך; זיר פנימי; פרח.

שׁוּם דְּרוֹמִי (110): צמח בפריחה; פרח.

שׁוּם הָאַבְקָנִים (119): צמח בפריחה; פרח; עלה מתחל.

שׁוּם עֲרָבָתִי (120): צמח בפריחה; פרח; עלי מתחל.

שׁוּם הַגַּלְגַּל (136): צמח בעל סוכך צעיר עטוף במתחל; סוכך בעל פרחים ופירות; פרח.

שׁוּם הַכַּרְמֶל (112): צמח בפריחה; עלה־עטיף חיצוני; עלה־עטיף פנימי; פרח; בצל.

שׁוּם הַלַּעֲנָה (128): צמח בפריחה; פרח.

שׁוּם הַמִּדְבָּר (118): צמח בפריחה; פרח; עלה־עטיף חיצוני; עלה־עטיף פנימי.

שׁוּם הַנֶּגֶב (135): צמח בפריחה; אבקן; עלה־עטיף; פרח.

שׁוּם הַפִּטְמוֹת (107): צמח בפריחה; עלה־עטיף חיצוני ואבקן; עלה־עטיף פנימי ואבקן; פרח; בצל.

שׁוּם הָרֶשֶׁת (130): צמח בפריחה; חתך רוחב בטרף העלה; פרח; אבקן פנימי.

שׁוּם וֹרֹד זן מִצְרִי (111): צמח בפריחה; פרח; עלה־עטיף חיצוני; עלה־עטיף פנימי; אבקן; קטע של קליפת בצל חיצונית מגוממת (מוגדל).

שׁוּם יְרִיחוֹ (127): צמח בפריחה; פרח; אבקנים, פנימי וחיצוני.

שׁוּם יְרַקְרַק תת־מין יְרַקְרַק (113): צמח בפריחה (שים לב לצורת הסוכך והמתחל); פרח, עלה־עטיף, אבקן ושחלה של צמח מעמק הירדן העליון; פרח ועלי־עטיף של צמח מעמק הירדן התחתון (שים לב לעלי־העטיף הקטועים בראשם).

שׁוּם יְרַקְרַק תת־מין יְרַקְרַק (114): צמח מהרי יהודה בפריחה (שים לב לצורת הסוכך והמתחל); פרח.

שׁוּם יְרַקְרַק תת־מין חוּם (115): צמח בפריחה; פרח; עלה־עטיף חיצוני ואבקן; עלה־עטיף פנימי ואבקן; הלקט ועטיף.

שׁוּם לְבַנְבַּן (116): צמח בפריחה; עלה מתחל; פרח; עלה־עטיף חיצוני; עלה־עטיף פנימי; חתך רוחב בטרף עלה חלול.

שׁוּם לְבֶן־קְלִפּוֹת תת־מין לְבֶן־קְלִפּוֹת (121): צמח בפריחה; פרח; חלק העטיף פרוש עם זירי אבקנים.

שׁוּם מִזְרָחִי (134): צמח בפריחה; פרח.

שׁוּם מְשֻׁלָּשׁ (105): צמח בפריחה.

שׁוּם נְטוּי־פְּרָחִים (125): צמח בפריחה; פרח.

שׁוּם סִינַי (129): צמח בפריחה; פרח.

שׁוּם עָגֹל (124): צמח בפריחה; פרח; זיר פנימי.

שׁוּם צָנוּעַ (117): צמח בפריחה; פרח; עלה־עטיף חיצוני; עלה־עטיף פנימי.

שׁוּם קָטוּעַ (123): עמוד נושא סוכך; מעבר של נדן העלה לטרף; בצל נושא בצלצולים (טיפוס נע); בצל; פרח; עלה־עטיף חיצוני; זיר חיצוני; עלה־עטיף פנימי וזיר פנימי.

שׁוּם קְטַן־פְּרָחִים (109): צמח בפריחה; פרח; עמוד התפרחת וסוכך צעיר עטוף במתחל.

שׁוּם קָצָר תת־מין קָצָר (126): צמח בפריחה; פרח; אבקן פנימי.

שׁוּם שָׁחוֹר (131): צמח בעל סוכך צעיר עטוף במתחל; עמוד נושא תפרחת בפריחה.

שׁוּם שְׁלֹשֶׁת־הֶעָלִים זן שָׂעִיר (106): צמח בפריחה; בצל; פרח.

פַּסְפָּלִידְיָה הַתְּאוֹמִים (410) : צמח ותפרחת שיבלית.

צִבְעוֹנֵי הֶהָרִים תת־מִין הֶהָרִים (59) : צמח בפריחה ; בצל ; עלה־עטיף פנימי ; עלי ; עלה־עטיף חיצוני.

צִבְעוֹנֵי הֶהָרִים תת־מִין הַשָּׁרוֹן (60) : צמח בפריחה ; עלה־עטיף פנימי ועלה־עטיף חיצוני ; בצל.

צִבְעוֹנֵי הַמִּדְבָּר (61) : צמח בפריחה ; בצל ; עלי ; אבקן ; עלה־עטיף פנימי ועלה־עטיף חיצוני.

צִבְעוֹנֵי סַסְגּוֹנִי (58) : צמח בפריחה ; בצל ; עלי־עטיף חיצוניים ופנימיים.

צֻבֶּרֶת הֶהָרִים (327) : בסיס הצמח ; מכבד ; שיבלית.

צִיצָן פָּרְסִי (369) : צמח נושא תפרחת ; שיבלית.

צִיצָן קָצָר (370) : צמח נושא תפרחת ; שיבלית ; פרח.

צְנוֹרִית גְּלִילִית (23) : קנה־שורש נושא עלים ותפרחת.

קוּטַנְדְּיָה חוֹפִית (311) : צמח נושא תפרחת ; שיבלית.

קוּטַנְדְּיָה מְדֻקְרֶנֶת (314) : צמח נושא תפרחות ; שיבלית.

קוּטַנְדְּיָה מִצְרִית (313) : צמח נושא תפרחות ; תפרחת ; שיבלית.

קוּטַנְדְּיָה פְּלִשְׁתִּית (312) : צמח נושא תפרחות ; שיבלית.

קִיסוֹסִית קוֹצָנִית (142) : שני ענפים נושאי תפרחות אבקניות ; ענף בעל ענבות על גבי ענפי־חיק קצרים ; פרח אבקני ; פרח עלייני.

קָנֶה מָצוּי (353) : מכבד ; פרח עליון בעל ציר־שיבלית שעיר, גלומות ופרח תחתון.

קְנֵה־סֻכָּר גָּבֹהַּ (425) : תפרחת ; קטע של ציר צדדי של התפרחת הנושאת זוג שיבליות ;

שיבלית יושבת ושיבלית נישאת על עוקץ ; קטע של עלה (מעבר מנדן לטרף).

קְנֵה־סֻכָּר זָקוּף (426) : תפרחת ; שיבלית.

קְנֵה־סֻכָּר מִצְרִי (424) : תפרחת ; ענף של התפרחת ; קטע של עלה (מעבר מנדן לטרף).

קֶנְכְרוּס קוֹצָנִי (418) : צמח בעל תפרחות שיבלית (מראה מאחור ומלפנים) ; מוץ תחתון ; קבוצת שיבליות עטופה במעטפת קוצנית.

קְפוֹדִית הַקַּרְקֶפֶת (338) : צמח נושא תפרחות ; שיבלית ; גלומה תחתונה ; מוץ עליון ; מוץ תחתון ; עלה בעל לשונית.

רַב־זָקָן קֵרֵחַ (432) : בסיס הצמח ; תפרחות ; זוג שיבליות הֶטְרוֹגָמִיות.

רוֹמוּלְיָאָה זְעִירָה (174) : צמח בסוף הפריחה.

רוֹמוּלְיָאָה סַגֻלּוּלִית (172) : צמח בסוף הפריחה ; פרח

רוֹמוּלְיָאָה צִידוֹנִית (173) : צמח בפריחה ; פרח ומתחל.

רֶפֶד הַיָּם (18) : חלק של צמח בעל עלים ועוקצים נושאי פרחים ופירות ; אגוזיות צעירות ; אגוזית ; שיבולת של שני פרחים דו־מיניים ; נדני עלים.

רֶפְיָה לוּלְיָנִית (17) : חלק של צמח בעל עלים ועוקצים סלולים וארוכים שבראשם אגוזיות ; אגוזיות.

רַפְרַף אֲבִיבִי (269) : צמח בעל תפרחת ; שיבלית.

רְצוּעִית הַגָּלִיל (515) : תפרחת ; שפית ; עלה־עטיף חיצוני.

שִׁבֹּלֶת־שׁוּעָל גְּדוֹלָה (248) : צמח נושא תפרחת ; יחידת תפוצה (פרח יחיד).

שִׁבֹּלֶת־שׁוּעָל מִתְפָּרֶקֶת תת־מִין מִתְפָּרֶקֶת (249) : צמח בעל תפרחת ; יחידת תפוצה (פרח יחיד).

שִׁבֹּלֶת־שׁוּעָל נְפוֹצָה תת־מִין נְפוֹצָה (251) : בסיס הצמח ; אשכול ; לשונית ; שיבלית ; מוץ מצדו הפנימי.

עֲבְדְּקַן הַדּוּרִים (274) : בסיס הצמח ; מכבד ; שיבלית.

עֲבְדְּקַן הַחוֹף (272) : צמח נושא תפרחות ; שיבלית.

עֲבְדְּקַן מָצוּי (273) : צמח נושא תפרחות ; שיבלית.

עַבְקָנָה נָדִיר (352) : מכבד ; פרח.

עַבְקָנָה שָׁכִיחַ (351) : מכבד ; פרח ; שיבלית ; קטע של עלה בעל לשונית ; אותו קטע מאחור.

עֵדֶן חַד־שְׁנָתִי (268) : צמח נושא תפרחת ; פרח דו־מיני ; פרח אבקני ; גלומות.

עֲדְשַׁת־הַמַּיִם הַגּבֶּנֶת (444) : צמחים בפריחה ובפרי ; צמחים בעלי שורש הנראים מן הצד.

עֲדְשַׁת־הַמַּיִם הַזְּעִירָה (445) : צמחים הנראים מלמעלה, מלמטה ומן הצד, בעלי שורש.

עֲדְשַׁת־הַמַּיִם הַמְּצֻלְטֶבֶת (446) : צמח עשוי חלקים אחדים, כל אחד בעל שורש.

עֲטְיָנִית אֲרֻכָּה (393) : צמח נושא תפרחות ; שיבלית.

עֲטְיָנִית דּוּ־אַבְקָנִית (397) : צמח נושא תפרחות.

עֲטְיָנִית דַּקָּה (392) : צמח נושא תפרחות ; שיבלית.

עֲטְיָנִית מְגַבֶּבֶת (395) : צמח נושא תפרחות ; שיבלית.

עֲטְיָנִית פַּקְטוֹרִי (396) : ענף נושא תפרחות ; אבקן ; שיבלית.

עֲטְיָנִית קְצָרָה (394) : צמח נושא תפרחות ; שיבלית.

עִירְיוֹנִי כָּפוּף (34) : בסיס הצמח, עלים, שרשים בשרניים ; קטע של תפרחת נושאת פרחים והלקטים שעוקציהם כפופים אחורנית.

עִירְיוֹנִי צָהֹב (32) : בסיס הצמח על עליו ושרשיו הבשרניים ; קטע של עלה ; הלקט ; אבקנים.

עִירְיוֹנִי קָצָר (33) : בסיס הצמח ושרשיו הבשרניים ; תפרחת ; קטע של ענף בפריחה המראה את החפים.

עִירִית גְּדוֹלָה (27) : בסיס של צמח על עליו ואגודת שרשים מעובים (בחצי הגודל הטבעי כמעט) ; תפרחת ; הלקט צעיר ובראשו עטיף נשיר ; קטע של עלה בעל קרין ; אבקנים.

עִירִית דְּבִיקָה (30) : צמח נושא פרחים ופירות ; ענף.

עִירִית נְבוּבָה (28) : בסיס הצמח ; עלים ואגודת שרשים מעובים ; תפרחת ; פרח ; קטע של גבעול מוגדל ; חלק של ענף נושא פירות ; אבקן.

עִירִית נְטוּיָה (31) : צמח נושא פרחים ופירות ; חפה.

עִירִית צָרַת־עָלִים (29) : צמח.

אֵלְיָאב חָלוּד (459) : בסיס הצמח ; תפרחת ; שיבלית.

אֵלְיָעב מְדֻקְרָן (460) : צמח נושא תפרחות ; גלומה ; פרי.

עֲצְבּוֹנִית הַחֹרֶשׁ (141) : חלק של צמח הנושא עלים דמויי־קשקש ופילוקלדים דמויי־עלה ; ענף בעל פילוקלד נושא ענבה ; פרח אבקני בעל זירים מאוחים ; פילוקלד נושא פרח אבקני ; קנה־שורש.

עֻקְצָר מְנֻצֶּה (199) : החלק התחתון של הצמח ; תפרחת ; מוץ.

עֻקְצָר מָצוּי (200) : צמח נושא תפרחת ; מוץ.

עֵקֶר שָׂעִיר (207) : צמח בעל שיבלית ; עלה בעל לשונית.

אֲרִיר הַלְּבָנוֹן (35) : בסיס הצמח, עלים ואגודת שרשים מעובים ; תפרחת ; קטע של גבעול נושא פירות.

פּוֹאֶרֶנָה שְׂעִירָה (461) : בסיס הצמח ; תפרחת ; שיבלית.

פִּילְגֶּרֶת הַגּוֹלָן (255) : צמח בעל אשכול ; אשכול ; שיבלית.

פַּסְפָּלוֹן דּוּ־טוּרִי (409) : שלוחה ; צמח נושא תפרחת ; שיבלית.

פַּסְפָּלוֹן מְרֻחָב (408) : תפרחת ; שיבלית.

סַחְלַב שְׁלָשׁ־הַשִּׁנַּיִם (508): צמח בפריחה; פרח; שפית.

סַחְלְבָן הַחֹרֶשׁ (500): צמח בפריחה; פרח; עמודון.

סִיסָן אָשׁוּן (308): צמח נושא תפרחות; שיבלית.

סִיסָן זוּנִי (309): צמח נושא תפרחות; שיבלית.

סִיסָנִית אֵיג (318): צמח נושא תפרחות; שיבלית (גלומות, פרחים).

סִיסָנִית הַבּוּלְבּוּסִין זן הַבּוּלְבּוּסִין (317): בסיס הצמח; מכבד; במרכז — שיבלית (גלומות ופרחים). מימין — שיבלית (גלומות ופרחים) של זן הַקָּלִי.

סִיסָנִית הַבִּצּוֹת (320): בסיס הצמח ועלים; מכבד; שיבלית (גלומות ופרחים).

סִיסָנִית הַגַּנּוֹת (323): צמח נושא תפרחות; שיבלית; מאבק.

סִיסָנִית חַד־שְׁנָתִית (322): צמח נושא תפרחת; שיבלית; מאבק.

סִיסָנִית יְעָרוֹת (321): בסיס הצמח; מכבד; שיבלית.

סִיסָנִית סִינַי (319): בסיס הצמח; גבעולים נושאי תפרחות; שיבלית.

סֵיפָן הַתְּבוּאָה (184): צמח בפריחה.

סֵיפָן סָגֹל (185): צמח בפריחה.

סָמָר אֲפַרְפַּר (189): חלק תחתון של הצמח; עמוד ותפרחת; הלקט ועטיף שבבסיסו חפים; זרע; חתך רוחב בגבעול.

סָמָר יַמִּי (186): תפרחת; הלקט מוקף עטיף.

סְמַר הַמַּכְבֵּד (195): עלה; תפרחת; הלקט מוקף עטיף.

סְמַר הַפְּרָקִים (196): חלק של צמח נושא עלה ותפרחת; הלקט מוקף עטיף.

סָמָר חַד תת־מין חַד (188): תפרחת; שני הלקטים. תת־מין חוֹפִי (למטה) עטיף הפרח והלקט (שתי צורות).

סָמָר מְחֻיָּץ תת־מין צְרִיפִי (197): תפרחת; בסיס הצמח נושא עלים; הלקט מוקף עטיף.

סָמָר מָצוּי זן מָצוּי (191): צמח נושא תפרחות; הלקט ועטיף שבבסיסו חפיות.

סָמָר מָצוּי זן צָפוּף (192): צמח נושא תפרחות; קצה ענף נושא חפיות ושני פרחים.

סָמָר מַרְצֻעָנִי (190): חלק תחתון של הצמח עם קנה־שורש; גבעול ותפרחת; פרח.

סָמָר עָנֵף (193): צמח נושא תפרחות; הלקט ועטיף שבבסיסו חפיות.

סָמָר עֲרָבִי (187): תפרחת; הלקט מוקף עטיף הפרח.

סָמָר קַרְקַפְתִּי (194): צמח נושא תפרחות; פרח וחפית.

סְפֵה הַמַּיִם (324): צמח נושא תפרחות; שיבלית.

סִתְוָנִית בְּכִירָה (42): צמח בפריחה; צמח בעל עלים והלקט; פרח (חלק עליון).

סִתְוָנִית הַחֶרְמוֹן (39): צמח בפריחה לפני הופעת עלים; צמח אחרי הופעת עלים; פרח (החלק העליון).

סִתְוָנִית הַיּוֹרֶה (41): צמח בפריחה.

סִתְוָנִית הַנֶּגֶב (36): צמח בפריחה; זיר האבקן בין שתי בליטות מקבילות של אונת העטיף, הבליטות מצוידות בשיניים; צלקת; עטיף הפרח (מראה מלמעלה); פרח שעטיפו נסדק לאורכו.

סִתְוָנִית הַקְּלִפּוֹת (44): צמח בפריחה; צמח בעל עלים.

סִתְוָנִית טוּבִיָּה (37): צמח בפריחה; עלי־עטיף חיצוניים ופנימיים, כל אחד נושא אבקן ובבסיסו בליטות בעלות שיניים; בליטות מקבילות בעלות שיניים בבסיס אונות העטיף החיצוניות והפנימיות.

סִתְוָנִית יְרוּשָׁלַיִם (43): צמח בפריחה; עלים; פרח (חלק עליון); צלקת; הלקט; זרע.

סִתְוָנִית קְצָרַת־עָלִים (40): צמח בפריחה.

סִתְוָנִית שִׁימְפֶּר (38): צמח בפריחה; אבקן; צלקת.

בצדו של הקדקוד; עלה בעל עלי־לוואי מעורה בבסיס העלה.

נַהֲרוֹנִית לוֹפֶּתֶת (11): קטע של צמח נושא עלים ושיבלים של פרחים, כל אחת נישאת על עוקץ.

נַהֲרוֹנִית מְסֻלְסֶלֶת (12): קטע של צמח נושא עלים ושיבלים של פירות, כל אחת על עוקץ.

נַהֲרוֹנִית מַסְרֶקָנִית (16): קטע של צמח בעל עלים ושיבולת בפריחה, כל עלה בעל עלה־לוואי מעורה בבסיס העלה; פרח.

נַהֲרוֹנִית נִימִית (14): קטע של צמח בעל עלים ושיבלים נושאי פירות, כל עלה בעל זוג עלי־לוואי חפשיים; קצה עלה מוגדל.

נַהֲרוֹנִית צָפָה (9): קטע של צמח נושא עלים צפים בעלי עלי־לוואי גדולים וכן שיבולת פרחים על עוקץ.

נַהֲרוֹנִית שְׁקוּפָה (10): קטע של צמח נושא עלים בעלי עלי־לוואי גדולים, וכן שיבולת פרחים על עוקץ.

נֵיאוֹטִינֵאָה תְּמִימָה (503): צמח בפריחה; פרח.

נַיָּדַת־הַחוֹף (25): קטע של צמח; עלה.

נַיָּדָה קְטַנָּה (26): קטע של צמח; קצה ענף נושא פרח עלייני.

נִימִית מְמֻלְעֶנֶת (316): צמח נושא תפרחות; שיבלית.

נֵץ־הֶחָלָב דַּק־הֶעָלִים (80): צמח בפריחה; קטע של עלה; הלקטים (הכול מוגדל כדי ½ 1).

נֵץ־הֶחָלָב הָאִזְמֵלָנִי (75): צמח בפריחה; חפה.

נֵץ־הֶחָלָב הַהֲרָרִי (74): צמח בפריחה.

נֵץ־הֶחָלָב הַחוּם (72): עלים; תפרחת.

נֵץ־הֶחָלָב הַמְפֻשָּׂק (79): צמח בפריחה; קטע של עלה; אבקן; עלה־עטיף.

נֵץ־הֶחָלָב הָעֲרָבִי (73): תפרחת.

נֵץ־הֶחָלָב הַצָּרְפָתִי תת־מין הַצָּרְפָתִי (70): עלים; תפרחת; בצל.

נֵץ־הֶחָלָב הַצָּרְפָתִי תת־מין קְצַר־הַשִּׁבֹּלֶת (71): צמח בפריחה; קטע של עלה.

נֵץ־הֶחָלָב הַשָּׂעִיר תת־מין אֵיג (77): צמח בפריחה; בצל; קטע של עלה בעל ריסים.

נֵץ־הֶחָלָב הַשָּׂעִיר תת־מין הַשָּׂעִיר (76): צמח בפריחה; קטע של עלה.

נֵץ־הֶחָלָב שְׁטוּחַ־הֶעָלִים (78): צמח בפריחה; הלקט על עוקץ מפושק וחפה; בצל.

נַרְדּוּרִית מִזְרָחִית (307): צמח נושא תפרחת; שיבלית.

נַרְקִיס אָפִיל (147): צמח בעל פרח לפני פתיחתו; פרח לאחר הפתיחה.

נַרְקִיס מָצוּי (146): צמח בפריחה; חתך אורך בפרח קצר־עלי וחתך אורך בפרח ארוך־עלי.

נִשְׁרָן הַדֹּחַן זן הַדֹּחַן (348): תפרחת; לשונית; קנה נושא עלים.

נִשְׁרָן מַכְחִיל (349): בסיס הצמח; תפרחת; לשונית; גרגיר מוקף מוץ תחתון ומוץ עליון.

נִשְׁרָן שָׂעִיר (350): תפרחת; פרח; לשונית; קנה נושא עלה; גרגיר עטוף בשני המוצים.

סוּף מָצוּי (451): צמח בעל פקעת ועלים; תפרחת בעלת איזור עלייני, הפסקה ואיזור אבקני בקצה; עלים; תפרחת בפרי; פרח עלייני בעל עוקץ נושא שערות ארוכות וחפה.

סוּף רְחַב־עָלִים (450): תפרחת, איזור עלייני למטה, איזור אבקני מעליו; פרח עלייני על עוקץ נושא שערות ארוכות; עלה.

סַחְלַב אִיטַלְקִי (509): צמח בפריחה; עטיף; פרח; אבקן וצלקת.

סַחְלַב אֲנָטוֹלִי (513): צמח בפריחה; פרח.

סַחְלַב הַבִּצּוֹת (514): צמח בפריחה; שפית.

סַחְלַב הַגָּלִיל (510): צמח בפריחה; פרח.

סַחְלַב הַשָּׂקִיק (512): צמח בפריחה.

סַחְלַב מְצֻיָּר (505): צמח בפריחה; עלי עטיף; עטיף; פרח.

סַחְלָב נָקוּד (511): צמח בפריחה; פרח.

סַחְלָב פַּרְפְּרָנִי (504): צמח בפריחה; פרח.

סַחְלָב קָדוֹשׁ (507): צמח בפריחה; פרח.

סַחְלָב רֵיחָנִי (506): צמח בפריחה; פרח.

קטע של שזרה הנושאת פרחים עליניים, פרחים אבקניים ופרחים עקרים ביניהם.

לוף ירק (436) : טרף עלה ; מתחל עוטף שזרה ; שזרה נושאת פרחים עליניים ואבקניים ופרחים עקרים.

לוף מנמר (434) : טרף עלה ; מתחל העוטף שזרה נושאת פרחים בחלקה התחתון ; חלק תחתון של שזרה ועליה אזור פרחים עליניים למטה ואזור פרחים אבקניים מעליו וכן אזורי פרחים עקרים ביניהם.

לופית מצויה (442) : צמח בעל פקעת, עלים ומתחל ; מתחל חתוך לאורכו ; חלק תחתון של שזרה נושאת פרחים עליניים ואבקניים.

מדחול דוקרני (390) : ענף נושא תפרחת ; גלומות ; פרח.

מדחול הודי (391) : ענף נושא תפרחת ; מרץ תחתון ומרץ עליון מקיפים גרגיר ; גלומות.

מימון הצפרדעים (5) : צמח ועליו הבסיסיים ; עלי בעל שישה עמודי-עלי, כל אחד מחולק לשתי אונות ושלושה סטאמינודים.

מירונית סרגלית (502) : עלים תחתונים ; תפרחת ; פרח.

מכבד הבצות (463) : תפרחת ; עלה ; חלק של תפרחת ; קטע של עלה.

מלעניאל ארך (346) : בסיס הצמח ; תפרחת ; מרץ עליון בעל מלען.

מלעניאל המזרח (345) : בסיס הצמח ; תפרחת ; מרץ עליון בעל מלען.

מלעניאל הנוצות (344) : בסיס הצמח ; תפרחת ; מרץ עליון בעל מלען.

מלעניאל מצוי (343) : צמח נושא תפרחות ; מרץ עליון בעל מלען ; לשונית ; שיבלית.

מלעניאל קטן-פרחים (342) : צמח נושא תפרחת שיבלית.

מלעניאל קצר-מלענים (347) : צמח ותפרחת ; גלומות ; מרץ עליון בעל מלען.

מלענן החוף (364) : בסיס הצמח ; תפרחת ; גלומות ; פרח.

מלענן המטאטאים (366) : ענף הצמח ; תפרחת ; פרח ; גלומות.

מלענן יפה-שער (363) : בסיס הצמח ; תפרחת ; פרח ; גלומות.

מלענן מנצה (362) : צמח נושא תפרחות ; גלומות ; פרח.

מלענן קהה (361) : צמח נושא תפרחות.

מלענן ריסני (360) : בסיס הצמח ; תפרחת ; פרח ; גלומות.

מלענן שעיר-הגלומה (365) : צמח נושא תפרחות ; גלומה תחתונה ; שתי גלומות ; פרח.

מלענת ארכת-מלענים (227) : צמח בעל עלים ; שיבולת ; זוג שיבליות.

מצלות ארכות-העקץ תת-מין ארכות-העקץ (100) : צמח בפריחה ; פרח ; פרח שעטיפו פרוש.

מצלות ארכות-העקץ תת-מין הנגב (101) : צמח בפריחה ; עטיף פרוש.

מצלות החוף (97) : צמח בפריחה ; פרח.

מצלות מדבריות (98) : תפרחת.

מצלות מציצות (96) : צמח בפריחה ; פרח.

מצלות שנהב (99) : צמח בפריחה ; צמח בפרי ; זרע ; פרח.

מצמרת שעירה (422) : בסיס הצמח ; תפרחת ; שיבלית.

משין גלילי (423) : עלים ; תפרחת ; שיבלית.

משערת זהבה (331) : צמח נושא תפרחת ; קבוצת שיבליות ; שיבלית פורה ושיבלית עקרה.

נהרונית ברכטולד (13) : קטע של צמח נושא עלים ושיבלים בעלי עקץ, כל עלה בעל עלה-לוואי חפשי ; קצה עלה מוגדל.

נהרונית חוטית (15) : קטע של צמח בעל עלים ושיבולים נושאי פירות ; אגוזית בעלת מקור

כַּדּוּרָן עָנֵף תת־מִין הַבְּצוֹת (449) : ענף נושא תפרחות אבקניות ועלייניות ; פרי מוקף עלי־עטיף.

כַּדּוּרָן עָנֵף תת־מִין עָנֵף (448) : ענף נושא תפרחות בפרי ; עלה־עטיף ; פרי מוקף עלי עטיף.

כַּדָּן נָאֶה (103) : צמח בפריחה ; פרח שעטיפו פרוש.

כַּדָּן סָגֹל (102) : צמח בפריחה ; פרח.

כַּדָּן קְטַן־פְּרָחִים (104) : צמח בפריחה ; פרח.

כַּדְרוּרִית הַמַּיִם (447) : מראה הצמחים מלמעלה.

כּוֹסָנִית מְמֻלְעֶנֶת (291) : צמח נושא תפרחות ; שיבלית.

כּוֹסָנִית מְשֻׁנֶּנֶת (290) : צמח נושא תפרחות ; שיבלית.

כַּחֲלִית הֶהָרִים (151) : בצל ; גבעול נושא עלים ; תפרחת ; עלי.

כְּלוֹרִיס גּוּיָאָנִי (387) : צמח נושא תפרחת ; שיבלית.

כְּלוֹרִיס רָתְמִי (388) : ענף נושא תפרחת ; פרחי השיבלית.

כַּף־הֶחָתוּל הַזּוֹחֶלֶת (368) : שלוחה וענפים נושאי תפרחות ; שבלית ; שיבולת דמוית־קרקפת.

כַּף־הֶחָתוּל הַשָּׂרוּעָה (367) : קנה־שורש (שלוחה) וענפים נושאי תפרחות ; שיבולת.

כַּף־הַצְּפַרְדֵּעַ הָאַזְמֵלָנִית (2) : בסיס הצמח ; חלק של התפרחת נושאת פרחים ופירות ; פרח.

כַּף־הַצְּפַרְדֵּעַ הַלְּחָכִית (1) : חלקו התחתון של הצמח והעלים ; התפרחת בפרי.

כָּרִיךְ אֲפַרְפַּר תת־מִין מְחֻדָּד (492) : בסיס הצמח ; תפרחת ; פרח עלייני וגלומה ; פרח אבקני וגלומה.

כָּרִיךְ גְּמָאִי (491) : צמח נושא תפרחות ; שקיק ובבסיסו גלומה.

כָּרִיךְ הַחֹרֶשׁ (488) : צמח ותפרחת ; שקיק ובבסיסו גלומה.

כָּרִיךְ הָעֲרָבוֹת (486) : צמח נושא תפרחת ; שיבלית ; פרח עלייני ; פרח אבקני.

כָּרִיךְ חַד (490) : קצה הענף נושא תפרחות אבקניות ; ענף הנושא תפרחות עלייניות.

כָּרִיךְ מְחֻלָּק (487) : צמח ותפרחת.

כָּרִיךְ מְרֻחָק (493) : בסיס הצמח ; תפרחת ; פרח עלייני ובבסיסו גלומה ; שקיק.

כָּרִיךְ נָמוּךְ (496) : צמח נושא תפרחות.

כָּרִיךְ רָוּוּחַ (495) : צמח נושא תפרחות ; שקיק.

כָּרִיךְ שָׁחוּם (489) : צמח ותפרחת ; שקיק ובבסיסו גלומה.

כָּרִיךְ שָׂעִיר (494) : בסיס הצמח ; תפרחת ; פרח עלייני ; גלומה.

כַּרְכֹּם גִּירְדוֹ (181) : צמח בפריחה.

כַּרְכֹּם דַּמַּשְׂקָאִי (179) : צמח בפריחה ; חלק של צמח נושא עלים ; חלק של עטיף פרח פרוש.

כַּרְכֹּם הַחֶרְמוֹן (180) : צמח בפריחה.

כַּרְכֹּם הַשְּׂבָכָה (178) : צמח בפריחה ; חלק של פרח פרוש.

כַּרְכֹּם חֶלְמוֹנִי (183) : צמח בפריחה ; אבקנים ועמוד עלי.

כַּרְכֹּם חָרְפִּי (182) : צמח בפריחה.

כַּרְכֹּם מוֹאָבִי (177) : צמח נושא עלים ; תפרחת ; קטע של קליפת הבצל.

כַּרְכֹּם נָאֶה (176) : צמח בפריחה.

כַּרְכֹּם צְהַבְהַב (175) : צמח בפריחה ; עלה־עטיף, אבקן וענף הצלקת.

כַּרְסְתָן מְחֻסְפָּס (276) : צמח נושא תפרחות ; שיבלית ; פרח.

כַּרְסְתָן נָפוּחַ (275) : צמח בעל תפרחות ; פרח ; שיבלית.

כְּתָרִים אֲדַמְדַּמִּים (81) : צמח בפריחה.

לוּלְיָנִית מְעֻבָּה (437) : טרף עלה ; מעבר נדן העלה לפטוטרת ; מתחל העוטף שזרה נושאת פרחים.

לוּף אֶרֶץ־יִשְׂרְאֵלִי (435) : טרף עלה ; מתחל העוטף שזרה ; התפרחת אחר הפריחה ; פקעת ;

רבע מגודלו הטבעי ; זוג שבליות ; לשונית ; זוג תפרחות דמויות־שיבולת.

זַקְנָן שָׂעִיר (431) : ענף צמח נושא זוגות של תפרחות דמויות שיבולת ; זוג שיבלים ; זוג שיבליות הֶטֶרוֹגָמִיות.

זְקַנְצִית הַגְּמָמוֹת (429) : ענף נושא תפרחות ; זוג שיבליות (שיבלית יושבת בעלת מלען ופורה ושיבלית אבקנית).

חֲבַצֶּלֶת הַחוֹף (148) : בצל, עלים ועמוד תפרחת.

חֲבַצֶּלֶת הַנֶּגֶב (150) : בצל נושא עלים ; תפרחת.

חֲבַצֶּלֶת קְטַנַּת־פְּרָחִים (149) : בצל ; בצל בעל עלים ; תפרחת ; סוכך פירות.

חוּטִית הַבִּצּוֹת (19) : חלק של צמח בעל עלים ופרחים חד־מיניים ; פרח אבקני בן אבקן אחד נישא על עוקץ דמוי־זיר ; אגוזית ; פרח עלייני בעל עטיף דמוי־גביעון ואגוזיות אחדות.

חִטַּת הַבָּר (219) : בסיס הצמח ; שיבולת ; שיבלית מצדה הפנימי ומצדה החיצוני.

חִילָף הַחוֹלוֹת (383) : בסיס הצמח ; תפרחת ; שיבלית.

חֶלְמוֹנִית גְּדוֹלָה (145) : צמח בעל עלים והלקטים ; צמח בפריחה ; פרח.

חֶלְמוֹנִית זְעִירָה (143) : צמח בפריחה ; צמח בעל עלים והלקטים.

חֶלְמוֹנִית צְהֻבָּה (144) : צמח בפריחה ; עלים עטופים בַּקְטָפִיל (עלה תחתי) קרומי.

חֲפוּרִית הַפְּקָעִים (282) : בסיס הצמח ; קנה ועלים ; לשונית ; מכבד ; שיבלית ; מורן תחתון פורה ובבסיסו שני מוצים עקרים בלתי־שווים.

חֲפוּרִית מוּזָרָה (281) : צמח נושא תפרחות ; קבוצת שיבליות מן החלק הבסיסי של המכבד בעלת שיבליות עקרות מעוותות ; מורן תחתון פורה ובבסיסו שני מוצים עקרים ; שיבלית פורה.

חֲפוּרִית מְצוּיָה (279) : ענף הצמח נושא מכבד ; לשונית ; מורן תחתון פורה ובבסיסו שני מוצים עקרים.

חֲפוּרִית קְטַנָּה זן קְטַנָּה (280) : בסיס הצמח ; ענף נושא מכבד ; שיבלית ; מורן תחתון פורה ובבסיסו מורן עקר.

חֲפוּרִית קַנָּרִית (278) : צמח נושא תפרחת ; מורן תחתון פורה ובבסיסו שני מוצים עקרים.

חָצָב גָּלוֹנִי (68) : תפרחת ; בצל ועלים אחרי הפריחה.

חָצָב מָצוּי (69) : תפרחת ; בצל ועלים ; פרח.

טָמוּס מִזְרָחִי (153) : חלק של צמח עלייני נושא פירות ; חלק של צמח אבקני נושא פרחים ; פרח אבקני.

טָמוּס מָצוּי (152) : חלק קטן של צמח עלייני נושא שתי תפרחות של פרחים עלייניים ; ענף של צמח אבקני נושא תפרחות אבקניות ארוכות ; פרח אבקני ; פרח עלייני.

יַבְּלִית מְצוּיָה (389) : צמח נושא תפרחות ; שיבלים.

יְדִיד־הַחוֹלוֹת הַמָּצוּי (270) : בסיס הצמח ; תפרחת ; שיבלית ; קטע של עלה.

יַמּוֹן בֵּיצָנִי (7) : גבעול שרוע ומשתרש נושא שני חפים על כל מפרק וזוג עלים על נצרי־חיק קצרים.

יַמּוֹן הַקַּשְׂקַשִּׂים (8) : גבעול שרוע של צמח נושא שני חפים על כל מפרק, זוגות עלים על נצרי־חיק קצרים ופרחים עלייניים בחיק החפים ; שחלה בעלת מקור קדקדי ושלושה עמודי עלי ; קטע של נצר נושא פרח אבקני על עוקץ.

יַמִּית חַד־עוֹרְקִית (20) : צמחים בעלי עלים.

יַקִּינְטוֹן מִזְרָחִי (82) : צמח בפריחה ; פרח אשר עטיפו פרוש.

יַקִּינְטוֹנִית מְעֻרְקֶת (83) : צמח בפריחה ; עטיף פרוש ; הלקט.

יַקְשָׁן שָׂרוּעַ (326) : צמח נושא תפרחות.

יַשְׁרוּעַ מְאֻגָּד (421) : צמח נושא תפרחות ; שיבלית.

יִתְרָן מְפֻשָּׂק (315) : צמח נושא תפרחות.

זוּן מַרְצְעָנִי (298) : צמח נושא עלים ושיבלים ; שיבלית שבה הגלומה מכסה על פרחים.

זוּן מְשַׁכֵּר (299) : צמח נושא עלים ; שיבולת ; מוץ עליון.

זוּן פַּרְסִי (300) : צמח נושא עלים ; שיבולת ; מוץ תחתון.

זוּן רַב־פְּרָחִים (294) : עלה ; שיבולת ; שיבלית.

זוּן רַב־שְׁנָתִי (293) : צמח נושא תפרחות.

זִיפָן יָרֹק (413) : צמח נושא תפרחת ; שיבלית מוקפת זיפים מחוספסים.

זִיפָן כְּחַלְחַל (412) : צמח נושא תפרחות ; שיבלית.

זִיפָן מָצוּי זן מָצוּי (414) : צמח נושא תפרחות ; שיבלית ובבסיסה זיף מחוספס ; קטע של זיף בעל זיזים הפונים אחורנית.

זִיפְנוֹצָה מְדֻקְרֶנֶת (416) : צמח נושא תפרחת ; שיבלית בעלת מעטה של זיפים.

זִיפְנוֹצָה מְחֻסְפֶּסֶת (417) : צמח נושא תפרחת ; שיבלית בעלת מעטה של זיפים.

זִיפְנוֹצָה רִיסָנִית (415) : בסיס צמח ; תפרחת ; שיבלית בעלת מעטה של זיפים.

זַמְזוּמִית אִיג (87) : צמח בפריחה ; פרח שעטיפו פרוש ; קטע של עלה ; חלק של תפרחת בפרי.

זַמְזוּמִית אֲרֻבָּה (85) : תפרחת ; פרח ; עלים.

זַמְזוּמִית הַמִּדְבָּר (91) : צמח בפריחה ; פרח שעטיפו פרוש ; תפרחת בפדי ; פרח.

זַמְזוּמִית הָעֲרָבוֹת זן אָדֹם (94) : צמח בפריחה ; תפרחת בפרי.

זַמְזוּמִית הָעֲרָבוֹת זן עֵבֶר־הַיַּרְדֵּן (93) : תפרחת ; תפרחת בפרי ; עלה.

זַמְזוּמִית וַרְבּוּרְג (86) : צמח בפריחה ; קטע של עלה ; פרח.

זַמְזוּמִית זָהֳרִי (95) : בצל ועלים ; תפרחת ; תפרחת בפרי.

זַמְזוּמִית מוֹשִׁיּוֹף (89) : צמח בפריחה ; תפרחת בפרי ; פרח ; פרח שעטיפו פרוש ; קטע של עלה.

זַמְזוּמִית מְפֻשֶּׂקֶת (92) : תפרחת ; חלק של תפרחת בפרי ; עלים.

זַמְזוּמִית מְצוּיָה (88) : צמח בפריחה ; פרח שעטיפו פרוש ; פרח ; תפרחת בפרי.

זַמְזוּמִית סְגֻלָּה (84) : צמח בפריחה ; פרח.

זַמְזוּמִית צְפוּפַת־פְּרָחִים (90) : צמח בפריחה.

זָנָב־הָאַרְנֶבֶת הַבֵּיצָנִי (271) : צמח בעל תפרחות ; שיבלית.

זָנָב־הַכֶּלֶב הַדּוּקְרָנִי (328) : בסיס הצמח ; קנה נושא מכבד ; קבוצת שיבליות הכוללת שיבלית פורה אחת ושיבליות עקרות אחדות ; קטע של עלה ולשונית.

זָנָב־הַכֶּלֶב הַמָּצוּי (329) : צמח נושא תפרחות ; קטע של עלה בעל לשונית ; קבוצה בת שיבלית אחת פורה ושיבליות עקרות אחדות ; שיבלית פורה.

זָנָב־הַכֶּלֶב הֶעָדִין (330) : בסיס הצמח ; קנה נושא מכבד ; קבוצה בת שיבלית אחת פורה ושיבליות אחדות עקרות ; קטע של עלה ולשונית.

זָנָב־הַשּׁוּעָל הָאָרֹךְ (288) : צמח נושא תפרחות ; שיבלית.

זָנָב־הַשּׁוּעָל הַבִּצָּתִי (287) : צמח ותפרחתו ; שיבלית.

זָנָב־הַשּׁוּעָל הַמָּצוּי (289) : צמח נושא תפרחות ; מוץ תחתון ; גלומות.

זְנָבָה נְטוּיָה (384) : צמח נושא תפרחות ; תפרחת ; שיבלית ; גלומות.

זַעֲזוּעִית גְּדוֹלָה (334) : צמח נושא תפרחת ; שיבלית.

זַעֲזוּעִית מְשֻׁבֶּלֶת (333) : צמח נושא תפרחת ; שיבלית.

זַעֲזוּעִית קְטַנָּה (332) : צמח נושא תפרחות ; שיבלית.

זְקֻנוֹנִית הַטַּבָּעוֹת (428) : בסיס הצמח ; ענף נושא תפרחת ; זוג שיבליות (שיבלית פורה בעלת מלען ושיבלית אבקנית עקרה) ; לשונית.

זְקָנִים כְּפוּל־הַשִּׁבֳּלִים (430) : הצמח (מוקטן כדי

דּוּ־מוֹץ חוּם (385) : צמח ; תפרחת ; שיבלית.

דּוּרַת אֲרַם־צוֹבָא (427) : חלק בסיסי של הקנה ; תפרחות ; זוג שיבליות (שיבלית יושבת בעלת מלען ושיבלית נישאת על עוקץ).

דֹּחַן אָשׁוֹן (403) : ענף נושא תפרחת ; מכבד ; שיבלית.

דֹּחַן הָעֲרָבָה (400) : מכבד.

דֹּחַן זוֹחֵל (402) : קנה־שורש ; מכבד ; ענף של המכבד ; שיבלית ; עלים.

דֹּחַן נִימִי (399) : מכבד ועלה עליון ; שיבלית (מראה מאחור ומלפנים).

דֹּחַן קֶפֵּחַ (398) : בסיס הצמח ; עלה ; מכבד ; חלק של מרץ תחתון ; שיבלית (מראה מאחור ומלפנים).

דֹּחַן תַּרְבּוּתִי (401) : בסיס הצמח ; מכבד ; שיבלית (מראה מאחור ומלפנים).

דֹּחַנִית הַשָּׁלְחִין (404) : צמח נושא תפרחת ; תפרחת ; שיבלית (מראה מלפנים ומאחור) ; ענף של התפרחת.

דֹּחַנִית הַתַּרְנְגֹלִים (405) : בסיס הצמח ; תפרחת ; שיבלית (מראה מלפנים ומאחור).

דֹּחַנָן דַּק (407) : בסיס הצמח ; תפרחת ; שיבלית, הגלומה הקצרה מופנית אל ציר השיבולת.

דֹּחַנָן קֵפֵּחַ (406) : תפרחת ; עלה ; קנה־שורש ; שיבלית.

דָּמָסוֹן כּוֹכְבָנִי (3) : בסיס הצמח ; עלים ; תפרחת נושאת פירות ; פרי.

דַּנְתּוֹנִיַת הַחוֹלוֹת (354) : בסיס הצמח ; מכבד ; שיבלית ; פרח.

דַּקְנַב נִימִי (336) : צמח נושא תפרחות ; שיבליות על ציר השיבולת.

דַּקְנַב קַשְׁתָּנִי (335) : צמח נושא תפרחות ; קטע ציר השיבולת ושיבלית בעלת שתי גלומות היושבות זו ליד זו.

וַלִיסְנֶרְיָה סְלוּלָה (6) : שלוחה ונצרים בעלי עלים של צמח עלייני הנושא פרח עלייני

אֲרֹךְ־עוֹקֶץ ; פרח עטוף במתחל דמוי־צינור העשוי שני קשקשים.

זְהָבִית אֲדַמְדֶּמֶת (57) : צמח בפריחה.

זְהָבִית אֲשׁוּנָה (55) : צמח בפריחה ; הלקט מוקף בעטיף הפרח ; זרע.

זְהָבִית דַּמַּשְׂקָאִית (53) : צמח בפריחה ; הלקט מוקף בעטיף הפרח ; הלקט בשל שנפתח ; זרע.

זְהָבִית דַּקַּת־עָלִים (54) : צמחים בפריחה ; פרח ; הלקט מוקף בעטיף הפרח ; זרע.

זְהָבִית הַשָּׁלוּחוֹת זן הַשָּׁלוּחוֹת (56) : צמח בפריחה ; בסיס הצמח עם בצלים בקצות שלוחות ; הלקט ; הלקט צעיר מוקף עטיף הפרח ; זרע.

זְהָבִית נְבוּבָה (50) : צמח בפריחה ; קטע של עלה (המראה חתך רוחב).

זְהָבִית פְּעוּטָה (49) : צמח בפריחה ; הלקט עם עטיף ; זרע.

זְהָבִית קְטַנַּת־פְּרָחִים (48) : צמח בפריחה ; פרח ; הלקט עם עטיף.

זְהָבִית שְׂעִירָה זן שְׂעִירָה (46) : צמח בפריחה ; הלקט.

זְהָבִית שְׂעִירָה זן הַחֶרְמוֹן (47) : צמח בפריחה ; זרע ; הלקט צעיר עם עטיף ; הלקט.

זְהָבִית שָׁרוֹנִית זן הַנֶּגֶב (52) : צמח בפריחה ; הלקט מוקף בעטיף הפרח ; זרע.

זְהָבִית שָׁרוֹנִית זן שָׁרוֹנִית (51) : צמח בפריחה, הבצל עטוף בשרשים עבים, היוצאים בצד אחד של הבצל.

זוּן אָשׁוּן תת־מין אָשׁוּן (295) : צמח ; שיבלת ; שיבלית.

זוּן אָשׁוּן תת־מין הַנֶּגֶב (297) : צמח נושא תפרחות ; שלוש שיבליות על ציר שיבולת פחוס.

זוּן אָשׁוּן תת־מין פְּחוּס־צִיר (296) : צמח נושא עלים בעלי אזניות ; שיבולת ; שיבלית ; מרץ עליון.

בְּרוֹמִית רַבַּת־מַלְעָנִים (232) : צמח בעל אשכול.

בְּרוֹמִית שְׂעִירָה (243) : בסיס הצמח ; אשכול ; גלומות ; מוֹץ.

בַּת־אֹרֶז מְשֻׁשָּׁה (198) : קטע של גבעול נושא עלה ; תפרחת ; שיבלית.

בַּת־חוֹל אֶרֶץ־יִשְׂרְאֵלִית (339) : צמח נושא תפרחות ; קרקפת של שיבליות.

בַּת־יַבְּלִית מִצְרִית (382) : צמח נושא תפרחות ; שיבולת ; שיבלית.

גְּבִיעוֹנִית הַלְּבָנוֹן (62) : צמח בפריחה ; בצל.

גּוֹדִינְיָה שְׂעִירָה (254) : צמח נושא שיבולת שיבלית.

גְּלִימָה גְּלִילִית (337) : צמח נושא תפרחות ; שיבלית ; שתי שיבליות מהודקות אל ציר השיבולת.

גַּלִּית גְּדוֹלָה (21) : חלק של צמח בעל קנה־שורש, אגודות עלים ושתי אגוזיות.

גַּלִּית מְעֻגֶּלֶת (22) : חלק של צמח בעל קנה־שורש ואגודות עלים ; אגוזית.

גֹּמֶא אַזְמֵלָנִי (482) : צמח ותפרחת ; גלומה.

גֹּמֶא אָרֹךְ (471) : בסיס הצמח ; תפרחת ; שיבלית.

גֹּמֶא דּוּ־אַנְפִּין (475) : צמח ותפרחת ; שיבלית.

גֹּמֶא הַיַּרְקוֹן (469) : בסיס הצמח ; תפרחת ; שיבלית.

גֹּמֶא הַפַּפִירוּס (464) : בסיס הצמח ; תפרחת ; תפרחת חלקית ; שיבלית.

גֹּמֶא הַפְּקָעִים (472) : צמח בעל פקעת ונושא תפרחת.

גֹּמֶא הַפְּרָקִים (468) : בסיס הצמח ותפרחת ; חתך אורך בקטע של גבעול ; שיבלית ; פרי.

גֹּמֶא הַקַּרְקֶפֶת (476) : צמח נושא תפרחת ; גלומה ; עלי.

גֹּמֶא חוּם (474) : צמח נושא תפרחות ; תפרחת חלקית ; שיבלית.

גֹּמֶא חֲלַקְלַק תַּת־מִין חֲלַקְלַק (480) : צמח נושא תפרחות ; שיבלית ; עלי.

גֹּמֶא חֲלַקְלַק תַּת־מִין דַּל־שִׁבֳּלִים (481) : צמח נושא תפרחות.

גֹּמֶא כַּדּוּרִי (483) : צמח ותפרחת ; שיבלית.

גֹּמֶא מְגֻבָּב (477) : צמח ותפרחות ; גלומה.

גֹּמֶא נָאֶה (478) : בסיס הצמח ; תפרחת.

גֹּמֶא נַנָּסִי (479) : צמח נושא תפרחות ; שיבלית.

גֹּמֶא צְהַבְהַב (484) : צמח נושא תפרחת.

גֹּמֶא צָפוּף (466) : תפרחת ; שיבלית.

גֹּמֶא צָפוּף־שִׁבֹּלֶת (467) : תפרחת ; בסיס הצמח ; שיבלית ; פרח.

גֹּמֶא קֵרֵחַ (473) : צמח נושא תפרחת ; שיבלית.

גֹּמֶא רַב־שִׁבֳּלִיּוֹת (485) : צמח נושא תפרחת ; שיבלית.

גֹּמֶא רְחַב־עָלִים (470) : בסיס הצמח ; תפרחת ; גלומה.

גֹּמֶא שׁוֹפֵעַ (465) : בסיס הצמח ; תפרחת ; קטע של עלה ; שיבלית.

גַּמְדּוֹנִית מִזְרָחִית (286) : צמח נושא תפרחות ; שיבלית.

דְּבוֹרָנִית גְּדוֹלָה (523) : צמח בפריחה ; פרח.

דְּבוֹרָנִית דִּינְסְמוֹר תַּת־מִין דִּינְסְמוֹר (525) : צמח בפריחה ; פרח.

דְּבוֹרָנִית הַדְּבוֹרָה (524) : צמח בפריחה.

דְּבוֹרָנִית הַקְּטִיפָה (521) : צמח בפריחה ; פרח.

דְּבוֹרָנִית כְּחַלְחַלָּה (519) : צמח בפריחה ; פרח.

דְּבוֹרָנִית נָאָה (522) : צמח בפריחה ; פרח.

דְּבוֹרָנִית צְהֻבָּה (518) : צמח בפריחה ; פרח.

דְּבוֹרָנִית שְׁחוּמָה (520) : צמח בפריחה ; פרח.

דִּבְשִׁית קְטַנָּה (340) : צמח נושא תפרחות ; שיבלית.

דִּבְשִׁית שְׂעִירָה (341) : צמח נושא תפרחות ; שיבלית.

דַּגָּנִין בֵּירוּתִי (256) : צמח נושא תפרחות ; מוֹץ תחתון ; מוֹץ עליון.

דַּגָּנִין גָּמּוּד (259) : צמח נושא תפרחות ; שיבלית.

דַּגָּנִין מָצוּי (257) : צמח נושא תפרחות ; שיבלית.

דַּגָּנִין קֵהֶה (258) : צמח נושא תפרחות ; שיבלית.

דֹּם מִצְרִי (433) : עלה ; חלק של תפרחת אבקנית ; פרי ; חפה ; פרח אבקני.

מימין שיבלית ושיבולת של זן שָׁרוֹנִי;
משמאל שיבולת של זן חֲסַר־מַלְעָנִים.

בֶּן־חִילָף גְּדָל־שִׁבֳּלִית תת־מין גְּדָל־שִׁבֳּלִית (379): בסיס הצמח; מכבד; קטע של עלה אשר בשפתותיו בלוטות דמויות־גבשוש; שיבלית.

בֶּן־חִילָף גְּדָל־שִׁבֳּלִית תת־מין סְטָרוֹסֶלְסְקִי (380): ענף נושא תפרחת; שיבלית.

בֶּן־חִילָף דְּמוּי־דֹּחֲנִית (372): צמח ותפרחת; שיבלית.

בֶּן־חִילָף הַבִּצּוֹת (373): צמח נושא תפרחת; שיבלית.

בֶּן־חִילָף מְפֻסָּק (371): צמח נושא תפרחות; תפרחת; שיבלית.

בֶּן־חִילָף מְשַׂגְשֵׂג (374): צמח ותפרחת; שיבלית; ציר השיבלית נושא מוצים עליונים אחר נשירת פרחים החל מלמטה כלפי מעלה.

בֶּן־חִילָף נָמוּךְ (377): צמח נושא תפרחות; שיבלית.

בֶּן־חִילָף פַּלְמֶר (375): בסיס הצמח; מכבד; שיבלית.

בֶּן־חִילָף קָטָן (378): בסיס הצמח; מכבד; קטע של עלה אשר בשפתותיו בלוטות דמויות־גבשוש; שיבלית.

בֶּן־חִילָף שָׂעִיר (376): בסיס הצמח; מכבד; דור שערות ארוכות על הציר בבסיס המכבד; שיבלית.

בֶּן־חָצָב הַחֹרֶשׁ (64): צמח בעל פרחים ופירות; חפים.

בֶּן־חָצָב יַקִּינְטוֹנִי (65): תפרחת; פרח; בצל; עלה.

בֶּן־חָצָב מִדְבָּרִי (67): תפרחת נושאת פרחים ופירות; בצל ועלים אחרי הפריחה; פרח; הלקט.

בֶּן־חָצָב סְתָוָנִי (66): צמח בפריחה לפני הופעת העלים; צמח בפרי אחרי הופעת העלים; פרח; הלקט.

בֶּן־חֹרֶשׁ גָּדוֹל (498): צמח בפריחה (עין־גדי).

בֶּן־חֹרֶשׁ גָּדוֹל (499): צמח בפריחה (עמק דן).

בֶּן־חֹרֶשׁ רְחַב־עָלִים (497): צמח בפריחה.

בֶּן־סַחְלָב צְרִיפִי (516): צמח בפריחה; פרח; זוג אבקיות מחוברות בבלוטה אחת.

בֶּן־שְׂעוֹרָה מָצוּי (204): צמח בעל שיבלים.

בְּצַלְצִיָּה אֶרֶץ־יִשְׂרְאֵלִית (45): צמח בפריחה.

בִּצְעוֹנִי מָצוּי תת־מין מָצוּי (458): צמח נושא תפרחת; תפרחת בפריחה; פרח ובבסיסו גלומה.

בְּקְמַנִּיָּה דּוּ־טוּרִית (283): צמח ותפרחת; שיבלית.

בְּרוֹמִית אַדְמוֹנִית (238): צמח בעל אשכול; מוץ; שיבלית.

בְּרוֹמִית אִזְמֵלָנִית (233): צמח בעל אשכול; מוץ; שיבלית.

בְּרוֹמִית גְּדוֹלָה (244): צמח בעל אשכול.

בְּרוֹמִית דּוּ־אַבְקָנִית (242): צמח בעל אשכול; מוץ; גלומות.

בְּרוֹמִית הַגַּגּוֹת (236): צמח בעל אשכול; מוץ; שיבלית.

בְּרוֹמִית הַמַּטְאֲטֵא (235): בסיס הצמח בעל עלים; אשכול; שיבלית; מוץ.

בְּרוֹמִית זְנַב־הַשּׁוּעָל (234): צמח בעל אשכול; מוץ.

בְּרוֹמִית יַפָּנִית (231): בסיס הצמח בעל עלים; אשכול; מוץ; שיבלית.

בְּרוֹמִית לְבָדָנִית (229): בסיס הצמח ועלים; אשכול; שיבלית; מוץ.

בְּרוֹמִית מְאֻגֶּדֶת (237): צמח בעל אשכול; שיבלית.

בְּרוֹמִית סוּרִית (228): בסיס הצמח ועלים; אשכול; שיבלית; מוץ.

בְּרוֹמִית סְפָרַדִּית תת־מין סְפָרַדִּית (239): צמח בעל אשכול; מוץ.

בְּרוֹמִית סְפָרַדִּית תת־מין צְפוּפָה (240): צמח בעל אשכול; שיבלית; מוץ.

בְּרוֹמִית עֲקָרָה (241): בסיס הצמח; אשכול; מוץ.

בְּרוֹמִית קְצָרַת־שִׁבֳּלִית (230): בסיס הצמח בעל עלים; אשכול; מוץ; שיבלית.

אִירוּס הַנֶּגֶב (166) : צמח בפריחה.

אִירוּס הַסַּרְגֵּל (168) : צמח בפריחה.

אִירוּס יְרוּחָם (164) : צמח בפריחה.

אִירוּס נַצְרָתִי (159) : צמח בפריחה ; קטע של קנה-השורש.

אִירוּס עֲזִיָּהוּ (171) : צמח בפריחה ; עלה-עטיף פנימי.

אִירוּס עָנָף (156) : חלק של צמח בפריחה ; עלה.

אִירוּס שָׁחוּם (162) : קטע של קנה-שורש ; עלים ; פרח.

אִירוּס שְׁחַרְחַר (163) : עלים ; פרח.

אֶלֶבְּסִינֵי הוֹדִית (381) : צמח נושא תפרחות ; שיבלית.

אַלִית הַמִּפְרָק (267) : צמח נושא תפרחת ; גלומות ; פרח.

אַנְטִינוֹרִיַת הָאִיִּים (266) : צמח בעל תפרחת ; שיבלית.

אַסְפָּרַג אֲרֹךְ-הֶעָלִים (140) : ענף בעל פרחים אבקניים ; פרח אבקני ; ענף בעל פילוקלדים מעובים.

אַסְפָּרַג אֶרֶצְיִשְׂרְאֵלִי (137) : ענף נושא פירות ; ענף נושא פרחים אבקניים.

אַסְפָּרַג הַחֹרֶשׁ (139) : ענף נושא פרחים אבקניים ; ענף נושא פירות ; פרח אבקני.

אַסְפָּרַג חַד (138) : ענף.

אֶצְבָּעָן מַאֲדִים (411) : צמח נושא תפרחת ; שיבלית (מראה משני צדדים).

אַרְבָּעוֹנִי שָׂעִיר (386) : בסיס הצמח ; תפרחת ; פרח ; גלומות.

אֶרֶמוֹפִירוֹן מְפֻשָּׁק זן מְפֻשָּׁק (205) : צמח בעל שיבלית.

אֶרֶמוֹפִירוֹן מְרֻחָק (206) : צמח בעל שיבלים ; שיבלית.

בּוֹאַסְיֵרָה מְצִיצֶת (245) : צמח בעל אשכול ; מוץ.

בּוּצִין סוֹכְכָנִי (4) : בסיס הצמח ; עלים ותפרחת.

בַּלָבְּסָן אֶרֶצְיִשְׂרְאֵלִי (252) : בסיס הצמח ; אשכול ; גלומות ; פרח תחתון ופרח עליון.

בֶּלְבְּסָן קוֹטְשִׁי (253) : בסיס הצמח ; אשכול הפרחים, תחתון ועליון.

בֶּן-אֵפֶר מָצוּי (292) : צמח נושא תפרחות (מוקטן) ; בסיס הצמח ; קנה ועלים ; מכבד לשונית ואזניות ; שיבלית (המוץ התחתון בעל מלען קצר) ; שיבלית (המוץ בעל חוד).

בֶּן-בֶּצֶת מְרֻחָק (325) : בסיס הצמח ; מכבד ; שיבלית.

בֶּן-דֹּחַן מִדְבָּרִי (419) : ענף הצמח ; מכבד ; גלומות מוקפות שערות ארוכות ; פרח.

בֶּן-חִטָּה אֲרִיכָא (210) : חלק תחתון של הצמח ; שיבולת וחלקה התחתון שאינו נושר ; שיבלית ; גלומה.

בֶּן-חִטָּה בֵּיצָנִי (218) : צמח בעל שיבלים ; מוץ ; גלומה.

בֶּן-חִטָּה דּוּקְרָנִי זן דּוּקְרָנִי (208) : צמח בעל שיבלים ; גלומה ; שיבלית ; מוץ בעל מלען.

בֶּן-חִטָּה דַּל-שִׁבֹּלֶת (217) : צמח נושא שיבולת ; שיבולת ; גלומה.

בֶּן-חִטָּה מִדְבָּרִי זן מִדְבָּרִי (215) : צמח ושיבולת ; גלומה ; מוץ.

בֶּן-חִטָּה מְעֻבֶּה תת-מין וָוִילוֹב (213) : צמח בעל שיבולת ; שיבולת.

בֶּן-חִטָּה סִירָס (211) : חלק תחתון של הצמח ; שיבולת.

בֶּן-חִטָּה קָטוּעַ (212) : בסיס הצמח ; שיבולת של זן קָטוּעַ ; שיבולת ושיבלית של זן לִיגוּרִי ; גלומה.

בֶּן-חִטָּה רַב-אַנְפִּין תת-מין רַב-אַנְפִּין (214) : צמח נושא שיבולים ; גלומה ; מוץ. מימין שיבולת של תת-מין ארוך-שיבולת.

בֶּן-חִטָּה שְׁלַשׁ-זִיפִי (216) : צמח ושיבולת ; שיבלית.

בֶּן-חִטָּה שָׁרוֹנִי (209) : בסיס הצמח ; גלומה ;

HEBREW INDEX OF PLATES

מפתח עברי לציורי הצמחים

אָאִירָה נִימִית (265) : צמח נושא תפרחת ; גלומות ; פרח.

אֲבֶלִינְיָה מִישֶׁלִי (260) : צמח בעל תפרחות ; שיבלית.

אַגְמוֹן הָאֲגַם (456) : בסיס הצמח ; תפרחת ; גלומה.

אַגְמוֹן הַחוֹף (457) : בסיס הצמח ; תפרחת ; גלומה.

אַגְמוֹן הַכַּדּוּרִים (454) : בסיס הצמח ; תפרחת ; גלומה.

אַגְמוֹן יַמִּי (455) : עלים ; תפרחת ; גלומה.

אַגְמוֹן נָטוּי (452) : צמח נושא שיבליות ; שיבלית.

אַגְמוֹן שָׂרוּעַ (453) : צמח נושא שיבליות ; גלומה.

אַגְמִית רַבַּת־שָׁרָשִׁים (443) : צמח הנראה מלמעלה, מן הצד ומלמטה.

אַגְרוֹפִירוֹן הַחֹרֶשׁ (201) : בסיס הצמח ועלים ; שיבולת ; גלומה ; שבלית.

אַגְרוֹפִירוֹן מָאֳרָךְ (202) : בסיס הצמח ועלים ; שיבולת ; גלומה.

אַגְרוֹפִירוֹן סַמְרָנִי (203) : בסיס הצמח ; שיבולת.

אַחִיאִירוּס מָצוּי (154) : צמח בפריחה ; קטע של עלה ; ענף של הצלקת ; עלה־עטיף חיצוני ; עלה־עטיף פנימי.

אַחִיאִירוּס קָטָן (155) : צמח בפריחה ; עלה־עטיף חיצוני ; עלה־עטיף פנימי ; ענף של צלקת.

אַחִיגַמָּא מַשְׂחִיר (462) : בסיס הצמח ; תפרחת ; פרי ; שיבלית.

אַחִילוּף הַגָּלִיל (438) : מתחל עוטף ; שזרה נושאת פרחים ; פקעת ; שרשים, עלים תחתיים

העוטפים מתחל בבסיסו ; טרף עלה ; צינור המתחל ; שזרה נושאת פרחים.

אֲחִילוּף הַלְּבָנוֹן (439) : קטע של שזרה נושאת פרחים עליוניים, עקרים ואבקניים ; צמח בפריחה ובעל עלים צעירים ; טרף עלה.

אֲחִילוּף זָעִיר (441) : צמח בעל פקעת ; עלים ומתחל ; מתחל ; שזרה נושאת פרחים עליוניים ואבקניים.

אֲחִילוּף צַר־עָלִים (440) : מתחל עוטף שזרה ועטוף בעלים תחתיים ; שזרה נושאת פרחים עליוניים ופרחים אבקניים ; פקעת ובסיס הצמח הפורח ; טרף עלה.

אִיטָן הַחוֹלוֹת (285) : צמח נושא תפרחות ; שיבלית.

אִיטָן מַרְצֶעָנִי (284) : צמח נושא תפרחות ; שיבלית.

אִירוּס אָדוֹם (170) : בצל ועלים ; עלה־עטיף חיצוני ; עלה־עטיף פנימי ; ענף צלקת.

אִירוּס אֶרֶץ־יִשְׂרְאֵלִי (169) : צמח בפריחה ; ענף הצלקת ואבקן ; עלה־עטיף פנימי ; עלה־עטיף חיצוני.

אִירוּס הָאַרְגָּמָן (165) : צמח בפריחה.

אִירוּס הַבִּצּוֹת (157) : הצמח בפריחה (מוקטן כדי מחצית הגודל הטבעי) ; פרח ; עלה־עטיף חיצוני ; ענף הצלקת ואבקן ; עלה־עטיף פנימי.

אִירוּס הַגִּלְבּוֹעַ (161) : פרח.

אִירוּס הָדוּר (160) : פרח.

אִירוּס הַחֶרְמוֹן (158) : צמח בפריחה.

אִירוּס הַלְּבָנוֹן (167) : צמח בפריחה ; עלה־עטיף חיצוני ; עלה־עטיף פנימי ; ענף הצלקת ואבקן.

חלקי כל צמח רשומים במפתח לפי הסדר דלהלן : משמאל הלוח כלפי מטה ומימין הלוח כלפי מטה.